W0259246

Monte Verità Proceedings of the Centro Stefano Franscini Ascona

Edited by K. Osterwalder, ETH Zürich

Risiko und Sicherheit technischer Systeme

Auf der Suche nach neuen Ansätzen

Herausgegeben
von J. Schneider

1991

Birkhäuser Verlag
Basel · Boston · Berlin

Adresse des Herausgebers:

Prof. Jörg Schneider
ETHZ
IBK
8093 Zürich

Deutsche Bibliothek Cataloging-in-Publication Data

Risiko und Sicherheit technischer Systeme: auf der Suche nach neuen Ansätzen / hrsg. von J. Schneider. - Basel; Boston; Berlin: Birkhäuser, 1991
(Monte Verità)
ISBN-13: 978-3-0348-7207-2 e-ISBN-13: 978-3-0348-7206-5
DOI: 10.1007/978-3-0348-7206-5

Softcover reprint of the hardcover 1st edition 1991

Herr Prof. Osterwalder hat theoretische Physik studiert und beschäftigt sich vor allem mit mathematischen Problemen der Physik, insbesondere der Theorie der Elementarteilchen. Er ist Professor für Mathematik an der ETHZ. Gleichzeitig ist er Leiter des Centro Stefano Franscini der ETH und damit verantwortlich für die Tagungen auf dem Monte Verità.

Vorwort

Konrad Osterwalder, Zürich

Das Centro Stefano Franscini der ETH Zürich macht es sich zur Aufgabe, während bis zu zwanzig Wochen pro Jahr wissenschaftliche Arbeitstagungen zu veranstalten. Organisatoren können Dozenten irgend einer schweizerischen Hochschule sein, die Themen sollen dem Bereich universitärer Forschung entstammen. Hauptkriterium bei der Auswahl der Veranstaltungen ist das wissenschaftliche Niveau, gemessen an internationalen Standards.

Ziel des Centro ist es, ein Forum zu bieten für gemeinsame Diskussionen und ein gemeinsames Nachdenken über Probleme, die unsere Zeit beschäftigen; Wissenschaftler aus verschiedenen Schulen, Ländern und wenn möglich auch aus verschiedenen Disziplinen zusammenzuführen, und ihnen während einer Woche Gelegenheit zu geben, in Ruhe und Abgeschiedenheit, weg vom Kleinkram des Alltags, nach neuen Einsichten und nach neuen Wegen und Lösungen zu suchen.

Die Tagungen finden in der Regel auf dem geschichtsträchtigen Monte Verità oberhalb Ascona statt. Im Jahr 1990 allerdings mussten sie wegen Renovations- und Umbauarbeiten ins Collegio Papio in Ascona verlegt werden. Wie der Monte Verità, auch ein Refugium vor dem Lärm und der Betriebsamkeit des Fremdenverkehrsortes, bot das Collegio eine geradezu ideale Umgebung für konzentriertes Nachdenken und Diskutieren über schwierige Probleme und komplexe Zusammenhänge. Die stetige Hilfsbereitschaft und Freundlichkeit des Personals und vor allem der unermüdliche Einsatz und die allgegenwärtige Herzlichkeit des Rektors des Collegio, Don Giacomo Grampa, bildeten die Grundlage für das leibliche und geistige Wohlbefinden aller Teilnehmer.

Die Tagung "Risiko und Sicherheit technischer Systeme - auf der Suche nach neuen Ansätzen" kann als Paradigma für künftige Veranstaltungen des Centro Stefano Franscini gelten. Sie war wissenschaftlich auf höchstem Niveau, interdisziplinär und international. Sie wurde umsichtig und sorgfältig geplant und durchgeführt von Herrn Prof. J. Schneider, dem ich im Namen des Centro und aller Tagungsteilnehmer für die geleistete Sisyphusarbeit herzlich danke. Eine Arbeitstagung dieser Art steht und fällt mit dem Interesse und dem Engagement der Redner, der Diskussionsleiter und der Teilnehmer. Es war eindrücklich, mit welchem Ernst alle Beteiligten an ihre Aufgaben gingen.

Ein besonderer Dank gebührt meiner administrativen Mitarbeiterin, Frau K. Bastianelli, ohne deren unermüdliches Wirken, mehrheitlich hinter den Kulissen, der reibungslose Ablauf dieser (und aller andern) Tagung(en) nicht möglich gewesen wäre.

Zürich, 27.1.1991 — Konrad Osterwalder

Inhaltsverzeichnis

Risiko und Sicherheit technischer Systeme, Monte Verità,

Jörg Schneider ist Bauingenieur. Er unterrichtet an der ETHZ Baustatik und Konstruktion. Sein Forschungsschwerpunkt liegt im Bereich der Sicherheit und Zuverlässigkeit von Tragwerken. Sein besonderes Interesse gilt dem Phänomen "Human Error", das an der Wurzel der meisten Unfälle und Schäden zu finden ist. Herr Schneider ist - zusammen mit weiteren 10 Kollegen - Initiator des Polyprojekts "Risiko und Sicherheit technischer Systeme" sowie Organisator und Leiter dieser Arbeitstagung.

Auf der Suche nach neuen Ansätzen

Jörg Schneider, Zürich

Anlass, Ziel und Rahmen

An der Eidgenössischen Technischen Hochschule Zürich wird 1991 ein Forschungsprojekt unter dem Titel "Risiko und Sicherheit technischer Systeme" (siehe Seiten 271 ff) in Angriff genommen. Dieses - der Finanzierungsmodalitäten wegen als Polyprojekt bezeichnete - Forschungsprojekt soll sich einem brennenden Zeitproblem annehmen und gleichzeitig die interdisziplinäre Zusammenarbeit an der Hochschule und zwischen Hochschule und externen Institutionen fördern. In dieses Projekt sollen vier bis sechs Jahre lang jährlich mehr als eine halbe Million Franken fliessen.

Das Thema ist inhaltlich äusserst breit und schwer abzugrenzen und auch vom Begrifflichen her höchst komplex. Auch ist es eine offene Frage, wie man interdisziplinäre Arbeit in Gang setzen und am Leben erhalten kann, ohne doch wieder bald in eine Summe monodisziplinärer Forschungsarbeiten abzugleiten. Es schien den Verantwortlichen deshalb wichtig, die Problematik und das Vorhaben in einem grösseren Kreis von Menschen zu diskutieren und so nützlichen Rat einzuholen. Als Mittel zum Zweck wurde eine interdisziplinäre Arbeitstagung organisiert, die vom 19. bis zum 24. August 1990 in Ascona stattfand.

Ziel der Tagung war, einen aufgrund von Interessengebiet, Tätigkeit und Anliegen möglichst bunten Strauss von Geistes- und Sozialwissenschaftern, Wirtschaftswissenschaftern, Juristen, Naturwissenschaftern, Ingenieuren verschiedensten Zeichens aus Hochschule, Praxis und Ämtern, aber auch Industrielle, Politiker und, wenn immer möglich, auch Vertreter der gebildeten Laienschaft zusammenzubringen und diese auf der Basis minimaler thematischer Vorgaben in stimulierendem Rahmen in ein interdisziplinäres Gespräch zu bringen. Wenn hier von Wissenschaftern, Politikern u.s.w. die Rede ist, so ist das die nach wie vor übliche sprachliche Verkürzung, ohne die ein Text holprig wird und länger: immer sind auch Wissenschafterinnen, Politikerinnen u.s.w. gemeint.

Es war sichergestellt, auch durch die Teilnahme der am Forschungsprojekt aller Voraussicht nach beteiligten Menschen, dass die Ergebnisse dieser Diskussionen gesammelt und im Anschluss an die Tagung ausgewertet werden.

Den Rahmen für die Tagung bot das *Centro Stefano Franscini,* eine erst vor kurzem von der ETHZ im Tessin ins Leben gerufene Institution, die auf dem *Monte Verità* oberhalb Ascona die Infrastruktur für Tagungen auf hohem Niveau bietet. Umbauarbeiten auf diesem "Berg der Wahrheit" machten es nötig, diese Tagung - und auch einige andere - ins *Collegio Papio*, eine alte Klosterschule am Rande des alten Ascona, zu verlegen. Die Organisatoren betrachten dies als einen besonderen Glücksfall, denn dieser Ort bot, mit seinem umlaufenden, zweistöckigen, gedeckten, zum Innenhof hin offenen Klostergang als Ort der Begegnung und Zugang zu den eher kargen, von südlicher Helle luftig abgeschirmten Arbeitszimmern, der vorzüglichen Tessiner Küche der Mensa und dank der liebenswürdigen Freundlichkeit von Leitung und Lehrerschaft einen Rahmen, wie man ihn sich nicht besser wünschen kann.

Teilnehmer und Referenten

Die an eine Teilnahme geknüpften Bedingungen waren Interesse und persönliche Erfahrung im angesprochenen Themenkreis, die Fähigkeit, das Thema auf hohem Niveau zu diskutieren und die

Bereitschaft, eine ganze Woche dieser gemeinsamen Arbeit zu widmen. Auch stand von Anfang an fest, dass die Tagung in deutscher Sprache zu führen ist, um die ohnehin schwierigen Diskussionen nicht noch zusätzlich durch sprachliche Probleme zu belasten.

Von einer ersten Liste ausgehend, wurden mögliche Teilnehmer angeschrieben und über ihre Bereitschaft mitzumachen, befragt. Sie wurden gebeten, mögliche weitere Interessenten zu benennen, an die dann in einem kontinuierlichen Prozess auch wieder eine Anfrage ging. Insgesamt erhielten so etwa 180 Persönlichkeiten eine Anfrage. Der Prozess musste abgebrochen werden, als eine Zahl von etwa 75 Interessenten erreicht war. An diese Gruppe ging dann die endgültige Einladung. Anwesend waren schliesslich - mit wenigen Ausnahmen über die ganze Dauer der Tagung - 67 Persönlichkeiten, unter diesen neun aus Deutschland, zwei aus Österreich und je ein Teilnehmer aus Italien, den USA und Kanada.

Von den Disziplinen her gesehen war das so entstandene Teilnehmerfeld ausserordentlich vielfältig (siehe Anhang Seite 287 ff). Die Gruppe der Politiker war zahlenmässig sehr schwach - jedoch exzellent - vertreten. Es bereitete einige Mühe, Vertreter der Chemischen Industrie in den Kreis hineinzuziehen. Den Part des gebildeten und interessierten Vertreters der Gesellschaft mussten die Teilnehmer selbst übernehmen in der Überzeugung, dass jeder wohl in irgendeinem spezifischen Sektor als sachkundig oder gar als Spezialist, in allen anderen Bereichen aber mehr oder weniger lediglich als Laie anzusprechen ist. Dass der interessierte Vertreter der Bevölkerung selbst nicht zu Wort kam, muss wohl als Schwäche der Tagung vermerkt werden.

Die Referenten wurden vom Veranstalter auf Vorschlag von Teilnehmern eingeladen. Berücksichtigt wurden vor allem Referenten aus dem Ausland, denn wir wollten insbesondere von dort lernen. Die schweizerische Risiko- und Sicherheits-Szene war den vorwiegend schweizerischen Teilnehmern ja bekannt.

Aus der Eröffnungsansprache

"... Wir haben uns hier etwas höchst Schwieriges vorgenommen, nämlich - dem Titel entsprechend - die Suche nach neuen Ansätzen auf dem komplexen Gebiet von Risiko und Sicherheit technischer Systeme.

Ich bin Realist genug, um nicht zu meinen, dass wir die uns bedrängenden Fragen* hier sozusagen ein für alle mal und endlich lösen können. Wir tagen nicht auf dem Monte Verità. Wir sind nicht dem Anspruch verpflichtet, wir müssten mit der Wahrheit von dieser Tagung zurückkehren. Wir tagen in der Ebene und werden - hoffentlich - auf dem Boden der Realitäten bleiben. Aber ich hoffe fest, dass jeder von uns mit ein paar für ihn selbst neuen Ansätzen, mit Anregungen für seine tägliche Arbeit nach Hause ziehen kann, und dass diese Tagung so etwas wie ein feines Netz über die Schweiz (und vielleicht darüber hinaus) zieht, das uns mit unserem Denken und Handeln in der eigenen Arbeit verbindet, zusammenhält und leitet.

Risiko und Sicherheit technischer Systeme - das ist semantisch recht unklar. Geht es um die Zuverlässigkeit technischer Systeme, sollen diese sicher sein? Oder sollen Mensch und Umwelt sicher sein angesichts risikobehafteter technischer Systeme? Oder wollen wir Sicherheit, grössere Sicherheit durch geeignete technische Systeme? Die Ambivalenz ist nicht ungewollt: die Fragen hängen eng, wenn auch oft kontrovers, zusammen.

Ich glaube, letztlich wollen wir die *Sicherheit des Menschen,* räumlich und zeitlich unbeschränkt, hier und jetzt, überall auf der Erde und auch für spätere Generationen. Dabei wissen wir, dass Sicherheit nicht in absolutem Sinn existiert, sondern dass wir uns beschränken müssen darauf, etwas als sicher zu bezeichnen, das ein akzeptierbar kleines Risiko birgt. Und schliesslich müssen wir anerkennen, dass Risiko auch eine individuell angestrebte Komponente von Lebensqualität ist.

Damit sind Themen angesprochen, die zur Zeit hier in der Schweiz und überall auf der Welt diskutiert werden.

---

* Der schweizerische Stimmbürger stand zur Zeit der Tagung vor der Frage, ob er der Volksinitiative zum Ausstieg aus der Kernenergie und/oder einem Moratorium gegen den weiteren Bau von Kernkraftwerken zustimmen solle. Der Ausstieg wurde verworfen, das Moratorium angenommen.

Was wir hier allerdings diskutieren sollten, ist nicht, *was* besser, sicherer, schädlicher, *was*, wenn wir die Wahl haben, vorzuziehen sei. Zur Diskussion steht vielmehr, *wie* man zu Antworten auf diese Fragen kommt. Diese Tagung kann nur dann erfolgreich sein, wenn wir uns dieser zentralen Frage bewusst bleiben und uns nicht ablenken lassen von dem, was uns zur Zeit gerade ganz konkret bedrängt. Dabei bin ich mir der Gefahren bewusst, die mit Diskussionen im luftleeren Raum einfliessen könnten. Wir müssen konkret sein, ganz konkret die zentralen Fragen angehen: *Wie*, auf welchen Wegen kommt man zu *Antworten* auf die anstehenden Fragen, und *wie*, auf welchen Wegen, kommt man zu *gesellschaftlichem Konsens* ...".

Organisation der Tagungsarbeit

Die Arbeit wurde durch die Vorgabe von vier Tagesthemen gegliedert. Jedes Tagesthema wurde vor dem Plenum durch eingeladene Referenten eingeleitet.

Wesentliche Teile der Arbeit fanden in sechs Arbeitsgruppen statt. Auch bei der Zusammensetzung dieser Arbeitsgruppen wurde auf Interdisziplinarität geachtet. Der Vorschlag der Tagungsleitung für deren Zusammensetzung fand Zustimmung und sie war für die Dauer der Tagung stabil. Die Arbeitsgruppen bearbeiteten, sich konkurrenzierend, die gleiche Fragestellung. Die Verantwortung für Diskussionsleitung und Berichterstattung wechselte im Prinzip in der Gruppe. In jeder Gruppe amtierte ein "Senior", der für die Einhaltung des Zeitplans sorgte, die Erledigung der gestellten Aufgaben überwachte und damit den jeweiligen Diskussionsleiter unterstützte. Der Träger oder die Trägerin der Funktion "Senior" wurde von der Tagungsleitung bestimmt. Über die Ergebnisse der Gruppenarbeit war im Plenum in aller Kürze zu berichten. Eine Diskussion schloss sich an.

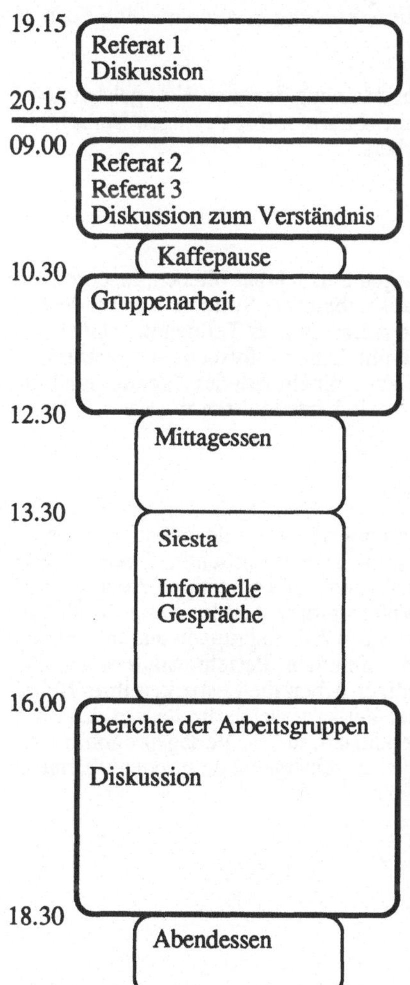

Die Arbeit an jedem Tagesthema begann jeweils am Vorabend mit einem Referat zur Einstimmung und endete mit dem Abendessen des nächsten Tages. Ein typischer Tagesablauf hatte die nebenstehende Form.

Insgesamt ergaben sich vier solcher Sequenzen, beginnend am Sonntag abend, dem Anreisetag. Der letzte Tag, der Freitag, diente dem Versuch einer Zusammenfassung und einer abschliessenden Diskussion und endete mit dem Mittagessen.

Die Teilnehmer verbrachten so insgesamt etwa 20 Stunden im Plenum und mindestens 8 Stunden in der Gruppe. Hinzu kamen informelle Gespräche während der Mahlzeiten oder der Siesta. 30 Berichte aus den Arbeitsgruppen waren vorzubereiten und vorzutragen, was die Hälfte der Teilnehmer zusätzlich beanspruchte. Die Arbeitsdisziplin war ganz unerwartet gut und brauchte nur leise lenkende Hinweise.

Die Vorträge der eingeladenen Referenten lagen zu Beginn der Tagung nur zum Teil schriftlich vor. Andere Referate und Diskussionsvoten ergaben sich spontan während der Arbeit. Die Teilnehmer waren gebeten, einschlägige Unterlagen, aus denen sie ihre Argumente herleiten, mitzubringen und aufzulegen. Auch einschlägige Bücher konnten zur Einsicht aufgelegt und zur Bestellung angeboten werden. Der Literatur- und Büchertisch war frei zugänglich und wurde nicht weiter betreut.

Zu diesem Buch

Es war zu Beginn und auch am Ende der Tagung noch nicht klar, ob es dieses Buch geben wird. Wir hatten vorsorglich das Geschehen im Plenum auf Band aufgenommen und alles, was schriftlich vorlag, gesammelt. Aber das war auch alles. Es gab gute Gründe, die Referate, soweit sie schriftlich vorlagen, zu kopieren und an die Teilnehmer abzugeben. Aber die Herausgabe der Berichte und Diskussionen in lesbarer Form schien doch zunächst den Aufwand nicht zu lohnen. Das schliesslich den Herausgeber überzeugende Argument, die grosse Arbeit auf sich zu nehmen, kam nach der Tagung von einem der Tagungsteilnehmer: Es sei hier *die* Gelegenheit, den Stand der Sicherheits- und Risiko-Diskussion in der Schweiz zu Beginn der Neunziger Jahre festzuhalten.

Dieses Buch hält alle an dieser Tagung vorgebrachten wesentlichen Äusserungen fest. Es besteht zum Teil aus ausgearbeiteten Vorträgen, zum Teil aus geordneten Nachschriften frei gehaltener Referate, zum Teil schliesslich aus lesbar gemachten Diskussionsvoten, die ab Band abgeschrieben und dann den Votanten zur Bearbeitung zugestellt wurden. Sprachliche Mängel des Textes lassen dies an manchen Stellen noch erkennen. Sie blieben nicht ganz ohne Absicht stehen, denn die Spontaneïtät insbesondere der Diskussionen und damit die Stimmung in Ascona sollte noch erkennbar bleiben.

Es versteht sich von selbst, dass hier jeweils die persönliche Meinung der zum Wort gekommenen Persönlichkeiten wiedergegeben ist, für die auch die Verantwortung selbst zu tragen ist. Schreib- und andere Fehler hingegen gehen zu Lasten des Herausgebers.

Wie weiter?

Es wäre schade, wenn die in Ascona geknüpften Beziehungen unfruchtbar blieben, insbesondere auch im Hinblick auf das Polyprojekt "Risiko und Sicherheit technischer Systeme". Es sei deshalb angeregt, die hergestellten Kontakte weiter zu pflegen. Die Adressen aller Teilnehmer finden sich im Anhang. Vor allem ist die Leitung des Polyprojekts an nützlichen Informationen interessiert, auch an Kopien von sachdienlicher Korrespondenz zwischen Teilnehmern der Tagung. Ich bitte, die auf Seite 271 vermerkten Kontaktadressen auf entsprechende Verteilerlisten zu setzen.

Dank

Meiner Sekretärin, Frau Monia Cursoli, bin ich für die mühsame Arbeit des Abschreibens der Tonbänder und die Einarbeitung der Korrekturen zu grossem Dank verpflichtet. Einen Teil der Bänder hat verdankenswerterweise Frau Marina Calonder abgehört und eingetippt. Auch meinem Assistenten, Herrn Dipl. Ing. ETH Hanspeter Schlatter gebührt grosse Anerkennung für die aufmerksame Bearbeitung der äusserst heterogenen Berichte aus den Arbeitsgruppen und die Mithilfe bei der Bearbeitung der übrigen Teile dieses Buches. Den Referenten, Berichterstattern und Diskussionsteilnehmern ist dafür zu danken, dass sie in geduldiger Arbeit die Lesbarkeit ihrer Beiträge hergestellt haben. Schliesslich danke ich dem Birkhäuser Verlag Basel dafür, dass er das Buch, von zur Verfügung gestellten Druckvorlagen ausgehend, produziert, in sein Verlagsprogramm aufgenommen und den Organisatoren zuhanden der Teilnehmer zu günstigen Konditionen überlassen hat.

1

Standortbestimmung und Problemerfassung

Umschreibung des Themas

Ein rationaler Umgang mit den Risiken technischer Systeme – das sind alle vom Menschen geschaffenen, betriebenen und beeinflussten Systeme – scheint im Prinzip denkbar einfach. Man müsste – ohne den grundsätzlichen Nutzen der Technologien aus den Augen zu verlieren – die Risiken in technischen Systemen analysieren und bewerten, dann festlegen, was akzeptierbar ist und schliesslich durch Verzicht auf gewisse Aktivitäten und mittels Einsatz geeigneter Sicherheitsmassnahmen die Risiken auf das festgelegte akzeptierbare Mass heruntersetzen. Die Praxis sieht völlig anders aus. Das Gefährdungspotential wächst, die Ansichten klaffen weit auseinander, die Ratlosigkeit steigt, Gespräche ersticken in gegenseitiger Unduldsamkeit, ein Konsens ist nicht zu finden. Angesichts der Nachhaltigkeit von Handeln und Unterlassen dürfen wir so nicht weitermachen.

Die grundlegenden Probleme und Ursachen sollen herausgearbeitet und Ansatzpunkte für eine Lösung der offensichtlichen Probleme aufgezeigt werden.

Inhaltsverzeichnis

Risiko und Sicherheit technischer Systeme, Monte Verità,

J.S.: Frau Prof. Gronemeyer war Lehrerin, dann hat sie sich - vor rund 20 Jahren - in die Friedens-, Partizipations- und Konfliktforschung begeben. Sie hat doktoriert mit einer Arbeit des Titels "Motivation und politisches Handeln" und sich habilitiert mit einer Schrift unter dem Titel "Bedürfnisse - Gegenbedürfnisse - Bedürfnislosigkeit". Ich entnahm diese Information dem Klappentext eines rororo-Bandes aus ihrer Feder unter dem Titel "Die Macht der Bedürfnisse". Heute ist Frau Gronemeyer Professorin für Erziehungs- und Sozialwissenschaft an der Fachhochschule Wiesbaden.

Sicherheitsbedürfnisse und Lebensrisiko

Marianne Gronemeyer, Witten, BRD

Ich beginne mein Referat mit einem zusammengeschnittenen Zitat von E.M. Cioran: "Den Aberglauben an das Beste erfunden zu haben, die Vorstellung, daß jeder Schritt vorwärts einen Sieg über das Böse bedeutet, das ist unser verderbliches Privileg. Zweifelsohne kommen wir voran, aber wir machen keine Fortschritte. Zahlen müssen wir für alles. Für jede Tat müssen wir büßen. Der geringste Schritt vorwärts wird eines Tages bereut, denn all unsere Errungenschaften wenden sich letztlich gegen uns. Wir hätten die Dinge auf sich beruhen lassen sollen. Der Mensch hätte sich nicht der Tat verschreiben, sondern in die Passivität eintauchen sollen und selber mit einer einzigartigen Gleichgültigkeit anfangen und enden sollen. Die 'Zivilisation' ist im Grunde ein Irrtum und der Mensch hätte in enger Verbindung mit den Tieren, kaum von ihnen unterschieden leben sollen. Auf keinen Fall hätte er das Stadium des Hirten überschreiten sollen. Die Krönung eines Lebens läuft letztlich auf ein tadelloses Mißlingen hinaus." [1].

Was ist das für ein Mensch, der am Ende seines Lebens ein solches Resümee zieht? Ein Zyniker, der die Errungenschaften der menschheitlichen Bemühungen genießt und sich dabei noch den Luxus ihrer Verteufelung leistet? Ein Nostalgiker, der aus Überdruß am Überfluß sich in ein idyllisches Hirtenleben hineinphantasiert, dessen Härte und Fragilität in fideler Realitätsverleugnung mißachtend? Ein Narr, der ausspricht, was andere nicht einmal zu denken wagen? Ein Verzweifelter, dem angesichts einer Moderne, die auf die Höhe der Zeit gekommen ist, 'Hoffnung' nur noch als ein anderes Wort für 'Feigheit' gilt (G. Anders)? Oder ein skeptischer und mutiger Klardenker, der nach der Abdankung der Metaphysik konsequenterweise sich vor der "Allmacht des endgültigen Nicht-Sinnes" (E.M. Cioran) beugt? Einer, der sich nicht in champagnerfröhlichen Illusionismus flüchtet oder in die nächste Generation von Macherphantasien, die neue Heilserwartungen auf neue Techniken richtet? Einer, der angesichts des Zustandes unserer Welt und der sie bevölkernden Menschen sich auf Ausweglosigkeit statt auf wohlfeile Vertröstung einrichtet? Ich verhehle nicht meinen Respekt für jemanden, der so genau hinzusehen riskiert. Er hat sich keine gemütliche Lebensperspektive gewählt, sondern sich in 'sinnentleerte Obdachlosigkeit' (Schopenhauer) begeben. Aber es geht ja nicht nur um Respekt vor einer Haltung, es geht vor allem auch um die Frage, ob ich Cioran folge, wenn er im 'Aberglauben an das Beste' den Stoff erkennt, aus dem die modernen Katastrophen gemacht sind. Vieles oder alles spricht dafür, daß die unbeugsame Optimierungspflicht, unter die sich die Moderne gestellt sah, ihr zum Verhängnis wurde. Das Katastrophische, zu dem unsere Gegenwart zusammengewachsen ist, ist ein Ergebnis der gnadenlosen Besserungswut des modernen Menschen. Verfolgen wir die Spur dieser Idee zurück zu ihren Ursprüngen.

Der Namen, die man unserer Gesellschaftsform gegeben hat, um sie auf den Begriff zu bringen, um sie in ihrem Wesen zu kennzeichnen, sind viele: man hat sie Industriegesellschaft genannt oder spätkapitalistische Gesellschaft, Arbeits - Freizeit- und Konsumgesellschaft. Man hat sie zur Überflußgesellschaft ernannt. Man hat ihr die Attribute demokratisch, marktwirtschaftlich, sozialstaatlich verpaßt usw. usw.

Der Tatbestand aber, der sie am umfassendsten charakterisiert, hat soziologisch überhaupt keine Beachtung gefunden: Wir leben in einer Gesellschaft, die den Tod ausgesperrt hat. Davon ist zu reden, wenn wir uns der Frage nach den gesellschaftlichen Sicherheits- und Risikokonzepten zuwenden wollen: von der Aussperrung des Todes.

Das Leben als Lebensspanne

Der Kulturhistoriker Egon Friedell wagt eine auf das Jahr genaue Markierung des Beginns der Moderne: 1348, das Jahr der Schwarzen Pest. Nicht also die Erfindungen und Entdeckungen des späten 15. Jahrhunderts (1992, am 3. August werden wir mit Gewißheit ein 500-jähriges Jubiläum der Moderne feiern: den Aufbruch Columbus' in die Neue Welt), nicht die Ablösung des ptolemäischen durch das kopernikanische Weltbild stellen den Grundimpuls des Projekts der Moderne aus dieser Optik dar, sondern eine tödliche Krankheit der europäischen Menschheit, ein unheimliches Massensterben, das mindestens ein Drittel der damaligen europäischen Bevölkerung dahinraffte. Angesichts dieses Grauens beschreibt Petrarca zum ersten Mal in der europäischen Geistesgeschichte den Tod als ein lebensverneinendes Prinzip, das die Würde des Menschen bedroht. Zugleich wird der Tod als Naturereignis entdeckt, als eine unabänderliche Naturgewalt. Er hört auf, ein heilsgeschichtliches Ereignis zu sein. Er ist nicht länger ein Übergang in eine neue Existenz, sondern ein endgültiges Ende. Natürlich setzt sich diese Erkenntnis nicht mit einem Schlage durch, sondern braucht, ehe sie allgemein wird, Jahrhunderte.

Aber im Jahrhundert der Pest, im chaotisch genannten 14. Jahrhundert, beginnen die alten übergreifenden Ordnungen brüchig zu werden, der einzelne wird auf sich selbst zurückgeworfen, die Geschichte des Individualismus beginnt. Das Bewußtsein von der Einzigartigkeit eines jeden Lebens kommt auf. Aber der Preis für die Einzigartigkeit ist hoch. Ihre Kehrseite ist eine gesteigerte Todesfurcht. Das einzigartige Leben ist kostbar und durch den Tod auf eine ganz andere Weise bedroht als das in eine Ordnung eingebettete, das nur ein Glied in der Kette von Werden und Vergehen ist.

Kurzum, am Beginn der Moderne ändert der Tod sein Gesicht. Er wird zum *Skandal*, der seine Bekämpfung herausfordert. Als *Naturereignis* fällt er unter das Programm der Naturbeherrschung und als *individuelles Schicksal* macht er das Leben zu einer Selbstverwirklichungsaufgabe.

Die Fortschrittsidee der Moderne ist ein Aufstand gegen die demütigende Todesverfallenheit des Menschen, eine Kampfansage an die Grundunsicherheit menschlicher Existenz, die vom Zufall oder einem launigen Schicksal regiert zu werden scheint.

Aber nicht nur der Tod, sondern auch das Leben wird umgewälzt am Beginn der Moderne. Es wird als biologische Lebensspanne konstituiert. Es wird buchstäblich zur einzigen und letzten Gelegenheit; jedoch nicht – wie vormodern – zur letzten Gelegenheit der Rettung der Seele vor dem Höllenfeuer, sondern zur letzten Gelegenheit für die Anhäufung von Lebenskapital. Das Leben gerät unter das Gesetz der Akkumulation. Es wird *panisch*. Neben den Tod tritt ein anderer, beinah noch ärgerer Widersacher des Lebens: das *Versäumnis*.

Die Anstrengung der modernen Weltveränderung hat - entsprechend ihrem Urantrieb, den Tod zu bekämpfen und dem Versäumnis zu entgehen - *drei Stoßrichtungen:*

- sie muß das Leben *sicherer* machen
- sie muß das Leben *schneller* machen
- sie muß das *Fremde tilgen.*

Die Sicherheitsobsession

Sicherer, um es vom Zufall zu befreien. Descartes setzt die Befreiung von Überraschung auf das Programm der modernen vernunftgemäßen Weltgestaltung: "Die Hauptursache der Furcht ist die Überraschung; deshalb kann man sich am besten von ihr befreien, wenn man alles vorher sich überlegt und auf alle die Dinge sich vorbereitet, welche durch die Scheu vor ihnen sie (die Furcht M.G.) veranlassen können." [3]. Überraschung soll durch Planung und Organisation eliminiert werden. Vormodernes Bewußtsein war tief durchdrungen von der Erfahrung, "daß es immer anders kommt, als man denkt. Die Moderne hat die alte Ökologie menschlicher Macht und Ohnmacht aus den Angeln gehoben. Beflügelt von einem geschichtemachenden Gemisch aus Optimismus und Aggressivität hat sie die Herstellung einer Welt in Aussicht gestellt, in der es kommt, wie man denkt, weil man kann, was man will." P. Sloterdijk [4]). Als sicher gilt alles, was *gemacht* ist, was kontrolliert und verwaltet ist oder was zumindest machbar, kontrollierbar und verwaltbar ist. Alles, was mit dem Makel der bloßen Gewordenheit behaftet ist, alles, was 'von selbst' ist, alles, was nur Geschehendes ist, alles Passivische also, alles was Ereignis ist, muß mit Verfügbarkeit durchdrungen werden. Sonst ist es im Rohzustand des Wilden und daher gleichermaßen unvollkommen und bedrohlich. Aus dieser Perspektive kann die Atombombe als der Inbegriff des Machwerks durchaus dem Sicherheitssektor, dem gesicherten Terrain zugeschlagen werden, während eine medizinisch nicht überwachte Geburt als extrem unsicher und daher verantwortungslos anzusehen ist.

Das letzte völlig ungesicherte Terrain ist die Zukunft, das was ungemacht auf uns zukommt. Deshalb richtet sich die Sicherheitsbegehrlichkeit jetzt auf das bedrohliche wilde Noch-Nicht. Die Zukunft soll durch radikale Vergegenwärtigung bezwungen werden. Die Zukunft wird buchstäblich in die Gegenwart hereingezerrt. Ein ungewisses Noch-Nicht wird in ein handhabbares, verwaltbares, behandelbares Schon-Jetzt verwandelt.

Der Beschleunigungsimperativ

Das Leben muss *schneller* werden, um ihm möglichst viel Realität zuzuführen, um die begrenzte Lebensspanne bis zur Neige auszukosten. Dieser Impuls setzt die *'allgemeine Mobilmachung'*, als die P. Sloterdijk die Moderne charakterisiert (wobei er sich mit voller Absicht einer Kriegsvorbereitungsmetapher bedient), in Gang. Unter der Versäumnisangst wird die Lebenszeit knapp und die Lebensgier unersättlich. Alles, was dauert, dauert zu lange. Erwartung, das Warten wird zur Qual und zur Vergeudung von Zeit. Ungeduld wird zur Tugend und Effizienz, d.h. die größtmögliche Veränderung der kürzesten Zeit rückt zum höchsten gesellschaftlichen Wert auf.

Die Kluft zwischen dem, was als Möglichkeit denkbar und dem, was in der knappen Lebenszeit realisierbar ist, wird unerträglich. 'Jeder Rückstand gegen als möglich Gedachtes erzeugt Weltmißbefinden' (H. Blumenberg [5]). Aus dieser Unerträglichkeit erklärt sich die Neigung einer jeden Gegenwart, sich als vorletztes Stadium der Geschichte zu begreifen, sich in einer Art positiver Endzeit zu wähnen; eine Selbsttröstung, derer noch jede vom Fortschrittsglauben durchdrungene Epoche bedurfte: nur der letzte Durchbruch steht noch aus, bevor man den Ertrag der Gesamtgeschichte in die eigene Scheuer fahren kann. Die Zuversicht, mit der sich eine Epoche in die Universalerbschaft und Endgestalt der Geschichte hineinphantasiert, wird aufgeboten gegen die kränkende Erfahrung, immer nur Durchgangsstadium für einen höheren Fortschritt zu sein, dessen Nutznießer die Späteren sein werden. Sie dient dem Selbstschutz vor einem übersteigerten Generationenneid. Zugleich ist die Naherwartung ein geschichtsmächtiger Impuls, der der Fortschrittsidee, wann immer sie ins Stocken geriet, neue Schubkraft verlieh und weitere Beschleunigung erzwang. Auch wegen dieses Neides auf die kommenden Generationen, muß die Zukunft herein in die Gegenwart.

Nachdem nun allerdings der Fortschrittsglaube abgewirtschaftet hat, nachdem im Namen des Fortschritts Weltveränderungen kaum noch zu legitimieren sind, werden wir Augen- und Ohrenzeugen eines Schismas zwischen den einstmals Fortschrittsgläubigen. Die einen halten die Idee der Endzeit fest, nur jetzt mit umgekehrten Vorzeichen: der Höhepunkt der Fortschrittsepoche ist überschritten, und wir können sagen, wir sind auf dem Gipfel gewesen. Nicht wir müssen die Späteren beneiden um die Früchte unserer Mühen, sondern unsere Nachkommen werden notgedrungen uns beneiden, die wir (angesichts des Zusammenbruchs der Fortschrittsidee) am Kulminationspunkt der Geschichte gestanden haben. Das ist der Ausweg in den Zynismus und den postmodernen 'Schnuppizismus'.

Die andern halten unbeirrt an der Fortschrittsidee fest, nur verpassen sie ihr einen andern Namen: 'Leben'. Heute werden gigantische technische Eingriffe im Namen des Lebens vollzogen. Daran zeigt sich, daß die Expertenmacht durchaus ein Bewußtsein für Eleganz hat. Die Fortschrittsidee bewahrte immerhin noch die Erinnerung daran, daß sie Opfer kostet: Wo gehobelt wird da fallen Späne. Gegen den Fortschritt konnte man namens der Opfer noch polemisieren. Aber wer vermag etwas gegen das 'Leben' zu sagen. Leben ist das neue Universale geworden, unter der Hand, kaum merklich.

Verstehensfeldzüge

Drittens: Die *Tilgung des Fremden* . Sie hat den gleichen Ursprung. Als Fremdes birgt es bedrohliche Überraschungen und ist damit ein Anschlag auf die Berechenbarkeit der Welt. Das Fremde ist aber auch das schlechthin Andere das, was aus dem eigenen Leben draußen bleibt. Es ist die kränkende Erinnerung an die Begrenztheit des Eigenen, des Lebens als Lebensspanne. Es macht die Kluft zwischen der Lebenszeit und der Weltmöglichkeit unübersehbar. Darum mußte es in gigantischen Verstehensfeldzügen als Fremdes ausgelöscht und zum Gleichen, zum Verstandenen, zum Durchschauten, zum *Entschreckten* begradigt werden. Heute kommt das Fremde nur noch in einer kläglichen Gestalt vor: als Zurückgebliebenes, Rückständiges, Verspätetes. Das Fremde ist entwicklungsbedürftig, das ist das einzige, was von ihm zu sagen ist. Ihm muß zur weltweiten Gleichzeitigkeit und weltweiten Gleichförmigkeit verholfen werden. Sicher kann man nur sein, wenn man sich überall auf der Welt zu Hause fühlen kann. 'The best surprise is no surprise', so lautet der Werbeslogan einer amerikanischen Hotelkette. Die Bekriegung des Fremden, das war zu allererst die Aufgabe der Wissenschaft. "... alles positivierende Forschen ließ sich urdumm und urneugierig von der Hypothese führen, die Welt sei nicht bekannt genug. Richtig ist vielmehr, daß sie nicht unbekannt genug ist; allzu enthüllt steht sie vor unseren Augen und Ohren, und in Wahrheit geht es nicht darum, das Rätsel zu lösen, sondern es vor seinen Lösern zu bewahren." (P. Sloterdijk [6]). Cioran fragt nach der Überlebensmöglichkeit in einer Welt, der ihr letztes Mysterium geraubt wurde, die auf ihre reine Tatsächlichkeit reduziert wurde.

Fehlschläge

Alle drei Strategien der Todesbekämpfung und der Wahrnehmung des Lebens als letzter Gelegenheit sind zutiefst fehlgeschlagen. Die weltweite Gleichmacherei hat die letzte Fremdheit auf die Spitze getrieben. Nie war der Tod fremder als auf dem fortgeschrittensten Stand seiner Bekämpfung. Es ist, als habe sich die ganze ausgelöschte Fremdheit in ihm versammelt und verfinstere von dort aus das allzu durchleuchtete und bekanntgemachte Leben. Nie war die Kluft zwischen Lebenszeit und Weltmöglichkeit größer als auf dem Höhepunkt der Beschleunigung. "Es wurde alles rascher, damit mehr Zeit ist. Es ist immer weniger Zeit", schreibt Elias Canetti. Und das Leben, das immer praller angefüllt werden sollte mit Realität (zuletzt sollte die ganze Welt im Einzelleben Platz nehmen), es wurde immer leerer. Einfach darum, weil wir uns keine Zeit gönnen für die Erfahrung (die nun einmal Zeit braucht), sondern um der Zeitersparnis willen nur noch technisch simulierte Erfahrungen zulassen. An der aber nagen wir uns hungrig mit der Folge, daß die Lebensgier weiter angeheizt wird und noch mehr Beschleunigung erheischt.

Am kontraproduktivsten aber war das Sicherheitskonzept der Moderne. Die Sicherheitsbestrebungen haben eine beispiellose Eskalation von Unsicherheit heraufbeschworen und die Menschheit nicht nur auf Sichtweite, sondern auf Schrittweite an den Abgrund geführt. Diese Grundunsicherheit beruht nicht auf dieser oder jener Entscheidung im Laufe des Projekts Moderne, sondern sie ist eingelagert in die Grundentscheidung, Sicherheit nur vom Gemachten, vom Organisierten und Verwalteten zu erwarten.

Die Frage nach der Sicherung der menschlichen Existenz kann ja prinzipiell auf drei verschiedene Weisen beantwortet werden:

- Es können *erstens* die Sicherheitsansprüche so niedrig gehalten werden, daß sie kompatibel bleiben mit dem, was die Natur freiwillig gewährt. Das setzt eine dem modernen Menschen sehr unvertraute Weise des Umganges mit dem Tod voraus. Der Tod ist nicht der Widersacher, sondern die andere Seite des Lebens.
- Es kann *zweitens*, bei Steigerung der Sicherheitsansprüche, Hand an die eigenen Fähigkeiten gelegt werden. Sicherheit beruht dann auf der körperlichen Geschicklichkeit, der geistigen Wachsamkeit, der sozialen Kompetenz usw. Sicherheit ist eine solche, die man am eigenen Leibe trägt. Sie rührt daher, daß man sich den Gefahren *gewachsen* fühlt. Sie ist mit einem geringen Interesse an der Instrumentalität (Cl. Lévi-Strauss) vereinbar.
- *Drittens* kann Sicherheit an sicherheitsverbürgende Mittel delegiert werden: an Gerät, an Reglements, an Institutionen. Sicher wird man dadurch, daß man gegen Gefahren *gewappnet* ist.

Die Moderne hat sich einem radikalen Monopol des dritten Sicherheitskonzeptes verschrieben. Dieses Konzept ist auf fünffache Weise zerstörerisch.

Erstens: Sicherheit soll garantiert sein. Ist ein Sicherheitsproblem einmal diagnostiziert, so soll es durch entsprechende Gegenmaßnahmen ein für allemal aus der Welt geschafft werden. Garantierte

Sicherheit bedingt ein Grundmuster im Umgang mit einer unsicheren Umwelt: Man erwehrt sich ihrer, statt sich mit ihr zu befreunden (oder sie »leiden zu können«).

Zweitens: Sicherheit wurde zur Obsession, d.h. der Bedarf an Sicherheit verbürgenden Mitteln und Reglements ist unstillbar. Ein für allemal erledigte Sicherheit wirkt nicht etwa beruhigend. Sie stimuliert vielmehr immer ausgeklügeltere, feinsinnigere Gefahrenerkennung, die Entdeckung immer neuer Sicherheitslücken und die immer perfektere und raffiniertere Gegenwehr. Mißtrauen wird zur Tugend. Aber mehr noch: wenn das unendlich bedrohte Leben so ausschließlich an den materiellen und nicht-materiellen Sicherheitsvorkehrungen hängt, dann sind diese wiederum Gegenstand ernstester Sorge und ihrerseits schutzbedürftig. Es muß also Vorbeugung zweiter, dritter und vierter Ordnung geben, die Sicherung der Sicherungen. Das, was wir 'Rüstung' zu nennen uns angewöhnt haben, ist solch äußerste Abstraktion von dem ursprünglichen Zweck, Leib und Leben von Menschen zu schützen.

Drittens: Zur Obsession gewordene Sicherheit treibt dem Leben die Lebendigkeit aus. Leben entscheidet sich nicht mehr daran daß es gelebt wird, sondern daran, daß es hoch genug versichert ist. Sicherheitssucht macht aus ihm, was Jean Baudrillard die trübselige defensive Buchhaltung des Überlebens nennt, von Absicherung zu Absicherung und unter Preisgabe und Verlust von lebenssichernden Fähigkeiten und, gemeinschaftlichen Tätigkeiten.

Viertens: Die Maßlosigkeit der Mittelsucht macht maßlos ressourcensüchtig zum Schaden der Biosphäre, die unter diesem Ansturm zusammenbricht.

Fünftens: Die an den Mitteln hängende Sicherheit ist von der Art, daß meine eigene Sicherheit immer ein Raub an der Sicherheit anderer ist. Mehr noch: Ich bin in dem Maße sicher, wie ich Unsicherheit über andere verhängen kann. Zum Schaden derer, die in dem gnadenlosen Konkurrenzkampf um Sicherheit unterliegen oder ohne Aussicht sind.

Unsere unersättlichen Sicherheitsbedürfnisse sind der gemeinsame Ursprung des atomaren Wahnsinns, des ökologischen Zusammenbruchs und der Unterjochung des größten Teils der Erdbevölkerung.

Resümee

Wie entfernt man sich vom Abgrund? Indem man von ihm zurücktritt. Statt immer weiterer technischer Raffinierung hätten wir uns in der Kunst des Unterlassens zu üben. Das Zurück darf nicht undenkbar sein. Unterlassung und Gelassenheit implizieren die Unduldsamkeit, die empörte Ungelassenheit gegenüber dem Gemachten, aber Gelassenheit gegenüber dem Machbaren.

Worauf ich meine Hoffnung alleine richten könnte, wenn ich noch eine hätte: das wäre ein radikales, ein millionenfaches "Nein danke". Und vor allen Dingen ein solches, das von Wissenschaftern und von Technikern ausgesprochen wird. Da ich von Experten am allerwenigsten ein "Nein danke" erwarte, werden es wohl wieder die Menschen auf der Strasse sein müssen, die dieses ja schon einmal gegen die Kernenergie formuliert haben.

Ich schliesse mit einem Zitat von E. Chargaff: "Da nun kommt in meinen Überlegungen wieder das Unvorstellbare zur Geltung. In jedem dicken Pessimisten sitzt ein kleiner Optimist, der hinaus möchte. Sollte dieser am Ende recht behalten? Ich grüße ihn aus großer Ferne, diesen Optimisten, wie er im Jahre 2100 eine wieder spartanisch gewordene Welt, die sich des meisten Komforts begeben hat, die mit den Giften und Morden auch die Überheblichkeit losgeworden ist zu glauben, daß es dem Menschen möglich sei, sich durch technische Tricks und Kniffe über sein Schicksal zu erheben." [7].

Literatur

[1] Cioran, E.M.: "Die negative Seite des Fortschritts", in [2], S.660 bis 667.
[2] Sloterdijk, P., Hg.: "Vor der Jahrtausendwende: Berichte zur Lage der Zukunft", Frankfurt a.M., 1990.
[3] Descartes, R.: "Über die Leidenschaften der Seele", Art. 174 und 176.

[4] Sloterdijk, P.: "Eurotaoismus", Frankfurt a.M., 1989.
[5] Blumenberg, H,: "Lebenszeit und Weltzeit", Frankfurt a.M., 1986.
[6] Sloterdijk, P.: "Kopernikanische Mobilmachung und ptolemäische Abrüstung", Frankfurt a.M., 1987.
[7] Chargaff, E.: "Geben Sie mir eine andere Zukunft!", in [2].

Diskussion

Jörg Schneider: Ich danke Ihnen, Frau Gronemeyer. Es steht mir nicht an, Ihren Vortrag zu kommentieren. Ich möchte manchen Satz, den Sie gesagt haben, nocheinmal lesen. Mitschreiben war nicht möglich, das war so dicht, was Sie gesagt haben. Man kann in diesem grossen Kreis nicht recht diskutieren. Aber ich glaube, wir sollten es vielleicht doch versuchen, mindestens insofern, als es vielleicht Fragen zum Verständnis gibt, vielleicht auch die eine oder andere Meinung zu dem, was gesagt wurde.

Georg Erdmann: Vielleicht verstehe ich Ihren Vortrag besser, wenn Sie mir zu folgendem Erlebnis eine Interpretation geben: vor 2 Wochen war ein französischer Freund bei mir, mit seiner Frau, und ich habe heute erfahren, dass er auf einem Kriegsschiff auf dem Weg in den Golf * ist. Das ist nun sicher ein Sicherheitsproblem erster Güte, individuell wie kollektiv - sowie ein Beispiel für die freiwillige Risikoübernahme - er hätte auch in der Schweiz bleiben können. Ein anderes Beispiel: Ich selbst bin in dieser Hinsicht engagiert, indem ich mich bei der freiwilligen Feuerwehr gemeldet habe. Wie interpretieren Sie das?

Marianne Gronemeyer: Wenn die Frage, die Sie mir stellen, eine Stellungnahme zur Golfkrise herausfordert, so antworte ich Ihnen: im Sinne einer Sicherheitsoption, muss alles, und ich betone: alles getan werden, um zu verhindern, dass der erste Schuss fällt. Und persönlich antworte ich: ich bin zu sehr drastischen Einschränkungen meines Lebensstandards bereit, wenn damit verhindert werden könnte, dass deutsche Kriegsschiffe in den Golf entsandt werden, um sich an dem ersten Krieg an der neuen Frontlinie, nämlich gegen die Dritte Welt, zur Sicherstellung *'unseres'* Öls zu beteiligen.

Bruno Fritsch: Ich habe zwei Fragen. Warum haben Sie sich so kapriziert auf eine sehr negative Interpretation der Befindlichkeit des heutigen Menschen, und weshalb haben Sie nicht diesen fairerweise auch die Qualitäten des Menschen, die er als ein umfassendes Wesen hat, nämlich Neugier, Spielsucht, Zuwendung, Liebe gegenübergestellt. All dies kam nicht vor in Ihrem Vortrag. Meine zweite Frage ist: Halten Sie es für falsch, was 1983 im Nachrüstungsbeschluss der NATO passiert ist, der letztlich dazu geführt hat, dass Osteuropa dank der Überlegenheit der USA auf wirtschaftlichem *und* militärischem Feld von der sowjetischen Tyrannis befreit werden konnte?

Marianne Gronemeyer: Ich halte dies selbstverständlich für falsch. Ich habe etliche Sitzblockaden vor den Stationierungsorten dieser neuen Gattung von Völkermordmaschinen mitgemacht. Natürlich kenne ich das Argument von der 'politischen' Funktion der atomaren Rüstung, das Argument von ihrer kriegsverhindernden, weil abschreckenden Wirkung. Da aber die abschreckende Wirkung zuletzt auf der Bereitschaft ihres Einsatzes beruht, ist jedes Argument zu ihren Gunsten, insbesondere die Beteuerung des Nichteinsatzes zutiefst unmoralisch. Es gibt kein Argument für die Opportunität von Völkermordgerät, an dem ich mich beteiligen könnte.
Zudem gehört schon eine gute Portion Geschichtsklitterung dazu, die sowjetische Abrüstungsinitiative als einen Erfolg der Stationierung zu verbuchen. Allenfalls in dem Sinn, dass die weltweite Friedensbewegung *gegen* die monströse Hochrüstung ein politisches Klima geschaffen hat, dass einen solchen ersten Schritt überhaupt erst ermöglicht hat. Aber das war ja wohl mit der Frage nicht gemeint.

Wolf Häfele: Ich habe Schwierigkeiten, Ihnen zu folgen. Vielleicht könnte ich das, wenn die Weltbevölkerung auf dem Stand nach dem 2. Weltkrieg, nämlich bei 2 Milliarden Menschen stehengeblieben wäre. Heute haben wir 5 und gehen auf 10 Milliarden. Bisher war die Technik in der Lage, das Bevölkerungswachstum zu überholen. Wenn das Bevölkerungswachstum wirklich dann der Grund ist für die Probleme, die Sie ansprechen, was schlagen Sie vor, um das Bevölkerungswachstum zu reduzieren? Die Pest?

Marianne Gronemeyer: Ich finde diese Frage unzulässig. Wie soll ich Ihnen eine Antwort auf *die* Frage des 20. Jahrhunderts geben.

---

* Der Irak hatte vor drei Wochen Kuwait besetzt. Zur Zeit der Drucklegung war der Golfkrieg - Irak gegen eine multinationale Koalition - mit beispielloser Härte im Gang.

Wolf Häfele: Aber Sie sagen doch, wir sollen uns alle reduzieren und still verhalten. Also was sagen Sie dagegen, dass wir bald mit 10 Milliarden Menschen leben?

Marianne Gronemeyer: Ich weigere mich, auf diese Frage zu antworten.

Wolf Häfele: Ich registriere das, dass Sie das nicht können.

Gustav W. Sauer: Was ist denn Ihre Antwort, Herr Häfele?

Wolf Häfele: Klüger zu sein als das dumme Bevölkerungswachstum. Bisher waren wir klüger als das Bevölkerungswachstum.

Gustav W. Sauer: Frau Gronemeyer, darf ich eine andere Frage stellen: Sie meinen, dass unsere Gesellschaft den Tod ausgesperrt hat. Wieso begrenzen Sie denn das auf den Tod? Eigentlich müsste man sagen, unsere Gesellschaft hat das *Leid an sich* ausgesperrt.

Georg Erdmann: Das stimmt doch gar nicht. Was machen denn diese Leute, die auf diesen Kriegsschiffen sind? Meinen Sie, dass die den Tod ausgesperrt hätten? Das ist doch Unsinn. Meinen Sie nicht, dass die mit dem Tod kämpfen?

Jörg Schneider: Das ist jetzt ein gutes Beispiel für die Gefahren, in die wir hier in Ascona laufen.

Wolf Häfele: Nein. Man muss auch Gegensätze aushalten können. Was hier gesagt wurde, war sehr extrem. Dann kann es um der Wahrheit Willen doch gar nicht anders sein, dass extrem geantwortet wird.

Marianne Gronemeyer: Ich geb' Ihnen vollkommen recht: wir leben in einer auf Leidabwehr spezialisierten Gesellschaft. Unser Weltbild ist zweigeteilt. Wir verehren einen reinen positiven Mehrwert des Lebens und bekämpfen dessen jeweiliges Gegenteil als das Unwesen, das das Wesen des Menschen bedroht. Das Unwesen versuchen wir aus der Normalität auszusperren, um so das Wesen des Menschen rein, aseptisch, keimfrei, ungetrübt zur Geltung zu bringen. Die Setzung der Gegensätze zieht sich durch alle Bereiche menschlichen Lebens: Krankheit-Gesundheit; Verrücktheit-Normalität; Leid-Freude; Irrationalität-Vernunft; Hässlichkeit-Schönheit, wie Sie wollen. Aber der Grundgegensatz, aus dem alle andern abgeleitet werden, ist der zwischen Tod und Leben. Der Tod erscheint als die Urattacke auf das Wesen des Menschen. Ein Hinweis noch: Aus der Grenzziehung zwischen Wesen und Unwesen resultiert die unglaubliche Macht derer, die die Normalität definieren, die also über Zugehörigkeit und Nicht-Zugehörigkeit entscheiden.

Ortwin Renn: Zunächst zwei Anmerkungen: Die erste bezieht sich auf Ihr Eingangszitat und ihre Interpretation. Mir scheint es problematisch, Technik und auch Kultur, die aus der Technik hervorspringt, als etwas Unnatürliches anzusehen. Meine Gegenthese lautet, Kultur und Technik sind gerade die Wesensmerkmale des Menschen. Der Evolutionsvorteil des Menschen besteht darin, diese seine Möglichkeiten zur kulturellen Gestaltung auszunützen. Im Grunde genommen wäre es entmenschlichend, wenn wir auf diese Befähigung zur Gestaltung unseres Biotops verzichten würden. Die zweite Anmerkung ist eher anekdotisch und bezieht sich auf die Beispiele, die Sie aus den USA gebracht haben. Alle diese Beispiele sind richtig. Nur in den USA leben 250 Millionen Menschen. Es gibt zu jedem Beispiel 100 Gegenbeispiele. Der exzessive Glaube an die Machbarkeit durch Technik ist eine Seite der USA-Kultur, der Anstieg des Irrationalismus, des Fundamentalismus, des Weggehens vom Rationalismus die andere. Die Evolutionstheorie darf z.B. nicht mehr als einzige Lehre in Kalifornien gelehrt werden. Daneben muss auch die Kreationslehre mitbehandelt werden. Das macht mich ebenso besorgt wie eben die Exzesse der übertriebenen Techniksucht, die Sie erwähnt haben. Die amerikanische Gesellschaft ist gross und divers, so dass dort alle Extreme vertreten sind. Im Moment konstatiere ich eher eine Welle zurück zum Holistischen, zum Teil auch zum Irrationalen. Nun zu meiner Frage: Sie haben gesagt, dass es eine der Hauptaufgaben moderner Gesellschaften ist, den Tod hinauszuschieben. Das tun wir hier und versuchen es auch in den Entwicklungsländern. Sie haben auf die vielen Probleme hingewiesen und aufgezeigt, dass wir natürlich die Wahl hätten, dieses Aufschieben zu unterlassen. Können wir es jedoch ethisch verantworten, jemanden sterben zu lassen, von dem wir glauben, dass wir ihm zu einem menschenwürdigen Leben verhelfen können?

Marianne Gronemeyer: Das ist natürlich eine entscheidende Frage. Lassen Sie mich darauf mit zwei persönlichen Erfahrungen antworten. Ich bin Augenzeugin zweier Tode gewesen in meinem Leben, des Todes meiner Grossmutter und des Todes meiner Mutter. Zwischen diesen beiden Toden lagen dreissig Jahre. In ihnen hat sich eine dramatische Veränderung vollzogen. Die Grossmutter starb auf dem Treppenabsatz, als sie einen Besuch bei ihrer Tochter machen wollte. Dort ereilte sie ein Herzanfall. Sie hatte die Gewissheit, dass sie an diesem Herzanfall sterben würde, nachdem sie ähnliche schon viele Male überlebt hatte. Sie drückte diese Gewissheit in ihrem letzten Satz aus: 'Ach Gott, ick blief dot', ach Gott, ich sterbe. Die Tante lief in die Wohnung und holte eine Decke und einen Stuhl, und die Grossmutter starb. Es wäre beiden nicht in den Sinn gekommen, dass dieser Tod in die Zuständigkeit des Arztes gehört hätte. Heutzutage müsste sich die Tante womöglich verantworten wegen unterlassener Hilfeleistung. Aber damals starb die Grossmutter nicht an einer Krankheit, sondern am Alter. Heute hingegen kann man nur noch an der Medizin sterben. Ein Tod ohne ihr Zutun wäre unerhört aufsässig.
Die Mutter kam im Alter von siebzig Jahren in Berührung mit dem Medizinsystem und war von da an in ihm gefangen. Ihre Herzanfälle waren von anderer Art. Sie fragte sich nicht: 'Kommt der Tod?', sondern: 'Muss ich 110 wählen? Versäume ich etwas, wenn ich es nicht tue? Oder bereite ich den Menschen Ungelegenheiten, wenn ich es tue, und der Ernstfall bleibt aus?'. Der Mutter die Intensivstation zu verweigern und die Aufwendung der fortgeschrittensten medizinischen Praktiken, hätte den Geruch von Euthanasie. Auch für uns Kinder war es unmöglich 'Nein' zu sagen zu 'lebensverlängernden Massnahmen', nachdem sie einmal in Reichweite waren, obwohl ich mich immer mit aller Entschiedenheit dagegen ausgesprochen hatte. Medizinische Techniken, die einmal in die Welt gesetzt werden, erzwingen ihre Anwendung. Oder wie wollten Sie entscheiden, wem und unter welchen Umständen sie zu verweigern wären. Von einem bestimmten Alter an nicht mehr? Von einer bestimmten Zahlungsunfähigkeit an nicht mehr? Von einer bestimmten Erfolgsunwahrscheinlichkeit an nicht mehr? Darin liegt ja gerade der Fluch jener Haltung des 'Can implies Ought': Was technisch möglich ist, das muss getan werden. Technische Entscheidungen sind allzuoft besinnungslos gegenüber den moralischen Unentscheidbarkeiten, die sie mitproduzieren.
Wir sind ja Zeitzeugen einer Umstülpung der Fragerichtung in der Medizin. Es wird nicht mehr gefragt werden, wie lange man Leben maschinell erhalten darf, sondern, wie lange man es unbedingt muss. Aus Kostengründen, versteht sich. Die Diskussion um humanes Sterben wird sich enorm beleben. Aber nicht wegen des menschenwürdigen Sterbens, sondern wegen der Unbezahlbarkeit der Intensivmedizin. Dann aber ist 'humanes Sterben' ein geschönter Begriff für Euthanasie. Nachdem die Medizin diesen Weg gegangen ist, kann ihre Verweigerung nur noch jede/r einzelne für sich selbst leisten. Es ist aber ungeheuer schwer, sich als einzelne/r dem Zugriff der Medizin zu entziehen.

Ortwin Renn: Vielen Dank für diese persönliche Antwort. Lassen Sie mich darauf auch eine persönliche Anmerkung machen. Mein Vater hatte mit 78 einen Schlaganfall und dank der modernen Intensiv-Medizin hat er überlebt. Er hat damit 3 bis 4 Jahre seines Lebens gewonnen. Die Konfrontation mit dem Tod hat ihm das Leben mehr denn je als Geschenk nahegebracht. Er hat neue Chancen wahrgenommen und Dinge erlebt, die er vorher aus Überarbeitung nie hat wahrnehmen können. Für ihn wäre die Alternative "sterben lassen" eine Versäumung seines Lebensinhaltes gewesen. Natürlich gibt es Extremsituationen, in denen man jemanden künstlich am Leben hält, der, von Tode gezeichnet, keine Überlebenschance hat. Aber die Medizintechnik hat ja nicht nur das geleistet. Wenn ich an die Krebserkrankungen denke, die uns ja in allen möglichen Lebenslagen und Altersstufen treffen können, dann hat uns die Medizin doch enorme Fortschritte und Erleichterungen gebracht. Oder die Aidskranken, die sicherlich alle den Wunsch haben weiterzuleben, würden alles daran setzen, um etwas zu finden, das ihre Krankheit heilen kann. Im Gegensatz zu Ihnen glaube ich, dass die Möglichkeiten, die wir heute haben, Leben zu verlängern, von denjenigen, die diese in Anspruch nehmen, mit grosser Freude und Dankbarkeit angenommen werden. Natürlich gibt es einige wenige Grenzfälle, wo Lebensverlängerung Qual bedeutet. Aber wir dürfen meines Erachtens das Kind nicht mit dem Bad ausschütten.

Marianne Gronemeyer: Sie können doch nicht allen Ernstes die Ausplünderung der Dritten Welt durch die Industrienationen noch zu einem Segen umdeuten wollen. Wir leisten uns eine Medizin, die so ungeheuer teuer ist, dass sie die Ausbeutung anderer Lebensbereiche geradezu voraussetzt. Sie müssen doch die Perspektive der Dropouts einnehmen.

Ortwin Renn: Das ist nicht wahr. Die Lebensspanne grade in vielen Entwicklungsländern, etwa in Bangladesh, ist dramatisch angestiegen, d.h. unser Medizinsystem hat es geschafft, selbst in Drittweltländern trotz der mannigfachen Probleme der Bevölkerungsexplosion eine Lebensspanne zu erreichen, die für diese Länder bis vor 50 Jahren völlig undiskutabel war. Der Medizinexport hat nicht nur den Alten geholfen, sondern kam vor allem den Kindern zugute.

Joan S. Davis: Die Frage ging darum, ob wir lediglich Zuschauer sein dürfen, wenn wir Probleme – z.B. schwere Krankheiten – erkennen, und meinen, einen Beitrag, beispielsweise mittels Gentechnologie, leisten zu können. Unsere Hilfsbereitschaft hört sich nobel an, und liefert eine Existenzberechtigung für Forschung und Eingriffe, deren Ziele nicht durchschaubar sind und deren Auswirkungen nicht abzusehen sind. Schon dies muss unsere "Bereitschaft" in Frage stellen. Der positive Eindruck schwindet weiter, wenn wir auch noch berücksichtigen, wie viele Menschen wir krank machen, als "Nebenwirkung" unseres Konsumverhaltens: In Industrieländern durch zu viele Kalorien; in den Entwicklungsländern durch zu wenig ... nicht zuletzt durch unser Importfutter; oder in fast allen Ländern durch die Anwendung giftiger Chemikalien in der intensiven Landwirtschaft, mit Folgen für Trinkwasserquellen und Nahrungsmittel.
Unser hoch entwickeltes technisches System schafft dauernd neue Risiken, zum grossen Teil schleichende, die weniger gut zu erkennen sind. Diese werden fast vernachlässigt, während wir uns der "Rettung" in dramatischeren Einzelfällen widmen. Was für Risiken schaffen wir mit solchen Lösungen? Warum widmen wir uns nicht in erster Linie der Vermeidung der Probleme? Diese Problematik gehört auch zum Themenkreis der Tagung.

Ruedi Bühler: Ich möchte etwas sagen zum Verlauf der Diskussion. Ich habe Mühe gehabt, viele der eingebrachten Ideen überhaupt zu verstehen, und ich habe lange nicht alles verarbeitet. Was mich erstaunt hat, ist die schnelle Konfrontation. Mir würde es besser passen, wenn wir vielleicht in dieser Woche zuerst mal versuchen, den anderen zu verstehen, um dann erst nachher Gegenargumente einzubringen.

Fortunat Steinrisser: Ich möchte in die gleiche Kerbe schlagen wie Herr Bühler. Ich verstehe den Vortrag von Frau Gronemeyer so, dass sie uns provozieren wollte. Ich finde, wir sollten uns nicht bemühen, ihr zu beweisen, dass sie unrecht hat. Das wäre nämlich der Untergang der ganzen Tagung. Wir brauchen diese Spannung, und ich fände es gut, wenn wir den Text des Vortrags einmal in Ruhe verarbeiten könnten.

Wolf Häfele: Ich habe meiner Irritation, glaube ich, explizit Ausdruck verliehen. Ich halte es für unmöglich, gegen die Technik zu sein, wenn die Bevölkerung so schnell wächst wie jetzt. Aber ich bin Ihren Darlegungen ausdrücklich dahin gehend gefolgt, dass die Nöte, auch die begrifflichen Nöte unserer Auseinandersetzung mit der Sicherheit, daher kommen, dass wir den Tod verneinen und die Zukunft in die Gegenwart hereinnehmen als Argument, als Versicherung gegen den Tod. Und das möchte ich in der Tat noch ein wenig diskutiert wissen und auch besser verstehen. Ich habe mich die ganze Zeit über gefragt, ob es ein Plädoyer für die Technik sei. Man kann von der Technik eben nichts Absolutes erwarten, sowenig wie man etwas Absolutes erwarten kann von der Hoffnung, etwas gegen die Technik zu unternehmen.

Jörg Schneider: Ich hatte Frau Gronemeyer gebeten, hier zu versuchen, ein Fundament zu legen. Natürlich ist dieses Fundament das Fundament, auf dem Frau Gronemeyer steht, und vielleicht der eine oder andere in diesem Saal. Wir werden morgen weiterarbeiten an diesem ersten Tagesthema "Was ist überhaupt das Problem?" Ich glaube, dafür ist der Vortrag eine gute Grundlage.

Marianne Gronemeyer: Ich will nur eine Richtigstellung machen: Ich habe kein Spiel gespielt mit Ihnen, um Sie zu provozieren. Ich habe meiner Verzweiflung Ausdruck gegeben. Und die ist ernst. Was ich gesagt habe, ist mir bitterernst.

Jörg Schneider: Das ist es uns allen hier, sonst wären wir nämlich nicht alle für fünf Tage hierhergekommen.

Risiko und Sicherheit technischer Systeme, Monte Verità,

J.S.: Herr Ueberhorst lebt als freier Planer und Publizist in Berlin und Elmshorn. Er betreibt ein "Beratungsbüro für diskursive Projektarbeiten und Planungsstudien" mit Arbeitsschwerpunkten in der "Planung von inter- und metadisziplinären Verständigungsprozessen zu kontrovers diskutierten technologischen Entwicklungsmöglichkeiten". Ich habe das ganz bewußt so herabgelesen, wie ich es im Klappentext eines seiner Bücher gefunden habe. Ich habe mit ein paar Worten Mühe, aber Herr Ueberhorst wird uns hier sicher weiterhelfen. Herr Ueberhorst war Mitglied des Deutschen Bundestages, Mitglied und Vorsitzender mancher Kommissionen, z.B. Initiator und Vorsitzender der Enquête-Kommission "Zukünftige Kernenergiepolitik" des 8. Deutschen Bundestages.

Sicherheitsphilosophischer Konsensbedarf als Herausforderung für Politik und Wissenschaften

Reinhard Ueberhorst, Elmshorn, BRD

I

Ja, vielen Dank Herr Schneider. Meine Damen, meine Herren, unter uns sitzen sicherlich viele, die Bücher geschrieben haben und auch Opfer des Ansinnens von Verlagen geworden sind, für Klappentexte zur Person mit einem Satz zu sagen, wer man sei. Ich bin gern bemüht, die gegebene kurze Beschreibung dessen, was ich mache und gemacht habe, in meinem Vortrag zu erläutern. Dabei konzentriere ich mich auf die Arbeitsfelder, die mir einen Zugang zu dem Tagungsthema erlauben, das Professor Schneider für den heutigen ersten Tag unserer Arbeitstagung formuliert hat.

Ich beziehe mich gerne auf seine Formulierung. Ich halte das von ihm ausgegebene Thema für die Montagsreferenten, "Standortbestimmung und Problemerfassung", für sehr gut. Die Kurzbeschreibung dieses Tagesthemas lautet:

> "Ein rationaler Umgang mit den Risiken technischer Systeme – das sind alle vom Menschen geschaffenen, betriebenen und beeinflußten Systeme – scheint im Prinzip denkbar einfach. Man müßte – ohne den grundsätzlichen Nutzen der Technologien aus den Augen zu verlieren – die Risiken in technischen Systemen analysieren und bewerten, dann festlegen, was akzeptierbar ist und schließlich durch Verzicht auf gewisse Aktivitäten und mittels Einsatz geeigneter Sicherheitsmaßnahmen die Risiken auf das festgelegte akzeptierbare Maß heruntersetzen. Die Praxis sieht völlig anders aus. Das Gefährdungspotential wächst, die Ansichten klaffen weit auseinander, die Ratlosigkeit steigt, Gespräche ersticken in gegenseitiger Unduldsamkeit, ein Konsens ist nicht zu finden. Angesichts der Nachhaltigkeit von Handeln und Unterlassen dürfen wir so nicht weitermachen."

Nun sollen wir "die grundlegenden Probleme und Ursachen" herausarbeiten und "Ansatzpunkte für eine Lösung der offensichtlichen Probleme" aufzeigen. Zur Diskussion dieser Fragen möchte ich einen Beitrag einbringen.

Am Anfang einer Tagung läßt sich gut fragen: Mit welchen Gemeinsamkeiten gehen wir in diese Woche, wie verstehen wir welche Problematiken gemeinsam? Und wenn wir das nicht können, wie bezeichnen wir sie wenigstens gemeinsam? Wenn wir uns das heute zum Ziel setzten, dann möchte ich hierzu gerne etwas beitragen, indem ich konsensdefizite und dissensgenerierende, also die für Dissense verantwortliche Faktoren umkreisen und, so gut es geht, auch beschreiben werde, und dabei immer die Maxime im Auge zu behalten versuche, die Herr Professor Schneider freundlich an uns alle adressiert hat: "Nicht so weiterzumachen!" Er hat dies nicht weiter spezifiziert. Wir sollten dies heute tun und diskutieren, wer denn wie nicht weitermachen soll; wer in der Wissenschaft, wer in der Politik, wer in der Wirtschaft so nicht weitermachen soll. Und was heißt "so"?

Ich werde versuchen, sowohl kritisch zu sprechen als auch Anregungen zu geben und Vorschläge zu machen. Wie könnte man anders weitermachen oder besser, neu anfangen?

II

Den Wunsch von Herrn Schneider aufnehmend skizziere ich in meinen Worten, wie ich auf die Dinge zugehe, wie ich arbeite, ein bißchen ausführlicher als im Klappentext. Mir geht es im Wesentlichen um sechs Aufgaben, die ich in meinem "Beratungsbüro für diskursive Projektarbeiten" in der Regel mit interdisziplinären Teams und mit Projektpartnern zur Einbeziehung verschiedener normativer Denkweisen bearbeite. Zu den Mitgliedern der interdisziplinären Teams gehören in der Regel Kollegen mit besonderen philosophischen, historischen, natur- oder sozialwissenschaftlichen Kompetenzen. Als Projektpartner müssen kluge und kooperationsbereite Vertreter kontroverser Geltungsansprüche gewonnen werden. Wenn dies nicht möglich ist, breche ich eine geplante diskursive Projektarbeit nach der explorativen Phase (vorerst) ab.

Sechs Aufgaben möchte ich kurz skizzieren. Zuerst nenne ich, was die Amerikaner "coining the issues" nennen. Wie wollen wir Problematiken beschreiben? Was können wir lernen über die Komplexität von Problematiken? Was müssen wir lernen über die begrenzte Möglichkeit, aus einzelnen Disziplinen oder gar aus einzelnen politischen Haltungen heraus eine Problematik zu verstehen und was hat das für Folgen? Was müssen wir lernen, damit wir nicht den Anlaß einer Diskussion mit dem Thema verwechseln?

Als Anlaß können wir z.B. den schnellen Brüter in Kalkar nehmen oder das gentechnisches Produkt BST. Das sind Anlässe für politische Diskussionen, aber sind es auch die Themen? Das Thema, das hinter solchen Anlässen steht, ist in Wirklichkeit viel komplexer. Wir finden es in der Regel mit dem Anlaß und seiner Diskussion nicht vor. Wir müssen das BST einbetten in ein Verständnis von zukünftiger Landwirtschaft, und jeder, der das mal gemacht hat – ich habe das beispielsweise jetzt in der Enquête-Kommission Technikfolgenabschätzung des Deutschen Bundestages machen dürfen – oder jeder, der das mal beim Brüter gemacht hat – das haben wir 1979/80 im Deutschen Bundestag in der Enquête-Kommission "Zukünftige Kernenergiepolitik" [2] machen können-, der merkt dann, wie ein solcher Diskussionsanlaß einzubetten ist in einen komplexeren Kontext und wie sich dann auch die Alternativen nicht als Ja oder Nein zum BST oder zum SNR 300 darstellen, als eine Ja- oder Nein-Diskussion zu einem isolierten technischen System, sondern, wie sich Alternativen herausarbeiten lassen, systemare Alternativen, komplexe Alternativen verschiedener Zukünfte der Landwirtschaft, oder verschiedene Zukünfte von Energiesystemen zur Erbringung von Energieleistungen.

Das Herausarbeiten solcher systemarer Alternativen ist eine eigenständige Aufgabe, die ein gezieltes Zusammenwirken verschiedener Denkschulen und Disziplinen voraussetzt. Das muß geplant, das muß moderiert, das muß kooperativ durchgeführt werden und verlangt eine eigenständige methodische Anstrengung. Dies – die Konzeptualisierung komplexer Alternativen – ist eines der sechs Arbeitsfelder, in dem ich mich engagiere und worüber ich mit Ihnen dann aus meiner Erfahrung oder meinem Nachdenken sprechen kann.

Ein zweiter für praktische Arbeitsprozesse hervorzuhebender Komplex betrifft die Frage: Wie müssen wir uns in Arbeitsprozessen zur Konzeptualisierung komplexer Alternativen verhalten? Komprimiert gesagt, anderswo ausführlicher beschrieben, möchte ich sagen: wir alle – damit jeder sich selbstkritisch einbeziehen kann – wir alle tendieren dazu, lieber aus einer bestimmtem Konzeption heraus zu argumentieren und dann auch Rationalität für den Kontext, in dem wir jeweils argumentieren, für uns zu beanspruchen. Als Politiker neigen wir dazu, für sogenannte "Politikberatung" Wissenschaftler zu rekrutieren. die unsere jeweilige Position unterstützen können. Wir neigen dazu, Wissenschaftler, die diese Position nicht unterstützen, eher zu diskreditieren oder auszugrenzen. Wir neigen dazu, Arbeitsprozesse zur Erarbeitung anderer Positionen nicht unbedingt zu fördern, sondern lieber an der Vertiefung unserer eigenen Position und Argumentation interessiert zu sein. Wir müssen dieses positionsgeprägte Denken und Agieren von politischen Akteuren und auch Wissenschaftlern verstehen und ein Alternativmodell gelingender kompositioneller Kommunikationsprozesse vor Augen haben und darüber nachdenken, wie wir uns verständnisorientiert verhalten müssen.

Ein drittes Arbeitsfeld betrifft die Frage der Werte. Wir alle wissen, daß wir in einer Zeit leben, in der wir sehr fundamentale Konflikte über das haben, was wir normativ als gutes, richtiges Leben empfinden. Dann können wir uns fragen: Haben wir eigentlich bei dem Aufbau der großen Institutionen, die wir haben, von den Großforschungszentren über große Konzerne bis hin zu Parlamenten und Universitäten gefragt, wie sie arbeiten müssen, um ihren Beitrag zu diesen normativen Verständnisprozessen leisten zu können und diese nicht zu erschweren? Wir können uns alle, immer, auch für diese Tagung, fragen: Sind wir der Meinung, daß wir in der Gestaltung von Institutionen und Arbeitsprozessen dem Aspekt der Wertfindung, der Wertabstimmung, der normativen Konsensfindung die richtige Dimension geben? Glauben wir, daß wir dafür genug Zeit und auch genug Raum lassen oder kommt das zu kurz? In meiner Wahrnehmung gibt es hier erhebliche Defizite.

Wir können finanziell Milliardenbeträge, wie es dann so schön heißt, in die Entwicklung "neuer Techniken" investieren, doch wir nutzen zu wenig Ressourcen, um die Wertfragen in diesen Zusammenhängen zu behandeln. Woran liegt das eigentlich? Da wir hier in diesem Raume aus ganz verschiedenen Institutionen kommen, sollten wir uns darüber gut austauschen können.

Die drei weiteren Arbeitsfelder, die ich aus Zeitgründen nur noch benennen kann und in der Diskussion gerne skizziere, betreffen das Design problemadäquater Institutionen und Prozesse, ihr Management und publizistische Reflexionen zu den skizzierten Arbeiten.

III

Auch im Anschluß an die gestrige Diskussion über Rationalität und Irrationalität im Kontext mit Risikopolitik möchte ich nun kritisch im Sinne der Maxime von Herrn Schneider einige Erwägungen vortragen, wie wir nicht vorgehen oder weitermachen sollten.

Meine Kritik konzentriert sich auf die Art und Weise, wie wir Risikopolitik gemacht haben. Ich kann dabei natürlich in erster Linie nur über mein Heimatland sprechen, über die Institutionen, die wir geschaffen haben, um wissenschaftlich und politisch Risikopolitik zu machen. Meine Kritik zielt auf Kategorien, die wir gewählt oder entwickelt haben, auf Methoden, mit denen wir glauben, risikopolitische Entscheidungen vorbereiten oder durchführen zu können.

Im Mittelpunkt meiner Kritik steht eine Kritik der sogenannten Sicherheitswissenschaft oder des Anspruchs, Sicherheitsurteile durch sogenannte Experten treffen zu können. Im konstruktiver Hinsicht schlage ich vor, den Konsensfindungsprozeß als einen sicherheitsphilosophischen Verständigungsprozeß zu verstehen, und zu fragen, wie weit wir damit gekommen sind, wie wir diese Aufgabenstellung verstehen und was wir dafür tun müßten. Ausführlichere Hinweise finden Sie in einem 1990 veröffentlichten Buchbeitrag, den ich zusammen mit meinem holländischen Kollegen Reinier de Man, einem Chemiker, geschrieben habe (Ueberhorst/de Man 1990 [6]). Ich glaube, der sicherheitsphilosophische Verständigungsprozeß könnte eine Überschrift sein zu dem Versuch, die hier von Herrn Schneider skizzierten und beklagten Konsensdefizite schrittweise, so es denn geht und wir damit nicht leben müssen, aufzuheben. Wenn wir Sicherheit als ein gesellschaftliches Urteil über die Akzeptabilität von Risiken verstehen, müssen wir für diese Urteilsprozesse adäquate interaktive Arbeitsprozesse zwischen Wissenschaften und Politik organisieren. Für diese müssen wir zuerst einmal verstehen, was die derzeit konfligierenden sicherheitsphilosophischen Denkweisen sind.

Wir haben derzeit noch das ganze Spektrum verschiedener Denkweisen vor uns (Ueberhorst 1990 [7]). Herr Häfele wird ja noch sprechen und vielleicht sein Konzept der Bereitschaft zur Hypothetizität vortragen. Diese Bereitschaft zur Hypothetizität ist für Häfele [3] dort gefordert, wo wir nicht mehr mit dem trial-and-error-Prinzip vorgehen können. Wildavsky [9] hat in diesen Jahren noch einmal einen Versuch gemacht, kraftvoll für ein revival des trial-and-error-Prinzips zu argumentieren. Christine von Weizsäcker und andere haben sich bemüht, das Konzept der Fehlerfreundlichkeit als Hauptleitbild zu formulieren [8]. Dies sind schon drei verschiedene Denkweisen.

Wir haben 1980 in der Enquête-Kommission gesagt, die Risiko-Produktformel, nach der ein Risiko als Produkt von Eintrittswahrscheinlichkeit und Schadensausmaß konzeptualisiert wird, ist für die Akzeptabilität nicht mehr hinreichend, insofern wir nicht nur das Produkt in dieser Form akzeptieren können müssen, sondern auch das Schadenausmaß akzeptabel sein muß, das denkbar ist. Da sind wir aber stehengeblieben und es stellt sich nun die Frage nach der operativen Interpretation eines solchen normativ postulierten Schadensausmaß. Wie groß darf es denn sein und wie übersetzen wir das in technisches Tun? Wir werden vielleicht von Herrn Niehaus etwas über verschiedene Reaktorkonzepte hören, womit diese Fragestellung aufgenommen wird. Wir haben leider keinen Referenten, der das für die Gentechnik durchbuchstabiert.

Nach dem, was ich gestern zur Irrationalität gehört habe, ist es mir ein Bedürfnis, zum Thema "Irrationalität" etwas zu sagen. Hier geht es um die beliebte Kritik an einem Irrationalismus der jeweils anderen. Dabei denke ich auch an die Polemik, die ich in dem Buch von Herrn Fritzsche zur angeblichen Irrationalität der Gesellschaft finde.

In einem Satz zugespitzt gesagt, sage ich, wenn jemand die Irrationalität der anderen kritisiert, ist dies häufig eine Variante seiner Ignoranz. D.h. er kann sich kein Bild machen von dem Kontext, aus dem heraus ein anderer argumentiert, und von der Pluralität verschiedener Rationalitäten. Das ist sehr schlecht für Kommunikationsprozesse, weil niemand mit jemand anderem wird sprechen können, der nicht den Kontext versteht, in dem der andere argumentiert. Ich unterscheide für mich z.B. in der Kernenergiediskussion weniger, ob jetzt jemand für oder gegen Kernenergie ist. Ich glaube, daß diese Dichotomisierung: Kernenergiegegner – Kernenergiebefürworter nicht am Anfang stehen sollte. Es ist wichtiger, ob wir es mit jemandem zu tun haben, der bemüht ist, die Pluralität von Kontexten, aus denen heraus argumentiert werden kann, zu verstehen, oder, ob jemand nicht darum bemüht ist. Irrationalität manifestiert sich für mich darin, wenn jemand diese Kontextualisierung verweigert und gleichwohl vorgibt, an einem Verständigungsprozeß teilnehmen zu wollen. Das ist für mich irrational. Irrational ist es auch, wenn jemand glaubt, er könnte nur das von ihm vorgetragene Entwicklungsmodell für rational halten und müßte frühere oder andere Lebensmodelle oder Lebensweltmodelle a priori deshalb schon für schlechter halten, weil sie im Fortschritt der Lebensmodelle historisch früher artikuliert worden wären.

Irrational ist für mich auch das, was im Anschluß an Barbara Tuchmann als "moderne Torheit" bezeichnet werden kann (Ueberhorst 1986 [5]).

Ich weiß nicht, wer von Ihnen dieses wunderschöne Buch von Barbara Tuchmann über die Torheit der Regierenden kennt (Tuchmann 1984 [4]), es ist für mich genauso wie Weinbergs oder Häfeles Schriften eine Pflichtlektüre zu unserem Tagungsthema. Die klassische Torheit der Regierenden beruht darauf, daß in der Vergangenheit die Regierenden bessere Alternativen, obwohl sie vorgeschlagen worden waren und obwohl sie den eigenen Zielen besser gerecht geworden wären, ignoriert haben. Ein Beispiel ist, wie es der Katholizismus geschafft hat, obwohl er die Reformation nicht hervorbringen wollte, genau das zu leisten. Die moderne Torheit heute besteht darin, daß die Regierenden heute Alternativen gar nicht mehr ignorieren können, weil sie schon ihre Erarbeitung unterbunden haben.

Dies mußten wir beispielsweise Mitte der 70er Jahre schmerzhaft empfinden, als wir in eine Kernenergiekontroverse hineinkamen und, da der Prozess der kooperativen Konzeptualisierung der komplexen Alternativen noch nicht geleistet war, diesen nachholen mußten historisch eher zu spät als zu früh. Ein Kennzeichen der Irrationalität ist es, wenn eine Diskussion mit Ja oder Nein fokusiert wird auf eine bestimmte Frage, ohne daß man die Alternativen erarbeitet hätte, die hinter dieser Ausgangsfrage stehen. Das ist eine Frage, die insbesondere natürlich an die Universitäten zu adressieren ist, und die sehr kritisch ist für unsere Gesellschaften, die wir uns alle rühmen freie Gesellschaften mit freier Meinungsäußerung zu sein. So steht es in unseren Verfassungen. Aber was ist ein Recht auf Meinungsfreiheit, was ist ein Recht, seine Meinung sagen zu können? Was ist dieses Recht eigentlich wert, wenn man nicht das Recht hat, seine Meinung zu erarbeiten? Zu hochkomplexen Technologien eine eigene Meinung zu erarbeiten, setzt die Freiheit voraus, wissenschaftliche Ressourcen für die Erarbeitung seiner Meinung mobilisieren zu können. Wir alle haben sicherlich schon einmal beobachtet, daß Kontroversen häufig so stattfinden, daß auf der einen Seite die Professoren aus berühmten Instituten stehen und auf der anderen Seite Diplomanden oder Doktoranden oder nur Bürger. Hier müssen wir eine Aufgabe in der Beseitigung von disparitären Meinungserarbeitungskapazitäten erkennen, weil dies eine Grundvoraussetzung dafür ist, Meinungsfreiheit herzustellen.

Ich kritisiere weiter eine Option der naiven Kontinuität, die wir vielleicht in diesem Raum wie bei anderen Tagungen selten wiederfinden, die aber in unseren Gesellschaften noch stark verankert ist. Zu kritisieren sind ferner diejenigen, die bei der Formulierung besserer Postulate stehenbleiben, ohne die Umsetzbarkeit mitzudenken. Ich habe selbstverständlich nichts dagegen, wenn jemand Postulate, wie es besser gemacht werden könnte, formuliert. Wenig hilfreich aber ist es, wenn wir uns zu wenig bewußt machen, daß das praktische Durchbuchstabieren, das Operationalisieren der Postulate genau so wichtig ist wie ihre Formulierung. Mir hilft es wenig, wenn ich in der Risikodiskussion höre: "in dubio pro malo". Wenn ich befürchten muß, daß das ein gigantischer Attentismus ist, wo im Zweifelsfall gar nichts getan wird. Ich sage auch ganz freimütig, das ist auch eine Kritik an den Kathederphilosophen, an viele unserer Universitätsphilosophen und an Autorenphilosophen, die sich immer wieder auf ihre Einzelarbeit, auf ihre einzelne Publikation oder auf das Ausarbeiten einzelner Maximen konzentrieren und sich dabei zu wenig in kooperative Arbeitsprozesse hineinbegeben, wo solche Maximen gemeinsam mit anderen Menschen gesellschaftlich umsetzungorientiert zu diskutieren wären.

Ich kritisiere, wenn eine präventive Praxis ausgeblendet oder eine neue Praxis mit dem Motto vertagt wird: Später werden wir das besser lösen können. Oder nach dem Motto: Das kommt wahrscheinlich gar nicht so schlimm, wir wollen erstmal abwarten. Manche von Ihnen werden jetzt an Beispiele denken können, wo solche Formulierungen aktuell waren, beispielsweise jetzt im Zusammenhang mit der Klimadiskussion und der amerikanischen Administration.

Ich polemisiere auch dagegen, wenn wir Institutionen und Arbeitsprozesse haben, die der Qualität der Problematik nicht gerecht werden, weil sie immer wieder noch versuchen, ein Thema als wissenschaftlich zu behandeln, was aber transwissenschaftlich, was politisch, was ethisch ist, was eine gesellschaftliche Verständigung voraussetzt. Wir müssen immer wieder kritisieren, wenn in unseren Gesellschaften prätendiert wird, transwissenschaftliche Aufgaben wissenschaftlich lösen zu können, und anschließend wundert man sich, wenn die Wissenschaftler sich streiten, weil sie in verschiedenen politischen Kontexten argumentieren und denken, oder man wundert sich darüber, daß man mit den Expertisen, die man sich als Politiker von einem Institut hat machen lassen, in der Öffentlichkeit nicht mehr reüssiert.

Wenn wir verstehen, daß Wertkomponenten in der Entwicklung unserer Technologien und in ihrer Beurteilung? und das heißt auch in der Beurteilung von Sicherheit – so wichtig sind, dann können wir vielleicht auch verstehen, daß wir gegenwärtig die Aufgabe haben, öffentliche Werte, Leitvorstellungen zu erarbeiten. Das können wir nur in Prozessen, die an dieser Aufgabe orientiert *und* demokratisch sind, d.h. wir können das nicht einzelnen Fachmännern oder einzelnen Fachfrauen überlassen. Ich habe die Sorge, daß wir die Notwendigkeit dieser kooperativen Leitbildarbeit zu wenig erkennen.

Es ist dann auch über die interne Arbeit der scientific community hinaus erforderlich, mehr in der Gesellschaft, in der bürgerlichen Gesellschaft Politik zu machen und weniger vom Staat und seinen Institutionen die Akzeptanzbeschaffung oder die Klärung solcher komplexen Streitfragen zur Gentechnik oder zur Kernernergie zu erwarten. Wir sollten dann auch aufhören, solche Fragen in einer dichotomischen Weise Pro oder Kontra, im "Ja-oder-Nein-Stil" zu behandeln. Wir sollten uns bemühen, interaktiv zwischen politischen und wissenschaftlichen Bürgern, die auch politisch denken, die Problematiken so herauszuarbeiten, daß die langfristigen Zukunftsalternativen, die verschiedenen Entwicklungsmöglichkeiten, die wir vor uns haben, uns besser bewußt sind, wenn wir in Streitprozesse zur richtigen technologischen Entwicklung hineingehen. In diesem Zusammenhang benutze ich das Kürzel "K4" – die Aufgabe der "kooperativen Konzeptualisierung komplexer Kontroversen". K4-Aufgaben zu erkennen und uns ihnen zuordnen, das wäre ein Startpunkt. Jeder kann sich dieser Frage zuzuordnen, sei er jetzt Gärtner oder Reaktorbauer oder Chemiker oder was auch immer, sei er in der Wirtschaft, in der Wissenschaft, in der Politik tätig. Jeder kann sich fragen, wie ist eigentlich meine Rolle in diesen K4-Prozessen, die wir gesellschaftlich vor uns haben, wenn wir uns verständigen wollen.

IV

In der schon erwähnten Publikation [6] habe ich eine Krise der Form der bisherigen Risikodiskussion ausführlicher zu analysieren versucht. Dabei konnte ich Erfahrungen und Anregungen reflektieren, die ich seit meiner Mitarbeit in der pluralistisch besetzten Enquête-Kommission zur Kernenergiepolitik eben durch die kontinuierliche Arbeit mit klugen Vertretern kontroverser Denkweisen gewonnen habe.

Ich möchte davon ausgehen, daß Sie z.B. Herrn Häfele und mich zu dieser Arbeitstagung eingeladen haben, weil Sie mit dem Polyprojekt in der Schweiz auch unsere Erfahrungen mit risikobezogenen Verständigunsprozessen aufnehmen wollten. In diesem Sinne darf ich Ihnen zur Erwägung geben, mit Ihrem Projekt auch einen Beitrag zur Erneuerung politisch-wissenschaftlicher Kooperationsformen anzustreben.

Wenn Sie mit Ihrem Projekt "Risiken und Sicherheit technischer Systeme" einer Bearbeitung zuführen, dann wird deutlich werden, daß Sie als Wissenschaftler sehr viel mehr Fragen aufwerfen als beantwortet werden können. Die Beantwortung dieser Fragen setzt allerdings ihre problemadäquate Formulierung und damit wissenschaftliche Vorarbeiten voraus.

Selbst wenn wir wissen, daß wir nicht mehr nach der Produktformel arbeiten wollen, wie lautet dann die neue Formel und wie übersetzen wir sie in technisches Tun? Die Techniker und Technikerinnen können Vorschläge machen, aber sie sollten nicht beanspruchen, jenseits ihrer intratechnischen Verständigung über das, was sie als gute Technik entwickeln wollen, auch noch für die Gesellschaft entscheiden zu wollen, was eine sichere Technik ist. Wir sollten vielmehr wissen, wie es auch schon zu Beginn der 70er Jahre geschrieben worden ist – und ich zitiere deswegen Häfele, weil er unter uns ist, und es auch geschrieben hat und aus dieser community kommt, daß, wie Häfele es damals geschrieben hat, die Naturwissenschaftler "nicht mehr notwendigerweise der führende Partner" in diesem Verständigungsprozess sind. Wenn es in der Bescheidenheit "nicht die führenden Partner" heißt, so heißt das ja nicht, daß man sich abmelden will, ganz im Gegenteil. Es heißt auch nicht, daß man einem anderen die führende Rolle geben wollte. Es bedeutet vielmehr, daß man versteht, daß wir im Kreise von Politik, Bürgern, Wissenschaftlern und Unternehmen neue Prozesse organisieren müssen, Verständigungsprozesse, in denen diese vielfach facettenreichen Fragenkomplexe erst einmal intelligenter erarbeitet werden, um dann in gesellschaftliche Verständigungsprozesse eingebracht zu werden (Burns/Ueberhorst 1988 [1]).

Meine Befürchtung ist nicht, daß wir an der Fülle der Kontroversen und Streitfragen Schaden nehmen, sondern durch die Qualität, wie wir diese Kontroversen behandeln. Die Maxime von Professor Schneider "Nicht so weitermachen" möchte ich also in diesem Beitrag übersetzt und hoffentlich ein bißchen dahingehend konkretisiert haben, daß wir mit unserer Kenntnis der Qualität notwendiger Verständigungsprozesse neue Formen einer konsensorientierten Argumentationskultur entwickeln müssen. Angesichts der wissenschaftlich-technisch geprägten Qualität der Verständigungsaufgaben zur postulierten Sicherheit technischer Systeme benötigen wir als demokratische Gesellschaften nicht zuletzt einen Typus interaktionsbereiter Wissenschaftler, die sich an der Identifizierung und Klärung dieser Verständigungsaufgaben jenseits falscher traditioneller Expertenansprüche beteiligen.

Ich möchte abschließend betonen: Unsere Fähigkeit, neue, bessere Formen zu entwickeln, wird nicht größer sein als unser Unbehagen an den alten Formen. Dieser Tagung wünsche ich, daß sie einen Beitrag zum Unbehagen an den gegenwärtigen Formen der politischwissenschaftlichen Verständigung wird leisten können.

Literatur

[1] Burns, T./Ueberhorst, R.: Creative Democracy. Systematic Conflict Resolution and Policymaking in a World of High Science and Technology. New York, Praeger 1988

[2] Deutscher Bundestag: Zukünftige Kernenergie-Politik. Kriterien – Möglichkeiten – Empfehlungen. Bericht der Enquête-Kommission des Deutschen Bundestages. Zur Sache Teil I und II, Bonn 1980

[3] Häfele, W.: Hypotheticality and the New Challenges: The Pathfinder Role of Nuclear Energy. in Minerva 3/1974, 303-322

[4] Tuchmann, B.: Die Torheit der Regierenden. Von Troja bis Vietnam. Frankfurt/M. 1984

[5] Ueberhorst, R.: Technologiepolitik – was wäre das? über Dissense und Meinungsstreit als Noch-nicht-Instrumente der sozialen Kontrolle der Gentechnologie. in: Kollek, R. u.a. (Hg.): Die ungeklärten Gefahrenpotentiale der Gentechnologie, München 1986

[6] Ueberhorst, R./de Man, R.: Der Stand der internationalen Diskussion über Risiken und Verantwortung – Eine aufgabenorientierte Interpretation. in: Schüz, M. (Hrg.) Risiko und Wagnis. Die Herausforderungen der industriellen Welt, Bd. 1, Pfullingen 1990

[7] Ueberhorst, R.: Der versäumte Verständigungsprozeß zur Gentechnologie-Kontroverse. Ein Diskussionsbeitrag zur Vorgehensweise der Enquête-Kommission "Chancen und Risiken der Gentechnologie". in: Grosch, K. u.a. (Hrg.) Herstellung der Natur? Stellungnahmen zum Bericht der Enquête-Kommission "Chancen und Risiken der Gentechnologie", Frankfurt 1990

[8] Weizsäcker, Ch. von; Weizsäcker, U. von.: Fehlerfreundlichkeit als evolutionäres Prinzip und ihre mögliche Einschränkung durch die Gentechnologie, in Kollek, R. u.a. (Hg.): Die ungeklärten Gefahrenpotentiale der Gentechnologie, München 1986

[9] Wildavsky, A.: Searching for Safety. New Brunswick and Oxford 1988

Risiko und Sicherheit technischer Systeme, Monte Verità,

J.S.: Herr Dr. Fritzsche ist von Hause aus Maschineningenieur. Nach verschiedenen Forschungs- und Entwicklungstätigkeiten in der Industrie und in den USA war er von 1959 bis 71 technischer Direktor des Eidg. Instituts für Reaktorforschung. Von 1973 bis 1989 war er Mitglied der Eidg. Kommission für die Sicherheit von Kernanlagen und gleichzeitig Experte des Bundesamts für Energiewirtschaft für sicherheitstechnische Fragen. Sein Buch "Wie sicher leben wir" kennen wahrscheinlich viele von uns.

Die Gefahrenbewältigung in einem gesellschaftlichen Spannungsfeld Standortbestimmung und Ausblick

Andreas F. Fritzsche, Pontresina, Schweiz

Gefahren sind allgegenwärtig. Wir können ihnen nicht entrinnen, denn was wir oder andere auch tun, *alles ist mit Gefahren* verbunden. Sicher kann daher niemals risikolos bedeuten. Doch diese Binsenwahrheit scheint heute noch alles andere als Allgemeingut zu sein. Man staune mit mir über eine kürzliche Abstimmungsparole in Basel: "Risiko Null." - "'Ja' zu Sicherheit und zu 'Null Risiko'" (Bild 1). In dieser Aussage steckt schon viel von der Problematik, die uns diese Tage beschäftigen soll.

1. Wahrgenommene Gefahr und Risiko

Es hat sich bei der Diskussion von Sicherheitsfragen als sehr nützlich erwiesen, die Worte: "Gefahr" und "Risiko" nicht, wie dies im allgemeinen Sprachgebrauch üblich ist, synonym zu gebrauchen. Wie die uns zu dieser Tagung mitgegebenen Begriffsumschreibungen dies nahelegen, soll *"Gefahr"* ganz generell die Möglichkeit ausdrücken, dass uns in einer betrachteten Situation ein Schaden entstehen kann. Diese Situation kann sich ergeben aus einer selbst oder durch andere unternommenen Tätigkeit (etwa im Strassenverkehr), aus dem Betrieb einer Anlage (z.B. zur Energieerzeugung) oder durch die Verwendung eines Produkts (z.B. eines Medikaments).

In diesem ganz allgemeinen Sinn aufgefasst, stellt die Gefahr nur *einen* wichtigen Aspekt dar. Die Tätigkeit wird ja unternommen, die Anlage betrieben und das Produkt verwendet, um irgend einen Gewinn zu erzielen.

Für die legendäre Frau und den Mann auf der Strasse steht verständlicherweise dieser Gewinn im Vordergrund, den sie - zum kleinsten Teil bewusst - noch mit vielen weiteren Aspekten in Verbindung bringen. Jede Situation besitzt für sie zahlreiche Bezüge zu ihrer ganz persönlichen Gedanken- und Erlebniswelt, ja zu ihrem Weltbild schlechthin. Auf eine Gefahrensituation gehen sie denn auch normalerweise nicht rational analysierend ein, sondern sie erleben sie im eigentlichen Sinn des Wortes. Ihre Einschätzung erfolgt weit mehr nach dem Gefühl als unter Einsatz ihres Intellekts.

Bild 1: Inserat in der Basler Zeitung

Der Fachmann hingegen wird und muss das Thema "Gefahr" viel konkreter begreifen. Der für die Unfallverhütung verantwortliche Sicherheitsfachmann, der Bearbeiter eines technischen Projekts oder der Hersteller eines Produkts, sie alle brauchen ein Mass, um die Grösse von Gefahren quantitativ zu erfassen, dies um die Wünschbarkeit oder Notwendigkeit von Sicherheitsmassnahmen zu prüfen und um die Wirksamkeit solcher Massnahmen beurteilen zu können. Sie verwenden deshalb den Begriff *"Risiko"* in einem engeren Sinn als Mass für die Grösse einer Gefahr. Von diesem Mass hat der Mann auf der Strasse normalerweise keine Kenntnis. Qualitative Aspekte einer Gefahrensituation sind ihm naheliegender und wichtiger als quantitative.

Wenn man unter einer Gefahr die Möglichkeit versteht, einen Schaden zu erleiden, so stellt das Risiko eine Funktion dar, einerseits von der Wahrscheinlichkeit, dass es zu einem bestimmten Schaden kommt, anderseits von der Höhe dieses Schadens.

Bei dieser Unterscheidung zwischen "Gefahr" mit ihren vielen Assoziationen einerseits, präziser wohl mit *"wahrgenommene Gefahr"* bezeichnet, und "Risiko" anderseits, geht es um weit mehr als um zwei Begriffsdefinitionen. Diese Begriffe stehen für zwei unterschiedliche Betrachtungsweisen, ja für zwei miteinander nahezu unvereinbare Welten. Indem etwa das Wort: "Risiko" undifferenziert einmal für das Eine, dann wieder für das Andere verwendet wurde, sind in der Vergangenheit ganz unnötigerweise unzählige Missverständnisse und sogar härteste Konflikte entstanden, welche die Diskussionen über Gefahren und Sicherheit aufs schwerste belastet haben. Wie mir scheint, ist es vor allem die hier angesprochene Problematik, welche den Anlass zu unserer Arbeitstagung gegeben hat. Ich möchte daher den grössten Wert auf eine säuberliche Unterscheidung der zwei Anschauungsweisen legen, eine Unterscheidung, die am zweckmässigsten bereits mit den verwendeten Begriffen einsetzt, wie ich dies in meinem Buch: "Wie sicher leben wir?" konsequent getan habe.

2. Beispiele von Todesfallrisiken

Ich werde mich im Folgenden auf Gefahren für die Gesundheit beschränken und mich auch hier nur mit Todesfallrisiken befassen. Der Grund für die letztere Einschränkung ist die Tatsache, dass auf vielen Gebieten nur Todesfallstatistiken vorliegen, bzw. nur diese einen eindeutigen Massstab abgeben. Einige Beispiele von Todesfallrisiken sollen den Boden für meine weiteren Ausführungen vorbereiten (siehe Tabelle 1). Aufgeführt ist hier das durchschnittliche individuelle Todesfallrisiko der jeweils gefährdeten Personen, gemessen nach der Zahl der Todesfälle, welche im Verlaufe eines Jahres unter 100'000 dieser Personen statistisch zu erwarten sind.

Tabelle 1: Einige individuelle Todesfallrisiken
Todesfälle pro Jahr pro 100'000 gefährdete Personen

Krankheiten:	
- Krebs, alle Arten (>45j.)	600
- Lungenkrebs, starke Raucher	230
- Lungenkrebs, deren nichtrauchende Gattin	14
- Lungenkrebs, männl. Nichtraucher	7
Berufe:	
- Baugewerbe	60
- Kohlenbergwerk	15 - 50
- Büros, Verwaltungen	3
Strassenverkehr:	
- männl. Autolenker (20-24j.)	33
- Gesamtdurchschnitt (alle Männer)	10
- Fussgänger (>60j.)	10
- Fussgänger (O...59j.)	1,3
Sport:	
- Segelfliegen, Deltasegeln, Fallschirmspringen	180
- Bergwandern	3
- Skifahren (Piste)	1
Verschiedenes:	
- Nahrungsmittelvergiftung (>55 j.)	0,4
- Lebensmittel-Zusatzstoffe	0
- Betrieb eines Kernkraftwerks	<0,01
- Asbestexposition in Schulen	0,0005 - 0,009

Unter den *Krankheiten* spielen im Alter über 45 Jahren die bösartigen Neubildungen - also der Krebs - eine bedeutende Rolle. Der Lungenkrebs steht bekanntlich vor allem den Rauchern und Raucherinnen unter uns in Aussicht, ist doch das Risiko eines täglich mehr als 20 Zigaretten rauchenden Mannes an Lungenkrebs zu sterben um das 30fache höher als dasjenige seines nichtrauchenden Bekannten. Durch diese Gewohnheit wird seine nichtrauchende Gattin zur Sekundärraucherin, mit einer Verdoppelung ihres Lungenkrebsrisikos als Folge.

Dass sich die Risiken bei den einzelnen *Berufen* unterscheiden ist bekannt. Dank der über viele Jahrzehnte systematisch gepflegten Bemühungen um die Unfallverhütung sind aber heute die Risikounterschiede bemerkenswert klein geworden.

Auch die Risiken der vielen *Straßenverkehrsteilnehmer* unterscheiden sich erheblich. Besonders unfallträchtig benehmen sich die jugendlichen männlichen Autolenker. Das Todesfallrisiko der 20- bis 24jährigen ist hier über dreimal höher als der Gesamtdurchschnitt für alle männlichen Lenker. Beim Fußgänger nimmt, wie man sieht, das Risiko im höheren Alter ganz erheblich zu.

In kleinen Gruppen der Bevölkerung besteht eine Neigung zur Ausübung vergleichsweise sehr risikoreicher *Sportarten* wie das Segelfliegen, das Deltasegeln oder das Fallschirmspringen. Die große Masse zieht jedoch relativ gefahrlose körperliche Betätigungen wie das Wandern im Sommer und das Skifahren im Winter vor.

Unter "Verschiedenes" habe ich in die Tabelle noch einige Gefahren aufgenommen, welche in der Öffentlichkeit immer wieder für großes Aufsehen sorgen. Auf diese werde ich noch zurückkommen.

Überblickt man diese Tabelle, so fällt vor allem auf, wie ausserordentlich stark sich die Höhe der Risiken unterscheidet, welche in unserer Gesellschaft eingegangen bzw. ihren Mitgliedern zugemutet werden. Müssen Risiken, welche in den hier gewählten Einheiten den Wert 100 erreichen oder überschreiten, als ausgesprochen hoch bezeichnet werden, so gehören Risiken zwischen 1 und etwa 10 offenbar zu jenen, welche in breitesten Bevölkerungskreisen als unvermeidlich und als ohne weiteres akzeptierbar gehalten werden. Konsequenterweise müssten dann Risiken unter einem Wert von etwa 1 eigentlich als belanglos gelten.

3. Die Wahrnehmung von Gefahren durch den Bürger

An der bereits geschilderten, umfassenden Empfindung von Gefahren durch den Normalbürger sind mehrere Aspekte bemerkenswert, unter denen ich einige etwas näher ausführen möchte.

Zum einen ist die Wahrnehmung sehr *situationsbedingt*. An bekannte Situationen, wie sie täglich auf der Strasse anzutreffen sind, hat man sich längst gewöhnt und ist gegenüber den zum Teil erheblichen Gefahren abgestumpft geworden. Für eine aus eigenen Stücken unternommene Tätigkeit, die im allgemeinen auch den Nutzen unmittelbar erleben lässt, geht man gerne hohe Risiken ein, wie sie beispielsweise in gewissen individuellen Sportarten gegeben sind. Glaubt man dabei noch selbst "Herr der Lage" zu sein, so verleitet dies erst recht dazu, das Risiko zu unterschätzen. Nicht von ungefähr glauben mehr als 80% der Autofahrer, sie seien zur Lenkung ihres Fahrzeuges überdurchschnittlich befähigt.

Umgekehrt ist es verständlich, innerhalb gewisser Grenzen aber auch vernünftig, wenn wir auf neue, uns unvertraute Situationen mit vorsichtigem Verhalten reagieren. Der Grad solch risikoaversiven Verhaltens schlägt aber gern weit über das Ziel hinaus, wie einige noch zu erwähnende Beispiele zeigen werden. Vor allem in Situationen, in denen man unfreiwillig Gefahren ausgesetzt wird, neigen viele dazu, wenn nicht eine absolute, so doch eine ganz extrem hohe Sicherheit zu verlangen. Würden wir in allen Lebensbereichen dieselben Sicherheitsmassstäbe setzen, dann wären wir zur gänzlichen Untätigkeit verurteilt.

Auferzwungene Gefahrensituationen sind meist die Folge von Vorhaben der öffentlichen Hand, die in unser aller Interesse und zu unserem Nutzen unternommen werden. In einer direkten Demokratie werden solche Vorhaben zumeist auch mit unserer Zustimmung, wenn nicht gar auf unser ausdrückliches Verlangen unternommen. Wir sind uns aber kaum noch an den Gedanken gewöhnt, dass wir für diese vielen Leistungen der öffentlichen Hand durch die Übernahme gewisser Lasten und Risiken auch selbst etwas beitragen müssen. Solche Leistungen, wie etwa die Energieversorgung, sind zu einer derartigen Selbstverständlichkeit, ja zu einem eigentlichen Anspruch geworden, dass die Übernahme eines noch so entfernten Risikos als eine arge Zumutung empfunden wird.

An einer kürzlichen Tagung der "American Association for the Advancement of Science" wurde ein Begriff geprägt, der ein Schlaglicht auf dieses Risikoverhalten wirft. Ungewohnte, von aussen auferzwungene, mit neuen Techniken und mit industriellen Profitinteressen verbundene Gefahren weisen ein hohes *"Empörungspotential"* auf. In solchen Fällen kann die Risikobereitschaft um das Tausendfache und mehr kleiner sein als bei vertrauten, freiwillig eingegangenen Gefahren, denen natürlich als Folgen selbstgewollter Tätigkeiten keinerlei Empörungspotential innewohnt.

Ein besonders hohes Empörungspotential scheinen Gefahren aufzuweisen, welche im Zusammenhang mit unserer Nahrung, mit der Qualität unserer Luft und des Wassers, mit Medikamenten und mit der als künstlich empfundenen ionisierenden Strahlung stehen. Auf allen diesen Gebieten wird "die Obrigkeit" für unsere Sicherheit verantwortlich gehalten. Weil die Risikoaversion auf diesen Gebieten vielfach ganz extreme, ja gelegentlich geradezu hysterische Ausmasse annimmt, will ich sie noch etwas konkreter ansprechen.

Da ist einmal die Schlagzeile vom *"Gift in der Nahrung"* zu erwähnen. Mit den heute zur Verfügung stehenden ultraempfindlichen Analysenmethoden werden in sämtlichen Nahrungsmitteln Spuren zahlloser Fremd- und Schadstoffe nachgewiesen. Es können unter Umständen lediglich tausendstels Gramm eines Stoffes in einer Tonne sein, entsprechend einigen Salzkörnern im Schwimmbecken eines Hallenbads. Als diese Schadstoffe früher noch nicht messbar waren, galten die Nahrungsmittel als ungefährlich und gesund. Sind sie denn jetzt plötzlich ungesund geworden, nur weil wir über sie weit besser Bescheid wissen? Wohlverstanden, zum weit überwiegenden Teil sind die festgestellten Schadstoffe natürlichen und nicht etwa "künstlichen" Ursprungs.

Es ist erstaunlich und bedenklich, dass wir im ausgehenden 20. Jahrhundert noch immer nicht die Erkenntnis des vor 450 Jahren tätigen Arztes Paracelsus beherzigt haben, nämlich:

> "Alle Ding sind Gift und nichts ist ohne Gift; allein die Dosis macht,
> dass ein Ding nicht giftig ist."

Wie aus der Tabelle 1 hervorgeht, kommt eine tödliche Nahrungsmittelvergiftung - vorwiegend durch Salmonellen - sehr selten vor, und dann meist bei älteren, gesundheitlich bereits geschwächten Personen. Für alle anderen ist das Todesfallrisiko noch weit kleiner.

Ebenfalls viel zu reden gibt die *"Chemie in unserer Nahrung"*. Darunter sind Nahrungsmittel-Zusatzstoffe gemeint, welche den Lebensmitteln zur Konservierung bzw. zur geschmacklichen oder optischen Beeinflussung beigegeben werden. Alle diese Zusatzstoffe sind strengen Zulassungsvorschriften unterworfen, welche gewährleisten, dass sie für die gesunde Bevölkerung völlig ungefährlich sind. Tatsächlich trat auch noch nie ein Todesfall zufolge eines solchen Zusatzstoffes auf. Die Konservierungsmittel sind im Gegenteil massgeblich dafür verantwortlich, dass das Risiko einer Lebensmittelvergiftung in neuerer Zeit so stark gesunken ist. Sie sind Ersatz für die früher angewandten Konservierungsverfahren, nämlich das Pökeln, Räuchern und Beizen, die als krebsfördernd erkannt worden sind. Unsere Gesundheit ist nicht durch Gifte in der Nahrung bedroht, sondern durch falsche Ernährung und übermässigen Konsum. Ich rufe das durch eine alte satirische Zeichnung aus Simplizissimus in Erinnerung (Bild 2).

Bild 2: Der Rufer in der Wüste

Ganz besonders große Ängste weckt in unserer Gesellschaft die ionisierende Strahlung, die *Radioaktivität*. Nur wenige scheinen sich darüber Rechenschaft zu geben, dass uns die Radioaktivität seit Urzeiten ständig begleitet hat. Der Betrieb der heute bestehenden Kernkraftwerke wird immer wieder als lebensbedrohend hingestellt. Aufgrund der pessimistischen, linearen Dosis-Schaden-Hypothese errechnet sich aus der durchschnittlichen Strahlendosis der Bevölkerung ein hypothetisches individuelles Todesfallrisiko, das kleiner ist als 0,01 (siehe Tabelle 1). Dies ist weniger als 1 Todesfall pro 10 Millionen Personen und Jahr. Nur wenige der Risiken in unserer Gesellschaft sind derart klein.

Schliesslich möchte ich noch die Gefahren des *Asbests* kurz ansprechen. Das Einatmen von Asbestfasern kann zu Lungenkrebs führen. Auch hier ist das Risiko abhängig von der Dosis, also von der Konzentration dieser Fasern in der eingeatmeten Luft. Schon die alten Griechen und Römer kannten die Schädlichkeit von Asbeststaub. Als nun aber in neuerer Zeit einer breiten Öffentlichkeit bekannt wurde, dass viele Schul- und Geschäftshäuser Deckenisolationen aus Asbest aufwiesen, kam es in den USA und bald auch hier bei uns zu geradezu hysterischen Asbestängsten. Die seit einiger Zeit in der Bundesrepublik im Gange befindlichen Sanierungsarbeiten werden Milliarden kosten. Diesem Aufwand steht ein Risiko der Schüler gegenüber, das lediglich im Bereich 0,0005 bis 0,01 liegt (siehe Tabelle 1, letzte Zeile). Die armen Kinder rauchender Eltern sind ungleich höheren Lungenkrebsrisiken ausgesetzt.

In allen diesen und vielen weiteren Fällen, wo das Empörungspotential zwar sehr groß ist, ist hingegen das Risiko sehr klein. Diese Erscheinung könnte man heute treffend mit "Perrier-Effekt" bezeichnen. Dem Perrier-Konzern erschien nach der Entdeckung geringster Spuren von Benzol in ihrem Mineralwasser anfangs 1990 ein Boykott seiner Produkte durch eine empörte Kundschaft als derart wahrscheinlich, dass sie mit einem Aufwand von mehreren 100 Mio. Francs sämtliche 160 Millionen. Flaschen in 120 Ländern vernichtete.

Die tieferen Ursachen für die geschilderten, massiven Unterschiede zwischen der wahrgenommenen Gefahr und der effektiven Größe dieser Gefahr, also des Risikos, sind in erster Linie *persönlichkeitsbedingt*. Der Mensch geht weniger kognitiv als vielmehr intuitiv-affektiv auf seine Umwelt ein.

Die ihm innewohnende Fähigkeit, eine Gefahr zu erkennen und sein Verhalten danach zu richten, ist sein Instinkt, die Angst. Entwicklungsgeschichtlich gesehen hat dieser Instinkt über Jahrmillionen in einer überblickbaren aber feindlichen Umwelt entscheidend zu seinem Überleben beigetragen. Heute ist die Welt mit ihren ständig ändernden Gefahren für den Einzelnen nur noch beschränkt überblickbar und so seiner persönlichen Erfahrung weitgehend entzogen. In unserer hochindustrialisierten modernen Gesellschaft erweist sich deshalb diese subjektive Angst als eine wenig angemessene und nicht selten als eine ans irrationale grenzende Empfindung.

So darf es uns nicht verwundern, wenn die subjektive Einschätzung einer Gefahr nur zu oft in keinem Verhältnis mehr steht zur Höhe des objektiven Risikos. So verschieden die Situationen, so verschieden die Menschen, so verschieden fallen auch die Wahrnehmung und die Wertung von Gefahren aus, als Ausdruck des emotionalen Gehalts der Situation und der psychologischen Veranlagungen des einzelnen Menschen.

4. Einige tiefenpsychologische Hinweise

Was weiss man über den Ursprung solcher Ängste? Der schweizerische Tiefenpsychologe, Carl Gustav Jung, hat hier tiefe Einblicke vermittelt. Unsere Emotionen und unsere Ängste sind Ausdruck des *Unbewussten* in unserer Psyche. Neben gewissen individuell erworbenen Inhalten enthält das Unbewusste vor allem unser ganzes geistiges Erbe aus der Evolution der Spezies homo sapiens. Dieses Erbgut ist universeller Bestandteil unserer aller Psyche. Es besteht gemäß Jung aus den Instinkten und aus sogenannten Archetypen. Instinkte sind Formen des Handelns, die einen quasi zwingenden Charakter aufweisen. Archetypen hingegen sind Formen des Auffassens, Urbilder oft mythologischen Ursprungs, welche unsere Einstellungen prägen.

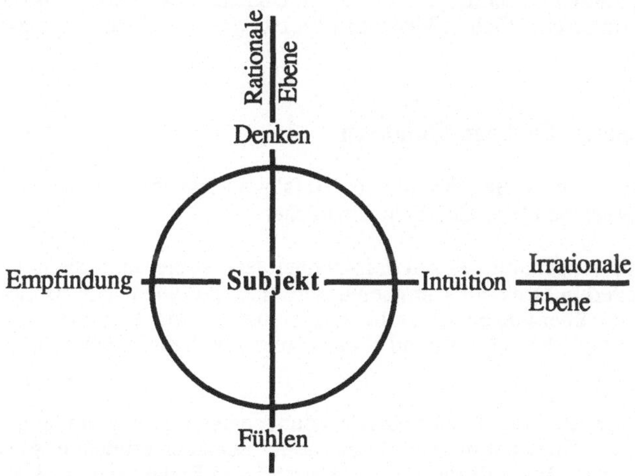

Bild 3: Typologie nach C.G. Jung

Gemäß dem Sonnenarchetypus beispielsweise erscheint die Sonne als Quelle des lebensspendenden Lichts und der Wärme, und sie ist damit zum Gleichnis für das Gute schlechthin geworden. So erscheint denn auch die "göttliche Kraft" der Sonnenenergie in einem ganz anderen Licht als die unheimliche, luziferische Kraft der Atomenergie. Mit der vor einigen Jahren verbreiteten Anti--Atom-Plakette: "Atomkraft? Nein danke" mit dem freundlichen Gesicht der lächelnden Sonne, wurde diese im Unbewussten verankerte Vorstellung in meisterhafter Weise zur Geltung gebracht. Es entbehrt nicht einer gewissen Pikanterie wenn wir wissen, dass ja die Sonnenenergie durch Kernfusions-Reaktionen entsteht, also ebenfalls Atomenergie darstellt. Aber wer weiss das schon?

Wir müssen uns darüber Rechenschaft geben, dass solche irrationalen Manifestationen unseres Unbewussten leicht mit den objektiven Gegebenheiten unseres Lebens kollidieren können. C.G. Jung hat immer wieder die Notwendigkeit betont, sich solcher psychischer Vorgänge bewusst zu werden. Nur so könne ein Rückfall in eine dem heutigen Menschen unwürdige archaische Primitivität vermieden werden, die ihm die Auseinandersetzung mit seiner Umwelt ausserordentlich erschweren kann.

Die Angst ist allerdings nicht nur negativ zu bewerten. Um Ängste zu überwinden wird eine bewusste Auseinandersetzung mit der diese Ängste hervorrufenden Gefahrensituation verlangt. Bilden sie hierzu den Anlass, so schaffen sie die Voraussetzung zur Bewältigung der die Besorgnis auslösenden Situation, sei dies indem Wege aufgezeigt werden, wie das Risiko vermindert werden kann, sei dies indem die Höhe des Risikos sachlicher ermessen wird.

Jung hat sich auch mit der grossen Mannigfaltigkeit der individuellen Psyche auseinandergesetzt. Neben der uns geläufigen Unterscheidung eines introvertierten und eines extravertierten Typus, unterscheidet Jung in einer weiteren *Typologisierung* vier psychische Orientierungsfunktionen, die mit zwei gegensätzlichen Begriffspaaren umschrieben werden können: "Denken" und "Fühlen" als rationale Funktionen einerseits, "Empfinden" und "Ahnen" oder "Intuition" als irrationale Funktionen andererseits (siehe Bild 3).

Durch Empfinden, ebenso wie intuitiv, nehmen wir etwas lediglich als vorhanden wahr, darüber hinaus deuten wir das Wahrgenommene mit unserem Denken, während wir es mit dem Fühlen auch noch bewerten.

Jeder Mensch besitzt grundsätzlich alle diese Eigenschaften, dies aber in recht unterschiedlicher Ausprägung. Durch äussere Umstände und durch die momentane innere Disposition kann sich die jeweilige Gewichtung der einzelnen Anteile auch verschieben. So ist es denn nicht überraschend, wenn verschiedene Menschen dieselbe Sache ganz unterschiedlich auffassen können. Die Konstellation der in jedem von uns wirksamen und durch die Typologie Jungs charakterisierten Veranlagungen hat uns so vordisponiert, dass wir die Welt auf eine ganz bestimmte, subjektive, also höchst persönliche Weise wahrnehmen, und zwar ohne uns dessen überhaupt bewusst zu sein. Was Wunder, dass wir verschiedene Weltanschauungen und Lebensweisen haben, verschiedene Ansichten vertreten und so auch Gefahren unterschiedlich beurteilen. Und kann es da noch jemanden überraschen, wenn zwischen so unterschiedlichen Menschen Meinungsunterschiede oder gar Konflikte entstehen?

5. Die Medien als Informationsquelle über Gefahren

Ich möchte meine Analyse der menschlichen Wahrnehmung von Gefahren nicht abschliessen, ohne kurz auf die Quellen unserer Informationen über Gefahren einzugehen.

Abgesehen von den persönlichen Erfahrungen, die wir seit der Kindheit aus unserer unmittelbaren Umgebung gesammelt haben und weiterhin sammeln, stammen unsere Informationen über die Gefahren in unserer weiteren Umwelt zum überwiegenden Teil vom Hörensagen sowie aus den *Medien*. Die Welt, von der wir durch die täglichen Unfall- und Katastrophenmeldungen erfahren, ist nun eine beängstigende Welt.

Ich denke jetzt nicht an die meist fundierten Artikel und Spezialsendungen der Wissenschaftsjournalisten, welche leider nur einen kleinen Kreis unmittelbar interessierter Personen erreichen, sondern an die Arbeit der nicht spezialisierten Journalisten, Berichterstatter und Redaktoren, welche für den überwiegenden Teil unserer Medieninformation verantwortlich sind.

Wir haben wohl alle die Erfahrung gemacht, dass es mit der Einhaltungen der in Pressegesetzen, Redaktions- und Programmrichtlinien festgehaltenen Grundsätze einer verantwortungsbewussten Berichterstattung, wonach diese wahrheitsgetreu, umfassend, objektiv und sachkundig sein soll, nicht immer zum besten steht. Besonders erschwerend für eine sachliche Meinungsbildung wirkt sich die Dramatisierung und Emotionalisierung vieler die Sicherheit berührender Themen in der Boulevardpresse und in Radio und Fernsehen aus. Diese tragen wacker dazu bei, die Empörung in der Bevölkerung über ausgewählte, aber meist geringe Gefahren, wie ich sie bereits geschildert habe, zu schüren.

Es darf in diesem Zusammenhang nicht übersehen werden, dass die Medienleute auch Menschen sind, mit ihren ganz persönlichen psychischen Veranlagungen, Vorurteilen und Ängsten. So spiegelt denn auch die Berichterstattung nicht selten weniger die Realität als die Wahrnehmungsmuster der Journalisten.

Dies muss sich aber verhängnisvoll auswirken, wenn das in uns allen latent vorhandene Potential zu einer vorwiegend affektiven Einschätzung von Gefahren durch eine von eben dieser Neigung gesteuerten Berichterstattung bestärkt wird. Es entsteht so ein folgenschwerer *Teufelskreis* - der Ingenieur spricht von "positiver Rückkoppelung". Wer aus den Medien vor allem das vernimmt, was seiner gefühlsmässigen Einschätzung entspricht, der wird geneigt sein, diese Einschätzung für die Wahrheit und die ganze Wahrheit zu halten. Untersuchungen weisen zwar immer wieder nach, dass der direkte Einfluss der Medien auf die Meinungsbildung in der Bevölkerung überschätzt wird. Diese spielen vielmehr die Rolle eines "Verstärkers". Damit treiben sie aber gerade den von mir beschriebenen Teufelskreis immer weiter an. In einem provokativen Gedicht von Ernst Leisi betitelt: "Choral 1984" wird dies sehr treffend geschildert. Ich zitiere daraus nur eine Strophe:

> "So wollen wir denn hier und dort
> Die Angst nach Kräften mehren,
> Mit Rat und Tat, mit Bild und Wort
> Dem Nächsten täglich fort und fort
> Sein arglos Herz beschweren."

Jene Medienerzeugnisse, welche offenbar den Boxkampf für medienwirksamer halten als den Konsens, sind auch nicht unschuldig an der zunehmenden Polarisierung in vielen wichtigen gesellschaftspolitischen Fragen.

6. Das Risiko aus der Sicht der Fachleute

In den allermeisten Situationen weiss man über die Grösse der uns bedrohenden gesundheitlichen Gefahren - also über die Gesundheitsrisiken - recht gut Bescheid, denn nur sehr wenige Lebensumstände und Tätigkeiten in unserer Gesellschaft sind völlig neuartig. So bestehen über die verschiedenen Krankheiten, Berufstätigkeiten und anderen Beschäftigungen im Verkehr, beim Sport, ebenso wie im trauten Heim, als auch über den Gebrauch unzähliger Produkte aller Art meist langjährige Erfahrungen, welche in Statistiken über die Häufigkeit von Krankheiten, Unfällen und Todesfällen ihren Niederschlag finden. Diese bilden die Basis zur Bestimmung der die Fachleute jeweils beschäftigenden Risikowerte.

Diese Statistiken geben beispielsweise an, wieviele Todesfälle bei einer bestimmten Tätigkeit im Verlaufe eines bestimmten Jahres in der schweizerischen Bevölkerung aufgetreten sind. Solche Angaben des sogenannten gesellschaftlichen oder kollektiven Risikos sagen aber über das Risiko des Einzelnen noch nicht viel aus. Wenn schon, dann möchte er über das *individuelle Risiko* orientiert sein, also über die Wahrscheinlichkeit, dass er bei Ausübung einer Tätigkeit einen bestimmten Schaden erleiden könnte. Hier kommt es nicht nur darauf an, wieviele Todesfälle in der Vergangenheit pro Jahr eingetreten sind, sondern ebensosehr darauf, wieviele Personen diese Tätigkeit ausgeübt haben, also wieviele Personen überhaupt gefährdet waren. Das individuelle Todesfallrisiko ist denn auch definiert als das Verhältnis der Zahl der jährlichen Todesfälle zur Zahl der gefährdeten Personen. Für den Einzelnen ist das Risiko bei einer gegebenen Zahl von Opfern umso grösser, je kleiner das Kollektiv derjenigen ist die, wie er, die betreffende Tätigkeit ausübt.

Man muss ihm allerdings klarmachen, dass eine solche Risikozahl einen Durchschnitt darstellt über alle die Tätigkeit ausübenden Personen. Immer wieder ist festzustellen, dass bestimmte Teile eines Kollektivs erheblich stärker gefährdet sein können als diesem Gesamtdurchschnitt entspricht, sei dies eine bestimmte Altersgruppe oder jene Mitglieder eines Berufszweiges, welche einen bestimmten Arbeitsgang ausführen. Die Risikoangaben sollten dann unter Umständen stärker differenziert werden. Ein Beispiel habe ich schon erwähnt: die starke Zunahme des Todesfallrisikos als Fussgänger mit zunehmendem Alter.

Ich war überrascht feststellen zu müssen, dass Organisationen, welche sich seit langem für die Sicherheit und die Unfallverhütung einsetzen, so etwa die SUVA, die Beratungsstelle für Unfallverhütung (BfU) oder das Bundesamt für Gesundheitswesen (BAG), kaum je zahlenmässige Angaben über das individuelle Risiko machen. Diese Organisationen führen umfangreiche Unfall und/oder Todesfallstatistiken; damit erfassen sie aber nur die Kollektivrisiken. Dies genügt wohl, um die zeitliche Veränderung der Höhe einzelner Gefahren laufend zu verfolgen, sowie um den Erfolg etwa unternommener Sicherheitsmassnahmen festzustellen. Es ist jedoch nur beschränkt möglich, auf dieser Basis die Prioritäten für Sicherheitsanstrengungen festzulegen, denn eine kleine Zahl von Todesopfern, also ein kleines Kollektivrisiko allein, ist nicht unbedingt der Nachweis für eine relativ sichere Tätigkeit; dies dann nicht, wenn es sich um eine Tätigkeit handelt, die nur von wenigen ausgeübt wird.

Ein Beispiel: Beim zivilen Fallschirmsport traten in der letzten Zeit pro Jahr durchschnittlich 2,5 Todesopfer auf. Da es in der Schweiz nur etwa 1500 aktive Fallschirmspringer gibt, entspricht dies einem hohen Todesfallrisiko dieser Leute von 170 im Massstab der Tabelle 1. Dieselbe jährliche Zahl von Todesfällen entsteht als Folge eines Insektenstichs. Da in diesem Fall praktisch die gesamte Bevölkerung grundsätzlich gefährdet ist, ist hier das Todesfallrisiko lediglich rund 0.05 pro 100'000 pro Jahr, also 3000mal kleiner.

Ein Grund für den Mangel an konkreten Angaben über die individuellen Risiken ist wohl, dass die Bestimmung der Zahl der gefährdeten Personen in vielen Gefahrensituationen recht schwierig ist und oft nur mit grösserer Unsicherheit gelingt. Haben vielleicht die an die Verarbeitung eindeutiger statistischer Daten gewöhnten Spezialisten einen Horror vor Zahlen, die oft nur grobe Abschätzungen sein können? Wenn man sich jedoch vor Augen hält, dass sich individuelle Risiken um viele Grössenordnungen unterscheiden können - meine willkürlich ausgewählten Beispiele in Tabelle 1 überdecken eine Spanne von mindestens 5 Grössenordnungen - so ist zur Ermittlung praktisch brauchbarer Risikoangaben keine hohe Genauigkeit von Nöten.

Unter diesen Umständen ist es wirklich nicht verwunderlich, wenn in der Öffentlichkeit kaum rationale Vorstellungen über die Grösse von Gefahren bestehen. Dieser Sachverhalt hat mich veranlasst, die individuellen Todesfallrisiken für möglichst viele der in unserer Gesellschaft ausgeübten Tätigkeiten quantitativ zu erfassen. Tabelle 1 stellt nur eine kleine Auswahl dieser Risikozahlen dar. Die Ergebnisse meiner Arbeiten dürften zu Beginn des kommenden Jahres in Buchform erscheinen.

Ein besonderes Thema, das in der Öffentlichkeit grosse Aufmerksamkeit findet und das bestimmt auch an unserer Arbeitstagung noch ausführlich zur Sprache kommen wird, nämlich die Problematik von zwar im allgemeinen *seltenen, aber schweren Unfällen*, habe ich jetzt aus Zeitgründen nicht angesprochen. Ich möchte dazu nur zwei Hinweise machen:

Als Katastrophenereignisse werden in einer von der Schweizerischen Rückversicherungsgesellschaft geführten Statistik Ereignisse bezeichnet, welche 20 oder mehr gleichzeitige Todesopfer gefordert haben. Demnach trat in Europa im Mittel der Jahre 1970 bis 1985 als Folge von technologischen, also menschenbedingten Katastrophenereignissen rund 1 Todesfall pro Million Einwohner und Jahr auf. Diese Ereignisse sind also lediglich für ein Zehntausendstel aller Todesfälle verantwortlich. Auch hier scheint es, dass die Öffentlichkeit ein ganz anderes Bild von der Häufigkeit solcher Ereignisse hat. So wird etwa in der Diskussion um die Gefahren der Kernenergie oft ausschliesslich über die Möglichkeit einer Reaktorkatastrophe gesprochen.

Ein solches Ereignis ist aber derart selten, dass man sich nur mit Hilfe einer probabilistischen Sicherheitsanalyse eine Vorstellung der Höhe des Risikos machen kann. Bei der verbreiteten gedanklichen Fixierung auf diesen, bezüglich der Einschätzung seiner Bedeutung zweifellos heiklen Sonderfall, ist es etwas in Vergessenheit geraten, dass auf praktisch allen anderen Gebieten, katastrophenartige Ereignisse technischer Systeme möglich und heute so häufig sind, dass es durchaus brauchbare weltweite Statistiken hierüber gibt.

Gemäss Erhebungen der *Schweizerischen Rückversicherungsgesellschaft* gab es in der genannten 16-Jahresperiode im Jahresmittel uaf Grund technologischer Katastrophen 5'500 Todesfälle, darunter bei Katastrophen im Linienflugverkehr 1330 Todesopfer, bei Damm- und Talsperrenkatastrophen 1150, im Verkehr auf Schiene und Strasse 1000, in der Schiffahrt 950, zufolge von Grossbränden 460, in Bergwerksunglücken 200 sowie bei Explosionen und Bränden in der Gasversorgung über 80 Todesopfer Jahr für Jahr. Daneben wurden im Jahresmittel 89'000 Todesopfer infolge Naturkatastrophen registriert.

Zu den Aufgaben von Fachleuten gehört es auch, den *Nutzen* einer beabsichtigten Tätigkeit oder Massnahme möglichst konkret zu erfassen. Dies ist oft erheblich schwieriger als die Bestimmung der Risiken, äussert sich doch der Nutzen auf verschiedenste direkte und indirekte Weise. Er hängt auch stark vom Verhalten der Gesellschaft, also vom unberechenbaren Menschen ab.

Schliesslich muss sich der Risikofachmann auch darüber Rechenschaft geben, welchen *Aufwand Sicherheitsmassnahmen* verursachen, denn die finanziellen Mittel, welche unsere Gesellschaft zugunsten der Sicherheit ihrer Bürger ausgeben kann, sind naturgemäss beschränkt. Wenn Geld ausgegeben wird, um ein bereits kleines Risiko noch weiter zu reduzieren, dann wird schliesslich das Geld fehlen, um ein anderes, weit grösseres Risiko zu verringern. Es kann nachgewiesen werden, dass dies leider nur allzuhäufig geschieht.

Tabelle 2: Kosten für Sicherheitsmassnahmen
in 1000 $ pro verhinderten Todesfall (Rettungskosten)

Gebärmutterschmiertest zur Krebsfrüherkennung	25
Mobile Herzinfarkt-Behandlungsequipen	15 - 30
Sicherheitsgurten in Autos (USA)	25 - 110
Flugverbot für DC-10 Flugzeuge 1979	30'000
Neue Hochhaus-Bauvorschriften (UK)	100'000
Elimination von Asbest in Schulhäusern	bis zu 1'400'000
Wasserstoff-Rekombinatoren in KKW	3'000'000

Misst man den Erfolg einer Sicherheitsmassnahme nach der Zahl der statistischen Todesfälle, welche durch die Einführung dieser Massnahme vermieden werden könnte, so kann man nach der Höhe der Kosten pro vermiedenen Todesfall bzw. pro gerettetes Menschenleben fragen, die sogenannten "Rettungskosten". Tabelle 2 vermittelt eine kleine Auswahl solcher Zahlen.

Demnach könnte man zwischen einigen 10'000 $ bis zu einigen Milliarden $ zur Rettung eines Menschenlebens ausgeben. Nach kleinerem Aufwand liesse sich diese Skala sogar noch leicht erweitern.

Erstaunlicher noch als dieser wahrhaft gewaltige Unterschied im Aufwand der verschiedensten Sicherheitsmassnahmen - also indirekt der Bewertung eines Menschenlebens - ist die Tatsache, dass die einfachen und billigen Massnahmen im oberen Tabellenteil seinerzeit in den USA nicht für vertretbar gehalten und daher nicht eingeführt wurden. Umgekehrt haben Sicherheitsbehörden und Gesetzgeber die vergleichsweise extrem kostspieligen Massnahmen im unteren Teil der Tabelle jeweils für notwendig gehalten, und sie haben sie dann auch angeordnet.

Dies ist derart inkonsequent, dass ich zur Vermeidung von Missverständnissen den Sachverhalt wiederholen und präzisieren möchte: Obligatorische Tests zur Krebsfrüherkennung oder die Organisation mobiler Herzinfarkt-Behandlungsequipen, welche viele Todesfälle verhindern liessen, wie sie tagtäglich eintreten, wurden nicht eingeführt. Hingegen wurden 1000- bis 100'000mal aufwendigere Massnahmen verfügt, welche nur im äusserst unwahrscheinlichen Fall etwa des Einsturzes eines Hochhauses oder im Falle eines sehr schweren Kernkraftwerk-Unfalles überhaupt je einmal Menschenleben retten könnten. Auch die bereits erwähnte Sanierung von Asbestisolationen erweist sich aus dieser Sicht als extrem kostenunwirksam. So werden knappe öffentliche Mittel kaum sinnvoll eingesetzt.

Hier scheint doch etwas im Umgang unserer Gesellschaft mit Gefahren für Leib und Leben nicht in Ordnung zu sein. Die aufgezeigte Inkonsequenz ist nicht nur wirtschaftlich fragwürdig. Es werden vielmehr zutiefst *ethische Fragen* aufgeworfen. Glaubt denn jemand wirklich es verantworten zu können, den Einsatz gegen reale Gefahren zu vernachlässigen um dafür gegen kleinste oder gar eingebildete Gefahren grosses Geschütz aufzufahren?

Die Vermutung liegt nahe, dass für solche Entscheide Ängste und subjektive Gefahrenempfindungen ausschlaggebend waren. Es wird gerne aus ethischer Sicht argumentiert, es müsse ein jedes Menschenleben gerettet werden, dessen Verlust vermieden werden kann. Wieviel mehr aber sollte sich unsere Gesellschaft bemühen, 100 Menschenleben zu retten, wenn dies mit demselben Aufwand möglich ist. Zweifellos dürften die für die erwähnten Entscheide verantwortlichen Instanzen die Konsequenzen ihres Handelns nicht geahnt haben - ein Grund mehr, die Grösse von Gefahren quantitativ zu erfassen.

Wo es um Entscheide über die Gesundheit und das Leben von Menschen geht, darf auch wegen verbreitet vertretenen affektiven Einschätzungen nicht masslos von der objektiven Betrachtungsweise abgewichen werden. Ich halte das Nachgeben gegenüber den subjektiven Empfindungen in einer solchen Situation keineswegs für ethisch höherstehend als die nüchterne Kenntnisnahme der objektiven Tatbestände, allein weil diese Empfindungen zutiefst menschlich sind.

7. Die Kommunikation zwischen Fachwelt und Öffentlichkeit

Aus dem Vorangegangenen müssen wir zwingend den Schluss ziehen, dass die Kommunikation zwischen den Risikofachleuten und der breiten Öffentlichkeit bei der Bewältigung gesellschaftlicher Gefahrensituationen über weite Strecken nicht funktioniert. Ich fasse zusammen:

Der Fachmann bemüht sich um eine rationale Erfassung der Grösse einer Gefahr, also um eine Quantifizierung des jeweiligen Risikos.

Für den einfachen Bürger ist "Gefahr" jedoch nicht etwas isoliertes und als solches auch messbares. Sie ist eine Begleiterscheinung gewisser Lebensumstände oder Tätigkeiten, auf die er mit mehr oder weniger Angst reagiert. Vielfach regt sich diese Angst hingegen überhaupt nicht; die Situationen erscheinen ihm als sicher, oder zumindest als sicher genug.

Wir haben gesehen, dass die Angst eine instinktartige affektive Reaktion ist, welche dem Unbewussten entspringt und wenig mit dem konkreten Sachverhalt zu tun hat, der, wenn überhaupt, nur in zweiter Linie kognitiv zur Kenntnis genommen wird. Daneben spielt eine ebenso affektive Wahrnehmung des mit der Sache verbundenen persönlichen Gewinns eine wichtige Rolle.

Ohne hier auf die philosophisch höchst reizvolle Diskussion über die Begriffe "objektiv" und "subjektiv" näher einzugehen, kann man festhalten, dass die Fachleute eine Gefährdung nach der Wahrscheinlichkeit oder Häufigkeit eines Schadens von bestimmter Höhe, also das Risiko, objektiv messen. Der Normalbürger hingegen empfindet dieselbe Gefährdung auf seine ganz persönliche, subjektive Weise. So kommt es, dass diese beiden die Gefahren völlig unterschiedlich wahrnehmen. Dabei muss man sich immer bewusst sein, dass der objektive Risikobegriff keineswegs umfassend ist, wie auch die umfassende Schau nicht objektiv ist. Beide Sichtweisen ergänzen einander.

Der Risikofachmann muss es sich endlich abgewöhnen, den Normalbürger als uneinsichtigen, irrationalen Ignoranten zu betrachten, wenn dessen Gefahrenempfinden von der seinen immer wieder abweicht. Aber auch der Politiker und der Laie täten gut, den Fachmann nicht mehr als arroganten, unmenschlichen Technokraten zu halten, dem die Sicht für das Ganze, ja für das Wesentliche abhanden gekommen ist.

Diese sollten ausserdem zu einer doppelten Einsicht gelangen. Es gibt grosse und kleinere Gefahren. Dazu gibt es unzählige kleinste und belanglose Gefahren. Ein sinnvoller Umgang mit diesen Gefahren setzt voraus, dass man sie zu differenzieren versteht. Dies ist nun aber möglich, denn in den allermeisten Lebenssituationen ist die Grösse einer Gefahr aus Erfahrung bekannt oder kann rational abgeschätzt werden. Das Ergebnis ist die Angabe des jeweiligen Risikos.

Zum Zweiten müssen wir uns alle darüber klar werden, dass unsere Emotionen und Ängste aus dem Unbewussten stammen und damit wesentlich durch unsere vorgeschichtliche Entwicklung geprägt sind. In der durch die Technik beherrschten Welt von heute sind diese archaischen Empfindungen selten gute Ratgeber, wenn es um die Lösung konkreter Sachfragen geht. Ja, nur allzuoft erweisen sich unsere affektiven Reaktionen geradezu als kontraproduktiv.

Man ist sich also zwischen Fachleuten und dem breiten Publikum im Grunde nicht uneinig über einen bestimmten Tatbestand, sondern dieser wird von ganz unterschiedlicher Warte aus betrachtet und beurteilt - ich habe schon von zwei grundverschiedenen Welten gesprochen. Eine klare Unterscheidung zwischen den Begriffen "Risiko" und "wahrgenommene Gefahr" als Kennzeichen für diese zwei Betrachtungsweisen könnte das Bewusstsein für die hier immanente Konfliktmöglichkeit schärfen.

Eine Kommunikation zwischen Fachmann und Öffentlichkeit ist jedenfalls nur möglich, wenn beide Gesprächspartner die soeben erläuterten Einsichten zu Herzen nehmen, und wenn von beiden Seiten her mehr Verständnis für des anderen Betrachtungsweise aufgebracht wird. Es sind dies übrigens Erfordernisse, die weit über die Belange der gesundheitlichen Gefahren hinaus beherzigt werden sollten. Viele politische Bereiche werden je länger je mehr durch Emotionen beherrscht, welche auch hier den Blick für die harten Tatsachen zu verstellen drohen (Sicherheitspolitik, Asylpolitik, Umweltpolitik).

8. Der Entscheidungsprozess

Bei der Bewältigung von Gefahrensituationen geht es offensichtlich nicht nur um die Beurteilung von Fakten sondern auch wesentlich um die gesellschaftliche Wertung dieser Fakten. Damit ist bereits gesagt, dass Entscheidungen in diesem Bereich nicht technische Entscheide, sondern ausgesprochen politische Entscheide sind. Zu den Fakten gehören die ermittelten Risiken, welche durch das betrachtete Vorhaben verursacht werden, ebenso wie der entsprechende Nutzen und die verursachten Kosten. Im Rahmen eines geeigneten Entscheidungsprozesses müssen diese nun aufgrund einer Gesamtabwägung mit den allgemein akzeptierten Wertvorstellungen in angemessener Weise in Einklang gebracht werden.

Das mit einigen Beispielen illustrierte, häufige Auseinanderklaffen von Fakten und Bewertung, von objektiven Daten und subjektiver Einschätzung, stellt nun aber die gesellschaftspolitische Entscheidungsinstanz vor ein schweres *Dilemma.* Ausgehend von der Tatsache, dass beide diese Aspekte zu unserer Realität gehören, kann sie weder in eiskalter Rationalität die gefühlsmässigen Einschätzungen zugunsten der Fakten einfach unterdrücken, noch kann sie in gutmeinender Leidenschaftlichkeit ihre Augen vor den Tatsachen verschliessen.

Die Entscheidung in einem solchen Spannungsfeld kann in einer Demokratie nur über einen Entscheidungsprozess erreicht werden, an welchem die Mitwirkung des schliesslich betroffenen Bürgers in einer geeigneten Form gewährleistet ist. Jede Mitsprache schliesst dann allerdings die Verpflichtung zur Aneignung eines Minimums an Sachkenntnis ein.

Angesichts der Komplexität der meisten Entscheide im hier diskutierten Bereich kann es sich daher nicht einfach um einen Entscheid durch das Volk handeln. Ich halte nichts von Volksabstimmungen und Referenden über komplexe technisch-wissenschaftliche Fragen, wie sie sich etwa in der Energiepolitik stellen, auch wenn solche Fragen breite gesellschaftliche Ausstrahlung haben mögen. Die Fakten können da nur allzuleicht im Meer der Emotionen untergehen.

Einsichtigen Bürgern wird es nicht entgehen, dass eine sachgerechte Bewältigung gesellschaftlicher Gefahrensituationen den Durchschnittsbürger weit überfordern würde. Deren Verlangen ist ja im Grunde eher nach einer Entscheidungsfindung *in* der Öffentlichkeit als *durch* die Öffentlichkeit in irgendeinem unmittelbaren Sinn. Sie wollen sich mit dem Entscheidungsprozess sozial identifizieren können. Hat der Bürger zu diesem Prozess *Vertrauen*, so wird er den Entscheid auch mittragen können.

Akzeptanz ist zuerst eine Frage von Vertrauen. Vertrauen reduziert die Angst und fördert das Gefühl von Sicherheit. Vertrauen wird einem aber nicht - wie das im Volksmund so schön heisst - "geschenkt". Vertrauen muss erworben und daraufhin erhalten werden; es kann aber nur allzuleicht wieder verloren gehen. Dieses Vertrauen kann nur durch einen transparenten Entscheidungsprozess erworben werden.

Die Frage darf gestellt werden, ob die heutigen formalen Strukturen unserer direkten Demokratie Problemen der geschilderten Art noch wirklich Herr zu werden im Stande sind, man denke nur an die bereits viele Jahre andauernde Paralyse in der Energiepolitik. Eine Mitwirkung "der Öffentlichkeit" auf dem Wege einer Meinungsäusserung der verschiedenen organisierten Interessengruppen, welche vor allem ihre Partikulärinteressen oder ihre vorgefassten ideologischen Überzeugungen in die Waagschale werfen, führt allzuleicht zur Konfrontation, zur Polarisierung, dann zu einer Erstarrung und unter Umständen gar zu einer Pattsituation, wie wir sie heute in der Energiepolitik haben. Auch in parlamentarischen Diskussionen sind die Meinungen grösstenteils schon zum voraus gemacht. Man müsste vielleicht den Mut aufbringen, zur Auflockerung der Fronten, Versuche mit neuen Ideen zu wagen. Ich komme darauf noch zurück.

Der Entscheid selbst bleibt, so oder so, die *Verantwortung* der gesellschaftspolitischen Entscheidungsinstanz. Sie und niemand anders kann später zur Rechenschaft gezogen werden, wenn sich die Dinge nicht so herausstellen, wie dies erhofft und erwartet wurde. Diese schwere Verantwortung der Entscheidungsinstanz darf man nie aus den Augen verlieren. In der öffentlichen Diskussion melden sich nämlich viele, grösstenteils wohl gutmeinende Gruppen mit unverbindlichen Forderungen zu Worte, welche für ihre Aussagen keinerlei direkte Verantwortung tragen. Die Nagelprobe werden diese Gruppen nie zu bestehen haben. Da ist es billig, den Weltverbesserer zu spielen. Gerade solche Gruppen tendieren denn auch oft zu sehr subjektiven, ja zu emotionalen Einschätzungen. Nicht selten lassen sie es auch an Kompromissbereitschaft fehlen. Ohne Kompromisse einzugehen sind hier aber keine Entscheide möglich.

Am meisten beunruhigt es allerdings, wenn gewisse Organisationen und "Bewegungen", deren vorgetäuschte Gutgläubigkeit leider nicht immer zu überzeugen vermag, mit einer einseitigen, häufig durch ideologische Vorurteile geprägten Argumentation, mit Wissenschaftlichkeit vortäuschenden sogenannten "Gegengutachten" und mit emotionaler Angstmache die öffentliche Diskussion zu beherrschen suchen. Sie untergraben damit unmittelbar das so entscheidende Vertrauen in die Fachleute, Gremien und Ämter, welche ihren Teil der Verantwortung für die schliesslich getroffene Entscheidung tragen. So untergraben sie schliesslich das Vertrauen in die Entscheidungsinstanz selbst.

Diese muss aber den Tatsachen ins Auge schauen. Wenn man auch Tatsachen verleugnen, verdrängen oder verharmlosen kann, so schafft man sie damit nicht aus der Welt. Wie Altbundesrat Rudolf Friedrich einmal festgestellt hat: "darf man in der Politik gewiss auch das Herz sprechen lassen, aber man sollte darob nicht den Verstand verlieren". Auch wenn sich in der Bevölkerung verbreitet dieselben subjektiven Eindrücke und Ängste äussern, darf die verantwortliche Entscheidungsinstanz diesen Empfindungen, gerade aus ethischen Gründen, wie wir gesehen haben, nicht unbesehen nachgeben.

9. Möglichkeiten einer Versachlichung des Umganges mit Gefahren

Was könnte nun dazu beitragen, dass unsere Gesellschaft den Weg zu einem realistischeren Umgang mit den ungezählten Gefahren finden könnte, denen wir dauernd ausgesetzt sind? Wie wir gesehen haben, ist das Problem ausserordentlich vielschichtig und komplex. Patentlösungen gibt es hier ebensowenig wie in der Politik überhaupt. Jedenfalls ist es nicht einfach eine Frage, den richtigen Dreh zu finden, mit dem sich dann alles einrenken liesse.

Das zweifellos grundsätzlichste Problem ist *tiefenpsychologischer Art*, nämlich die Gegensätzlichkeit der kognitiven Fähigkeiten eines Menschen und seiner affektiven Disposition, also zwischen Vernunft und Gefühl, zwischen dem Rationalen und dem Emotionalen, zwischen dem analytischen Denken einerseits und dem nicht rationalen Fühlen anderseits. Man verstehe mich nicht falsch. Aus dieser Gegensätzlichkeit ist keine Rangordnung abzuleiten. Mit dem Philosophen Henri Bergson ist festzuhalten, dass die ideale menschliche Natur eine umfassende Ausprägung beider Elemente voraussetzt.

Wir müssen uns aber der Existenz dieser so konträren Elemente in uns selbst nicht nur bewusst werden, wir müssen auch lernen, in welchen Lebenssituationen sie jeweils zum Tragen kommen dürfen und auch sollen. Bei der Lösung konkreter Probleme in unserer modernen technischen Gesellschaft ist eher das rationale Denken gefragt. Lassen wir uns hier zu stark von unseren Emotionen leiten, dann kann dies sehr leicht zu unserem Nachteil sein, denn Naturgesetze und Tatsachen richten sich nicht nach unseren Wünschen. Umgekehrt gibt es zahllose Lebenslagen, in denen unsere Emotionen zu ihrem Recht kommen sollen. Gerade diese Bereiche sind es ja, die unser Leben auch wirklich lebenswert machen. Auf Beispiele kann ich wohl verzichten.

Es ist mir unbegreiflich, weshalb unsere Bildungsinstitutionen den angehenden Bürgerinnen und Bürgern unseres Landes kaum zu tieferen Einsichten in das grundlegende Wesen unseres eigenen Selbst verhelfen. Diese wären doch für ein Verstehen unseres Verhaltens in dieser Welt ganz allgemein, ebenso wie für einen verständnisvolleren mitmenschlichen Umgang von ganz zentraler Bedeutung.

Zu bedauern ist auch die durch unseren Bildungsweg begünstigte Kluft zwischen humanistischer und naturwissenschaftlicher *Bildung*, die berühmten "zwei Kulturen" von C.P. Snow. Wie sollen wir uns in der nun einmal von der Technik grundlegend geprägten Welt zurechtfinden, wenn Naturwissenschaft und Technik in vielen Teilen unserer Gesellschaft als ausserhalb der Kultur stehend, ja gar als etwas minderwertiges gelten? Der Titel eines kürzlichen Vortrages: "Technik oder Kultur ?" spricht da Bände.

Sie werden bestimmt, wie ich, in Gesprächen festgestellt haben, wie es bei der Kenntnis einfachster Kausalzusammenhänge, in der logischen Denkweise und sogar bezüglich eines grundlegenden "Gefühls" für den Umgang mit Zahlen - der Sprache der Wissenschaft - immer wieder ganz bedenklich hapert. Da gibt es jedenfalls Leute die sofort zugreifen, wenn sie etwas zu Fr. 19.95 haben können, das ja sonst Fr. 20.- oder mehr kostet! Und von sehr grossen bzw. sehr kleinen Zahlen, sowie von Wahrscheinlichkeit haben die Legionen von Toto- und Lottobegeisterten schon gar keine Vorstellung. Als "Grossgewinnsyndrom" mit seinem Pendant, dem "Grossverlustsyndrom", ist dieses Verhalten bei der Wahrnehmung von Katastrophenereignissen verhängnisvoll. Der Autor einiger der ersten "science fiction" Romane, H.G. Wells, stellte übrigens bereits um die Jahrhundertwende fest: "Statistisches Denken wird eines Tages für ein fähiges Bürgertum ebenso notwendig sein, wie die Beherrschung des Lesens und des Schreibens." Diese Zeit ist bei uns längst angebrochen. Aber wie kann man diese Einsicht schon erwarten, wenn wir sogar nach 450 Jahren noch immer nicht die Erkenntnis von Paracelsus zur Kenntnis nehmen, die ich jetzt erweitern möchte zu: "Jedes Ding und jede Tätigkeit ist gefährlich; allein auf die Höhe des Risikos kommt es an."

Haben unsere *Schulen* da wirklich ihre Aufgabe optimal erfüllt? Diese sollten doch *jedem* unserer angehenden Bürgerinnen und Bürgern etwas Einfühlungsvermögen in das Wesen von Wissenschaft und Technik vermitteln, damit sie sich in der Welt in der sie leben etwas besser zurechtfinden können. Und wäre nicht eine noch stärkere Rückbesinnung auf das wirklich Grundlegende wünschbar angesichts der längst nicht mehr überblickbaren Fülle von Spezialwissen? Dass die heutige Generation, geboren nach Beginn des sogenannten Atomzeitalters, noch immer nichts über die uns ständig umgebende Radioaktivität weiss, halte ich für eines der eklatantesten Versagen unserer Bildungsinstitutionen.

Damit konnte ich die aus der Sicht der Gefahrenbewältigung sich aufdrängenden Erziehungsaufgaben lediglich mit einigen Beispielen andeuten. Ähnliche Bedürfnisse entstehen aber auch aus vielen anderen Bereichen unseres Lebens, was die Bedeutung und Dringlichkeit dieser Aufgabe unterstreicht. Hier etwas wesentlich zu ändern, um eine risikovertrautere Gesellschaft zu erhalten, ist aber offensichtlich eine Generationenaufgabe. Rasche Änderungen sind nicht in Sicht.

Eine solche Erziehung zu einem besseren Verständnis von Sicherheit und Gefahr geht uns alle an. Die Politiker, die in den einschlägigen Entscheidungsinstanzen eine Hauptrolle spielen, sowie die Medienleute, die mit einer verantwortungsbewussten, ich möchte sagen professionellen Berichterstattung viel dazu beitragen könnten, dass es uns gelingt, aus dem von mir beschriebenen Teufelskreis auszubrechen, tragen hier eine besondere Verantwortung und sollten deshalb wohl auch besonders angesprochen werden.

Neben dieser Bildungs- und Erziehungsaufgabe erkenne ich aber auch eine dringliche *Informationsaufgabe*. Würde man diese vermehrt ernstnehmen, dann könnten innert nützlicher Frist zumindest einige Schritte in Richtung auf die besagte risikovertrautere Gesellschaft getan werden.

Der breiten Öffentlichkeit sagen heute Unfall- und Todesfallstatistiken wenig. Es ist ihr auch kaum bewusst, dass es auf den meisten Gebieten solche Zahlen gibt oder diese erarbeitet werden können. Angaben über das individuelle Risiko, das unmittelbare Mass der persönlichen Gefährdung, gibt es zur Zeit überhaupt nur wenige. Ich kann nicht glauben, dass eine geduldige und andauernde Information über solche Statistiken und ihre Bedeutung ohne Einfluss auf die Gefahrenbeurteilung in der Bevölkerung bleiben kann. Wenn einmal solche Zahlen etwas geläufiger sind, dann und frühestens dann kann man sich vorstellen, dass das Gespräch über sogenannte "akzeptable Risikowerte" aufgenommen werden könnte. Letztere wären nicht etwa als fixe Grenzwerte aufzufassen, sondern als in der Grössenordnung festgelegte generelle Richtwerte.

Darüberhinaus ist es notwendig, von fachmännischer Seite weit mehr über die technischen Systeme und die Tätigkeiten aufzuklären, welche wirkliche oder auch nur vermutete Gefahren beinhalten. Wer feststellt, wieviel abwegiges, halbwahres und glatt falsches die Vorstellungen breiter Kreise etwa über die Kernenergie beherrscht, der kann an diesem Bedürfnis nicht zweifeln.

Aber diese als lästig empfundene Pflicht ist von den meisten Fachleuten bis jetzt zu wenig ernst genommen worden. Eigenschaftswörter wie: "lebensbedrohend", "umweltzerstörend" und "unwirtschaftlich" prägen das Bild der Kernenergie bei so vielen Bürgern (einschliesslich vieler Politiker und Medienleute) nicht nur, weil diese Vorstellungen offenbar dem affektiven Empfinden entgegenkommen, sondern mindestens ebensosehr weil sie dauernd wiederholt, um nicht zu sagen eingehämmert worden sind. Goethe sagte einmal: "Man muss das Wahre immer wiederholen, weil auch der Irrtum um uns her immer wieder gepredigt wird." Die Desinformateure vom Dienst, wie sie auf den verschiedensten Gebieten immer wieder auftreten, haben die Wirkung der Wiederholung schon lange genutzt.

Ich hatte schon angedeutet, daß es je länger je mehr am wirklichen Gespräch zwischen Fachmann und Bürger mangelt. In einem solchen Gespräch müsste die Bereitschaft zum Hinzulernen bestehen und nicht nur gesprochen, sondern auch zugehört werden, mit dem Ziel, schliesslich zu einem vertretbaren Kompromiss zu gelangen. Ist es eine Naivität daran zu glauben, dass ein solches offenes Gespräch in unserer Gesellschaft in einem geeigneten Rahmen zustandekommen und dann vielleicht zu einem Ergebnis führen könnte?

Ich sähe dies eher als einen Schritt auf dem Weg der *Entscheidungsfindung* denn als einen integrierenden Bestandteil des Entscheidungsprozesses selbst. Zu denken wäre vielleicht an ein geschlossenes Gremium von Fachleuten und Laien, die keiner Interessengruppe angehören, welches ohne Zeitdruck die wesentlichen Zusammenhänge kennen lernen und sich dann über die gestellte Frage aussprechen würde. Zwar wäre die Auswahl dieser Personen und deren Legitimation gegenüber der Öffentlichkeit natürlich nicht einfach, aber vielleicht unter der Schirmherrschaft einer bestehenden, anerkannten und neutralen Vereinigung wären sie doch zu erreichen. Lösungen dieser Art sind im Ausland schon mit Erfolg realisiert worden ("citizen review board"). Ein solcher Versuch gehörte zu den Massnahmen, welche wohl jederzeit unternommen werden könnten.

10. Schluss

Wir sind hier auf der Suche nach neuen Ansätzen für die Bewältigung der Gefahren technischer Systeme. Ich habe mir Gedanken gemacht über den heutigen Umgang unserer Gesellschaft mit Gefahren ganz allgemein und über einige Voraussetzungen und Randbedingungen, deren Änderung in der Zukunft zu einem weniger inkonsequenten Umgang verhelfen könnten. Mein Ausblick verspricht weder einen raschen noch einen durchgreifenden Umschwung. Wer weiss, vielleicht bringt diese Arbeitstagung einige hoffnungsvollere neue Ansätze.

Literatur

[1] A.F. Fritzsche: "Wie sicher leben wir? Risikobeurteilung und -bewältigung in unserer Gesellschaft", Verlag TÜV Rheinland, Köln, 1986.

[2] K. Heilmann: "Technologischer Fortschritt und Risiko; Wege aus der Irrationalität", Verlag Knaur, München, Sachbuch 3770, 1985.

Berichte aus den Arbeitsgruppen

Arbeitsgruppe 1

Vorsitz: *Joan S. Davis*
Berichterstatter: *Reinhard Gubler*

1. Einleitung

Die Arbeitsgruppe setzte sich zur einen Hälfte aus Ingenieuren und zur andern Hälfte aus Vertretern der Sozialwissenschaften, Psychologie und Nationalökonomie zusammen. Dieses Verhältnis hat die Diskussion auf weite Strecken geprägt. Angesichts der heterogenen Arbeitsgruppe drängte sich zunächst eine Begriffsbestimmung auf.

2. Begriffsbestimmung - Rationalität und Irrationalität

Im Rahmen der Risikoanalyse und -bewertung tritt Irrationalität auf verschiedenen Ebenen auf. Zum einen ist eine irrationale Betrachtungsweise offensichtlich auf individueller Ebene vorhanden, beispielsweise beim später angeführten Reisenden, der für den Weg von Wien nach Hamburg wegen Flugangst das Auto vorzieht. Irrationalität kann aber auch auf wissenschaftlicher Ebene vorhanden sein, beispielsweise bei einem Ingenieur, der die Risikoanalyse einer technischen Anlage zwar im Rahmen der Ingenieurwissenschaften korrekt durchführt, der aber bei derartigen Analysen immer vorhandene gesellschaftliche Einflüsse und Vorgaben in subjektiver Weise einbindet.

2.1 Rationalität und Irrationalität in der wissenschaftlichen Analyse

Die Gegebenheiten und Erscheinungen auf dem Gebiet Physik, Mathematik und Ingenieurwissenschaften sind offensichtlich meist leichter objektivierbar als beispielsweise bei den Sozialwissenschaften. So stützt sich die Physik auf einen Satz von physikalischen Grundgesetzen, die allgemein als objektiv anerkannt werden. Aber auch die erstgenannten Fachgebiete kommen ohne Übereinkünfte, Abmachungen und Interpretationen nicht immer aus.

Die Diskussion innerhalb der Arbeitsgruppe zeigte, dass dieser Aspekt bei fachübergreifenden Gesprächen besondere Schwierigkeiten bereitet. Eine zusätzliche Erschwernis bildet der in den einzelnen Fachgebieten geübte Jargon. In diesem Zusammenhang wurden die folgenden Postulate des Referats von R. Überhorst zitiert und unterstützt:

- Zur Abhandlung einer Problemstellung müssen die Voraussetzungen und Randbedingungen für eine sachgerechte Ein- und Aufarbeitung gegeben sein.
- Allseitige Kenntnis der Grundlagen und Grössenordnungen sind Bedingung für eine nutzbringende Diskussion.
- Es muss in Alternativen gedacht werden. Einkanaliges, respektive nicht zutreffendes lineares Denken soll nach Möglichkeit vermieden werden. Bekannte Beispiele dafür sind der absolute Ausschluss der Nukleartechnik durch deren Gegner oder der Ausschluss des Aufgebens einer Technologie.

2.2 Rationalität und Irrationalität auf individueller und gesellschaftlicher Ebene

Irrationalität bezüglich des Verhaltens gegenüber Risiken auf individueller und gesellschaftlicher Ebene kann zunächst als Faktum und gesellschaftliche Realität einfach zur Kenntnis genommen werden. Als Beispiel von irrationalem individuellem Risikoverhalten wird genannt:

> Fahrt von Wien nach Hamburg im Auto anstelle des Flugzeugs wegen Flugangst (die Reisekosten trägt in beiden Fällen eine Organisation). Es ist statistisch nachgewiesen, dass das Risiko der Flugreise ganz erheblich geringer ist als dasjenige der entsprechenden Autofahrt.

Die Meinungen zu dieser Problematik sind geteilt. Sie reichen innerhalb der Arbeitsgruppe von der selbstverständlichen Hinnahme derartigen Verhaltens bis zu Erziehungs- und Zwangsmassnahmen, vgl. Postulate, Abschnitt 5.

3. Kommunikation über technische Risiken

Bereits im Rahmen der Arbeitsgruppe werden hier deutliche Gegensätze zwischen Sozialwissenschaftlern und Ingenieuren deutlich. Diese Gegensätze sind auch für die generelle Verständigung über Risiken von Interesse. Einige Aspekte dazu sind die folgenden:

- unterschiedliche Sprache, Fachjargon
- das Gefühl gegenseitigen Nichtverstehens
- der Vorwurf unzulässiger Beschränkung des Blickwinkels in der Wahrnehmung von Risiken, Verdrängung von Risiken
- der Vorwurf der Unverbindlichkeit und mangelndem Realitätsbezug
- Verlust der Vertrautheit mit komplexen technischen Anlagen
- Verlust der Glaubwürdigkeit technischer Experten

Mögliche Hintergründe dieser Gegensätze wurden nur andeutungsweise hinterfragt. Wichtig dabei sind ganz offensichtlich die Unterschiede im beruflichen Werdegang und Umfeld.

Konkret beschäftigte sich die Diskussion mit dem Stellenwert der Aussage technischer Risikoanalysen, den sozioökonomischen Folgen von in Risikoanalysen betrachteten Ereignissen sowie mit der Interpretation kleiner Wahrscheinlichkeitszahlen.

4. Zur Legitimation eines gesellschaftlichen Risikomanagements

Ein Teil der Arbeitsgruppe glaubt an eine Legitimation durch Fakten. Damit ist beispielsweise das Faktum der Bevölkerungsentwicklung in Entwicklungsländern gemeint. Risikomanagement könnte hier bedeuten, dass ein Teil der Bevölkerung gefährdet werden müsste, um die Ernährung der Gesamtbevölkerung zu bewerkstelligen. Derartige Abwägungen stellen zunächst erhebliche ethische Probleme. In der Arbeitsgruppe wird überdies von einzelnen Teilnehmern angemerkt, dass unser Kenntnisstand für derartige Aktionen meist völlig unzureichend sei.

Die Problematik ist verwandt mit derjenigen der Beeinflussung von irrationalem Risikoverhalten.

5. Postulate aus der Sitzung

In Zusammenfassung der Diskussion wurden drei als Anregung für die Plenarsitzung gedachte Postulate formuliert.

5.1 Regulierung von irrationalem Risikoverhalten auf gesellschaftlicher und individueller Ebene

Nach Ansicht einiger Diskussionsteilnehmer müssen "Auswüchse" (wörtlich, Anm. des Berichterstatters) des gesellschaftlichen und individuellen irrationalen Risikoverhaltens reguliert oder wenigstens beeinflusst werden, beispielsweise die erwähnte Autofahrt Wien-Hamburg. Dieses Postulat wird nur von einigen Teilnehmern akzeptiert. Es wird angeführt, dass die Flugangst des Reisenden als wichtige individuelle Realität dieser Person anzuerkennen und zu berücksichtigen sei.

5.2 Umkehrung der Beweislast bei neuartigen Technologien

Das Postulat verlangt in Abwendung von der bisher meist üblichen Praxis eine Umkehrung der Beweislast bei der Einführung neuartiger Technologien. Dies bedeutet, dass derjenige, der eine neuartige Technologie einführen will, die volle Beweislast bezüglich deren Unschädlichkeit trägt. Sie muss abgelehnt werden, falls eine nennenswerte Anzahl Fachleute Zweifel hat.

Dieses Postulat wird in der Arbeitsgruppe vor allem von der Seite der Ingenieure kritisiert, indem ein derartiges Verfahren zu beträchtlichen Behinderungen respektive Verhinderung der technischen Fortentwicklung führen könnte.

5.3 Die Alternative des Verzichts

Verzicht und Aufgabe von technischen Entwicklungen müssen als Alternativen diskutierbar und denkbar sein. Das Postulat wurde in der Gruppe nicht bestritten. Allfällige Probleme und Nachteile, mit denen auch diese Alternative behaftet sein kann, wurden allerdings nicht diskutiert.

Arbeitsgruppe 2

Vorsitz: *Bruno Fritsch*
Berichterstatterin: *Ellen Meyrat-Schlee*

Anknüpfend an die vorgängigen Referate, hat die Gruppe drei Themenschwerpunkte gesetzt:

- Rationalität versus irrationale Vorstellungen,
- Sicherheit/Risiko und
- Ziel der Tagung.

1. Rationalität versus irrationale Vorstellungen

Ausgangspunkt war eine Kritik an der bisher geführten Diskussion, bei der für die Bewertung von Risiken *rationale Argumente* im Vordergrund standen. Die Bewertungsfrage lässt sich jedoch nicht stellen zwischen 'rationalen' und 'irrationalen' Argumenten, ebenso ist das Schisma bzw. die Polarisierung in hie Fachleute (die rational und damit implizit 'richtig' bewerten) und dort Laien (die emotional bzw. irrational urteilen und damit implizit 'falsch' bewerten) nicht mehr haltbar. Das Paradigma 'Laien versus Fachleute' ist heute überholt. Wir müssen Abschied nehmen von der Vorstellung, es gäbe *eine/die* Rationalität. Rationalität ist im Plural zu denken, was bedeutet, dass es *verschiedene 'Rationalitäten'* gibt. Einen *Risikodialog führen heisst daher, aus verschiedenen Rationalitätskontexten heraus denken* - nicht aus einem -, heisst, *plurale Denkweisen zu akzeptieren und anzuerkennen, dass es verschiedene Zugänge zur Bewertung von Risiken* gibt. Der Austausch von Vorstellungen über verschiedene Entwicklungen, d.h. Alternativen, ist nur möglich auf dem Hintergrund verschiedener rationaler Konzepte.

2. Sicherheit/Risiko

Im weiteren versuchte die Gruppe, die beiden Begriffe 'Sicherheit' bzw. 'Risiko' zu umschreiben. Die Annäherung an die Begriffe verlief kontrovers: Sicherheit könne nicht mit dem absoluten "sein" verbunden werden (im Sinne von "etwas ist sicher"), sondern sei zu verbinden mit der "Gewissheit im Urteilen über" (im Sinne von "subjektiv hinreichende Gewissheit haben im Urteil über Sicherheit"). Dieser Umschreibung liegt die Annahme zugrunde, dass es *nicht den bzw. einen einzigen Massstab für alle gibt* im Urteilen über Sicherheit. Ein Verständigungsprozess über Sicherheit sei nur möglich über einen *sicherheitsphilosophischen Ansatz*. Dem wurde entgegnet, dass die Gewissheit des Einzelnen (also letzlich Subjektivität) zu kurz greife, zumal 'Sicherheit' nur *ein* Qualitätsmerkmal aus dem Komplex von Merkmalen des zu beurteilenden Objektes sei. Zustimmung fand, dass Sicherheit nicht als isoliertes Kriterium betrachtet werden könne. Nur müsse das Interesse eines Diskurses über Sicherheit sich konzentrieren auf die *Kontroverse (den Dissens) über Kriterien von Sicherheit,* also die *Konfliktfelder über die Uneinigkeit bei der Beurteilung von Risiken* herausarbeiten. Ein anderer Ansatz ging vom *Konsens* aus: Welches waren Fälle aus der Vergangenheit, wo Konsens über Sicherheit bzw. Risiko herrschte? Wie ging man vor? Wie entstand Akzeptanz? Einig war man sich, dass es Bereiche gibt, bei denen traditionelle Lösungswege zur Konsensfindung anwendbar sind. Heute aber gibt es Bereiche, wo überkommene Lösungswege nicht weiterführen, wo die traditionelle Akzeptanz nicht mehr übertragbar ist. Ein *Diskurs über Sicherheit* müsse unterscheiden zwischen empirischer Akzeptanz einerseits und der *normativen Diskussion und Akzeptabilität* andererseits. Ein weiterer Vorschlag, Sicherheit zu umschreiben, ging aus von zwei Themenkreisen: der *Sicherheitstechnik* auf der einen Seite, für die 'der Ingenieur' zuständig ist, indem er nach den bestmöglichen Sicherheitskriterien und deren Erfüllung sucht, und der *Sicherheitsakzeptanz* auf der anderen Seite, der die Bevölkerung zugeordnet ist. In der Schnittstelle zwischen diesen beiden, als sich knapp überlagernde Kreise gedachten Bereichen sind die sogenannten *Sicherheitskriterien* angesiedelt, über die beide, Ingenieure und Bevölkerung, sprechen können und über die diskutiert wird. Nach dieser Vorstellung wird Sicherheit definiert als "Erfolg des Systems in seiner funktionalen Mission". Das Problem entsteht dort, wo die Sicherheitskriterien für den Bürger (Laien) nicht mehr durchschaubar sind. Gerade weil eine *Sicherheitsdefinition* (bzw. Risikodefinition) *kultur- und zeitbedingt* ist, also nichts Statisches, Absolutes, ist es unmöglich, von einem einzigen Standpunkt aus endgültige Antworten zu Sicherheit bzw. Risiko zu geben. Fazit: Weil jede Risikodefinition abhängig ist vom Umfeld, *gibt es kein objektives Risiko, sondern nur verschiedene subjektive Risikoeinschätzungen.*

3. Ziel der Tagung

Die zentrale Frage lautet: Wie können wir einen Risikodialog führen? Dabei geht es weniger um Konsens oder Dissens, sondern um die Gefahr der *Dialogverweigerung*. Um einen Risikodialog zu ermöglichen, sollten wir uns bescheiden auf die Frage: Wie müssen wir uns verhalten, damit man uns nicht Dialogverweigerung vorwirft?

Die 'ideale' Situation gibt es nicht, deshalb gibt es auch keinen 'idealen' Diskussionskonsens. Es gibt aber *Voraussetzungen, die einen Dialog ermöglichen*. Die erste wäre: *Diskussionshindernisse sehen und abbauen*. Dazu eignet sich die 'sicherheitsphilosophische Verständigung', die den Umgang mit verschiedenen Rationalitätskontexten zulässt. Zu fragen wäre demnach: *Was ist die Gesamtheit der Positionen für die Interpretation von Risiken?* Dies bedingt zu akzeptieren, dass es verschiedene Rationalitätskontexte gibt. Ein weiterer Aspekt betrifft die Risikoeinschätzung. Hier ist davon auszugehen, dass es *den* Experten nicht gibt. Vielmehr muss das Ziel sein, *einen Aus-*

tausch von subjektiven Wahrscheinlichkeiten bei der Risikoabschätzung zuzulassen. Eine wirkliche Risikoeinschätzung ist daher nur möglich durch eine *Kommunikationsgemeinschaft verschiedener Experten,* was bedeutet, dass sich Expertengemeinschaften aus verschiedenen Disziplinen rekrutieren müssen - und auch aus der Bevölkerung.

Arbeitsgruppe 3

Vorsitz: *Richard Heierli*
Berichterstatter: *Ortwin Renn*

1. Übersicht

Zu den Themen dieses Tages haben wir versucht, nicht nur Fragen, sondern auch Lösungsansätze zu entwickeln. Die drei Fragen, die uns beschäftigt haben, sind

1. Ist Sicherheit überhaupt eine Frage? Dazu haben wir alle *Ja* gesagt. Und damit ist das erledigt.
2. Ist Risikosteuerung oder Risikominimierung eine legitime Aufgabe der Gesellschaft? Sollte die Gesellschaft sich selbst verpflichten, Risiken zu minimieren? Auf dieser Frage haben wir mit *Ja, aber* geantwortet.
3. Können wir offene Probleme oder Themen angeben, von denen wir glauben, dass es sich lohnen würde, sie diese Woche zu diskutieren? Dazu ist uns natürlich viel eingefallen, und ich kann davon hier nur einiges wiedergeben.

2. Zur Frage der Risikominimierung

Unsere Gruppe ist der Meinung, dass Risikominimierung eine legitime und notwendige Aufgabe der Gesellschaft sei. Träger dieser Aufgabe muss jedoch nicht unbedingt der Staat sein. Es könnten auch andere Institutionen infrage kommen.

Zweitens: Risikominimierung stellt keinen absoluten Wert dar. Es kann nicht darum gehen, Risikominimierung vorzunehmen, koste es, was es wolle. Es handelt sich vielmehr um ein relatives Gut, das mit anderen Gütern in Bezug gesetzt werden muss. Es muss möglich sein, Kompromisse zwischen Risikominimierung und anderen gesellschaftlichen Zielvorstellungen zu formulieren.

Zum dritten: aus der Multidimensionalität dieser Aufgabe folgt zwingend, dass eine Abwägung getroffen werden muss zwischen dem Ziel der Risikominimierung und anderen häufig konfligierenden Zielen, etwa einer besseren, oder einer anderen Art von Lebensqualität. Eines der Themen dieser Tagung sollte es sein, welche Verfahren und welche Prinzipien dieser Abwägung zugrundeliegen sollen.

Um eine Abwägung vornehmen zu können, müssen wir die Risiken adäquat beschreiben können. Es muss nicht unbedingt eine Quantifizierung im Sinne der Formel Wahrscheinlichkeit mal Ausmass sein. Aber eine adäquate und eindeutige Risikobeschreibung ist geboten, weil sonst ein Abwägen nicht möglich ist. Auch wurde darauf hingewiesen, dass Leben unter Unsicherheit einen eigenen Wert darstellt, d.h. auch die Bereitschaft, Überraschungen zu erleben, kann Lebensqualität verbessern.

3. Ist Risikominimierung die Aufgabe der Gesellschaft?

Wenn Risikominimierung nicht der einzige Wert ist, der bei Akzeptanzentscheidungen relevant ist, müssen andere Werte hinzukommen. Einer dieser andern Werte ist die Nutzenoptimierung. Man muss den Nutzen einer Aktivität in Verbindung setzen mit den Kosten und den Risiken und versuchen, zwischen diesen Werten abzuwägen. Dabei sind drei Probleme zu beachten:

Erstens: Es gibt unterschiedliche Risikoqualitäten, d.h. das Risiko im einen Kontext ist anders zu bewerten als das Risiko in einem anderen Kontext. Beipiel: Der beliebte Vergleich zwischen dem Risiko des Fahrradfahrens und des Aufenthaltes am Zaune eines Kernkraftwerkes zerstört den ursprünglichen Kontext. Denn man muss zwischen individuellem und kollektivem Risiko und zwischen freiwilligem und unfreiwilligem Risiko unterscheiden. Daneben gibt es eine ganze Reihe anderer qualitativer Merkmale, die zur Beschreibung von Risiken und auch zu ihrer Bewertung notwendig sind.

Das zweite Problem ergibt sich aus dem, was man in der Ökonomie Kommensurabilität nennt. Wenn wir abwägen, müssen wir einen gemeinsamen Nenner suchen. Es ist ausgesprochen schwierig, etwa statistische Tote gegen wirtschaftliche Vorteile aufzuwägen.

Der dritte Problemkreis betrifft die Verteilungsgerechtigkeit, d.h. Risiken und Nutzen betreffen nicht die gleiche Personengruppe. Ist es gerecht, wenn eine bestimmte Gruppe Risiken übernimmt, damit andere einen Nutzen erzielen können? Wie können wir dieses Problem lösen? Wir können sicherlich nicht sagen, dass wir den Gesamtnutzen optimieren und die Verteilungsprobleme ignorieren. Es sind Bewertungsfragen angesprochen, die sich nicht einfach mit einer mathematischen Summenformel lösen lassen.

4. Leitlinien

Was sind nun die Leitlinien für eine angemessene Kosten-Nutzen-Analyse?

Die erste Leitlinie ist "Chancengleichheit für Alternativen". Wenn wir um Lösungen ringen, müssen wir alle technischen Alternativen miteinbeziehen und ihnen die gleichen Chancen in der Kosten-Nutzen-Analyse einräumen.

Wenn dann einmal eine Grundsatzentscheidung getroffen worden ist, sollte, zweitens, nach dem Grundsatz der Kosteneffizienz verfahren werden, d.h. die vorhandenen Geldmittel sollten so verteilt werden, dass man den grössten Nutzen in Form von Risikoreduzierung erhält. Viele Risiko- und Kosten-Effizienz-Analysen zeigen, dass man durch Umverteilung der Sicherheitsausgaben insgesamt das Risiko reduzieren kann und damit mehr Sicherheit bei gegebenem gesellschaftlichen Aufwand erzielt.

Als dritte Leitlinie scheint uns wichtig, dass man die Verteilungsgerechtigkeit mit in die Risiko-/Nutzen-Analyse einbeziehen muss. Es ist eine wichtige Aufgabe herauszufinden, wie man verfahrensmässig oder auch prinzipiell das Problem der Disparität von Nutzniesser und Risikoträger überwinden kann.

5. Die Aufgabe der Politik

Zunächst ist deutlich zu machen, dass jede Risikoentscheidung mit kollektiver Geltung politische Vorgaben erfordert. Die Notwendigkeit einer politischen Abwägung fordert dazu auf, ganz bewusst die Wertunterschiedlichkeit in den Diskurs einzubeziehen. Eine politische Abwägung muss Rücksicht nehmen auf die Unterschiede in der Risikoqualität. Es gibt keine einfache Sicherheitsgrenze, z.B. zehn hoch minus sechs, ab der wir alles bzw. bis zu der Höhe wir nichts akzeptieren.

Zum zweiten: Es gibt einen immanenten Konflikt zwischen staatlicher Bevormundung und der Fürsorgepflicht des Staates einerseits und der persönlichen Freiheit des Einzelnen andererseits. Wie weit darf die Bevormundung durch den Staat gehen und wie weit muss es dem Bürger überlassen bleiben, bewusst Risiken in Kauf zu nehmen?

Zum dritten: Das Mehrheitsprinzip reicht nicht aus, um wichtige kollektive Entscheidungen über Risiken zu treffen. Wir brauchen zusätzliche politische Verfahren, um diese grundsätzlichen Fragen zu bewältigen.

6. Weitere Problemkreise

Wir haben noch angesprochen:

- Wie misst man Risiko, wie schätzt man es ab?
- Das Referat von Frau Gronemeyer und die Frage, wie wir die Verdrängung des Todes in Zukunft in unsere Risikobetrachtungen einbeziehen können.
- Die Frage der Rationalität bzw. Irrationalität und wie der Begriff "Vertrauen" in technische, ökonomische oder andere Funktionsbereiche eingebracht werden kann.

Arbeitsgruppe 4

Vorsitz: *Willy A. Schmid*
Berichterstatter: *Giampiero Beroggi*

Ausgangspunkte der Diskussion waren die zwei "fast nicht zu vereinbarenden Welten" von Experten und Öffentlichkeit. Experten behandeln Gefahren und Risiken auf rationale und objektive Weise, während die Öffentlichkeit, oder der Laie, nicht den Gesetzen der Rationalität gehorcht. Beispiele sind bekannt aus der Medizin, wo der Patient die Warnungen des Arztes oft übergeht. Aufgrund dieses gegensätzlichen Vorgehens werden die Experten oft unfassbar für den Laien.

Um diesen Graben zwischen Experte und Laie schliessen zu können drängen sich zwei Ansätze auf: 1) Eine Kommunikationsebene zwischen Experte und Laie muss gefunden werden und 2) die

Experten müssen lernen, sich gegenseitig besser zu verständigen, und der Laie muss sich intensiver mit dem Problem auseinander setzen.

Verständigung zwischen Experten

Verständigungsschwierigkeiten zwischen Experten kennen zwei Ursachen. Die erste beruht auf dem Wissensstand und der verwendeten Terminologie für das komplexe Gebiet des Risiko-Managements. Ein Risiko-Experte in der chemischen Industrie und einer der nuklearen Industrie weisen verschiedene Wissensstände in den zwei Gebieten auf und benützen oft verschiedene Definitionen. Die Experten müssen sich bewusst werden, dass sowohl Fachwissen wie auch Definitionen zentraler Begriffe, die oft miteinander eng verbunden sind, klar abgegrenzt werden müssen. Es ist von grundlegender Bedeutung, dass so weit wie möglich eine gebietsübergreifende Terminologie unter Experten gefunden wird. Dies ist insbesondere auch in Anbetracht der Kommunikation zwischen Experte und Laie von fundamentaler Bedeutung. Was die Methodik der Risikoanalyse und der Risikobewertung betrifft, so sollen die Experten nicht blindlings Standardverfahren anwenden. Experten sollen sich im klaren sein, wo die Grenzen quantitativer (normativer) Methoden (z.B. probabilistischer Ansatz) liegen und wo eher qualitative (deskriptive) Verfahren (z.B. Hazard Analysis) angewendet werden sollen. Der Analyseprozess soll dem Problem angepasst werden.

Verständigung des Laien

Die Informierung des Laien über die Risikosituation ist von grundlegender Bedeutung. Trotzdem bringt eine vollumfassende Information nicht viel, wenn der Laie nicht ein minimales Interesse aufbringt. Der Laie muss den *Willen* haben, die Problematik verstehen zu wollen.

Verständigung zwischen Experte und Laien und das Problem der Akzeptanz

Dem Laien soll grundsätzlich mehr Zeit gegeben werden für die Meinungsbildung. Andererseits soll der Experte Vertrauen erwecken, indem er die Grenzen seiner Analysen klar darlegt. Eine Möglichkeit, die Akzeptanz technischer Systeme zu steigern, ist, die Laien in einem mehrjährigen Prozess im Rahmen kleiner Gruppen mit der Problematik vertraut zu machen. Ein anderer, jedoch schwieriger Ansatz die Akzeptanz zu steigern wäre, die Kontrolle des Systems an die Betroffenen zurückzugeben. Dies ist jedoch schwierig, da die Kontrolle über das System technisches Verständnis verlangt. Die Akzeptanz ist schwierig zu bestimmen und in gewissen Fällen erst nach einem Ereignis feststellbar. Wo die Akzeptanz technischer Systeme relativ einfach bestimmbar ist, sind Kosten/ Nutzen-Aspekte angebracht (z.B. im Versicherungswesen).

Verantwortung: Versicherer und Staat

Der politische Verantwortungsträger ist oft auch Laie. Demzufolge sollten sowohl die Öffentlichkeit als auch die Politiker ein minimales Fachwissen aufweisen. Historisch gesehen kam die Frage der Existenzrisiken mit dem Versicherungswesen auf. Dabei wird die Frage gestellt, wie gross ein Einzelereignis sein kann, damit es noch getragen werden kann. Der Einzelne hat ein intuitives Gespür, wo diese Grenzen liegen, während der Staat als Verantwortungsträger seine Entscheide auf Verantwortung basiert. Es stellt sich hier die Frage, wo die Grenzen für den Staat liegen.

Mensch und Umwelt

Die komplexen Wechselwirkungen innerhalb ökologischer Systeme lassen eine isolierte Betrachtung des Menschen nicht mehr zu. Wenn von Sicherheit des Menschen gesprochen wird, muss auch die ihn umgebende Umwelt miteinbezogen werden. Beispiele dafür sind die Störfallverordnung und die Umweltverträglichkeitsprüfung, die sich sowohl auf Einwirkungen auf den Menschen als auch auf die Umwelt beziehen.

Juristische Erfassung von Gefahren und Risiken

Gefahren und Risiken können nicht juristisch erfasst werden. Die Rechtswissenschaft ist eine nachvollziehende Wissenschaft; nur wenn etwas geschieht, wird der Jurist beigezogen. Demzufolge ist es nicht möglich, juristische Leitlinien heranzuziehen, innerhalb deren sich der Techniker bewegen darf. Jedoch kann die Rechtswissenschaft mangelnden Willen fördern. Sie kann Massstäbe setzen für die Gefahrenwahrnehmung, wie z.B. die Umweltverträglichkeitsprüfung oder den Katalysator fordern. In dieser Hinsicht ist die Rechtswissenschaft eine Hilfswissenschaft. Dennoch drängt sich die Frage auf, ob die Rechtswissenschaft z.B. im Bereiche der Gentechnologie nicht auch agieren soll und nicht nur reagieren.

Arbeitsgruppe 5

Vorsitz: *Kurt R. Spillmann*
Berichterstatter: *Franz Knoll*

Die vom Vorsitzenden vorgeschlagene Themaaufteilung in:

1. Artikulation des Unbehagens, Standortbestimmung
2. Wege zur Lösung
3. Definitionen

wurde nur zum Teil eingehalten. Die Diskussion drehte sich in Form einer Marmeladesitzung (jam-session) vor allem um Ergebnisse der drei gehörten Vorträge, wobei bedauerlicherweise vor allem der Standpunkt von Frau Dr. Gronemeyer wenig zu Worte kam, weil sie sich – aus Versehen – einer andern Gruppe angeschlossen hatte.

Die Polarität von einerseits quantifizierten Risikoziffern und andererseits deren Wertung durch die technisch nicht informierte Öffentlichkeit wurde erörtert. Von den Gründen für ein mangelndes Verständnis zu beiden Seiten, und schliesslich für das gesuchte, aber nicht gefundene Einverständnis aller am technischen Fortschritt Beteiligten wurden erwähnt:

- Die übergrosse Komplexität des Systems Technik/Gesellschaft/Individuum, die eine Gesamtanalyse/Modellierung nicht erlaubt.
- Die Schwierigkeit, es allen recht zu machen: Eine Pluralität von Beziehungen und Bedingungen muss/sollte befriedigt werden.
- Die Hintergründe von Risikoziffern (Definition derselben, Hypothesen, nicht berücksichtigte Parameter oder Szenarien) lassen sich selten erschöpfend beigeben, obwohl die Zahlen an sich nicht oder selten kontrovers gesehen werden.
- Bei amtlich festgesetzten Schwellenwerten muss Ermessen die Stelle vollständiger Kenntnis bei der zahlenmässigen Bestimmung übernehmen.
- Die Vernetzung der Sicherheitsfrage mit der gesamten Umwelt: "Was geschieht auf Kosten wessen", die sich einer Gesamtanalyse bisher entzieht.
- Das Ungenügen oder Versagen des deterministischen Kausalitätsprinzips sowie auch der statistisch/probabilistischen Methoden beim Objektivieren der Risiken. Manche betrachten letzteres als prinzipiell gelöst, so dass nur noch die Wertung der Risiken durch die "Erleidenden" aussteht.

Zum möglichen Lösungsweg wurden die Begriffe, oder besser: Postulate, der Transparenz und des diskursiv erarbeiteten Konsenses kurz erwähnt, ohne dass weiter darauf eingegangen wurde. Die Erziehung zum technischen/naturwissenschaflichen sowie zum sozial/politischen Verständnis von Kindsbeinen an kam kurz zur Sprache.

Im Sinne von Koordinaten wurden die Begriffspaare:

Risiko	–	Risikokommunikation
kurzfristiges Risiko	–	langfristiges Risiko
absolutes Risiko	–	vergleichbares Risiko
objektives Risiko	–	Beurteilung desselben
Abblendung	–	Aufblendung

vorgeschlagen (Häfele).

Im Sinne einer Standortsbestimmung: Analytisch steht es nicht schlecht - die Synthese von Lösungswegen steht aber aus.

Arbeitsgruppe 6

Vorsitz: *Hannes Wasmer*
Berichterstatter: *Hans-Jakob Lüthi*

Konsens-Dissens: "Konsensfindung"

Konstituierende Merkmale eines "Konsensproblems" sind mehrere Akteure (Interessensgruppen, Entscheidungsträger, etc.), welche zu einem konkreten oder abstrakten Gegenstand eine gemeinsam getragene oder zu verantwortende Handlungsweise oder Meinungsäusserung anstreben.

Damit sollte jeder "Konsensfindung" eine klare Darstellung der "Konsensproblematik" vorangehen. Dazu scheint es sinnvoll, drei unterschiedliche Konfliktherde auseinanderzuhalten, nämlich:

- Thematischer Konsens;
- Verfahrensmässiger Konsens;
- Wertmässiger Konsens.

Thematischer Konsens bezeichnet die Bestimmung des Gegenstandes, über welchen eine Konsensdiskussion stattfinden soll (Problemerkennung, Problemdarstellung). Er schafft die Basis für die Gesprächsbereitschaft.

Verfahrensmässiger Konsens beinhaltet die Übereinstimmung in der grundsätzlichen Vorgehensweise (Methodologie) zur Problemanalyse, insbesondere Methoden zur Risiko-Identifikation, Risiko-Quantifizierung und Kontrollprozeduren. Im zentralen Spannungsfeld steht das "Rollenspiel" Fachmann-Laie (Vertrauen, Kompetenz, Rationalität). Ziel eines verfahrensmässigen Konsenses ist es, die Zuständigkeiten und Vorgehensweisen in der Problem-Analyse gemeinsam und verbindlich zu klären.

Im Zentrum des wertmässigen Konsenses steht die Antwort auf die Frage, wie eine "akzeptable" Lösung aussieht. Hier treffen die Interessensgegensätze aufeinander, insbesondere ist der inhärente Widerspruch zwischen individueller Rationalität und kollektiver Rationalität situativ "aufzulösen". Mit anderen Worten, es wird die Schaffung einer gemeinsamen Problemlösungsbereitschaft angestrebt.

Herrscht über die Konsensproblematik einigermassen Klarheit, und ist der Wunsch nach Konsensfindung unter den Beteiligten vorhanden, so wird man sich nach Instrumenten für die Konsensfindung umsehen.

Thematisch wird dazu in jedem Falle eine offene oder verdeckte Nutzen-Risiko-Diskussion (Nutzniesser und Betroffene) stattfinden, und es wird die Frage nach der "Verantwortlichkeit" zu stellen sein.

Diskussion

Karl Weber: Verschiedentlich ist im Anschluss an das Referat von Herrn Ueberhorst gesagt worden, dass man den unterschiedlichen Rationalitäten in Politik, Wirtschaft, Kultur etc. Rechnung tragen müsse, dass es nicht *ein* Rationalitätsmodell gäbe, sondern verschiedene. Hier meine ich, eröffnet sich ein spezifischer Zugang zur kulturspezifischen Tradition der Bearbeitung des Risikoproblems. Man sollte sich überlegen, in welcher Weise die schweizerischen institutionellen Gegebenheiten - ich denke an Arbeitgeber-Arbeitnehmerbeziehungen, die spezifische Arbeitsteilung im öffentlichen und privaten Sektor im Rahmen eines dezentralen Systems - Problemlösungserfahrungen ermöglicht haben und wodurch diese sich von denjenigen in andern Ländern unterscheiden. Gibt es ein kulturspezifisches Potential an Wissen, an Knowhow, das genutzt werden kann, um die Zivilisationsrisiken anzugehen? Gibt es aber auch Defizite und Mängel, welche die Grenzen erfahrbar machen? Was müsste zusätzlich getan werden, damit so etwas entsteht wie der oft idealisierte Risikodialog?

Reinhard Ueberhorst: Ich kann mich an eine Episode erinnern, dass ich einmal einen Mitarbeiter hatte, einen ETH-Physik-Absolventen, dessen Schweizer Vater ein amerikanischer Professor war. Als der Sohn dem Vater dann erzählte, was ich so erzählt hatte, da meinte der Vater, das sei doch in der Schweiz alles schon selbstverständlich, diese Art von kooperativer Konzeptualisierung von Kontroversen, dies entspreche der schweizerischen politischen Kultur. Insofern bin ich sehr neugierig, was auf die Frage von Schweizer Seite geantwortet wird, ob es diesseits des Grenzzauns denn wirklich einen Vorsprung gibt, ob es hier etwas gibt, was wir Europa mitzuteilen haben, ob es hier einen klügeren Ansatz gibt, einen besseren Ansatz zur Kultur politischer Interaktionsprozesse, im Unterschied zur Bundesrepublik.

Franz Knoll: Ich habe hier ein Beispiel in der Hand, das ich unserem deutschen Gast in die Hände geben darf, einen Artikel aus der "Weltwoche" mit dem Titel "Den Zauberlehrlingen schaut keiner mehr auf die Finger", wo die Basler-Chemie hergenommen wird, wie sie reagiert hat auf den Versuch, staatliche Kontrollen über gentechnische Forschungen usw. einzuführen. Ich fand den Artikel recht bedrückend. Die staatlichen Instanzen waren mit begrenzten Budgets handicapiert und wurden einfach gegen die Wand gedrückt. Da ist die ganze gesammelte Arroganz der Basler-Chemie über sie hergefallen, sie wurden des Amtsmissbrauchs und aller möglichen Dinge bezichtigt. Ich weiss nicht, wie die Geschichte weitergeht. Natürlich hören wir alles durch die Feder des betreffenden Journalisten, aber ich fand es deprimierend, wie das gehandhabt wird in Basel.

Charles Simon: Da kann ich Ihnen noch mehr erzählen, wenn es Sie interessiert. Ich bin der Stellvertreter des Leiters der Kantonalen Kontrollstelle für Chemiesicherheit in Basel. Die Geschichte war so: Wir hatten den Auftrag, Grundlagen zu erarbeiten über den Stand der Gentechnologie in Basel. Der Bund hat mitgemacht bei einer Studie in Form einer generellen Erhebung, einer Bestandesaufnahme, und zwar auch bei harmloseren Dingen, Tierchen, usw. Und weil wir selber wenig Leute sind und keine Sicherheitsfachleute haben, haben wir eine Beraterfirma angestellt. Dies ist das übliche Vorgehen bei einer derartigen Situation. Am Anfang ging das gut, die ersten Auskünfte sind gekommen, ausser von einer der chemischen Grossfirmen, dann plötzlich wurde abgebrochen. Gleichzeitig wurde auf der politischen Ebene blockiert (Regierung Basel-Stadt). Und zwar a) weil wir eine als links eingestufte Beraterfirma angestellt hatten ("die dürfen nichts wissen, die sind ja schon zu kritisch") und b) da wir auch Dinge fragen wollten, die ja "harmlos" waren, und die sie eben nicht deklarieren müssten. Das waren die beiden Argumente, weshalb sie dann gesperrt haben, die Herren von der Uni, vom Biozentrum, und von der Industrie. Sie haben gesagt, wir geben nichts raus. Wenn die vom Amt selber kommen wollen: ok. Wir verstehen aber fachlich nichts davon. Im Moment müssen wir abwarten. Vielleicht erhalten wir einen Fachmann in unser Amt. Wir sind dann auch bei der Chemischen Firma, die da blockiert hat, gewesen. Wir haben die Ordner gesehen. Da ist alles drin, geordnet. "Ihr dürft bei uns im Büro gucken, aber nichts aufschreiben. Wir geben nichts raus". Das ist im Moment die Situation. Ich denke, da ist sehr viel Angst, Angst auch vor Konkurrenz. Im Prinzip sind sie schon bereit, uns etwas zu zeigen. Dann kommt die andere Frage vom Risikobewusstsein: "Es ist ja gar nicht gefährlich. Was wollt ihr denn?"

Stephan Albrecht: Was wir eben gehört haben war ein Beispiel dafür, dass es augenscheinlich in bestimmten Bereichen Probleme macht, die Voraussetzungen für eine Diskussion über die Frage, ob es Risiken in technischen Abläufen überhaupt gibt, herzustellen. Denn wenn die Betreiber, die zukünftigen Betreiber sagen, wir wollen etwas machen, in dem kein Risiko steckt, jedenfalls kein neues, was die öffentliche Hand mit den Folgen möglicher Regulierungen etwas anginge, dann ist eine Diskussion über die Identifizierung von Risiken gar nicht möglich. Es gibt die Risiko-Identifizierung als erstes. Als zweites eine Abschätzung der Risiken. Als drittes wäre dann die Frage der Risikobewertung als Konsequenz aus der Risikoabschätzung. Dazu meine Frage: sie bezieht sich auf die von vielen beschriebene Kluft zwischen Risikoabschätzung und Risikobewertung. Manchmal hat man den Eindruck, die Risikoabschätzung wäre noch eine halbwegs rationale Geschichte, wenn auch mit ein paar Fragezeichen, aber immerhin. Und dann kommt das grosse schwarze Loch, in dem, je nach gesellschaftspolitischer Präferenz, durch individuelle Willkür oder gesellschaftliche Machtkonstellationen argumentiert wird. Vielleicht könnten wir die Möglichkeiten ein bisschen weiter diskutieren, wie Kriterien zu entwickeln wären und wie wir eine mögliche Gewichtung solcher Kriterien entwickeln könnten, die in der Bewertung von Risiken eingesetzt werden könnten.

Thomas Schneider: Ich möchte hier mit einem ganz konkreten Beispiel bzw. einer konkreten Frage nachdoppeln. Wir sind in der Schweiz im Moment daran, etwas nachzuholen, was z.B. in Deutschland schon besteht: die sog. Störfallverordnung, in welcher die Frage der Chemierisiken geregelt werden soll. Sie soll etwa Ende Jahr erscheinen. Im Rahmen gewisser begleitender Dokumente zu dieser Störfallverordnung wurden auch ganz konkrete Vorschläge zur Frage von Schutzzielen bzw. Sicherheitskriterien erarbeitet. Diese Vorschläge wurden von technischen Fachleuten entwickelt. Wie stellt man sich nun vor, dass mit solchen Dingen umgegangen werden sollte und könnte? Wie sollte/könnte hier ein Kommunikationsprozess und Meinungsbildungsprozess vor sich gehen? Wie und mit wem sollte man diese Dinge diskutieren und wer entscheidet letztlich? Ein Bundesamt, der Bundesrat, das Parlament, ein spezielles Gremium? Dabei ist ja zu beachten, dass über Chemierisiken nicht einfach isoliert und ohne Blick auf andere Risiken entschieden werden sollte.

Jean-Pierre Porchet: Ich möchte einen Beitrag machen zur Problemkommunikation von Risiken. Es gibt ja unendlich viele Methoden, wie man Risiken abschätzt. Ich will nicht darüber sprechen. Man kann sagen, sämtliche solche Methoden, die ich bisher gesehen, habe sind wirklich rein ingenieur-technisch. Es wird geprüft, ob die Ventile am richtigen Ort und in Ordnung sind usw. usw. Sie kennen das, dabei fällt aber auf, dass praktisch alle Unfälle bei Störfällen auf menschliches Versagen zurückzuführen sind. Das hat uns veranlasst, bei Risikoanalysen nicht nur die technischen Systeme zu betrachten. Wir möchten z.B. wissen, wie die innere Einstellung der Unternehmungsleitung ist. Dies ist ein schwer fassbarer Bereich, aber man kann das bei einem Gespräch herausspüren. Man muss auch schauen, wie die Kommunikation im Unternehmen erfolgt, wie die Unternehmenskultur ist. Damit sind wir in einem Bereich, der sehr stark mit der sozialen Struktur, mit der ethischen Einstellung eines Unternehmens zu tun hat. Ich kann Ihnen nur sagen, (ich spreche von der Basler Chemie) dass wir aufgrund der Gespräche, die ich dort vor einem Jahr geführt habe, feststellen konnten, dass zwischen den einzelnen Firmen doch sehr erhebliche Unterschiede bestehen. Ich will nicht mehr sagen, aber ich glaube, wenn man diesen Aspekt nicht berücksichtigt, ist auch die beste Vorschrift zur technischen Abschätzung von Risiken sehr weit von der Wahrheit entfernt.

Andreas F. Fritzsche: Ich will gerade anschliessen und sagen, dass dies in der Kerntechnik ein ganz wesentliches Element ist. Die Sicherheitsbehörde muss die Betriebe und die Leitungen der Betriebe kennen, weil zur Erreichung von Sicherheit die Sicherheitskultur eine ganz wesentliche Rolle spielt. Die Sicherheitskultur wird wesentlich bestimmt in der Leitung der Organisation, die eine bestimmte Tätigkeit ausübt. Den Weg, zu solchen Informationen zu kommen, haben Sie angedeutet. Es sind Gespräche mit den leitenden Leuten der Organisation, und ich glaube, dass auf dem Gebiet der Kernenergie in den letzten 10 Jahren in dieser Beziehung einige Fortschritte gemacht worden sind. Um die Sicherheit zu verbessern, ist es ein sehr wesentliches Element, dass man diese Kontakte herstellt.

Gustav W. Sauer: Ich möchte nur ganz kurz in einem Satz Herrn Fritzsche antworten. Ich teile seine Ansicht nicht. Seine Ansicht ist nichts anderes als das Schlagwort: Was gut ist für General Motors, ist auch gut für die USA. Ich denke, dass die Aufsichtsbehörden ganz besonders zu einer völligen Unabhängigkeit verpflichtet sind, weil sie gleichzeitig auch gegenüber der Bevölkerung Sicherheit gewährleisten müssen, während der Betreiber von Kernkraftwerken - jedenfalls in der Bundesrepublik - eher an die Produktion von Kilowattstunden denkt. Aufsichtskontakte sollten deshalb diesen Interessensgegensatz nie übersehen. Ich wollte aber gerne eine andere Frage stellen: Ich glaube, zwei Arbeitsgruppen haben relativ stark die Floskel "Verantwortung" angezogen, ohne sie indes zu definieren. Ich denke, es ist sehr wichtig, dass wir im Rahmen einer der nächsten Nachmittage versuchen, Verantwortung zu definieren. Wann verantwortet wer was wem gegenüber? Zur Erinnerung nur, was Karl Jaspars zur Verantwortung gesagt hat, dass allein schon die semantische Auslegung uns den Inhalt von Verantwortung aufzeigt. Jaspars trennt nämlich Aktives von Passivem. Entweder man handelt, oder man verhandelt. Allein die Silbe "ver" macht aus Aktivem Passives, denn wenn man verhandelt, kommt u.U. weniger heraus, als wenn man gleich gehandelt hätte; die richtige Handlung vorausgesetzt. Der Übertrag auf das Wort "Verantwortung" führt uns genau in diese Situation: Antworten als Aktives, "Verantworten" als etwas weniger Aktives; bspw., wenn von einem strikten "Nein" etwas abgezweigt wird und die eigene Handlung aus einem Kompromiss besteht, das ist dann ein anderes Ergebnis. Deshalb muss "Verantwortung" auch immer überprüfbar und revidierbar sein. Ich denke also, dass es sich in dieser Kategorie von Karl Jaspars "antworten/verantworten" sehr wichtig ist, wer da verantwortet. Der Staat allein kann nicht verantworten. Es gibt meines Erachtens keine verfassungsrechtliche Kategorie, die dem Staat zugesteht zu sagen: "Ich verantworte jetzt ein Menschenleben." Das ist sehr schwierig. Und hier muss man auch sehen, dass die verfassungsrechtliche Entwicklung unseres Jahrhunderts als Sprung heraus aus dem Feudalismus in ein Verfassungsystem bedeutet, jedenfalls in der Bundesrepublik, dass die Grundrechte des Einzelnen als Abwehrrechte gegen den Staat definiert sind, wobei objektivrechtliche Zusicherungen durch den Staat noch hinzukommen, bspw. gem. Art. 2 Abs. 2 S. 1 GG: "Jeder hat das Recht auf Leben und körperliche Unversehrtheit". Insoweit kann es also aus dem Abwehrrecht des Einzelnen schon keine Übertragung allein auf den Staat geben, das Leben des Einzelnen "zu verantworten".

Georg Erdmann: Verantwortung hat auch etwas zu tun mit der Haftung, und ich glaube gerade am Beispiel der Basler Chemie zeigt sich, dass da ein Defizit bezüglich der Haftung vorliegt. Es kann aber wohl von keinem Unternehmen erwartet werden, dass es Auskünfte erteilt an jemanden, den es nicht als Gesprächspartner akzeptiert. Es fürchtet zu recht, dass unternehmerisches Knowhow in die falschen Hände kommt. Aber wenn die öffentliche Hand die betroffenen Unternehmensleitungen so in die Haftung nehmen könnte, wie es sicherheitsdringlich nötig ist, dann, so meine ich, würde eine neue Sicherheitskultur entstehen können. Der Kern besteht darin, dass entsprechende Haftungsansprüche bis hin zur Unternehmensspitze durchgesetzt werden. Dann ist es nicht mehr nötig, hinter einem Betrieb herzuschnüffeln und zu gucken, ob er der Verantwortung gerecht wird. Heute können sich Unternehmensleitungen eine Kosten/Nutzen-Abwägung machen und feststellen, dass sie selbst praktisch ohne Folgen davonkommen im Falle eines Schadens. Hier Marktelemente hineinzubringen bedeutet, dass die Betroffenen die Konsequenzen von Schäden am eigenen Leibe erfahren, dass sie selbst betroffen werden.

Bruno Fritsch: Wir sind ja jetzt noch bei der Standortbestimmung. Beim Zuhören fiel mir auf, dass eine ganze Reihe von täglichen Entscheidungen nicht zur Sprache gekommen ist. Wir vollziehen jeden Tag eine Reihe von Vertrauensakten. Als Herr Renn zu uns flog, hatte er das Vertrauen, dass der Pilot nicht betrunken und dass die Maschine richtig gewartet ist. Wenn wir Medikamente zu uns nehmen, vollziehen wir ebenfalls einen Vertrauensakt. Vertrauenserbringung hat auch damit zu tun, dass viele der tagtäglichen Gebrauchsgegenstände, die unser Leben ausmachen, funktionieren. Sie funktionieren so gut, dass wir uns die Frage nach dem möglichen Ausfall gar nicht erst stellen, deshalb erbringen wir Vertrauen - fast blindlings. Wir beginnen uns dieses Vertrauen als eine merkwürdige Einstellung erst dann ins Bewusstsein zu bringen, wenn wir bei zunehmendem Wohlstand sehen, dass nicht alles immer und unbedingt klappen muss. Ich denke hier beispielsweise an die Bemerkung von Udo Marquard, der sagte, mit zunehmendem Wohlstand nimmt der Grenznutzen des Wohlstandes ab und die Risikobewertung überproportional zu. Wir kommen zur Null-Risikogesellschaft mit dem "Moratoriumsnein". Alle sagen wir nein, weil es uns als besser erscheint, dieses Nein auszusprechen, obwohl ein ständiges Nein auf kollektiver Ebene möglicherweise dann noch risikoreicher ist. Es scheint mir, dass die ökonomische Komponente des Wohlstandes, die Komponente des Wertewandels und der Vertrauenserbringung im Kontext des gewandelten Risikobewusstseins zweifellos von Bedeutung ist.

Franz Knoll: Eine Beobachtung im Zusammenhang mit dem, was Herr Fritsch gesagt hat: Seine Beispiele sind alle so gewählt, dass eigentlich gar keine Alternativen bestanden. Es ist keine Alternative, ohne Flugzeug hinzukommen, oder meine Kinder nicht in die Schule zu schicken. So kommt es dann vielleicht doch nicht auf einen blinden Vertrauensakt heraus, sondern einfach auf die Wahl des kleineren Übels, ohne das es eben nicht geht. Es liegt wahrscheinlich verschieden bei den Kernkraftwerken, wo wir wirklich denken, dass wir die Wahl haben oder bei der Gentechnologie, wo vielleicht einige Leute auch denken, dass sie die Wahl noch haben.

Jürgen Markowitz: Ich möchte gerne anknüpfen an das, was Sie gesagt haben. Wir haben das in unserer Gruppe diskutiert und haben es dann nicht Vertrauen genannt, sondern haben versucht klarzustellen, ganz in Ihrem Sinne, dass man diese Art von "Vertrauen" nicht schenkt, sondern dass man sich dazu genötigt fühlt. Wenn man ein Gebäude betritt, kann man nicht den Statiker spielen und zunächst kontrollieren, ob es zusammenbrechen wird oder nicht, sondern man muss sich darauf verlassen. In der Vielfalt alltäglicher Lebensäusserungen muss man sich darauf verlassen, dass dieses und jenes funktioniert. Das ist nicht Vertrauen, sondern eine Art von Gezwungensein: man kann einfach nicht alles kontrollieren. Und daraus resultiert wahrscheinlich auch eine gewisse Aggressivität, mit der man dann reagiert, wenn Fakten geschaffen werden, die dieses Risiko als zu riskiert erscheinen lassen. Wenn in der Technologie Fakten geschaffen werden, die man nun beim besten Willen nach eigener Einschätzung nicht mehr so behandeln kann wie eine Brücke, über die man einfach läuft, ohne sie zu prüfen, dann wird nicht nur Vertrauen erschüttert, sondern dann wird eine Alltagsgrundlage bedroht, denn man kann nicht alles prüfen. Und wenn das Ausmass, in dem man zu prüfen verpflichtet wird, ein ziemlich geringes Mass übersteigt, wird die alltägliche Lebensführung bedroht. Vieles an Emotion, was auch als Irrationalität bezeichnet wurde, vieles, was sich da äussert, "verdankt" sich wahrscheinlich der Tatsache, dass man als normallebender Mensch die Alltäglichkeit der eigenen Existenz bewahrt wissen will, weil man sonst nicht mehr weiss, wie man überhaupt leben soll.

Jochen Benecke: Ich habe Herrn Fritzsche gerade so verstanden, als würde er fordern, dass den Fachleuten Vertrauen entgegengebracht werden müsse. Ich möchte dem entgegenhalten, dass es manchmal sinnvoll sein kann, Vertrauen zu verweigern und eine Aufgabe auch darin zu sehen, Misstrauen zu entwickeln. An einem Beispiel von Herrn Fritzsche will ich erläutern, was ich meine und will mein Misstrauen gegenüber einem Vergleich ausdrücken: Sie haben eine Tabelle gezeigt, in der Sie Risiken für Personen bei bestimmten Anlässen aufgelistet haben. Da war z.B. das Risiko, an einer Lebensmittelvergiftung zu Tode zu kommen. Darüber gibt es eine Statistik, und dieses Risiko kann man sicherlich mit Hilfe von Erfahrungswerten ganz ordentlich bestimmen. In derselben Tabelle stand dann das Risiko, durch einen Kernkraftwerksunfall zu Tode zu kommen; die betreffende Zahl ist von ganz anderer Qualität als die Zahl für die Lebensmittelvergiftung. Die Zahl für den Kernkraftwerksunfall kann man nicht aus Erfahrungswerten bestimmen, sondern sie basiert auf Rechenhilfen, die bestenfalls so gut sind wie die zugrundeliegenden Modelle. Ich denke, wir können uns darüber verständigen, dass die Modelle unvollständig sind, dass viele der physikalischen Vorgänge noch nicht einmal so weit verstanden sind, dass man sie berücksichtigen könnte. Entsprechend unzuverlässig sind die Wahrscheinlichkeitswerte. Wenn die genannten Zahlen nebeneinander präsentiert werden, kann ich eine Rolle für mich darin sehen, Misstrauen gegen den von Ihnen angestellten Vergleich zu säen.

Andreas F. Fritzsche: Wir sind uns völlig einig, dass die zwei Beispiele aus meiner Tabelle nicht vergleichbar sind.

Jochen Benecke: Sie haben es nur nicht gesagt.

Andreas F. Fritzsche: Ja, ich habe vieles nicht gesagt, was ich hätte sagen können, dies aber nicht in der zur Verfügung gestellten Zeit. Aber alle anderen Beispiele sind von genau gleichem Charakter. Sie stammen alle aus Statistiken über unsere Erfahrungen und in dieser Beziehung sind sie vergleichbar. Sie beziehen sich auf völlig verschiedene Lebensumstände, aber die Quellen sind da überall unsere Erfahrungen.

Marianne Gronemeyer: Ich möchte gegen die Unterstellung, dass die Zahlen in der Statistik den gleichen Charakter haben und darum vergleichbar sind, polemisieren. Es ist eine grundsätzliche Differenz, ob ich einen Sportunfall betrachte, bei dem ich Ursache und Wirkung in einen anschaulichen, beweisbaren Zusammenhang bringen kann, oder ob ich es mit Schädigungen zu tun habe, die sich einer solchen zwingenden kausalen Zuordnung entziehen. Wer 25jährig in den achtziger Jahren an Leukämie erkrankt, wird es eben schwer haben, den Nachweis zu führen, dass er ein Opfer der Atomtests in den fünfziger Jahren ist.

Andreas F. Fritzsche: Es war ja gerade mein Ziel, die verschiedenen Arten und Qualitäten von Risiken nebeneinander zu stellen, ohne damit behaupten zu wollen, dass die Zahlen miteinander unmittelbar vergleichbar seien.

Jörg Schneider: Ich glaube, wir sind fachkundig genug, um uns selbst ein Bild machen zu können. Wir hören die Argumente. Wir müssen nicht in Rechtfertigungen ausarten.

Gustav W. Sauer: Eine Verständnisfrage. Herr Fritzsche: wenn ich mir Ihre Zahlen anschaue: 0,04 Tote pro 100'000, dann ist das das normale Betriebsrisiko (10^5 Personen mit je 1mrem/Jahr bei einer Risikozahl von 500 pro 10^4 Personen - Sievert). Um das jetzt überspitzt zu sagen, Ihre Analyse hätte man missverstehen können, dass wenn jemand Ski fährt, dass er dann auch für Tschernobyl sein muss.

Jörg Schneider: Ich glaube nicht, dass diesem Irrtum viele von uns erlegen sind.

Reinhard Ueberhorst: Also mit den letzten Bemerkungen haben Sie mich nun doch provoziert. Ich möchte sagen, ich bin einer, der Herrn Dr. Fritzsche genauso verstanden hat. Ich habe den Eindruck, dass es gut wäre, wenn wir auch darüber diskutierten, welchen produktiven Wert in unserer westlichen Welt kritische Diskussionsprozesse zur Optimierung von technischen Systemen gehabt haben und haben sollten. Ich könnte mir vorstellen, dass Ingenieure dazu Beispiele in unsere Diskussion einbringen können, und wir auch etwas davon haben. Es geht darum, öffentliche Technikdiskurse direkt als Optimierungsfaktor für technische Optimierungsprozesse zu verstehen. Wie wichtig ist dieser öffentliche Erwartungsdruck in verschiedenen Formen von Bürgereinreden bis hin zu concerned scientists? In der Sowjetunion haben wir nachweislich ein höheres Ausmass von staatlich geäussertem Vertrauen gehabt, und wir haben nicht erfahren, dass dies nun ein Vorteil gewesen wäre, ganz im Gegenteil. Meine zweite Frage zielt auf das Stichwort "Sicherheitskultur". Sicherheitskultur als der Hinweis darauf, dass auch die humane Komponente in diesem soziotechnischen System "Kerkraftwerk" vom Management bis hin zum Accident Management zu beachten ist. Wie wichtig ist dieser Hinweis auf die Bedeutung des Vertrauens in humane Komponenten im Gesamtsystem? Und wie verbinden wir das Betonen dieser Sicherheitskultur mit der Diskussion über diese neuen Reaktortypen? Ich hoffe, dass Herr Niehaus das in seinem Beitrag ansprechen wird. Sollen wir die Technik und ihre Weiterentwicklung unter dem Aspekt betreiben, dass wir sagen, wir erhoffen uns zukünftige Techniken, die bei Unfällen immer noch tolerable Auswirkungen haben, was auch immer von den Menschen, die in den Systemen tätig sind, gemacht wird. Auch wenn die Bedienungsmannschaft wegläuft, nichts mit einem Reaktor machen kann, was schlimmer wäre als ein Funktionsunfähigmachen.

Fulvio Caccia: Wir haben in der gestrigen Diskussion und auch heute einige Male über den Unterschied zwischen freiwillig eingegangenen Risiken und unfreiwilligen Risiken gesprochen. Diese Unterscheidung scheint im ersten Augenblick interessant zu sein. Aber in der Diskussion und insbesondere in der öffentlichen Diskussion gibt es die Auffassung, die schon ein wenig Skepsis erweckt: freiwillig eingegangene Risiken seien fast so etwas wie eine Heldentat, unfreiwillige Risiken zu vermeiden oder verwerfen sei ein Zeichen der Klugheit. Ist das wirklich so? Ist immer die Bereitschaft, freiwillige Risiken einzugehen, eine Heldentat, oder ist es eher der fehlende Wille, auf etwas einfach zu verzichten? Ist der Verzicht auf unfreiwillige Risiken wirklich ein Zeichen der Klugheit, oder vielleicht eher der Glaube, dass z.B. beim Verzicht auf den Bau eines Kernkraftwerkes ich sowieso weiterhin den Lichtschalter andrehen kann, denn irgendwer wird schon dafür sorgen, dass das Licht angeht. Zwischen diesen Extremen gibt es freilich ein grosses Mittelfeld, das kaum diskutiert wird. Aber gerade hier werden oft Sündenböcke gesucht, wenn die Ursachen von Risiken irgendwie in einer Person, oder in einer Struktur, in einer Unternehmung oder in einem Werk liegen. Es gibt Fälle, nehmen wir z.B. die Luftverschmutzung, die Klimaprobleme: da sind wir leider alle Sünder und gleichzeitig alle auch Opfer. Trotzdem scheint die ethische Sorge der Leute, etwas zu unternehmen, ganz deutlich abzunehmen. Darum die einleitende Frage über Heldentat und Klugheit. Oder gibt es gar ein komplexeres Verhalten des Menschen, das mit dieser Idealisierung des Menschen nicht zu erklären ist?

Jörg Schneider: Ein freiwillig eingegangenes Risiko ist das Rauchen. Sicher keine Heldentat.

Reinhard Gubler: Die Aufsicht über die Kernkraftwerke wird in den einzelnen Ländern sehr unterschiedlich gehandhabt. Dies trifft beispielsweise für die BRD und die Schweiz zu, da sich die Regulierung von Nuklearanlagen aufgrund der kulturellen Gegebenheiten in den beiden Ländern andersartig entwickelt hat. Im Rahmen einer Studie der IAEA (International Atomic Energy Agency, Wien) ist vor einigen Jahren versucht worden, die Auswirkungen verschiedenartiger Regulierung unter gleichzeitiger Berücksichtigung unterschiedlicher kultureller Sachverhalte wenigstens abschätzungsweise in Risikoanalysen für einzelne Anlagen zu erfassen. Es hat sich gezeigt, dass dies gegenwärtig nicht möglich ist, weil die Zusammenhänge ausserordentlich komplex sind und entsprechendes Grundlagenwissen in weiten Bereichen fehlt. Gegenwärtig können daher diesbezüglich lediglich Vermutungen angestellt werden. Beispielsweise mag eine Aufsichtsbehörde in Norddeutschland ihre Aufsichtstätigkeit als strikt formale und legalistische Kontrolle der Kraftwerke verstehen. Es ist nicht auszuschliessen, dass sie damit bezüglich der Betriebssicherheit der Anlagen weniger erreicht als eine eher kooperative Aufsichtsbehörde. Die Regulierung von technischen Anlagen ist eine sehr komplexe Sache mit vielerlei Einflüssen. Eine aussagekräftige Untersuchung der zugrundeliegenden Mechanismen wäre eine grössere und schwierige Aufgabe.

Wolf Häfele: Das Tagesthema heisst Standortbestimmung und Problemerfassung. Ich würde gerne noch einen Gedanken hinterlegen, der im Prinzip zwar schon einmal kurz angesprochen worden ist, aber vielleicht nicht mit der notwendigen Eindringlichkeit. Es ergibt bei unserer Debatte immer wieder die Gegenüberstellung der soziologischen Verarbeitung von Risikoproblemen auf der einen Seite und der Risikoverarbeitung von Technikern auf der anderen Seite und dann immer wieder die Schlussfolgerung, wenn es zu einer soziologisch begründeten Ablehnung kommt: "Dann lassen wir es eben". Ich glaube, dass die Frage entweder "durchführen" oder "unterlassen" nicht die richtige Frage ist, sondern dass die richtige Frage heisst: "Was ist die Alternative?" Um dann die Alternative bezeichnen zu können muss man in der Lage sein, einen grösseren Zusammenhang zu beschreiben und abzufragen. Das führt im allgemeinen zu methodischen Problemen der Synthese. Und bei solcher Herstellung eines grösseren Zusammenhangs sind natürlich auch Fragen des Vertrauens und des Misstrauens angesiedelt. Ich würde gerne hinterlegen, dass bei der Erarbeitung dieser Synthesen, aus denen heraus man Risikovergleiche leisten kann, für mich der Dialog eine konstitutive Funktion hat.

Ruedi Bühler: Ich möchte nochmals auf das Vertrauen eingehen. Ich meine, *das* ist ein Riesenproblem, das Vertrauen der Oeffentlichkeit in ein komplexes System. Ein solches System zu verstehen stellt ungeheure Anforderungen, und die Risiken sind nur über die Experten eigentlich zu erfahren. In den Aussagen der Experten steckt eine grosse Informationsverdichtung, und es ist gar nicht möglich alles zu hinterfragen. Hinter den Zahlen beispielsweise, die Herr Fritzsche gegeben hat, steckt sehr viel unausgesprochene Information. So ist z.B. in den Todeszahlen der Grossunfall nicht enthalten. Das ist nirgends geschrieben, es ist nicht gesagt. Und so hat es 1000 andere Details, die auch nicht geschrieben und nicht gesagt worden sind.

Willy Schmid: Ich möchte noch eine Anregung machen. In verschiedenen Voten wurde der Vollzug angesprochen. Für mich stellt sich hier die Frage: Wie soll der ordnungspolitisch notwendige und vernünftige Rahmen aussehen? Was können wir dem Markt überlassen? Diese Frage ist im Programm nirgends angesprochen. Ist dies ein Thema für Ascona 2 oder sollen wir es hier in Ascona 1 einbeziehen?

2
Beschreibung von Risiken

Umschreibung des Themas

Risiken aus verschiedenen Fachbereichen werden unterschiedlich dargestellt und beurteilt. Einheitliche, gemeinsame und allgemein anerkannte Kriterien und Massstäbe zur Beschreibung von Risiken fehlen. Die in einzelnen Fachbereichen üblichen und bewährten Beurteilungskriterien müssen bezüglich ihrer Aussagekraft untersucht und wo immer möglich für andere Fachbereiche nutzbar gemacht werden. Die Methodik zur Berücksichtigung der Abhängigkeiten und Interaktionen verschiedener Risiken innerhalb einer Region ist noch weitgehend zu entwickeln.

Ansätze für einheitliche, gemeinsame und allgemein anerkannte Kriterien und Massstäbe zur Beschreibung von Risiken sollen aufgezeigt werden.

Inhaltsverzeichnis

Risiko und Sicherheit technischer Systeme, Monte Verità,

J.S.: Herr Prof. Kröger ist seit Frühjahr 1990 Professor für Sicherheitstechnik an der ETHZ und Forschungsbereichsleiter am Paul Scherrer Institut in Würenlingen/Villigen. Er ist von Hause aus Maschineningenieur, war von 1974 bis 1987 Mitarbeiter am Institut für Nukleare Sicherheitsforschung der Kernforschungsanlage Jülich. Er befasste sich hier in leitender Funktion vor allem mit der Sicherheitsstudie für den Hochtemperaturreaktor. Seit 1987 leitete er dieses Institut kommissarisch, bis er an die ETHZ berufen wurde.

Beschreibung Nuklearer Risiken - Ein Lehrstück?

Wolfgang Kröger, Zürich, Schweiz

1. Nukleare Risiken

Die *Ausgangssituation* der Kernenergie (denen erläutert, die auf diesem Gebiet nicht ganz zu Hause sind), stellt sich wie folgt dar: Man sieht sich mit einer grossen Menge und einer hohen Konzentration potentiell gefährlicher Stoffe konfrontiert. Richtzahl etwa 1 Curie pro Watt thermisch; in einer grossen Anlage sind also etwa eine Milliarde Curie radioaktiver Stoffe angesammelt. Man hat sehr früh die Notwendigkeit sicherheitstechnischer Anforderungen realisiert und in Sicherheitsvorkehrungen umgesetzt. Dennoch sind Unfallszenarien mit katastrophalen Folgen möglich; die Bedingungen dafür sind wegen der Vorkehrungen von vornherein extrem unwahrscheinlich: Man weiss, dass die Bedingungen dafür Kernschmelzen *und* ein frühes Containment-Versagen sein müssen, und wenn man an die Umgebung denkt, auch noch ungünstige Ausbreitungsbedingungen.

Das Problemfeld das hier entsteht, ist nicht die Höhe des Risikos, vor allem dann nicht, wenn man es als Produkt von Eintrittshäufigkeit und Schadensumfang versteht, sondern die Struktur des Risikos. Was heisst das? Zur Orientierung werden Ergebnisse der Deutschen Risikostudie (DRS) Phase A und B herangezogen [1,2].

Freigesetzte Anteile des Core-Inventars 1)	Todesfälle 2)	Betroffene Fläche 2)	Finanzieller Schaden 2)
10 bis 100% Cs, J bis 40% Sr	bis einige 100 akut einige 10'000 wegen Spätfolgen	2 - 4 Mio. Einwohner umgesiedelt 1000 - 10'000 km^2 zu dekontaminierende Bodenfläche	einige 100 Mia. DM

1) Phase B
2) Folgerungen aus UFOMOD-Rechnungen mit Version B03 für Freisetzungswerte der Phase A [3], Schutz- und Gegenmassnahmen wie geplant durchgeführt, Dosis-Risiko - Beziehung gemäss Bild 1

Laut Phase B werden bei den schlimmsten Szenarien etwa 10 - 100 % des Kerninventars an Cäsium und Jod freigesetzt, etwa 40 % des Strontiums. Wenn man das in Schäden umrechnet (was man in der Phase B nicht mehr getan hat) und dazu Modelle und Kenntnisse der Phase A heranzieht, kann man schliessen, dass - im schlimmsten Fall - etwa 100 akute Todesfälle und einige 10'000 sog. Spätschäden zu erwarten bzw. zu befürchten wären. Noch wichtiger aus meiner Sicht ist die Größe der von den Unfallfolgen betroffenen Fläche; es wären im Millionenbereich Einwohner umzusiedeln, und die zu dekontaminierende Fläche läge bei einigen Zehntausend bis zu Hunderttausend Quadratkilometer. Gewaltige Zahlen, wie gesagt. Die Wahrscheinlichkeit für solche Konsequenzen ist extrem niedrig, ich glaube, das wird jeder akzeptieren; aber diese Zahlen sind zunächst einmal etwas, was man verdauen muss. Der finanzielle Schaden ist selten quantifiziert worden. Wir haben es einmal probiert; wir haben weit vor "Tschernobyl" eine Zahl im Bereich von etwa 100 Mrd. DM als obere Grenze gefunden.

Diese Problematik muss berücksichtigt werden, und ich möchte jetzt der Reihe nach wesentliche Aspekte der Risikobestimmung und der Methodik solcher Analysen ansprechen.

2. Aspekte der Risikobestimmung

Es gibt zunächst einmal die *Eintrittshäufigkeit* als eine Bestimmungsgrösse, und man steht vor dem Problem, dass die Statistik und aufgetretene Schadensereignisse wunschgemäss für eine direkte Nutzung nicht ausreichen (Kasten 1). Deshalb ist man auf Hilfsmethoden, auf Simulationsmodelle angewiesen; diese Modelle können dann die Erfahrungen indirekt nutzen, allerdings müssen diese entsprechend aufgearbeitet werden.

Daraus entstehen grundsätzliche Probleme. Das erste ist, dass es hier darum geht, angesichts der technischen Vorkehrungen eine Unwahrscheinlichkeit zu bestimmen, eine extrem kleine Zahl. Und es geht darum, nicht erfahrene Ereignisse zu handhaben, wobei die Aufgabe hoffentlich immer so bestehen bleibt. Das zweite Problem ist, dass man empirische Wahrscheinlichkeitsangaben als Vorhersagen für die Zukunft nutzt. Wenn man sich das Datenmaterial anschaut, sind an vielen Stellen statt objektiver nur subjektive Bewertungen möglich.

- Statistik und aufgetretene Schadensereignisse - wunschgemäss - nicht ausreichend für direkte Nutzung
- Hilfsmethoden und Simulationsmodelle mit grundsätzlichen Problemen behaftet
  - Bestimmung der "Unwahrscheinlichkeit" nicht erfahrener Ereignisse
  - Empirische Wahrscheinlichkeitsangaben als Vorhersagen, subjektive Bewertungen nötig
- Nutzbare Quellen/Kenntnisse
  - Betriebserfahrungen (generisch, global-übertragbar, anlagenspezifisch), Besondere Vorkommnisse, Prüf-, Wartungs- und Prüfprotokolle, hohe Anzahl an Grundeinheiten pro Reaktor, kurze Testintervalle
  - PRA-Methodik entwickelt und häufig angewendet, aber methodische Defizite in Schlüsselbereichen
- Überprüfbarkeit der Kernschmelzhäufigkeit im strengen Sinne nicht gegeben, ansatzweise im Bereich um 10^{-4}/Reaktor-Jahr

→ Absolutaussagen fragwürdig im Bereich extrem kleiner Eintrittshäufigkeiten, Grenzen in der Vergangenheit eher unterschätzt

Kasten 1: Eintrittshäufigkeiten - Grenzen der Probabilistik

Was ist an Quellen vorhanden, was ist nutzbar? Betriebserfahrungen und zwar gestuft: Es gibt weltweit Erfahrungen im Umgang mit Reaktoren - Grössenordnung etwa 4000 Reaktorjahre. Wird man dann spezifischer, so landet man letztlich bei den Betriebserfahrungen pro Anlage; sie liegen inzwischen für einzelne Anlagen schon bei 20 - 30 Jahren. Es gibt meldepflichtige Ereignisse, es gibt Prüfprotokolle in den Anlagen. Das Ganze wird dadurch erleichtert, dass man eine hohe Anzahl von Grundeinheiten (Komponenten) pro Reaktor hat, und dass es kurze Testintervalle für die Systeme gibt. Sicherheitstechnisch wichtige Systeme werden vierwöchentlich getestet. Man hat also für sog. Primär- oder Ausgangsereignisse sehr viele Erfahrungen.

Es gibt weiterhin als "Kenntnisquelle" die probabilistische Methodik. Sie ist entwickelt und häufig angewendet worden, weist aber in Schlüsselbereichen methodische Defizite auf. Diese betreffen die Modellierung von meschlichem Verhalten, die Modellierung abhängiger Ausfälle, das Behandeln von Unsicherheiten.

Ich glaube, es ist sehr wichtig, die Frage zu ventilieren, was von den berechneten Zahlen zu halten ist, ob sie überprüfbar sind. Aus meiner Sicht heraus gibt es eine Überprüfbarkeit in strengem wissenschaftlichem Sinne nicht. Dennoch ist es möglich, das, was an Erfahrungen vorliegt, dafür zu nutzen, entweder direkt oder mit speziellen Methoden, der sog. Precursor-Technik, so dass es meines Erachtens möglich ist, eine Kernschmelzhäufigkeit für westliche Reaktoren im Bereich von 10^{-4}, vielleicht auch bis 10^{-5} (wenn das vernünftig gemacht wird) als gesichert und halbwegs überprüfbar anzusehen. Dennoch sind Absolutaussagen im Bereich extrem kleiner Häufigkeit, etwa kleiner 10^{-7}oder gar 10^{-8} pro Reaktor-Jahr fragwürdig. Ich glaube, dass die Grenzen der Probabilistik in der Vergangenheit eher unterschätzt als überschätzt wurden. Man hat hier eigentlich eine ganze Zeit lang etwas zu viel versprochen.

- Der Schaden aus einem Reaktorunfall wird gemessen an
  - dem Verlust von Menschenleben infolge akuten Strahlensyndroms oder späten Strahlenkrebses,
  - den genetischen Schäden infolge erhöhter radioaktiver Strahlung,
  - den von Schutz- und Gegenmassnahmen betroffenen Gebieten und Personen (Umsiedlung, Dekontamination)
- Theoretisch sind der Verbreitung der Schadstoffe keine Grenzen gesetzt, jedoch nimmt die Schadensgrösse mit zunehmendem Abstand vom Unfallort ab.
- Die Frage der maximalen Reichweite ist mit der Frage der Auswirkung kleiner und kleinster Dosen verknüpft:

→ Abhängig vom Schwellenwert (z. B. natürliche Grenze oder 5 rem) unter welchem keine direkt zurückzuführenden Folgen angenommen werden, kann die Anzahl der Spätfolgenfälle sehr stark variieren.

→ Es bestehen noch heute keine eindeutigen Aussagen über die Effekte kleiner Dosen.

Kasten 2: Schadensmessgrössen - Problematik der Reichweite und kleiner Dosen

3. Schadensmessgrössen

Der nächste Aspekt: Die Problematik *Schadensmessgrösse*. Ich muss darauf hinweisen, dass, wenn ich hier über Risiko rede, ich den mathematischen Begriff benutze, die Produktformel. Die damit verbundene Problematik ist offensichtlich: Der grosse Schaden wird kompensiert, entschuldigt mit kleinen Häufigkeiten. Diese Produktformel hat positives bewirkt, aber sicherlich auch ganz grosse Probleme verursacht. Sie hat ihre Begründung in der Erwartung des Menschen, dass mit steigendem Schadensausmass die Abnahme der Wahrscheinlichkeit eines solchen Ereignisses einhergeht. Die verschiedenen Schadensmessgrössen sind in Kasten 2 aufgelistet. Man muss darauf hinweisen, dass diese Schadensmessgrössen natürlich auch Indikatoren sind für andere wichtige Schadensarten, wie z. B. die psychische Belastung der betroffenen Bevölkerung oder auch gesellschaftliche Rückwirkungen. Diese lassen sich leider nur sehr schwer quantifizieren; die von Schutz- und Gegenmassnahmen betroffenen Gebiete geben Fingerzeige für diese Problematik.

Und nun steuern wir in ein Problem, was oft Ursache von Missverständnissen ist: Rein theoretisch sind der Verbreitung von Schadstoffen keine Grenzen gesetzt, jedoch nimmt die Ortsdosis und somit auch die Schadensgrösse mit zunehmendem Abstand vom Unfallort ab. Die Frage der maximalen Reichweite dieser Schäden hängt davon ab, ob ich die Schäden an einen Dosis-Schwellenwert knüpfen kann. Für das sog. akute Strahlensyndrom gibt es einen solchen Schwellenwert; er liegt bei etwa 100 rem. Dort kann ich sagen, bis dahin geht unter ungünstigen Bedingungen maximal die Reichweite; Richtzahl im schlimmsten Fall etwa 10 km. Dieses ist leider nicht möglich für kleine und immer kleiner werdende Dosen. Hier behilft man sich mit einem Modell; ihm liegt die Hypothese einer linearen Verknüpfung zwischen der Dosis und induziertem spätem Strahlenkrebs zugrunde. Es gibt keinen Schwellenwert; es gibt keine Möglichkeit zu sagen, wenn *der* Wert unterschritten ist, kann man Folgen sicher vernachlässigen bzw. ausschliessen.

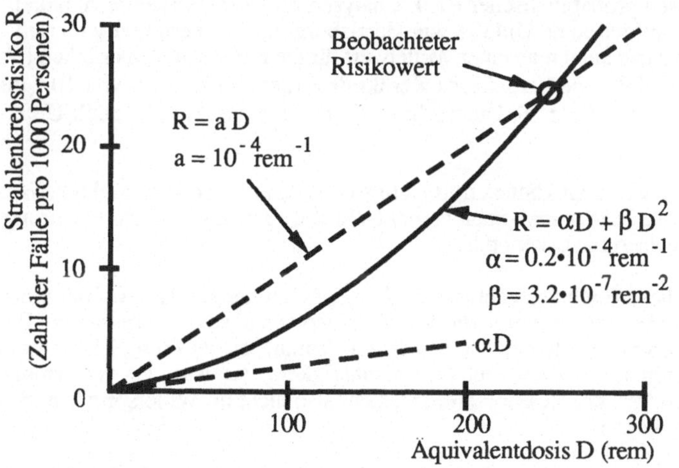

Bild 1: Extrapolation zu kleinen Dosen: Vergleich zwischen proportionaler und linear-quadratischer Dosis-Risiko - Beziehung [1]

Hier gibt es eben diese ominöse "10^{-4}-Beziehung" (Bild 1). Beispielsweise müsste bei einer Dosis von 10 mrem und 1'000 Personen, die dieser Dosis ausgesetzt sind, mit 10 späten Todesfällen gerechnet werden; ein Zehntel dieses Doziswertes kann die gleiche Wirkung erzeugen, wenn nicht 1'000, sondern 10'000 Menschen dieser Dosis ausgesetzt wären. Durch solche Zahlenspielereien kann man natürlich erhebliche Probleme innerhalb der Bevölkerung erzeugen. Es ist derzeit noch nicht gelungen, einen Schwellenwert zu definieren; wenn Sie in die Rechnungen sog. Abschneidewerte einfügen (dass etwa nur eine Dosis in der Nähe der natürlichen Strahlung interessiert), reduzieren sich die berechneten Spätschadenszahlen und entschärfen sich vielleicht in ihrer Problematik. Ich glaube, auch das wird uns in diesem Seminar beschäftigen.

Einen Versuch, die Todesfallrisiken, bedingt durch natürliche und zivilisationsbedingte Strahleneinwirkung sowie durch Betrieb, Störfälle und Unfälle vergleichend über den Abstand von Kernkraftwerk darzustellen, stellt Bild 2 dar. Sie sehen also, man kann das unfallbedingte Risiko eines Kernkraftwerkes mit berücksichtigen; es bleibt hinter den anderen Risiken zurück. Natürlich sind diese Aussagen mit einem Fragezeichen zu versehen, es ist keine Statistik, sondern Prognostik.

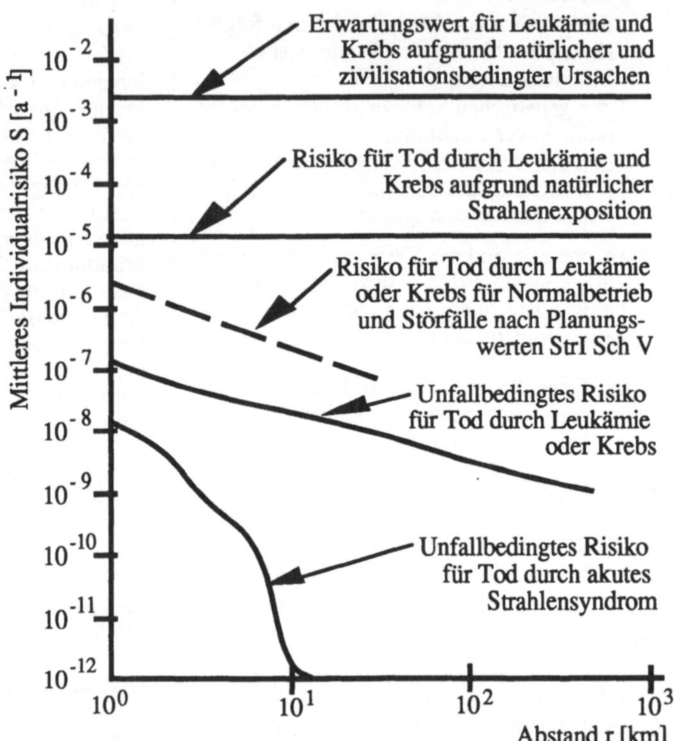

Bild 2: Individualrisiken für Tod aufgrund natürlicher und zivilisationsbedingter Ursachen

4. Probabilistische Risikoanalyse von Kernkraftwerken

Was ist nun von den Ergebnissen probabilistischer Risikoanalysen für Kernkraftwerke zu halten? Werden die Ergebnisse durch aufgetretene Unfälle wie Harrisburg und Tschernobyl widerlegt? Aus Analysen für westliche Anlagen kann man einen Mittelwert für die Kernschmelzhäufigkeit (als Indikator für einen schweren Unfall innerhalb dieses Kernkraftwerkes) im Bereich von 10^{-4} bis 10^{-5} ableiten [4]. Es gibt Unterschiede, z. T. Unterschiede in der Methodik, z. T. auch Unterschiede in der Systemtechnik.

Es ist die Frage gestellt worden, was man können muss, um solche Analysen durchzuführen. Was braucht man? Man braucht grosse Teams, man braucht viel Geld und Zeit, man braucht Erfahrung, man braucht Qualität, man braucht Anlagenkenntnis.

Die Frage ist nun, wie stehen diese Analyseergebnisse zu dem, was aufgetreten ist? Auf der einen Seite führt man erfahrungsbasierte Studien durch, die sog. Precursor-Studies; dort nimmt man Betriebserfahrungen einschliesslich der Vorläufer von Störfällen, "spinnt" sie zu Ereignisketten mit Kernschmelzen weiter und ermittelt dann dafür eine Eintrittshäufigkeit. Das, was man dort herausbekommt, liegt in der Nähe von 10^{-4} pro Reaktor-Jahr [5], steht also nicht im Widerspruch zu den berechneten Kernschmelzhäufigkeiten.

Die Ereigniskette "Harrisburg" und der "Biblis-Vorfall" sind in den "event tree"- oder "fault tree"-Analysen der jeweiligen Risikostudien prinzipiell berücksichtigt, allerdings mit falschen Zahlenwerten, bzw. die Harrisburg-Kette ist durch eine andere abgedeckt gewesen. Letztlich ein klares

Statement, was sicherlich noch diskutiert wird: Aus meiner Sicht heraus ist "Tschernobyl" nicht übertragbar und widerlegt Studien für westliche Anlagen und für westliche Sicherheitskultur nicht.

5. Einbettung nuklearer Risiken

Nun zu der Frage der *Einbettung nuklearer Risiken* in eine Risikolandschaft, zur Problematik der Vergleichbarkeit. Zunächst ist es einmal so, dass die technische Ausgangssituation in anderen industriellen Bereichen unterschiedlich ist. Zum Beispiel sind Chemieanlagen einfacher im Aufbau und in der Prozessführung. Es gibt einfache, meist nur betrieblich bedingt notwendige Barrieren, aber die Stoffe sind nicht so konzentriert, sie haben eine andere Gefährlichkeit. Allerdings ist die Wirkung chemischer Substanzen zum Teil noch nicht bekannt; Risiko-Wirkungs-Beziehungen sind wohl nur ansatzweise vorhanden. Schaut man sich die Schadensarten an, so sind natürlich auch diese im Prinzip anders: Strahlung bei der Kernenergie gegenüber Druck, Temperatur, mechanischer Einwirkung z. B. in der Chemie.

Die Problematik später Schäden ist ebenfalls unterschiedlich: Manche andere Techniken haben die Problematik gar nicht oder sie ist ähnlich oder sie ist zum Teil noch gar nicht beurteilbar. Die Problematik, die sich aus einem möglichen Reagieren der Stoffe während der Unfallsituation ergeben könnte, soll hier nur angedeutet werden.

Es gibt derzeit, soweit ich das beurteilen kann, keine einheitliche Methodik; man kann nicht sagen, dass die Methoden, die bei Risikoanalysen verschiedener technischer Systeme angewendet werden, vergleichbar seien, auch dann nicht, wenn man die Unterschiedlichkeit der Anlagen berücksichtigt. Ich glaube auch, es ist die Aussage zulässig, dass der Reifegrad unterschiedlich ist. Ferner gibt es keine einheitlichen, allgemein akzeptierten Schadensmessgrössen. Und hier stellt sich die übergeordnete Frage, ob die "Radioaktivität" nun einzigartig ist, oder ob man sie mit anderen Schadensarten vergleichen darf? Ich glaube auch deutlich darauf hinweisen zu müssen, dass es ein unterschiedliches Mass an Vollständigkeit und an Rigorosität der Analysen für verschiedene Techniken gibt. Um das zu belegen, seien mir folgende Überlegungen gestattet: Chemische Anlagen sind zum Teil so konstruiert, dass es schon nach Versagen weniger Komponenten oder weniger Systeme zu relativ schweren Störfällen kommt. Allgemeine Basis für Risikoaussagen ist die Statistik, und damit hört man dann auch normalerweise auf. Die Frage, ob man - wenn man die Eintrittshäufigkeit nach unten hin öffnet, wenn man sozusagen das "probabilistische Spiel" anfängt - zu anderen, noch schwerwiegenderen Szenarien kommt, ist meiner Meinung nach offen. Wir diskutieren in der Kerntechnik z. B. das Problem schwerer Erdbeben, daraus resultiert oft der entscheidende Risikobeitrag. Ich glaube nicht, dass das im Bereich der Chemie jemals getan wurde.

Das heisst, dass die Basis für eine Einbettung der nuklearen Risiken in eine allgemeine Risikolandschaft aus meiner Sicht heraus derzeit noch nicht besteht. Es ist sicher ein Forschungsziel, an dem man hart arbeiten sollte. Allerdings sind auch der Sinn und die Erreichbarkeit eines solchen Risikovergleiches grundsätzlich anzuzweifeln. Wir werden sicher in diesem Seminar diskutieren, in welche Richtung man gehen sollte, vielleicht gibt es Anregungen für die Arbeiten im Rahmen des Polyprojektes.

Aus alledem kann man folgern: Warum macht man derartige Analysen, warum gibt man das Risikokonzept nicht auf? Denn es ist ganz klar, auf der Basis kleiner Risikozahlen allein kann man nach dem derzeitigen Stand der Kenntnisse keine Akzeptanz der Kerntechnik oder einer Technik allgemein erreichen. Wir sehen uns mit dem Argument konfrontiert: Was passieren kann, wird passieren. Darüber hinaus gibt es Zweifel hinsichtlich der Verlässlichkeit von Risikoanalysen. Ein Teil der Zweifel betrifft die Richtigkeit und Überprüfbarkeit der berechneten Zahlen. Der andere Teil der Zweifel führt auf die harte Frage, ob die Vollständigkeit der auslösenden Ereignisse und Ereignisketten, die in den Studien erreicht werden konnte, ausreicht. Es führt vieles dazu, dass man eine gewisse Singularität des Schadensausmasses akzeptieren muss; einige Leute sprechen sogar die Empfehlung aus, man sollte den Aufbau von Gefahrenpotentialen, die eine potentielle Gefährdung unserer Gesellschaft nach sich ziehen, schlicht unterlassen oder gar verbieten. Also Hinwendung zum Schadensausschluss; Auflösung des Risikobegriffes in seine Einzelkomponenten und stärkeres Gewichtlegen auf die *Begrenzung des Schadens*.

6. Begrenzung des Schadens

Fragt man sich nun welche Möglichkeiten bestehen, das zu tun, so möchte ich hier eigentlich über Ergebnisse von Arbeiten berichten, die zum Teil sogar noch in Jülich gelaufen sind [6]. Es sind noch keine abschliessenden Ergebnisse, sondern man hat angefangen, darüber nachzudenken (Kasten 3).

■ passiv statt aktiv
maximaler Schaden bleibt, Stufe in Eintrittshäufigkeit

■ passiv/inhärent statt aktiv
einige Schadensarten eliminiert, aber maximaler Schaden bleibt denkbar

■ Inventarbegrenzung
technisch/wirtschaftlich nicht möglich, Kopplung über flächig wirkende Ereignisse, d. h. unakzeptable Schäden auch weiterhin denkbar

➔ Differenzierter Ansatz notwendig

➔ Betrachtungsgrenze notwendig und problematisch; Festlegung fachlich schwierig; ehrliche Übersetzung in normalen Sprachgebrauch erforderlich.

Kasten 3: Hinwendung zum Schadensausschluss
Die Problematik der Betrachtungsgrenze

Also, warum sollte man nicht versuchen, die aktiven Systeme, die ja schnell wirksam werden müssen, die versagen können, aufzugeben? Passiv statt aktiv! Bei näherem Hinsehen, ersetzt der Wassertank die Pumpe, aber der maximale Schaden bleibt, denn auch der Tank kann versagen. Man hat natürlich eine erhebliche Stufe in der Eintrittshäufigkeit eines solchen Schadens erreicht. Lassen sie uns noch einen Schritt weitergehen: "Passiv" und dann auch noch vermehrt inhärente Sicherheit einbauen, d. h. sich stärker auf physikalische Gesetzmässigkeiten verlassen, dafür sorgen, dass Szenarien mit katastrophalen Folgen gar nicht mehr eintreten können. Schaut man - auf der Basis der Arbeiten für kleine Hochtemperaturreaktoren - genauer hin, so werden zwar einige Unfallszenarien und Schadensarten eliminiert, der maximale Schaden oder zumindest ein grosser Schaden bleibt aber denkbar. Denkbar! Und dieses Wort ist etwas, was sehr sehr grosse Probleme bereitet.

Das konsequenteste, was man tun könnte, wäre eine Inventarbegrenzung (siehe Orientierungsgrösse: Curie pro Watt). Prüft man diese Möglichkeit, so sieht man, dass die Anlagen nicht so klein gemacht werden können, dass die vollständige Freisetzung des Inventars dann völlig problemlos wäre. Neben technischen und vor allem auch wirtschaftlichen Gründen sprechen auch grundsätzliche Gründe dagegen. Denkbare Freisetzungsszenarien auszuschliessen, ist die Aufgabe, und dann müsste man sich natürlich auch um beliebig unwahrscheinliche Ereignisse kümmern, die flächig wirken und die dann die "wunderbar" verteilten Inventare koppeln und zu einer gemeinsamen Freisetzung führen (Beispiel: Extrem schwere Erdbeben).

Das heisst, ein differenzierter Ansatz, mit all den daraus resultierenden Problemen, ist nötig. Differenzierter Ansatz heisst (ich beschreibe, was wir uns dazu in Jülich überlegt haben), man sollte die Sicherheitsphilosophie ändern, man sollte den Risikobegriff in seine Komponenten auflösen. Man sollte die Ereignishäufigkeit nicht völlig aus den Augen verlieren, sondern ihr eine orientierende Funktion und Rolle zuweisen; entsprechend sollte man auch weiterhin probabilistische Analysen durchführen. Man soll aber andererseits dem Schadensausmass eine auslegungsbestimmende Funktion zuweisen, damit folgendes erreicht wird: Es sollen akute gesundheitliche Schäden bei solchen extremen Unfallszenarien nicht mehr möglich sein, und zur Minimierung gesundheitlicher Spätschäden sollte man nicht mehr auf Massnahmen ausserhalb der Anlage angewiesen sein. Man sollte kurzfristige und langfristige Katastrophenschutzmassnahmen zur Schadensbegrenzung nicht mehr brauchen, d. h. keine Evakuierungen, keine Dekontamination als Notwendigkeit. Man sollte vielleicht sogar so weit gehen und sicherstellen, dass nach einem solchen Fall die normalen Lebensgewohnheiten ausserhalb der Anlage beibehalten werden können. Um dieses umzusetzen, kann man Grenzdosen festlegen, aus denen wiederum zulässige Freisetzungen für diese extrem unwahrscheinlichen Unfälle bestimmt werden können. Die Anlage, die diese Vorgaben erfüllen will und kann, muss anders aussehen als heutige Leichtwasserreaktoren mit grosser Leistung und grosser Leistungsdichte.

Und nun sehen wir uns wiederum einem Problem gegenübergestellt, dem Problem einer Betrachtungsgrenze. Ich habe schon einmal gesagt, das Wort "denkbar" ist hier im strengen Sinne nicht

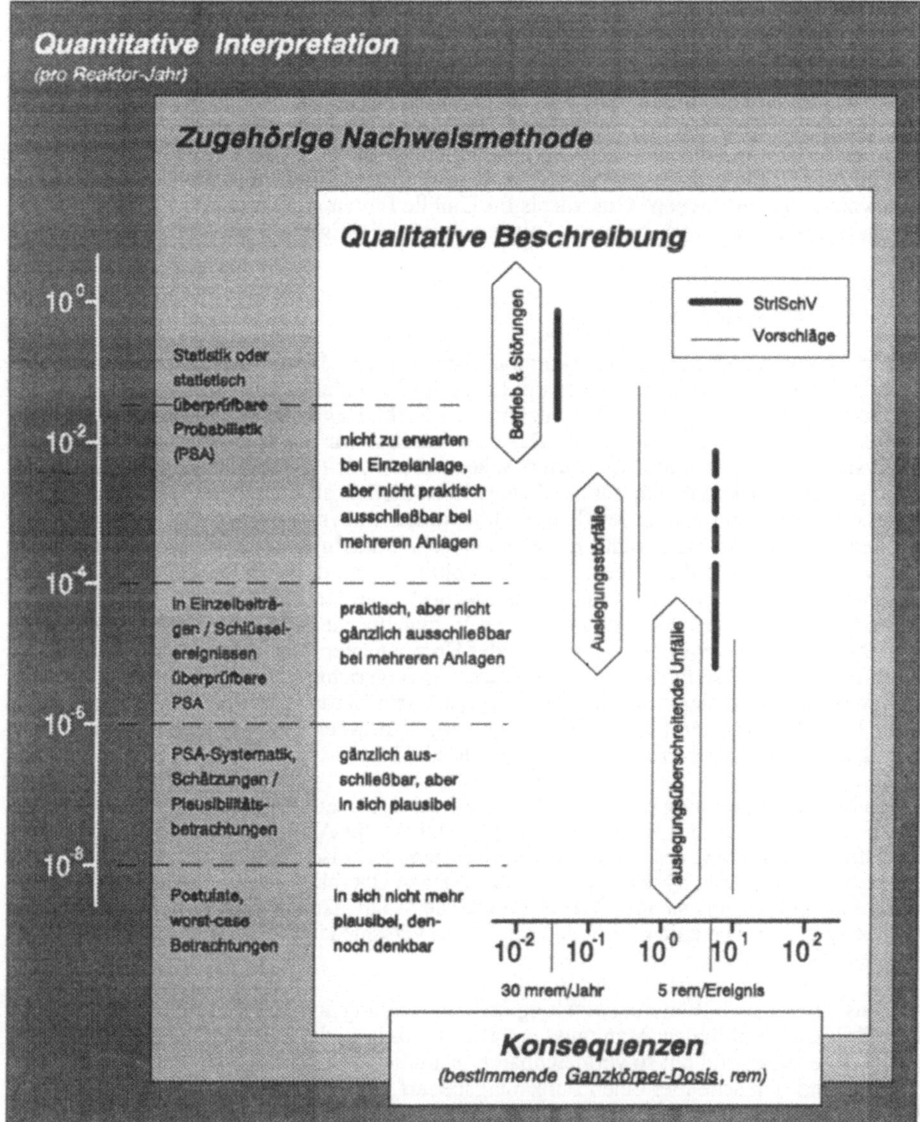

Bild 3: Das Konzept der Schadensbegrenzung per Grenzdosis wird vom bisherigen Betrachtungsbereich (Betrieb/Störungen, Auslegungsstörfälle) auf das gesamte Ereignisspektrum (auch auslegungsüberschreitende und hypothetische Unfälle) ausgedehnt. Es wird aber auf eine Betrachtungsgrenze nicht völlig verzichtet, aber diese kann so tief gelegt werden, dass alle noch plausiblen Ereignisketten erfasst werden.

nutzbar. Man wird auch bei solchen Anlagen vermutlich Szenarien mit einer erheblichen Freisetzung von Spaltprodukten konstruieren können. Auf der anderen Seite ermöglicht ein solcher Ansatz einen so grossen Sicherheitsgewinn, eine neue Qualität, dass man das nicht einfach aufs Spiel setzen sollte. Ich fordere vielmehr dazu auf, dass die Notwendigkeit und Problematik einer Betrachtungsgrenze, und auch die Frage, wo soll sie denn liegen und wie ist sie in die Sprache des normalen Bürgers zu übersetzen, im Rahmen des Seminars besprochen wird. Ich halte das bei einer Weiterentwicklung der Kerntechnik für eine ganz zentrale Frage, der beim Umgang mit Technik insgesamt eine überragende Bedeutung zukommen wird.

Bild 3 enthält eine Interpretation dieses Vorschlages anhand eines Häufigkeits-Schadens-Diagrammes. Eingetragen sind die "Eckpfeiler" der derzeitigen Sicherheitsanforderungen in Deutschland: Dosis-Richtwerte für den Normalbetrieb und Störfälle. Man landet hier schon bei Ereignissen, die

man für die Einzelanlage praktisch ausschliessen kann. Ereignisse bzw. Ereignisabläufe jenseits der Auslegungsgrenze werden in Risikostudien analysiert und in den Bereich des Restrisikos eingeordnet. Als Gegenmassnahmen zur Folgenbegrenzung und -minimierung sind Katastrophenschutzmassnahmen ausserhalb der Anlage vorbereitet; in letzter Zeit wurden auch die Bedingungen für anlageninterne Notfallschutzmassnahmen verbessert ("accident management"). Der erläuterte Vorschlag würde zu einer "neuen" Grenzdosis für Unfälle führen, die bis zu einer festzulegenden Betrachtungsgrenze bei der Auslegung der Anlage zu berücksichtigen wären.

7. Schlussfolgerungen

Lassen Sie mich nun zu der Frage zurückkommen, die Leitfaden für meinen kurzen Vortrag war. Ist die Beschreibung der nuklearen Risiken ein Lehrstück? Ich glaube das bejahen zu können; ein Lehrstück sowohl in positiver als auch in negativer Hinsicht. Das Folgende ist sicher unvollständig; es soll lediglich ein Denkanstoss sein. Das erste ist, dass wir die Methodik probabilistischer Risikoanalysen in ihrer Qualität differenziert sehen müssen. Ich glaube, kaum einer, der diese Methode angewendet hat oder sich mit den Ergebnissen vertieft auseinandergesetzt hat, wird bestreiten, dass man sich eine Anlage letztlich nur über diese Analysen erschliessen kann, und zwar in ihrer vollen Komplexität. Sie gewährt Einblicke in technische Zusammenhänge wie keine andere Methodik, vor allen Dingen dann, wenn man das richtig macht, d. h. Fehlerbäume nicht nur am Schreibtisch aufstellt, sondern an Ort und Stelle überprüft. Die Methodik erlaubt vom Ansatz her die Analyse bzw. die Einbeziehung menschlichen Verhaltens, sie erlaubt auch die Berücksichtigung von Abhängigkeiten zwischen Systemen oder Komponenten und lässt, was sehr wichtig ist, den Rückfluss von Betriebserfahrungen zu. Es wäre eine folgerichtige Entwicklung, allgemein anlagentechnische Analysen dieser Art durchzuführen, sie dem Betriebspersonal an die Hand zu geben und sie lebendig zu halten ("living PSA"), um zu sehen, welche Auswirkungen Änderungen an der Anlage auf das Störfallverhalten und auf das Risiko haben.

Unbestritten ist meiner Meinung nach auch, dass diese Analysemethode das vernetzte Denken fördert und eine rationale Basis für Relativentscheidungen bzw. für Alternativentscheidungen liefert; sie hilft bei der Beantwortung der Frage nach dem besseren technischen Weg, um ein Ziel zu erreichen, und nach dem besseren System. Sie bietet auch einen Überblick über mögliche Störfälle und Unfälle mit ihren Folgen, und sie identifiziert zusätzliche Möglichkeiten zu ihrer Beherrschung. Eine Störfalltopologie wird erstellt, eine "Landschaft" aus verschiedenen Störfällen mit ihren Folgen und ihrer Häufigkeit.

In dieser Hinsicht wird die Weiterentwicklung und Anwendung auf andere Bereiche der Technik von mir ausdrücklich empfohlen. Man muss natürlich aufpassen, dass die Ergebnisse vergleichbar bleiben. Die Ergebnisse sind um so vergleichbarer, je ähnlicher die Problemstellung und die Analysemethoden sind. Ich sehe hier einen Forschungsbedarf um diesen Stand zu erreichen und um diese Art von Vergleich in der Zukunft zu ermöglichen.

Stichwort Verfeinerung: Warum hat die Rasmussen-Studie nicht gereicht? Warum muss man jetzt für jede Anlage so etwas machen? Zweierlei: Erstens hat man begriffen, dass, je anlagenspezifischer die Analyse wird, um so stichhaltiger, ja aussagekräftiger sind die Ergebnisse. Zum anderen muss man verfeinern, bis man sicher ist, dass man auch alles richtig, realitätsnah beschreibt. In ersten Studien hat man sich an vielen Stellen mit sog. konservativen Annahmen beholfen. Man hat dann meist im Laufe der Zeit festgestellt, dass diese Annahmen wirklich konservativ waren und durch realistischere ersetzt werden konnten. Es hat aber auch Fälle gegeben, wo sich eine konservative Annahme gar nicht als solche herausgestellt hat. Man hat beispielsweise in den ersten Studien gesagt, wir analysieren hinsichtlich des physikalischen Ablaufs nur einen Kernschmelzfall, nämlich den sog. Niederdruckfall, weil der Hochdruckfall dadurch abgedeckt wird. Man hat dann in der Phase B der Deutschen Risikostudie begriffen, auch in den USA, dass diese Annahme nicht gerechtfertigt ist. Als Verallgemeinerung empfehle ich, erst dann seine Bemühungen um weitere Verfeinerungen aufzugeben, wenn man sicher ist, dass man ausreichend gesicherte Erkenntnisse hat.

Schliesslich möchte ich davor warnen, dass man die Erwartungen in die Leistungsfähigkeit von Risikoanalysen überzieht. Die Aufgabe, das gesellschaftliche Risiko zu bestimmen, ist sicherlich sehr anspruchsvoll und setzt einiges voraus; nämlich Klärung, ob der Kenntnisstand dazu überhaupt ausreicht, ob die Begriffe eindeutig sind, richtig verstanden werden und das tatsächliche Problem beschreiben. Weiterhin die Klärung der Frage, ob die Vorgehensweise zweckdienlich ist, ob der notwendige Umfang überhaupt erbringbar ist, ob die notwendige Qualitätskontrolle überhaupt erbracht werden kann und ob die Ergebnisse mit normalen wissenschaftlichen Massstäben überprüfbar sind. Ich glaube, im Bereich der Kerntechnik wäre es gut gewesen, wenn man sich diese Fragen in aller Deutlichkeit am Anfang dieser Entwicklung gestellt hätte und nicht die Aufgabe sowohl für die Rasmussen-Studie als auch für die Deutsche Risikostudie Phase A formuliert hätte, das gesellschaftliche Risiko zu bestimmen. Hier ist etwas notwendig gewesen, was sicher nicht positiv ist, nämlich dass man die Zielsetzung der neueren Studien gegenüber der alten Studien zurücknehmen musste; die Phase B der Deutschen Risikostudie hat nicht mehr die Bestimmung des gesellschaftlichen Risikos zum Ziel. Vor einer Wiederholung dieser Vorgehensweise in anderen Bereichen möchte ich warnen.

Ich möchte auch davor warnen, dass man im nuklearen Bereich nochmals überzogene Erwartungen formuliert. Wir stehen angesichts neuer Reaktorentwicklungen vor einer neuen Situation. Es werden sehr kleine Zahlen versprochen (sprich: Eintrittshäufigkeit schwerer Unfälle) und es wird so getan, als könnte man sie problemlos erreichen und sicher nachweisen, als wären damit keinerlei Probleme verbunden. Ich meine, wir sollten in unseren Versprechungen vorsichtiger sein und lieber erst einmal ganz genau hinschauen, bevor wir etwas in die Öffentlichkeit tragen.

Ich glaube, dass Zahlen, so wie sie auch in Form von Safety Goals formuliert werden (Kernschmelzhäufigkeit 10^{-4} bis 10^{-5} pro Reaktor-Jahr, Nachweis, dass bei einem Kernschmelzunfall nicht das Containment kausal beschädigt wird und eine grosse Freisetzung die Folge ist), vernünftig sind; Zahlen im Bereich kleiner 10^{-7} bis 10^{-8} sind sehr fragwürdig, und es ist wirklich die Frage, ob man damit etwas erreicht.

Schliesslich sollte meiner Meinung nach die Produktformel überdacht werden. Sie ist eigentlich in der Diskussion auch gar nicht nötig, die beiden Faktoren sind für sich getrennt wichtige Bestimmungsgrössen und geben uns eigentlich genug Informationen.

Ich möchte noch einmal darauf hinweisen, dass es einen Verzicht auf probabilistische Analysen nicht geben darf. Die Schadensumfangbegrenzung muss ins Zentrum der Reaktorauslegung rücken. Das Problem denkbarer Ereignisse, die Notwendigkeit einer Betrachtungsgrenze erwähne ich noch einmal; wir müssen daran arbeiten diese Probleme zu lösen und mit Blick auf die Öffentlichkeit umzusetzen.

Ich wünsche mir, dass die Tagung zu diesen Punkten Beiträge leistet und dass wir in der Zukunft vielleicht auch mit dem Polyprojekt auf diesem Gebiet arbeiten.

Referenzen

[1] Deutsche Risikostudie Kernkraftwerke, Eine Untersuchung zu dem durch Störfälle in Kernkraftwerken verursachten Risiko, Hauptband, Verlag TUeV-Rheinland, 1979

[2] Deutsche Risikostudie Kernkraftwerke Phase B, Eine Zusammenfassende Darstellung, Gesellschaft für Reaktorsicherheit mbH (GRS), 1989

[3] Kröger, W.: Verbrauchernahe Kernkraftwerke aus sicherheitstechnischer Sicht, KFA-ISF, Jül-2103, 1986

[4] Kröger, W. & Chakraborty, S.: Risikobestimmung - Eine Bestandsaufnahme der Methodik für Kernkraftwerke, Schweizer Ingenieur und Architekt, Nr. 37, 1990

[5] Minarick, J.W. et al.: Precursors to Potential Severe Core Damage Accidents: 1984 and 1986, A Status Report, NUREG/CR-4674, 1987 and NUREG/CR-4674, 1988

[6] Kröger, W.: Safety aspects of new HTGR deseigns in the Federal Republic of Germany, Proc. Int. Workshop on the Safety of Nuclear Installations of the Next Generation and Beyond, Chicago 1989, IAEA-TECDOC-550, 1990

Risiko und Sicherheit technischer Systeme, Monte Verità,

J.S.: Herr Thomas Schneider ist von Hause aus Bauingenieur, hat sich aber schon sehr früh mit Sicherheitsfragen, zunächst der Wirkung von Explosionen und entsprechenden Schutzmassnahmen und dann ganz allgemein mit der Vorbereitung risikobehafteter Entscheide im Bereich technischer Risiken, Umwelt und Verteidigung befasst. Er ist zweifellos einer der anerkannten Fachleute, die wir hier in der Schweiz auf dem fraglichen Sektor haben.

Zur Charakterisierung von Risiken

Thomas Schneider, Zollikon, Schweiz

1. Einleitung

Die folgenden Ausführungen erfolgen aus der Sicht des praktischen Anwenders der Risikodenkweise. Seit den 60er Jahren haben wir versucht, in einem Team von Ingenieuren und Naturwissenschaftlern diese Denkweise in den verschiedensten Bereichen der Technik einzuführen. Unser Hauptanliegen war es, die entsprechenden Ansätze in der Praxis zu erproben und aufgrund der gemachten Erfahrungen weiterzuentwickeln. Als massgebendes Kriterium galt in erster Linie, ob die Risikodenkweise dazu beiträgt, den Entscheidungsprozess transparenter zu gestalten.

Drei konkrete Beispiele, die uns gerade beschäftigen, sollen den Praxisbezug unterstreichen und illustrieren. Sie zeigen zudem auf, dass Risikodiskussion nicht immer mit Kernenergiediskussion gleichgesetzt werden darf. Es ist ausserordentlich wichtig, die ganze Risiko-Thematik, mit der wir uns hier auseinandersetzen, auch an einfacheren, weniger problematischen Beispielen durchzuarbeiten.

Ein erstes Beispiel: das sogenannte Tagesausgleichslager eines Gaswerks. Es steht in der Randzone einer städtischen Agglomeration, also keineswegs irgendwo abseits. Hier ist eine gigantische Energiemenge gelagert. Hier ist u.a. ein neuartiger Anlagetyp - ein sogenanntes Röhrenhochdrucklager - vorgesehen. Unsere Aufgabe bestand darin, das Risiko dieser Anlage für die Umgebung zu beurteilen.

Ein zweites Beispiel: die Reussebene im Kanton Uri. Durch diese Ebene verläuft die Nationalstrasse N2. Darauf werden u.a. gefährliche Güter transportiert. Die Frage lautet hier: ist es notwendig bzw. gerechtfertigt, Dutzende von Millionen, ja vielleicht hundert Millionen Franken für zusätzliche Sicherheitsmassnahmen auszugeben, um das Grundwasser und ein Naturschutzgebiet an der Reussmündung vor diesen Risiken besser zu schützen?

Als letztes Beispiel sei eine Anlage genannt, die wohl kaum jemand als gefährlich betrachtet: eine Kunsteisbahn einer mittleren Stadt. Hier werden für die Kälteerzeugung 8 Tonnen Ammoniak benötigt. Falls dieses Ammoniak ausfliesst und verdampft, kann eine Situation entstehen, die akute Gefahr für benachbarte Wohnquartiere, Reizung der Atemwege für die Bewohner grösserer Stadt-Teile und Geruchsbelästigungen in der ganzen Stadt bedeuten kann. Die Frage ist, was sind notwendige und gerechtfertigte Massnahmen, damit die Sicherheit "gewährleistet" ist?

Diese konkreten Beispiele sollen auch auf folgendes hinweisen: Wir werden diese Woche über die Frage diskutieren, was eigentlich "sicher" heisst. Allerdings ist uns allen wohl klar, dass heute tagtäglich über diese Frage implizit entschieden wird. Im Brennpunkt stehen dabei immer noch die technischen Fachleute. Und die herrschende Einstellung kann in etwa mit der Frage ausgedrückt werden: Wie soll ein Nichtfachmann sagen, ob eine Kunsteisbahn sicher ist oder nicht? Bis vor kurzem wurde dieses Rollenspiel kaum angezweifelt, und wir sind offenbar ausgekommen ohne zu wissen, was eigentlich akzeptable Risiken sind. Die Gründe, warum sich dies geändert hat, sind im wesentlichen bekannt. Einer der wichtigsten ist bestimmt der Trend zu immer grösseren Gefahrenpotentialen. Kombiniert mit der immer grösseren Dichte und Verletzlichkeit unseres zivilisatorischen Lebensraums macht diese Entwicklung Szenarien denkbar, die in unserer Vorstellung bisher nicht existierten. Solche Szenarien können Reaktionen und Gefühle auslösen, die bekanntlich bis zur Ablehnung ganzer Technologien reichen. Zweifellos haben gewisse Extremrisiken diese Entwicklung ausgelöst. Heute scheint aber die Frage des Umgangs mit Risiken - auch weniger spektakulären - in breiterem Sinne zur Diskussion zu stehen.

Die angedeutete Entwicklung hat sich schon seit einiger Zeit abgezeichnet. Gerade in der Schweiz mit ihrer grossen Siedlungsdichte hat der Umgang mit gefährlichen Stoffen früh zu Problemen geführt, die mit der traditionellen Sicherheitsdenkweise nicht zu lösen waren. Vor über 20 Jahren schon haben wir in diesem Zusammenhang die Risikodenkweise als vielversprechendsten Ansatz gewählt. Sie hat uns im Laufe der Jahre zu einem für Ingenieure neuen Zugang zur Sicherheitsfrage geführt. Besonders wichtig war, dass es auf dieser Basis möglich war, Fragen der Sicherheit in den verschiedensten Gebieten in einem gemeinsamen "Koordinatensystem" anzusiedeln.

Über ein solches "Koordinatensystem" besteht in der Sicherheitsdiskussion offensichtlich bis heute noch kein Konsens. Es fragt sich jedoch, ob es im Hinblick auf die weitere Entwicklung unserer Zivilisation nicht erstrebenswert wäre. Ein solches Koordinatensystem müsste die Grössen, Merkmale und Aspekte beinhalten, an denen wir Sicherheit "messen" wollen - wobei "messen" keineswegs nur im streng quantitativen Sinne gemeint ist.

2. Grundidee der Risikodenkweise

Bevor wir uns in diesem Sinne der Charakterisierung von Risiken zuwenden, sei kurz auf ein Ordnungsprinzip eingegangen, das wohl von fundamentaler Bedeutung für die ganze Sicherheitsdiskussion ist.

Immer wieder wird darauf hingewiesen, dass die Sicherheitsfrage in zwei Bereiche zu teilen ist (Bild 1). Gemeint sind der Bereich der Fakten und der Bereich der Werte. Fakten sind 1000 Tote/Jahr im Strassenverkehr, aber auch die physikalisch-chemischen Eigenschaften von Methangas etc. An diesen Dingen gibt es wenig zu rütteln. Werte sind z.B. der Preis, den wir zu zahlen bereit sind, um ein Menschenleben zu retten, oder die Vorstellung, zukünftigen Generationen keine Hypotheken aufzuladen usw. Zwischen diesen ziemlich eindeutigen Extremen gibt es allerdings einen grossen Graubereich; dazu zwei Beispiele: die Prognose der langfristigen Wirkungen bestimmter Stoffe oder die Abschätzung sehr kleiner Wahrscheinlichkeiten. Das wären an sich auch Fakten. Da sie sich aber nicht exakt bestimmen lassen, fliessen unweigerlich subjektiv gefärbte Meinungen der beurteilenden Fachleute ein. Und deshalb ist dieser Graubereich ein wesentlicher Aspekt für die heutige Kontroverse.

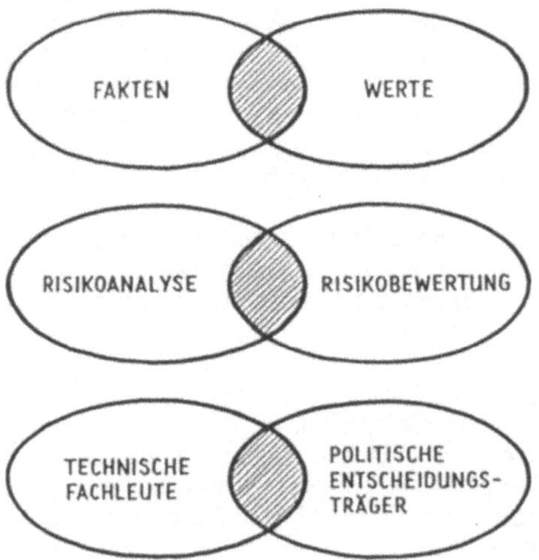

Bild 1: Zwei Bereiche der Sicherheitsdiskussion

In der Sicherheitswissenschaft hat sich mehr oder weniger folgende Sprachregelung eingebürgert. Auf der Faktenseite spricht man von Risikoanalyse, wobei diese die Domäne der technischen Fachleute wäre. Auf der Wertseite spricht man von Risikobewertung, welche eine Angelegenheit politischer Entscheidungsträger sein sollte. Es ist ein Grundelement der Risikodenkweise, diese zwei Dinge so gut wie möglich auseinander zu halten. "So gut als möglich" deshalb, weil es den erwähnten Graubereich gibt, mit dem nicht einfach umzugehen ist. Frü-

Bild 2: Das Steckerproblem

her wurden diese zwei Seiten überhaupt nicht auseinandergehalten, und bis heute fällt deshalb diese Trennung vielen technischen Fachleuten schwer. Bisher war es üblich, ja es wurde sogar verlangt, dass die Fachleute den sogenannten Stand der Technik festlegen. Und dieser Stand der Technik wurde dann als Sicherheit definiert. Damit wurde aber alles in einen Topf geworfen, ohne dass man sich Rechenschaft über die Problematik dieses Vorgehens gab.

Wenn nun in Zukunft diese beiden Dinge getrennt werden sollen, entsteht ein Kommunikationsproblem, das in diesem Masse bisher nicht bestand, heute jedoch bereits deutlich zu spüren ist. Es sei mit Bild 2 charakterisiert. Damit nun die hier angedeutete Verbindung entstehen kann, müssen beide Seiten eine Anstrengung auf sich nehmen. Insbesondere muss sich jede Seite auch mit der anderen auseinandersetzen. Diese Darstellung wirft auch die Frage auf: gibt es jemanden, der dafür verantwortlich ist, dass diese Verbindung tatsächlich zustandekommt?

Wenn im folgenden von der Charakterisierung von Risiken die Rede ist, geht es vor allem um dieses Steckerproblem.

3. Der erste Schritt: Wahrscheinlichkeit und Auswirkungen

In einem ersten Punkt sei darauf hingewiesen, dass im technischen Bereich bereits ein ganz gewaltiger Schritt in dieser Richtung im Gange ist, nämlich seit technische Fachleute angefangen haben, unterschiedlichste Risikosituationen durch die Auswirkungen und die Wahrscheinlichkeit möglicher Schadenereignisse darzustellen. In Bild 3 sind als Illustration rein schematisch die drei früher angedeuteten Beispiele dargestellt, mit zwei anderen ergänzt. Man muss sich immer wieder vor Augen halten, wie das früher war: Jede technische Disziplin steckte in ihrem eigenen Ghetto, verbarg sich hinter einem Wust mehr oder weniger komplizierter Normen und Regeln. Wenn diese Regeln eingehalten waren, galt ein Werk als sicher. Ein Aussenstehender hatte keine Chance, etwas zu verstehen oder gar beizutragen. Ein Vergleich, wie er in Bild 3 angedeutet ist, war nicht möglich. Man wusste insbesondere auch nicht, wie sicher etwas tatsächlich war - ausser dort, wo mit statistischer Regelmässigkeit Unfälle passierten. Das war früher normal. Wahrscheinlich wird das auch vielerorts so bleiben, wenn man an die riesige Zahl technischer Entscheide denkt, die irgendwie mit Sicherheit zu tun haben. Aber es ist zweifellos so, dass das Instrumentarium erweitert werden muss.

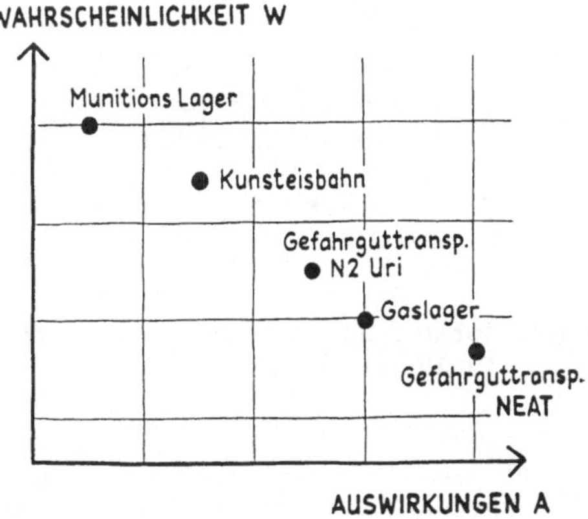

Bild 3: Darstellung von Risiken aufgrund von A und w

Wenn wir nun Schwierigkeiten haben, aufgrund solcher Aussagen den nächsten Schritt in Richtung Bewertung von Risiken zu tun, dürfen wir nicht den Fehler machen, die fundamentale Bedeutung dieses ersten Schrittes zu unterschätzen oder ihn leichtfertig zu kritisieren, wie dies immer wieder geschieht.

Damit sei keineswegs verborgen, dass mit diesem Schritt zunächst viele neue Probleme aufgeworfen wurden. Man realisiert z.B. erst jetzt, wie schwierig es ist, die Auswirkungen bzw. Schäden gewisser Ereignisse zu bestimmen, z.B. die Abschätzung der Grösse, Ausbreitung und Wirkung einer Gaswolke. Früher hat man sich aber gar nicht um solche Dinge gekümmert.

Ein besonderes Thema in diesem Zusammenhang ist die Frage der Wahrscheinlichkeit. Zweifellos tun wir uns hier schwer. Die meisten von uns, und der "Laie" natürlich besonders, sind sich an den Umgang mit Wahrscheinlichkeiten nicht gewöhnt. Dies ist auch ein Stück weit ein Problem unseres Schulsystems. Wir haben Arithmetik gelernt und doppelt unterstrichene Resultate produziert. Es musste immer alles klar und eindeutig sein. Das Thema Unsicherheit, Ungewissheit, Wahrscheinlichkeit - ein an sich unheimlich wichtiges Thema - kam nie zur Sprache.

Die Diskussionen, die heute um die Wahrscheinlichkeitsfrage geführt werden, liegen auf zwei Ebenen. Einerseits wird bis heute noch diskutiert, ob Wahrscheinlichkeitsüberlegungen in diesem Zusammenhang überhaupt Anwendung finden sollen. Während sich in Fachkreisen die Diskussionen über Probabilistik und Deterministik wohl eher beruhigt haben, werden sie im Kreise der Öffentlichkeit wie eh und je heftig geführt. Ich möchte hier meine Meinung nicht verhehlen, dass es eine Sicherheitsphilosophie ohne Einschluss von Wahrscheinlichkeitsüberlegungen nicht geben kann. Der damit verbundenen Schwierigkeiten bin ich mir bewusst.

Eine andere Kritik setzt mehr auf der praktischen Ebene an, zweifelt also an der Anwendbarkeit von Wahrscheinlichkeitsüberlegungen, und zwar, weil Statistiken fehlen, weil kleine Wahrscheinlichkeiten keinen Sinn machen und weil man ohnehin nach bestem Wissen und Gewissen entscheiden müsse. Das sind natürlich Themen für sich. Es seien hier drei Bemerkungen dazu angeführt:

a) Es ist oft erschütternd zu sehen, wie wenig bis heute Erfahrungen ausgewertet werden, welche als sehr wertvolle Basis für Wahrscheinlichkeitsabschätzungen dienen könnten. Elementarste Unfallstatistiken fehlen immer noch in vielen Bereichen.

b) Die Ermittelbarkeit von kleinen Wahrscheinlicheiten, die natürlich hier besonders wichtig sind, wird sehr oft in Frage gestellt. Man mokiert sich sogar darüber, dass von Wahrscheinlichkeiten von z.B. 10^{-8} und kleiner pro Jahr gesprochen wird. Diese Kritik sei mit den in Bild 4 angedeuteten einfachen Beispiel relativiert. Das Beispiel soll zeigen, dass, wenn eine Wahrscheinlichkeit sich aus verschiedenen unabhängigen Faktoren zusammensetzt (was nicht selten der Fall ist), durchaus auch kleine Wahrscheinlichkeiten vernünftig zu begründen sind.

Bild 4: Wahrscheinlichkeit einer Katastrophe für Wasserfassung

c) Im dritten Punkt sei eine Gegenkritik angedeutet: an einem Symposium über probabilistische Risikoanalysen hat sich ein Teilnehmer über das "verantwortungslose Herumspielen mit Wahrscheinlichkeitsüberlegungen" sehr empört geäussert. Seiner Meinung nach seien die meisten Wahrscheinlichkeitsüberlegungen reine Spekulation. So denken bis heute viele! Persönlich bin ich der Meinung, dass es - solange wir Anlagen mit entsprechenden Gefahrenpotentialen errichten - unsere Pflicht sein sollte, uns nach bestem Wissen und Gewissen Gedanken über die Wahrscheinlichkeit von Schadenereignissen zu machen. Und wir müssen unsere Vorstellungen über diese Wahrscheinlichkeiten darlegen, auch wenn das schwierig ist und wir solche Wahrscheinlichkeiten nicht mathematisch-naturwissenschaftlich exakt bestimmen können. Damit stellen Wahrscheinlichkeiten allerdings nicht mehr *die* absolut objektiven Grössen dar, wie wir sie aus der Statistik kennen und wie wir sie natürlich gerne haben möchten. Vielmehr

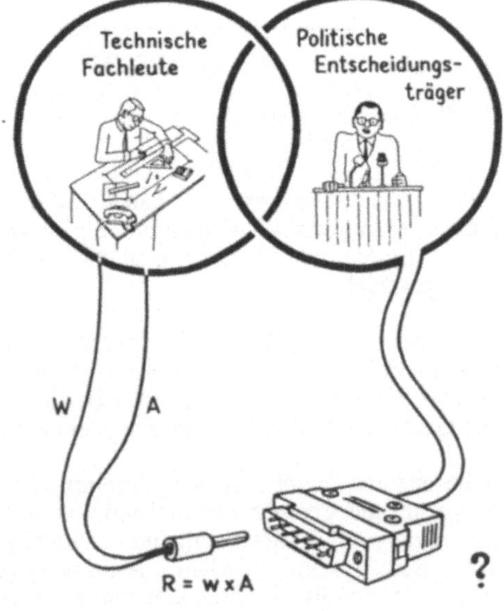

Bild 5: "Kurzschluss" des Risikokonzepts

rücken sie näher an das, was als subjektive Wahrscheinlichkeit bezeichnet wird - also Stichwort "Graubereich". Welche Konsequenzen diese Bedeutungsverschiebung für den Meinungsbildungs- und Entscheidungsprozess hat, ist sicher ein wichtiges Thema.

Damit sei die Diskussion über diese Grundgrössen der Risikocharakterisierung in diesem Rahmen abgeschlossen. An sich ist hier ein zunehmender Konsens festzustellen, auch wenn, wie angedeutet viele Fragen offen bleiben. Es ist eine wichtige Aufgabe, in diesem Bereich unsere Grundlagen und Methoden zu verbessern.

4. Weitere Merkmale von Risikosituationen

Nun kommt m.E. ein für die kontroverse Risikodiskussion entscheidender Punkt. Er sei hier als "Kurzschluss der Risikodenkweise" bezeichnet (Bild 5). Gemeint ist die Vorstellung, dass das Produkt von Wahrscheinlichkeit und Auswirkungen (w x A) *die* Grösse ist, auf welche sich die Risikobewertung stützen sollte, d.h. auch die damit verbundene Illusion, dass mit der Ermittlung dieser beiden Grössen das Sicherheitsproblem gelöst sei. Solange wir unterschiedliche Risikosituationen allein durch diese beiden Grössen charakterisieren und diese auf so primitive Weise miteinander verknüpfen, wird über eine Bewertung kaum ein Konsens zu finden sein. Neben diesen numerischen Faktoren, deren Stellenwert keineswegs abgewertet werden soll, gibt es aber offensichtlich eine ganze Reihe von weiteren Merkmalen, welche Risiken in unterschiedlichster Weise qualifizieren.

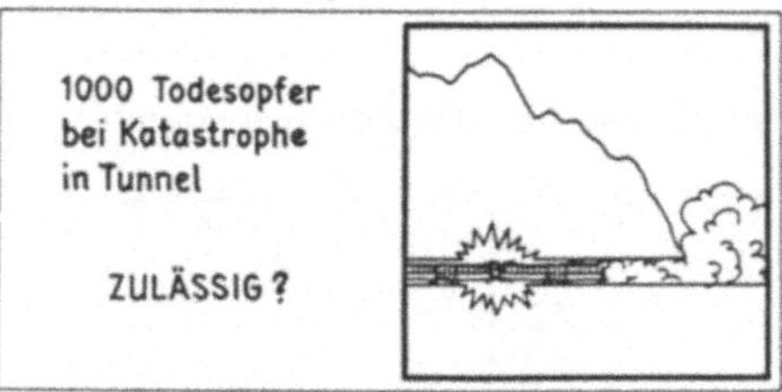

Bild 6: Beispiel Verkehrsrisiken

$$1000 \times 1 \text{ Opfer} = \alpha \cdot 1000 \text{ Opfer}$$

Bild 7: Risikoaversion

Auf einige solche Merkmale wird im folgenden andeutungsweise und im Sinne von Denkanstössen etwas näher eingetreten.

Fangen wir mit einem einfachen Beispiel an (Bild 6). Mehr oder weniger allgemein bekannt ist, dass in der Schweiz im Jahr rund 1000 Menschen im Strassenverkehr ums Leben kommen. Auf der anderen Seite befassen sich die SBB, ausgelöst durch Sicherheitsfragen bei Tunneln, aber auch beim Transport gefährlicher Güter, intensiv mit Sicherheitsfragen. Letztlich wird hier einmal über die Akzeptierbarkeit gewisser Unfallszenarien zu entscheiden sein, bei denen durchaus 1000 Opfer zu beklagen sein könnten. Käme man nun zum Schluss, man könne auch hier grössenordnungsmässig 1000 Opfer pro Jahr zulassen, würde das wohl jeder absurd finden. Ohne etwas vorwegnehmen zu wollen, sei angedeutet, dass die Wahrscheinlichkeit solcher Unfälle vermutlich auf etwa 10^{-5}/Jahr zu beschränken sein wird.

Also: auf der einen Seite werden 1000 Tote pro Jahr werden akzeptiert - auf der anderen Seite 1000 Tote höchstens alle 100'000 Jahre! Und das nicht bei irgend einer Schauertechnologie! Nur schon dieses simple Beispiel zeigt, dass R = w x A keinen akzeptablen Bewertungsmassstab liefert, obwohl es absolut sinnvoll und notwendig ist, diese Fakten zu ermitteln und sich vor Augen zu führen.

Es ist uns ja eigentlich allen klar, dass auf dieser Basis im allgemeinen ein Vergleich nicht vernünftig ist - und das wird auch immer wieder betont. Aber eine intensive Auseinandersetzung mit der Frage nach den Gründen erfolgt nicht, bzw. die Auseinandersetzung bleibt mehr oder weniger an der Oberfläche.

An dieser Stelle soll ein Aspekt, der hier ins Spiel kommt, noch etwas näher betrachtet werden (Bild 7): Immer wieder wird salopp gesagt, 1 x 1000 Tote sei nicht das gleiche wie 1000 x 1 Toter. Das ist offensichtlich so. In der formalen Entscheidungstheorie, die sich mit solchen Fragen befasst, aber die in Kreisen der Sicherheitsforschung heute kaum zur Kenntnis genommen wird, ist diese Problematik schon seit mindestens 50 Jahren bekannt. Es wird in diesem Zusammenhang der Begriff der Risikoaversion verwendet, der genau dieses Phänomen anspricht. Fragen der Katastrophenbeurteilung sind m.E. unlösbar ohne Klärung dieses Phänomens. Im Zusammenhang mit Sicherheitsfragen wird diese Thematik zwar immer wieder angesprochen; bis heute wurde sie aber noch nie eingehend studiert. Warum gehen wir solchen Fragen nicht nach? Auf solche Mängel hinzuweisen ist ein Hauptanliegen dieser Ausführungen.

Ein weiterer Aspekt ist in Bild 8 stark vereinfacht dargestellt. Der unterschiedliche Grad der Selbstverantwortung der Betroffenen - man kann auch etwas salopper sagen, der unterschiedliche Freiwilligkeitsgrad - , ist ein weiteres Merkmal, das zu jeder Risikosituation gehört. Im "Selbstverantwortungsgrad" steckt dabei mehr als im "Freiwilligkeitsgrad". Einige Stichworte in Bild 8 deuten dies an. Es sei hier nicht näher darauf eingegangen. Aber seit über 20 Jahren wird recht unverbindlich mit dem Gedanken der unterschiedlichen Bewertung von freiwilligen und unfreiwilligen Risiken - ich möchte fast sagen - herumgespielt, ohne dass man sich ernsthaft damit beschäftigt und vor allem zu brauchbaren Regeln durchdringt.

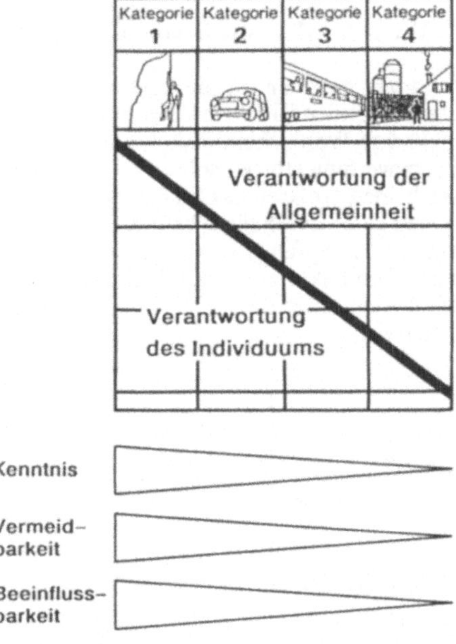

Bild 8: Selbst- bzw. Fremdverantwortung

Im Sinne einer Illustration deutet Bild 9 aus einer Studie der BfU an, wie das im Strassenverkehr aussieht. Es stellt sich die Frage: Ist es nicht wichtig für die Priorität von Massnahmen, aber auch die die Akzeptanz von Risiken, wie weit Unfälle selbstverschuldet sind oder nicht?

Kategorie 1 "freiwillig"	Kategorie 2 grosse Selbstbestimmung	Kategorie 3 geringe Selbstbestimmung	Kategorie 4 "unfreiwillig"
30%	40%	30%	1%

Bild 9: Anwendung im Strassenverkehr

In einem weiteren einfachen Beispiel sind die bereits angedeuteten Aspekte ebenfalls erkennbar (Bild 10): Auf der einen Seite ein Holzfäller mit einem der grössten Risiken: 10^{-2}/Jahr x 1 Toter, also w x A = 0.01 Tote pro Jahr. Auf der anderen Seite ein Staudamm mit einer Versagenswahrscheinlichkeit von 10^{-5}/Jahr und 1000 möglichen Opfern - wieder w x A = 0.01 Tote pro Jahr. Auch hier wird mit Recht kritisiert, dass R = w x A für eine Bewertung nicht viel bringt! Aber man erkennt auch deutlich, wie rudimentär diese beiden Situationen dadurch charakterisiert sind.

Auch in diesem Fall spielt die Aversion gegen Grossunfälle in die Beurteilung hinein, aber auch der unterschiedliche Selbstverantwortungsgrad der Betroffenen. An diesem Beispiel sei zusätzlich auf den Unterschied zwischen dem sogenannten individuellen und kollektiven Risiko hingewiesen (rechter Teil Bild 10): Das individuelle Risiko ist die Wahrscheinlichkeit eines Betroffenen, ums Leben zu kommen, also einerseits 10^{-2}/J, anderseits 10^{-5}/J. Die Anzahl Betroffener spielt aus dieser Sicht keine Rolle. Im kollektiven Risiko kommt zusätzlich die Anzahl Opfer ins Spiel: also 1 bzw. 1000. Daraus wird ersichtlich, dass solche Risikosituationen zwei Dimensionen haben, das individuelle Risiko und die Anzahl Betroffener.

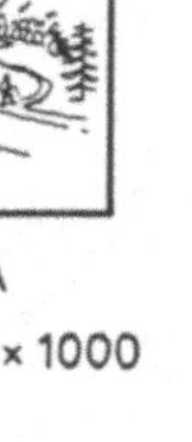

$R_A = w \times A$

$10^{-2}/J \times 1$

$= 0.01$

$R_B = w \times A$

$10^{-5}/J \times 1000$

$= 0.01$

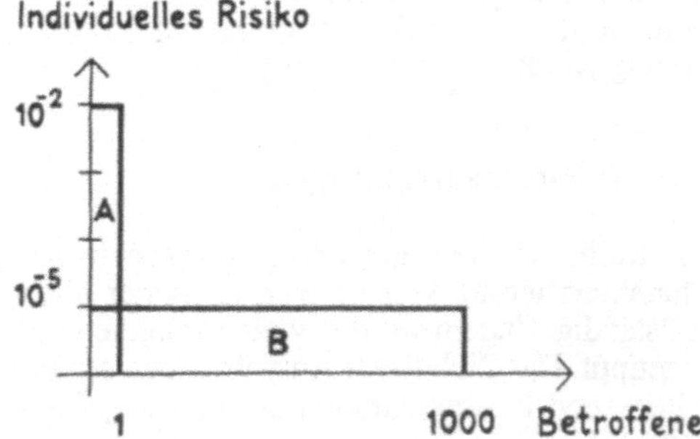

Bild 10: Individuelles bzw. kollektives Risiko

Wie spielt das zusammen? Was ist massgebend? Ist es in erster Linie wichtig, wie sehr der Einzelne gefährdet ist, oder ist es entscheidend, wieviel Personen gleichzeitig gefährdet sind, ... auch wenn insgesamt in der Schweiz mehr Leute beim Holzfällen ums Leben kommen? Kommen hier nicht zwei ganz unterschiedliche Aspekte ins Spiel, die auch ganz unterschiedlich zu bewerten sind?Auch das sei hier nicht ausdiskutiert. Aber auch dieser Aspekt ist bis heute zu wenig ausgelotet und schon gar nicht zu konkreten Handlungsregeln ausformuliert worden.

Ein weiterer Aspekt ist im leicht abgewandelten berühmten Diagramm aus dem ersten Bericht des Club of Rome angedeutet (Bild 11): Es zeigt, dass uns Probleme, die in Raum und Zeit von uns weiter entfernt sind, tendenziell weniger interessieren. Risiken unterscheiden sich aber oft auch in dieser Hinsicht. Gerade im Bereich von Sicherheit und Umweltschutz wird immer deutlicher, wie wichtig eine globale und langfristige Sichtweise ist. Gewisse Aktivitäten erzeugen Opfer auf anderen Kontinenten oder in anderen Generationen. Sind das nicht wichtige Merkmale? Wie gehen wir damit um? Charakterisieren wir Risiken aus dieser Sicht genügend konsequent?

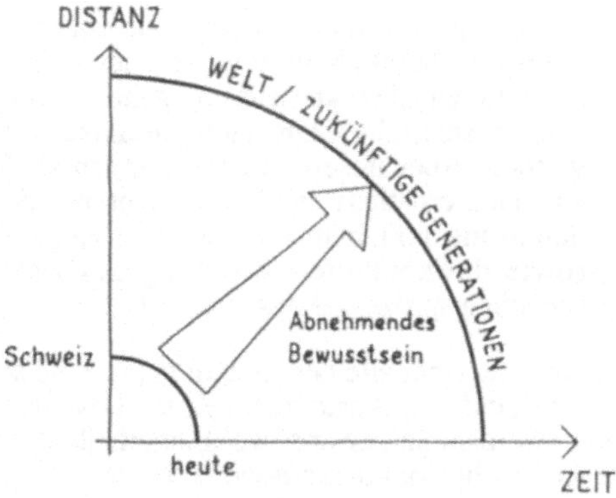

Bild 11: Risiken jenseits des Hier und Jetzt

Ein letzter Aspekt, der hier angesprochen sei, ist etwas anderer Art: Die Aufgabe des Ingenieurs sollte es ja vor allem auch sein, darzustellen, mit welchen Massnahmen in welchem Masse Risiken reduziert werden können. Ein für die Beurteilung von Risikosituationen wichtiger Zusammenhang ist dabei der folgende: Bild 12 zeigt, wie ein bestimmtes Risiko mit zunehmenden Investitionen in Sicherheitsmassnahmen reduziert werden kann (z.B. das Steinschlagrisiko einer Siedlung mit zunehmenden Investitionen in Verbauungen etc.). Solche Risiko-Kosten-Kurven haben immer etwa diese Form. Am Anfang sind sie steiler, werden dann immer flacher ... und gehen in der Regel nie auf Null, solange man eine Aktivität nicht völlig aufgibt. Bei einem Entscheid über die Sicherheit einer Anlage dürfte es aber wichtig sein, ob wir uns im Punkt 1 oder 2 der angedeuteten Kurve befinden. Das Stichwort "Verhältnismässigkeit" sei in diesem Zusammenhang aufgeworfen. Aber für eine Beurteilung dieses Aspektes müssen solche

Bild 12: "Verhältnismässigkeit"

Zusammenhänge zunächst ermittelt und dargestellt werden. Auch das würde zur Charakterisierung von Risikosituationen gehören.

5. Schlussbemerkungen

Die Reihe der hier angedeuteten Aspekte zur Charakterisierung von Risiken ist sicher nicht vollständig. Zudem werden viele Gedanken nur angetippt. Das Ziel dieser Ausführungen sei abschliessend in drei Punkten zusammengefasst (Bild 13):

a) Für die weiteren Diskussionen über Sicherheit muss das "Steckerproblem" angegangen werden, damit ein Kommunikationsprozess überhaupt möglich ist.

b) Dazu gehört eine wesentlich differenziertere Charakterisierung von Risiken als bisher üblich. Diese kann nur im Dialog erarbeitet werden.

c) Verschiedene Aspekte wurden angedeutet, die wahrscheinlich zu einer solchen differenzierteren Charakterisierung gehören. Sie sind an sich alle schon vielfach diskutiert worden. Aber unsere Anstrengungen sind zu wenig ernsthaft und konsequent auf die Schaffung von Instrumenten und Regeln sowie die konkrete Gestaltung des Entscheidungsprozesses ausgerichtet.

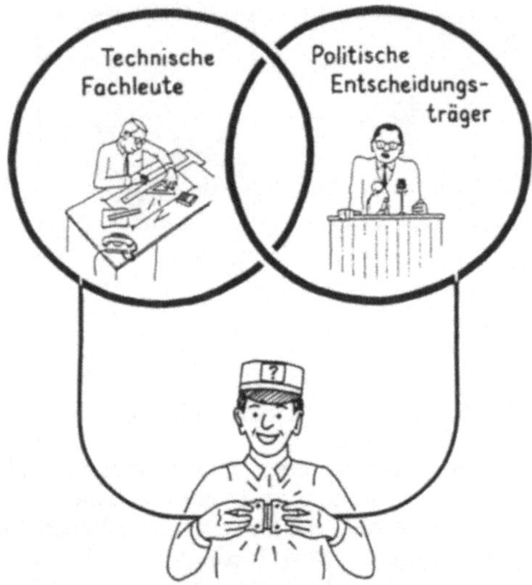

Bild 13: Die Stecker müssen passen

Wir sind uns wohl alle bewusst, dass uns eine schwierige Aufgabe bevorsteht. Wichtig scheint mir dabei, dass die Anstrengungen zur Lösung der Probleme in der Schweiz aufeinander abgestimmt werden, und zwar sowohl innerhalb als auch über die einzelnen Fachdisziplinen hinaus. Der Anfang hierzu könnte Ascona heissen.

6. Literaturangaben

[1] Bohnenblust, H. und Schneider, Th.: "Ein quantitatives Sicherheitsmodell für die Neubaustreckentunnel der Deutschen Bundesbahn", Eisenbahntechnische Rundschau, 33. Jahrgang, Nr. 3, März 1984

[2] Schneider, Th.: "Ein quantitatives Entscheidungsmodell für Sicherheitsprobleme im nichtnuklearen Bereich", in "Risikountersuchungen als Entscheidungsinstrument", G. Yadigaroglu und S. Chakraborty (eds), Verlag TÜV Rheinland, Köln, 1985.

[3] Ernst Basler & Partner AG/INFRAS: "Risikobeurteilung von Energieversorgungssystemen - Konflikte und Wertungsfragen", Expertengruppe Energieszenarien, November 1987.

[4] Schneider, Th.: "Sicherheit - eine gesellschaftliche Herausforderung an den Ingenieur", Schweizer Ingenieur und Architekt, Nr. 15, April 1988.

Risiko und Sicherheit technischer Systeme, Monte Verità,

J.S.: Herr Dr. Sauer hat in Graz Technische Physik studiert und in Marburg/Lahn in Theoretischer Physik promoviert. Er ist seit 1981 in der Kernenergie-Administration tätig, drei Jahre bei der Umweltbehörde Hamburg, weitere drei Jahre an der Hessischen Staatskanzlei und nun seit 1988 als Abteilungsleiter Reaktorsicherheit im Energieministerium des Landes Schleswig-Holstein.

Risikobewertung im Verwaltungshandeln

Gustav W. Sauer, Kiel, BRD

1. Einleitung

"Nichts geht ohne Risiko, doch ohne Risiko geht auch nichts" [1]. Diese klassische Tautologie zeigt auf ihre Art, wie in unserer Industriegesellschaft mit Risiken umgegangen wird: Auf eine banale, verharmlosende, dennoch von bedrohlichem Unterton, falls man sich dieser Meinung verschließt, begleitete Art. Dabei ist klar, daß unsere Einstellung, Erkenntnisse sowie Verhaltens- oder Nicht-Verhaltensweise diese Risikogesellschaft mitprägen.

Indes, es ist auch ein wesentlicher Unterschied zur Gesellschaft unserer Altvorderen zu erkennen. Der Technologieschub dieses Jahrhunderts - praktisch vom Kerzenlicht bis zur Raumfahrt - hat die nicht bloß technischen Risiken qualitativ und quantitativ potenziert. Demgegenüber bestanden die Risiken unserer Vorväter i.w. in Naturgewalten oder Schicksalsschlägen.

Beck [2] trennt diese Risiken von den heutigen "neuen", als sie "wesentlich ( ) dadurch unterschieden (sind), daß sie (die Natur- oder höheren Gewalten; GWS) *nicht auf Entscheidungen* beruhen - genauer auf Entscheidungen, die technisch-ökonomische Vorteile vor Augen haben und Gefahren nur als Schattenseiten in Kauf nehmen. Risiken haben nach Beck "*...eine industrielle d.h. technisch-ökonomische Entstehungsgeschichte,* setzen entsprechende Institutionen (Wirtschaft, Wissenschaft, Recht, Politik usw.) und Nutzenabwägungen voraus. Sie sind *Spätgeburten* eines zunächst meist begrüßten technischen Fortschritts." Er schreibt: "...Die epochale Leistung des Risiko- und Versicherungsgedankens beruht in einer *doppelten Vergesellschaftung von Verantwortung und Gefahr*. Die Bedrohung wird nach den Maßstäben der Wahrscheinlichkeitsvernunft ihrer individuellen Leidensgeschichte entkleidet und die Fragen der Folgenkompensation von Fragen des individuellen Versagens abgelöst und einem allgemeinen Ausgleichssystem unterworfen. ... Insofern ist die Versicherungsidee - entstanden an der Schwelle zur Neuzeit als Gegenmittel zur Ungewißheit der interkontinentalen Handelsschiffahrt - eine *Tochter des Kapitals*.... Die Folgen werden ( ) als statistisch berechenbares *Schicksal* gesellschaftlichen Ausgleichsregelungen zugeführt. Auf diese Weise wird die *Zurechenbarkeit des Unzurechenbaren, die Kalkulation des Unkalkulierbaren* ermöglicht und *gegenwärtige* Sicherheit angesichts *einer offenen unsicheren Zukunft* erzeugt.

Und nocheinmal Beck [2]: "Die Risikoforschung lehrt: Ein akzeptables Risiko ist letzten Endes ein akzeptiertes Risiko. Dabei kann, was heute unhinnehmbar erscheint, morgen schon Alltagsroutine sein, während bisher Alltägliches plötzlich im Lichte neuer Informationen Angst und Schrecken einflößt. Die Technikwissenschaften sind also im Umgang mit selbst produzierten Gefahren zu einer *Zweigniederlassung der Kulturwissenschaften* - 'Grenzwerte' - geworden. Doch gleichzeitig spielt die akute Gefahr ausgerechnet ihren Verursachern das Monopol ihrer Deutung zu".

Häfele [2] hat 1974 dieses Meinungsmonopol treffend erläutert, daß "es genau das Zusammenspiel zwischen Theorie und Experiment oder Versuch und Irrtum (ist), das für die Reaktortechnologie nicht länger möglich ist. ... Reaktoringenieure tragen diesem Dilemma dadurch Rechnung, daß sie das Problem technischer Sicherheit in Unterprobleme zergliedern. Jedoch auch die Aufspaltung des Problems kann nur der Annäherung an ultimative Sicherheit dienen. ... Das verbleibende 'Restrisiko' öffnet die Tür in das Reich des 'Hypothetischen'. ... Der Austausch zwischen Theorie und Experiment, der zur Wahrheit im traditionellen Sinne führt, ist nicht länger möglich. ... Ich glaube, daß diese letzte Unschlüssigkeit, die in unseren Vorhaben steckt, teilweise die besonderen Empfindlichkeiten öffentlicher Debatten über die Sicherheit von nuklearen Reaktoren erklärt".

Beck [2] mag dies nicht unkommentiert lassen: "Wenn man dies mit der ursprünglich verabredeten Forschungslogik vergleicht, bedeutet dies ihre *schlichte Umkehrung*. Nicht mehr die Folge: *erst* Labor, *dann* Anwendung, sondern: die Überprüfung kommt nach der Umsetzung, Herstellen *vor* Forschung. In den modernen Technikwissenschaften steckt unentdeckt ein marxistischer Kern. Sie haben unter der Hand die Praxis zum Kriterium ihrer Wahrheit gemacht."

Beide pointierten Zitate zeigen das Dilemma der Verwaltungen auf, sofern sie hoheitlich für die Risiko-Aufsicht in der Industriegesellschaft zuständig sind. Einerseits bleiben diese Verwaltungen bei Entscheidungen über Forschung, Technik und Entwicklung außenvor - sie werden mit Entwicklungen hinsichtlich ihrer Umsetzung erst spät konfrontiert - andererseits sind sie in politische Verantwortlichkeiten eingebunden. Dieses Dilemma wurde in der Bundesrepublik mit industrievorgeprägten - sprich: risikobereiten - Verwaltungen aufzulösen versucht. Dabei ist mancherorts der abwägende Ausgleichsprozeß zwischen den Interessen - Industrie und Wirtschaft auf der einen Seite, betroffene Bürger auf der anderen Seite: klassische Störerproblematik - auf der Strecke geblieben. Was wunder, daß heute in der Bundesrepublik jegliche Großprojekte kaum noch politisch verträglich durchgesetzt, erst recht nicht konsensuell vermittelt werden können.

Verwaltungen sollen sich indessen neutral verhalten. Neutralität bedingt vor allem Unabhängigkeit; unabhängig kann nur derjenige sein, der auch den Willen zu ihr hat. Die Verwaltungsgesetzgebung der Bundesrepublik atmet jedoch noch den Geist preußischer Verwaltung. Dies mag im vorigen Jahrhundert genügt haben; heute, wo der Kant'sche Imperativ nicht mehr personifizierbar ist [3], greift alleinige Pflichterfüllung dort zu kurz, wo Verantwortungsbewußtsein gefragt ist.

Die Zielrichtung von Verwaltungen als avant-garde des Fortschritts mag zwar allenthalben noch ein Lächeln hervorrufen, ein Ausgleich in der Industriegesellschaft bedeutet aber auch einen vorausgehenden oder nachgeholten Ausgleich in der technisch-wissenschaftlichen Kompetenz. Verwaltungen müssen deshalb in unserer Risiko- und Industriegesellschaft in der Lage sein, diesen Ausgleich zwischen dem technisch Machbaren, dem in der Öffentlichkeit Geforderten und dem politisch Umsetzbaren zu moderieren. Dies bedeutet auch, daß Verwaltungen Stellung beziehen müssen. Die Verwaltungen - als beamteter Arm der Politik - müssen Empfänger und Sender gleichzeitig sein, um Risiken sozial-, umwelt- und politisch verträglich zu Entscheidungen aufzubereiten.

2. Begriffsklärung

Bevor Risiko "begriffen" werden kann, muß sein ganzes Umfeld abgesteckt werden. Aktuell ist es Compes [4] zu verdanken - dem hier gefolgt wird -, die nahezu babylonische Begriffsverwirrung belichtet zu haben.

Danach sind schon rein sprachlich *Sicherheit* und *Schutz* voneinander zu trennen. Sicherheit bedeutet Ungefährlichkeit und Gefahrlosigkeit, hingegen Schutz Gefährdungsbegrenzung oder Schädigungsabwehr. Schutz bietet also erst Sicherheit. Dies bedeutet beispielsweise, daß es nicht Sicherheits-, sondern vielmehr Schutzgurt, oder auch Reaktorschutz- und nicht Reaktorsicherheitskommission heißen müßte (wobei rein sprachlich dann immer noch nicht geklärt ist, ob der Reaktor oder vor ihm geschützt werden soll).

Eine *Gefahr* - entlehnt aus dem preußischen Polizeirecht um die Jahrhundertwende [5] - würde bei ungehindertem Verlauf zu einem Schaden führen. Der *Schaden* selbst manifestiert sich dabei als Minderung eines tatsächlich vorhandenen Bestandes an Lebensgütern oder Rechten. Die Gefahr ist die Ursache zu einem möglichen Schaden, mithin die Möglichkeit eines Schadens. Sie muß, um einen Schaden überhaupt verhindern zu können, konkret nachvollziehbar und vollständig erfaßt werden können.

Die Gefahr wird zur *Gefährdung* = Gefahren-Wirkung, wenn sie auf einen Empfänger trifft, der geschädigt werden kann; die Gefährdung ist damit immer relativ zu einem bedrohten Objekt im Sinne einer Wahrscheinlichkeit für eine "vektorielle" Schädigung = Schadens-Bewirkung nach Art, Stärke, Richtung, Dauer etc.

"Schutz ist - im wesentlichen Gegensatz zur Sicherheit - dann notwendig, wenn eine bestehende und bleibende Gefahr die Möglichkeit zu einer Gefährdung und sogar einer Schädigung bietet"[6].

Das gesamte *Gefährdungspotential* wird i.a. *"Risiko"* genannt, das Wahrscheinlichkeiten sowohl hinsichtlich der Häufigkeit des Eintritts (= Eintrittswahrscheinlichkeit) als auch der Schwere des Schadens umfaßt.

Einfach mathematisiert gilt also bis hierhin im Sinne einer Vollständigkeitsbedingung: Sicherheit + Gefahr = l; bei Sicherheit = 0, bestünde totale Gefährlichkeit und umgekehrt. Weil es keine totale Ungefährlichkeit gibt, gibt es auch keine totale Sicherheit. Bei der Realisierung von Sicherheit bestehen generell zwei Wege, die auch gekoppelt sein können, einerseits kann die Gefahr eingegrenzt werden (beispielsweise Filter bei der Gefahrenquelle), oder der Weg zum Gefahrenempfänger wird versperrt (Gasmaske).

Bis hierhin kann also die Kausalkette zu einem Unfallgeschehnis wie folgt aufgestellt werden: *Gefahr - (Gefährlichkeit) - Gefährdung - (Plötzlichkeit) - Schädigung - (Schädlichkeit) - Schaden* [7]. Die in ( ) gesetzten Begriffe sollen andeuten, daß sie gleichsam eine bedingte Transformationseigenschaft haben. Eine Kombination gefährlicher materieller und personeller Zustandsgrössen und Vorgänge kann über ihre Gefährlichkeit erst dann wirken, wenn überhaupt jemand oder etwas gefährdet werden kann. Der Transformator von der Gefährdung zur Schädigung ist das auslösende plötzliche oder unvorhergesehene Ereignis. Die Schädigung manifestiert sich infolge der Schädlichkeit der Unfallauswirkungen als Schaden an Mensch, Umwelt oder Sachen.

In Literatur, Technik, vor allem Öffentlichkeit und nicht zuletzt der Rechtsprechung werden diese Begriffe - scheinbar je nach Gutdünken - verwechselt, falsch verwendet, gar nicht hinterfragt und infolgedessen verfälscht.

3. Risikodarstellung

Die Herkunft des Wortes "Risiko" geht einerseits auf eine maurische Sprachwurzel zurück: "arreschg, arisch, arrisc = Wagnis/Gefahr", abgeleitet aus arabisch "rizq = Lebensunterhalt, der von Gott und Schicksal abhängt; andererseits über die griechische Sprachwurzel "rhiza", über das volkslateinische "risicare = Klippe umschiffen" oder italienisch: "Gefahr laufen, wagen", taucht es Anfang des 16. Jahrhunderts sogar in Oberschwaben als "uff unser Rysigo" auf [8].

Mit der Industrialisierung im 19. Jahrhundert hat sich über einen weiteren "Sicherheitszweig", nämlich die *Versicherungen*, das Risiko als Produkt: Risiko R = Wahrscheinlichkeit W x Schaden S etabliert und wird so seither in Kalkulationen zugrunde gelegt. Würden beispielsweise unter 100'000 Häusern pro Jahr 100 Häuser abbrennen und dabei jeweils der Schaden S entstehen, wäre das Brandrisiko R = 100/100'000 x S = S/1'000. Die 100'000 Hauser müssten demnach pro Jahr eine Prämie von S/1'000 zahlen, damit die Brandversicherung ihrerseits den Schaden von 100 x S = 100'000 x S/1'000 ausgleichen kann [9].

Dies deutet darauf hin, daß die Verwendung dieser "klassischen" Risikoformel dann - und nur dann - erlaubt ist, wenn der Schaden auch monetär bewertet werden kann. Zwar kann denkgesetzlich jegliches Gut monetär bewertet werden, dennoch gibt es Bereiche, die aus ethisch-moralischen Gründen davon ausgenommen sein müssen. Wollte man nämlich ein Menschenleben oder die Auswirkungen eines Krankheitsfalls monetär bewerten, fiele die Bewertung einmal unterschiedlich aus - je nachdem, ob man selbst betroffen ist und selbst bewerten muß oder von anderen bewertet wird -, zum anderen kann aus dem Problem heraus keine objektive Maßzahl "Geld pro Menschenleben oder Krankheitsfall" aufgestellt werden, noch dazu mit dem Erfordernis der Generalisierung auf eine Bevölkerung.

Die Schwierigkeiten bei der Definition des Begriffs "Risiko" zeigt sich auch in den Versuchen einer Normierung durch den DIN-Normenausschuß [10]. Nach zahlreichen Entwürfen wurde endlich festgelegt:

> "Das Risiko, das mit einem bestimmten technischen Vorgang oder Zustand verbunden ist, wird zusammenfassend durch eine Wahrscheinlichkeitsaussage beschrieben, die die zu erwartende Häufigkeit des Eintritts eines zum Schaden führenden Ereignisses und das beim Ereigniseintritt zu erwartende Schadensausmaß berücksichtigt.
>
> Anmerkung:
> Das Risiko (R) wird i.a. nicht quantitativ erfaßt; nur selten lässt es sich als Kombination (x) der

beiden Größen Häufigkeit (H) des Eintritts und Ausmaß des Schadens (S) quantifizieren: R = H * S".

Um mit dem Begriff Risiko dennoch arbeiten zu können, kommt es auch auf die risikowissenschaftliche Darstellung an:

- Zunächst erfolgt die Definition nach seiner Qualität, Dimension und Quantität,
- danach muss die Einordnung des Risikos in die zu bewertenden Mensch-Maschine-Umwelt-Systeme erfolgen
- bei der Risikodimensionierung kommt es gleichsam zur vektoriellen Aufspannung der Kategorien Ermittlung, Beurteilung, Bewertung, Behandlung, um das Risiko überhaupt erfassen, sowie mit den Kategorien Senkung oder Auslöschung das Risiko "beherrschen" zu können.
- das Werkzeug hierzu ist die Risikoanalytik, -diagnose und -typisierung,
- danach können Risiken in ihrer Bedeutung geordnet und priorisiert werden [11].

Ziel dieser noch jungen Risikowissenschaft ist es - generell für Risiken, nicht etwa nur eingegrenzt auf technische, insbesondere nicht auf kerntechnische - eine belastbare Basis von Analyse, Prognose und Kontrolle zu schaffen. Im Zwischenergebnis ist festzuhalten:

"Risiken" sind nicht wissenschaftlich abgeklärt - dennoch wird laufend mit Risiken gearbeitet; sie werden erfahren, bewußt eingegangen oder abgelehnt, mehr oder weniger akzeptiert, es wird mit ihnen leben gelernt, um sie wird also generell "gewußt", indes völlig unterschiedlich darauf reagiert.

3.1 Risikowahrnehmung

Es zeigt sich, "daß in der Regel bei der Bevölkerung die Schätzwerte über Risiken der verschiedensten Naturereignisse, Krankheiten oder menschlichen Aktivitäten mit den statistisch ermittelten Werten überraschend gut übereinstimmen. Durch diese intuitive Fähigkeit, die Größenordnung von Risiken richtig einzuschätzen, hat der Mensch im Laufe der Zeit eine im Durchschnitt logische und vernünftige Verhaltensweise gegenüber Risiken entwickelt" [12].

Risiken werden demnach eingegangen oder abgelehnt, je nachdem ob

- Risiken freiwillig eingegangen werden
- das Funktionieren der Risikoquelle verstanden wird
- Vertrauen zu den die Risikoquelle handhabenden oder kontrollierenden Institutionen besteht
- die Risikoquelle selbst kontrollierbar ist
- Risiken und Nutzen gleich verteilt erscheinen
- die Risikofolgen reversibel erscheinen
- die Gefahrensituation unmittelbar sinnlich wahrgenommen werden kann
- eigene schadensvermeidende oder -mindernde Handlungen möglich sind
- das Schadensausmaß katastrophalen Umfang annehmen kann
- die Schadensart vertraut oder unbekannt ist etc.

Diese empirisch bestätigten Risikodeterminanten führen die als allgemeingültig anzusehende Risikoformel ad absurdum:

- "Es ist nachgewiesen, daß in der Akzeptanz der Risiken zweier Aktivitäten, die objektiv meßbar gleichgroß sind, ein Unterschied bis zu einem Faktor 1'000 bestehen kann, je nachdem, ob sie aufgezwungen sind oder freiwillig werden.
- Es ist auch festgestellt worden, daß unter zwei Aktivitäten, deren Produkte aus Schadensgröße und Eintrittswahrscheinlichkeit gleichgroß sind, diejenige Aktivität, deren Schadensgröße im Einzelereignis größer ist, als schwerwiegender empfunden wird.
- Ferner gibt es Hinweise darauf, daß potentielle Gefahren dann umso größer eingeschätzt werden, je geringer, mindestens subjektiv, die eigene Gegenreaktionsmöglichkeit ist"[12].

Es zeigt sich also, daß eine bloß rechnerische Definition zu kurz greift; der Vektor Risiko muß also mindestens auch die "Risikoerfahrung" beinhalten, ohne die zwar eine Risikowissenschaft zwar existieren, aber nicht in die gesellschaftliche Umsetzung einbezogen werden konnte. Risikoakzeptanz ist damit die Folge von Risikoerkenntnis oder Risikoabwägung. Eine hieraus abgeleitete "Akzeptanzforschung" ist allenfalls dann vertretbar, wenn sie nach dem "ob" und nicht dem "damit" fragt.

3.2 Formalisierung und Veranschaulichung des Risikos

Die Risikoformel Risiko = Eintrittswahrscheinlichkeit x Schaden (R = S x W) definiert Risiko-Isolinien (R = konstant); zur Eintrittswahrscheinlichkeit: vgl. Anhang A.

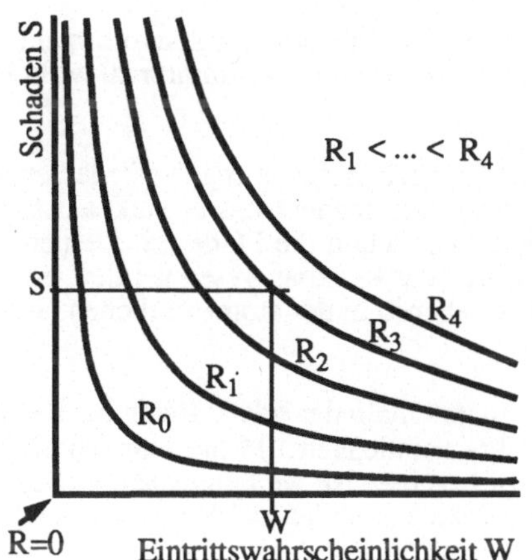

Bild 1: Schematische Darstellung des Risikos R = S * W

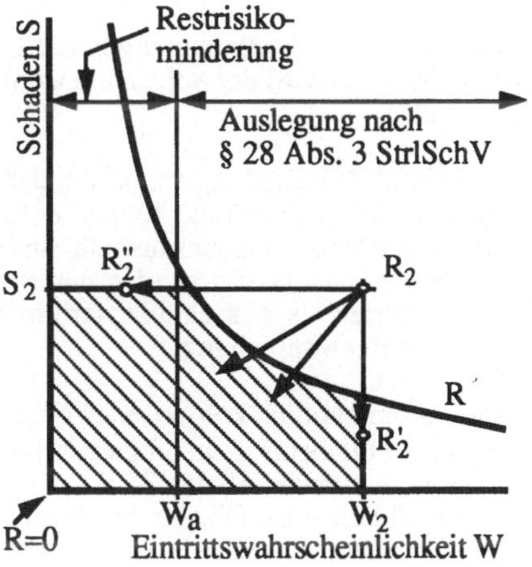

Schaden S
Restrisikominderung
Auslegung nach § 28 Abs. 3 StrlSchV
S_2
R''_2
R_2
R
R'_2
R=0
W_a
W_2
Eintrittswahrscheinlichkeit W

Bild 2: Schematische Darstellung von Risikominderungsmassnahmen

Aus Bild 1 zeigt sich, daß für die Risiken R_1 bis R_4 bei konstanter Wahrscheinlichkeit W die Schäden, und umgekehrt bei konstantem Schaden S die Wahrscheinlichkeiten zunehmen [13]. Hier eröffnet sich auch die Möglichkeit, das Argument: "Ein Nullrisiko gibt es nicht" zu illustrieren; die Risikolinie R kann sich zwar eng an das Koordinatenkreuz annähern, gleichwohl gilt R =0 nur bei S = 0 oder W = 0; dennoch wird klar, daß R_0 erheblich weniger Risiken umfaßt als R_1 etc. Das eingangs ausgewählte Zitat führt also eher zu Skepsis als zu Risikobereitschaft.

Wird nun die Risiko-Isolinie $R_1 = 1$ normiert, wird jeglicher Schadensbereich eröffnet - beispielsweise Todesfolgen. Er enthält gleichermaßen den Schaden "1 Toter/Jahr" wie "1 Mio Tote, einmal in 1 Mio Jahren". Rechtlich wird durch R der verbotene Gefahrenbereich > R_1 vom Bereich "zugelassener", aber technisch beherrschbarer Risiken < R_1 getrennt. Im obengenannten Beispiel ist also das Risiko "2 Mio Tote, einmal in 1 Mio Jahren" verboten, das Risiko "2 Mio Tote, einmal in 2 Mio Jahren" jedoch erlaubt, hingegen "2 Tote/Jahr" wieder verboten. Die Risikoformel leistet also keine Entscheidungshilfe, welche Risiken akzeptabel sind.

Hinzu kommt eine Erweiterung des "Risikoraums" um die Zeitkomponente; je weniger pro Zeiteinheit "passiert", desto geringer wird rechnerisch das Risiko.

Wie können nun Risiken vermindert werden?

Nach Bild 2 wird zudem das Risiko R_2 "erlaubt", wenn es in den Bereich R_2 < R "verschoben" wird [14]. Dies wird ohne Qualitätsverlust auf zwei Wegen erreicht; entweder werden die Wahrscheinlichkeiten für Ausfälle reduziert (R_2 - R''_2), d.h. Komponenten werden mehrfach ausgelegt, oder das mögliche Schadensausmaß wird verringert (R_2 - R'_2), d.h. Einbau von Filterstrecken, Abschirmungen, Containment etc. Zwischen diesen beiden Möglichkeiten gibt es eine Reihe von Kombinationen, um R_2 < R zu erreichen (schraffierter Bereich).

Damit zeigt sich jedoch zugleich ein Dilemma: Zwar können denkgesetzlich Wahrscheinlichkeiten und Schäden beliebig verringert werden, wenn beispielsweise Kosten keine Rolle spielten. Dennoch gibt es auch eine inhärente Risikoschranke. Prinzipiell könnte nämlich jede Komponente (Ventil, Filter etc.) beispielsweise drei- oder vierfach ausgelegt werden; dann jedoch würde uns die Verfügbarkeit dieser Komponenten einen Streich spielen, denn diese würden auch *dann reagieren, wenn sie nicht sollten* (beispielsweise würde eine Armatur schließen ['sicherer Zustand'], obwohl sie offen sein sollte). Anders herum könnte man jede Komponente lediglich einfach auslegen; sie würde dann u.U. *nicht reagieren, wenn sie sollte* (d.h. offenbleiben, obwohl sie schliessen sollte = "unsicherer Zustand"). Während im ersten Fall ein Kernkraftwerk zwar sicher, aber nicht regelbar wäre, wäre es im zweiten Fall zwar leicht regelbar, aber auch entsprechend unsicher. Deshalb geht die Sicherheitsphilosophie bewußt den Weg, Risikobereiche auszuwählen. Aus diesem Grund werden bestimmte Störfallfolgen nicht den strengen Auslegungsanforderungen unterworfen, sondern ab einer gewissen Wahrscheinlichkeit W_a lediglich weniger strengen - gemessen am Schadenspotential - "Minderungsmaßnahmen".

Damit wird vor allem das offenkundige Null-Unendlichkeits-Dilemma der Risikoformel umgangen, denn bei W -> O wird der Schaden unendlich und das Risiko unbestimmt; real wirkt jedoch allein der Schaden.

Es kommt bei der Risikofindung darauf an, daß keine Vernachlässigung sog. "unbedeutender Risikobeiträge" erfolgt, weil erst die kleinen Risikobeiträge (die dennoch das Produkt aus Eintrittswahrscheinlichkeit und Schadensausmaß sind), nicht aber schon die Pfade mit kleinen Wahrscheinlichkeiten vernachlässigt werden dürfen. In Teilen der Risikoanalysen wurden jedoch die Wahrscheinlichkeiten als Ausschlußkriterium benutzt, ebenso in der atomrechtlichen Gesetzgebung, Praxis und Rechtsprechung.

Die typische "atomrechtlich kolportierte" Grenze [15], unterhalb der solche Pfade bei Kernkraftwerken außer acht bleiben sollen, rangiert bei der Wahrscheinlichkeit 10^{-6} pro Jahr. Mithin wurde bisher gar nicht untersucht, ob das Risiko dennoch zu beachten ist, weil eine analoge Schadensfeststellung unterblieben ist. Ob aber das berechnete Risiko tatsächlich auf den wirklichen Risikowert konvergiert, hängt davon ab, ob *alle Risikobeiträge*, nämlich

- die erkannten, aber nicht quantifizierbaren,
- die erkannten, aber nicht berechneten sowie
- die nicht erkannten,

einbezogen sind, und nicht selektiert nach deren Wahrscheinlichkeiten. Ob also das Risiko über- oder unterschätzt wird, ist völlig ungewiß.

Deshalb trägt diese Methode - wie schon gesagt - nur im herkömmlichen Risikobereich: Verkehrs-, Brandrisiko etc. Zwar sind deren Eintrittshäufigkeiten sehr hoch; dennoch können in diesem Fall genügend Hilfskapazitäten zur Verfügung gehalten werden, um zumindest sicherzustellen, daß Verletzte nicht Gefahr laufen, weiteren Schädigungen ausgesetzt zu sein, also beispielsweise Invalide zu werden oder gar zu sterben. Im Falle von kerntechnischen Großunfällen wären kurzfristig umfangreiche administrative und organisatorische Maßnahmen erforderlich, welche schnell an ihre Grenzen stoßen würden.

Hinzu kommt, daß Risiken trotz unterschiedlicher Eintrittswahrscheinlichkeit, z.B. 10^{-2} und 10^{-8} pro Jahr, nicht nach ihrer *mittleren* Wahrscheinlichkeit priorisiert werden können, d.h.das Risiko mit 10^{-8} /a kann jederzeit, auch vor dem Risiko mit 10^{-2} /a eintreten.

Es nimmt daher nicht wunder, daß gerade deshalb nahezu allen großtechnischen Risiken die generelle Akzeptanz versagt bleibt. Die Schwierigkeit wird keineswegs dadurch aufgelöst, indem auf "normale" Lebensrisiken wie Autofahren, Bergsteigen, Fliegen, Haushalts- und Freizeitunfälle verwiesen wird, denn die individuelle Risikoerfahrung und -bewertung lassen sich nicht unter dem Blickwinkel der Großtechnik "normieren". Dieser Versuch, Risiken durch Vergleich "schmackhaft" zu machen, geht an der Risikovorprägung des einzelnen vorbei.

3.3 Rechtliche Bewertung von Risiken

Wie wird Risiko atomrechtlich verortet? Einschlägig ist das "Gesetz über die friedliche Verwendung der Kernenergie und den Schutz gegen ihre Gefahren - Atomgesetz". Nach der Gesetzessystematik ist es ein Verbotsgesetz mit Erlaubnisvorbehalt; d.h. die Nutzung der Kernenergie ist in der Regel verboten, bei der Ausnahme einer Genehmigung.

Eine Zweckbestimmung dieses Gesetzes ist es, "Leben, Gesundheit und Sachgüter vor den *Gefahren* der Kernenergie und der *schädlichen Wirkung* ionisierender Strahlen zu schützen ..." (§ 1 Nr.

2). Gemäß § 7 Abs. 1 bedürfen kerntechnische Anlagen der Genehmigung; nach § 7 Abs. 2 Nr. 3 darf diese nur erteilt werden, "wenn die nach dem Stand von Wissenschaft und Technik erforderliche *Vorsorge gegen Schäden* durch die Errichtung und den Betrieb der Anlage getroffen ist". Gemäß § 28 Abs. 3 S. 1 StrlSchV sind "bei der Planung baulicher oder sonstiger technischer *Schutzmaßnahmen gegen Störfälle* in oder an einem Kernkraftwerk die sog. Störfallplanungswerte - d.h. 5 rem pro Störfall - zugrunde zu legen [16].

Kurzum, zwar finden sich alle bekannten Risiko-Termini wieder, indessen weder Atomgesetz noch Strahlenschutzverordnung verwenden oder benennen den Begriff des Risikos. Eher versteckt taucht dieser Begriff im Zusammenhang mit dem Wort *"Restrisikominderung"* in den rechtlich nachrangigen RSK-Sicherheitskriterien auf, wo Maßnahmen gegen Flugzeugabsturz, Gasexplosion etc. beschrieben werden.

Als Zwischenergebnis zeigt sich, daß das Risiko als eigenständiger Begriff nicht auftaucht, sondern lediglich als diffuser Begriff "Restrisiko" in das kerntechnische Regelgeflecht eingeschleust wird.

In der rechtlichen Verortung werden dennoch die Gefahr und das Risiko im Atomgesetz wie folgt parzelliert [17]:

- Gefahrenabwehr; dann sind technische und administrative Maßnahmen unbedingt erforderlich,
- Risikovorsorge; es werden zusätzliche Maßnahmen gesetzt, um Störfälle zu verhindern,
- Restrisikominderung: es werden Maßnahmen vorgenommen, die noch darüber hinausgehend technisch-bauliche Sicherungen vorhalten.

Sind Gefahr und Risiken einmal verortet, heißt dies nicht, daß dies so bleiben muß. Im Gegenteil: Gerichte werden auf den Plan gerufen und enthalten sich nicht, die Konfusion noch zu steigern und rechtlich bindend festzuschreiben.

Die Bewertung der kerntechnischen Risiken durch die Gerichte kann beispielhaft an drei Entscheidungen veranschaulicht werden, unbeachtlich ihrer unterschiedlichen Rechtskraft [18]:

- "Berstschutz-Urteil", VG Freiburg, 14.03.1977
- "Unwahrscheinlichkeits-Urteil", VG Würzburg, 25.03.1977 und
- "Restrisiko-Entscheidung", BVerfG, 08.08.1978

Im sog. "Berstschutz-Urteil" des VG Freiburg zum Kernkraftwerk Wyhl vom 14.03.1977 verneinte das Gericht das Vorliegen der erforderlichen Schadensvorsorge, "weil der Druckwasserreaktor des Kernkraftwerks Wyhl allenfalls mit einer sog. Berstsicherung gebaut werden darf, die im Konzept nicht vorgesehen ist". Das Gericht hat also eine *Schadensobergrenze* für den Betrieb von Kernkraftwerken befürwortet, die nicht überschritten werden dürfe [19].

Demgegenüber hat das VG Würzburg in seinem Urteil zum Kernkraftwerk Grafenrheinfeld vom 25.03.1977 eine Grenze eingeführt, unterhalb der wegen der "Unwahrscheinlichkeit" keine Gefahrenabwehr mehr erforderlich sei [20].

Freilich haben beide Gerichte weder die "Schadensobergrenze" noch die "Unwahrscheinlichkeit" beziffern können. Kann eine Definition einer Schadensobergrenze noch normierbar sein, ist die "Unwahrscheinlichkeit" ein Fehlbegriff, weil er in Anlehnung der einander sich strikt ausschließenden Begriffe Möglichkeit/Unmöglichkeit eingeführt worden sein dürfte.

"Indem das VG Freiburg eine Obergrenze für den akzeptablen Schadensumfang einführt ('Katastrophe nationalen Ausmaßes'), vergrößert es den sozial-inadäquaten verbotenen Gefahrenbereich ..., unabhängig von der Größe des Schadenseintritts. Umgekehrt verkleinert das VG Würzburg diesen Bereich notwendiger Schadensvorsorge ... durch die Einführung einer Wahrscheinlichkeitsgrenze: Wird der Wert für die Eintrittswahrscheinlichkeit von Experten als hinreichend klein angegeben - liegt die Wahrscheinlichkeit also unterhalb dieser Relevanzgrenze - so spielt der potentielle Schadensumfang für die Entscheidung der Kammer (VG Würzburg) keine Rolle mehr" [21]. Beide Entscheidungen sind in Bild 3 graphisch veranschaulicht [22].

Der schraffierte Bereich in Bild 3. a) zeigt den gemäß VG Freiburg erlaubten Risikobereich, der bei der Schadensgrenze S_g endet. Bild 3. b) zeigt den vom VG Würzburg zugelassenen Risikobereich. Erst durch die Darstellung als sog. *Risikoflächen*, d.h. der Fläche aller Produkte $R_i = W \times S < R$ erschließt sich die Dimension des Risikobegriffs; damit wird die Definition des Gefährdungspotentials Risiko diagrammatisch darstellbar. Während das mögliche Schadensspektrum beim VG Freiburg i.w. endlich ist, enthält der Schadensbereich des VG Würzburg auch "unendliche" Anteile - mithin auch Risiken > R, die eigentlich "verboten' sind -, weil Wahrscheinlichkeiten < W_a mit ihnen entsprechenden großen Schäden ausdrücklich zugelassen werden.

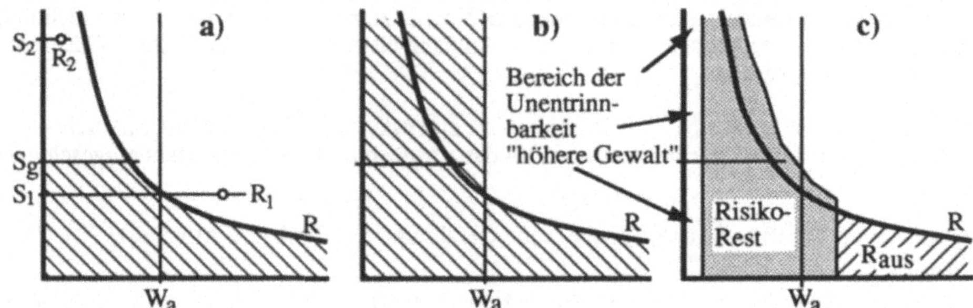

Bild 3: Schematische Darstellung der je nach Auslegungsanforderungen verbleibenden "Risikoflächen"

Die Auffassung des Bundesverfassungsgerichts zum Restrisiko ist in Bild 3. c) dargestellt. Zwar werden auch hierin Schäden mit unendlichen Anteilen zugelassen, jedoch weniger als im Falle des VG Würzburg, da für Schadensverläufe mit Wahrscheinlichkeiten < W_a zwar nicht die strikten Auslegungsmaßnahmen nach § 28 Abs. 3 StrlSchV zugrunde gelegt werden müssen, sondern nur sog. "Restrisikominderungsmaßnahmen", z.B. beim Flugzeugabsturz. Damit wird aus Bild 3 ersichtlich, daß es sich beim *Restrisiko* tatsächlich um einen *Risikorest* im Sinne der dargestellten Risikofläche handelt; die senkrechten Stufen im Risikorest deuten an, daß beispielsweise die Wahrscheinlichkeit von Flugzeugabstürzen je Standort nicht beeinflußt werden kann; die nichtschraffierte Fläche an der Ordinate deutet die "Unentrinnbarkeit" an.

Alle drei Gerichtsentscheidungen haben also die Problematik der Einbeziehung von Betriebsabläufen mit möglicherweise großen Schadenszahlen erkannt, jedoch völlig unterschiedlich eingeschätzt.

Heute ist festzustellen, daß die bislang in den Risikoabschätzungen als Ungewißheiten angesehenen Schadensverläufe sich seit 1979 einmal teilweise (Harrisburg), einmal vollständig (Tschernobyl) in Kernschmelzen manifestiert haben sowie im Falle der Langzeitwirkungen von radioaktiven Immissionen sich soweit bestätigt haben, daß Schäden existieren, lediglich die Opfer unbekannt sind.

Welches Risiko ist jedoch sozial-adäquat zumutbar?

Das Bundesverfassungsgericht verneinte zwar die Frage, ob ein Restschaden in Kauf zu nehmen sei, bejahte sie aber für ein Restrisiko, selbst "wenn die Wahrscheinlichkeit eines zukünftigen Schadens nicht mit letzter Sicherheit auszuschließen ist". Damit hat es immerhin den Schutz des Grundrechts vom Gefahren- in den Risikobereich verfassungsrechtlich vorverlegt. Wohl weil gar keine Schadenserfassung und -bewertung möglich ist, gestand es dem Gesetzgeber "Annäherungswissen" zu, das "sich insofern nur auf dem neuesten Stand unwiderlegten Irrtums befindet (was gleichsam die Versuch - Irrtum - Spirale legalsiert; GWS) ... Eine Regelung zu fordern, die mit absoluter Sicherheit Grundrechtsgefährdungen ausschließt ..., hieße die Grenzen menschlichen Erkenntnisvermögens verkennen und würde weithin jede staatliche Zulassung der Nutzung von Technik verbannen. Für die Gestaltung der Sozialordnung muß es insoweit bei Abschätzungen anhand praktischer Vernunft bewenden (bleiben; GWS) ... Genehmigungen (sind nur dann zugelassen), wenn es nach dem Stand von Wissenschaft und Technik praktisch ausgeschlossen erscheint, daß solche Schadensereignisse eintreten werden ... Ungewißheiten jenseits dieser Schwelle praktischer Vernunft haben ihre Ursache in den Grenzen des menschlichen Erkenntnisvermögens; sie sind unentrinnbar und insoweit als sozial-adäquate Lasten von allen Bürgern zu tragen". Dann folgt die verblüffende Schlußfolgerung: "Bei der gegenwärtigen Ausgestaltung des Atomrechts läßt sich insoweit eine Verletzung von Schutzpflichten (Erkenntnisstand: 1977; GWS) durch den Gesetzgeber nicht feststellen" [23], was "insoweit" das Vorhergesagte geradewegs umkehrt [24].

Diese Schlußfolgerung kann heute keinen Bestand mehr haben. Wendet man die Auslegungsregeln an, mit denen Gesetze geprüft werden, zeigt sich eine Fülle von unbestimmten und untragbaren Bewertungen, so daß dem Atomgesetz die verfassungsmäßige Grundlage abhanden gekommen scheint, wenn sie denn je gegeben war.

a) Eine Trennlinie zwischen dem Restrisiko und der Gefahr wurde nicht gezogen. Restrisiken sollen demnach bloß "praktisch" ausgeschlossen sein. Heißt dies nun gleich Null, "praktisch Null", 10^{-6} oder 10^{-9} pro Jahr? Vor allem wurden Schäden als zweite Komponente des Risikos weder bestimmt noch bewertet. Was ist mit Schäden, die dem Erkenntnisvermögen bisher entzogen oder überhaupt nicht zugänglich sind? Oder solchen, die zwar als möglich erkannt, aber außer acht gelassen, falsch eingeschätzt oder deren Vermeidung oder Minderung zu kostenintensiv wäre? Wenn Schadensfälle, die in der Ungewißheit jenseits der Schwelle der praktischen Vernunft verschwimmen, "unentrinnbar und insoweit als sozial-adäquate Lasten zu tragen (sind)", bleibt nur der Meteoriteneinschlag übrig, gegen den keine strikten technisch-baulichen Auslegungsmaßnahmen greifen dürften. Alle anderen Schäden sind insoweit entrinnbar, als sie durch den Verzicht auf die Anlage selbst oder jedenfalls durch entsprechende - freilich teure - Schadensminderungsmaßnahmen eingegrenzt werden können. Mithin können Kernschmelzen nicht mehr als Restrisiko gelten; Nachrüstungen wären danach obligatorisch [25].

b) Wie schon gesagt, wird bei gleichem Risiko der Schaden immer größer, desto geringer seine Eintrittswahrscheinlichkeit ist. So wird eine Grenzlinie bei etwa 10^{-6} pro Jahr verteidigt; dies verkennt jedoch die Leistungsfähigkeit von Risikoanalysen, denn es werden Aussagen über einen Zeitraum von mehr als 100'000 Jahren getroffen, obwohl speziell die Leichtwasserreaktoren bloß 3'000 Betriebserfahrungsjahre weltweit nachweisen können [26].

c) Fischerhof [27] weist i.ü. zutreffend darauf hin, daß der Ausdruck Restrisiko wenig glücklich und eher irreführend ist, weil es sich in Wahrheit um den Risikorest handelt, als Rest möglicher Unfälle, die keinen oder minderen technischen und baulichen Schadensvorsorgemaßnahmen unterliegen (Flugzeugabsturz etc.).

d) Darüber hinaus werden Unfallfolgen zum Restrisiko gezählt, die *erst durch* [28] oder in Verbindung mit der Kernenergie möglich werden, vorher also nicht existent und "insoweit entrinnbar" waren, z.B. Unfälle durch Flugzeugabsturz oder Explosionsdruckwelle, die ohne Kernkraftwerk u.U. lediglich lokale Auswirkungen zeitigen.

e) Preuss [29] bewertet deshalb die Grenzziehung zwischen Gefahr und dem Restrisiko nicht als objektives sondern als wertendes Kriterium, dem der Sozialadäquanz. Durch seine Zumutbarkeit werden die Lasten aber nicht geringer - wie es die Verfassung gebietet -, sondern sie werden lediglich gerechtfertigt.

f) Auch die Enquete-Kommission Zukünftige Kernenergiepolitik [30] mit ihrem damaligen Vorsitzenden Ueberhorst hat diese Schwäche der Risikodefinition verdeutlicht, so daß "politische Verantwortung für Energiesysteme danach nur übernommen werden (kann), wenn das jeweilige Energiesystem a) das nach der Produktformel ermittelte Risiko und b) das maximale Schadensausmaß, das durch entsprechende Schadenszahlen annähernd erfaßt werden kann, vertretbar sind". Je größer und weitreichender aber die Schadensfolgen sind, desto höhere Auslegungsanforderungen müßten eigentlich vorgesehen sein. Die Sicherheitsphilosophie geht genau umgekehrt vor, indem sie willkürlich ab Wahrscheinlichkeiten von kleiner als 10^{-6} pro Jahr weniger restriktive Auslegungsanforderungen zuläßt.

g) Somit fällt es auf die Exekutive zurück, die Linie zwischen Gefahrenabwehr und Restrisiko zu ziehen. Sie kommt dabei nicht umhin, "bei sich widersprechenden Sachverständigengutachten in aller Regel ... zu wissenschaftlichen Streitfragen Stellung zu nehmen" [31].

   Zu Recht weisen die Verfassungsrichter Simon und Heussner darauf hin, daß die bestehende Sicherheitspraxis "nur mit denkbaren Risiken arbeitet, (so daß) deren Beurteilung einschließlich der Einplanung entsprechender Schutzmaßnahmen von Wertungen ab(hängt), die sich schwerlich freihalten lassen von den jeweiligen grundsätzlichen Standpunkten und subjektiven Interessen" [31].

Dabei ist es der Exekutive ohne Mühe zugänglich, welchen Unfällen entronnen werden kann und welchen nicht. Ihr Erkenntnisvermögen ist auch dadurch keineswegs beschränkt, sich Unfallfolgen mit u.U. 700 bis 800 Soforttoten und bis zu 200'000 späten Todesfällen auszumalen auch wenn diese bloß mit Wahrscheinlichkeiten von kleiner als 10^{-6} pro Jahr möglich sind [32]. Deshalb kann mit Fug angenommen werden, daß seit je "eine über das bei der Erteilung der Genehmigung berücksichtigte Gefahrenrisiko hinausgehende erhebliche Gefährdung (vorliegt)" [33]. Daß der Eintritt eines Schadens unmittelbar droht, ist nicht Voraussetzung, um eine erhebliche Gefährdung festzustellen. Da bei den bestehenden Kernkraftwerken ein Berstschutz auch "in angemessener Zeit" nicht nachgerüstet werden kann, liegt hier u.U. die Voraussetzung des entschädigungslosen Widerrufs gem. § 17 Abs. 5 AtG vor.

h) Ferner würde ein Verzicht auf die Kernenergie keineswegs bedeuten, "jede staatliche Zulassung der Nutzung von Technik (zu) verbannen". Denn einmal muß in Rechnung gestellt werden, daß nicht jeder Technik ein solches Gefährdungspotential anhaftet; zum anderen legt sich der Staat selbst Beschränkungen auf, indem er nach eigenem Bekunden auf die militärische Nutzung der Kernenergie, schrankenlose Freigabe von Kriegswaffen sowie gentechnologische Experimente am Menschen etc. verzichtet, d.h. bereits bestimmte Technologien verbannt hat. Im übrigen verbleibt der Kernenergie auch ohne energiewirtschaftliche Nutzung ein weites Betätigungsfeld in Forschung und Anwendung.

i) Schließlich wurden Zweifel nicht ausgeräumt, ob kerntechnische Anlagen nicht doch konventionellen Tätigkeiten ("Schankerlaubnis") gleichgestellt sind. Durch die Möglichkeit, ungebrochen weitere Kernkraftwerke genehmigen zu können, wird das Gefährdungspotential der Bevölkerung in summa erhöht, so daß es naheläge, bei jeder weiteren Genehmigung zu fragen, ob und gegebenenfalls welches Risiko zu dem schon existenten hinzukommt.

   Durch diese Praxis der Einzelgenehmigung wird das - frequentistische - Risiko, eine Kernschmelze zu erleiden, zur guten Turfchance, denn bei einer mittleren Kernschmelzhäufigkeit von 10^{-4} pro Jahr bedeutet dies bei 25 Kernkraftwerken innerhalb der nächsten 20 Jahre die Chance von 1 : 20, daß in einem dieser Kernkraftwerke der Kern schmilzt. Weltweit bedeutet dies bei 500 Kernkraftwerken für denselben Zeitraum die statistisch-rechnerische Sicherheit von 1:1, irgendwo eine Kernschmelze zu erleben (einschränkend gilt hier, daß nicht jede Kernschmelze zu massiven radioaktiven Freisetzungen führen muß, jedoch kann). Gleichwohl vermag die Statistik den Zeitpunkt eines Ereignisses - wie schon gesagt - nicht vorherzusagen, denn es kann schon morgen, erst in 20 Jahren eintreten oder aber auch überhaupt nicht [34].

Angesichts dieser Einwände gegen die etablierte Risikobewertung der Gerichte erweisen sich nun die Begründungen in der Kalkar-Entscheidung als fehler- und lückenhaft. Zwar dürfte dabei eine gewisse Rolle gespielt haben, daß Mitte der 70er Jahre eine Kernschmelze für völlig ausgeschlossen und rein hypothetisch gehalten wurde. Dennoch waren bisher schon zwei Kernschmelzen unterschiedlicher Ursache und Folgen zu verzeichnen. Sicherlich würde eine Kernschmelze in bundesdeutschen Kernkraftwerken "anders ablaufen". Insoweit ist nicht so sehr die Tatsache, *wie* sie auftritt, bedeutsam, sondern *ob* dadurch verheerende radiologische Folgen einhergehen.

Preuss [35] schließt daher, daß es dem Atomgesetz an der normativen Bestimmtheit gebricht, was "zu einer geradezu gesetzlich erzwungenen administrativen Blindheit bei der Genehmigung einzelner Kernkraftwerke (führt)". Zudem werden energiepolitische Aspekte beim kerntechnischen Prüfumfang ausgespart, so daß sich die "in das rechtliche Instrumentarium eingebaute Unfähigkeit, planvoll mit der Nukleartechnologie umzugehen", perpetuiert.

Die Praxis hat sich also von den rechtlichen Vorgaben entfernt, denn bei der "Art und Schwere dieser Folgen (von Unfällen; GWS) muß bereits eine entfernte Wahrscheinlichkeit ihres Eintritts genügen, um die Schutzpflicht des Gesetzgebers konkret auszulösen". Diese Nachbesserungspflicht statuiert, daß die Schutz- und Vorsorgemaßnahmen umso umfassender, fortschrittlicher und zuverlässiger sein müssen, je größer die drohenden Gefahren für Mensch und Umwelt sind, denn die Schutzpflicht des Staates ist umfassend [36].

Eine Konkretisierung dieses dynamischen Grundrechtsschutzes wird jedoch dadurch erschwert, daß nach wie vor Dissens über die biologische Wirkung ionisierender Strahlung besteht. Zwar herrscht Einhelligkeit über die Wirkung auf den Menschen bei hohen Dosen; solche "nichtstochastischen" Wirkungen haben einen Schwellenwert. Der Dissens besteht hingegen über die Wirkung von sog. Niedrigstrahlung, mit ihren Langzeitfolgen in Form von Krebs. Sie wirken "stochastisch", d.h. die Wahrscheinlichkeit (und nicht der somatische Schweregrad), daß sie auftreten, ist proportional der Dosis, *ohne* daß ein Schwellenwert besteht. Nach ganz überwiegender Ansicht gilt ein lineare Dosis-Wirkungsbeziehung, d.h. eine Verdoppelung der Dosis verdoppelt auch das Risiko zusätzlicher Krebstodesfälle; das Risiko beginnt "gleich nach Null".

Als Folgen einer Exposition mit Niedrigstrahlung gelten Leukämie, Knochen- und Brustkrebs, Stoffwechselanomalien etc. Hierbei gelingt es nicht festzustellen, ob solche Krebsmanifestationen ursächlich auf ionisierende Strahlung zurückgehen. Solche Schäden können daher nur in einem Bevölkerungskollektiv "statistisch" - also anonym - als zusätzliche Krebserkrankungen abgeschätzt werden. Daß sie existieren, wird nicht bestritten, wohl aber, wen es trifft (vor allem, wenn es um den Nachweis von Berufskrankheiten geht). Eine Beweislastumkehr würde zumindest den Schadensausgleich gewährleisten.

Auch wurde das Ausmaß stochastischer Schäden bisher erheblich unterschätzt. Noch Anfang der 70er Jahre unterstellte man 10, um 1977/78 schon 100 bzw. 125, nunmehr aktuell 502 zusätzliche Krebstote infolge einer Kollektivdosis von 1 Mio manrem, wobei weitere Autoren noch höhere Risikozahlen annehmen [37].

Gemäß Bundesverfassungsgericht ergibt sich - unabhängig von der Restrisikogrenzproblematik - "hinreichend deutlich, daß der Gesetzgeber grundsätzlich jede Art von anlage- und betriebsspezifischen Schäden, Gefahren und Risiken in Betracht genommen wissen will, und daß die Wahrscheinlichkeit des Eintritts eines Schadensereignisses, die bei einer Genehmigung hingenommen werden darf, so gering wie möglich sein muß, und zwar umso geringer, je schwerwiegender die Schadensart und die Schadensfolgen, die auf dem Spiel stehen, sein können. ... Insbesondere mit der Anknüpfung an den jeweiligen Stand von Wissenschaft und Technik legt das Gesetz damit die Exekutive normativ auf den Grundsatz der bestmöglichen Gefahrenabwehr und Risikovorsorge fest" [38]. Die atomrechtliche Praxis verfährt aber - wie gezeigt - gegenteilig; für wahrscheinlichere, "kleinere" Schäden legt sie strengere Maßstäbe an als für solche Ereignisse, die zwar unwahrscheinlicher sind, dafür aber umso höhere Schadensauswirkungen und -folgen haben können.

Wenn insoweit also dem einzelnen das Restrisiko als sozialadäquate Last zu tragen zugemutet wird, bedeutet dies nichts anderes, als daß für ihn die geringe Wahrscheinlichkeit eines Schadens zumutbarer sein soll als der Schaden selbst, der in seiner Größe wiederum von der Wahrscheinlichkeit abhängt. Damit ergibt sich die paradoxe Situation, daß, je weniger wahrscheinlich ein Schaden ist, desto zumutbarer soll er sein? Tatsächlich ist es im Erlebnisfall jedoch gerade umgekehrt, der Schaden wird umso größer, je weniger wahrscheinlich er war, wobei es dann auch egal ist, *wie* wenig wahrscheinlich er vor seinem Eintritt war.

Überspitzt man dieses Paradoxon, wäre es bei verständiger Auslegung für die staatlichen Organe naheliegend, bei ihren Katastrophenschutzmaßnahmen auch Wahrscheinlichkeitsgesichtspunkte anzuwenden, d.h. je größer der Schaden, desto weniger Katastrophenschutzmaßnahmen vorzuhalten. Dies ist jedoch nicht der Fall. Die Implementierung von Risiken durch private Dritte muß also die Allgemeinheit mit einem erhöhten Risikopegel in Kauf nehmen.

Der Restrisikobereich muß mithin in den Störfallplanungsbereich verlagert werden. Dies bedarf wohl einer gesetzlichen Normierung; vor allem deshalb, weil das Gegenteil zur Zeit versucht wird. Angesichts der Erkenntnisse aus Tschernobyl wird vor allem aus dem Kreis der Reaktorsicherheitskommission versucht, eine atomrechtlich nicht normierte 4. Sicherheitsebene - die accident-management-Maßnahmen - einzuführen. Hierunter werden Maßnahmen verstanden, auf bisher nicht qualifiziertem Weg etwa die Notkühlung sicherzustellen. Dagegen ist an sich nichts einzuwenden, denn "Not kennt kein Gebot"; wenn dies indessen an den Genehmigungsprozeduren vorbei geschieht, wird das Genehmigungsgerüst durchbrochen. Die accident-management-Maßnahmen sind deshalb zur Zeit atomrechtlich nicht qualifiziert; es kann deshalb auch nicht angehen, sie bei bestimmten Kernschmelzpfaden in Anspruch nehmen zu wollen, ohne daß dies Rückwirkungen auf die Genehmigungslage von Kernkraftwerken hat; anderenfalls wird ein rechtsfreier Raum beschritten, ohne daß dem Schutzgedanken Rechnung getragen wird.

3.4 Katastrophenschutz als Skalierungsfaktor

Der bisher überwiegend akzeptierte Risikoansatz R = W x S wird daher einer Risikobewertung nicht mehr gerecht; denn abgesehen von formal-mathematischen Plausibilitätsmängeln gebricht es ihm auch an einer adäquaten Berücksichtigung der Schadensgröße. Es ist klar, daß kleine, wenn auch häufige Schäden "heilbar" sind und diese über Heilungskosten monetär zu Buche schlagen. Hingegen wird bei großen Schäden mit vielen Verletzten und Toten in kurzer Zeit keine ausreichende Hilfe geleistet werden können.

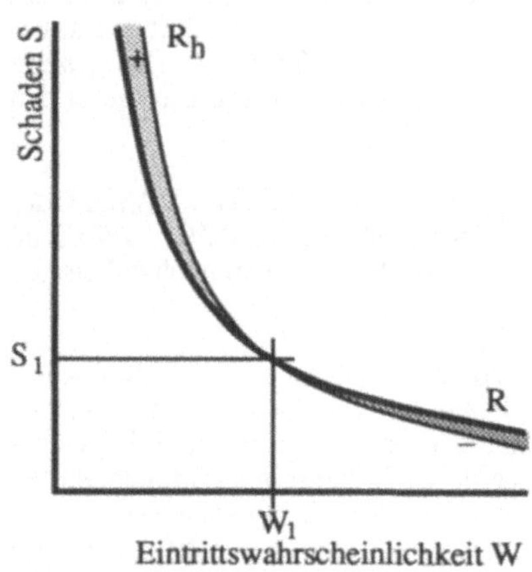

Bild 4: Schematische Darstellung einer Schadens-präferierten Risikodefinition

Ackermann [39] hat darauf hingewiesen, daß generell die Risikoformel durch eine Hilfsfunktion H" skaliert werden könnte: R = W x S/H. Diese - notwendigerweise dimensionslose - Größe [40] könnte so bestimmt werden, daß sie die o.g. Risikowahrnehmung realistischer abbildet. Wenn die Heilungsfunktion H größer als der Schaden ist - wenn also genügend Hilfskapazitäten zur Verfügung stehen -, wird das Risiko vermindert; übersteigen jedoch die Schäden die Heilungsfunktion, wird das Risiko zunehmen. Dies ist in Bild 4 schematisch dargestellt [41]. Hierbei wurde in erster Näherung für die Hilfsfunktion: H = K/S angesetzt, d.h. wenn ein Schaden S die Hilfskapazitäts- oder Katastrophenschutzgrenze K überschreitet, wird H < 1, das Risiko R_h übersteigt das bisherige Risiko R. In Bereichen kleiner Schäden kommt es somit zu einer Risikominderung (-), bei großen Schäden zu einer Risikoüberhöhung (+).

Dieser - durch detailliertere Überlegungen noch verfeinerbare - Ansatz zeigt, daß gerade dann, wenn große Schäden bewertet werden müssen, auch ein erhöhtes Risiko - hinsichtlich seiner Zumutbarkeit - bewertet werden muß. Schaden und Risiko würden demnach wieder bewertungs- und erfahrungskonform. Hierdurch könnte regelwerksartig eine Risikoimplementierung normiert werden. Hinzu kommt, daß durch die Festsetzung der möglichen staatlichen Katastrophenschutzhilfe K dem Störerprinzip - oder milder: Verursacherprinzip - Rechnung getragen wird, was freilich bedeutet, daß die bislang alleinige Katastrophenschutzaufgabe des Staats von den Betreibern von kerntechnischen Anlagen - aber nicht nur diesen - refinanziert werden müßte [42]. Ob sich indes die Kernenergie dann noch rentiert, ist fraglich.

4. Risikomuster im Verwaltungshandeln

Verwaltungshandeln orientiert sich im wesentlichen an Kriterien, die sich in Auslegung von Gesetzen, Verordnungen und sonstigen Vorschriften herausgebildet haben.

Im Falle der Risikowertung kann die Aufteilung des Gesamtrisikos von kerntechnischen Anlagen in vier Bereiche aufgeteilt werden [43]:

- *Normalbetriebsrisiko;* dieses Risiko wird nach dem Stand von Wissenschaft und Technik im Rahmen der Vorsorge gegen Schäden kontrolliert; es ist atomrechtlich einzeln also "zugelassen und genehmigt", gleichwohl unterliegt es der aufsichtlichen Kontrolle (§ 19 AtG u.a.).
- *Störfallrisiko;* solange die Störfallplanungswerte - gemäß § 28 Abs. 3 StrlSchV: 5 rem pro Störfall - in der Planungsphase gutachterlich als unterschritten nachgewiesen werden, handelt es sich zwar nicht um einen "genehmigten", sondern vielmehr um einen vorausbedachten, aber nicht gewollten Betriebszustand. Hierzu werden die kerntechnischen Anlagen schon bei der Planung auf bestimmte Störfallspektren "ausgelegt", d.h. die kerntechnischen Anlagen müssen diese Störfälle insoweit "beherrschen", daß diese Störfallplanungswerte einzeln nicht überschritten werden dürfen

- *Restrisiko = Unfallrisiko;* hier korrespondieren i.a. geringe Wahrscheinlichkeiten bereits mit hohen Schadenszahlen, so daß die Entscheidung, Betriebstransienten und Auswirkungen aus dem Bereich des Restrisikos in den Störfallbereich zu verlegen, für die Betreiber von kerntechnischen Anlagen freilich sehr kostenintensiv werden kann. Daß diese Trennung bisher in umgekehrter Richtung erfolgt ist, beispielsweise die Verlagerung der ATWS-Störfälle im Restrisikobereich (Novelle Störfalleitlinien 1983) oder Einwirkungen aus Flugzeugabsturz etc., kann nur mit wirtschaftlichen Überlegungen begründet werden
- *höhere Gewalt;* diese kann per se weder beherrscht noch gemeistert werden. Gegenüber Naturgewalten besteht schlicht Machtlosigkeit. Hinzu kommt, daß sie bisher auch ganz unbekannt und deshalb auch nicht bestimmbar, beurteilbar oder bewertbar sind oder sein können.

Sicherlich kann es zwischen Restrisiko und höherer Gewalt bestimmte Überschneidungsbereiche geben; allein die höhere Gewalt ist insoweit per se unentrinnbar und deshalb gesetzlich auch nicht faßbar. Insoweit werden gem. 1. Kalkar-Entscheidung des Bundesverfassungsgerichts nach Auffassung des Autors allein Störfallabläufe aufgrund höherer Gewalt von Verwaltungsmaßnahmen ausgenommen, d.h. etwa Meteoriteneinschlag.

Vor diesem Hintergrund bietet sich zukünftig bei der Gesamtwertung von Risiken für die Verwaltung folgende praxisorientierte Reglementierung an; auch hierbei wird Compes [43] gefolgt:

a) *Erkennbarkeit;* die Risikofaktoren bestimmter Abläufe sind nicht nur zu ahnen oder zu vermuten, sondern lassen sich wahrnehmen, zeigen sich und haben eine feststellbare Erscheinung.

b) *Bestimmbarkeit;* bei Vorliegen von Erkennbarkeit ist es zusätzlich möglich, die Risikofaktoren zu erfassen, bekanntzumachen, anzugeben und festzulegen.

c) *Beurteilbarkeit;* im Falle der Bestimmbarkeit ist es zusätzlich möglich, die Risikofaktoren hinsichtlich ihrer Qualität zu definieren, also mit einem Urteil zu qualifizieren, sie in ihrem Sosein, in ihren Eigenschaften zu beschreiben.

d) *Bewertbarkeit;* mit der gegebenen Beurteilbarkeit ist es möglich, diese Risikofaktoren hinsichtlich ihrer Quantität zu dimensionieren, mit einem Wert zu belegen, wie in ihrem Wievielsein und ihrer Menge zu begrenzen.

   Mit der Bewertbarkeit ergibt sich die Möglichkeit, das Risiko von bestimmter Qualität auch in seiner Größe anzugeben.

e) *Beeinflußbarkeit;* im Falle von Beurteilbar- und Bewertbarkeit ist es zusätzlich möglich, diese Risikofaktoren einzeln und damit Teile des Risikos insgesamt zu beeinflussen, beispielsweise die Eintrittswahrscheinlichkeit zu reduzieren oder die Schäden zu vermindern; das Risiko wird hierdurch erst kontrollierbar und limitierbar.

f) *Vermeidbarkeit;* im Falle der Beeinflußbarkeit ist es zusätzlich möglich, Risiken ganz zu löschen und im Sinne von Sicherheit oder Schutz ganz zu entfernen, hilfsweise zu beherrschen. Hierbei kommt es auch darauf an, ob eine Gefährlichkeit vermieden oder ausgeräumt werden kann (Ergebnis: Ungefährlichkeit = Sicherheit) oder dem Begrenzen einer Gefährdung bzw. Schädigung (Ergebnis: Schutz).

Die Kriterien a) bis d) betreffen das kognitive und analytische Phänomen der Faktoren von "Risiko", wie sie diesen abstrakten Begriff ausmachen. Die Kriterien e) und f) betreffen indessen die realen Bedingungen, wie sie in der Verwaltung anzuwenden sind, wenn es darum geht, die Faktoren Wahrscheinlichkeit und Schaden zu beeinflussen oder zu vermeiden.

Alle sechs Kriterien zusammen machen die *Risikowertung* oder *Risikozulassung* im Verwaltungshandeln aus. Sie entsprechen i.ü. auch den gesetzlichen Vorgaben, im Falle einer Identifizierung von Risiken zuerst das mildere Mittel - Nachrüstung - anwenden zu lassen oder solche vorzuschreiben, bevor zum Instrument der Stillegung - Löschung des Risikos - gegriffen werden kann.

Bei der Umsetzung dieser Risikowertung stößt indessen die Verwaltung auf erhebliche Schwierigkeiten, denn sie ist mit unbestimmten Rechtsbegriffen wie

- allgemein anerkannte Regeln der Technik
- Stand von Wissenschaft und Technik

- Vorsorge gegen Schäden
- praktische Vernunft etc.

konfrontiert. Zwar intendieren diese unbestimmten Rechtsbegriffe eine Dynamisierung der Schadensvorsorge, so daß einmal festgeschriebenes Recht nicht laufend geändert werden muß. Gleichwohl hinkt hier das Atomgesetz entscheidend zurück, weil angesichts des parallelen Anspruchs von Förder- und Schutzgedanken das Schwergewicht indirekt immer noch auf dem Fördergedanken liegt, nämlich durch nachträgliche Auflagen zur Sicherstellung eindeutig erkannter Sicherheitsdefizite gem. § 17 Abs. 1 S. 3 AtG i.V.m. § 18 Abs. 3 AtG eine Entschädigung der Verwaltung aufzuerlegen. Mit anderen Worten: Derjenige, der Sicherheit im Sinne einer Verringerung des Kollektivrisikos will, muß zahlen; derjenige, der die Anlage vor allem aus energiewirtschaftlichen Gesichtspunkten betreibt, wird entschädigt. Dies ist die gesetzlich zugelassene Umkehr des Störerprinzips. Sie ist nur verständlich, wenn der Staat sich anheischig macht, angesichts seiner intendierten Förderung alles zu tun, um die Nutzung der Kernenergie vor dem wirtschaftlichen und unternehmerischen Risiko zu schützen.

Diese Intention des Atomgesetzes kann heute keinen Bestand mehr haben, weil angesichts der bisher gemachten Erfahrungen mit bereits zwei Kernschmelzen der Schutzgedanke in den Vordergrund treten und auch administrativ durchsetzbar fortgeschrieben werden muß. Dies bedeutet insbesondere für das bundesdeutsche Atomrecht, daß die Bundesregierung endlich die Empfehlung des Bundesrates realisieren muß, die Dynamisierung der Schadensvorsorge in Angriff zu nehmen, mit der Konsequenz, daß Nachrüstungsauflagen ohne Entschädigungspflicht angeordnet werden können.

Anhang A: Exkurs über Wahrscheinlichkeiten

Bei den Abschätzungen zur Wahrscheinlichkeit wird i.w. der klassisch-frequentistische Wahrscheinlichkeitsbegriff verwendet. Strenggenommen kann ein Wahrscheinlichkeitswert erst durch wiederholte Beobachtung am gleichen Objekt und unter gleichen Versuchsbedingungen ermittelt werden; insoweit wird dann eine Grenzwahrscheinlichkeit definiert. Die Ermittlung einer Versagenswahrscheinlichkeit in diesem Sinne versagt aber bei großtechnischen Risiken, weil von wenigen - oder von gar keinen - Ereignissen auf eine gemittelte Wahrscheinlichkeit geschlossen werden muß, d.h. der Umweg über Versuche, bspw. eine Vielzahl von Kernschmelzversuchen, schließt sich selbst aus. Es ist mithin klar, daß hier entsprechende Konservativitäten eingebaut werden müssen.

Dem frequentistischen Begriff steht der sog. Bayes'schen Wahrscheinlichkeitsbegriff gegenüber. Breitung et al [44] hierzu:

"Im Gegensatz zum frequentistischen Wahrscheinlichkeitsbegriff wird (beim Bayes'schen; GWS) Wahrscheinlichkeitsbegriff Wahrscheinlichkeit als subjektives Maß des Glaubens des Beobachters an das Eintreten eines Ereignisses aufgefaßt.

Der Beobachter hat am Anfang entweder gar keine Vorstellung, wie groß die Wahrscheinlichkeit ist, oder er hat eine gewisse Vorinformation oder Voreinstellung über diese Wahrscheinlichkeit.

Diese Voreinstellung wird dann durch eine sog. priori-Verteilung über die möglichen Werte dieser Wahrscheinlichkeiten ausgedrückt. Diese Verteilung ordnet jedem möglichen Wert eine Schätzung zu, wie wahrscheinlich der Beobachter diesen Wert hält. Im Falle, daß man keinerlei Information über die möglichen Werte des Parameters hat, verwendet man sog. nichtinformative priori-Verteilungen, die dieses Nichtwissen ausdrücken.

Die Wahrscheinlichkeit, daß bei einer Kühlwasserleitung ein Leck auftritt, läßt sich, da man über zuwenig Daten verfügt, mit den Mittel der klassischen frequentistischen Statistik kaum schätzen; man kann allerdings Experten fragen, wie groß sie diese Wahrscheinlichkeit schätzen würden. Diese Expertenmeinungen geben dann eine subjektive Verteilung für diese Wahrscheinlichkeiten.

Sobald man diese priori-Verteilung hat, läßt sich, falls man weitere Daten erhält, diese subjektive Expertenschätzung mit den Daten verbessern. Dies geschieht mittels des sog. Satzes von Bayes. Das Ergebnis ist eine neue Verteilung, die posteriori-Verteilung. In dieser Verteilung sind dann die subjektiven Expertenmeinungen mit den tatsächlich beobachteten Daten verknüpft. Je mehr Daten man sammelt, desto geringer wird der Einfluß der Vorinformation und desto größer das Gewicht der Daten. Die Vorinformation ist also nur der Ausgang für die Schätzung der Wahrscheinlichkeit."

Literaturverzeichnis

Weite Teile dieses Vortrags wurden bereits veröffentlicht in : "Risikoverringerung und staatliches Verwaltungshandeln: ein unslösbarer Konflikt?" und "Ist die Nutzung der Kernenergie verantwortbar? Ethik und Recht aus der Sicht eines Naturwissenschaftlers", aus "Leben in der Risikogemeinschaft" (Mario Schmidt, Hrsgb.), Verlag C.F. Müller, Karlsruhe 1989.

[1] Ex-Bundespräsident W. SCHEEL zugeschrieben

[2] Alternative Konzepte 71: "Leben in der Risikogesellschaft" (Mario Schmidt, Hrsg.), Verlag C.F. Müller, Karlsruhe 1989; U.BECK, S. 15/16/17/23; W.HÄFELE, zit. n. BECK, S. 25

[3] Kant's popularisierter Kategorischer Imperativ, für den einzelnen auch heute noch ausreichend, greift insgesamt zu kurz, denn die relevant Handelnden sind heute Interessengruppen, internationale Konzerne etc., die als solche keine ethisch-moralische Verantwortung tragen; vgl. U.K. PREUSS, Politische Verantwortung und Bürgerloyalität (1984), S. 122, m.w.N.; dsgl. H. SINN/W. Ch. ZIMMERLI, VDI-Dokumentation Tschernobyl (1987), S. 32

[4] P.C. COMPES in "Überprüfung der kerntechnischen Anlagen in Nordrhein-Westfalen", im Auftrag des Ministers für Wirtschaft, Mittelstand und Technologie des Landes Nordrhein-Westfalen, Teilgutachten B 0.3 - Allgemeine Sicherheitstechnik, August 1988, Kap. I

[5] wonach Schutzmaßnahmen gegen Gefahren nicht "erst dort zu beginnen brauchen, wo 'aus gewissen gegenwärtigen Zuständen nach dem Gesetz der Kausalität gewisse andere Schäden bringende Zustände und Ereignisse erwachsen werden' (so der klassische Gefahrenbegriff nach dem Urteil des Preußischen Oberverwaltungsgerichts vom 15.10.1894, PrVBl. 16, 125/126)", zit. n. Bundesverwaltungsgerichtsentscheidungen (BVerwGE), 72, 301/315

[6] Fßn. 4, Kap. I, S. 39

[7] ebd., Bild I/3

[8] ebd., Kap. II, S. 5

[9] J. HÜFNER, Fßn. 2, S. 34

[10] COMPES, Fßn. 4, Kap. II, S. 11

[11] ebd., Kap. II, S. 14 - 16

[12] G.W. SAUER, Fßn. 2, S. 113 ff, zit. n. Projekt Andere Entsorgungstechniken, AE-11, 2/1982, S. III/2-28; ebd.,S. III/2-29; H. GRUPP, Enquête-Kommission Zukünftige Kernenergiepolitik, WF VIII-73/83, 15.08.1983, S. 30 ff

[13] SAUER, ebd. Abb. 1, S. 116

[14] ebd., Abb. 2, S. 117

[15] B. SCHATTKE, Recht und Technik im Spannungsfeld der Kernenergiekontroverse (A. ROSSNAGEL, Hrsgb. 1984), S. 104/114, problematisch, der wenn auch "das Schadenausmaß sehr hoch, aber gleichzeitig die Eintrittswahrscheinlichkeit extrem gering (ist), keine Gefahr im juristischen Sinne" unterhalb einer Grenze von 10^{-6} pro Jahr anerkennen will, wenn diese Grenze rechtsverbindlich normiert ist (was nicht der Fall ist; GWS) und die zur Gefahr zählenden Störfälle enumerativ aufgelistet werden; ggtlg. ROSSNAGEL, UPR 1986/2, S. 46/52, 56, der die Festlegung einer unteren Wahrscheinlichkeitsgrenze auch als probabilistisches Vorgehen bewertet und i.ü. die Genehmigung risikoreicher Anlagen u.a. von einem fakultativen Verwaltungsreferendum abhängig sehen möchte; dsgl. K.-H. LADEUR, UPR 1986/10, S. 361; ggtlg. H.-W. RENGELING, DVBL. (1988), S. 257

[16] Novelle zur StrlSchV vom 30.06.1989, BGBl. I S. 1321

[17] R. BREUER, DVBl. 1978, S. 829/835, vom 15.10.1978, dessen Überlegungen zur "praktischen Vernunft " bereits zwei Monate vorher (!) im 6. Leitsatz der 1. Kalkar-Entscheidung am 08.08.1978 zitiert wurden, mit anderen Worten: eine vorgreifende Wertung, ohne daß diese im Schrifttum zur Diskussion gestanden hätte; vgl. Bundesverfassungsgerichtsentscheidungen (BVerfGE) 49, 89/138; ACKERMANN, priv. Mitteilung 1987, hat auf den fachdisziplinaren Widerspruch hingewiesen, daß in den Naturwissenschaften vor vielem, aber vor der "praktischen Vernunft" ganz besonders gewarnt wird, und zwar schon in Lehrbüchern für Theoretische Physik für Erstsemester: "... Entdeckungen schienen dem gesunden Menschenverstand so sehr zu widersprechen, daß sie sich nur nach und nach durchsetzen konnten ... Heute sind Physiker mißtrauisch dem Alltagsdenken gegenüber und allem,

was augenfällig erscheint. Der sog. gesunde Menschenverstand ist ein Produkt des menschlichen Bewußtseins, und es besteht kein Grund dafür, daß das Naturgeschehen diesem immer entsprechen muß ... Die Wirklichkeit korrigiert damit im Verifikationstest den physikalischen Erkenntnisprozeß. Auf diese Weise ist ausgeschlossen, daß dieser auf das rein geistige Denkvermögen des Menschen beschränkt bleibt". Auch G. JOOS, Lehrbuch der Theoretischen Physik, Akademische Verlagsgesellschaft Leipzig 1964, warnt davor, "sich in Spekulationen zu erschöpfen, die nur dort von bleibendem Wert sind, wo sie an Beobachtungen anknüpfen. Gedankengänge, wie sie in dem bekannten Hegel'schen Dialog: 'Es gibt nur sieben Planeten - dem widersprechen aber die Tatsachen - umso schlimmer für die Tatsachen'zum Ausdruck kommen, scheinen uns heute vollkommen unsinnig, wenngleich wir bei Widersprüchen zwischen den Folgerungen einer gut fundierten Theorie und dem Versuch den Fehler ebenso oft beim Versuch wie bei der Rechnung suchen". Unzweifelhaft ist die Neutronenphysik eine gut fundierte Theorie, gleichwohl bedeutet dies nicht, daß nach den Regeln der praktischen Vernunft der Versuch fehlerhaft - d.h. mit einer Kernschmelze - enden kann; zur Normenstruktur des AtG vgl. H.P. BOCHMANN, atw 7-8/1983, S. 366; m.w.N.; R. LUKES, NJW 27/1981, S. 1401

[18] van BUIREN et al "Richterliches Handeln und technisches Risiko", 1982, S. 131

[19] ebd., S. 72

[20] ebd., S. 90 ff

[21] ebd., S. 131 ff

[22] SAUER, Fßn. 2, Abb. 3, S. 121

[23] BVerfGE 49, S. 89/143

[24] SAUER, Fßn. 2, S. 225

[25] ebd., S. 226

[26] A. SZELESS/W. ZIMMERMANN, atw 7/1988, S. 367, die für 246 Leichtwasserreaktoren mit mehr als 100 MW_{el} Leistung auf 2.062 Reaktorjahre, insgesamt für alle 313 Reaktoren auf 2.930 Reaktorjahre kommen (aktualisiert)

[27] H. FISCHERHOF, Deutsches Atomgesetz und Strahlenschutzrecht, Kommentar (1978), S. 171; deutlicher: G.W. SAUER, WSI-Mitt. 1/87, S. 10, Schaubilder 2/3, m.w.N.; dsgl. COMPES, Fßn. 4, Kap. II, S. 47, der das Restrisiko als unerledigten Rest einstuft

[28] SAUER, Fßn. 2, S. 226

[29] U.K.PREUSS, Verstoß des AtomG gegen Art. 2 Abs. 2 GG in seiner Funktion als Eingriffsabwehrrecht, unveröffentlicht, Bremen 07.03.1987, S. 9

[30] Der schnelle Brüter, Zur Sache 2/83, Deutscher Bundestag 1983, S. 73

[31] BVerfGE 53, 30/77

[32] C. STEINERHAUER/C. MATZERATH, Jahrestagung Kerntechnik '87, Tagungsbericht (Deutsches Atomforum, Hrsg. 1987), S. 278, die den Code ECOSYS verwenden; dsgl. Statement for the 1987 Como meeting of the ICRRP, Rad.Proc.Dos. 19 (1987), S. 189; gefährlicher beurteilt mit Risikozahlen bis zu 1.650 pro Mio manrem, vgl. Strahlenrundbrief Nr. 6 (Univ. Bremen, 1988); 1 Mio manrem bedeutet die Kollektivbelastung von 1 Mio Menschen mit je 1 rem oder 10 Mio Menschen mit 0,1 rem (100 mrem) etc.; d.h., dadurch, daß erst in den 80er Jahren die Langzeitfolgen radioaktiver Belastungen in ihrem Ausmaß faßbar werden, stellen sich rückwirkend die Begründungen für Grenzwerte als nicht tragbar dar; dies kann rechnerisch in Zahlen "unnötiger" Krebstoter, die freilich in der allgemeinen Krebsstatistik verschwinden, ausgedrückt werden

[33] U.K. PREUSS, Ein Mensch, ein Bürger, ein Christ (W. Brandt u.a., Hrgb 1987), Festschrift für Helmut Simon; S. 553/556/568

[34] SAUER, Fßn. 2, S. 228

[35] PREUSS, Fßn. 33

[36] BVerfGE 49, 89/142; dsgl. BVerfGE 46, 160/164

[37] bspw. H.G. PARETZKE, Phys.Bl. 49 (1989), S. 16, m.w.N., der die wesentlichen Arbeiten referiert; dsgl. M. SCHMIDT, Berichte des Otto-Hug-Strahleninstitutes Nr. 2, Bonn 1990, der die neuesten Ergebnisse der ICRP und BEIR-V kommmentiert und insbesondere auf die Problematik der Unzulässigkeit für die Dosisreduktionsfaktoren bei soliden Tumoren hinweist, so daß sich die Risikozahlen in den Bereich 1'000 pro 10^4 PSv erhöhen.

[38] BVerfGE, 49, 89/138

[39] H. ACKERMANN (Univ. Marburg/Lahn), priv. Mitteilung 1986; anders R. KOLLERT (Univ. Bremen), 12/1984, Materialsammlung, der $R = W \times S^n$ ($n > 1$) verwendet, m.w.N.

[40] COMPES, Fßn. 4, Kap. II, S. 32

[41] SAUER, Fßn. 2, Abb. 4, S. 125

[42] Katastrophenschutzmaßnahmen müssen nicht nur für kerntechnische Anlagen vorgehalten werden; chemische Großanlagen sind dsgl. als "Störer" einzustufen; vorbildlich hierzu Landeskatastrophenschutzgesetz für Baden-Württemberg, GBl. Baden-Württemberg 1987, S. 213 - 223

[43] COMPES, Fßn. 4, Kap. II, S. 51 ff

[44] K. BREITUNG et al, Begutachtung der Deutschen Risikostudie Kernkraftwerke - Phase B der Gesellschaft für Reaktorsicherheit, im Auftrag des Ministers für Soziales, Gesundheit und Energie des Landes Schleswig-Holstein, 8/1990, Anhang A

Diskussion

Georg Erdmann: Darf ich die Frage nach der Definition des Risikos aufwerfen. Die meisten von uns stimmen wohl darin überein, dass das Produkt von Eintretenswahrscheinlichkeit und Schadenshöhe, d.h. R = W • S Unzulänglichkeiten aufweist. Sie schlagen, Herr Sauer, eine Risikolinie in Analogie zu den sog. Farmer-Kurven vor und interpretieren diese Risikolinie als eine normative Grenzlinie für die Akzeptabilität von Risiken im zweidimensionalen (W,S)-Raum. Wäre es da nicht praktikabler, Risiko durch das Produkt aus Wahrscheinlichkeit und Quadrat der Schadenshöhe zu definieren, wie dies seit Bernoulli geschieht?

Gustav W. Sauer: Sie können die Dimension Ihres Gehalts auch nicht in DM^2 pro Monat beziffern, sondern Sie haben ja nur DM. Es ist nun mal eine dimensionsbehaftete Grösse. Risiko ist definiert als Wahrscheinlichkeit mal Schaden.

Georg Erdmann: Sie sehen das so, wieso soll man das nicht anders definieren können.

Gustav W. Sauer: Natürlich, ich stelle Ihnen anheim, einen Vorschlag zu machen. Aus meiner Sicht kenne ich keinen anderen Vorschlag, der tatsächlich durchgreifen würde, als hier mit dem dimensionslosen Faktor zu arbeiten.

Hans H. Siebke: Ich habe eine Frage: Sie haben einen überraschenden Vergleich gezogen, nachdem das Restrisiko sehr viel grösser sei als das Auslegungsrisiko. Ist Ihnen da nicht ein Irrtum unterlaufen? Risiko ist eine Wahrscheinlichkeitsgrösse. Herr Thomas Schneider hat in seinem Vortrag gezeigt, wie sich eine Eintretenswahrscheinlichkeit von 10^{-8} aus vier unabhängigen Ereignissen mit einer Wahrscheinlichkeit von 10^{-2} ergibt, indem die Wahrscheinlichkeitswerte multiplikativ verknüpft werden. Wenn Sie Wahrscheinlichkeitsgrössen dagegen addieren wollen, ergeben sich Probleme. Es sind die zugrundeliegenden Verteilungen zu berücksichtigen. Mit anderen Worten: Die Formel: Restrisiko ist gleich Gesamtrisiko minus Auslegungsrisiko mit dem Verknüpfungszeichen für algebraische Grössen ist nicht einwandfrei.

Gustav W. Sauer: Nein ich habe gesagt, es ist eine rein semantische Umstellung gewesen. Das Risiko, als Fläche von "Risikopunkten" dargestellt, bedeutet für den Risikorest natürlich, dass ich in den Bereich kleiner Wahrscheinlichkeiten mit immens hohen Schäden komme und dass in diesem Bereich die Schäden anders bewertet werden müssen als im Bereich grösserer Wahrscheinlichkeiten. Das ist natürlich klar. Sie dürfen mich auf diese, wie gesagt, semantische Umstellung nicht mathematisch rechnerisch festlegen.

Heinz Bargmann: Habe ich Sie richtig verstanden: Sie haben eine Fläche als Risiko definiert?

Gustav W. Sauer: Ja, ich sage dann Risikofläche dazu. Nein, es ist eigentlich kein Widerspruch. Ich glaube, es ist bisher in der ganzen Diskussion immer wieder untergegangen, dass diese Risikoformel, das sagt auch die DIN-Definition, eigentlich eine gewichtete Wahrscheinlichkeit enthält, den vollen Schaden zu erreichen, d.h. vom Schaden 0 bis zur Risikolinie R zu kommen. Deswegen fällt mir zur Zeit nichts anderes ein, als die ganze Fläche unter dieser Risikolinie R als Risikofläche im Sinne der Addition von Flächensegmenten - je nachdem wie dicht der "Sternenhimmel" der Risikopunkte dann wird - aller möglichen Fälle pro Anlage zu definieren, die Schäden auslösen können.

Jörg Schneider: Darf ich aus Zeitgründen die Diskussion hier abbrechen und die weitere Erörterung insbesondere der Fraglichkeit einer Definition des Risikos als Fläche unter der Risikokurve in die Arbeitsgruppen verlagern.

Risiko und Sicherheit technischer Systeme, Monte Verità,

J.S.: Herr Prof. Lind ist von Hause Hochbaauingenieur. Er lebt in Waterloo, Kanada als Professor für Structural Engineering. Er war und ist ein Vorreiter in der Sicherheitsforschung, besonders im Gebiet der Tragwerkszuverlässigkeit. Was hier besonders wichtig ist: Niels Lind gründete 1982 das "Institute for Risk Research" an der University of Waterloo, das in mancher Beziehung Vorbild ist für etwas, was wir hier in der Schweiz gründen wollen und was nun vorderhand mit dem Polyprojekt "Risiko und Sicherheit technischer Systeme" weiter verfolgt wird.

Beurteilung der Sicherheit im Hinblick auf soziale Wohlfahrt

Niels C. Lind, Waterloo, Ontario, Kanada

Zusammenfassung

Den erwarteten totalen Reingewinn zu maximieren - das klassische utilitaristische Ziel - wird als Ziel der Regulierung gefährlicher Technologien im öffentlichen Interesse vorgeschlagen. Insbesondere werden zwei sehr ähnliche Kriterien für die Einschätzung des Reingewinns eines Vorhabens, eines Projekts oder einer vorgeschlagenen Vorschrift vorgeführt: das *HDI Kriterium*, abgeleitet vom Entwicklungsindex ("Human Development Index" - HDI) des Entwicklungsprogramms der Vereinten Nationen (UNDP), und das von grundlegenden Indikatoren in dieser Arbeit hergeleitete *LPI Kriterium*. Die Anwendung wird durch ein Beispiel veranschaulicht.

1. Einleitung

Entscheidungsträger in Staat und Industrie müssen dafür sorgen, dass die für öffentliche Sicherheit eingesetzten Mittel auf die verschiedenen Gefahren in einer Weise verteilt werden, dass sie tatsächlich dem öffentlichen Interesse dienen. Es sind also Methoden und Verfahren zu suchen, die den Entscheidenden bei dieser Aufgabe unterstützen.

Die Einschätzung eines Projekts oder eines Unternehmens sollte von einer systematischen und gründlichen Auswertung aller wichtigen Grundlagen ausgehen. Bei einer solchen Einschätzung müssen die möglichen nachteiligen Folgen auf umfassende Weise ausgewertet werden. Eine solche Auswertung der Vor- und Nachteile kann die Grundlage für eine offene und transparente Kommunikation werden. Das Ergebnis eines solchen Vorgangs, sei es eine Entscheidung für oder gegen ein Vorhaben, kann dann tatsächlich als im öffentlichen Interesse liegend bezeichnet werden, wenn es zu einem Gewinn für die Gesellschaft führt.

Eine systematische Auswertung von Möglichkeiten setzt geeignete Richtlinien voraus sowie gemeinsame Massstäbe für die Messung von Gewinn und Risiken.

Wir konzentrieren uns hier auf zwei Hauptindikatoren: die Lebenserwartung (LE), stellvertretend für Sicherheit und das reine Bruttosozialprodukt pro Person ("real gross national product" = GNP), stellvertretend für Lebensqualität. Im Prinzip erlauben diese beidenIndikatoren eine geeignete quantitative Erfassung der Vor- und Nachteile, die sich aus der Einführung eines Vorhabens ergeben.

Nachteilige Folgen eines Vorhabens tragen zum Verlust an Lebenserwartung bei. Der direkte oder indirekte Gewinn entspricht einem Gewinn an Lebenserwartung. Beide Massstäbe können weiter verfeinert werden. Einige dieser möglichen Verbesserungen an den Grundindikatoren werden weiter unten diskutiert. Zunächst jedoch sei festgestellt, dass diese Indikatoren einen ziemlich zuverlässigen Massstab für die Messung der Änderungen in den nationalen und internationalen Tendenzen liefern und mit einiger Gültigkeit auch Änderungen im gesamten sozialen Kontext aufzeigen können. Das wegleitende Prinzip ist, dass alle Bemühungen, Risiken zu mindern, den gesamten erwarteten Gewinn, ausgedrückt in - qualitätbereinigten - Lebensjahren, maximieren sollten.

Weiter unten liefern wir den Nachweis für die Behauptung, dass genügend Angaben vorhanden sind und dass wir genug wissen, um solche Massstäbe und die sich daraus ergebenden Richtlinien zu entwickeln und zu verwenden.

2. Soziale Indizes

Wir definieren einen *Index* als "einen Massstab, der ... auf ein Phänomen hinweist" (Taylor und Hudson 1976) und *soziale Indizes* als "soziale Statistiken, welche wesentliche Informationen über die Qualität des Lebens erfassen und in einer Zeitfolge gesammelt werden können" (Michalos 1973).

Die Bemühungen, quantitative Indizes der sozialen Wohlfahrt zu entwickeln, begannen in den 50ger Jahren (UN 1954, 1961, OECD 1977) und gehen weiter (OECD 1990). Neuere Beiträge sind der in Abschnitt 3 beschriebene Entwicklungsindex HDI ("Human Development Index", UNDP 1990) sowie der Lebensproduktindex LPI, der im Abschnitt 4 hergeleitet werden soll.

3. Der Entwicklungsindex HDI

3.1 Einleitung

Das Bruttosozialprodukt (GNP) pro Person wird seit Jahrzehnten als *der* Hauptindikator des Entwicklungsstands einer Nation benutzt. Dies hat dazu geführt, die nationale Aufmerksamkeit auf die ökonomische Entwicklung zu beschränken, sehr zum Nachteil anderer Entwicklungsaspekte wie Ausbildung, Gesundheit oder Wohlfahrt.

Im Bestreben, einen umfassenderen Index für die Einschätzung des Entwicklungsstandes einer Nation bereitzustellen, finanzierte das "United Nations Development Programme" [UNDP]) 1989 ein Projekt, das von einem Team von Volkswirtschaftern und Entwicklungsforschern geleitet wurde (Hart 1990). Das Team entwickelte den "Human Development Index" HDI, den wir hier - da kaum ins Deutsche übersetzbar - kurz mit "Entwicklungsindex" bezeichnen. Dieser Index fand Verwendung, um die Nationen der Welt im "Human Development Report 1990" [UNDP 1990]) einzureihen. Der Bericht soll jährlich nachgeführt werden (Gall 1990).

Der HDI soll die Tatsache wiedergeben, dass Entwicklung die Wahlfreiheiten des Menschen vergrössert. Der Zugang einer Person zu einem Einkommen kann ein Bestandteil der Entwicklung sein, während der für das allgemeine Wohl erzeugte Gewinn ein anderer ist. Eine hohe Lebenserwartung bei guter Gesundheit ist sicherlich ein wichtiger Bestandteil eines solchen Indexes. Die Schreib- und Lesefähigkeit ermöglicht dem Menschen, einen produktiven Beruf zu erlernen und auszufüllen. Sie hilft ihm ebenfalls, Umwelt und Kultur zu verstehen. Eine niedrige Bevölkerungszuwachsrate, die Freiheit von militärischen Lasten und die Gleichberechtigung zwischen verschiedenen Gruppen (städtisch-ländlich, Männer-Frauen, Produktion-Handel) stellen einige der vielen anderen Bestandteile einer umfassenden Beurteilung des Entwicklungsstandes dar.

Als Kompromiss zwischen einem umfassenden Einbezug aller solcher Variablen und einem einfachen Summenindex ist der HDI von nur drei Grundindikatoren abhängig, die Langlebigkeit, Wissen und Kaufkraft widerspiegeln. *Langlebigkeit* e wird in Form der Lebenserwartung von Geburt an quantifiziert. Die *Fähigkeit, lesen und zu schreiben zu können,* wird mittels der geschätzten Schreib- und Lesefähigkeit a der Erwachsenen quantifiziert. Die *Verfügbarkeit* der für ein materiell befriedigendes Leben notwendigen Mittel wird im reinen Bruttoinlandprodukt ("real gross domestic product" = GDP) pro Kopf ausgedrückt, um nationale Unterschiede in Austauschraten, Tarifen und austauschbaren Gütern erfassen (Gall 1990); der Logarithmus (Basis 10) dieser Grösse wird mit g bezeichnet. Tabelle 1 führt den HDI und die drei Grundindikatoren e, a und g für 130 Nationen auf (UNDP 1990).

Die Methode, mit der die drei Grundindikatoren a, e und g im HDI zusammengefasst werden, ist einfach. Erst ermittelt man die Grössen von a, e und g für alle Nationen. Dann wird die relative Position jeder Nation nach jeder Grösse ermittelt. Der HDI einer Nation ist das Mittel dieser drei Positionen. Zum Beispiel hat e den Umfang von 41.8 bis 78.4 Jahren für die 130 Nationen, die in Tabelle 1 aufgeführt sind, während die Schreib- und Lesefähigkeit der Erwachsenen a von 12.3%

bis 99% reicht und g zwischen 2.34 und 4.25 liegt. Kenia hat deshalb mit e = 59.4 Jahren, a = 60% und g = 2.90 den HDI von

[1] HDI_{Kenia} =
$$= (1/3)[(59.4-41.8)/(78.4-41.8) + (60-12.3)/(99-12.3) + (2.90-2.34)/(4.25-2.34)]$$
$$= (1/3)[0.481 + 0.550 + 0.239] = 0.441$$

Der HDI ist eine Zahl zwischen Null und Eins. Der HDI reiht Länder wesentlich anders ein als das GNP allein, obwohl eine starke positive Wechselbeziehung zwischen Wohlstand, Schreib- und Lesefähigkeit und Langlebigkeit besteht.

Der HDI ist ein aussagekräftiger Begriff. Er kann nicht nur Ziel sein für die Entwicklung einer Nation über eine längere Zeitspanne, er kann auch als ein Mittel der internationalen Beeinflussung dienen. Der Entwicklungsindex HDI wird einen grossen Einfluss auf die Lebensaussichten zukünftiger Generationen haben, sofern er als Index wünschenswerter Entwicklung einer Nation akzeptiert wird. Es ist daher wichtig, dass der HDI wirklich die allgemeine Wohlfahrt der Menschen widerspiegelt, und nicht nur einen Teil der diese Wohlfahrt bestimmenden Grössen, wie z.B. das GNP.

Zur Prüfung der Frage, ob der HDI als guter Index gelten kann, ob er ein gutes Ziel gibt, nach welchem Nationen streben sollten, werden in der Folge hier einige kritische Punkte herausgestellt und einige Vorschläge für die zukünftige Entwicklung des HDIs und ähnlicher Indizes gemacht.

3.2 Schreib- und Lesefähigkeit

Im Vergleich zur Lebenserwartung und zum GNP ist die Fähigkeit, lesen und schreiben zu können, kein sehr wesentlicher Index der Entwicklung. Zunächst ist die Schreib- und Lesefähigkeit kulturell bedingt. Sie ist auch schlecht definierbar. Eine universelle Definition der Schreib- und Lesefähigkeit scheint nicht möglich. Ein Chinese muss ungefähr eintausend Zeichen kennen, viele mit verschiedenen Bedeutungen, um als des Lesens und Schreibens kundig zu gelten. Andererseits gibt es Länder in der alphabetisierten Welt, wo das Buchstabieren phonetisch geschieht und die Schreib- und Lesefähigkeit fast unmittelbar gegeben ist, sobald etwa 50 Zeichen bekannt sind. Wir werden den HDI deshalb hauptsächlich für entwickelte Länder und zur Beurteilung von Projekten anwenden, die die Schreib- und Lesefähigkeit nicht beeinflussen.

3.3 Bruttosozialprodukt

Das Bruttosozialprodukt (GNP) misst nur den Wert der produzierten und ausgetauschten Güter und Dienste. Für Volkswirtschaften, die nicht sehr integriert sind (z.B. die Unterhaltslandwirtschaft, Nomaden oder Jäger) wird der Wohlstand nur schlecht im GNP ausgedrückt und die Entwicklung wird systematisch unterschätzt. Der HDI zieht diese Diskrepanz in hohem Masse in Betracht, indem er die Kaufkraftparität ("purchasing-power parity" = PPP) als massgebende Grösse für das GNP benutzt.

3.4 Lebenserwartung

Die Lebenserwartung von Geburt an (LE) fasst die auf bestimmte Altersgruppen bezogene Sterblichkeit über alle Altersgruppen zusammen und ist ein ausgezeichneter und genauer Massstab der totalen Sterblichkeit einer Nation. Sie filtert Faktoren wie die Verteilung der Bevölkerung nach Alter und Geschlecht heraus. Die Lebenserwartung hat jedoch auch spezifische Merkmale. Zum Beispiel betrug 1978 die Lebenserwartung in Kanada 70.8 Jahre für Männer und 78.3 für Frauen. Das gab den Frauen einen Vorteil von 7.5 Jahren. Ziehen wir jedoch die durchschnittliche Dauer einer Körperbehinderung ab, ist die so definierte Netto-Lebenserwartung völlig verschieden. Sie beträgt dann nämlich 59.2 Jahre für Männer und 62.8 für Frauen, was den Vorteil der Frauen auf die Hälfte kürzt. Die Lebenserwartung kann deshalb nur als ein einfach zu messender Ersatz für einen verbesserten Massstab gelten, der die Dauer eines *gesunden* Lebens betrachten müsste.

3.5 Differentielle Verhältnisse

Die Art und Weise, in der ein Index aus einer Reihe von Grundindikatoren zusammengesetzt wird, charakterisiert deren relatives Gewicht. Bezeichnet man mit h = h(e,g,a) den Entwicklungsindex, ausgedrückt als eine differenzierbare Funktion h(.,.,.) der Lebenserwartung e, des Bruttosozialprodukts g und der Schreib- und Lesefähigkeitsrate a der Erwachsenen, dann lassen sich kleine Zunahmen (mit dem Prefix δ bezeichnet) des Indexes und der Indikatoren durch

[2] $\delta h = h_e \, \delta e + h_g \, \delta g + h_a \, \delta a$

ausdrücken, worin die partiellen Ableitungen von h nach e, g und a mit den entsprechenden Fusszeigern angedeutet sind. Hieraus folgen drei Indifferenzbeziehungen:

[3] $h_e \, \delta e \approx h_g \, \delta g \approx h_a \, \delta a.$

Wir nehmen an, dass eine Nation danach strebt, ihren HDI zu vergrössern. Bezeichnet man die Kosten einer Steigerung der Lebenserwartung mit c^e, und wird ein bestimmter Bruchteil $\delta\alpha_e$ des GNPs in die Vergrösserung der Lebenserwartung und damit in Gesundheit und Sicherheit investiert, dann beträgt die Steigerung des HDI

[4] $\delta h = h_e \, \delta e = h_g \, \delta\alpha_e \, g/c^e.$

Eine Steigerung der Schreib- und Lesefähigkeit wird ähnlich mit $h_a \, \delta\alpha_a \, g/c^a$ ausgedrückt. Wenn schliesslich ein Bruchteil $\delta\alpha_g$ von g in die Steigerung des GNPs investiert wird, ist der Nettowert durch das Zusammenzählen alle Jahresbeiträge bis zum Zeithorizont gegeben. Die Steigerung des HDI ist demnach

[5] $h_e \, \delta\alpha_e \, g/c^e + h_g \, \delta\alpha_g \, N^g \, g/c^g + h_a \, \delta\alpha_a \, g/c^a,$

worin die Zinsrate (abzüglich Inflation) mit dem Faktor N^g erfasst wird. Gleichung [5] zeigt, dass der HDI am wirkungsvollsten dort zu vergrössern ist, wo der Faktor h_e/c^e, $h_g \, N^g/c^g$ oder h_a/c^a am grössten ist. Die gesamte Zuteilung ist nur dann optimal, wenn diese drei Terme gleichwertig sind. Wenn α_c den Anteil des zum Verbrauch bestimmten GNPs bezeichnet, dann ist

[6] $\alpha_c + \alpha_e + \alpha_g + \alpha_a = 1.$

Sind Zeithorizont und Zinsrate gegeben, ist es ein einfaches Optimierungsproblem, die wirkungsvollsten Zuteilungen zu bestimmen, als Funktionen $\alpha_i = \alpha_i(t)$ der Zeit t, wobei natürlich die Einschränkung [6] zu beachten ist.

In den meisten Ländern kann die Bevölkerung selbst entscheiden, wieviel Zeit sie dem Anliegen, das GNP zu vergrössern, zuteilen will. Die Summe der Zeit, die die Bevölkerung der Arbeit zuwendet - die sie quasi von ihrer genussvollen Lebenszeit subtrahiert - spiegelt den relativen Wert, den sie einer Verlängerung der Lebenserwartung und einer Steigerung des GNP zumisst. Das Verhältnis h_e/h_g kann nicht willkürlich von "Experten" gewählt werden. Es hat einen bestimmten Wert, der sich aus der von der Bevölkerung gewählten - und messbaren - Arbeitszeit ergibt.

3.6 Der Wert eines Lebens

Es heisst, dass man ein Menschenleben nicht mit einem Preisschild versehen könne oder - und das bringt eine ähnliche Meinung zum Ausdruck - dass der Wert eines Menschenlebens unendlich gross sei. Trotzdem sind dauernd Entscheidungen zu treffen, ob und wieviel finanzielle Mittel in lebensrettende Massnahmen investiert werden sollen. Benutzt man den HDI dazu, Prioritäten für diese Mittelzuteilung festzusetzen, entspricht dies im Prinzip der Festlegung eines Werts für ein Menschenleben, der in jedem Fall leicht errechnet werden kann. Solch ein Wert ist jedoch in der Praxis schlecht brauchbar.

3.7 Gültigkeit

Die Gültigkeit eines sozialen Indexes ist in verschiedenen Dimensionen zu überprüfen. Erstens sollte sich der Index ausreichend und möglichst vollkommen auf den relevanten Inhalt der ins Auge gefassten Entwicklung beziehen (content validity). Das ist eine sehr strenge Forderung. Ist die Entwicklung "wirklich" weiter fortgeschritten in Bulgarien oder in der UdSSR im Vergleich zu Portugal, wie es der HDI andeutet? Es ist insgesamt leicht festzustellen, dass der HDI einige

Aspekte, wie z.B. denjenigen der Freiheit, nicht ausreichend widerspiegelt. Vollkommenheit gibt es nicht, und vielleicht sollte man auch von einem solchen Index, der sich nur aus diesen einfachen Statistiken herleitet, keine Vollkommenheit erwarten.

Zweitens sollte ein solcher Index erlauben, zwischen einzelnen Nationen bezüglich Entwicklungsstand genau zu unterscheiden. Dieses scheint nicht der Fall zu sein, denn Australien beispielsweise ist vor Dänemark plaziert, obwohl für beide Länder eine Lebenserwartung von 76 Jahren und eine Schreib- und Lesefähigkeit von 99% gelten und das GDP pro Kopf (PPP) für Australien mit $ 11'782 tiefer liegt als für Dänemark mit $ 15'119. Das mag auch ein Fehler in der Originaltabelle sein.

3.8 Beurteilung eines Projekts

Jedes öffentliche oder private Projekt trägt zur Entwicklung bei. So wie es die drei Grundvariablen beeinflusst, so beeinflusst es den HDI. Der Einfluss wird normalerweise sehr klein sein. Der HDI, hier mit h symbolisiert, lässt sich mittels des Umfangs A, E bzw. G und den minimalen Werten a^-, e^- bzw. g^- (vergleiche [1]) wie folgt schreiben:

[7] $h = (1/3)[(a - a^-)/A + (e - e^-)/E + (g - g^-)/G].$

Wir ziehen nun ein Vorhaben (Projekt oder Verordnung usw.) in Betracht, von dem erwartet wird, dass es das GNP pro Person (in PPP$) um δb vergrössert und die durchschnittliche Sterblichkeit um δM steigert, die Schreib- und Lesefähigkeit der Erwachsenen jedoch unberührt lässt. Die praktische Beurteilung eines solchen Vorhabens erfordert, dass der Zusammenhang zwischen der Veränderung δe der Lebenserwartung und der Veränderung der Sterblichkeit δM geschätzt wird. Zwei Methoden stehen hierfür zur Verfügung, eine empirische und eine analytische. In diesem Abschnitt wird die empirische Methode verwendet. Für die analytische Behandlung siehe Abschnitt 4.3.

Schwing (1979) hat die Sterbetafeln für Bevölkerungen (Preston et al. 1972) untersucht und auf empirische Weise gezeigt, dass näherungsweise die einfache Beziehung

[8] $\delta e = - \delta M/k.$

besteht. In [8] ist δM die Vergrösserung der sich aus dem Vorhaben ergebenden Sterblichkeit (Elemente: Todesfälle/Person/a), während k mit ungefähr 0.0005 Todesfällen/a/Person/a als Schwing'sche Konstante bezeichnet werden kann. Da $g = \log(b)$ ist, gilt

[9] $\delta g = \delta b/bc,$

worin $c = 2.303$ ist. Damit ergibt sich aus [7] für solch ein Vorhaben

[10] $\delta h = \delta b/(bcG) - \delta M/(kE).$

Folglich ist die Bedingung, dass das Vorhaben in positivem Sinn zum HDI beiträgt

[11] $\delta b/b - \delta M/M^* > 0$

worin

[12] $M^* = kE/cG$
$= (0.0005 \text{ Tote/Person/a}^2)(36.6\text{a})/2.303/1.91$
$= 0.0042 \text{ Tote/Person/a}.$

Abschnitt 5 zeigt, wie die Ungleichung [11] benutzt werden kann, ein Vorhaben zu beurteilen.

3.9 Diskussion

Zunächst ist hervorzuheben, dass der HDI einen Leistungsmassstab errichtet, der mehr als bloss die Produktion von Gütern und Dienstleistungen erfasst. Natürlich sind Güter und Dienstleistungen wichtig, besonders wenn sie knapp sind und die menschlichen Bedürfnisse nicht befriedigen.

Aber wenn ein gewisser Grad des Wohlstands erreicht ist, gewinnen höhere Bedürfnisse grössere Wichtigkeit, und Güter sind nicht mehr der kontrollierende Faktor.

Ein Entwicklungsindex definiert ganz einfach "Entwicklung" als eine Tendenz, die den Index vergrössert. Der Index setzt ein Ziel, wonach Nationen streben sollen. Die dahinter liegende Vermutung ist, dass eine kleine Gruppe von selbsterwählten Experten sagen könnte, was ein entwickelter Mensch sei. Hinter einem solchen Index steckt eine Theorie über die Frage, was als "erstrebenswertes" Leben gelten könne und wonach wir in der Entwicklung für zukünftige Generationen streben sollten.

Jeder zusammengesetzte Index wertet die ihm zugrunde liegenden Indikatoren in ganz spezifischer Weise. Der HDI wertet Langlebigkeit sowie Schreib- und Lesefähigkeit ökonomisch gleich und assoziiert diese Werte mit Wohlstand, Langlebigkeit und Kultur. Das sollte sorgfältig geprüft werden.

4. Der Lebensproduktindex LPI

4.1 Einleitung

In den frühen 80er Jahren wurden die Idee der *qualitätsbereinigten* Lebenserwartung von verschiedenen Forschern (Zeckhauser und Shephard 1976, Vaupel 1976, Colvez et al. 1987) verfochten. Ein solcher, *auch die Qualität* des Lebens berücksichtigende Lebenserwartung (Quality Adjusted Life Expectancy = QALE) erfassender Sozialindex könnte als ein objektiver Massstab verwendet werden, wenn ein Vorhaben (eine bestimmte Politik oder ein Projekt) beurteilt werden soll z.B. hinsichtlich der Frage, ob es im öffentlichen Interesse liegt.

Ein solcher Index ist beim derzeitigen Stand der Entwicklung der nationalen Statistiken noch nicht verfügbar. Auch ist der Wunsch nach einem solchen Index noch nicht weit verbreitet. Eine genaue Definition fehlt noch und das Konzept wurde bis jetzt auch noch nicht eingehend überprüft. Deshalb wäre es im Moment verfrüht, einen spezifischen Index für QALÊ festzulegen. Es scheint jedoch der Mühe wert, einige plausible Möglichkeiten in Betracht zu ziehen. Und schliesslich ist es sicher zweckmässig, erst einmal zu prüfen, ob es eine Kombination von bereits verfügbaren Indizes gibt, die man benutzen könnte, bevor man einen völlig neuen Index einführt.

In der Folge wird ein offenbar neuer, zusammengesetzter Index der qualitätsbereinigten Lebenserwartung für eine Bevölkerungsgruppe diskutiert. Dieser als Lebensproduktindex bezeichnete Index ist eine Funktion zweier bekannter sozialer Indikatoren, nämlich des echten Bruttosozialprodukts b pro Person pro Jahr und der Lebenserwartung e von Geburt an. Der Lebensproduktindex kann leicht berechnet werden und unterscheidet zwischen Nationen auf eine Art, die mit intuitiven Einschätzungen übereinstimmt. Jeder der in den Lebensproduktindex eingehenden Indikatoren reflektiert einen wichtigen Aspekt dessen, was allgemein unter "Wohlfahrt" der Gesellschaft verstanden wird. Beide sind leicht verfügbar, ziemlich zuverlässig und relativ genau. Der aus diesen beiden Indikatoren gebildete Lebensproduktindex kann als ein Massstab des Entwicklungsstands der Gesellschaft dienen. Das Streben nach dessen Steigerung mag dann als Hauptziel eines demokratischen Staates in Betracht gezogen werden.

Ein solcher Sozialindex kann als Zusatz oder als Modifizierung der Analysen gelten, die sich aus der Preferenz der Kosten herleiten. Das ist eine Disziplin, die gut dokumentiert ist (Pearce und Nash 1981).

4.2 Das Lebensprodukt

Der Genuss des Lebens kann als zweidimensionale Grösse betrachtet werden. Die Dimensionen sind Dauer und Intensität. In diesem Sinne bietet sich ein Produkt der Form $P = f(b)\ h(e)$ als ein möglicher, zusammengesetzter Sozialindex an. Der Faktor $f(b)$ stellt die Intensität dar und der Faktor $h(e)$ die Dauer des Genusses eines Durchschnittslebens.

Für jede Nation oder Region sind e und b Funktionen der Zeit t:

$$[13]\quad \begin{aligned} e &= e(t), \\ b &= b(t). \end{aligned}$$

Ein aus diesen beiden Indikatoren zusammengesetzter Index kann, wie oben erwähnt, als Produkt

[14] $P = f(b)\ h(e)$

geschrieben werden.

Die Wirkung eines Vorhabens auf P wird sich in einer kleinen Änderung δP zeigen. Partielle Ableitungen des Ausdrucks nach b und e und algebraische Umformung ergeben

[15] $\delta P/P = (bf_b/f)\ \delta b/b + (eh_e/h)\ \delta e/e,$

worin die partiellen Ableitungen mit entsprechendem Fusszeiger angedeutet werden. Das Verhältnis der zwei Koeffizienten in Klammern in [15] kann als ökonomisches Äquivalent einer kleinen relativen Steigerung der Lebenserwartung interpretiert werden, oder aber als das Lebensäquivalent einer relativen Steigerung von b, je nach dem, was man als Nenner betrachtet. Ist dieses Verhältnis eine Konstante - was als vernünftige Einschränkung für die Konstruktion eines Indexes gelten könnte - muss jeder in Klammern gesetzte Faktor in [15] konstant sein. Mit

[16] $bf_b/f = q$
$eh_e/h = p$

ergibt sich

[17] $P = b^q e^p.$

Ohne Verlust an Allgemeingültigkeit kann p = 1 gesetzt werden. Dann ist

[18] $P = b^q e$

und dementsprechend

[19] $\delta P/P = q\ \delta b/b + \delta e/e.$

Mit einem Umwandlungsfaktor K, gegeben durch

[20] $K = K(t) = qe,$

kann Gleichung [19] als

[21] $\delta P/(P/e) = \delta e + K\ \delta b/b$

neu geschrieben werden.

4.3 Kalibrierung

Der Parameter q kann so kalibriert werden, dass der Lebensproduktindex den relativen Wert von Zeit und Wohlstand der Gesellschaft widerspiegelt. Gleichung [20] bringt q mit dem Faktor K in Beziehung, der ein wichtiges Attribut des Indexes ist. Die Konstanten K und q können auf folgende Weise abgeschätzt werden.

In Nordamerika arbeitet die "Durchschnittsperson" ungefähr während w = 14 % ihres Lebens. Der Rest 1 - w = 86 % ist frei verfügbare Zeit. In einer weniger glücklichen Gesellschaft, in welcher die Durchschnittsperson mehr arbeiten muss, ergibt sich ungefähr w = 20 %. Demnach ist w wenig empfindlich in Bezug auf den Grad der Entwicklung einer Gesellschaft. Weiterhin ist der Lebensproduktindex sehr unempfindlich gegenüber dem Wert von w, wenn er auf eine spezifische Nation normalisiert wird.

Die mit Arbeit verbrachte Zeit produziert - zusammen mit dem investiertem Kapital - den Beitrag einer Durchschnittsperson zum GDP. Zudem führt sie zu einer gewissen Arbeitsbefriedigung, die nicht leicht erfasst werden kann. Die meiste Arbeit dieser Welt hingegen ist mühsam, schwer, geisttötend, langweilig, gefährlich oder sonstwie unbequem oder unerwünscht. Wenig Arbeit würde verrichtet, würde sie nicht bezahlt. In einer ersten Abschätzung können deshalb die nicht-finanziellen Erträge aus Arbeit vernachlässigt werden.

Zugegeben: manche Menschen - z.B. viele Künstler und Wissenschaftler - finden eine direkte Befriedigung in ihrer Arbeit und seltener indirekte Befriedigung durch Bezahlung. Ihr Bruttoeinkommen ist ein relativ unwichtiger Teil ihres aus der Arbeit gezogenen Gewinns. Das Thema könnte eine endlose und interessante Auseinandersetzung in Gang setzen, doch kann hier festgehalten werden, dass das durchschnittliche Mitglied einer Gesellschaft zu einem grossen Teil für den wirtschaftlichen Gewinn arbeitet. Die Bruttobelohnung stellt einen quantifizierbaren Teil, vielleicht 75% ± 20%, des gesamten Gewinns dar. Der Rest ist "Befriedigung". Da die Durchschnittsperson also ungefähr 14.4% eines Lebensjahres in b/0.75 umwandelt, hat ein kleiner Betrag δt der Zeit höchstens den Wert $b\ \delta t/0.75/0.144 = b\ \delta t/0.108$. Andererseits würden Menschen bereitwillig ihre Zeit mit Überstunden verbringen, wenn Zeit durchschnittlich deutlich weniger wert wäre als diese Grösse. Also ist in diesem Falle w = (75%) (14.4%) = 10.8%. Wenn eine Person zusätzlich auch noch Befriedigung aus ihrer Arbeit zieht, wird der Teil w des in wirtschaftlicher Produktion verbrachten Lebens im Verhältnis (ökonomischer Gewinn)/(ökonomischer Gewinn + Befriedigung aus der Arbeit) reduziert.

Soll also die Befriedigung aus Arbeit miteinbezogen werden, würde w normalerweise zwischen ungefähr 1/10 bis 1/4 liegen. In diesem Bericht wird hierfür 1/6 gewählt, der für viele entwickelte Nationen vernünftig erscheint. Abweichungen im Bereich von 1/10 bis 1/4 sind von geringer Bedeutung.

Diese Überlegungen gestatten die folgende einfache Berechnung eines Näherungswertes für q. Es gibt zwei verschiedene Möglichkeiten, wie eine Person mit der frei zur Verfügung stehenden Zeit umgehen kann. Ein Weg ist, die Lebenserwartung zu verbessern: wenn ein Teil $\delta e/e = p$ zur Lebenserwartung hinzugefügt wird, steigt die frei verfügbare Zeit um p/(1-w). Die andere Möglichkeit ist, weniger zu arbeiten: die Vergrösserung der Lebenserwartung um p/(1-w) fordert in diesem Fall eine Reduzierung der Arbeitszeit um p/w. Der Grenzwert der Zeit interessiert hier. Es ist deshalb nötig, den Bruchteil von b in Betracht zu ziehen, der durch das Vermindern der auf Arbeit verwendeten Zeit um einen kleinen Betrag δt produziert würde. Der einfachste Ansatz ist, dass die verlorene Produktion proportional der Produktionsdauer ist, also gleich $b\delta t$. Die verlorene Produktion würde allerdings mit dem selben Kapital produziert, aber für verminderte Abnutzung keinen Ersatz leisten. Andererseits würden fallende Aufwandserträge den Unterschied wettmachen. Man kann deshalb folgern, dass die relative Reduktion des GDP den Betrag $\delta b/b = p/w$ hat. Gleichung [21] ergibt einen Ausgleich $\delta P = 0$, wenn qp/w+p = 0, worin q = w. Dies führt zum vorgeschlagenen *Lebensproduktindex* LPI

[22] $LPI = b^{1/6}e$.

Tabelle 2 zeigt den Lebensproduktindex LPI für die Jahre 1960 und 1980 für 37 Länder.

4.4 Überprüfung eines Vorhabens

Mittels Gleichung [21] lässt sich abschätzen, ob ein Vorhaben (eine bestimmte Politik, eine Vorschrift oder eine Regel) im Vergleich zu einer Alternative, die mit *status quo* bezeichnet sei, positiv beurteilt werden kann. Wenn der Gewinn als eine Steigerung des Lebensprodukts P gegenüber dem *status quo* definiert ist, dann wird der Anstieg des Indexes dann und nur dann positiv sein, wenn

[23] $\delta e + K\ \delta b > 0$

ist. In [23] muss demnach wenigstens einer der auf der linken Seite vorhandenen Terme positiv sein. Schwierigkeiten in der Anwendung sind meistens mit dem ersten Term δe verbunden.

4.5 Das Abschätzen von Veränderungen der Lebenserwartung

Die praktische Analyse eines Vorhabens (einer Politik oder eines Projekts) erfordert, dass die Veränderung δe der Lebenserwartung abgeschätzt wird. Zwei Methoden sind hierfür sofort verfügbar, indem entweder die empirische Gleichung [8] oder die weiter unten erklärte rationale Analyse verwendet werden.

Wenn die Sterblichkeitsrate M um den Faktor δM/M gesteigert wird, dann steigt die durchschnittliche Lebenserwartung e_d proportional, und fügt ungefähr e_d δM/M Jahre zur Lebenserwartung hinzu. Diese steigt deshalb um das Verhältnis ($e_{d/e}$) δM/M, das ungefähr 0.5 δM/M entspricht. Also gilt

$$[24] \quad \delta e = -\delta M/(2M/e) = -\delta M/k^*$$

als Abschätzung. In [24] ist δM die Steigerung der mit dem Vorhaben assoziierten Sterblichkeit (Todesfälle/Person/) und k* entspricht ungefähr 0.00027 Todesfällen/a/Person/a. Dies ist ungefähr die Hälfte der Schwing'schen Konstante (Abschnitt 3.8). Demnach ergibt Gleichung [21] ein Kriterium für eine positive Beurteilung eines Vorhabens, das in folgender Form geschrieben werden kann:

$$[25] \quad \delta b/b - \delta M/M' > 0,$$

worin M' eine Konstante ist der folgenden Form

$$[26] \quad M' = 2KM/e = 2qM;$$

M' ist spezifisch für jede Nation zu jeder Zeit. Für Kanada 1986 ergibt [26]

$$[27] \quad M' = 2(1/6)(0.01 \text{ Tote/a/Person/a}) = 0.0033 \text{ Tote/Person/a}.$$

Die Verwendung des Massstabs der Veränderung der erwarteten Zahl von Todesfällen ist einfach, und soll in Abschnitt 5 illustriert werden.

5. Beispiel: Ein petrochemischer Reaktorkomplex

Eine multinationale Gesellschaft möchte eine petrochemische Anlage in einem bestimmten Staat einrichten und hat ein Gesuch vorgelegt, das die geschätzten Auswirkungen dokumentiert. Der Staat hat zu beurteilen, ob die Einrichtung dieser Anlage im öffentlichen Interesse ist oder nicht. Die verantwortlichen Organe ermitteln die Auswirkungen auf den Entwicklungsindex und den Lebensproduktindex. Die Annahmen werden in Tabelle 3, die auch die Analyse zeigt, mit einem Sternchen (*) angedeutet.

Während der Staat zugesteht, dass das Projekt einigen Wohlstand bringt, der die Lebenshaltung verbessert und daher auf indirekte Weise die Lebenserwartung verlängert (Zeilen 10 und 18), entscheidet er sich, dem Projekt nur 10% dieser Steigerung (Zeile 22) gutzuschreiben. Das Ergebnis dieser Analyse (Zeilen 26 und 29) deutet an, dass das Projekt beide Indizes, das heisst, sowohl den HDI als auch den LPI positiv beeinflusst.

6. Schlussfolgerungen

Verantwortungsvolles Handeln in einem verantwortlichen Staat erfordert die Entwicklung von quantitativen Sozialindizes, die relevant, reproduzierbar, verfügbar, gegen Verfälschung widerstandsfähig und aussagekräftig sind. Der Entwicklungsindex HDI ("Human Development Index") der UNDP ist für die soziale Wohlfahrt einer Nation oder anderen Gruppe relevant, ist leicht verfügbar und eindeutig. Weil er die Schreib- und Lesefähigkeit der Erwachsenen als einen Bestandteil enthält, unterscheidet er jedoch nicht überzeugend zwischen kulturell entwickelten Nationen und ist für weniger entwickelte Nationen wenig aussagekräftig.

Der in dieser Arbeit beschriebene Lebensproduktindex (LPI) ist besonders für entwickelte Nationen oder soziale Gruppen solcher Ländern relevant. Er ist eindeutig, reproduzierbar, verfügbar und gegen Verfälschung widerstandsfähig. Er kann die Leistung zwischen Nationen zur gleichen Zeit oder zu verschiedenen Zeiten unterscheiden und vergleichen. Der LPI wird analytisch durch eine Trennung von Variablen abgeleitet, und wird so kalibriert, dass er mit Zeitbudgetzuteilungen zu Freizeit und ökonomischer Tätigkeit, die für entwickelte Nationen typisch ist, übereinstimmt.

Verdankungen

Die in diesem Aufsatz vorgestellte Arbeit wurde als Teil der Studien mit Unterstützung des Natural Sciences and Engineering Research Council of Canada, des Atomic Energy Control Board, des Institute for Risk Research (University of Waterloo), der Ontario Hydro und Atomic Energy of Canada durchgeführt. A. Dinovitzer, J. Nathwani und E. Sidall ist für viele nützliche Diskussionen zu danken.

7. Literatur

Colvez, A., Blanchet,M., Lamarche, P. "Quebec planners' choice of health promotion indicators" in Measurement in Health Promotion and Protection, (eds.) Abelin,T. et. al., WHO and International Epidemiological Association, IEA, WHO Regional Publication, European Series No.22, pp.480-494, 1987

Gall, P., "What Really Matters: Human Development", UNDP Bulletin, May 1990, pp. 4-12.

Hart, C., "The Making of the Human Development Report", UNDP Bulletin, May 1990, pp. 13

Henderson, D.W. (1974). Social Indicators - A Rationale and Research Framework. Economic Council of Canada. Ottawa:Information Canada.

Lind, N.C. (1989) "Measures for Risk and Efficiency of Risk Control," in Prospects and Problems in Risk Communication, ed. William Leiss, University of Waterloo Press, Waterloo, pp.176-187.

Lind, N.C., Nathwani, J.S. and Siddall, E. (1990). Managing Risk in the Public Interest. Research Report, Institute for Risk Research, University of Waterloo, Waterloo, ON, Kanada.

Nunnally, J. C., Psychometric Theory, McGraw-Hill Book Co., New York, NY, 1967.

Pearce, D. W. and Nash, C. A. The Social Appraisal of Projects, The Macmillan Press Ltd., London, 1981.

OECD, Organization for Economic Co-operation and Development. (1977). Measuring Social Well-Being: A Progress Report on the Development of Social Indicators. Paris: OECD.

OECD. (1982). The OECD LIst of Social Indicators. Paris:OECD.

Preston, S.H., Keyfitz, N., and Schoen, R., Causes of death. Life tables for national populations, Seminar Press, New York. 1972.

Schwing, R. C., "Longevity Benefits and Costs of Reducing Various Risks," Technological Forecasting and Social Change 13, 333-345, 1979.

Schwing, R. C., "Conflicts: The Common Denominator of Health/Safety Programs", Proceedings, ASCE Highway Division Conference on Highway Safety at the Crossroads, San Antonio, Tx, March 28-30,1988, pp. 113-122, ASCE, New York, NY, 1988.

Taylor, C.L. and Hudson, M.C. (1972) World Handbook of Political and Social Indicators. New Haven: Yale University Press, 1972, p.2

UNDP (United Nations Development Programme), Human Development Report 1990, Oxford University Press, 1990.

Vaupel, J.W. (1976). "Early Death: An American Tragedy ", Law and Contemporary Problems, vol.40. no.4. pp74.

Zeckhauser, R. and Shepard, D. (1976). " Where Now For Saving Lives?", Law and Contemporary Problems, vol.40, no.4, pp. 5.

Zeller, R. A. and Carmines, E. G., Measurement in the Social Sciences, Cambridge University Press, Cambridge, UK, 1980.

Tabelle 1: Entwicklungsindex ("Human Development Index") HDI.
Nach UNDP (1990).

erste Zahl = Lebenserwartung LE bei Geburt 1987 in Jahren
zweite Zahl = Lese- und Schreibfähigkeit Erwachsener 1985 in %
dritte Zahl = Brutto-Inlandprodukt Kaufkraft-bereinigt in PPP $
vierte Zahl = Entwicklungsindex HDI (Gleichung [1])

1	Niger	45	14	452	0.116
2	Mali	45	17	543	0.143
3	Burkina Faso	48	14	500	0.150
4	Sierra Leone	42	30	480	0.150
5	Chad	46	26	400	0.157
6	Guinea	43	29	500	0.162
7	Somalia	46	12	1'000	0.200
8	Mauritania	47	17	840	0.208
9	Afghanistan	42	24	1'000	0.212
10	Benin	47	27	665	0.224
11	Burundi	50	35	450	0.235
12	Bhutan	49	25	700	0.236
13	Mozambique	47	39	500	0.239
14	Malawi	48	42	476	0.250
15	Sudan	51	23	750	0.255
16	Central African Rep.	46	41	591	0.258
17	Nepal	52	26	722	0.273
18	Senegal	47	28	1'068	0.274
19	Ethiopia	42	66	454	0.282
20	Zaire	53	62	220	0.294
21	Rwanda	49	47	571	0.304
22	Angola	45	41	1'000	0.304
23	Bangladesh	52	33	883	0.318
24	Nigeria	51	43	668	0.322
25	Yemen Arab Rep.	52	25	1'250	0.328
26	Liberia	55	35	696	0.333
27	Togo	54	41	670	0.337
28	Uganda	52	58	511	0.354
29	Haiti	55	38	775	0.356
30	Ghana	55	54	481	0.360
31	Yemen, PDR	52	42	1'000	0.369
32	Cote d'Ivoire	53	42	1'123	0.393
33	Congo	49	63	756	0.395
34	Namibia	56	30	1'500	0.404
35	Tanzania, United Rep.	54	75	405	0.413
36	Pakistan	58	30	1'585	0.423
37	India	59	43	1'053	0.439
38	Madagascar	54	68	634	0.440
39	Papua New Guinea	55	45	1'843	0.471
40	Kampuchea Dem.	49	75	1'000	0.471
41	Cameroon	52	61	1'381	0.474
42	Kenya	59	60	794	0.481
43	Zambia	54	76	717	0.481
44	Morocco	62	34	1'761	0.489
45	Egypt	62	45	1'357	0.501
46	Lao PDR	49	84	1'000	0.506
47	Gabon	52	62	2'068	0.525
48	Oman	57	30	7'750	0.535
49	Bolivia	54	75	1'380	0.548
50	Myanmar	61	79	752	0.561
51	Honduras	65	59	1'119	0.563
52	Zimbabwe	59	74	1'184	0.576
53	Lesotho	57	73	1'585	0.580
54	Indonesia	57	74	1'660	0.591
55	Guatemala	63	55	1'957	0.592
56	Viet Nam	62	80	1'000	0.608
57	Algeria	63	50	2'633	0.609
58	Botswana	59	71	2'496	0.646
59	El Salvador	64	72	1'733	0.651
60	Tunisia	66	55	2'741	0.657
61	Iran, Islamic Rep.	66	51	3'300	0.660
62	Syrian Arab Rep.	66	60	3'250	0.691
63	Dominican Rep.	67	78	1'750	0.699
64	Saudi Arabia	64	55	8'320	0.702
65	Philippines	64	86	1'878	0.714
66	China	70	69	2'124	0.716
67	Lib. Arab Jamahiriya	62	66	7'250	0.719
68	South Africa	61	70	4'981	0.731
69	Lebanon	68	78	2'250	0.735
70	Mongolia	64	90	2'000	0.737
71	Nicaragua	64	88	2'209	0.743
72	Turkey	65	74	3'781	0.751
73	Jordan	67	75	3'161	0.752
74	Peru	63	85	3'129	0.753
75	Ecuador	66	83	2'687	0.758
76	Iraq	65	89	2'400	0.759
77	United Arab Emirates	71	60	12'191	0.782
78	Thailand	66	91	2'576	0.783
79	Paraguay	67	88	2'603	0.784
80	Brazil	65	78	4'307	0.784
81	Mauritius	69	83	2'617	0.788
82	Korea, Dem. Rep.	70	90	2'000	0.789
83	Sri Lanka	71	87	2'053	0.789
84	Albania	72	85	2'000	0.790
85	Malaysia	70	74	3'849	0.800
86	Colombia	65	88	3'524	0.801
87	Jamaica	74	82	2'506	0.824
88	Kuwait	73	70	13'843	0.839
89	Venezuela	70	87	4'306	0.861
90	Romania	71	96	3'000	0.863
91	Mexico	69	90	4'624	0.876
92	Cuba	74	96	2'500	0.877
93	Panama	72	89	4'009	0.883
94	Trinidad and Tobago	71	96	3'664	0.885
95	Portugal	74	85	5'597	0.899
96	Singapore	73	86	12'790	0.899
97	Korea, Rep.	70	95	4'832	0.903
98	Poland	72	98	4'000	0.910
99	Argentina	71	96	4'647	0.910
100	Yugoslavia	72	92	5'000	0.913
101	Hungary	71	98	4'500	0.915
102	Uruguay	71	95	5'063	0.916
103	Costa Rica	75	93	3'760	0.916
104	Bulgaria	72	93	4'750	0.918
105	USSR	70	99	6'000	0.920
106	Czechoslovakia	72	98	7'750	0.931
107	Chile	72	98	4'862	0.931
108	Hong Kong	76	88	13'906	0.936
109	Greece	76	93	5'500	0.949
110	German Dem. Rep.	74	99	8'000	0.953

Fortsetzung von Tabelle 1:

111	Israel	76	95	9'182	0.957	121	United Kingdom	76	99	12'270	0.970
112	USA	76	96	17'615	0.961	122	Denmark	76	99	15'119	0.971
113	Austria	74	99	12'386	0.961	123	France	76	99	13'961	0.974
114	Ireland	74	99	8'566	0.961	124	Australia	76	99	11'782	0.978
115	Spain	77	95	8'989	0.965	125	Norway	77	99	15'940	0.983
116	Belgium	75	99	13'140	0.966	126	Canada	77	99	16'375	0.983
117	Italy	76	97	10'682	0.966	127	Netherlands	77	99	12'661	0.984
118	New Zealand	75	99	10'541	0.966	128	Switzerland	77	99	15'403	0.986
119	Germany Fed. Rep.	75	99	14'730	0.967	129	Sweden	77	99	13'780	0.987
120	Finland	75	99	12'795	0.967	130	Japan	78	99	13'135	0.996

Tabelle 2: Lebensproduktindex LPI für 37 Nationen in den Jahren 1960 und 1980

		Lebenserwartung bei Geburt		Brutto-Inlandprodukt in US $		Lebensproduktindex Gleichung [10]	
		1986	1960	1986	1960	1986	1960
1	Switzerland	76.75	72.31	17006	10560	1.07	0.93
2	Sweden	76.73	70.45	16388	8689	1.07	0.88
3	Norway	76.15	73.68	17009	6723	1.06	0.88
4	Iceland	77.08	72.09	15476	6472	1.06	0.86
5	Denmark	74.51	72.25	15233	7492	1.02	0.88
6	Germany	74.49	69.17	14439	7215	1.01	0.84
7	Netherlands	76.31	73.48	12475	6756	1.01	0.88
8	France	75.15	71.41	13178	6114	1.01	0.84
9	Japan	77.65	67.91	10817	2670	1.01	0.70
10	USA	74.65	69.85	13195	7798	1.00	0.86
11	Canada	75.43	70.94	12321	5681	1.00	0.83
12	Finland	74.28	69.34	12456	5149	0.99	0.79
13	Luxemborg	72.09	66.51	14844	7838	0.98	0.82
14	Australia	75.54	70.06	10990	6094	0.98	0.83
15	Belgium	73.41	69.77	12617	5795	0.98	0.81
16	UK	74.77	71.19	10673	6387	0.97	0.84
17	Austria	73.88	69.57	11040	4798	0.96	0.79
18	Italy	74.34	69.23	8914	3831	0.93	0.75
19	New Zealand	73.91	71.31	8084	5606	0.91	0.83
20	Spain	74.01	69.32	6065	2431	0.87	0.70
21	Ireland	72.88	69.76	6101	2861	0.86	0.72
22	Hong Kong	75.48	67.31	4859	899	0.86	0.58
23	Israel	74.85	70.75	4555	2513	0.84	0.72
24	Greece	74.01	71.82	4357	1460	0.82	0.67
25	Portugal	72.01	63.95	2825	1005	0.75	0.56
26	Argentina	68.77	58.74	2523	1833	0.70	0.57
27	Chile	68.36	54.69	2188	702	0.68	0.45
28	Mexico	66.01	57.21	2327	1328	0.66	0.52
29	S. Korea	67.01	56.52	1648	387	0.63	0.42
30	Brazil	63.45	56.36	2119	702	0.63	0.46
31	Iran	55.31	45.31	2970	527	0.58	0.35
32	Turkey	61.65	53.71	1529	727	0.58	0.44
33	Egypt	58.15	52.71	1076	333	0.51	0.38
34	Phillipines	64.55	56.51	475	452	0.50	0.43
35	Indonesia	53.55	47.51	403	189	0.40	0.31
36	Nigeria	48.55	36.95	493	207	0.38	0.25
37	India	55.39	45.55	204	189	0.37	0.30

Tabelle 3: Petrochemischer Reaktorkomplex (hypothetisch)
Analyse nach Lind, Nathwani und Siddall (1990).

A. Assessment of Risk:

No.		Item	Value	Unit
(1)	*	Net Product of the Reactor Facility	100	\$M/a
(2)	*	Interest and Dividends on Foreign Capital	60	\$M/a
(3)		Net contribution to the GDP (1)+(2):	40	\$M/a
(4)	*	Less Environmental Cost (compensation)	10	\$M/a
(5)		Net Monetarized Benefit (3)-(4)	N = 30	\$M/a
(6)	*	GDP =	36 000 \$M/a	
(7)	*	Population:	12 M	
(8)		GDP per person (6)/(7):	b = \$ 3000/a/person	
(9)	*	Life Expectancy at Birth:	e = 66.67 a	
(10)		Net Benefit per person (5)/(7):	δb = \$ 2.50 /a/person	
(11)	*	Occupational Risk in the plant per exposed person: Total for Normal Operation and Accidental Exposure: = 120 per 100 000 deaths/a/person	= 0.0012 deaths/a/person	
(12)	*	Number of Exposed Workers:	15000	
(14)		Contribution to Society's Occupational Risk (12)(13):	= 18 deaths /a	
(15)	*	Analysed Risk to the Public:	6 deaths /a	
(16)		Total Risk (14)+(15):	24 deaths /a	
(17)		Total increased gross mortality = (16)/(7)	= 2E-6	

B. Assessment of Benefits:

(18)		Project's share of GDP growth (3)/(6):	δb/b = 0.111 %
(19)	*	Expected Rate of Increase of Life expectancy = 0.6 months/a	= 0.05 a/a
(20)		Equivalent corresponding decrease in mortality (19)/(9) =	0.00075
(21)		Project's Share of (20), (18)(20):	0.0000008
(22)		Portion of (21) credited to Project: 10%(21)	= 8E-8

C. Assessment of Net Benefit:

No.	Item	Value	Unit
(23)	Negative benefit of Project (17)-(22):	δM = 1.92E-6	deaths/a/person
(24)	M* (HDI, Section 3.9) =	0.0042	deaths/a/person
(25)	δM/M* = (23)/(24) =	0.000457	
(26)	**Net Benefit of Project by HDI: (18)-(25) =**	**0.000653**	**> 0**
(27)	M' (LPI, Section 4.5) =	0.0033	deaths/a/person
(28)	δM/M' = (23)/(27) =	0.000582	
(29)	**Net Benefit of Project by LPI: (18)-(28) =**	**0.000528**	**> 0**

Thus the Net Benefit of the project is **positive** according to both criteria.

---

* Note: Inputs to the analysis are marked with an asterisk.

Berichte aus den Arbeitsgruppen

Arbeitsgruppe 1

Vorsitz: *Fulvio Caccia*
Berichterstatter: *Fred W. Hürlimann*

1. Grauzonen

Zwischen Fakten und Werten bestehen verschiedene Rationalitäten. In den Bereichen Politik, Wissenschaft und im Bereich der Bevölkerung bestehen verschiedene Wertmässigkeiten. Die Frage des Konsenses ist offen.

Beispiele dieser unterschiedlichen Rationalitäten:

- In UNO-Gremien müssen die statistischen Daten der Mitgliederländer unkontrolliert übernommen werden. Dies sind natürlich politische Daten, welche dann auch finanzrelevant werden.
- In der Realität Wissenschaft ist es ebenso schwierig, Ordnungsprinzipien zu erstellen wie Risikoklassen, Versagenswahrscheinlichkeiten, welche in der Grauzone liegen. Es sind auch unterschiedliche Definitionen der Wahrscheinlichkeitsberechnung zwischen Ingenieuren und Mathematikern zu vermerken.
- In der Realität der Bevölkerung wachsen Widerstände gegen Belastungen wie Energieanlagen, Abfalleinrichtungen usw.

2. Wissenschaftlich-technischer Fortschritt mit Folgeproblemen

Es wird darauf hingewiesen, dass wir immer mehr auch in einen wissenschaftlichen Autismus gelangen, in Verinselungserscheinungen der Wissenschafter, ja bis zu Ayatollisierungstendenzen und Expertenauseinandersetzungen. Aber ohne Risiko kein Leben. Risikofreude, Lust am Experiment, Neugierde, das Eingehen von freiwilligen Risiken, Grenzen erkunden, Wagnisse eingehen etc. sind wohl ganz tiefsitzende Bedürfnisse des Menschen. Auch die tief im Menschen verankerte Lust am Ausschöpfen von einmal geschaffenen Sicherheitsreserven kann am Beispiel des Antiblockiersystems von Autos aufgezeigt werden. Untersuchungen ergeben, dass mit ABS ausgerüstete Fahrzeuge – respektive deren Fahrer – bis zu 10 - 15 % schneller fahren, d.h. sie schöpfen die geschaffene Sicherheitsreserve sofort aus. Oder mit anderen Worten, das höhere Anspruchsniveau wird sofort zur Normalität, man kann von einem automatischen Ansteigen des Anspruchsniveaus sprechen. Gleiche Resultate sind bekannt aus dem Bereich der Verkehrssignalisierung: nach Einführen von technischen Sicherheitsmassnahmen, wie Lichtsignalanlagen, wird sofort schneller gefahren. Übersetzt auf unternehmenskulturelle Bereiche heisst dies, dass offensives und tüchtiges Handeln gegenüber absicherndem Verhalten zu gewichten ist oder dass innovatives Verhalten besser belohnt wird als sicherheitsdominiertes Verhalten. Damit stellt sich bald die Sinnfrage des Tuns.

3. Verweigerungshaltung

Die Tendenz zum Moratoriums-Nein ist unübersehbar, und trotzdem befinden wir uns in einer rasenden Entwicklung. Die Frage, ob dies ohne Steuerung in eine chaotische Gesellschaft mündet, ist gestellt. Es sind auch zunehmend die Tendenzen zur Verneinung ohne Konsequenzen mit vielen Widersprüchen festzustellen. Man will keine Komfortminderung, lehnt aber die Folgen aus dem technologischen Komfort ab. Aus der generellen Verneinung werden keine persönlichen Konsequenzen gezogen (Deponie, Verkehr - nicht hier, sondern dort).

Am Beispiel Kernenergie kann die Problematik des Stellvertreterkrieges aufgezeigt werden. Es gibt auch Untersuchungen, welche zeigen, dass Verneiner von Kernenergieanlagen auch neue Eisenbahnstrecken ablehnen, usw. Allerdings ist hier wieder die Sinnfrage zu stellen, indem Angst deutlich hindert, über Risiken zu diskutieren. Angst kann auch technik- und entscheidungsverhindernd und ablaufverlängernd sein. Hier stellen sich veritable Akzeptanz- und Informationsprobleme an alle.

Arbeitsgruppe 2

Vorsitz: *Heinz Bargmann*
Berichterstatter: *Andreas K. Lamparter*

1. Überblick

Während der Diskussion wurde brainstormartig eine Reihe Statements abgegeben, die dann kurz kommentiert wurden. Die Diskussion ergab keine einheitliche Gruppenmeinung zum diskutierten Thema. Die nachfolgende Zusammenfassung ist eine persönliche Interpretation des Berichterstatters.

2. Erweiterung der Risiko-Formel

Das Risiko kann nicht durch die einfache Produktformel Ausmass mal Wahrscheinlichkeit beschrieben werden. Es wird vorgeschlagen, das Risiko eines technischen Systems als Funktion der möglichen Schadenausmasse in Abhängigkeit der Zeit und ihrer Eintretenswahrscheinlichkeiten darzustellen. Die Funktion enthält auch einen Aversionsfaktor.

$$R_S(t) = f_\alpha [A_1(t) \dots A_2(t), P_1 \dots P_2, t]$$

Als Beispiele zeitabhängiger Schadenausmasse wurden erwähnt:

- reparable Schäden (Beinbruch, der heilt)
- Langzeit-Schäden oder definitive Schäden
- Schäden, die erst nach einer Latenzzeit auftreten
- soziale Schäden

Im weiteren wurde darauf hingewiesen, dass ein Summenschaden in der Regel schwerwiegender ist als die Summe von Einzelschäden.

Zum Aversionsfaktor wurde erwähnt, dass dieser nicht nur bei grossen Schadenausmassen auftritt, sondern auch bei Kumulation verschiedener Risiken bei einem Betroffenen (Beispiel Gemeinde Würenlingen: nach Sondermülldeponie und Reaktoren im PSI führte eine nur geringfügige Risikozunahme infolge eines Zwischenlagers bereits zu Akzeptanzproblemen).

3. Ökonomischer Ansatz zur Risikodefinition

Das Risiko kann auch als negativer Teil des ökonomischen Erwartungswertes eines technischen Systems berechnet werden. Es wird darauf hingewiesen, dass auch der Aversionsfaktor in dieser Betrachtungsweise berücksichtigt werden kann.

Vorteile eines solchen Ansatzes sind:

- Risiken sehr unterschiedlicher technischer Systeme können miteinander verglichen werden und sind unter Verwendung eines Versicherungsansatzes sogar bewertbar.
- Anhand einer solchen Darstellung ist es möglich, Nutzen und Risiken eines Systems einander gegenüber zu stellen.

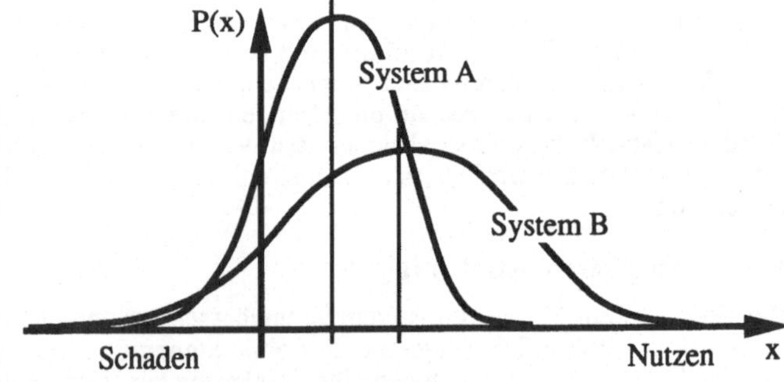

Bild 1: Ökonomischer Ansatz

Als Nachteil wird erwähnt, dass ein solcher Ansatz für Ingenieure und Laien kompliziert ist und dass er nicht allgemein gültig ist.

4. Weitere Themen

Für die Risiko-Reduktion sind zwei Ansätze möglich:

- Bei der Kernenergie steht die Reduktion der Eintretenswahrscheinlichkeiten im Vordergrund, vor allem durch Ausschalten des Menschen (menschliches Versagen). Hier wird darauf hingewiesen, dass der Mensch aber auch sehr positiv sein kann, z.B. wenn er durch rasche Reaktion zur Fehlerbehebung beiträgt.

- Bei der Chemie steht vor allem die Reduktion des Gefahrenpotentials und damit des Schadensausmasses im Vordergrund.

Die Ermittlung von Risiken braucht Fachleute. Die Hochschulen müssen daher Kenntnisse auf diesem Gebiet vermitteln, wobei vor allem der interdiszplinären Behandlung des Stoffes grosse Beachtung zu schenken ist.

Arbeitsgruppe 3

Vorsitz: *Wolfgang Kröger*
Berichterstatter: *Ruedi Bühler*

1. Hauptthemen der Diskussion

Unsere Diskussion schloss am Referat von Prof. Kröger "Beschreibung der nuklearen Risiken – ein Lehrstück?" an. Hauptthemen waren:

- Risikodefinition
- Was für Schäden müssen bei einer Risikoanalyse betrachtet werden?
- der Paradigmenwechsel vom "Stand der Technik" zu den Schutzzielen
- Wie kann der Bewertungsprozess einer Risikoanalyse verbessert werden?

2. Probleme der Risikodefinition

Die Punkte, in denen in der Diskussion ein *Konsens* erreicht wurde, waren:

- Voraussetzung, dass ein Risiko (z.B. einer Technik) akzeptiert werden kann, ist der Nachweis eines Nutzens (z.B. einer Technik).
- Die Produktformel R = W•S ist ungenügend für die Risikobeurteilung, sie muss in die Komponenten W und S aufgelöst werden.
- Bei der Bewertung der Komponenten ist das Schadensausmass wichtiger als die Wahrscheinlichkeit.

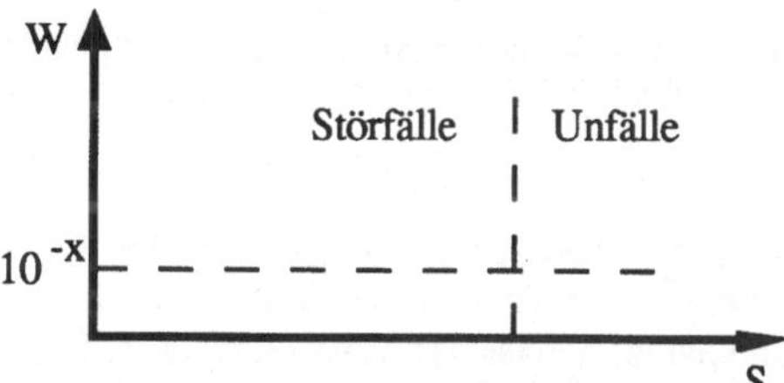

Bild 1: Risiken einer Technik, dargestellt mit den Komponenten W und S
R = Risiko
W = Eintretenswahrscheinlichkeit Schaden
S = Schadensausmass

- Je grösser der Schaden und je höher die ethische Relevanzebene (Relevanzebenen, aufgelistet in der Reihenfolge von tiefer Relevanz zu hoher Relevanz (nach Prof. H. Ruh): Gerechtigkeit, Mitsprache, keinen Schaden zufügen, Minimierung von Leiden, Förderung der Wohlfahrt, Ehrfurcht vor dem in langer Zeit gewachsenen, Ehrfurcht vor dem Leben), desto weniger bedeutsam ist (im Vergleich mit dem Schadensausmass) die Eintretenswahrscheinlichkeit.

Kontroversen ergaben sich bei der Frage: Gibt es eine Relevanzebene und/oder ein Schadensausmass, bei welchem der mögliche Schaden nicht eintreten darf (bei welchem W = 0 sein muss)? Speziell bei der Kernenergie: Ist das Schadenspotential eines Kernkraftwerkes so hoch, dass W = 0 sein muss, oder genügt es, wenn die Wahrscheinlichkeit kleiner als eine vorgegebene Grösse ($W < 10^{-x}$) ist?

- Standpunkt A: Das Schadenspotential eines Kernenergieunfalles ist so gross und die ethische Relevanzebene so hoch, dass W = 0 gefordert werden muss.
- Standpunkt B: Die Forderung "W = 0" bedeutet, dass in die Beurteilung alle *denkbaren Ereignisse* einbezogen werden müssen, auch wenn die Wahrscheinlichkeit verschwindend klein ist. Es ist unmöglich, in unseren Entscheiden alle denkbaren Ereignisse zu berücksichtigen; unsere Gesellschaft wäre dann in der heutigen Form gar nicht möglich. Folgerung: Es muss eine Grenze der Wahrscheinlichkeit geben (10^{-x}).

Konsens ergab sich wieder in folgenden Punkten:

- Die Beurteilung, ob die Bedingung $W = 10^{-x}$ genügt oder ob W = 0 erfüllt sein soll, ist nur möglich unter Einbezug von Alternativen: Die Alternativen (z.B. zur Kernenergie) müssen mit in die Beurteilung einbezogen werden.

- Es fehlen geeignete Methoden für die Wahl zwischen grundsätzlichen Alternativen. Mit den heute verwendeten Methoden der Risikoanalyse können Fragen folgender Art beantwortet werden: "Wie hoch ist das Risiko einer Lösungsvariante im Vergleich mit anderen Varianten" (z.B. wie gross ist das Risiko der verschiedenen Varianten einer neuen Strassenverbindung zwischen A und B: Risiko der Brückenvariante 1 im Vergleich zur Brückenvariante 2 oder zur Tunnelvariante 3?). Die grundsätzliche Frage, ob eine Technik überhaupt eingesetzt werden soll oder nicht, kann mit den bekannten Methoden der Risikoanalyse nicht beantwortet werden. Für die Beantwortung von Fragen der Art "Soll überhaupt eine neue Strassenverbindung zwischen A und B geschaffen werden?" fehlen geeignete Methoden. Ein Lösungsansatz auf der der Basis von R=W*S ist für solche Fragen ungenügend.

3. Was für Schäden sind bei einer Risikobetrachtung zu berücksichtigen

In dieser Frage konnte ein *Konsens* in folgenden Punkten gefunden werden:

- Es sollen nicht nur Schäden berücksichtigt werden, welche in Zahlen ausgedrückt werden können. Auch nicht messbare Grössen sind einzubeziehen. Wie?
- Die verschiedenen Schäden dürfen nicht einfach zusammengezählt werden.
- Es sollte ein Satz von Schadengrössen erarbeitet werden, welche auch zahlenmässig nicht erfassbare Schäden annähernd bemessbar machen. Ein Beispiel: Die Zahl von Evakuierten als Mass für psychologische und soziale Schäden.

Offen blieb: Wie kann die Rechtsgleichheit gewährleistet werden, wenn für die Schadensbemessung keine objektive Zahlen verfügbar sind?

4. Paradigmenwechsel

Das bisherige Mass für die Beurteilung der Sicherheit war der "Stand der Technik". Durch ein Schutzziel (z.B. Wahrscheinlichkeit für ein bestimmtes Ereignis, die nicht überschritten werden darf) und dadurch, dass das Mass dafür (z.B. 10^{-x}) unabhängig vom momentanen Stand der Technik definiert wird, findet ein eigentlicher Paradigmenwechsel statt. Die Sicherheitsphilosophie wird dadurch grundsätzlich verändert.

5. Verbesserung des Bewertungsprozesses

Die offenen Fragen, die bezüglich Bewertungsprozess diskutiert wurden:

- Was widerspiegelt die Werthaltung(en) der Bevölkerung?
- Wie kann die Werthaltung der Bevölkerung in den Bewertungsprozess einbezogen werden? Partizipation des Bürgers ja, aber wie?
- Es braucht neue politische Instrumente. Ist z.B. die Sozialverträglichkeitsstudie ein geeignetes Mittel?

Arbeitsgruppe 4

Vorsitz: *Ernst Baumann*
Berichterstatter: *Manfred Straube*

Bei einer komplexen Diskussion, wie sie in der Arbeitsgruppe geführt wurde, kann ein Bericht nur Stückwerk sein. Wenngleich das Thema in besonderem Maße dazu herausforderte, über den rein technischen Sachgehalt vermehrt auch juristische Anknüpfungspunkte zu suchen, will ich doch gerade als Jurist bemüht sein, vorrangig nicht-juristische Inhalte und Diskussionsergebnisse wiederzugeben und auf juristische Rückschlüsse in diesem Rahmen weitestgehend zu verzichten.

1.) Wegen der markanten *Variationsbreite* der Disziplinen und Gefahrenpotentiale wurde zunächst ein Ansatzrahmen für die Diskussion gesucht. Als Schwerpunkte wurden für vorrangig angesehen:
   - *Zweck* der Risikobeschreibung
   - *Methoden* der Risikobeschreibung
   - Als *Zusatzproblem:* Unbekannte oder falsch eingeschätzte Risiken.

2.) Das Risiko als bewertete Gefahr antizipiert die Inhalte der Risikobeschreibung und führt sie auf zwei Punkte:
   - Risikoanalyse
   - Risikobewertung

3.) Zur begrifflichen Klarstellung wird zunächst der *juristische Begriff der Risikobeschreibung*, wie er etwa das Versicherungsvertragsrecht bestimmt, *ausgeklammert*. Vielmehr soll der Begriff der Risikobeschreibung nur im Sinne der Fragestellung der Tagung, also im methodischen Verständnis, hinterfragt werden.

4.) Der Kern der Diskussion bewegte sich um die Frage, ob ein einheitliches Schema der Risikobeschreibung denkbar ist.

5.) Dem steht zunächst die Heterogenität der Inhalte und Betrachtungsweisen entgegen. Unterschiede ergeben sich:

a) danach, wer die Frage nach dem Risiko stellt
- der Betroffene (Bewohner)
- der Verantwortliche (Betreiber)
- die Behörde
- die Versicherung;

b) danach, welches Ereignis angesprochen wird
- Einzelereignis (Naturkatastrophen, technische Großunfälle) oder
- typische wiederkehrende Schadensereignisse, die an Frequenz und Wirkung anhand statistischer Unterlagen beurteilt werden können.

6.) Somit richtet sich die Methodik der Risikobeschreibung nach dem Zweck, der verfolgt wird.

7.) Es gibt keine "Einheitsmethode", nie "die" Methode schlechthin, wohl aber eine Art "Grundmuster", das einer Ergänzung bedarf. Hiezu einige kurze Erläuterungen:

a) Es gibt eine Reihe bekannter und in der Literatur hinlänglich behandelter Methoden der Risikobeschreibung
- quantitative Methode
- qualitative Methode
- fuzzy-principle, etc.

b) Diese Methoden sollten nicht streng als Alternativen verstanden werden, sondern nach Bedarf komplementär bzw. nebeneinander verwendet werden.

c) Hiebei bereitet es nur wenig Mühe, Risiken zu beschreiben und zu bewerten, die aus Statistiken in Frequenz und Wirkung abgeschätzt werden können (z.B. Todesfallrisiko).

d) Mühe bereiten indessen Einzelereignisse, wo nur geringe Erfahrungswerte bestehen und die in ihrer Wirkung und ihrer politischen Abschätzung problematisch sind (Low probability - high consequence type of risk).

Wie kommt man dort zum *Risikobegriff?* Hier bedarf das *Grundmuster der vorhandenen Methodik* einer *Ergänzung:*
- Bisher bediente man sich meist der isolierten, statischen Betrachtung einzelner Risiken.
- Es fehlen daher Kriterien und Maßstäbe für dynamische komplexe Risikobeschreibungen und Risikobewertungen.
- Es ist daher nötig, eine *Vernetzung der Risikoquellen* nach Art eines knock-on oder eines Dominoeffektes.

Die *Risikoeinschätzung* ist ein *multifaktorielles Problem:*
- Risikoquellen sind getrennt zu erfassen, aber
- in ihrer Wirkung dynamisch zu einem Gesamtbild zu verflechten.

e) Mit einfachen Worten bedeutet das alles in der Praxis:
- Ausgangspunkt muß jedenfalls die Objektabgrenzung sein.
- Darüber hinaus sind aber Wirkungen des Objektrisikos nach außen ebenso zu berücksichtigen wie Außenwirkungen zurück auf das betrachtete Objekt. Wenn man das Umfeld betrachtet, muß man daher über die Erfassung etwa reiner Todesfallrisiken (also die Risiken des vorzeitigen Todes) weit hinausgehen und erfassen:
    - gesundheitliche Risiken (statistisch schon schwerer erfaßbar)
    - Umwelteinflüsse (hiefür fehlen teilweise Maßstäbe; allenfalls kämen die Sanierungskosten als solche in Betracht, doch ist hier nicht das Problem zu überse-

hen, daß meist zuerst ein Ereignis eintritt, seine Wirkung jedoch erst im Nachhinein abschätzbar wird; somit werden Maßstäbe meist erst in diesem Zeitpunkt gesetzt),

- Sachwertrisiken,
- Haftpflichtrisiken.

Diesem dynamischen Approach der Risikovernetzung den Vorzug vor einer statischen Objektbetrachtung zu geben, machte in der Gruppendiskussion verstärkt die *Frage der Akzeptanz* bewußt: Insbesondere wurde die Interdependenz von
- Risikobeschreibung und
- Risikobewertung

deutlich, wie sie zutreffend in dieser Abfolge im weiteren Tagungsprogramm ihren Niederschlag findet.

8.) Als wesentliches Zusatzproblem wurde schließlich die Bewältigung (noch) unbekannter oder nach gegenwärtigem Erfahrungsstand falsch eingeschätzter Risiken gesehen.

9.) Wenngleich Übereinstimmung bestand, daß Risikobeschreibung jedenfalls ein prospektives und nicht etwa ein rein deskriptives Tool sei, wurde doch eingeräumt, daß

a) Voraussetzung der Risikobeschreibung entsprechendes Wissen über Gefahren ist,

b) Risikobeurteilungsgrenzen nicht zu weit gezogen werden dürfen, um nicht den Überblick zu verlieren,

c) Zeitlimite für die Beurteilung naturgemäß auch Intensitätslimite setzen werden,

d) die Verantwortung des Risikoanalytikers (wie auch des Betreibers) gerade in diesen Grenzbereichen besonders hoch ist.

10.) *Zusammenfassend* dürfen in nochmaliger Straffung folgende Grundsätze zur Risikobeschreibung als *Diskussionsergebnis* hervorgehoben werden:

a) Die Methode ist anlaßkonform zu differenzieren aber multifaktoriell zu vernetzen.

b) Die Erfassung verschiedener Ebenen von Eintrittswahrscheinlichkeit und Auswirkungen ist erforderlich, um den Mitteleinsatz gegen diese Risiken zu steuern.

c) Die Auswirkungen nicht bekannter oder falsch eingeschätzter Risiken sind durch optimalen und verantwortungsbewußten Einsatz des Risikoanalytikers zu minimieren. Jedoch wird an dem berühmten Stehsatz "Das Unbekannte bleibt" nicht zu rütteln sein.

d) Die *Risikobeschreibung* ist stets *im Kontext mit der Risikobewertung* zu sehen und daher in starkem Maße *zweckabhängig*.

Arbeitsgruppe 5

Vorsitz: *Wolfgang Häfele*
Berichterstatter: *Sabyasachi Chakraborty*

Unsere Gruppendiskussion zeigte zwei Aspekte auf, die uns wichtig erscheinen:

Mit der Risikoanalyse allein ist es nicht getan. Die Ergebnisse dieser Analyse müssen irgendwie im Entscheidungsprozess eingebettet werden. Zum Risikobegriff hat sich die Gruppe gefragt, ob dieser Begriff auch wirklich begreiflich sei. Denn schon beim Umgang mit dem Begriff 'Wahrscheinlichkeit' gibt es Probleme. Es gibt in diesem Zusammenhang zwei Schulen, nämlich eine, die sich mit der subjektiven Wahrscheinlichkeit, die andere, die sich mit der objektiven Wahrscheinlichkeit befasst. Nach langer Diskussion sind wir uns darüber einig geworden, dass es sowohl eine subjektive als auch eine objektive Wahrscheinlichkeit gibt. In diesem Zusammenhang stellte sich unweigerlich die folgende Frage: Wieviel Vertrauen kann man dann den Zahlen schenken, die bei einer Risikoanalyse herauskommen? Es ist uns klar, dass die Risikoanalysen nicht vollständig sind. Es gibt Beispiele, wie Sabotageakt, die man heute in der Analyse nicht gut behandeln kann. Dann kann man sich kritisch die Frage nach der Glaubwürdigkeit der Risikoanalyse stellen.

Im weiteren ist es wichtig, wie man diese Zahlen bewertet, die gewisse Botschaften vermitteln. Die Interpretation dieser Botschaften ist eine gesellschaftspolitische Aufgabe, von der die Allgemeinheit Kenntnis nehmen muss.

Der Begriff "Risiko" ist nicht universell anwendbar. Je nach kulturellem Kontext ist der Begriff "Risiko" anders zu verstehen. Man hat es hier mit der "Unsicherheit" zu tun. Mit dem Begriff "Risiko" muss ganzheitlich umgegangen werden. Die Risikoanalyse, die Risikobewertung und der Risikovergleich gehören zu einem Paket. Im Leben machen wir immer Vergleiche. Dazu ist die Risikokommunikation notwendig. Es geht um die Kommunikation in der Öffentlichkeit. Die Öffentlichkeit besteht nicht nur aus sogenannten Laien, sondern auch aus Experten. Unter der Experten-Öffentlichkeit gibt es verschiedene Kategorien, deshalb muss man die Kommunikation auf allen Ebenen führen. Man muss wissen, worüber man spricht und welche Sprache man verständlich spricht. Dann wird es auch bewusst, dass die Wahrnehmung bei der Diskussion über Akzeptabilität oder Akzeptanz eine grosse Rolle spielt. Es wurde von einem Mitglied der Gruppe gewarnt, dass in diesem Wort etwas Gefährliches oder Manipulatives steckt.

Was können wir als neue Ansätze vorschlagen?

- Wir müssen den Risikobegriff in Frage stellen.
- Intratechnische Kommunikation ist notwendig. D.h. wenn man technische Systeme vergleichen will, hat sich das Instrument "Risikoanalyse" bewährt. Es wurde ein Beispiel aus dem Sektor Chemie gebracht. Aufgrund der Risikoanalyse ist man in der Lage, eine Prioritätenliste aufzustellen, um zu entscheiden, welche Sicherheitsmassnahmen man in Angriff nehmen sollte, im Sinne einer Kosten-Effektivität.

Unsere Gruppe hat insofern einen Konsens erzielt, als die Notwendigkeit einer umfassenden Risikobehandlung besteht, aber sie soll immer mit Öffentlichkeitsarbeit begleitet werden (um die Risikozahlen zu interpretieren).

Ein weiterer interessanter Ansatz ist die Hinterfragung der technischen Normen. Die Norm ist nicht unbedingt gleich Sicherheit. Es muss kritisch hinterfragt werden, ob die Normen wirklich so sind, dass wir die Sicherheit, die wir erreichen wollen, auch wirklich erreichen können.

Arbeitsgruppe 6

Vorsitz: *Thomas Schneider*
Berichterstatter: *Jochen Benecke*

In der Arbeitsgruppe 6 wurden Fragen zum Referat von W. Kröger vom Vorabend aufgeworfen. Diese konzentrierten sich auf die nicht ausschließbaren schweren Reaktorunfälle, insbesondere auf die Erwähnung des sogenannten Hochdruckpfades durch W. Kröger, sowie auf Risikoanalysen.

Zur Beantwortung der Fragen berichtete ich in der Arbeitsgruppe über die Ergebnisse der Deutschen Risikostudie Kernkraftwerke (Phase B) zum Hochdruckpfad. Was die Darstellung der schweren Unfälle betrifft, verglich ich die Phase B (von 1989/90) mit der zehn Jahre alten Phase A der Deutschen Risikostudie.

1. Die Phase B führt methodisch über die Phase A hinaus und berücksichtigt neuere Ergebnisse der Sicherheitsforschung. Nach den neuen Untersuchungen beträgt die Häufigkeit von Kernschmelzunfällen nur noch etwa $3*10^{-5}$ pro Jahr und Reaktor, d.h. drei Ereignisse in 100'000 Jahren pro Reaktor. Der Vergleichswert in der Studie A war dreimal so hoch. Die quantitativen Untersuchungsergebnisse beziehen sich auf ein bestimmtes Kernkraftwerk, nämlich Biblis B, das sowohl der Phase A wie der Phase B als Referenzanlage dient.

2. Kurz zum Begriff des Risikos: Nach versicherungsmathematischer Definition, die auch in Reaktoranalysen angewandt wird, besteht das Risiko aus den zwei Faktoren Eintrittswahrscheinlichkeit und Schadensumfang, die miteinander zu multiplizieren sind. Die Eintrittswahrscheinlichkeit allein sagt wenig aus. Wenn nun zum Zwecke einer einfachen Vergleichsrechnung unter Schadensumfang die bei einem Kernschmelzunfall freigesetzte Menge des radiologisch bedeutsamen Jods verstanden wird, dann zeigt sich, daß im Sinne obiger Definition das Risiko heute (in der Phase B) um den Faktor 4 bis 8 höher ausgewiesen wird als in der Phase A. Die Erhöhung der Risikozahlen wird in der Studie B explizit nicht erwähnt.

3. Grund für die Risikozunahme ist die Identifikation eines schwerwiegenden Unfalls in Druckwasserreaktoren, der 97% aller behandelten Kernschmelzunfälle ausmacht. Dieser sogenannte Hochdruckpfad des Kernschmelzens, der in der früheren Studie nicht als eigenständiger Unfallpfad erkannt und deshalb auch nicht weiter analysiert wurde, kann zum Versagen des Reaktordruckbehälters unter hohem Systemdruck (rund 100 bar) führen. Es ist nicht auszuschließen, daß der Druckbehälter sich aus seiner Verankerung reißt, wie eine Rakete in die Höhe steigt und den Sicherheitsbehälter durchschlägt. Der Verlust des Sicherheitsbehälters hat die nahezu ungehemmte Freisetzung großer Mengen von Radioaktivität in die Umgebung zur Folge. Es werden zwischen 50 und 90% des vorhandenen Jods, Cäsiums und Tellurs neben einer erheblichen Menge schwerflüchtiger, langlebiger Spaltprodukte freigesetzt. Diese Aktivitätsfreisetzung übersteigt die von Tschernobyl um mehr als den Faktor 2. Wird der Schadensumfang an der Freisetzung der schwerflüchtigen, langlebigen Spaltprodukte gemessen, dann ist das Verhältnis aus "Risiko Phase B" zu "Risiko Phase A" noch wesentlich größer als der oben für Jod angegebene Wert. Zur Evakuierung der Bevölkerung bleibt kaum Zeit: Zwischen Unfallbeginn und Versagen des Sicherheitsbehälters als der letzten Barriere liegen nur 3 bis 4 Stunden.

4. Wegen dieser katastrophalen Auswirkungen verlegt sich die Studie B auf sogenannte anlageninterne Notfallmaßnahmen, auch "Accident Management" genannt. Vorrangiges Ziel solcher Maßnahmen ist, das drohende Versagen des Reaktordruckbehälters unter hohem Druck zu vermeiden, indem der Druck rechtzeitig auf 30 bar oder weniger abgesenkt wird. Damit soll das Auftreten des SUPER-GAUs um den Faktor 60 weniger wahrscheinlich werden. Grundsätzlich auszuschließen ist der Raketeneffekt aber nicht.

5. Damit das Eingreifen der Betriebsmannschaft den Unfallablauf auch tatsächlich mildert und nicht etwa verschärft, müssen eine Reihe von Bedingungen erfüllt sein, die in der Risikostudie ohne weitere Diskussion als selbstverständlich unterstellt werden. So muß die Mannschaft über den tatsächlichen Stand des Unfalls informiert sein, und sie muß die richtigen Maßnahmen zum richtigen Zeitpunkt kennen. Außerdem müssen die technischen Einrichtungen zur Einleitung solcher Maßnahmen vorhanden sein. Keine dieser Voraussetzungen ist heute hinreichend erfüllt. Nach Aussagen von Bundesforschungsminister Riesenhuber besteht weiterer Bedarf an Forschungsarbeiten zur Abwehr des Kernschmelzens unter hohem Druck, was bedeutet, daß die dabei auftretenden Abläufe bislang nicht ausreichend verstanden sind. Erst danach können fundierte Anweisungen für Notfallmaßnahmen erstellt und die Betriebsmannschaften für das Management schwerer Unfälle geschult werden. Schließlich müssen die heutigen Reaktoren entsprechend nachgerüstet werden, beginnend mit einer auf schwere Unfälle ausgerichteten Meßtechnik, bis zu geeigneten Entlastungsventilen zum gezielten Abbau des hohen Drucks im Primärkühlkreis des Reaktors. Für alle diese Änderungen sind bei intensiver Bearbeitung mehrere Jahre zu veranschlagen. Darum ist es mehr als fragwürdig, wenn die Risikostudie bei Ermittlung ihrer Zahlen davon ausgeht, daß alle Voraussetzungen für Notfallmaßnahmen bereits heute erfüllt sind. Darüber hinaus ist anzuzweifeln, daß mit der Vorbereitung solcher Maßnahmen wirklich eine Risikominderung einhergeht: Wie es in der Risikostudie heißt, "diese Maßnahmen können derzeit nicht abschließend bewertet werden".

6. Die Mehrzahl der Mitglieder der Arbeitsgruppe fand den geschilderten Sachverhalt beunruhigend und schlug vor, im Rahmen der Tagung eine Podiumsdiskussion zu diesem Thema anzusetzen.

Diskussion

Jörg Schneider: Jetzt sind wir wieder mal an der Stelle, wo wir Mühe haben angesichts der vielen Anregungen, die Diskussion in Gang zu bringen. Wir sind auf der Suche nach neuen Ansät zen ...

Wolfgang Kröger: Ich habe eine Frage an Herrn Benecke: Ihre Ausführungen unterscheiden sich von meinen. Ich möchte mich vergewissern: Ist Ihre Aussage so zu interpretieren, dass in den anlagetechnischen Untersuchungen der Phase A der Deutschen Risikostudie der sogenannte Hochdruckpfad nicht berücksichtigt worden ist?

Jochen Benecke: Das ist die Aussage.

Wolfgang Kröger: Ich meine, wir steuern da in ein Problem hinein, das vielleicht symptomatisch ist. Ich glaube, dass bevor man über Risiken und ihre Bewertung redet, man zunächst einmal sicherstellen muss, ob man das richtig verstanden hat, worüber man redet. Ihre Aussage ist falsch. In der Phase A der Deutschen Risikostudie sind sehr wohl in den anlagetechnischen Untersuchungen Ereignisketten berücksichtigt worden, die zu einem Kernschmelzen bei hohem Druck führen. Das sind die sogenannten transienten Ereignisse; diese tragen auch in der Phase A der Deutschen Risikostudie wesentlich zur Kernschmelzhäufigkeit bei. Was man getan bzw. nicht getan hat, ist was anderes: Wenn man sich fragt, wie laufen diese Ereignisketten phänomenologisch ab und welche Spaltproduktfreisetzungen habe ich zu erwarten, hat man eine Vereinbarung gemacht; man hat gesagt, wir haben zwar zwei Anlagenzustände (einmal der Reaktor drucklos, zum anderen mal unter Druck), aber, da die Phase A in Analogie zur Rasmussen-Studie durchgeführt werden sollte, wurden die Phänome gleichgesetzt und nur der Niederdruckfall im einzelnen untersucht. In der Phase B hat man dann die Phänomenologie des Hochdruckfalls im einzelnen, getrennt vom Niederdruckfall analysiert. Das ist meine Aussage, und ich glaube auch, sie ist richtig, und ich kann sie im einzelnen belegen.

Jörg Schneider: Ich glaube, es geht nicht so sehr um die Frage, was nun drin war in dieser Studie und was nicht. Wir suchen ja hier nicht unbedingt Klärung auf diese Frage, sondern im ganzen Kontext von Risiko und Sicherheit nach neuen Ansätzen.

Ortwin Renn: Ich hätte eine Frage an die Risikomanager, die heute Risikobewertung durchführen müssen. Wir haben uns bereits geeinigt, dass die technische Risikoformel zu eng sei und wir sie ergänzen müssen, sowohl was die Angabe der Wahrscheinlichkeit als auch die Berechnung des Schadenausmasses betrifft. Wenn wir dieses aber tun, dann laufen wir Gefahr, dass wir den Risikomanagern eine Unmenge von Daten (von Kontingentswerten über Konfidenzintervalle bis hin zu multiplen Schadengrössen) liefern, die dann nicht mehr verarbeitbar sind. Wir haben dann zwar im akademischen Sinne Vollständigkeit aber keine Praktikabilität. Meine Frage an die Risikomanager: Wie weit muss die Komplexität der Risikoangabe reduziert werden, um Risiken praktikabel managen zu können?

Rudolf Frei: Ich betrachte mich nicht als Risikomanager, sondern als einen, der tagtäglich entscheiden muss aufgrund solcher Studien. Die erste Ihrer Fragen kann man nicht ganz einfach beantworten, weil wir zuerst die Art des Problems berücksichtigen müssen, d.h. abklären, wie gross das mögliche Schadenausmass sein kann. Das ist das Entscheidende, aufgrund dessen Art und Tiefe der Risikoanalyse festgelegt werden müssen. Es gibt auch irgendwo Grenzen, Grauzonen, die angesprochen wurden. Es sind aber auch Dinge, wie sie Herr Benecke erwähnt hat: wenn ich das interpretieren darf, dass 97 % aller Fälle, die zum Ereignis führen können, nicht beachtet wurden. Dann kann man schon ein Fragezeichen machen (Protest). Aus meiner Praxis: Einer der letzten grösseren Chemie-Unfälle in Basel. Wenn wir den vorher berechnet hätten, wären wir auch auf so kleine Wahrscheinlichkeiten gekommen, da hätten wir gesagt, das kann nie passieren. Die Realität war aber, dass nicht weniger als 7 voneinander unabhängige Ereignisse *gleichzeitig* eingetreten sind. Sie hätten vorher Risikoanalysen machen können bis zum geht nicht mehr, wir hätten dieses Ereignis, das nun tatsächlich stattgefunden hat, nie herausgefunden. Darum ist es so schwierig, sich vorzustellen, was überhaupt passieren könnte.

Jörg Schneider: Es ist vor allem anderen eine riesige Anforderung an die Phantasie der Menschen.

Heinz Bargmann: Ich sehe durchaus auch die Gefahr einer exzessiven Anwendung der probabilistischen Analysen, und es wäre zweifellos unsinnig zu denken, man würde zuletzt die Physiker am besten ersetzen durch Statistiker oder Buchhalter. Nichts wäre gefährlicher, als die Entscheidungsträger in den Behörden zu überfluten mit statistischen Daten. Was wichtig ist, sind nicht die Daten, sondern die Methoden. Auf die Methoden für die Rechnungen kommt es an. Sie decken die physikalischen Zusammenhänge auf, auf die man durch rein statistische Auswertungen nicht kommen kann.

Heidi Ivic-von Rechenberg: Ich möchte zurückkommen auf das Bild von Herrn Thomas Schneider. Da wurde in Form eines Steckers dargestellt, wie die Folgerungen der technischen Risikoanalyse mit den Werten der politischen Entscheidungsträger verknüpft werden sollen. Der Techniker soll vor diesem Gespräch die nötigen Unterlagen beschaffen. Er soll vorher ermitteln, welche Auswirkungen des diskutierten Projektes als wesentlich angesehen werden. Er kann neben der Wahrscheinlichkeit und dem Schadensausmass grundsätzlich beliebig viele weitere Parameter ermitteln. Die Zahl ist nur durch die aufgewendete Zeit und Kosten beschränkt. Der Techniker soll im Verlaufe des Gesprächs, wenn die beiden Stecker verbunden sind, auf weitere Probleme/Parameter eingehen. Er ist nicht Alleswissender und im politischen Rahmen nicht mehr und nicht weniger als ein Staatsbürger, genau so wie die Kritiker auf der anderen Seite des Steckers. Der Vorsprung des Experten besteht allein darin, dass er möglichst sachlich gewisse Fakten zusammenträgt, damit die Diskussion auf einer realitätsnahen Basis stattfinden kann. Dies verlangt vom Techniker ein Verantwortungsgefühl für die Grenze seiner Rolle.

Jean-Pierre Porchet: Wir sprechen immer von der Allgemeinheit. Wir betrachten die Allgemeinheit als eine grosse Einheit, was aus meinem Dafürhalten falsch ist. Ich glaube, wir müssen verschiedene Bevölkerungsgruppen unterscheiden. Auf der anderen Seite sollten wir auch zwischen den Projekten differenzieren, so etwa notwendige Projekte, anderseits machbare, aber nicht lebenswichtige Projekte. Dabei stellt sich die Frage, wo Entscheide über derartige Vorhaben - ich denke dabei vor allem an Grossprojekte - gefällt werden. Was ist die Allgemeinheit? Da gibt es die echt besorgten Bürger, die einfach verunsichert sind. Dann gibt es eine Gruppe, die ich als verantwortungslose Egoisten bezeichnen möchte, also die Leute die sagen: Ozon, das interessiert mich nicht, ich will einfach Auto fahren können. Dann gibt es die grundsätzlichen Verweigerer, die gegen alles sind, was kommt. Und dann sind da noch diejenigen, die alternativ denken. Ich bin deshalb der Meinung, dass ein Dialog mit der Allgemeinheit sehr differenziert zu betrachten ist.

Fortunat Steinrisser: Wenn wir die Diskussion Richtung kleinerer Betriebe verschieben, so sehen wir, dass Risk Management in jedem Betrieb stattfindet. Manchmal ist die Behörde mit dabei und manchmal nicht. Die Risikoanalyse sagt aus: was kann passieren? Jemand muss sagen: was *darf* passieren? Es werden Schutzziele formuliert. Man wird feststellen, dass es ein Manko an Sicherheit gibt. Es geht darum, dieses Manko zu beheben. Die Versicherung allein würde ausreichen, wenn es rein finanziell abgegolten werden könnte. In der Regel kommen neben den finanziellen noch organisatorische, technische und bauliche Massnahmen dazu.

Willy A. Schmid: Ich möchte das noch ein bisschen komplizieren. Ich meine, Risiken finden ja irgendwo statt, im Raum und in der Zeit. Da sitzt irgendwo ein Mensch oder eine Gruppe von Menschen, und die erfährt nun gewisse unterschiedliche Risiken mit entsprechend unterschiedlichen Gefährdungsbildern. Z.B. besteht einmal die Gefahr, dass jemandem sein Haus abbrennt, zum andern, dass er durch einen Chemieunfall den Erstickungstod erleidet usw. Wir möchten eigentlich wissen, wie gross ist denn die *Risikodichte* an diesem Ort im Raum. Mit anderen Worten: wie sind die verschiedenen Risiken verteilt und wie wirken sie zusammen. Dazu müssen wir offenbar einen geeigneten Massstab haben, um unterschiedliche Risiken vergleichbar machen und bewerten zu können. Eine Lösung dieses Problems ist heute nicht gegeben.

Karl Weber: Der Politik ist im dargestellten Modell die Aufgabe zugeteilt worden zu filtern. Ich weiss nicht, wie sie diese Aufgabe erfüllen kann. Denken wir erstens an die Situation, wo der Staat als Produzent von Technologie auftritt. Soll er sich da etwa selbst kontrollieren? Eine Selbstkontrolle würde hier wohl den Staat überfordern. Dann: Wie soll das Modell in jenen Bereichen funktionieren, wo private Produzenten zurzeit einen staatlichen Eingriff aus ordnungspolitischen Gründen nicht akzeptieren? Es gibt nur einen Ausweg! Das Modell der Arbeitsgruppe müsste einmal im Massstab 1:1 durchexerziert werden. Schliesslich: Ich werde etwas unruhig, wenn ich das Modell anschaue. Denn eine grössere Akzeptanz von Technik ist hier nur eine Frage des besseren Marketings. Ich denke, dass ein solcher Ansatz lediglich eine technokratische Variante der Durchsetzung des wissenschaftlich-technischen Fortschrittes darstellt. Ich frage mich, ob die Umstände in denen wir heute leben, eine solche Variante als realistisch erscheinen lassen.

Bruno Fritsch: Sie sagten, Herr Schneider, dass wir auch Beiträge erwähnen sollen, die schon ein wenig in die Richtung von Lösungen gehen. In diesem Zusammenhang hätte ich eine Information durchzugeben und anschliessend eine Frage zu stellen: Die Information bezieht sich auf das Projekt eines Kollegen. Er heisst Professor Dienel und ist in Wuppertal tätig. Er hat mit Hilfe der finanziellen Förderung des Landes und auch des Bundes seit einigen Jahren das Konzept von sog. Planungszellen realisiert. Das Wort Planungszellen ist etwas missverständlich; im wesentlichen sind es Lerngruppen. Er lädt dazu jeweils Experten auf einem bestimmten Gebiet ein. Diese stehen dann einer nach dem Zufallsprinzip ermittelten Gruppe von rund 20 Leuten eine Woche lang für vertiefte Analysen des jeweiligen Spezialproblems zur Verfügung. Deshalb der Name Planungszelle. Das wollte ich noch als Information hier weitergeben. Zum andern wollte ich die Frage stellen, ob wir nicht in diesem Kreise die Gelegenheit nutzen sollten, einmal über die Problematik der Grenzwerte zu sprechen. Es war hier die Rede davon, dass die Risikoanalyse sagt, was passieren kann und erst dann festgelegt wird, was passieren darf. Bei dem "darf" gibt es zwei Stufen: das eine ist beispielsweise der Wissenschaftler selbst. Ein Mediziner sagt z.B., die Bestrahlungen sind gerade noch zulässig oder sie sind innerhalb der Selbstreparaturfähigkeit der Zellen. Dann kommt der Politiker und sagt, jetzt wollen wir unter diesen Wert weiter runtergehen, damit sich das auch politisch gut verkauft. Wenn bei diesem zwei Mal nach unten korrigierten Wert dann irgendwo punktuell eine Überschreitung stattfindet, dann wird das in der Presse bereits als eine Katastrophe hochstilisiert. Ein solcher Umgang mit Grenzwerten ist einer vernünftigen Handhabung von gesellschaftlichen Risiken - ich drücke es vorsichtig aus - nicht gerade förderlich.

Gustav W. Sauer: Ich möchte auf die Daten von Herrn Kröger zurückkommen. Insbesondere bezweifle ich seine Risikozahl von 10^{-4}; diese ist wohl die alte ICRP-26-Risikozahl von 1977 in der Höhe von 100 pro 10^4 Personen-Sievert. Es ist zur Zeit aber schon absehbar, dass die Risikozahl u.U. um den Faktor 10 steigt, weil auch die ICRP, jedenfalls BEIR-V zu Risikozahlen kommen, die schon jetzt jenseits von 500 pro 10^4 Personen-Sievert liegen. Dabei bedarf es gar nicht, andere Autoren zu zitieren, die weit höhere Zahlen annehmen. Wenn aber schon jetzt mit einer Erhöhung um den Faktor 10 konservativ zu rechnen sein dürfte, kann man - gegenüber den Ergebnissen der Deutschen Risikostudie Kernkraftwerke: Phase A - zwar weniger Soforttote, etwa 700 - 800, abschätzen, dafür erhält man aber eine Verdopplung der Langzeittoten infolge Krebs auf etwa 200'000. Auch hier wiederum greift die klassische Staatsaufgabe, bei neuen Erkenntnissen über strahlenbiologische Risiken nicht - um es pointiert darzustellen - zu vermitteln oder gar zu rechtfertigen, sondern sie zu minimieren. Der zweite Punkt ist, dass Herr Kröger in seiner Arbeitsgruppe den Vorschlag gemacht hat, 10^{-x} zu normieren. Diese 10^{-x} mag zwar als Zahl klein sein. Aber sie ist als absolute Auswirkung in der Abschätzung von Herrn Kröger mit der möglichen Evakuierung von 2 - 4 Millionen Menschen sehr gross. Ich glaube daher, dass das Nadelöhr Katastrophenschutz - ganz unabhängig von der Kernenergie, generell bezogen auf die gesamte industrielle Tätigkeit - für anlagenspezifische Standortentscheidungen zukünftig massgebend sein wird.

Jörg Schneider: Im Polyprojekt "Risiko und Sicherheit technischer Systeme" haben wir bewusst das Erarbeiten von regionalen Sicherheitsplänen als Rahmenaufgabe gesetzt. Ich glaube, dass ein solcher Sicherheitsplan, der die Analyse der Risiken, die Bewertung der Risiken und dann auch das Management der Risiken bis hin zur Lösung der von Herrn Sauer geschilderten Situationen enthält, uns weiterhelfen wird. Hier jedoch - meine ich - sollten wir jetzt nicht über Zahlen diskutieren. Es besteht sicher ein Dissens zwischen Herrn Sauer, Herrn Kröger und Herrn Benecke über gewisse Zahlen. In meinen Augen ist das jedoch hier völlig unerheblich. Wir sind hier in einer allgemeineren Diskussion und auf der Suche nach Antworten auf die Frage, *wie* man Antworten auf solche Fragen findet.

Wolfgang Kröger: Also, das kann mir nicht egal sein. Ich habe das eben nicht angesprochen, weil ich erst einmal die Diskussion abwarten und eigentlich auch die Mehrzahl der Teilnehmer nicht langweilen wollte. Herr Sauer hat es jetzt noch einmal angesprochen, auf eine etwas merkwürdige Art und Weise. Ich möchte gerne erklären, was hinter den Zahlen steckt, die ich gestern genannt habe, und dann wird man, glaube ich, den Unterschied in den Zahlen, die Sie im Kopf haben und die ich hier nenne, sehen und verstehen können. Die Bewertung dieser Unterschiede ist dann eine ganz andere Sache.

Jörg Schneider: Wir haben hier in der Schweiz für diese Situation ein gewisses Instrumentarium: das ist der Ordnungsantrag. Wir fragen: wollen wir uns auf die Diskussion einlassen oder nicht?

Thomas Schneider: Unsere Arbeitsgruppe ist nicht ganz unschuldig daran, dass diese Diskussion entstanden ist. Wir haben sie vom Zaun gerissen, weil uns die Hintergründe gewisser Zahlen einfach interessiert haben. Wir hatten den Eindruck, es wäre vielleicht eine gute Gelegenheit mit den verschiedenen sehr kompetenten Fachleuten dies etwas eingehender zu diskutieren und so einmal einen Expertendisput zu erleben. Ich würde als Alternative zu einer Diskussion im Plenum vorschlagen, dass man diese Fragen in einem kleineren Kreis diskutieren könnte - vielleicht ausserhalb des Seminars.

Jörg Schneider: Ich schlage vor, dass alle, die sich in diesem Sinne interessieren, heute nach dem Abend-Vortrag noch zusammenbleiben, um die Sache auszudiskutieren. Ich nehme die Akklamation als Zustimmung. Heute abend würde nach Herrn Markowitz dann zunächst Herr Kröger das sagen, was er hier sagen wollte, dann wird Herr Benecke etwas sagen und wir werden dann diskutieren.

Heidi Ivic-von Rechenberg: Herr Kröger sollte jetzt wenigstens auf die hier gehörten Vorwürfe auch hier antworten dürfen. Die Diskussion darüber könnte dann auf den Abend verschoben werden.

Jörg Schneider: Ich finde den Vorschlag gut, und der Applaus gibt Ihnen recht, Frau Ivic.

Wolfgang Kröger: Zunächst zu der Frage, die Herr Sauer hier gestellt hat. Ich möchte nur erklären, was ich mit den Zahlen erreichen wollte und wo sie herkommen. Also mir ging es darum, dass ich *hier* ein Gefühl vermittle für die Grössenordnung der Probleme, über die wir reden. Mir ging es nicht darum, das Risiko eine Kernkraftwerkes X zu quantifizieren. Das, was ich hier gezeigt habe, ist keine Unfallfolgenbestimmung auf der Basis der Ergebnisse der Phase B der Deutschen Risikostudie, das möchte ich ganz deutlich sagen; vielmehr sind Parameterstudien gemacht worden, die von mir genutzt worden sind für den heutigen Zweck. Was heisst das ganz genau und wie kann man die Unterschiede erklären, die Herr Sauer hier angesprochen hat? Also ich habe auf der Basis der Ergebnisse der Phase A zwei konkrete Unfallfolgen-Betrachtungen angestellt mit dem Unfallfolgen-Modell UFODIOD, das im Rahmen der Risikostudie Phase A entwickelt wurde und eingesetzt worden ist. Es ist dann weiter entwickelt worden bis hin zu einer 3. Version. Ich habe die letzte (B 03) genommen, die Unterschiede gegenüber der 1., der offiziell benutzten, aufweist. Die Freisetzungswerte, die ich genommen habe, liegen etwas niedriger als die Werte, die die Phase B jetzt nennt, aber nur unwesentlich. Ich habe ferner angenommen, dass die Freisetzung in Bodennähe erfolgt. Ich habe weiterhin einen Standort mittlerer Qualität vorausgesetzt (was die Bevölkerungsdichte anbelangt); es sind 115 Wetter-Situationen simuliert worden. So, die Ergebnisse jetzt nochmal an der Stelle, die von Herrn Sauer besonders angesprochen worden ist: Sie sind produziert worden auf der Basis der Dosis-Wirkungs-Beziehung der Phase A, die bei den Spätschäden zu Werten führt, die gegenüber heutigen Ergebnissen um einen Faktor 2 bis 3 zu niedrig sind. Was die Frühschäden anbelangt, so habe ich die Kurve genommen auf der Seite 292 des Hauptbandes der Deutschen Risikostudie Phase A, mit einem Schwellwert von 100 rem. Die Ergebnisse, die ich errechnet habe, weisen bei der Anzahl von Frühschäden ein Mittelwert von 3 und einen Maximalwert von 380 aus, d.h. für einen der 115 Rechenfälle ergibt sich dieser hohe Wert. Diese Unsicherheiten berücksichtigend habe ich gesagt, man habe mit einigen bis zu einigen hundert akuten Todesfällen zu rechnen. Und so kann ich jede einzelne Zahl, die hier steht, begründen. Ich mache das gerne heute abend für alle anderen Zahlen auch. Ich habe das nochmals geprüft. Es ist in dieser Betrachtungsweise kein Fehler, bzw. kein Zahlenwert ist falsch.
Die zweite 'Geschichte', die hier angesprochen worden ist, die Aussage von Herrn Benecke, möchte ich hier jetzt im einzelnen nicht wiederholen; ich möchte einfach nur darauf hinweisen, dass in den anlagentechnischen Untersuchungen der Deutschen Risikostudie Phase A transiente Ereignisse, die zu einem Schmelzen unter hohem Systemdruck führen, bereits berücksichtigt worden sind. Diese tragen massgeblich zur Kernschmelzhäufigkeit bei, grob gesagt: Etwa zwei Drittel, vielleicht die Hälfte der Kernschmelzszenarien laufen über solche Transienten. Es ist also nicht richtig, dass man den anlagentechnischen Untersuchungen der Phase A hier einen Mangel an Vollständigkeit unterstellt. Das sind Dinge, die man richtigstellen muss. Für denjenigen, der das nachlesen will: Seite 121 in dem erwähnten Hauptband; die Vereinfachung bei den phänomenologischen Untersuchungen sind auf Seite 141 zu finden. Und für diejenigen, die sich für die Parame-

tervariation interessieren (Herr Sauer, ich nehme an, das interessiert Sie): sie sind in diesem Jülich-Bericht enthalten.

Hans Reber: Die Diskrepanz bei der Grössenordnung der Verluste zeigt, dass der Ansatz nicht eindeutig ist. In der Tat hängt das Ausmass der Verluste von lokalen Verhältnissen ab, der Bevölkerungsdichte, der Anwesenheit von Personen, dem zufälligen Grad des Schutzes usw. Das Schadenausmass kann mit einiger Wahrscheinlichkeit nur abgeschätzt werden, wenn man eine Annahme für bestimmte örtliche Verhältnisse zugrunde legt. Weshalb benützt man nicht das Verfahren, in welchem wir seinerzeit zur Abschätzung der Wirkung von Atombomben ausgebildet worden sind? In einer ersten Phase geht man vom System aus und beschreibt das Gefahrenpotential anstelle des Schadenausmasses, und zwar mit einem objektiven Mass für die schadenauslösende Energie, z.B. mit rem. Gleichzeitig werden die Distanzen ermittelt, an welchen bestimmte Grenzwerte erreicht werden, oberhalb derer bestimmte Wirkungen zu erwarten sind (z.B. 100 rem in einer Distanz von 1200 m). In einer zweiten Phase überträgt man diese Werte auf das zu untersuchende Gebiet. So kann jeder selbst abschätzen, welche Verluste im Bereich "seines" AKW möglich sind. Einzubeziehen sind auch mögliche Fernwirkungen z.B. durch Verfrachtung, wie dies bei Tschernobyl der Fall war. Das Problem ist grundsätzlicher Natur: das *Gefahrenpotential* kann und sollte nur mit Einheiten der schadenauslösenden Energie und den Grenzradien bzw. dem zeitlichen und örtlichen Ablauf der erreichten Werte beschrieben werden. Zur Abschätzung des *Schadenausmasses* bedarf es weiterer Grössen, die sich aus den besonderen örtlichen Verhältnissen ergeben und äusserst komplexe Probleme bieten.

Alexis Bally: Tagesthema von heute ist die *Beschreibung* von Risiken. Herr Thomas Schneider hat uns am besten gezeigt, wie man die Beschreibung (Risikoanalyse) von Akzeptanzfragen (Risikobewertung) trennt. In der Diskussion von heute haben wir weniger von Risikobeschreibung gesprochen und viel mehr von Akzeptanz, was erst Thema von morgen ist. Heisst das, es gäbe keine Einigkeit auf dem Gebiet "Risikobeschreibung" oder wird gemeint, das Problem sei gelöst und weniger interessant?

Jörg Schneider: Ich glaube, das liegt zum Teil am Programm, das ich entworfen habe in der Vorstellung, dass wir bedächtig Schritt für Schritt vorwärtsgehen, erst die Beschreibung von Risiken diskutieren, dann zur Bewertung kommen und schliesslich bei Akzeptanz und Kommunikation landen. Hier in unserer Gruppe herrscht eine gewisse Dynamik: sie schreitet vorwärts. Ich will das nicht bremsen. Morgen ist an sich als Tagesthema Akzeptanz vorgesehen. Wir haben ganz sicher die grosse Problematik der Beschreibung verschiedenartigster Risiken und ihrer Zusammenhänge und die Probleme der Addierbarkeit von Risiken nicht ausreichend bearbeitet.

Hans-Jakob Lüthi: Also ich komme aus dem formalen Bereich, ich bin Mathematiker, und ich habe hier bis jetzt, bei allem Glauben an die formale Analyse, den Einbezug der Fantasie zur Entwicklung eigentlicher Schadenszenarien vermisst. Dabei meine ich das Denken in alternativen Zukünften: nämlich das Denken an mögliche Zukünfte, an wünschbare Zukünfte und das Denken ans "Undenkbare". Dies ist ein ausserhalb des Formalen ablaufender Prozess, wozu wir weniger analytische, sondern kreativitätserweiternde Techniken benötigen.
Zudem erscheint mir die Arbeitsteilung zwischen dem Experten, der die Analyse macht und anschliessend den Politikern ein Dokument zur "Entscheidung" vorlegt - völlig naiv. Bei dieser Arbeit ist die Einbettung der Betroffenen in den Analyseprozess ausserordentlich wichtig, sei es nur, um auf Schadensbilder, die wir als Experten nicht zu antizipieren vermögen, nicht kennen, aufmerksam zu werden. Insbesondere kommt damit auch die Akzeptanz ins Spiel, da den Experten Bilder zur Kenntnis gebracht werden, die sie bislang nicht kannten und die somit rechtzeitig in die Diskussion einfliessen können. Ich glaube, dass der konsensbildende Teil bereits bei der Problemerkennung, der Beschreibung der Schadensbilder, beginnt.
Das habe ich als beschreibenden Teil des Ist-Zustandes vermisst - der analytische Teil, der scheint mir der triviale, weil wohlstrukturierte Teil zu sein, wozu auch analytische Techniken sich kontextgerecht einsetzen lassen.

Jörg Schneider: Ich möchte das, was Herr Lüthi gesagt hat, als Schlusswort für heute stehen lassen.

3

Fragen der Risiko-Akzeptanz

Umschreibung des Themas

Risiko-Situationen werden von den Beteiligten unterschiedlich bewertet. Es fehlen allgemein anerkannte methodische Ansätze für die Festlegung von akzeptierten Risiken und von Sicherheits- und Schutzzielen. Die Bewertung ist auch von den jeweiligen Gegebenheiten abhängig und vom Grad der Verflechtung der Interessen der Beteiligten. Der Einbezug von psychologischen, sozialen, rechtlichen, politischen und ethischen Gesichtspunkte in eine verantwortungsvolle und ganzheitliche Lösung der Akzeptanzfrage ist unumgänglich. Die Festlegung von Risikogrenzen und Schutzzielen setzt im übrigen allgemein akzeptierte Massstäbe zur Messung der Effektivität und der Effizienz verschiedener möglicher Sicherheitsmassnahmen voraus.

Methodische Ansätze für die Festlegung von akzeptierten Risiken und von Sicherheits- und Schutzzielen sollen aufgezeigt und Grundsätze für ein zweckmässiges Risikomanagement formuliert werden.

Inhaltsverzeichnis

Risiko und Sicherheit technischer Systeme, Monte Verità,

J.S.: Herr Dr. Markowitz ist Privatdozent an der Universität Bielefeld und Mitarbeiter im Projekt "Risikodialog" der Hochschule St. Gallen. Seine Arbeitsschwerpunkte sind Kommunikationsforschung, vor allem im Bereich von Organisationen, dann Verhaltensforschung, vor allem im Bereich Interaktion zwischen Mensch und Maschine und schliesslich Systemforschung, vor allem im Bereich des wechselseitigen Einflusses grosser Funktionssysteme.

Technische Kompetenz und die Semantik des Risikos

Paradoxien im Verhältnis zwischen 'Technik' und 'Lebenswelt'

Jürgen Markowitz, Bottrop-Kirchhellen, BRD

1. Mensch und Technik: Ausschluss als Einschluss

Es gibt Menschen, die mißtrauen Menschen, wenn es um die Technik geht. Ein Beispiel dafür ist Prof. Rudolf Schulten, der "Vater" des Thorium-Hochtemperatur-Reaktors. Nach Schultens Ansicht ist der Betrieb des T-H-T-R völlig sicher - vorausgesetzt allerdings, daß man keinen Menschen in die Anlage läßt. Wenn nur Technik die Technik kontrolliere, sei diese Technik völlig sicher.

Der das sagt, ist selbst natürlich auch nur ein Mensch. Dieser Mensch wendet sich mit seiner Ansicht an andere Menschen. Und obwohl Menschen im Zusammenhang mit Technik nach Schultens Urteil unzuverlässig sind, sollen andere Menschen diesem Menschen doch glauben, daß er ein zuverlässiges Urteil über die Technik treffe, nämlich: sie sei völlig sicher.

Prof. Schulten erinnert mit seiner Auffassung sehr stark an die sogenannte "Paradoxie des lügenden Kreters". Generationen von Studenten haben in Vorlesungen zur logischen Propädeutik diese Geschichte zu hören bekommen. Erinnern Sie sich? Ein Kreter sagt: "Alle Kreter lügen". Er raubte mit diesem Diktum Legionen von nachgeborenen Logikern die beschauliche Ruhe ihres Denkens. Denn wenn die Zuhörer dem Kreter glauben, daß alle Kreter lügen, dürfen sie ihm nicht glauben, weil auch er ein Kreter ist. Wenn der Satz des Kreters wahr ist, daß alle Kreter lügen, muß der Satz falsch sein - weil er wahr ist ... Zwischen dem Kreter und dem Physiker lassen sich also verblüffende Analogien beobachten.

Eigentlich kann man nur staunen, wie schlicht das wissenschaftliche Denken bis vor kurzem auf solche Probleme reagiert hat. Wenn ein Gedanke in eine Paradoxie führte, so galt er als falsch konzipiert, sozusagen als Holzweg des Denkens. Man ließ den Gedanken einfach fallen und suchte sich einen neuen Ansatz. Anspruchsvoller war der Vorschlag, den der britische Philosoph Bertrand Russell machte. Russell meinte, man müsse paradoxe Aussagen in verschiedene Ebenen unterteilen. Er nannte sie Objekt-Ebene und Meta-Ebene. Die Meta-Ebene ist sozusagen eine Tribüne. Dort werden die Aussagen formuliert. Unterhalb der Tribüne liegt die Objekt-Ebene. Die hat sich gefälligst passiv zu verhalten und die Aussagen von der Tribüne herab über sich ergehen zu lassen. Der Kreter, der sagt, daß alle Kreter lügen, wird von Sir Bertrand also auf die Tribüne gesetzt. Der britische Earl, der politisch dem linken Flügel der Labour Party nahestand, denkt sich die Logik aristokratisch, nämlich hierarchisch.

Vor allem in der modernen Systemforschung hat sich der Vorschlag des englischen Mathematikers mit dem Nobelpreis für Literatur als nicht überzeugend erwiesen. Gegenwärtig schlagen die Systemtheoretiker sich deshalb mit dem nervenden Problem herum, wie Paradoxien angemessen zu behandeln seien. Ich glaube, man übernimmt sich nicht, wenn man angesichts der bisher vorliegenden Forschungsergebnisse sagt: Manche Paradoxien sind keine Defekte des Denkens, sondern höchst reale Phänomene, hinter denen sich bislang kaum beachtete Problemzonen verbergen.

Ein Beispiel dafür ist der vorhin erwähnte Prof. Schulten mit seinem so eigenwillig konzipierten Verhältnis von Mensch und Technik. Seine Lösung der Mensch/Technik-Paradoxie entspricht Russells Ebenen-Theorie: Man schneidet die Paradoxie einfach auseinander und ordnet die entstehenden Teile verschiedenen Ebenen zu. Auf den konkreten Fall bezogen: Man muß die Menschen nur konsequent von den technischen Anlagen fernhalten. Aber diejenigen, die das machen, stehen den Anlagen natürlich nahe, oder?

Der aktuelle Stand erkenntnistheoretischer Bemühungen - zum Beispiel in den Arbeiten von Gotthard Günther oder von George Spencer Brown - zeigt uns an, daß Paradoxien nicht als Glasperlenspiel von Esoterikern angesehen werden dürfen, sondern als basale Bestandteile all jener Systeme zu akzeptieren sind, die ein Verhältnis zu sich selbst unterhalten. Das gilt für alle rückgekoppelten Systeme, das gilt vor allem für menschliches Bewußtsein und für soziale Kommunikation. Auf unseren Fall, also die Relation Mensch-Technik angewandt, heißt das: Der Ausschluß des Menschen aus der Technik ist nur paradox zu haben. Denn gelöst werden kann die Relation offenkundig nie. Der Ausschluß ist somit eine bestimmte Art des Einschlusses. Ethisch zum Beispiel: Auch wenn man alles Menschliche von einer Anlage fernhält, so ist dies eben die menschliche Art des Umgehens mit der Anlage. Verantwortlich bleibt der Mensch in jedem Fall.

2. "Kommunikative Katastrophe"

Diese Gedanken sollten nicht als Plädoyer gegen angewandte Technologie ausgelegt werden. Ich plädiere nicht gegen, sondern für etwas. Ich möchte die Aufmerksamkeit darauf lenken, daß zwischen technischer Kompetenz einerseits und kommunikativer Kompetenz andererseits eine fatale Lücke klafft. Wir sind in unserer Kultur zwar bereit, uns allergrößten Anstrengungen zu unterwerfen, wenn es darum geht, die geeigneten intellektuellen Mittel zu beschaffen, um technische Probleme zu lösen. Die psychischen, vor allem aber die kommunikativen Voraussetzungen des Umgangs mit neuen Technologien hinken der technologischen Dynamik jedoch weit hinterher.

Das wird empirisch deutlich, wenn man sich zum Beispiel Untersuchungen ansieht, die Sprachforscher über Regierungs- oder Behörden-Verlautbarungen im Gefolge technischer Großunfälle wie etwa Tschernobyl oder Sandoz angestellt haben. Verschweigen, Verharmlosen, Beschönigen, Verwirren, das sind - in einem ganz verblüffenden Ausmaß - die Ergebnisse solcher Untersuchungen. Das gar nicht seltene Resumée derartiger Studien formuliert der Sprachwissenschaftler Hans Jürgen Heringer: "Für einen Linguisten ist es verblüffend, wie Tschernobyl zeigt, daß unsere kommunikativen Fähigkeiten und Standards überhaupt nicht ausreichen, mit dieser technischen Entwicklung fertigzuwerden". Der Autor bezeichnet das, was er untersucht hat, als "eine kommunikative Katastrophe". Ein Beispiel? Vier Tage nach dem Ausbruch des Reaktorbrands in Tschernobyl verkündete der deutsche Innenminister Friedrich Zimmermann im Namen der Bundesregierung: "Wir sehen keine Gefährdung der deutschen Bevölkerung. Wir sind 2000 Kilometer vom Unfallort entfernt".

Wenn man sich solche und ähnliche Phänomene vor Augen führt, erscheinen die Ansichten von Rudolf Schulten vielleicht in einem anderen Licht. Womöglich hat der Physiker nur zum Ausdruck bringen wollen, daß wir zwar sehr viel über kernphysikalische Prozesse wissen, daß unsere Kenntnisse über das menschliche Verhalten jedoch vergleichsweise gering ausgebildet sind. Diesem Urteil wird man kaum widersprechen wollen. Verblüffend bleibt allenfalls Schultens Empfehlung: Er rät ja nicht dazu, die Human- und Sozialforschung so zu forcieren, daß ein ähnliches Niveau entsteht, wie es in den Naturwissenschaften bereits erreicht ist. Schultens Empfehlung geht gar nicht in diese Richtung; sie klingt ganz im Gegenteil fast agnostizistisch, so, als könne oder solle man im Bereich des Humanen und Sozialen mit Forschung sowieso nicht viel ändern.

Solch eine Haltung findet man nicht eben selten. Und genau das stellt die Sozialforschung vor beträchtliche Probleme. Denn ohne Kooperationsbereitschaft der Nachbar-Professionen ließe sich die Sozialforschung sicherlich nur langsamer weiter entwickeln, als die interdisziplinäre Kooperation das ermöglicht. Der springende Punkt ist die erforderliche Analytik. Wenn wir soziale Prozesse - zum Beispiel den Betrieb technischer Anlagen, zum Beispiel die öffentlichen Diskussionen drum herum - besser verstehen wollen als bisher, dann müssen wir solche Prozesse dekomponieren. Wir müssen sie in ihre elementaren Bestandteile zerlegen, um zu sehen, wie diese Elemente zusammenwirken. Die Schwierigkeiten, die in diesem Zusammenhang entstehen, markieren - ich zögere nur wenig, bevor ich das sage - sie markieren eine grundlegende Umorientierung. Wir stehen vor der folgenschweren Entscheidung, ob wir - wie bisher auch - die Sphäre des Humanen und des Sozialen gewissermaßen unter 'kognitiven Naturschutz' stellen wollen, oder ob das analytische Vermögen auch diese Bereiche durchdringen soll. Im ersten Affekt wird vermutlich jeder von uns auf diese Frage mit einem Nein reagieren - vor allem dann, wenn er zumindest ungefähr ahnt, welche sozio-kulturellen Folgen diese Art der Analytik aufwerfen könnte. Was in diesem Problemzusammenhang auf dem Spiel steht, hat der Frankfurter Sozialphilosoph Jürgen Habermas "Kolonisierung der Lebenswelt" genannt. Die hochgetriebene sozialwissenschaftliche Analytik wird mit Sicherheit das verändern, was in der Nachfolge des Philosophen und Mathematikers Edmund Husserl als Lebenswelt bezeichnet wird. Erlauben Sie mir, dieses Phänomen kurz zu beleuchten.

3. Zur Funktion der "Lebenswelt"

Lebenswelt ist die Welt aus der Sicht des alltäglichen menschlichen Lebens. Sie beruht auf einem Wissen aus bewährter Praxis. Lebenswelt ist die Welt der eigenen Erfahrungen, ist entworfen "aus der Teilnehmerperspektive handelnder Subjekte". Sie wird in anschaulichen und praxisnahen Begriffen gefaßt. Lebenswelt ist die Welt der problemlosen, unbefragten, selbstverständlichen Geltungen. Lebenswelt ist die Welt in meiner Reichweite, ist meine Welt, ist die mir verständliche, ist die Welt in meiner, in unserer Sprache. Lebenswelt ist die Welt, wie sie im Licht meiner Hoffnungen, meiner Wünsche, meiner Bedürfnisse, meiner Sehnsüchte, aber auch meiner Fähigkeiten erscheint. Lebenswelt ist der Routine-Grund des täglichen Lebens. Erst im Besitz dieser Lebenswelt kann der alltäglich lebende Mensch die Erwartung hegen, seine Existenz aus eigener Kraft und Kompetenz fristen zu können.

Lebenswelt als der Inbegriff persönlich geprägter Deutungen und Bedeutungen verkörpert also das, was man als die bewährte und vertraute Semantik der alltäglichen Praxis bezeichnen kann. Persönlich geprägt und alltäglich bewährt, das bedeutet aber nicht, Lebenswelt sei als Privatwelt zu betrachten. Lebensweltliche Semantiken entstehen vielmehr im ständigen kommunikativen Austausch mit jenen Menschen, mit denen man alltäglich lebt. Nicht zuletzt dieser dauernde Austausch, also das vielfältige gemeinsame Meinen, kann Lebenswelt als die Welt überhaupt, als objektiv richtig erfaßte Welt erscheinen lassen.

Lebenswelt, das war - in historischer Rückschau - zum Beispiel die Welt, in der sich alles um die Erde drehte. Man nannte diese Anschauung später Geozentrismus. Lebenswelt war dann auch die Welt, in der die Sonne den Mittelpunkt bildete. Dieser sogenannte Heliozentrismus hatte erbitterte Streitereien zu bestehen, bevor er allgemeine Anerkennung fand. Immerhin widersprach der Heliozentrismus jedem unmittelbaren Augenschein. Ein vernünftiger Mensch konnte doch wohl sehen, daß Sonne, Mond und Sterne sich um die Erde drehten - und nicht umgekehrt. Man hat später die Hartnäckigkeit, mit der der Geozentrismus verteidigt wurde, als einen Beweis der menschlichen Eitelkeit kommentiert. Diese Auffassung halte ich nicht für überzeugend. Meiner Ansicht nach ging es nicht um eitle anthropozentrische Vormacht-Ansprüche - durch wen sollten die wohl bedroht gewesen sein? Es ging vielmehr darum, die Gültigkeit des Prinzips unmittelbar eigener Anschauung sowie den Wert der selbständigen Deutung eigener Erfahrung zu verteidigen gegenüber den merkwürdigen und unverständlichen Deutungsansprüchen weltfremder Gelehrter und Philosophen. Es ging nicht zuletzt auch darum, das Prinzip Lebenswelt zu retten, also etwas zu verteidigen, was man heute als den gesunden Menschenverstand bezeichnen würde.

Man wird sich nach solch einem Exkurs nicht lustig machen wollen über lebensweltliche Semantiken, auch wenn die überholten Selbstverständlichkeiten im nachhinein oft zum Schmunzeln anregen, zuweilen aber auch Entsetzen auslösen mögen. Die Semantik der Lebenswelt ist unentbehrlich. Wer das bezweifelt, wird sich kaum dafür interessieren, ob Menschen sich in ihrer Welt selbstbewußt zu Hause fühlen können.

4. Die problematische Unterscheidung von Experte und Laie

Ich möchte jetzt zurückkehren zum Problem des Verhältnisses zwischen Mensch und Technik. Lassen Sie mich zunächst darauf aufmerksam machen, daß ich bislang nicht versucht habe, mich als "Brückenbauer" zu betätigen. Ich habe nicht versucht, über pfeilerartige Wesensbestimmungen zu argumentieren, habe keine Philosophie der Technik etwa im Sinne eines Arnold Gehlen oder eines Friedrich Jonas bemüht, habe auch nicht in einer durch Technik herausgeforderten Anthropologie geblättert. Als Soziologe ist mir diese Art des Zugriffs verwehrt. Mein Objekt ist die Gesellschaft oder sind einzelne soziale Prozesse in ihr. Als Soziologe bestimmt man keine Verhältnisse, sondern man beobachtet und beschreibt, wie in der Gesellschaft Verhältnisse bestimmt werden. Als Beispiel habe ich den Naturwissenschaftler Schulten gewählt und beschrieben, wie er das Verhältnis zwischen Mensch und Technik beschreibt. Dabei hat sich gezeigt, daß Schultens Beschreibung in einer Paradoxie landet: Verhältnis als Nicht-Verhältnis sozusagen. Diese Beobachtung ist mit der Bemerkung verknüpft worden, daß Schulten nicht einfach ein Fehler unterlaufen ist, sondern daß alle selbstbezüglichen Operationen sich unvermeidlich in Paradoxien verfangen. Wenn man das weiter aufhellen will, muß man analytische Verfahren entwickeln, wie sie bisher im Bereich der Human- und Sozialwissenschaften, vor allem aber im Bereich der sozialen Praxis völlig unüblich sind, analytischen Verfahren - so möchte ich deutlich hinzufügen -, die sich mit lebensweltlichen Orientierungen nicht ohne weiteres vertragen.

Im nächsten Schritt habe ich zu begreifen versucht, woran es liegen könnte, daß eine enorm entwickelte technologische Kompetenz eingebettet ist in eine eher bescheiden zu nennende soziale Praxis. Dabei habe ich mich bemüht, einen nicht selten zu beobachtenden Fehler zu vermeiden. Ich habe nicht gesagt: Seht hier die exzellenten Techniker und dort den schlecht belichteten Rest der Welt. Am Beispiel des THTR-Konstrukteurs sollte vielmehr deutlich werden, daß die eklatante Kluft zwischen den Kompetenzen keine Kluft zwischen verschiedenen sozialen Schichten ist, sondern in den einzelnen Köpfen vorkommt. Um diese bemerkenswerte Disparität zu verstehen, habe ich auf das Phänomen der Lebenswelt zurückgegriffen. Es besagt - um noch einmal zu wiederholen -, daß wir Menschen uns ein Bild von unserer Welt aus der Perspektive handelnder Subjekte machen, daß die Deutungen und Bedeutungen, also die Semantiken, die dabei entstehen, praxisbezogen und anschauungsnah sind. Auch hier sollte ich vielleicht noch einmal betonen: Lebensweltliche Semantiken findet man nicht nur bei den "kleinen Leuten". Wir alle, auch die größten Spezialisten unter uns, orientieren uns neben unseren Spezialitäten nach dem Muster der Lebenswelt. Vielleicht darf ich - um ein weiteres Beispiel zu geben - an einen Ausspruch des bedeutenden Chirurgen Ferdinand Sauerbruch erinnern. Gefragt, ob er an eine unsterbliche Seele glaube, lautete seine Antwort: Obwohl er mit seinem Skalpell schon jede Region des menschlichen Körpers erkundet habe, sei ihm nirgendwo so etwas wie eine Seele begegnet. Ich vermute, daß sich selbst eingefleischten Materialisten unter den Philosophen angesichts dieser Antwort die Haare zu Berge sträuben.

Das Problem der Akzeptanz ist nach meiner Auffassung ganz wesentlich durch die Disparität der Kompetenzen geprägt. Damit meine ich aber nicht, daß man auf ein und denselben Sachverhalt in lebensweltlicher oder in Spezialisten-Manier zugreifen kann, also nach dem Muster von Experte und Laie. Es geht meiner Auffassung nach nicht so sehr darum, daß zu viele Menschen zu wenig von Technik verstehen. Es geht - glaube ich - mehr darum, daß wir alle noch zu wenig von der sozialen Praxis verstehen. Über Expertise ist nicht all zu viel erklärt. Denn große Unterschiede in Sachen Akzeptanz findet man ja nicht nur zwischen Experten und Laien. Wer das annimmt, ist genötigt, zum Beispiel Greenpeace als eine Schaar von Laien-Schauspielern zu qualifizieren - und er verriete damit nur ein beträchtliches Ausmaß an Unkenntnis. Nein, die Differenz von Experte und Laie leistet nicht sehr viel bei dem Versuch, die großen Unterschiede im Akzeptanz-Verhalten zu begreifen.

5. Vom "Fortschritt" zum "Risiko"

Wie kann man statt dessen ansetzen? Vielleicht hilft es weiter, sich erst einmal klar zu machen, daß der Ausdruck Akzeptanz ein Relationsbegriff ist. Er bezeichnet im hier diskutierten Zusammenhang eine bestimmt geartete Relation zwischen Mensch und Technik, sozusagen eine positive Beziehung. Soziologisch kann man diese Beziehung jetzt präziser fassen und kann sagen: Akzeptanz bedeutet unter anderem, daß Technik und Alltag, daß Expertenwelt und Lebenswelt sich wechselseitig nicht in die Quere kommen, ja, mehr noch: daß in beiden so verschiedenartigen Weltentwürfen ein zumutbarer Platz für die je andere Variante vorhanden ist.

Aber wie soll Technik, wie soll eine extrem hochrationalisierte Expertenwelt Platz finden können in einer lebensweltlichen Orientierung, die doch gerade dadurch bestimmt ist, keine besonderen Anforderungen an die Informationsbeschaffung sowie an das Denk-, Abstraktions- und Vorstellungsvermögen zu stellen? Der Einschluß von Technik in lebensweltliche Zusammenhänge kann offenkundig nur paradox, nämlich nur als Ausschluß geleistet werden. Lebensweltlich verwendbar - heißt das mit anderen Worten - ist nur ein nichttechnischer Begriff von Technik. Aus dieser Überlegung resultiert eine empirisch gerichtete Frage, nämlich die: Mit welchen Semantiken wird dieser "Einschluß- Ausschluß" alltäglich vollzogen? Welche Inklusionsformeln haben sich in unserer Kultur gebildet? Wenn man darauf die richtigen Antworten findet, hat man vielleicht einen systematischen Ort erreicht, von dem aus sich das Problem der Akzeptanz weiterreichend als bisher überblicken läßt.

Sieht man sich im alltäglichen Sprachgebrauch um, dann braucht man nach den gängigen Formeln nicht lange zu suchen. Bis vor mehr oder weniger kurzer Zeit ist Technik über die Semantik des Fortschritts in den Lebenswelten der meisten Sprachgemeinschaften vertreten gewesen. Fortschritt war die dominierende Inklusionsformel. Allerdings hat sich das - wie wir alle wissen - seit dem Erscheinen des Berichts des Club of Rome langsam aber stetig geändert. Die Fortschrittssemantik ist nach und nach abgelöst und durch eine ganz andere, nämlich durch die Risiko-Semantik ersetzt worden. Für die meisten Menschen in unseren Breiten - das belegen alle einschlägigen Studien - ist Technik inzwischen gleichbedeutend mit Risiko. Risiko fungiert als die neue Inklusionsformel. Risiko ist die Formel, über die Technik untechnisch in die Lebenswelten eingeschlossen wird, über die sie als Technik also ausgeschlossen wird.

6. Vor Überredungskünsten wird gewarnt

Wer sich im Interesse der Technik um eine vorbehaltlosere Akzeptanz bemüht, als sie gegenwärtig gegeben ist, der richtet seine Anstrengungen womöglich darauf, an der Semantik des Risikos zu feilen. Ein Beispiel bietet der Text eines Vortrags, den Albert Kuhlmann, Vorsitzender der Geschäftsführung des TÜV Rheinland sowie Honorarprofessor an den Universitäten Trier und Kaiserslautern, aus Anlaß ihres 600. Geburtstags in der Universität Köln gehalten hat: "Technik mit hoher Effizienz und hohem Risiko-Potential bedeutet in der Regel auch eine hohe Wertschöpfung. Auf sie können wir mit Blick auf die globale Entwicklung der Bevölkerungszahl nicht verzichten" Das Argument ist zwar glatt paradox gebaut: Um den Erhalt der Bevölkerung zu sichern, müssen wir die Bevölkerung gefährden. Diese Konstellation aber irritiert den Autor offenbar nicht. Und auch das Fest-Publikum, dessen Diskussionsbeiträge ebenfalls im Vortragsband enthalten sind, zeigt sich völlig unberührt. Vielleicht deshalb, weil Kuhlmann der Paradoxie den Versuch einer Entparadoxierung bereits vorangestellt hatte? Die klingt folgendermaßen: Der Umgang mit Risiken ist nicht riskant. Natürlich wird nicht in dieser 'paradoxen Eindeutigkeit' formuliert. Kuhlmann entparadoxiert mit Hilfe einer bemerkenswerten Unterscheidung: "Ich sage ausdrücklich Risikopotential und nicht Risiko. Dieses Risikopotential als Möglichkeit von Gefahren wird erst dann zu einem Risiko, wenn es nicht beherrscht wird."

Diese Art des Einsatzes für mehr Akzeptanz dürfte ihren Zweck vor einem weniger festlich gestimmten Publikum wohl eher verfehlen. Sie zeigt an, daß die eben angesprochene Inklusion nicht nur aus der Sicht der Lebenswelt zu Problemen führt. Akzeptanz ist keine Einbahnstraße. Nicht nur Lebenswelt muß sich um Technik, auch Technik muß sich um Lebenswelt bemühen. Sie läuft sonst nämlich Gefahr, sich "bockige" Reaktionen einzuhandeln, etwa nach dem Muster: Ein Risiko ist ein Risiko und nicht kein Risiko. Technische Kompetenz wird der Semantik des Risikos mit rhetorischen Schnörkeln nicht gerecht. Technische Kompetenz läßt sich als diese Art von Kompetenz nur dann für die Semantik des Risikos öffnen, wenn sie begreift, daß Risiko-Semantik nicht funktionslos vagabundiert - also nicht mit dem Netz argumentativer Finessen eingefangen werden kann -, sondern in ganz bestimmten kommunikativen Verwendungszusammenhängen vorkommt und darin genau angebbare Funktionen erfüllt. Darauf wird man sich einstellen müssen, wenn man verständigungsorientiert, also mit Aussicht auf Kompromißbereitschaft agieren will.

Eine dieser Funktionen der Semantik des Risikos habe ich vorhin bereits kurz beschrieben, als von den Inklusionsformeln die Rede war. Sie erinnern sich: Risiko als der aktuelle Inbegriff für den lebensweltlichen Bezug auf Technik. Ich möchte zum Schluß meines Beitrags noch kurz eine weitere kommunikative Funktion der Semantik des Risikos diskutieren.

7. Über den Zusammenhang von Technik und Wirtschaft

Ausgangspunkt für das, was jetzt folgen soll, ist nicht die Technik, sondern ist die Wirtschaft in unserer Gesellschaft. Es gehört zu den selbstverständlichen alltäglichen Gegebenheiten, daß man sich eine Vorstellung davon bildet, welche Funktion die Wirtschaft erfüllt, welche Bedeutung sie für das Leben der Menschen hat. Die Antwort dürfte klar sein: Die Wirtschaft dient der Sicherung künftiger (und insofern immer auch: noch unspezifizierter) Bedürfnisbefriedigungen. Daraus läßt sich die Schlußfolgerung ziehen: "Die Funktion, für die Wirtschaft ausdifferenziert wird, hat es ... mit der Umwandlung von Unsicherheit in Sicherheit zu tun, und zwar Sicherheit in Bezug auf all das, was jeweils als Bedürfnis gefaßt (werden) wird". Deshalb kann man auch sagen, daß "Geld nichts anderes ist als disponible Zukunft..." (Niklas Luhmann).

Die Funktionsbestimmung der Wirtschaft prägt auch die der einzelnen Unternehmungen: "Von Wirtschaftsorganisationen kann man ... nur sprechen, wenn Organisationssysteme eingesetzt werden, um über die unmittelbare Aktivität und deren Sinn hinaus einen Beitrag zu einer noch unbestimmten Zukunftssicherung gegenwärtig schon zu erwirtschaften". Diese Funktion der Zukunftsvorsorge haben die Unternehmungen nicht nur im Hinblick auf ihr eigenes Überleben, sondern für die gesamte Gesellschaft zu übernehmen.

Zukunftsvorsorge heißt konkret: Überwindung von Knappheit. Das wird ökonomisch "durch Zugriff auf knappe Güter" erreicht, die dadurch - für andere - noch knapper werden. Beseitigung von Knappheit vermehrt Knappheit. Das Haben des einen ist das Nicht-Haben aller anderen - eine höchst folgenreiche Paradoxie. Sie hat in der geschichtlichen Entwicklung zunächst die entstehenden Produktionsorganisationen der Wirtschaft außerordentlich folgenreich strukturiert: Haben wurde zu Eigentum an Produktionsmitteln, zu "Kapital", Nichthaben gedieh zu dessen Korrelat, zur Abhängigkeit von "Lohnarbeit". Auf der Systemebene der Produktionsorganisationen mit ihren scharf geschnittenen Bedingungen der formalen Mitgliedschaft hat das Knappheitsparadox, hat das, was Karl Marx den Widerspruch zwischen Lohnarbeit und Kapital nannte, außerordentlich effektvolle Sozialsysteme nach sich gezogen. Auf der gesamtgesellschaftlichen Ebene jedoch entzündeten sich die heftigsten Konflikte. Von hier aus entstanden ganz andere Organisationen resp. das, was zwar reichlich ungenau, aber um so folgenreicher als "Klassen" etc. bezeichnet wurde. Für das Prozessieren aller Beteiligten, also jenseits der einzelnen Produktionsorganisationen, hatte das Knappheitsparadox somit höchst ambivalente Konsequenzen.

Wenn das große Gesellschaftsspiel um Haben und Nicht-Haben dennoch weiter gespielt werden sollte, dann mußte das "Knappheitsparadox" aufgelöst, es mußte handhabbar gemacht werden. Das geschah mit Hilfe der Wachstumssemantik. Das Knappheitsparadox geriet so aus dem Blick. Das vom Haben der einen erzeugte Nicht-Haben der anderen verliert dann viel von seiner polemogenen Potenz, wenn das allgemeine Wirtschaftswachstum für alle Beteiligten einen Zuwachs an Haben verheißt. Die "Wirtschaftswunder"-Gesellschaften der Nachkriegszeit standen ganz im Zeichen einer Entwicklung, die die Differenz von Haben und Nicht-Haben als ein Funktionsprinzip erscheinen lassen konnte, als etwas, das wie ein treibender Motor wirkt und nicht wie ein destruktiver "Grundwiderspruch". Auf der Basis eines rasanten Wirtschaftswachstums wurde die marxsche Klassenkampf-Semantik von dem liberalistischen Konkurrenzprinzip abgelöst. Durch die Erwartung des ständigen Wachstums läßt sich das haben-bedingte Nicht-Haben aus der sozialen Gegensätzlichkeit herausheben und in die Zeitdimension verschieben: Wegen des anhaltenden wirtschaftlichen Wachstums werden wir alle auf längere Sicht mehr haben usw. Inzwischen ist jedoch deutlich geworden, daß die über Zuwachs entparadoxierte Wirtschaft in eine neue Paradoxie gerät. Ständiges Wachstum der Wirtschaft führt - vor allem wegen der naturwissenschaftlich-technischen Produktionsverfahren - zu einer immer stärkeren Belastung der ökologischen Lebensgrundlagen. Der Einsatz immer folgenreicherer Technologien macht es zunehmend schwierig, die Effekte solchen Einsatzes abzusehen und/oder zu beherrschen. Unter der Voraussetzung ständigen Wirtschaftswachstums wird folglich die gegenwärtige Sicherung der Zukunft zu einer Verunsicherung zukünftiger Gegenwarten. Die über Wachstum betriebene Entparadoxierung führt also in eine neue Paradoxie. Neben das Knappheitsparadox tritt damit ein weiteres, das Ökoparadox. Und es ist offenbar dieses Paradox, das zu einem breiten Aufschwung des Begriffes Risiko führt. Die Risiko-Semantik, so lautet meine These, übernimmt im gesellschaftlichen Wechselspiel die Aufgabe, das Öko-Paradox zu entparadoxieren.

Die gegenwärtige Sicherung der Zukunft gefährdet nicht nur zukünftige Zukunft, sondern womöglich gar schon zukünftige Gegenwart. Diese zeitfundierte Paradoxie färbt auf die Sozialdimension zurück. Typische Formulierung: Wir leben auf Kosten zukünftiger Generationen. Unser Mehr ist deren Weniger. Das gegenwärtige Absichern unserer Zukunft führt zur Unsicherheit zukünftiger Gegenwarten anderer Menschen, nämlich der Lebenschancen unserer Nachkommen - womit auf dem Weg über die ökologischen Folgen auch das erste, also das Knappheits-Paradox wieder aufscheint, nämlich: Durch Produktion von Sicherheit wird Gefährdung erzeugt.

8. Die Fehleinschätzung der Risiko-Wahrnehmung

Es ist vielleicht nicht ohne Nutzen, an dieser Stelle inne zu halten und sich zu vergegenwärtigen, weshalb die klassische Logik darauf bestand, Paradoxien auszuschließen, sie als Denkfehler zu etikettieren und der Psyche anzukreiden. Der Grund dafür ist einerseits denkbar simpel, andererseits von herausragender Bedeutung sowohl für Bewußtsein wie für Kommunikation: Man kann an Paradoxien nicht sinnvoll anschließen. Aufgrund der 'Gleich-Gültigkeit' von A und Non A ist keine nachvollziehbare Entscheidung darüber möglich, woran weitere Operationen anknüpfen sollen: an A oder an sein Gegenteil. An beides zugleich jedoch kann nicht angeknüpft werden, es sei denn, man entschließt sich, die zweiwertige Logik preiszugeben. Paradoxien, heißt das mit anderen Worten, blockieren jegliches Sinnprozessieren, ganz gleich, ob im einzelnen Bewußtsein oder in der Kommunikation. Paradoxien sind gewissermaßen unerträglich; aber leider sind sie nicht unwirklich. Das erkenntnistheoretische Verbot und die Zurechnung als psychische Fehlleistung erweisen sich im Licht der modernen Systemforschung als eine Variante des Umgangs mit Paradoxien, als ein - in den aktuellen Problemzusammenhängen nicht mehr überzeugender - Weg der Entparadoxierung.

Ein Durchmustern von Fällen der Kommunikation über Risiken zeigt, daß die zugrundeliegenden Paradoxien offenbar von Gottes Zorn verursacht werden. Wer sich auf sie bezieht, verbrennt sich die Finger, ganz gleich, wie er es auch dreht oder wendet. Andererseits kommt kein großes System ohne identitätsfixierende Funktionsbeschreibungen aus. Sowohl diejenigen, die am liebsten alles abschalten möchten, wie auch diejenigen, nach deren Äußerungen Risiken eigentlich gar nicht riskant sind, schließen willkürlich an das Öko-Paradox an, können gar nicht anders, weil Paradoxien jeden sinnorientierten Anschluß blockieren. Keine der beiden Seiten ist mit ihrer Strategie der anderen überlegen, weder die rationalisierende Wirtschaft, noch die moralisierenden Alternativen.

Kommunikationsmodelle in Sachen Risiko-Dialog haben vor allem und zuerst von dem Faktum des Öko-Paradoxes auszugehen. Denn genau darin liegt ihre Notwendigkeit begründet. Solche Modelle werden gebraucht, weil Vorschläge fehlen, die besagen, wie man - dialogorientiert - mit jener Kontingenz umgehen kann, von der jeder Anschluß an eine Paradoxie gekennzeichnet ist. Die erste Empfehlung solcher Modelle sollte lauten: Hände weg von allen Tricks. Selbst die wendigsten unter den Zeitgeist-Spezialisten werden sich die Feder verbiegen, wenn sie die Kontingenz zu leugnen versuchen. Wer in dieser Sache bei ihnen argumentieren läßt, zieht deshalb sofort Motivverdacht auf sich. Davon könnte die Liste der Fehler-Typen einen lebhaften Eindruck vermitteln, die wir gegenwärtig in unserem Projekt "Risiko-Dialog" zusammenstellen, auf die ich aus Gründen der Zeit hier aber nicht weiter eingehen möchte .

Aus sich heraus zu überzeugen vermag keine Art des Anschlusses an eine Paradoxie. Man kann die eine Seite des Paradoxes als Bezugspunkt für anschließende Kommunikationen wählen, ebenso gut aber auch die andere Seite. Beide Optionen sind gleichermaßen ungenügend, da sie den paradoxalen Zusammenhang zerreißen und zu notwendig einseitigen Optionen führen. Entweder sind wir dann eigentlich alle schon tot. Oder die ganze Öko-Debatte ist nichts als pure Hysterie. Es ist nicht ohne Pikanterie zu sehen, daß selbst dieser augenfällige Befund nicht dazu geführt hat, die zugrunde liegende Paradoxie zu thematisieren. Die über Risiko-Semantiken geleitete Entparadoxierung treibt vielmehr eine Reihe von Verfahrensweisen hervor, die anscheinend problemlos mit der Erfahrung der extrem breit streuenden Anschlüsse fertig werden. Ein viel beschworenes Stichwort lautet "Risiko-Wahrnehmung". Man ordnet das auffällige Faktum der unterschiedlichen kommunikativen Anschlüsse - gemäß erkenntnistheoretischer Tradition - in den Bereich psychischer Unzulänglichkeit ein und hat - politisch gesprochen: auf der Linken wie auf der Rechten gleichermaßen - die Möglichkeit gewonnen, Andersmeinende in die Ecke zu stellen: maßlose Übertreibungen, völlige Unkenntnis der Zusammenhänge, Profitgier, buntscheckige Spinnerei etc.

Aber was nimmt man wahr, wenn man wahrnimmt, daß Risiken unterschiedlich wahrgenommen werden? Was ist mit dieser Art Wahrnehmung von Wahrnehmung gewonnen? Ein Bezugspunkt für Versuche des Versachlichens? Wie sollte das geschehen? Kommt die Verschiedenartigkeit des Wahrnehmens durch Verzerrungen zustande? Sind es Wahrnehmungsfehler, psychische Defekte, die zu den Unterschieden führen? Ist dann Versachlichung als Aufklärung, als Anleitung zu richtigem Sehen gedacht? Wer bestimmt dabei, was richtig ist? Sicherlich nicht irgendeine Autorität. Bestenfalls 'die Sache selbst'. Die aber ist paradox konstituiert. Also? Man landet, wie man es auch dreht oder wendet, immer wieder beim Problem der Paradoxie. Gerade eine sich über ihren

Sinngebrauch kontrollierende Wahrnehmung macht immer wieder diese Erfahrung. Das wird auch in nicht-wissenschaftlichen Zusammenhängen an den verschiedensten Stellen immer wieder einmal gesehen und formuliert. Beispiel: "Je komplexer die Systeme werden, desto wahrscheinlicher wachsen ihre zweckfeindlichen Folgen ... Produktivkräfte verwandeln sich in Destruktivmächte, Planung gerät zur Störung, Machtsteigerung mehrt die Ohnmacht, Rationalisierung schlägt um in Unvernunft". Und dann die entscheidende Frage: "Wie aber sollten wir, die Geprellten, unter solch geknickten Umständen uns noch vernünftig verhalten - sozusagen nach dem Ende aller Eindeutigkeit?" (Ludwig Hasler).

Das genau ist der Punkt: Es geht nicht um angemessene oder unangemessene Wahrnehmung - das mag hier oder da zu Problemen führen; es geht im Fall von Paradoxien um etwas wesentlich Grundsätzlicheres, nämlich um prinzipielle Störungen im Sinnprozessieren: Das Streben nach Sicherheit erzeugt Unsicherheit; die Steigerung von Rationalität ist Ursache wachsender Unvernunft usw. Deshalb ist die Frage nur zu berechtigt: Wie soll das einzelne Bewußtsein, wie soll Kommunikation sich sinnhaft orientieren, wenn das, wonach man strebt, eben dadurch, daß man danach strebt, in sein genaues Gegenteil umschlägt?

9. Das "Zeitalter der zweiten Hilflosigkeit"

Eben diese fundamentalen Blockaden des Sinnprozessierens durch Paradoxien sind es, die das Kommunizieren über Risiken so außerordentlich erschweren. Irritationen für das Sinnprozessieren wurden lange Zeit und werden noch immer über Verbieten, über Ignorieren, über Diffamieren und dergleichen verhindert. Diese Art der Entparadoxierung ist uns heute nicht mehr möglich. Erstens deshalb, weil wissenschaftlich erkannt worden ist, daß alle selbstreferentiell operierenden Systeme durch eine basale Paradoxie gekennzeichnet sind. Zweitens deshalb, weil lebenspraktisch immer deutlicher wird, zu welchen handfesten Folgen diese System-Paradoxien führen. Damit aber ist der grundlegende Modus sowohl des psychischen wie auch des sozialen Prozessierens, nämlich die Sinnorientierung, vor bislang ungelöste Probleme gestellt.

Was das handfest bedeuten kann und womit die Akzeptanz-Problematik es zu tun bekommen wird, das möchte ich zum Schluß an einem makabren Beispiel illustrieren. Der Philosoph Peter Sloterdijk hat beobachtet, daß Kritiker der aktuellen technischen Entwicklung in Großunfälle die Hoffnung setzen, die öffentliche Meinung werde dadurch zum Umdenken veranlaßt, eine Katastrophendidaktik gewissermaßen. Sloterdijk schildert: "Was Katastrophendidaktik bedeutet, ist für mich erstmals in den Tagen des Reaktorunfalls von Harrisburg auf Three Mile Island 1979 einschneidend deutlich geworden.Während damals der außer Kontrolle geratene Reaktor kochte und man den Atem anhielt, ob die Höllenmaschine in die Luft fliegen würde, beobachtete ich bei mir selbst und vielen anderen ein unheimliches Phänomen. Natürlich konnte sich niemand über die Verwüstungen im unklaren sein, die eine Explosion des Meilers nach sich gezogen hätte, auch konnte niemand garantieren, daß die Vorstellung sicherer räumlicher Entfernung vom Geschehen bei Unfällen solchen Typs ihren herkömmlichen Sinn behalten würde. Dennoch: Es lag in den Tagen von Harrisburg eine Option zugunsten der Katastrophe in der Luft, man verspürte eine listige Sympathie mit den explosiven Substanzen in dem Reaktorgehäuse. Es war, als ob die tödlich strahlenden Massen nicht nur eine physikalische Größe darstellten, sondern auch eine kulturkritische Botschaft enthielten, die es verdient hätte, freigesetzt zu werden. Die kleine immoralistische Neurose angesichts des defekten Atommeilers war darum nicht nur eine milieuspezifische Perversität, nicht nur Zeichen von Pyromanie oder Beleg für die makabre Neigung des menschlichen Nervensystems, sich durch immer stärkere Reize Erregungsgewinn zu verschaffen. In ihr kam eine ganze Denkweise mit ihrer schillernden Fragwürdigkeit zutage. Die Option für den Knall war ja ihrer Logik nach nichts anderes als eine pädagogische Hypothese über die didaktischen und gesinnungswandelnden Energien, die von wirklich geschehenden Katastrophen ausstrahlen". Und sein Fazit: "... wir beobachten mit einer Ratlosigkeit, die eher Urvölkern als Spätkulturen anstünde, wie auf der Passivseite des modernen Alleskönnens ein Zeitalter der zweiten Hilflosigkeit heraufzieht".

10. Laienhafter Umgang mit dem "Laien"

Ich kehre - um mit einer Perspektive, also mit einer Eröffnung zu schließen - am Ende noch einmal zurück zu der Relation zwischen technischer Welt und Lebenswelt. Wenn das Verhältnis zwischen diesen beiden so verschiedenen Orientierungs- und Handlungsformen so gestaltet werden soll, daß man es mit dem Ausdruck Akzeptanz überschreiben kann, dann ist vielleicht folgender Gedanke nicht ganz nutzlos: Technik-Akzeptanz ist keine symmetrische Relation. Der vielleicht folgenreichste Unterschied zwischen den beiden Seiten besteht darin, daß die lebensweltliche Orientierung in sich keinen Begriff von sich selbst enthält. Lebensweltliche Orientierung ist keine reflektierte Orientierung. Sie ist ja alles das, was sich von selbst versteht. Beobachtungen und Beschreibungen der Lebenswelt können folglich nie in lebensweltlicher Einstellung, sie können nur von außerhalb angestellt werden.

Wenn die Technik beobachtet, in Form welcher Deutungen und Bedeutungen sie selbst in der Lebenswelt vorkommt, dann beobachtet sie Lebenswelt in nicht-lebensweltlicher Einstellung, also von außen. Das ist an sich eine gute Voraussetzung. Aber versucht die Technik dabei auch, mehr zu sehen, als nur die lebensweltlich unzureichenden Deutungen ihrer selbst? Versucht sie, den Deutungszusammenhang, also das soziale Phänomen Lebenswelt insgesamt zu begreifen? Natürlich hat lebensweltliche Orientierung in der Technik selbst keinen Platz. Die hier geforderte Expertise schließt solch eine Art der Verhaltensstruktur aus. Aber wie wird der Ausschluß vollzogen? Wie gehabt, nämlich nach dem Muster von Experte und Laie? Ist das die Art, in der das Auszuschließende - als Auszuschließendes - eingeschlossen wird? Ist Laie die beherrschende technische Inklusionsformel für Lebensweltliches, so wie Risiko die dominante lebensweltliche Inklusionsformel für Technisches ist?

Man spürt es - finde ich - förmlich auf der Zunge, daß eine so konzeptualisierte Relation fürs Befördern von Akzeptanz nicht besonders dienlich ist. Wie wäre es, wenn das, was die Technik so sehr auszeichnet - also vor allem die Bereitschaft zur intellektuellen Strapaze - wenn also das in der Technik so reichlich vorhandene intellektuelle Potential auch dazu genutzt würde, den Kontakt mit der Lebenswelt nicht als ausgeschlossenen Einschluß, sondern als eingeschlossenen Ausschluß zu betreiben?

Was ich in diesem statement sagen wollte, hat der Psychologe Ernst von Glasersfeld viel kürzer, nämlich in drei Sätzen geäußert, in denen er das Programm des radikalen Konstruktivismus vorstellt: "Grundlegend" - sagt von Glasersfeld - "ist ... die These, daß wir die Welt, die wir erleben, unwillkürlich aufbauen, weil wir nicht darauf achten - und dann freilich nicht wissen -, wie wir es tun. Diese Unwissenheit ist alles andere als notwendig. Der radikale Konstruktivismus behauptet, ... daß wir die Operationen, mit denen wir unsere Erlebenswelt zusammenstellen, weitgehend erschließen können, und daß uns dann die Bewußtheit des Operierens ... helfen kann, es anders und vielleicht besser zu machen".

Diskussion

Carlos Ospina: Das Tagesthema von heute hiess Beschreibung von Risiko. In dieser Hinsicht möchte ich ganz einfach fragen: Was halten Sie selber als das grösste Risiko, mit dem wir heute konfrontiert sind? Ich mache darauf aufmerksam, dass wir gleichzeitig Fachleute und Bürger sind, Sie und wir alle. Zweitens: die Frage nach der Definition von Angst, was heisst Angst?

Jürgen Markowitz: Also, der Reihe nach: Grösstes Risiko? Ich möchte gern zwei Arten von Risiken nennen. Das erste ist das Risiko, dass der monetäre Weltwirtschafts-Verbund kollabiert. Die Wahrscheinlichkeit dafür ist ziemlich gross. Die Folgen wären verheerend; Hungertote in einem entsetzlichen Ausmass. Das vagabundierende Kapital an den Börsen hat ein unvorstellbares Ausmass angenommen. Die Bilanz zwischen dem, was für den Zahlungsverkehr gebraucht wird, und dem, was in spekulativer Absicht vagabundiert, ist erstaunlich unausgeglichen.

Jörg Schneider: Darf ich einwerfen: das ist meiner Definition nach auch ein vom Menschen geschaffenes und betriebenes technisches System und damit Thema dieser Veranstaltung.

Jürgen Markowitz: Mich wundert es immer wieder, dass dieses Risiko in der Öffentlichkeit nicht diskutiert wird. Das zweite Risiko, das mich sehr nachdenklich macht, lässt sich so beschreiben: Wir können beobachten, dass die soziokulturelle Entwicklung ganz offenkundig nicht steuerbar ist. Die grossen Funktionssysteme - also Wirtschaft, Politik, Wissenschaft usw. - haben sich in einer Weise selbständig gemacht, die doch sehr irritiert. Nicht wegen bestimmter Zustände dieser Systeme, sondern wegen ihrer Dynamik. Wenn man diesen Gedanken verlängert und sich klar macht, dass wir überhaupt nicht wissen, wie in diese Dynamik eingegriffen werden kann, dann sieht es doch ziemlich makaber aus. Das ist meine Antwort auf ihre erste Frage.
Zu Ihrer zweiten Frage - nach der Angst - möchte ich mich nicht mit einer Definition äussern, sondern lieber sagen, worin ich die Funktion von Angst sehe. Ich glaube, dass Angst eine archaïsche Aufgabe hat, nämlich die, zur Flucht zu entsetzen oder zu heftigen Reaktionen zu veranlassen. Angst, denke ich, ist dazu da, Schutzverhalten zu aktivieren. Mit Angst reagiert man wohl vor allem dann, wenn man eine Bedrohung nicht klar durchschaut. Angst ist ein spontanes Empfinden. Man kann Angst weder begründen noch erklären. Wenn jemand sagt, er habe Angst, so kann man ihm das nicht ausreden wollen - etwa nach der Art: Du irrst Dich, in Wirklichkeit hast Du gar keine Angst. Angst wird deshalb oft als Begründung dafür vorgebracht, weshalb man sich gegen eine bestimmte Technologie ausspricht. Für die Kommunikation über Risiken bildet Angst ein ebenso grosses Problem wie Freiheit von Angst. Denn beide Gefühle lassen sich nicht begründen. Wer in der Kommunikation mit dem Haben oder Nicht-Haben von Angst agiert, kann deshalb nur auf Solidarisierung oder auf Kampf setzen, aber nicht auf Argumentation.

Reinhard Gubler: Vor einiger Zeit erschien in der Neuen Zürcher Zeitung die Stellungnahme von Thomas Becker, einem Mitarbeiters des Gottlieb Duttweiler Instituts, zu den sozialwissenschaftlichen Grundlagen des Projekts Risiko-Dialog von St. Gallen. Inhaltlich gesehen zog er nach meinem Verständnis die wissenschaftlichen Grundlagen des Projekts vehement in Zweifel. Da der Artikel ausgiebigen Gebrauch von sozialwissenschaftlichem Jargon macht, ist er zunächst für nicht Eingeweihte bezüglich der tieferen Bedeutung schwer verständlich. Der Gebrauch von Jargon dient erfahrungsgemäss nicht immer nur der besseren Erklärung, ein Vorwurf, der hier ausdrücklich nicht auf die Sozialwissenschaften gemünzt sein soll. Wie wir im technischen Bereich machen sich ja auch die Sozialwissenschaftler ein Denkmodell der betrachteten Verhältnisse und gegebenheiten. Der "Graubereich" von Denkmodellen im technischen Bereich wurde hier bereits mehrfach angesprochen. Ich möchte diesen Ball jetzt den Sozialwissenschaftlern zurückspielen und nach dem "Graubereich" sozialwissenschaftlicher Denkmodelle fragen.

Jürgen Markowitz: Mit ihrer Bemerkungen über den Jargon sprechen Sie einen problematischen Bereich an. Da geht es uns nicht anders als Ihnen auch. Ingenieure beobachten und beschreiben komplizierte Sachverhalte. Und sie brauchen dazu eine geeignete Sprache. Die ist dann für Laien nicht mehr verständlich. In den Sozialwissenschaften ist es ebenso. Der Unterschied jedoch liegt im Forschungsgegenstand. Wenn Sie Technisches kompliziert beschreiben, nimmt Ihnen das niemand übel. Wenn wir hoch komplexe soziale Zusammenhänge beschreiben und dabei neue Begriffe bilden müssen, werden wir für sozialwissenschaftliche Laien unverdaulich. Sie brauchen die Ergebnisse Ihrer Arbeit den Laien nicht mit Worten zu präsentieren; Sie liefern Geräte und Gebrauchsanweisungen. Wir, die wir uns mit Kommunikationssystemen befassen, können die Ergebnisse unserer Arbeit natürlich nicht in Form von Apparaten und auch nicht als Gebrauchsanweisungen, sondern nur in der Form von Kommunikation an die Öffentlichkeit geben. Da wir aber nicht einfach nur Altbekanntes mit neuen Worten verkleiden, sondern im Verhalten und in der Kommunikation neue Sachverhalte entdecken, für die es logischerweise keine vertrauten Worte geben kann, müssen wir neue Begriffe entwickeln, die man nicht einfach in alltägliche Sprache übersetzen kann. Wie man die Ergebnisse sozialwissenschaftlicher Analysen an die analysierte Praxis zurückgeben kann, ist ein bislang ungelöstes Problem. Eine der Besonderheiten unseres Forschungsprojekts Risiko-Dialog besteht darin, gemeinsam mit unseren Partner-Unternehmen an genau diesem Problem zu arbeiten.

Konrad Osterwalder: Es fällt mir schwer zu verstehen, welche Bedeutung Sie den Paradoxien zumessen wollen. Sicher spielen Paradoxien in unserem Leben eine wichtige Rolle, aber vielleicht gerade im umgekehrten Sinn, als Sie es sehen. Ich meine, im Gegensatz zur klassischen Logik, sind Paradoxien für die meisten Menschen in ihrer Lebenswelt etwas durchaus akzeptables. Gerade dies ist eines der Probleme unserer Zeit: dass Paradoxien in den Lebenswelten der meisten Leute allzusehr akzeptabel sind. Herr Caccia hat dies heute morgen in der Diskussion dargelegt am Beispiel des Abfallproblems: Alle wehren sich gegen Deponien und gleichzeitig ist niemand bereit, mit dem Konsum zurückzugehen. Das ist doch eine Paradoxie aus der Lebenswelt und die meisten Leute sind bereit, damit zu leben.
Jetzt habe ich noch eine leichtgewichtige Bemerkung: Ich glaube nicht, dass eine Paradoxie darin besteht, dass Ereignis "A" und Ereignis "nicht A" gleich wahrscheinlich sind. Mit einem Würfel eine gerade Zahl zu werfen ist gleich wahrscheinlich wie eine ungerade Zahl zu werfen. Eine Paradoxie ist dies doch wohl nicht.

Jürgen Markowitz: Nein. Und auch der Fall, in dem jemand zwar Auto fahren, zur selben Zeit jedoch eine saubere Umwelt will, ist meiner Meinung nach nicht als eine Paradoxie anzusehen. Ich möchte Sie bitten, einmal zu überprüfen, ob wir nicht scharf trennen müssen zwischen Paradoxien und Widersprüchen. Widerspruch heisst für mich, dass ein Sachverhalt einen anderen Sachverhalt negiert, mit ihm gewissermassen im Streit liegt. Der Widerspruch erfordert zwei Sachverhalte oder Objekte. Eine Paradoxie jedoch ist dadurch gekennzeichnet, dass in der Bestimmung eines einzigen Sachverhalts eben diese Bestimmung und zugleich deren eigene Negation enthalten sind. Der Sachverhalt des Umweltschutzes und der Sachverhalt des Konsums können in Widerspruch zueinander geraten. Das ist keine Paradoxie. Wenn aber beim Streben nach materieller Sicherheit eben durch dieses Streben zugleich Unsicherheit erzeugt wird, dann ist das eine Paradoxie. In einem Betrieb werden Arbeitsplätze abgebaut, um Arbeitsplätze zu sichern - auch das ist eine Paradoxie.

Konrad Osterwalder: Lassen Sie mich ein zweites Beispiel anführen, das schwieriger ist, weshalb ich gezögert habe, davon zu sprechen. In religiösen Diskussionen wird von gewissen Denkrichtungen sehr betont, dass der Begriff Gott in sich paradox ist, beispielsweise weil das Böse und das Gute aus dem Selben kommt, oder weil Gottes Sohn Mensch geworden ist (Kierkegaard, Barth, etc.). Und das ist doch etwas, mit dem viele Generationen über Jahrhunderte hinweg gelebt haben, ja sie haben sogar Erbauung gefunden in diesem Gedanken. "Wer dem Paradoxen gegenüber steht, setzt sich der Wirklichkeit aus" sagt Friedrich Dürrenmatt im Anhang zu den Physikern. Ich glaube schon, dass Paradoxien in unserer Lebenswelt durchaus akzeptabel sind.

Jürgen Markowitz: Der Begriff Lebenswelt, wie er von dem Philosophen und Mathematiker Edmund Husserl ausgearbeitet wurde, meint nicht den asphaltierten Alltag oder sonstige materielle Gegebenheiten. Mit dem Namen Lebenswelt bezeichnet Husserl die grundlegenden Orientierungsmuster, mit denen Menschen sich alltäglich in ihrer Welt zurechtfinden. Lebenswelt meint die routinierte Orientierung, die ohne besondere Anstrengungen zustande kommen kann, gleichsam als eine unbemerkt bleibende Begleiterscheinung des alltäglichen Lebensvollzugs. Lebenswelt birgt in sich den Anspruch der Menschen, die Welt nach Massgabe ihrer Erfahrungen und ihrer Kompetenz zutreffend auslegen zu können. Experten der verschiedenen Fachrichtungen haben - zumindest für ihren speziellen Bereich, für den von ihnen beackerten Weltausschnitt - wesentlich kompliziertere Deutungen, als man sie lebensweltlich vorfindet. Expertensichten und lebensweltliche Deutungen lassen sich deshalb zumeist nicht in Einklang miteinander bringen.

Hans H. Siebke: Sie hatten in Ihrem Vortrag einen Begriff verwendet, der in unserer bisherigen Diskussion noch nicht vorgekommen ist: "der Kompromiss". Der Kompromiss hat in unserer deutschen Denkweise eine schlechte Presse, weil er meist mit dem Adjektiv "faul" verbunden wird. Meine Frage: Haben Sie Anhaltspunkte für eine Methode zur sachgerechten Kompromiss-

findung. Ich habe darüber nachgedacht im Zusammenhang der Kompromissfindung bei der Formulierung internationaler bautechnischer Regelwerke. Das Problem entstand immer im Zusammenhang mit Kommunikationsfragen. Wenn Fachleute mit einem Auftrag zur Vereinheitlichung in ein Gremium delegiert werden, beobachtet man folgende Situation. Man setzt sich zusammen, einer steht auf und erklärt: "Die Vereinheitlichung ist sofort zu erreichen, wenn man so verfährt, wie wir es bei uns zu Hause machen. Einigen wir uns darauf, so haben wir unseren Auftrag erfüllt." Die übrigen Teilnehmer nicken zustimmend und befinden: "Ja, aber...". Mit diesem "aber" trifft man sich über Jahre an den schönsten Orten Europas, ohne einen Schritt weiter zu kommen. Hier wurde gegen eine einfach zu formulierende soziologische Regel verstossen: "Im Vereinheitlichungsprozess müssen *alle* ihre bisherige Position in Frage stellen".
Ich meine, es müsste eine Methode gesucht werden, die Kompromissfindung zu fördern. Kommunikationsprobleme müssten nach einheitlichem Muster analysiert werden. Danach müsste deutlich werden, welche gemeinsame Richtung anzustreben wäre, damit sich alle Teilnehmer möglichst wenig aus ihrer angestammten Richtung herausdrehen müssen. Darüberhinaus ist zu fragen, ob eine totale Einförmigkeit überhaupt wünschenswert sei. Ein Problemfeld sollte vielmehr nach den in Frage kommenden Parametern aufgeteilt werden, sodass Bereiche entstehen, in denen sich die Betroffenen wiederfinden können. Diese Bereiche werden unterschiedlich dicht besetzt sein. Die Werte der dicht besetzten Felder werden zur Kompromisslösung erklärt, die leeren Felder werden in Zukunft nur in Übereinstimmung aller besetzt und die Werte der dünn besetzten Bereiche werden als Auslaufwerte behandelt.
Kommunikationsprobleme entstehen auch zwischen den Entsendenden und dem Gesandten. Bei beschränkter Zuständigkeit des Gesandten können vielfach nur die Entsendenden über Schwierigkeiten hinweghelfen. Hierzu ist eine Verständigung über den Stand der Kompromissfindung zwischen den Mitgliedern des Gremiums und deren Vorgesetzten nötig. Je systematischer der Stand der Kompromissfindung beschrieben werden kann, umso schneller ist ein tragfähiger Kompromiss zu erreichen.
Meine Frage an die Soziologie ist daher: Gibt es für die Kompromissfindung nachvollziehbare Methoden, um gezielter als bisher zu Erfolgen zu kommen.

Jürgen Markowitz: Nachvollziehbare Mechanismen? Wir sind in unserem Projekt von der Erfahrung ausgegangen, dass der Risiko-Dialog besonders problematisch ist, wenn er zwischen Angehörigen verschiedener Systeme geführt werden muss, also wenn zum Beispiel Wirtschaftler, Politiker, Wissenschaftler und Kirchenvertreter über Risiken kommunizieren. Sobald man genau beobachtet, kann man sehen, dass jeder dieser verschiedenen Repräsentanten seine Kommunikationsbeiträge an unterschiedlichen Maximen orientieren muss: Das, wozu der Unternehmensvertreter ja sagt, muss sich rechnen, sonst besteht sein Unternehmen nicht mehr lange. Wenn der Politiker aus dem Auge verliert, dass seine Beiträge zur Kommunikation über Risiken bei seinen Wählern auf Gegenliebe stossen müssen, bleibt er ganz sicher nicht lange an der Macht. Die Beiträge des Wissenschaftlers müssen sich an den etablierten Massstäben der Erkenntnistheorie orientieren, sonst steht seine Reputation auf dem Spiel usw. Kurz gesagt müssen die verschiedenen System-Repräsentanten ihre Beiträge an unterschiedlichen Kommunikationsmedien orientieren: an Geld, an Macht, an Wahrheit etc. Tun sie das nicht, bekommen sie mit Sicherheit Schwierigkeiten und setzen ihre Mitgliedschaft im System aufs Spiel. Und gegenwärtig ist kein Kommunikationsmedium in Sicht, das zwischen den eben genannten Teil-Medien vermitteln könnte. Wenn das so ist, dann stellt sich natürlich die Frage, ob es denn wenigstens in der Zukunft so etwas wie ein Supermedium geben und was man zu dessen Entwicklung beitragen könnte. Das ist eine der Problem-Zonen, auf die sich die Forschung in unserem Projekt richtet.

Marianne Gronemeyer: Ich hätte zwei Anmerkungen: Als ich die Beschreibung von Lebenswelt hörte, da war mir manches vertraut, als kenne ich es von der Subsistenzdiskussion her. Es würde mich interessieren, worin sich Lebenswelt und Subsistenz unterscheiden. Es schien so, als ermögliche die Lebenswelt eine routinierte Handhabung und Vertrautheit, als sei dort auch so etwas wie Daseinsmächtigkeit möglich. Eben das will ich in Zweifel ziehen, dass die Lebenswelt von den in ihr lebenden Menschen aus eigenen Kräften erhalten und gestaltet werden kann.
Und das zweite was ich sagen will, hängt direkt zusammen mit Konsens und Dissens. Sind Sie wirklich auf Dissens aus, oder nehmen sie ihn nur in Kauf als Durchgangsstadium, um doch Konsens zu erreichen? Man könnte sich ja auch eine Kommunikation vorstellen, ich halte sehr viel von ihr, deren Ziel nicht mehr einmal ist, Konsens herzustellen, sondern die zum Ziel hätte, die Dissense immer präziser herauszuarbeiten und mit Sorgfalt und Genauigkeit aufrecht zu erhalten. Vorbildlich geführte Dissens-Gespräche führen nicht in eine gemeinsame Handlung, sondern in eine gemeinsame Unterlassung. Es wäre also über Konsens und Dissens nachzudenken in einem Sin-

ne, dass Dissens in bestimmten Bereichen des Diskurses nicht nur ein Durchgangsstadium zum Konsens ist, sondern dass Dissens wirklich eine eigene Diskussionsqualität hat und Ziel von Gespräch sein kann. Noch einmal: Ziel des Gesprächs ist dann nicht das gemeinsame Tun, sondern die Entscheidung darüber, was auf der Basis von Dissens alles nicht getan werden darf

Jürgen Markowitz: Lebenswelt auch als Daseinsmächtigkeit? Lassen Sie es mich auf Handlungsmächtigkeit, besser noch: auf Handlungsvermögen reduzieren. Ihre Frage so zurecht gerückt, denke ich schon, dass zur eigenen Lebenswelt die ungetrübte Erwartung gehört, seine Existenz aus eigener Anstrengung heraus fristen zu können und nicht vollständig auf andere, zum Beispiel auf Experten angewiesen zu sein. Wenn sich die Gesellschaft so entwickelt, dass die Menschen sich nicht mehr als handlungsmächtig erleben, dann wird sich unsere Kultur sehr nachhaltig ändern - und das wohl nicht in einem positiven Sinn.
Was Sie, Frau Gronemeyer, zu Konsens und Dissens sagten, hat mich sehr beeindruckt. Bei Ihnen wird sehr deutlich, dass Verständigung nicht einfach mit Konsens gleichgesetzt werden darf. Sie wecken die sonst nur schwer zu gewinnende Vorstellung, dass Verständigung in manchen Lebensbereichen den Dissens viel notwendiger braucht als den Konsens. Die Art, in der Sie über Verständigung sprachen, gleicht ziemlich genau den Gedanken, die wir uns in unserem Projekt Risiko-Dialog dazu gemacht haben.

J.S.: Herr Dr. Niehaus hat promoviert in Reaktortechnik. Er ist seit 15 Jahren bei der International Atomic Energy Agency (IAEA) in Wien tätig als Leiter der Abteilung Sicherheitsanalysen, die sich mit Betriebssicherheit, Störfallanalysen, probabilistischen Risikoanalysen und - vergleichen befasst. Sein Hauptaugenmerk gilt zur Zeit der Frage der Nachrüstung bzw. Abschaltung der alten Kernenergieanlagen im Ostblock.

Versuche zur Definition eines akzeptablen Risikos - Das Beispiel der Kernenergie

Friedrich E. Niehaus, Wien, Österreich

1. Einleitung

Ursprünglich wurde "sicher" durch technische Prinzipien (z.B. Redundanz, Diversität, fail safe) und durch auf Erfahrung beruhende Sicherheitszuschläge zu den rein technisch notwendigen Dimensionierungen bestimmt. Zusätzlich wurden Störfälle angenommen, die durch die Auslegung der Anlage beherrscht werden müssen. Für trotzdem auftretende Vorfälle wurden entweder Schuldige gesucht, oder sie wurden als unvorhersehbar (Akt Gottes) eingestuft. Durch das Gefährdungspotential moderner Grosstechnologien wurde es notwendig, den deterministisch definierten Begriff Sicherheit durch eine probabilistische Beschreibung zu ergänzen. Eine Vielzahl von Studien hat sich in diesem Zusammenhang mit der Kernenergie beschäftigt. Die verschiedenen Ansätze werden im folgenden in chronologischer Reihenfolge zusammengefasst.

2. Die Farmer-Kurve

WASH-740 [1] gab eine Abschätzung des Maximalschadens durch Reaktorunfälle, die hauptsächlich Auswirkungen auf Kriterien für Reaktorstandorte hatte. Es wurde aber ersichtlich, dass die Abschätzung eines Maximalschadens ohne eine Bewertung durch die zugehörige Wahrscheinlichkeit nicht ausreicht, um die Sicherheit technischer Systeme zu beschreiben. Farmer [2] schlug deshalb eine Schadensbegrenzungskurve für ein gesellschaftliches Risiko durch die Kernenergie vor. Freisetzungen von Jod-131 wurden als Indikator für Gesundheitsschäden an der Bevölkerung mit Auftrittswahrscheinlichkeiten verbunden. Damit schwerwiegende Unfälle zu einem geringeren Erwartungswert des Schadens (d.h. dem Produkt von Wahrscheinlichkeit und Auswirkungen) führen sollten als leichtere Unfälle, gab er seiner Kurve eine Steilheit von -1.5 in einem doppellogarithmischen Koordinatensystem. Um zu vermeiden, dass das Integral unter einer solchen Begrenzungskurve (d.h. der Erwartungswert des Schadens) unendlich wird, wurde die Kurve später als eine Wahrscheinlichkeitsdichte-Funktion interpretiert.

3. Die Beziehung zwischen Risiko und Nutzen

Im Gegensatz zu einem solchen normativen Ansatz untersuchte Starr [3] das Risikoverhalten der Bevölkerung gegenüber Technologien aus historischer Perspektive und glaubte, folgende Regeln für ein akzeptables Risiko ableiten zu können:

1. Das akzeptable Risiko wächst mit der 3. Potenz des Nutzens.
2. Risiken, denen man sich freiwillig aussetzt, dürfen um einen Faktor 1000 höher sein als solche, denen man unfreiwillig ausgesetzt ist.
3. Unfreiwillige Risiken werden auch ohne Nutzen akzeptiert, wenn sie geringer sind als das Risiko, durch natürliche Katastrophen (Erdbeben, Stürme, Überflutungen, etc.) umzukommen ($<10^{-10}$ pro Jahr). Unfreiwillige Risiken werden nicht akzeptiert, ganz gleich wie hoch der Nutzen sein mag, wenn sie grösser sind als das durchschnittliche Risiko, durch Krankheit umzukommen ($>10^{-6}$ pro Jahr).

4. Gewichtete Erwartungswerte

Obwohl in [4-6] Risiko als Erwartungswert (d.h. als Produkt aus Wahrscheinlichkeit und Folgen) definiert wurde, besteht doch überwiegend die Ansicht, dass das Produkt aus geringen Wahrscheinlichkeiten und grossen Konsequenzen kein geeignetes Mass darstellt. Die oben zitierte Farmer-Kurve berücksichtigt dies durch eine grössere Steilheit als -1 in doppellogarithmischen Koordinaten. Eine ausführliche Argumentation gegen die Verwendung der Produktformel wurde zuerst in [7] gegeben. Okrent [8] hat deshalb einen gewichteten Erwartungswert E_{ed} vorgeschlagen:

$$E_{ed} = \sum_i \text{Probability}_i * \text{Early Death}^{\alpha}$$

und empfahl einen α-Wert von 1.2. Das bedeutet, dass für ein typisches Kernkraftwerk oder einen Industriekomplex wie Canvey Island der gewichtete Erwartungswert um etwa einen Faktor 5 erhöht wird. Ein α-Wert von 1.5 führt zu einem Faktor um 50 und α=2 zu etwa 5000. In [9] wurde dargelegt, dass die Entwicklung des Flugverkehrs einen α-Wert von 1.6 - 1.8 nahelegt. Die US ACRS (Advisory Committee for Reactor Safety) schlug Grenzwerte für einen gewichteten Erwartungswert vor ($\alpha = 1.2$, $E_{ed} < 0.4$ und 2 pro 10^{10} kWh als Zielwert respektive Obergrenze). Für Spätfolgen wurden ungewichtete Grenzwerte vorgeschlagen.

5. Der kanadische Ansatz

Die oben zusammengefassten Vorschläge wurden weit diskutiert und an Beispielen überprüft, aber nie in die Realität umgesetzt. Lediglich in Kanada wurden probabilistische Sicherheitskriterien eingeführt. Die "single and dual failure criteria" bestehen auch heute noch: eine Wahrscheinlichkeit von 3×10^{-1}/a für das Versagen eines Betriebssystems mit einer maximalen Ganzkörperdosis für einen Anrainer von 0.5 rem, und 1×10^{-3}/a für das Versagen eines Betriebs- *und* eines Sicherheitssystems mit einer Dosis von 25 rem. Dieser Ansatz ist dann später in anderen Ländern und durch die ICRP [10] in eine "criterion curve" ausgeweitet worden, die einen stetigen Zusammenhang zwischen den Eintrittswahrscheinlichkeiten und maximaler Individualdosis herstellt. Die verschiedenen Vorschläge sind in [11] zusammengestellt worden, aber nur Argentinien hat einen solchen Ansatz verwirklicht.

6. Perzeptionsstudien

Die von Starr postulierten Gesetzmässigkeiten wurden von vielen Seiten heftig kritisiert. Insbesondere ergaben Umfragen, dass kein ausgeprägter Zusammenhang zwischen wahrgenommenem Nutzen und wahrgenommenem Risiko besteht [12] und dass das wahrgenommene Risiko sich erheblich vom statistischen oder errechneten Risiko unterscheidet. Psychometrische Studien [z.B. 13] führten zur Beobachtung unterschiedlicher Risikodimensionen (durch Faktorenanalyse), die einen direkten Vergleich verschiedener Risiken in Frage stellten. Andere Untersuchungen ergaben, dass die persönliche Einstellung zu Energieversorgungs- und anderen Technologien nicht so sehr durch das Risiko, sondern durch das persönliche (konservative, liberale, soziale) Wertemuster zu erklären war.

7. Risikovergleiche

Gleichzeitig konzentrierten sich viele Studien auf einen Vergleich der Risiken des gesamten Brennstoffkreislaufs verschiedener Energieversorgungstechnologien von der Förderung des Brennstoffs bis zur Abfallagerung. Zusammenstellungen sind in [14-17] gegeben. Neuerdings ist das Interesse an solchen Vergleichen wieder gestiegen. Ausgelöst von den lange vorhergesagten Problemen (Bevölkerungswachstum, Umweltschäden, Klimaänderung, Anstieg des Energieverbrauchs, Schulden der Entwicklungsländer) und neuen Problemen (Osteuropa, Golfkrieg), scheint sich ein neues Bewusstsein auszuprägen, nämlich dass man in Alternativen denken muss, um akzeptable oder tolerierbare Risiken zu definieren.

8. Probabilistische Sicherheitskriterien (PSC) für Kernkraftwerke

Für Risikovergleiche ist es notwendig, das Risiko grosser technischer Anlagen quantitativ abzuschätzen und probabilistische Sicherheitskriterien festzulegen, die einen zuverlässigen Beitrag in der Bewertung von Alternativen leisten. Probabilistische Sicherheitsabschätzungen (PSA) sind heute zu einem festen Bestandteil des Konzeptes nuklearer Sicherheit geworden. Die Methodik aus [4] ist verbessert und standardisiert [18] worden. In Erweiterung des kanadischen Ansatzes hat zuerst die US NRC qualitative und quantitative Risikokriterien ("safety goals") eingeführt [19], die Individualrisiko ($<5x10^{-7}$ pro Jahr) und Gesellschaftsrisiko (Krebsrisiko $<19x10^{-4}$ pro Jahr) festlegen. Sie werden durch Wahrscheinlichkeiten für grosse Freisetzungen ($<10^{-6}$ pro Jahr) komplettiert. Ein ursprünglich vorgesehenes Sicherheitsziel für Kernschmelzunfälle ($<10^{-4}$ pro Jahr) und eine Kosten-/Nutzen-Richtlinie ($ 1000/man-rem) wurden nicht verwirklicht. In den Niederlanden [20] sind die weitgehendsten PSC eingeführt worden (Bild 1).

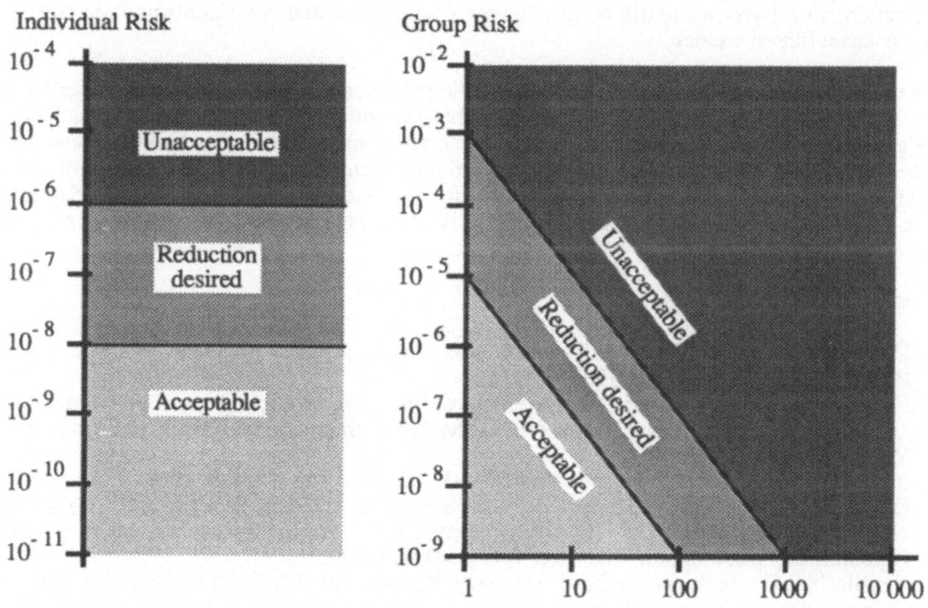

Bild 1: Probabilistische Sicherheitskriterien in den Niederlanden

Risk Measure	Target (point values*)	Comment
individual risk	10^{-6}/site year	prompt fatalities
large off-site release	10^{-6}/reactor year	has severe social implications
core damage	10^{-5}/reactor year	no single accident sequence with significant contribution includes external hazards

* mean values, if calculated, otherwise any other representative central value

Tabelle 1: Probabilistische Sicherheitskriterien für moderne Kernkraftwerke

In England sind durch die UK HSE [21] Werte für das maximal tolerierbare Risiko für Werktätige (10^{-3} pro Jahr) und die Bevölkerung (10^{-4} pro Jahr) vorgeschlagen worden. Es wird davon ausgegangen, dass die deterministisch festgelegten Sicherheitsstandards für moderne Reaktoren ein Sicherheitsniveau beinhalten, das die Wahrscheinlichkeit für unkontrollierte Freisetzungen kleiner als 10^{-6} pro Jahr werden lässt.

International werden die in Tabelle 1 zusammengestellten PSC durch die IAEO vorgeschlagen [22]. Es war bisher nicht möglich, sich international auf PSC für das gesellschaftliche Risiko (siehe Beispiel der Niederlande) zu einigen.

9. Ausblick

Die Ansätze zur Beschreibung eines akzeptablen Risikos sind im wesentlichen im Zusammenhang mit der Frage der Akzeptanz der Kernenergie verfolgt worden. Risikountersuchungen und die Festlegung von PSC haben den Sicherheitsstandard von Kernkraftwerken verbessert. Sie haben auch bewusst gemacht, dass absolute Sicherheit nicht erreichbar ist. Damit ist die Kernenergie zum Symbol eines Lern- und Umdenkprozesses mit der dazugehörenden Polarisierung in der Bevölkerung geworden. Wird aufgrund der oben angesprochenen Probleme der Weltenergieversorgung die Notwendigkeit der Nutzung der Kernenergie eingesehen, werden PSC sicherlich bedeutend zu einer rationalen Entscheidungsfindung beitragen. Seit über 20 Jahren wird im Zusammenhang mit der Kernenergie die Frage der Akzeptanz von Risiken untersucht. Der Autor ist nicht der Meinung, dass weitere sozialwissenschaftliche Studien zu grundlegend neuen Gesichtspunkten oder Lösungsansätzen führen werden.

Es ist deshalb angebracht, Vorschläge zur Kontrolle gesellschaftlicher Risiken auszuarbeiten und einen Prozess zur gesellschaftlichen Konsensfindung einzuleiten. Es scheint aber, dass Risiken nicht generell akzeptiert, sondern nur nach Notwendigkeit und Stand der Technik (d.h. auch zeitlich begrenzt) toleriert werden. Das bedeutet für die Kernenergie, dass ein eventuell notwendig werdender massiver Ausbau in der Zukunft nach einer Veränderung der Technologie verlangt, die grosse Freisetzungen radioaktiver Substanzen physikalisch-technisch (passiv) unmöglich machen.

Literaturhinweise

[1] US AEC "Theoretical Possibilities and Consequences of Major Accidents in Large Nuclear Power Plants", WASH 740, 1957.

[2] Farmer, F.R., "Siting Criteria - A New Approach". Proc. of a Symposium on Containment and Siting of Nuclear Power Plants. IAEA-SM-89/34, International Atomic Energy Agency, Vienna, Austria, 1967.

[3] Starr, C., "Social benefit vs. technological risk", *Science 165,* 1232-8, 1969.

[4] US NRC, Reactor Safety Study. "An Assessment of Accident Risks in US Commercial Nuclear Power Plants", US NRC, Washington, D.C., WASH-1400; Nuclear Regulatory Commission, Washington, D.C., NUREG-75/014, 1975.

[5] Gesellschaft für Reaktorsicherheit, "Deutsche Risikostudie Kernkraftwerke"; Eine Untersuchung zu dem durch Störfälle in Kernkraftwerken verursachten Risiko, Verlag TÜV Rheinland, Köln, 1979.

[6] International Atomic Energy Agency, "Basic Safety Principles for Nuclear Power Plants". A report by the International Nuclear Safety Advisory Group. Safety Series No.l 75-INSAG-3. Vienna, Austria, 1988.

[7] Beninson, D., and Lindell, B., "Critical Views of the Application of some Methods for Evaluating Accident Probabilities and Consequences". In: Current Nuclear Power Plant Safety Issues, Vol.II, International Atomic Energy Agency, Vienna, 1981.

[8] Griesmeyer, J.M., Okrent, D., "Risk Management and Decision Rules for Light Water Reactors". In: An Approach to Quantitative Safety Goals for Nuclear Power Plants. NUREG-0739, US Nuclear Regulatory Commission, Washington, D.C., 1980.

[9] Niehaus, F., et. al., "The Trade-Off between Expected Risk and the Potential for Large Accidents". Paper presented at the Workshop on Low Probability/High Consequence Risk Analysis, sponsored by the Society for Risk Analysis and the US Nuclear Regulatory Commission, Arlington, Virginia, 1982.

[10] International Commission on Radiological Protection. "Radiation Protection Principles for the Disposal of Solid Radioactive Waste". ICRP Publication 46, Annals of the ICRP, Vol. 15, No. 4. Pergamon Press, Oxford, New York, Frankfurt, 1985.

[11] IAEA-TECDOC-524, "Status, Experience and Future Prospects for the Development of Probabilistic Safety Criteria", Vienna, Austria, 1989.

[12] Fischhoff, B., Slovic P., et. al., "How safe is safe enough? A psychometric study of attitudes towards technological risks and benefits", Policy Sciences, 8, pp. 127-152, 1978.

[13] Niehaus, F., Swaton, E., "Public Risk Perception of Nuclear Power", Société Française d'Energie Nucléaire, Colloquium on the Risks of Different Energy Sources, Paris, 1980.

[14] Cohen, A.V., Pritchard, D.K., "Comparative Risks of Electricity Production Systems: A Critical Survey of the Literature". Health and Safety Executive. Her Majesty's Stationery Office. ISBN 883274 3, 1980.

[15] Black, S.C., Niehaus, F., "Comparison of Risks and Benefits among different Energy Systems". In: Proceedings Intern. Workshop on Interactions of Energy and Climate, Münster, March 3-7, 1980. R. Reidel Publ. Co., 1980.

[16] Fritzsche, A.F., "Gesundheitsrisiken von Energieversorgungssystemen; Von der Kohle bis zu Energien der Zukunft und den Rohstoffen bis zur Entsorgung", Verlag TÜV Rheinland, Köln, 1988 (in German).

[17] Kallenbach, U., et al., "Comparative Risks of Different Electricity Generating Systems". Paper presented during International Workshop "Envrisk 88", Energy and Environment: The European Perspective on Risk, May 11-13, 1988, Como, Italy.

[18] International Atomic Energy Agency, "Procedures for Conducting Probabilistic Safety Assessments of Nuclear Power Plants", Safety Series, 1991.

[19] US NRC, "Safety Goals for the Operations of Nuclear Power Plants"; Policy Statement. 10 CFR Part 50. US NRC, Washington, D.C., 1986.

[20] Versteeg, M.F., "External Safety Policy in the Netherlands: An Approach to Risk Management". Paper presented at the Techncial Committee Meeting "Status, Experience, and Future Prospects for the Development of Probabilistic Safety Criteria", Vienna, January 27-31, 1986.

[21] Health and Safety Executive. "The Tolerability of Risk from Nuclear Power Stations", London, 1988.

[22] International Atomic Energy Agency, "The Role of Probabilistic Safety Assessment and Probabilistic Safety Criteria in Nuclear Power Plant Safety" Safety Series, 1991.

Diskussion

Sabyasachi Chakraborty: Sollte man nicht sagen, welche Gruppen von Öffentlichkeit daran beteiligt waren? Ich nehme nur zwei Beispiele: USA und die Niederlande. Speziell in den Niederlanden haben parlamentarische Diskussionen stattgefunden. Man sollte dies vielleicht erwähnen, wenn wir uns dann in der Schweiz mal solche Gedanken machen.

Friedrich E. Niehaus: Die internationale Atomenergieorganisation ist eine "Governmental Organisation". Daher können wir nicht direkt an die Öffentlichkeit treten. Die Experten, die an unseren Meetings teilgenommen haben, sind offiziell von ihren Regierungen nominiert worden. Sie bringen das ein, was in den verschiedenen Ländern bereits gemacht worden ist, also auch die Erfahrung aus der Diskussion in den USA und den Niederlanden über das, was akzeptabel ist und was nicht. Letzten Endes muss man dann einen Kompromiss finden. Aber ich gehe davon aus, dass nach der Veröffentlichung trotzdem nochmal wieder eine allgemeine Diskussion darüber stattfindet, und natürlich sind solche Kriterien auch immer revisionsbedürftig.

Ortwin Renn: Warum versagt die Probabilistik bei 10^{-7}? Liegt der Grund darin, dass dann so kleine Wahrscheinlichkeiten herauskommen, dass Prognosen sinnlos werden?,

Friedrich E. Niehaus: Ich bin der Ansicht, dass die Rechnung der einzelnen Unfallsequenzen bis zu Werten wie 10^{-7}, 10^{-8} Sinn macht, um dieses System zu analysieren. Nur die Summe dieser Unfallsequenzen hat überhaupt keine statistische Bedeutung mehr, weil auch vielleicht andere Unfallsequenzen auftreten könnten mit einem noch auslösenden Ereignis in der Grössenordnung von 10^{-7}, die so schwerwiegend sind, dass sie gleich durch die ganze Kette eines Ereignisbaumes durchgehen bis zu grossen Freisetzungen von radioaktiven Materialien. Das heisst also, dass man an die Grenze kommt von dem, was man sich überhaupt noch vorstellen kann, weil man ja wirklich in die Grösse der Erdgeschichte eingeht. Ich glaube, da muss man dann vorsichtig sein und sagen, wir können bestimmte Sicherheitssysteme noch analysieren, aber die Zahlenwerte, die wir herausfinden, die haben statistisch keinen Sinn mehr.

Wolfgang Kröger: Ich möchte Folgendes anmerken. Wenn Sie sich erinnern, habe ich ja sogar zur Vorsicht gemahnt vor einer Überbewertung von berechneten Eintrittshäufigkeiten weit oberhalb 10^{-7}. Ich habe gesagt, man sollte unterscheiden nach dem Zweck dieser Analysen. Ich habe weiterhin gesagt, dass wenn man das Ergebnis dieser Analysen für Absolutaussagen nutzt, man etwas zu der Unsicherheit der Zahlen sagen muss; dann müssten die Unsicherheitsbandbreiten/Vertrauensbereiche ausreichend klein sein. Ich habe gesagt, 10^{-4} als Kernschmelzhäufigkeit. Das kann man weitgehend prüfen anhand der vorliegenden Betriebserfahrungen. Ich sehe das Ganze genauso: Diese von mir genannten 10^{-8}, ich würde besser sagen 10^{-x}, haben einen ganz anderen Hintergrund, ich bin da ganz anders herangegangen: Ich habe gesagt, der Reaktor soll das erfüllen können (Auslegungsziele). Das geht also mehr in die Richtung deterministischer Anforderungen, eines quasi-deterministischen Ausschlusses katastrophaler Unfallszenarien; und dann brachte ich das Problem der denkbaren Unfallszenarien und die Notwendigkeit einer Betrachtungsgrenze auf und habe dann gefragt, wie man das lösen kann.

Risiko und Sicherheit technischer Systeme, Monte Verità,

J.S.: Herr Dr. Albrecht hat Geschichte und Politik-Wissenschaft studiert und über sozial- und ideengeschichtliche Fragen der Zeit von der Weimarer Republik bis zur Bundesrepublik promoviert. Er arbeitete seit 1985 in der Wissenschaftsadministration mit Schwerpunkt Forschungsplanung. Seit 1988 arbeitet er an der Arbeitsstelle für Technologiefolgenabschätzung und - bewertung der Universität Hamburg.

Über die Herstellung politisch akzeptierter Risiken und das Fehlen einer Auseinandersetzung um deren Akzeptabilität - das Beispiel Biotechnologie

Stephan Albrecht, Hamburg, BRD

Die legislativen Gremien der Bundesrepublik Deutschland haben vom November 1989 (Vorlage eines Gesetzentwurfes durch die Bundesregierung) bis zum Mai 1990 (Zustimmung der Länderkammer, des Bundesrats, zu dem vom Bundestag beschlossenen Gesetz nebst mehreren essentiellen Rechtsverordnungen [1]) in einem knappen halben Jahr ein Gentechnikgesetz (GenTG) beraten und beschlossen. Nach Dänemark ist die BRD der zweite industrialisierte Staat des Nordens [2], in dem der wissenschaftliche und wirtschaftliche Umgang mit neueren molekular- und zellbiologischen Methoden sowie der gentechnischen Veränderung von Organismen [3] gesetzlich geregelt worden ist.

Es soll die Frage untersucht werden, welche Risikokonzeption sich mit dem GenTG politisch durchgesetzt hat, wieweit die nun herrschende Konzeption den inhärenten Problemen der modernen Biotechnologie angemessen ist, ob diese Konzeption tauglich sein könnte für die Herausarbeitung von verantwortungsvollen und ganzheitlichen Grundsätzen und Praktiken im Umgang mit riskanten technologischen Innovationen und schließlich, auf welche Weise solche Grundsätze und Praktiken entwickelt und implementiert werden könnten.

Moderne Biotechnologie

Über die Risikodiskussion im Zusammenhang der Biotechnologie zu sprechen ohne jeden einleitenden Blick auf die Entwicklung der Sache selbst schien mir nicht angängig. Ich werde deshalb kurz gerafft einige Aussagen zum Fortgang der Biotechnologie voranstellen.

Bekanntlich nutzen Menschen seit mehreren tausend Jahren biologische Prozesse zur Herstellung von Nahrungs- und Genußmitteln. In derartigen Abläufen spielen Mikroorganismen (z.B. Milchsäurebakterien oder Hefebakterien) eine wesentliche Rolle. Biotechnologie kann man als die Anwendung wissenschaftlicher und technischer Grundsätze bei der Verarbeitung von Werkstoffen durch biologische Substanzen zur Lieferung von Gütern und Dienstleistungen definieren [4]. Entwicklungen in der Genetik, der Biochemie, der Zell- und Molekularbiologie, der Mikrobiologie, der Labor-, Computer- und Verfahrenstechnik haben für eine ganze Reihe von wissenschaftlichen und wirtschaftlichen Anwendungsfeldern weitergehende oder neuartige Praktiken ermöglicht, die ich mit dem Terminus *moderne Biotechnologie* bezeichnen möchte. Hierzu zählen insbesondere Techniken der genetischen Modifikation mittels der rekombinanten DNA-Technik (Gentechnik) und solche der Kultivierung von Zellen, der Regeneration von Geweben und Organismen.

Auf dem im Juli 1990 in Kopenhagen abgehaltenen 5th European Congress on Biotechnology wurde ein sehr breites Themenspektrum behandelt: Industrielle Anwendungen der Kultivierung von pflanzlichen Zellen, mikrobielle Pflanzenschutzmittel, Impfstoffproduktion mittels genetischer Techniken, Nutzung von Pilzen für die Expression von Proteinen, industrielle Enzyme, Milchsäurebakterien in der Nahrungsmittelindustrie, Biotechnologie anaerober Bakterien, Monitoring und Kontrolle in der Umweltbiotechnologie, Trinkwasseraufbereitung und Abwasserreinigung, neue Methoden der genetischen Diagnostik, DNA-Fingerprinting, bioorganische Synthese, Expression von Proteinen in transgenen Tieren, Biosynthese von Aminosäuren, on-line Meßsysteme in der Biotechnologie, Polysaccharide aus Mikroben und Algen, Biodegradation von toxischen Abfällen,

Sicherheits- und Regulierungsfragen sowie ökonomische Aspekte der Biotechnologie [5]. Das sei hier deshalb erwähnt, um zu zeigen, in welch' differenzierten Forschungs- und Anwendungszusammenhängen mittlerweile biotechnologische Arbeiten entwickelt werden. Neben dem landwirtschaftlichen und pharmazeutischen Sektor spielen zunehmend die Nahrungs- und Genußmittelindustrie sowie die industrielle und Umweltbiotechnologie (Vor- und Halbprodukte, Enzyme, Aufreinigung von Abwässern, Abfällen etc.) eine nennenswerte Rolle.

Dabei ist die politisch/ideologische Rolle der Biotechnologie von der ökonomischen Realität zunächst strikt zu trennen [6]. Während in den Vereinigten Staaten von Nordamerika und - mit einer gewissen Verzögerung - in Japan frühzeitig die ökonomischen Potentiale der modernen Biotechnologie mehr oder minder systematisch identifiziert, thematisiert und - zumindest tentativ - evaluiert wurden [7], sind insbesondere in der Bundesrepublik Deutschland, in Teilen aber auch in anderen Staaten der EG die putativen Potentiale der Biotechnologie von seiten der Industrie erst später und eher zögerlich in den Blick genommen worden.

In allen industrialisierten Ländern des Nordens wird die Biotechnologie mit erheblichen öffentlichen Geldern subventioniert. Durch den engen Zusammenhang von Forschung, Entwicklung und Produktion reichen diese Subventionen bis weit in den privatwirtschaftlichen Sektor. Bisweilen wird deshalb von einem wissenschaftlich - industriellen Komplex im Zusammenhang mit der Biotechnologie gesprochen [8]. Unabhängig davon, welche Konnotation man dieser engen Verbindung von öffentlich finanzierter Forschung, privatwirtschaftlicher Forschung, Entwicklung und Anwendung unterlegt, ist daran bedeutsam, daß die moderne Biotechnologie ohne Steuergelder weder als Forschungsgebiet noch als Wirtschaftsbereich überhaupt nennenswert existent sein dürfte. In den USA sind im Haushaltsjahr 1987 etwa 2,72 Mrd.$ von Bundesbehörden für biotechnologische Vorhaben ausgegeben worden [9]. Im Jahr 1987 wurden von privaten Corporationen in den USA schätzungsweise 1,5 - 2 Mrd.$ investiert [10]. Auch wenn man die schwer zu erfassenden Subventionen der einzelnen Bundesstaaten außer Acht läßt, so wird jedenfalls erkennbar, in welch' hohem Maß die Biotechnologie von öffentlichen Geldern abhängt [11]. Die jüngsten Zahlen für die Bundesrepublik weisen aus, daß die Proportionen denen der USA vergleichbar sind [12].

Anfang 1990 waren in den USA in an der Börse gehandelten Biotechnologie-Unternehmen rund 13.000 Menschen beschäftigt, die Firmen hatten einen Kapitalstand von 3,46 Mrd.$ und einen Umsatz von 3,3 Mrd.$ [13]. Frühere Prognosen haben für 1990 ganz andere Marktpotentiale aufgewiesen: da war von Marktvolumina von 13 bis zu mehr als 50 Mrd.$ die Rede [14]. Die zeitweilige Goldgräbereuphorie in bezug auf rasche wirtschaftliche Erfolge in der Biotechnologie ist mittlerweile einer nüchternen Einschätzung gewichen: es geht alles nicht so schnell [15] und der Weg vom Labor auf den marketplace ist keineswegs problemlos. Darauf weisen zum einen die anhaltenden Konzentrationsprozesse in der Branche hin, die im wesentlichen durch die Übernahme von Biotech - Start -Ups durch große, etablierte multinationale Konzerne, hauptsächlich aus der Pharma-, Chemie- und Agro-Industrie gekennzeichnet werden kann (jüngstes Beispiel: die Übernahme von Genentech durch Hoffman - La Roche). Darauf weisen aber auch Vorgänge hin wie die Kontroverse um die Ergebnisse einer breit angelegten klinischen Untersuchung in Italien. Dort ist festgestellt worden, daß bei der Behandlung von Infarktsituationen die Verabreichung des gentechnisch hergestellten Gewebeplasminogenaktivators (TPA) keine signifikante Wirkungssteigerung im Vergleich zu dem herkömmlichen, zehnmal billigeren Präparat Streptokinase aufweisen konnte [16].

Solche Hürden in der Kommerzialisierung der modernen Biotechnologie könnten zu zwei notwendigen Korrekturen in der gesellschaftlichen Behandlung der Biotechnologie führen: zu einer nüchterneren Betrachtung des Gegenstandes auch in der öffentlichen Debatte und zu einem Zeitgewinn, um eine öffentliche Debatte überhaupt sinnvoll führen zu können.

Die öffentliche Debatte um die Moderne Biotechnologie

Blickt man zurück, so hat die eigentlich öffentliche Debatte um die moderne Biotechnologie im Zusammenhang mit den Konferenzen in Asilomar 1973 und 1975 jene Wendung erhalten, die sie bis auf den heutigen Tag prägt: die Orientierung an Risiken, genauer gesagt: an möglichen unerwarteten Effekten, über deren qualitative und quantitative Konsequenzen wenig bekannt ist. Das Experiment von Paul Berg, das zum Auslöser jener Debatten geworden ist, war allerdings keineswegs in der freien Höhenluft einer der puren Erkenntnis verpflichteten Wissenschaft entstanden, sondern im Rahmen eines finanziell erheblich fundierten Programms zur Aufklärung der Rolle von Viren bei der Entstehung von Krebs [17]. Seither kreist die Auseinandersetzung um die Pole der Risiken auf der einen und der Chancen auf der anderen Seite.

Dabei ist zunächst zu konstatieren, daß eine breite öffentliche Debatte um die Grundfragen der modernen Biotechnologie bis heute nur sehr partikular angesetzt hat. Das betrifft hauptsächlich Fragen der genetischen Manipulation an menschlichen (Keim)Zellen und bei medizinischen Techniken, die damit in einem engeren oder weiteren Zusammenhang stehen.Schon während der Arbeit der sog. Benda-Kommission [18] wurde eine relativ breite Debatte um neue Reproduktionstechniken, die teilweise mit gentechnischen Methoden Berührungspunkte haben, geführt. Die Dominanz von Themen aus diesem Bereich der modernen Biotechnologie prägt auch jetzt noch die öffentliche Auseinandersetzung.

Die politischen Parteien bieten, soweit sie sich mit der Thematik überhaupt schon mehr als beiläufig befasst haben, ein sowohl untereinander wie auch intern uneinheitliches Bild. In der CSU/CDU gibt es -überwiegend aus kirchlich aktiven Kreisen gespeist- eine klare Ablehnung von Manipulationen an menschlichen Keimbahnzellen. Überhaupt soll der technischen Verfügbarmachung von Menschen via Biotechnologie im Sinne einer bestimmten (protestantischen) Ethik eine enge Grenze gezogen werden. Pflanzen, Tieren oder gar Viren, Bakterien, Pilzen wird eine dem Menschen dienende Funktion zugeschrieben. Der industriellen und agro-industriellen Verwertung und Anwendung der modernen Biotechnologie als einer zukünftigen Schlüsseltechnologie steht von diesen Voraussetzungen her nichts im Wege. In dieser Einschätzung und Bewertung sind sich die bürgerlichen Bonner Koalitionsparteien und die Sozialdemokraten (SPD) einig. In Teilen der SPD allerdings bestehen schon Bedenklichkeiten über weitreichende Implikationen der Biotechnologie, vor allem auch vor dem Hintergrund der Erfahrungen mit dem Streit um die Nukleartechnik [19]. Bei den GRÜNEN hat es wohl die umfangreichste Auseinandersetzung mit der Thematik gegeben, wobei Fragen der ökologischen und allgemeinen Sicherheit verknüpft werden mit Aspekten der humanen Gestaltung der Gesellschaft ebenso wie der internationalen Beziehungen.

In allen Parteien wird die Debatte von kleinen Gruppen getragen. Der Gegenstand verschließt sich in den meisten Fällen einem leichten gedanklichen Zugriff und einer fixen Bewertung am politischen Stammtisch. Auch in anderen gesellschaftlichen Organisationen, Vereinen, Bürger- und anderen Initiativen sind es relativ wenige, die sich dieser Auseinandersetzung widmen [20].

Mit Beschluß vom 29. Juni 1984 hat der Deutsche Bundestag eine Enquête-Kommission "Chancen und Risiken der Gentechnologie" eingesetzt, die eben die Chancen und Risiken der modernen Biotechnologie "vor allem in den Bereichen Gesundheit, Ernährung, Rohstoff-, Energiegewinnung und Umweltschutz" [21] eruieren und für politische Entscheidungen aufbereiten sollte. Damit hatte zu einem Zeitpunkt, als die wirtschaftlich-industrielle Anwendung moderner biotechnologischer Verfahren noch in den Kinderschuhen steckte (nur das rekombinante Humaninsulin gab es schon seit 1982), der Gesetzgeber in der Bundesrepublik die Initiative zu einer regulierungsorientierten Strukturierung der Diskussion ergriffen. Die Enquête-Kommission hat am 6. Januar 1987 ihren Bericht vorgelegt [22]. Darin enthalten sind zwei Voten, eines der Kommission und ein Sondervotum der Frau Abgeordneten der GRÜNEN. Die sicherheitsbezogenen Aussagen der Kommission lassen sich wie folgt skizzieren: Gentechnische Methoden hätten den Umgang mit pathogenen Organismen, z.B. bei der Impfstoffherstellung, sicherer gemacht. Die jahrzehntelangen Erfahrungen im Umgang mit pathogenen Organismen ließen sich im Grundsatz auch auf die neue Situation im Umgang mit rekombinanten Organismen anwenden. Eine gezielte Freisetzung gentechnisch veränderter Mikroorganismen sei auf fünf Jahre nicht zuzulassen, da gegenwärtig die Folgen nicht abschätzbar seien. Eine gezielte Freisetzung gentechnisch veränderter Mikroorganismen, die für Menschen oder Nutztiere pathogen sind, sei auf Dauer zu untersagen. Das Sondervotum geht weiter, indem ein nicht abschätzbares Risiko beim Umgang mit und der Herstellung von gentechnisch veränderten Organismen konstatiert wird. Demzufolge wird auch jede Freisetzung gentechnisch veränderter Organismen abgelehnt. Die Kommission empfiehlt drei Maßnahmenbündel zur Minimierung von Risiken im Umgang mit rekombinanten Organismen: Die konsequente Anwendung der bestehenden Richtlinie [23], ein qualifiziertes Training für das betroffene Personal und eine Förderung der apparativen Sicherheitstechnik. Das Sondervotum empfiehlt den Verzicht auf die gentechnische Veränderung von Organismen.

Etwas systematisiert heißt das Votum der Kommission: für die Beschäftigten in Labors oder Produktionsanlagen besteht im Zusammenhang mit der modernen Biotechnologie kein neuartiges Risiko, wenn die o.g. Konditionen beachtet werden. Für nicht-menschliche ökologische Zusammenhänge gibt es neuartige Risikopotentiale, wenn gentechnisch veränderte apathogene Mikroorganismen freigesetzt würden. Die Risikopotentiale sind dadurch gekennzeichnet, daß weder das Schadensausmaß noch die Eintrittswahrschein-lichkeit auch nur annähernd faßbar beschrieben werden können. Während die Kommission aus diesem Umstand die genannten Schlußfolgerungen zieht, verweist das Sondervotum auf den Weg der Anwendung nicht biotechnologischer Methoden. Es werden also nicht allein aus verschiedenen Sachverhaltsbeurteilungen entsprechend verschiedene Konsequenzen abgeleitet, sondern auch aus prinzipiell gleichen Beurteilungen gehen ganz diverse Empfehlungen hervor.

Der Bericht der Enquête-Kommission ist in vielerlei Ausschüsse des Bundestages zur Beratung verwiesen worden. Noch vor einer zusammenfassenden Auswertung dieser Detailberatungen durch den Bundestag hat die Bundesregierung mit Eckwerten zu einem Gentechnologieschutzgesetz 1988 und mit einem darauf basierenden Entwurf für ein Gentechnikgesetz 1989 die Initiative des Handelns an sich gebracht - selbstverständlich mit Unterstützung der die Regierung tragenden Parlamentsfraktionen, die auf diese Weise ihnen nicht ganz genehme Passagen aus dem Bericht der Enquête-Kommission gleich mit erledigen konnten.

Im Zusammenhang mit der Behandlung des Gentechnikgesetzes im Deutschen Bundestag haben der Deutsche Naturschutzring (DNR) und der Bund für Umwelt und Naturschutz Deutschland (BUND) ein Memorandum vorgelegt, in dem einleitend zur Rolle der modernen Biotechnologie aus historisch-kritischer Sicht darauf hingewiesen wird, daß mit dem Potential dieser Technologie eine weitere Drehung in der Spirale der Naturbeherrschung bewirkt werden könnte, mit der um kurzfristiger Vorteile willen langfristige, unwiederbringliche Lebenselemente der Menschen gefährdet werden könnten [24].

Bleiben drei Akteure zu erwähnen, die sich durch eine hohes Maß an Interessenkoordination und Argumentationskonvergenz auszeichnen: die biologische, biomedizinische und biotechnologische Wissenschaft, die einschlägigen Unternehmen und Unternehmensverbände sowie die staatliche Administration, in erster Linie das Bundesministerium für Forschung und Technologie. Es ist wohl nicht sehr übertrieben zu behaupten, daß die öffentliche Debatte ganz überwiegend mit Argumenten bestritten wird, die den Grundmustern dieser Akteure entsprechen. Da sind zunächst die in Aussicht gestellten Problemlösungspotentiale der Biotechnologie für

- die Ernährung einer wachsenden Weltbevölkerung,
- die Bekämfung von globalen Seuchen wie z.B. Aids,
- die Lösung von Altlasten- und die Vermeidung von neu entstehenden Problemen im Umweltsektor.

Dies sind alles drängende politisch-gesellschaftliche Komplexe, deren Lösung ein hochrangiges Forschungs- und Entwicklungsziel darstellt. Von daher wird die Legitimation für die Verausgabung von öffentlichen Finanzmitteln bezogen. Zugleich wird die nähere Spezifizierung der Richtungen, für die die Mittel verwandt werden, in Diskussionen mit den beteiligten Wissenschaftlern aus Industrie und öffentlichen Einrichtungen festgelegt. Eben diese beurteilen nicht nur die Sinnhaftigkeit und wissenschaftliche Relevanz von Projekten, sondern zugleich deren Risikopotential. Dabei ist zentral, daß bis heute, wo allein in der BRD in über 1'000 Laboren gentechnisch (d.h. in noch weit mehr mit anderen modernen biotechnologischen Methoden) gearbeitet wird, kein nennenswerter Unfall verzeichnet worden ist. Dieser Umstand wird für die inhärente Sicherheit dieser Technologie als wesentlicher Beleg angeführt.

Im Ausland wird die BRD recht häufig als Biotechnologie - Diaspora angesehen, in der die GRÜNEN die öffentliche Debatte beherrschen und die sachbezogenen und rationalen Argumente der eigentlich Sachverständigen nicht gehört werden [25]. Dieses Bild ist ganz gewiß für die gesellschaftliche Szene, in der entschieden wird, was gemacht wird, nicht zutreffend. Es weist - von dem propagandistischen Zweck abgesehen - allerdings darauf hin, daß es eine tiefe Spaltung der öffentlichen Debatte um die moderne Biotechnologie gibt. Diese Spaltung hat mit den Dimensionen (und deren Gewichtung untereinander) zu tun, die in den jeweiligen Diskussionzusammenhängen eine Rolle spielen.

Etwas holzschnittartig gesagt geht es um folgende Dimensionen: internationale Wettbewerbsfähigkeit, Sicherheit, Moral, Verfassungsrecht, Gesundheit. Diesen Dimensionen können speziellere Aspekte zugeordnet werden, so z.B.zu

- *internationale Wettbewerbsfähigkeit:* Allgemeiner Lebensstandard, internationale Handelsbeziehungen, Nord - Süd - Probleme, Ressourcenverschwendung, Hunger,...
- *Sicherheit:* ökologische Sicherheit, Agrarumweltprobleme, Seuchen, Arbeitssicherheit, Versorgungssicherheit mit Pharmazeutika, Arbeitsplatzsicherheit,...
- *Moral:* Menschenbild, Schöpfung, Naturbeherrschung, Mitmenschlichkeit, Mitweltlichkeit, Freiheit, Verantwortung, Zukunft,...
- *Verfassungsrecht:* Menschenwürde, Selbstbestimmungsrecht, Recht auf Unversehrtheit von Leib und Leben, Forschungsfreiheit, Sozialstaatsgebot, Demokratiegebot,...
- *Gesundheit:* Ernährung, Lebens- und Arbeitsbedingungen, Kampf gegen weltweite Seuchen, Krankheitsprävention, Krankheitsprophylaxe, Eugenik, Sterben als Teil des Lebens,...

In einer näheren Untersuchung, die eine lohnende Aufgabe für die risk - communication -Forschung wäre, ließen sich vermutlich typische Hierarchien und Verbindungen innerhalb und zwischen diesen Dimensionen ausweisen. Das kann ich an dieser Stelle nicht leisten [26]. Festzuhalten ist hier allerdings, daß ein gut Teil der allgemeinen Frustration in der und über die öffentliche Debatte daher rühren dürfte, daß es regelmäßig nicht gelingt, diese Wertsystematiken überhaupt diskutabel zu präsentieren und damit erst einer Erörterung zugänglich zu machen. Das ist nicht allein ein Hindernis gesellschaftlicher Diskussion um die Biotechnologie, hier wirkt es sich allerdings akut aus.

Die bisherige öffentliche Debatte ist von zwei wesentlichen Defiziten geprägt: zum einen fehlt eine angemessene Differenzierung der Biotechnologiediskussion auf die gesellschaftlichen Bedingungs-, Anwendungs- und Auswirkungsfelder hin, also z.B. auf die Landwirtschaft, das Gesundheitswesen, die Nahrungsmittelherstellung, -verarbeitung und -distribution, Umwelt-, Abwasser- und Frischwasserreinigung. Eine Thematisierung bis hin zu einer Konzeptualisierung so komplexer soziotechnischer Felder [27] bedarf aus intellektuellen und erst recht aus politikgestalterischen Gründen einer solchen Differenzierung.

Zum zweiten ist ganz unabweisbar notwendig eine Zusammenschau von bisher getrennten Diskussionssträngen und Feldern gesellschaftlicher Auseinandersetzung wie der Umweltdiskussion, der Agrardiskussion, der Produktionsdisskion, der Nord-Süd-Diskussion, der Ernährungs- und der Gesundheitsdiskussion. Die öffentliche Debatte als - idealiter ! - Basis der gesellschaftlichen Gestaltung braucht eine vernetzte Sicht der Ausgangsbedingungen, der Gestaltungsprobleme und der möglichen gesellschaftlichen Implikationen von technologischen Innovationen.

Die Risikodiskussion ist, gerade wenn sie zunächst so weitgehend ohne empirisches Fundament auskommen muß wie im Falle der modernen Biotechnologie, nur in einem solchen dialektischen Prozeß von Differenzierung und Systematisierung rationalisierbar, nachvollziehbar und verstehbar zu machen.

Die Risikokonzeption des Gentechnikgesetzes

Das GenTG normiert im § 1 als Zweck des Gesetzes u.a., "Leben und Gesundheit von Menschen, Tiere, Pflanzen sowie die sonstige Umwelt in ihrem Wirkungsgefüge und Sachgüter vor möglichen Gefahren gentechnischer Verfahren und Produkte zu schützen und dem Entstehen solcher Gefahren vorzubeugen...". Wie Lukes aus technikrechtlicher Sicht zutreffend anmerkt, geht die Terminologie des GentTG nicht konform mit den eingeschlagenen Üblichkeiten im Technikrecht [28]. Wir finden im GenTG neben den schon erwähnten *Gefahren* gentechnischer Verfahren und Produkte auch *Gefährdungspotentiale, Risiken, Risikopotentiale, Sicherheit* (insbesondere als *Sicherheitsstufen* und *Sicherheitsmaßnahmen*, aber auch als *sicherheitsrelevante Eigenschaften, Sachverhalte* oder *sicherheitsrelevante Auswirkungen)* sowie *schädliche Einwirkungen*.

Die Unterstellung der Möglichkeit von unerwünschten Effekten des Betriebs von gentechnisch arbeitenden Anlagen, gentechnischen Arbeiten, der Freisetzung gentechnisch veränderter Organismen oder des Inverkehrbringens von Produkten, die aus gentechnisch veränderten Organismen bestehen oder solche enthalten führt zu der Entscheidung, daß jegliche gentechnische Arbeit und gentechnisch arbeitende Anlage einer Genehmigung oder zumindest einer Anmeldung bedürfen

(§§ 8 ff.). Durch das Anmelde- bzw. Genehmigungsverfahren soll erreicht werden, daß keine oder nur akzeptable schädliche Einwirkungen für Menschen, Tiere, Pflanzen und die sonstige Umwelt auftreten. Das GenTG hält zwei materielle Regelungen bereit, um dem Schutzziel entsprechen zu können. Zum einen eine Klassifizierung von gentechnischen Arbeiten in vier Sicherheitsstufen. Die vier Stufen sollen kein (1), ein geringes (2), ein mäßiges (3) oder ein hohes (4) Risiko für die menschliche Gesundheit und bzw. oder [29] die Umwelt bedeuten. Die Zuordnung gentechnischer Arbeiten zu einer der Klassen erfolgt unter Beteiligung einer *Zentralen Kommission für die Biologische Sicherheit*, der *ZKBS*, die als Sachverständigenkommission (im engsten Sinne des Wortes) beim Bundesgesundheitsamt ressortiert. Diese Vorgehensweise hat eine langjährige Praxis zum Hintergrund, die nun mit dem GenTG legalisiert worden ist. Die vier Sicherheitsstufen sind circa analog zu Klassifizierungen, die die Weltgesundheitsorganisation (WHO) für Mikroorganismen aufgestellt hat. Die immer wiederkehrende Wortfolge, nach der das Risiko gentechnischer Arbeiten, gentechnisch arbeitender Anlagen, von Freisetzungen gentechnisch veränderter Organismen oder dem Inverkehrbringen entsprechender Produkte definiert ist durch Eigenschaften und Verhalten der Empfänger- und Spenderorganismen, der Vektoren und der gentechnisch veränderten Organismen, beruht ebenfalls auf diesem Erfahrungs- und Praxishintergrund wie auch internationalen Diskussionen, z.B. in der OECD.

Zum zweiten hat jeder Betreiber/Interessent die mit seinem Vorhaben "verbundenen Risiken vorher umfassend zu bewerten" (§ 6). Bei dieser Risikoabschätzung und -bewertung sind die Eigenschaften und Wirkungen der Spender- und Empfängerorganismen, der Vektoren sowie der gentechnisch veränderten Organismen auf die menschliche Gesundheit und die Umwelt "zu berücksichtigen" (§ 6).

Interessenten/Betreiber haben nach dem GenTG einen Anspruch auf Genehmigung ihrer Arbeiten bzw. Anlagen binnen drei Monaten, sofern die Unterlagen komplett vorliegen. Eine kritische Prüfung der Unterlagen des Betreibers durch die ZKBS findet lediglich in bezug auf die Zuordnung zu Sicherheitsstufen statt - nicht hingegen im Blick auf die umfassende Risikobewertung gem § 6.

Während für gentechnische Arbeiten und gentechnisch arbeitende Anlagen gefordert wird, daß auf Grund der getroffenen Sicherheitsmaßnahmen "schädliche Einwirkungen auf die im § 1 Nr.1 bezeichneten Rechtsgüter nicht zu erwarten sind" (§ 13), wird bei Freisetzungen und Inverkehrbringen gentechnisch veränderter Organismen lediglich vorausgestzt, daß " nach dem Stand der Wissenschaft im Verhältnis zum Zweck der Freisetzung unvertretbare schädliche Einwirkungen... nicht zu erwarten sind" (§ 16). Da über die Genehmigung der Freisetzung gentechnisch veränderter Organismen und das Inverkehrbringen von Produkten, die gentechnisch veränderte Organismen enthalten oder aus diesen bestehen das Bundesgesundheitsamt entscheidet, obliegt es diesem, die Frage der Akzeptabilität zu prüfen, wobei das GenTG eine Relation von Zweck und schädlichen Folgen vorgibt.

Zusammenfassend läßt sich die Risikokonzeption des GenTG so skizzieren:

1. Von gentechnischen Arbeiten, Anlagen bzw. der Freisetzung gentechnisch veränderter Organismen oder dem Inverkehrbringen von Produkten dieser Art gehen Risiken aus.
2. Die Art und Dimension des Risikos ist charakterisierbar, wenn Eigenschaften und Wirkungen der Ausgangsorganismen, der Vektoren und der gentechnisch veränderten Organismen bekannt sind oder untersucht werden.
3. Risikoobjekte sind Menschen, Tiere, Pflanzen und die "übrige" Umwelt.
4. Durch die Zuordnung zu Sicherheitsstufen (1-4) läßt sich gewährleisten, daß von gentechnischen Arbeiten und gentechnisch arbeitenden Anlagen für die Risikoobjekte keine schädlichen Wirkungen ausgehen.
5. Bei Freisetzung und Inverkehrbringen gentechnisch veränderter Organismen bzw. entsprechender Produkte ist der Zweck der Maßnahme gegen die absehbaren oder möglichen schädlichen Folgen zu wägen. Für den Fall, daß das Resultat dieser Relation negativ bleiben sollte, wäre eine Genehmigung nicht zulässig.
6. Interessenten/Betreiber haben in eigener Verantwortung als Genehmigungsvoraussetzung eine umfassende Risikobewertung vorzunehmen. Bewertungskriterien können durch die Bundesregierung mit Zustimmung der Länderkammer per Rechtsverordnung aufgestellt werden.

Selbstverständlich ist das ganze Procedere, wenn man die inzwischen hinzugetretenen Rechtsverordnungen dazuliest, weit komplizierter - aber findige oder bürokratische Detaillierungen ändern die Struktur des GenTG nicht. Sie ist tatsächlich so schlicht.

Der Stand des Wissens um Risiken

Die Risikoliteratur zur Biotechnologie hat mittlerweile einen erheblichen Umfang angenommen [30]. Je nach Gegenstandsbereich kommen darin sehr unterschiedliche Risikodimensionen und Risikoobjekte zur Sprache. Ich will einige hoffentlich plakative Beispiele herausgreifen.

Im Zusammenhang mit dem Human Genome Project (also der Forschungsstrategie, eine komplette Sequenzierung und physikalische Kartierung des menschlichen Genoms mit seinen 3 - 5 Milliarden Basenpaaren durchzuführen) etwa treten Risiken auf wie

- Verlust von humaner Selbstbestimmung,
- Minderung von Lebensqualität durch lebenslange Beunruhigung auf Grund von Informationen über Krankheitsdispositionen,
- Verschleuderung von Steuergeldern.

Bei der Arbeit mit gentechnisch modifizierten Aidsviren oder vergleichbaren Viren treten Risiken auf wie

- Infektionen bei Beschäftigten, möglicherweise auch Verschleppung der Infektion in größere Menschengruppen.

Beim Einsatz transgener Nutztiere wären Risiken zu gewärtigen wie

- erhöhte Arztkosten für die Landwirte,
- Verlust moralischer Maßstäbe für den Umgang mit Lebewesen unserer Mitwelt,
- Veränderungen in der Zusammensetzung von z.B. Fleisch oder Milch.

Bei Verwendung gentechnisch veränderter Mikroorganismen in der Lebensmittelindustrie wären Risiken zu beachten wie

- Stoffwechselstörungen bei Konsumenten,
- Entfremdung von natürlicher Nahrung,
- Wirtschaftskrisen in nicht industrialisierten Ländern.

Bei einem Einsatz gentechnisch veränderter Organismen in Kläranlagen wären Risiken

- die Ausbreitung der Organismen oder von Abbauprodukten in Oberflächengewässer,
- die Verbreitung im Grundwasser,
- die Verbreitung an Land (Klärschlamm).

Bei Verwendung transgener Pflanzen wären Risiken z.B.

- die Ausbreitung der Pflanzen an nicht erwünschten Standorten,
- Schäden für assoziierte Tiere,
- Krisen in der Landwirtschaft durch Verschiebung des Produktspektrums.

Die aufgeführten Beispiele sollen unterstreichen, wie verschiedenartig im Blick auf Risikodimensionen und Risikoobjekte Risiken absehbar sind oder entstehen können. Eine Gruppe aus der Ecological Society of America der USA hat 1989 eine Überblicksarbeit zur Risikoproblematik der Freisetzung gentechnisch veränderter Organismen vorgelegt [31]. Dabei hat sie folgende mögliche unerwünschte Folgen bei Freisetzungen genetisch veränderter Organismen aufgeführt:

- das Entstehen neuer Unkräuter oder Schädlinge;
- die Verstärkung der Effektivität vorhandener Unkräuter;
- Schäden an nützlichen Arten;
- Störungen biologischer Lebensgemeinschaften;
- nachteilige Folgen für Prozesse des Ökosystems;
- unvollständiger Abbau schädlicher Chemikalien, der zur Entstehung noch giftigerer Abbauprodukte führt;
- Verschwendung wertvoller biologischer Ressourcen [32].

Dabei sind die Kollegen aus den USA alles andere als pauschale Kritiker der modernen Biotechnologie: "Transgene Organismen können so entwickelt werden, daß die Wahrscheinlichkeit ökologischer Störungen gering gehalten wird. Die Auswahl der Eigenschaft und des Ausgangsorganismus, die Art der genetischen Veränderung und die Kontrolle ihrer Expression haben alle Einfluß auf die Wahrscheinlichkeit, daß der genetisch veränderte Organismus unerwünschte ökologische Veränderungen hervorrufen wird. Außerdem können die Bedingungen der Freisetzung so gewählt werden, daß eventuelle Probleme möglichst gering gehalten werden.Wir glauben daher, daß bei vorsichtigem 'Design' des genetisch veränderten Organismus und bei vernünftiger Planung und Überwachung der Freisetzung, die Einführung vieler transgener Organismen in die Umwelt bei minimalem ökologischem Risiko erfolgen kann" [33]. Sie sehen allerdings aus Ihrer Kompetenz die weitreichenden Wissenslücken und Forschungsdefizite, die eine neue und intensive Zusammenarbeit von Molekularbiologen, Zellbiologen, Physiologen, Ökologen, Evolutionsbiologen und Systematikern einfordern. Forschungsgebiete wären z.B. Populationsstrukturen, der Aufbau von Lebensgemeinschaften und biologischer Diversität oder auch genetische Austauschprozesse, Selektion, Spezialisierung, Hybridisierung und andere evolutionäre Prozesse sowie die Auswirkungen von limitierenden Faktoren auf Zahl und Ausbreitung eines Organismus, die Anfälligkeit von Lebensgemeinschaften für Invasionen und Veränderungen in der Struktur der Gemeinschaft sowie die biologischen Mechanismen, die Prozessen des Ökosystems zugrundeliegen [34].

Die Defizite und Forschungsdesiderata ließen sich in ähnlicher Weise auch für andere Bereiche eines Monitoring ökologischer Implikationen der Biotechnologie anführen. Insgesamt kann gesagt werden, daß

- die Grundlagenkenntnisse über genetische Austauschprozesse ebenso wie über Stoffwechselprozesse in Ökosystemen recht gering sind - allemal, wenn man sie an der Vielfalt und Komplexität des Gegenstandes mißt;
- das international herrschende Modell (wir hatten das am GenTG gesehen), daß man im Kern zur Beurteilung von Verhalten, Eigenschaften und Folgen gentechnisch veränderter Organismen Kenntnisse der Ausgangsorganismen und der Vektoren sowie der gentechnisch veränderten Organismen selbst benötigt ist ein schlicht gestrickter Notbehelf;
- die grundlegenden Kenntnisse über Ursachen und Abläufe der Pathogenitätsentstehung sind gering, einzelne Befunde über strukturelle genetische Unterschiede von hochpathogenen und nicht oder nur gering pathogenen Mikroorganismen begründen die These, daß geringfügige Modifikationen weitreichende Folgen für die Pathogenität zeitigen können [35].

Das Wissen um das Nichtwissen - präziser: das Nichtbeurteilenkönnen - der ökologischen Konsequenzen und - also auch - Risiken legt ein vorsichtiges experimentelles und evaluierendes Vorgehen Schritt für Schritt nahe, um ein rekursives Verhalten zu ermöglichen [36]. Auf natürliche Elemente, die Menschen eingeschlossen, bezogene Risiken lassen sich nach dem heutigen Stand des Wissens unterteilen in Risiken und Unsicherheiten. Die letzteren sind der weitaus überwiegende Teil.

Die Risiken der modernen Biotechnologie sind aber nicht auf den ökologischen Sektor allein zu beziehen. Das Human Genome Project wurde bereits erwähnt. Dessen Risiken liegen zwar auch im Bereich möglicher therapeutischer Fehlschlüsse mit gesundheitlichen Folgen für einzelne Menschen oder Menschengruppen, weit mehr aber liegen die Risiken in sozialpsychologischen, menschenrechtlichen, gesundheitspolitischen Bereichen, dem Bereich der Arbeitsbeziehungen und dem einer effektiven Forschungspolitik. Beim Einsatz transgener Pflanzen und Tiere sind wahrscheinlich die Risiken im Bereich der internationalen Politik, der Handelsbeziehungen, der Landwirtschaftsstrukturen, der Lebensverhältnisse auf dem Lande weitergehend als unmittelbare ökologisch riskante Implikationen [37]. Aber auch für diesen Risikobereich gilt: ein relativ kleiner Teil außerökologischer Risiken ist bekannt, ein weit größerer ist noch zu erforschen.

Gradualistische versus. integrierte Risikobetrachtung

Wir hatten gesehen, daß das GenTG unterstellt, das Risikopotential von gentechnischen Arbeiten werde durch die Eigenschaften der Empfänger- und Spenderorganismen, der Vektoren und der gentechnisch veränderten Organismen bestimmt. Regine Kollek hat diese Sicht das *additive* Risikomodell genannt und ihm das *synergistische* konfrontiert. Letzteres geht von qualitativen Sprüngen, z.B. bei Pathogenitätsentstehung und -veränderung aus, die weder im voraus berechenbar noch aus bekannten Eigenschaften und Strukturen bekannter Organismen deduzierbar sind [38]. Diese Konfrontation ist als Kritik sehr hilfreich. Allerdings bleibt der Zusammenhang zwischen Normen, die gesellschaftliche Entscheidungen strukturieren und dem Befund von Unkenntnis und Unsicherheit dabei unthematisiert.

Ich möchte nun einen etwas weiteren Bogen zur Risikobetrachtung vorschlagen. Dabei bezeichne ich den herrschenden Umgang mit Risiken als *gradualistisch* und stelle diesem eine - wünschenswerte - *integrierte* Risikobetrachtung an die Seite. Kernelemente der *gradualistischen* Risikobetrachtung sind:

- es werden einzelne Faktoren analysiert;
- nur experimentell 'hart' zu machende Erkenntnisse und Daten werden gewichtet;
- es werden nur Ereignisse der ersten Generation berücksichtigt;
- es wird keine oder nur eine punktuelle status quo - Analyse einbezogen;
- Risiko und Sicherheit werden instrumentell - technisch verstanden;
- der Ort der Risikoanalyse ist ganz oder weitgehend identisch mit dem Ort des ökonomischen Interesses;
- es werden nur interne Kostenelemente berücksichtigt;
- es wird marktbezogen und regional gedacht;
- es gilt das Prinzip: alles, was nicht verboten ist, ist erlaubt;
- es wird keine Mißbräuchlichkeitsanalyse erarbeitet;
- es wird keine Unterlassungsanalyse vorgenommen;
- Unkenntnis und Nachweisunmöglichkeit wird als Nichtexistenz interpretiert;
- es werden Fragen aufgeworfen, die (möglichst) eindeutig beantwortet werden können;
- von den Analysen werden nur die Teile der Öffentlichkeit zugänglich gemacht, die als nicht riskant eingeschätzt werden;
- experimentelles Wissen wird höher bewertet als Erfahrungswissen.

Eine *integrierte* Risikobetrachtung sollte demgegenüber folgende Elemente umfassen:

- eine vernetzte, dialektisch orientierte Analyse kommunizierender dynamischer Prozesse;
- eine Offenlegung der Gewichtung von Kriterien zur Beurteilung von Fakten ('harten' und 'weichen');
- eine Analyse von Ereignissen in der Zeit (über mehrere Generationen, Symbiosen, Nahrungsketten, Infektionswege etc. hinweg);
- eine möglichst vollständige status quo - Analyse;
- eine umfassende Interpretation von Risiko und Sicherheit als Elementen soziotechnischer Entwicklungen;
- eine Risikokommunikation möglichst vieler (zumindest der wichtigsten) Akteure aus unterschiedlichen Interessenlagen;
- Kostenrechnungen umfassen alle internen und externen Kosten (von der Genese bis zum letztlichen Verbleib);
- es wird global und bedürfnisorientiert gedacht;
- es gilt das Prinzip, daß alles erwünscht ist, was von gesellschaftlichem Nutzen sein kann;
- es wird eine umfassende Mißbräuchlichkeitsanalyse erarbeitet;
- es werden eine Unterlassungsanalyse und die Identifizierung von Alternativen entwickelt;
- Unkenntnis und Nachweisunmöglichkeit wird als Risikofaktor interpretiert, es wird von der Vermutung negativer Ereignisse ausgegangen;
- es werden Fragen so gestellt, daß möglichst weitere Fragen eröffnet werden;
- alle Analysen, insbesondere die problematischen werden publiziert;
- Erfahrungswissen wird gegenüber experimentellem Wissen gleichrangig bewertet [39].

Es ist evident, daß das gradualistische Risikodenken in bestimmter Weise präventiv gewirkt hat. In anderer Hinsicht hat es zu gewaltigen Schäden geführt. Es ist aus meiner Sicht aber für zukünftige gesellschaftliche Gestaltung nur ungenügend geeignet, weil vor allem folgende Elemente fehlen oder nicht effektiv präsent sind: es ist

- nicht rekursiv, sondern direktional,
- nicht kreativ, sondern selektiv,
- nicht offen im demokratischen Sinne, sondern szientokratisch und exclusiv.

Gesellschaftlich-politische Implikationen eines ganzheitlichen Umgangs mit Risiken

Aus Umfrageergebnissen ist offenkundig, daß große Teile der Bevölkerung der BRD, aber auch in anderen EG -Ländern, in Japan oder den USA der modernen Biotechnologie gegenüber eine zumindest skeptische Haltung äußern [40]. Diese Tatsache findet sehr wenig Widerhall in der erklärten Politik fast aller Regierungen dieser Staaten, für die die moderne Biotechnologie als Schlüsseltechnologie ganz oben auf der Förderungs- und Durchsetzungsagenda steht. Die Reserven in der Einstellung größerer Bevölkerungskreise stellen nun ein mögliches Hindernis für die vorherrschende sozialökonomische Langzeitstrategie dar [41]. Dieses Hindernis wird, wie im Falle des GenTG geschehen, auf der Ebene der Handlungsvoraussetzungen recht rüde, unargumentativ und ohne Rücksicht auf Einwände "beseitigt" [42]. Das freut industrielle Interessenten und schafft Fakten [43]. Zugleich wird davon ausgegangen, die Einstellung in der Bevölkerung müsste (und könnte!) durch Informationen überwunden oder wenigstens relativiert werden, da sie auf Nichtwissen basieren soll. Dieser Ablauf, diese Konstellation ist der bzw. die übliche im Umgang mit Vorbehalten, Kritik und Befürchtungen. Es ist schon verwunderlich, daß Erfahrungen der Vergangenheit, wo ein solcher herrschaftlicher Umgang mit Kritik und Kritikern eher kontra - intentional gewirkt hatte, anscheinend sehr wenig verarbeitet worden sind [44].

Um die *Akzeptanz* der modernen Biotechnologie, ganz besonders, soweit es um Veränderungen an Menschen geht, ist es nicht gut bestellt. Akzeptanz ist ein empirisch erforschbarer Sachverhalt, ein in Zustimmungs- oder Ablehnungsprozentanteilen ausdrückbares Meinungsspektrum. Was aber wäre demgegenüber *Akzeptabilität* [45]? Zunächst eine weitergehende Kategorie insofern, als neben die subjektive Seite eine objektive zu treten hat, die die Wirkungen riskanter technischer Systeme mit zu berücksichtigen hat. Da allerdings diese keineswegs nur materieller Art sind, ist ganz unvermeidlich, daß in dieser objektiven Seite auch Wertungen und Normierungen eine nicht unbedeutende Rolle spielen. Sehen wir uns als Beispiel die "Verteidigungs"technik an. Der legitime Zweck dieser Technik ist (jedenfalls nach demokratischem Verfassungsverständnis) allein die Abwehr von Angreifern, also ein Schutzzweck. Diese Definition ist nun - im Falle der NATO - durch eine bestimmte Militärdoktrin mit einer sehr starken offensiven Komponente angereichert worden. Die Folge war eine Rüstungstechnik, die um Dimensionen von ihrer legitimen Bestimmung abgewichen ist. Gewiß ist eine Akzeptabilität dieser Rüstungstechnik nicht zu bejahen. Bei anderen technischen Systemen ist die Beurteilung der Akzeptabilität weit schwieriger. Als wichtige Elemente können festgehalten werden: das Verhältnis von Risiko und gesellschaftlichem Nutzen, die demokratische Qualität der Entscheidungsfindung, die Offenheit für andere Entscheidungen in näherer oder fernerer Zukunft. Man sieht, daß ein enger Konnex zu der oben diskutierten integrierten Risikobetrachtung besteht.

Unter den heute in den industrialisierten Ländern bestehenden gesellschaftlichen Strukturen dürfte das Kriterium der Akzeptabilität vielfach kaum praktisch applizierbar sein. Vielleicht aber könnten Prozesses eingeleitet werden, die jedenfalls eine Tolerabilität von riskanten technischen Systemen zum Gegenstand gesellschaftlicher Entscheidungsfindung machen.

Was sollte getan werden ?

Für Wissenschaftler liegt es nahe, zunächst ihren eigenen Arbeitsbereich anzuschauen. Hier sind systematisch fachübergreifende Arbeitszusammenhänge - z.B. solche wie das Polyprojekt "Risiko und Sicherheit technischer Systeme" an der ETHZ - notwendig, um die spezialistische Abkapselung der Disziplinen und innerhalb der Disziplinen problembezogen zu relativieren. Technikfolgenabschätzung und -bewertung könnte derartige Arbeitsweisen ebenfalls befördern [46]. Hochschulorganisation und Wissenschaftspolitik müssen sich dieser Aufgabe konstruktiv stellen.

Zweitens ist ein Umdenken nötig im Umgang mit Wissen und Praxis unserer Vorfahren. Die kurzzeitigen Möglichkeiten der industriellen Produktion haben die Illusion erzeugt, nahezu jeder materielle oder auch ideelle Wunsch ließe sich technisch lösen. Die Ergebnisse dieses Wirtschaftens führen allerdings dazu, daß die Grundlagen unseres Lebens in einem rapiden Fortschritt gefährdet werden. Die industriell-technische, ökonomisch stimulierte Innovationswut verdrängt traditionelle Praktiken, die sich lange bewährt hatten durch moderne, deren gesellschaftlicher Nutzen zumindest in Frage steht. Der Zerstörungsprozeß des landwirtschaftlichen Sektors ist ein bitteres Beispiel. Es ist also nötig, der Innovationswut die Renovation verschütteten Wissens entgegenzustellen. Bei materiellen Konstrukten wie z.B. Bauwerken, Möbeln oder Musikinstrumenten schätzen viele Menschen die Qualitäten des realisierten Wissens unserer Vorfahren. In anderen Lebenszusammenhängen, z.B. in der Ernährung oder bei Abfall und im Umweltverhalten ist das überwiegend anders.

Drittens ist eine demokratische Streitkultur vonnöten, in der über Bedürfnisse, Ziele, Notwendigkeiten und Zwecke gesellschaftlichen Handelns argumentativ Entscheidungen darüber, wie wir in Zukunft leben wollen, vorbereitet werden. Der politische Prozeß der Entstehung und Verabschiedung des GenTG illustrierte die weitgehende Abwesenheit einer solchen Kultur. Wichtige Elemente wären

- eine umfassende *Öffentlichkeit*,
- die systematische Aufbereitung von verschiedenen *Handlungsalternativen*,
- die *Schaffung von Raum und Zeit* zum Denken und Streiten.

Praktisch wird etwas Derartiges in Hamburg versucht. Die Regierung des Bundeslandes Hamburg hat im Juli 1989 auf eine Aufforderung des Landesparlamentes von 1985 hin beschlossen, ein *Forum Biotechnologie* einzurichten [47]. Dem Forum werden folgende Aufgaben zugewiesen:

- Feststellung vordringlicher Probleme in Umwelt und Gesellschaft, zu deren Lösung bio- und gentechnologische Forschung beitragen kann
- Bestandsaufnahme des regionalen bio- und gentechnologischen Forschungspotentials
- Aufstellung eines Entwicklungsplanes für gentechnologische Forschungsschwerpunkte in Hamburg
- Initiierung und Koordinierung interdisziplinärer Forschung zur Technikfolgenbewertung
- Schaffung von Voraussetzungen für die Orientierung forschungs- und standortpolitischer Entscheidungen an gesellschafts- und umweltpolitischen Zielvorstellungen
- Verbeserung der Bedingungen für die Akzeptabilität der weiteren Entwicklungen im Felde der Biotechnologie.

Das Forum setzt sich wie folgt zusammen: aus ständigen Mitgliedern, das sind Arbeitnehmer und Arbeitgeber aus den Bereichen Lebensmittel- und Pharmaindustrie, Vertreter von Verbraucher-, Umwelt- und Behindertenorganisationen und aus dem Gesundheitswesen, Vertreter der Parlamentsfraktionen, die Landesminister für Wissenschaft und Forschung, für Arbeit, Gesundheit und Soziales und für Umwelt. Nicht ständige Mitglieder sind beteiligte Wissenschaftler.

Viertens bedarf es einer Neudefinition von Verantwortung im Zusammenhang industriell-wirtschaftlichen Handelns. Haftungsrecht, Strafrecht, Genehmigungsauflagen etc. sind Versuche, Verantwortungssektoren zu klären. Es geht in meinen Augen aber darum, Verantwortung positiv zu beschreiben. Generell wären viel mehr Gratifikationskataloge zu entwickeln als Sanktionskataloge.

Fünftens schließlich ist notwendig, daß bei der Förderung neuerer technologischer Entwicklungen die Frage aufgeworfen wird, ob unsere gesellschaftlichen Ressourcen in angemessenem Ausmaß für Zwecke verwandt werden, die sich auf die Lösung drängender sozialer, ökologischer und ökonomischer Probleme unserer einen Erde beziehen. Wir kennen diese Probleme recht gut [48].

Ein ganzheitlicher Umgang mit Risiken technischer Systeme würde ganz gewiß nicht verhindern können, daß gravierende Fehlentscheidungen mit weitreichenden negativen Folgen für Natur und Kultur getroffen werden könnten. Das ist aber auch nicht die Frage. Die Generierung von Risiken unter den gegenwärtigen Voraussetzungen beruht vor allem auf zwei Faktoren:

- dem bewußten Inkaufnehmen,
- dem Unterlassen von Nachfragen und Nachforschungen.

Erst in dritter Linie beruhen sie auf gründlichem kollektivem Irrtum. Wäre nicht schon viel erreicht, wenn es gelänge, die beiden ersten Faktoren gesellschaftlich zu einer selteneren Erscheinung zu machen?

Literatur und Fussnoten

[1] veröffentlicht im Bundesgesetzblatt I, Nr.28, 23.6.1990. Die bisher zugehörigen Rechtsverordnungen sind bis heute wegen der Prüfungen durch die EG-Kommission nicht amtlich publiziert, vgl.Hasskarl, H.: Gentechnikrecht, Aulendorf 1990.

[2] Zur fortschreitenden Gesetzgebung in den USA vgl. BIO/TECHNOLOGY 8,499 (June 1990)

[3] Das GenTG gilt nur für nicht-menschliche Organismen. Regelungswerke für den Komplex Menschen / genetische Techniken sind in Vorbereitung bzw. werden im parlamentarischen Raum verlangt (sog. Embryonenschutzgesetz, Genomanalysegesetz).

[4] Bull, A.T./Holt, G./Lilly, M.D. (OECD): Biotechnologie. Internationale Trends und Perspektiven, Köln 1984, 29

[5] vgl. Christiansen, C./Munck, L./Villadsen, J. (ed.): 5th European Congress on Biotechnology, Copenhagen, July 8-13, 1990, Abstract Book, Copenhagen 1990

[6] vgl. dazu näher Albrecht, S.: Regulierung und Deregulierung bei der Nutzung der modernen Biotechnologie in der EG und der Bundesrepublik, in, Demokratie und Recht 17, 279 - 293, (Heft 3/1989)

[7] vgl. z.B. U.S.Congress, Office of Technology Assessment (hinfort zit. OTA): Impacts of Applied Genetics. Micro - Organisms, Plants, and Animals, Washington D.C. 1981. Die Studie geht auf Anregungen bereits aus dem Jahr 1976 zurück. Zur internationalen Situation vgl. OTA: Commercial Biotechnology. An International Analysis, New York-Oxford-Toronto 1984

[8] vgl. dazu Kenney, M.: Biotechnology. The University - Industrial Complex, New Haven and London 1986

[9] vgl. OTA: U.S.Investment in Biotechnology (New Developments in Biotechnology 4), Washington D.C. 1988, 52

[10] bd. 80. Die Hälfte der Investitionen kam von multinationalen Corporationen (etwa 0,8 Mrd.$).

[11] Zu anderen industrialisierten Ländern vgl. OECD: Biotechnology and the Changing Role of Government, Paris 1988 sowie Sorj, B./Cantley, M. and K. Simpson (Eds.): Biotechnology in Europe and Latin America: Prospects for Cooperation, Dordrecht/Boston/London 1989

[12] Zunächst hat der Bundesminister für Forschung und Technologie davon gesprochen, die bundesdeutsche Industrie investiere jährlich 1 Mrd. DM; inzwischen ist diese Zahl auf 250 Mio. DM korrigiert worden. Die Mittel der staatlichen Förderung dürften etwa 450 Mio. DM betragen.

[13] Mitteilung von E. Truscheit, Bayer AG, Wuppertal. Dabei sind verschiedene große Firmen nicht berücksichtigt.

[14] vgl. die Übersicht in FAST-Gruppe/Kommission der EG: Die Zukunft Europas. Gestaltung durch Innovationen, Berlin/Heidelberg/New York 1987,13.

[15] das betrifft z.B. den ökonomisch relevanten Bereich der Nutzpflanzen. Vgl. dazu Potrykus, I.: Gene Transfer to Cereals: An Assessment, BIO/TECHNOLOGY 8, 535 - 542, Vasil, I. K.:The Realities and Challenges of Plant Biotechnology, BIO/TECHNOLOGY 8, 296 -301

[16] Nature 344, 183 (15 March 1990)

[17] vgl. die immer noch vorzügliche Aufarbeitung von Krimsky, S.: Genetic Alchemy. The Social History of the Recombinant DNA Controversy, Cambridge - London 1982

[18] Ernst Benda war Vorsitzender der von der Bundesregierung berufenen Arbeitsgruppe "In-vitro Fertilisation, Genomanalyse und Gentherapie", die 1985 ihren Bericht vorgelegt hat.

[19] vgl. Radkau, J.: Hiroshima und Asilomar, in Geschichte und Gesellschaft 14, 329 - 363 sowie Zöpel, C. (Hrg.): Technikkontrolle in der Risikogesellschaft, Bonn 1988

[20] vgl. die Übersicht von P. Bradish in Rosenbladt, S.: Biotopia, München 1988, 230

[21] Bundestags-Drucksache (abgek.BT-Drs.) 10/1581

[22] BT-Drs. 10/6775

[23] Richtlinien zum Schutz vor Gefahren durch in-vitro neukombinierte Nukleinsäuren, 5. überarbeitete Fassung vom 28.Mai 1986, veröffentlicht vom Bundesminister für Forschung und Technologie, Bonn 1986

[24] vgl. Deutscher Naturschutzring und Bund für Umwelt und Naturschutz Deutschland (Hrg.): Memorandum zum Gentechnikgesetz, Bonn 1989

[25] vgl. dazu laufend Leitartikel in Zeitschriften wie Nature, BIO/TECHNOLOGY u.a. Zu diesem veröffentlichten Bild tragen Wissenschaftler aus der BRD ganz wesentlich bei. Jüngstes ungutes Beispiel ist John Collins, Genetikprofessor an der Universität Braunschweig und

Chef der Sektion Zellbiologie und Genetik in der Gesellschaft für Biotechnologische Forschung, vgl.: A Little Knowledge is Dangerous, BIO/TECHNOLOGY 8, 688

[26] vgl. dazu z.B. Covello, V.T./Mumpower, J.L./Stallen, P.J.M. and V.R.R. Uppuluri (ed.): Environmental Impact Assessment, Technology Assessment, and Risk Analysis, Berlin-Heidelberg-New York 1985

[27] Ueberhorst, R.: Der versäumte Verständigungsprozeß zur Gentechnologie-Kontroverse, in, Grosch, K./Hampe, P./Schmidt, J. (Hg.): Herstellung der Natur ? Frankfurt-New York 1990, 206 - 223

[28] Lukes, Rudolf: Der Entwurf eines Gesetzes zur Regelung von Fragen der Gentechnik, Deutsches Verwaltungsblatt, S. 273-278, 15.März 1990, Heft 6

[29] Die Unterscheidung in der Verbindung der Risikoobjekte durch die Worte und bzw. oder gibt allein zu Mißdeutungen Anlaß.

[30] vgl. bspw. Drake, J. A. et al. (ed.): Biological Invasions. A Global Perspective, Chichester 1989; Fiksel, J. and V. T. Covello (ed.): Safety Assurance for Environmental Introductions of Genetically-Engineered Organisms, Berlin-Heidelberg-New York 1988; National Research Council [der USA]: Field Testing Genetically Modified Organisms. Framework for Decisions, Washington D.C. 1989; Sussman, M. et al. (ed.): The Release of Genetically-Engineered Micro-Organisms, London - San Diego 1988. Aus dem deutschsprachigen Raum Kollek, R. et al. (Hrg.): Die ungeklärten Gefahrenpotentiale der Gentechnologie, München 1986; Bundesministerium für Forschung und Technologie (Hrg.): Biologische Sicherheit im Forschungsprogramm der Biotechnologie, Bonn 1988 und dass.: Biologische Sicherheit, Band 2, Bonn 1990.

[31] Tiedje, James M. et al.: Die gezielte Freisetzung genetisch veränderter Organismen: Ökologische Überlegungen und Empfehlungen, Hamburg 1990 [Arbeitsmaterialien zur Technologiefolgenabschätzung und -bewertung der modernen Biotechnologie, Nr.1 März 1990], zuerst Ecology 70, No.2, S. 298-315 (1989)

[32] Tiedje et al., S. 14ff.

[33] ebda. S. 15f.

[34] ebda. S. 34

[35] vgl. Martin, Malcolm A.: Fast acting slow viruses, Nature 345, 572-573 (14 June 1990), der von einer Variante eines Affenvirus berichtet (SIV), der innerhalb acht Tagen zum Tode führt, wohingegen die eng verwandten SIV-Typen Latenzzeiten von bis zu acht Jahren aufweisen.

[36] Auf genau diesen Punkt zielt einer der zentralen Einwände der EG-Kommission gegen die Konstruktion des GenTG. Es wird kritisiert, daß bei der Freisetzung kein step-by-step Vorgehen normiert wird, sondern ein summarisches Verfahren, bei dem sogar einzelne Organismen oder auch Gruppen, die für unproblematisch gehalten werden, von näheren Nachprüfungen ganz ausgenommen werden können, vgl. Deutscher Bundestag, Ausschuß für Jugend, Familie und Gesundheit [Unterausschuß Gentechnikgesetz], Ausschußdrucksache 11/3, S.297-304 Stellungnahme der Generaldirektion 11, Generaldirektor Brinkhorst

[37] Das möchte ich hinsichtlich der Herbizidresistenz einschränken, hier sind ökologische Folgen weitgehender Art möglich bzw. naheliegend.

[38] vgl. zuletzt Stellungnahme des Öko-Institutes bei der Anhörung zum GenTG, 17.-19.1.1990, Deutscher Bundestag, Ausschuß für Jugend, Familie, Frauen und Gesundheit [Unterausschuß Gentechnikgesetz], Ausschußdrucksache 11/2, S. 19-67

[39] Verschiedene Ideen zu der integrierten Risikobetrachtung stammen von Hartmut Bossel, zur Frage der Bedürfnisorientierung vgl. Albrecht, S.: Internationale TA-Diskussion - Standardisierungsmöglichkeiten zur Beurteilung von Biotechnologie ? in, Studier, A. (Hrg.): Ernährungssicherung der Dritten Welt durch Biotechnologie ? Hamburg 1990, zur Frage des gesellschaftlichen Nutzens vgl. Albrecht, S.: Biotechnologie - Perspektive für demokratischen, sozialen und internationalen Fortschritt ? in, Forum für Interdisziplinäre Forschung 2, Heft 1, S. 3-9 (1989)

[40] zu EG und den USA vgl. Jaufmann, Dieter et al.: Jugend und Technik, Frankfurt a. M.-New York 1989, S. 282 ff.; Jaufmann, D./ Kistler, E. (Hrg.): Sind die Deutschen technikfeindlich?, Opladen 1988, S.71; zu Japan vgl. BIO/TECHNOLOGY 7, 629

[41] vgl. als Beispiel dieser Strategie FAST-Gruppe/Kommission der EG: Die Zukunft Europas. Gestaltung durch Innovationen, Berlin/Heidelberg/New York 1987

[42] vgl. dazu Albrecht, S.: Regularien. Moderne Biotechnologie und Gesellschaftsgestaltung, i.V.

[43] Gut zehn Wochen nach Verabschiedung des GenTG hat der Regierungspräsident in Köln den Antrag der Firma Grünenthal auf Genehmigung der Errichtung einer Anlage zur Her-

stellung eines rekombinanten Herzinfarktmittels positiv beschieden, vgl. Frankfurter Rundschau, 7.8.1990. "BASF ist froh über Gentechnik-Gesetz" titelt die Neue Ärztliche am 23.7.1990

[44] vgl. die Entwicklung der Debatte zur Nukleartechnik bei Jaufmann / Kistler, Fn. 41

[45] vgl. Meyer-Abich, K. M. und Schefold, B.: Die Grenzen der Atomwirtschaft, München 1986

[46] vgl. Westphalen, R. von (Hrg.) : Technikfolgenabschätzung, München-Wien 1988; Albrecht, S. (Hrg.): Die Zukunft der Nutzpflanzen, Frankfurt a.M. - New York 1990

[47] Bürgerschaft der Freien und Hansestadt Hamburg, 13. Wahlperiode, Drucksache 13/4087 v. 15.7.1989

[48] vgl. neuerdings z.B. den Brundtland-Report: Hauff, V. (Hrg.): Unsere gemeinsame Zukunft. Der Brundtland-Report der Weltkommission für Umwelt und Entwicklung, Greven 1987; UNCTAD: The Least Developed Countries 1988 Report, New York 1989 oder auch Weizsäcker, E. U. von: Erdpolitik, Darmstadt 1989

Berichte aus den Arbeitsgruppen

Arbeitsgruppe 1

Vorsitz: *Karl Weber*
Berichterstatter: *Konrad Bergmeister*

Die Akzeptanz stellt im allgemeinen eine problematische Relation zwischen Denken und Handeln dar. Dieses Denken und Handeln ist ein Prozess bestimmter Randbedingungen, mit welchen die Technik heute einhergeht. Dieser Prozess kann aber auch ein Zwang sein. Die Dimension einer neuen Technik und das Tempo, sprich Geschwindigkeit, mit welcher eine neue Technologie eingeführt wird, überfordert die moralische und ethische Integration. Als Beispiele können der Strassenverkehr oder die Nukleartechnik angeführt werden. Im Katastrophenfalle haben diese Techniken eine enorme geographische und gesellschaftsumspannende Dimension. Dazu kommen noch die rein personalen Risikofaktoren und bei Versagen die Schicksale, welche von jedem einzelnen getragen werden müssen.

Die Akzeptanz von Risiko folgt im allgemeinen folgenden Randbedingungen.

1. psychologische Randbedingung:	Angstabbau
2. soziologische Randbedingung:	Wissensinformation
3. rechtliche Randbedingung:	Einforderung von unverzichtbaren Rechten
4. politische Randbedingung:	Meinungsbildung, bestimmt durch den Leitgedanken der Wiederwahl und der Verknüpfung ethischer Werte

Obwohl diese Randbedingungen fast permanent vorhanden sind, überrascht das rasche Eindringen der Technik in den Alltag. Die historische Evidenz spricht dafür, wenn etwas machbar ist, wird es gemacht. Die freie Marktwirtschaft erlaubt es, neue Techniken, frei von momentanen Nebenwirkungen und Konsequenzen zu erwerben (z.B. Computer).

Die Akzeptanz auf der Individualebene ist groß aber unterschiedlich. Dabei spielen zwei Faktoren eine Rolle:

1. die Gewohnheit
2. das Nichtverstehen, oder Nichterkennen von Risiken

Hier stellt sich die Frage, ob die Technik bzw. das damit einhergehende Risiko steuerbar sei. Die Antwort könnte lauten, daß auf der Individualebene Technologien, welche nicht determiniert sind, leichter akzeptiert werden. In anderen Worten: ist die Funktionalität der Technik benutzerfreundlich gestaltet, wird diese leichter akzeptiert.

Auf der Ebene der Öffentlichkeit wird eine Technologie akzeptiert (kollektive Akzeptanz), ein Risiko soll oder darf nicht vorkommen. Dabei spielt innerhalb der Euphorie für eine neue Technik (z.B. Kernfusion) auch der Wille zur Wissensaufnahme eine große Rolle. Die Akzeptanz von Risiko auf der Ebene der Öffentlichkeit umfaßt größere Zusammenhänge. Daher ist es nicht nur mehr eine Nutzerbereitschaft (wie auf der Individualebene). Die Randbedingungen einer Akzeptanz eines Risikos von der Öffentlichkeit können folgende sein:

- Etablierung oder Re-etablierung von Prüforganisationen im Sinne der Arbeitsteilung.
- Vertrauen bzw. neue Glaubwürdigkeit in die oft von Zeit- und Machtdruck geplagte Wissenschaft. Förderlich könnten dabei interdisziplinäre oder intrainstitutionelle Forschungseinrichtungen sein.
- von Drittmitteln unabhängige Forschungsresultate, welche auch in fachlicher Konkurrenz stehen dürfen.

Die globale Akzeptanz von Risiko in der Öffentlichkeit ausgehend von der Individualebene steht in einem historischen Kontext des Wissensbegriffes. Dazu kann die von Leo Festinger (1957) erstellte Einteilung helfen.

1. Historische Belegung oder Flucht in die Fraktilwerte
2. Technische Argumentation (predominierte in den Jahren 1950/60)
3. Änderung des Verhaltens

Durch Verhaltensänderung könnte manche negative Auswirkung der Technik verhindert, bzw. das Risiko reduziert werden (neuer kultureller Schritt).

Damit dies geschehen kann, soll die differentielle Spezialisierung als erlebte und gelebte Einheit wieder erkennbar sein.

Die angewandte Wissenschaft soll ein direktes Zusammenspiel mit den Geistes- und Sozialwissenschaften erfahren. Aber die Konzentration auf rein wirtschaftliche Kriterien hemmt die interdisziplinäre Zusammenarbeit und Forschung. Hier kann dann die Ungewißheit der Wissenschaft zu psychologischen Ängsten führen. Auch der Presse kommt hier als Akteur eine bedeutende Rolle zu, vor allem auch um die Diskrepanz zur Wissenschaft abzubauen. Das Beobachtungsschema der Wissenssoziologie kann uns dabei helfen:

- diskursives Wissen (alles muß begründet werden),
- topisches Wissen (allgemein angewandt),
- szenisches Wissen (logisch zulässig).

Die Presse kann und soll, da die Fachkompetenz oft nicht vorhanden ist, orientieren und als Bindeglied zwischen Produzenten der Technik, den Abnehmern und der Öffentlichkeit fungieren.

Damit könnte eine ehrlichere Betrachtung des mit der Technik einhergehenden Risikos erfolgen und Risiken auch leichter akzeptiert und integriert werden. Dabei sollen wir uns aber nicht zu naiven Urteilen über die komplexen Fachgebiete oder Organisationen hinreißen lassen, sondern in einem demütigen, kritischen Respekt zu fremden Fachdisziplinen stehen.

Arbeitsgruppe 2

Vorsitz: *Fortunat Steinrisser*
Berichterstatter: *Martin Baggenstos*

Das Thema wurde in zwei Elemente zerlegt:
1. Sicherheitsziele und Entscheidungsfindung
2. Risiko-Management

1. Sicherheitsziele

Einige Thesen vorweg:
- In den heutigen Regelwerten sind die Schutzziele üblicherweise vorhanden, aber nicht *konkret* formuliert (z.B. Schutz von Mensch und Umwelt).
- Die Ingenieure setzen die Schutzziele so fest, dass sie durch den jeweiligen Stand der Technik erfüllbar sind. Die Bevölkerung möchte meist einen anderen (höheren?) Schutz.

Folgerung: Die Festlegung von Schutzzielen ist ein gesellschaftspolitisches, nicht ein ingenieurmässiges Problem. Die Bevölkerung muss mindestens die generellen Schutzziele "absegnen".

Zur Risiko-Akzeptanz ein einfaches Postulat:
"Ein Risiko ist akzeptabel, wenn es dafür eine Versicherung gibt" ?!

Begründung: Eine Versicherungsgesellschaft überlegt es sich besonders gut, ob sie ein Risiko abdecken kann oder will.

In der Praxis sieht der Akzeptanzprozess folgendermassen aus:

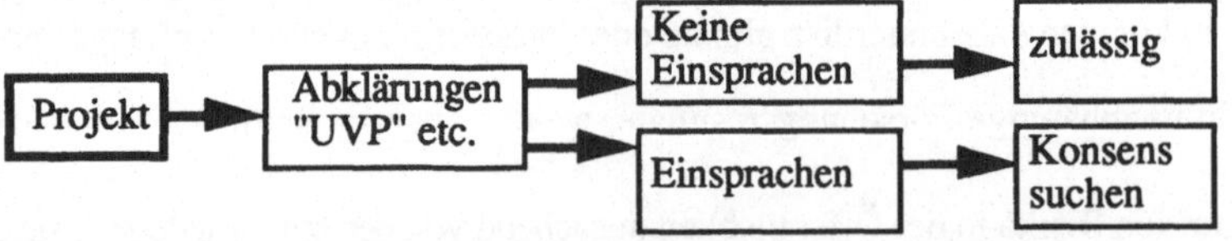

Da es jedoch selten Projekte ohne Einsprachen gibt, muss überlegt werden, ob die Bevölkerung nicht schon bei der Projektentwicklung einbezogen werden sollte

Zum Thema Konsens folgte eine grundsätzliche Diskussion:

Ergebnis: Konsens darf nicht (mehr) als Zielsetzung definiert werden. Wer grundsätzlich eine andere Technik will, der kann grundsätzlich keinen Konsens *wollen*.

Vorschlag für die Tagung (als Quintessenz):

> Das Polyprojekt soll sich nicht (nur) mit der Risikoakzeptanz beschäftigen, sondern vor allem mit der Frage, mit welchen Formen von Dissens man (noch) leben kann.

2. Risiko-Management

Das Risiko-Management spielt sich im folgenden Schema ab:

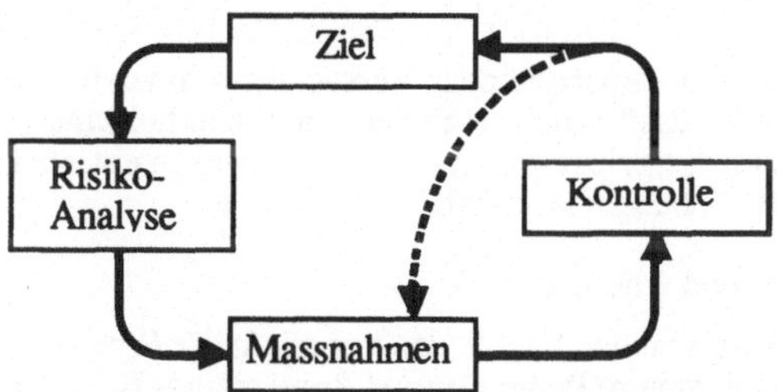

Es wurden anschliessend konkrete Probleme diskutiert.

a) Technische Systeme einer Stadt

- S-Bahn
- Gasnetz
- Kanalisation / Wasserversorgung
- etc.

Die Systeme verlangen eine Risikoanalyse und daraus abgeleitete Schutzmassnahmen (Sicherstellung der Wasserversorgung via Redundanz) resp. Sanierungen (Kanalisation)

b) Katastrophenmedizin

Nachfolgendes Beispiel veranschaulicht, dass Schutzziele situationsbedingt angepasst werden müssen. Bei einer Katastrophe mit einem Massenanfall von Verletzten können nicht mehr immer die zivilen Kriterien und Behandlungen benutzt werden; z.B. Haut zu 30 % verbrannt:

- Als Einzelfall rettbar (mit entsprechendem Einsatz)
- Bei Katastrophenanfall unrettbar (TRIAGE)

Zum Schluss wurden verschiedene Risikogruppen unterschieden je nach Schadensempfindung:

Gruppe	Schadensempfindung	Beispiele
A	vorstellbar, begrenzt	Verkehr
B	nicht beeinflussbar	Erdbeben, Schicksal
C	unsichtbar irreversibel	Klimakatastrophe

Jede Risikogruppe verlangt eine unterschiedliche Bedeutung.

Arbeitsgruppe 3

Vorsitz: *Christian Schlatter*
Berichterstatterin: *Heidi Ivic-von Rechenberg*

1. Der Einfluss der Öffentlichkeit bei der Risikobewertung

Das Vorgehen bei der Risikobewertung kann in die folgenden drei Stufen gegliedert werden:

1.1 Festsetzung der Schutzziele
1.2 Abschätzung der verschiedenen Optionen und Alternativen
1.3 Abwägung

Bis heute war die Bewertung der Gefahren technischer Systeme gegenüber Mensch und Umwelt zum grossen Teil Sache der Ingenieure und der Fachbeamten in den Kontrollbehörden. Die Öffentlichkeit hatte nur beschränkte Möglichkeiten, auf die Risikobewertung Einfluss zu nehmen. Bei der Abwägung der Risiken (Punkt 3) konnte sie allenfalls im Rahmen von Rekursen zu Baugesuchen, an Gemeindeversammlungen und in wenigen Fällen durch eine Volksabstimmung Stellung nehmen.

In Zukunft muss die Öffentlichkeit bereits bei den zwei ersten Vorgehensschritten einbezogen werden. Dies wäre auch für die Fachleute eine Hilfe, welche die Schutzziele nicht alleine festlegen sollen und auch nicht wollen.
Zur Zeit wird jedoch das Vorgehen zur Risikobewertung noch folgendermassen durchgeführt:

1.1 Festsetzung der Schutzziele

Die Schutzziele wurden, mit Ausnahme weniger unbefriedigender Versuche, nicht ausformuliert. Dennoch wird in jeder Verordnung sowie in jeder Risikoanalyse, in der eine Sicherheitsanalyse als notwendig erachtet wird, implizit ein Schutzziel festgelegt. So ist z.B. im Bauwesen ein Stand der Technik gewachsen, der hohe unausformulierte Schutzziele enthält.

1.2 Abschätzung der verschiedenen Optionen und Alternativen

Zur Abschätzung der Umweltauswirkungen wird von den Fachleuten vor allem die Produktformel der Risikodefinition eingesetzt. Daneben kamen weitere Parameter zur Anwendung. Bei allen Abschätzungen blieben jedoch die Fachleute weitgehend unter sich.

1.3 Abwägung

Die Abwägung erfolgte im Bewilligungsverfahren durch die Behörden. Die breite Öffentlichkeit konnte lediglich Rekurse gegen ein Projekt einreichen, welches im Rahmen eines Baubewilligungsverfahrens aufgelegt werden musste. Bei allen Projekten, welche im Plangenehmigungsverfahren behandelt wurden, hatte die Öffentlichkeit keine Einflussmöglichkeit.
Manchmal wurde ein Projekt der Gemeindeversammlung vorgestellt. Allerdings war es dabei den Gemeindebehörden oder dem Bauherren weniger an einem Dialog gelegen, als dass die öffentliche Meinung für ein fertiges Projekt gewonnen werden sollte.
Über wenige Projekte technischer Systeme wurden Volksabstimmungen durchgeführt.

In allen Fällen ist jedoch bis heute eine Abwägung der Risiken immer *ohne* Darstellung von *Alternativen* durchgeführt worden.

2. Neue Wege der Risikobewertung - zwei Beispiele

In Zukunft sollte die Öffentlichkeit und die Transparenz auf allen drei Stufen der Risikobewertung gewährleistet sein.

Die Frage, auf welche Weise diese Einflussnahme realisiert werden kann, welche Foren oder Gremien dazu zu schaffen wären, muss Gegenstand des geplanten Polyprojektes sein. Im Rahmen dieser einführenden Arbeitstagung kann wenigstens auf zwei Beispiele verwiesen werden, in denen Ansätze zum Dialog vorhanden waren. Im ersten Fall hat sich die Öffentlichkeit zwar ohne Blutvergiessen aber dennoch mit Gewalt zu Wort gemeldet, im zweiten Fall wurde sie in einer frühen Planungsphase einbezogen.

2.1 Kernkraftwerk Kaiseraugst

Nach der Planung des KKW Kaiseraugst waren alle Auflagen des Bewilligungsverfahrens erfüllt. Die Erteilung der Baubewilligung wäre also rechtens gewesen. Nach wiederholten Besetzungen des Geländes durch KKW-Gegner schien jedoch der Bau des Kraftwerkes nicht mehr realisierbar. Die Vermutung lag nahe, dass der Bau nur noch mit militärischen Mitteln gegen den Willen des betroffenen Kantons hätte durchgesetzt werden können. Nach zahlreichen Anfragen im Parlament hat eine Gruppe von Parlamentariern eine Vereinbarung zwischen dem Bund und den Bauherren bzw. Betreibern zum Verzicht auf das KKW Kaiseraugst ausgehandelt. In diesem Bundesbeschluss wurde darauf die Entschädigungsfrage geregelt. In diesem Falle konnte sich also eine lokale Mehrheit der Kraftwerkgegner durchsetzen, allerdings auf eine Weise, wie sie sich nicht täglich in einem Rechtsstaat wiederholen sollte.

2.2 Planung einer Sondermülldeponie

Das folgende Beispiel wurde von Herrn Schmid in unserer Arbeitsgruppe präsentiert:

Nach der Schliessung der Sondermülldeponie Kölliken erteilte der Bund dem Institut für Orts-, Regional- und Landesplanung (ORL) den Auftrag, ein "besseres Kölliken" zu bauen und dafür vorerst einen geeigneten Standort zu suchen. Von Seiten des ORL wurden darauf zwei Rückfragen gestellt, nämlich:

1. Welches sind mögliche Standorte?
2. Was sind Sonderabfälle?

Die erste Frage wurde mit einer Liste möglicher Gemeinden beantwortet. Die Antwort auf die zweite Frage blieb hingegen aus, und dies hatte, wie wir noch sehen werden, bedeutsame Folgen.

Alle bezeichneten Gemeinden wurden nun sofort über das Vorhaben informiert und um Mitarbeit gebeten. Eine Gemeinde antwortete schlicht mit "Nein!", eine Gemeinde mit üblen Beschimpfungen. Leider muss hier festgehalten werden, dass diese beiden Gemeinden tatsächlich von der Liste gestrichen wurden. Alle übrigen Gemeinden hingegen arbeiteten aktiv mit und profitierten sogar nach eigenen Aussagen von der Zusammenarbeit. Dies hinderte allerdings einige Gemeinden nicht daran, nach friedlicher Zusammenarbeit schlussendlich doch eine Absage zu erteilen. Ob nun bei diesem offenen Vorgehen tatsächlich ein Standort gefunden werden konnte, steht noch nicht fest, das Projekt ist noch nicht abgeschlossen. Sicher ist jedoch bereits, dass auch die Fachleute aus dem Dialog gelernt haben. Nachdem nun niemand genau festlegen wollte, was Sonderabfälle sind, beschlossen die Experten, dass die Stoffe, die nicht definiert wurden, eben sicherer gemacht werden sollten. Die Folge war die Ausarbeitung der neuen "Technischen Verordnung Abfälle" (TVA). In diesem Verordnungsentwurf wird keine Lagerung von Stoffen, welche langfristig in die Umgebung austreten können, mehr erlaubt. Im Gegensatz zu den alten Deponierichtlinien, welche eine "Barrierenverordnung" waren, wird in der neuen TVA eine Inertisierung der Sonderabfälle vorgeschrieben. Die Fachleute haben also, nachdem sie mit einer technischen Lösung die Öffentlichkeit nicht überzeugen konnten, eine neue, bessere Lösung gesucht und zum Teil schon gefunden.

Dieses Beispiel kann eine gewisse Zuversicht vermitteln, dass durch ein öffentliches Vorgehen neue Wege gefunden werden können.

Arbeitsgruppe 4

Vorsitz: *Gudela Grote*
Berichterstatter: *Alexis Bally*

Im Rahmen der Akzeptanzfragen wurden hauptsächlich die folgenden Sachverhalte diskutiert:

1. Arbeitsverteilung

Der heutige Entscheidungsprozess ist hauptsächlich ein sequenzieller Prozess, kostet viel Zeit und wird für den Laien unübersichtlich .

Meistens wird der Betroffene nur am Ende des Prozesses beigezogen, was auf die Entscheidung wirkt.

Die Öffentlichkeit müsste sehr früh in den Vorgang miteinbezogen werden. Es gibt Beispiele, wo sich eine solche Teilnahme sehr positiv auswirkte, andere, wo umgekehrt wenig Interesse da war und auch wenig Erfolg. Teilnahme: wie und mit wem? Die Notwendigkeit ist trotz negativer Beispiele unbestritten.

2. Bedingungen für den Dialog

Kommunikationsbereitschaft:
Die Kommunikation stellt Anforderungen an den Fachmann, auf die er oft nicht vorbereitet ist: sie kostet Zeit, verlangt Übersetzung vom technischen Denken in sogenanntes "normales" Denken usw. Von der Seite des Betroffenen verlangt sie Interesse und ein minimales Wissen.

Vertrauen:
Vertrauen ist vielleicht das Kernwort der Akzeptanzfragen. Gegenseitiges Vertrauen der Partner ist Bedingung für den Start des Dialogs. Ausserdem muss auch der Stellvertreter der Betroffenen die notwendige Repräsentativität besitzen, was auch mit Vertrauen verbunden ist.

3. Weitere diskutierte Gegenstände, gekoppelt mit Akzeptanzfragen

- Nutzenempfindung, "Negativnutzenempfindung"
- Kontrollmöglichkeit der Betroffenen
- Akzeptierbare Kosten oder Anteil von Reduktion des Lebensstandards, um eine Gefahr zu vermeiden, auf eine Technologie zu verzichten, was wieder ein Frage der Akzeptanz ist

- Verantwortlichkeitsniveau des Interessierten
- Konsens oder Fehlen eines Konsenses über die Bestrebung der Gesellschaft
- Individualisierung des Verhaltens
- Finanzielle Kompensation eines Risikos, mit seinen ethischen Fragen
- Rolle der Medien in der Kommunikation

Arbeitsgruppe 5

Vorsitz: *Wolfgang Häfele*
Berichterstatter: *Renzo Simoni*

Die Gruppe einigte sich auf folgende Gesprächspunkte:

1. Begrifflichkeitsdiskussion (Akzeptanz – Toleranz)
2. Akzeptanz am Beispiel der Bio- und Gentechnologie
3. Methodische Ansätze für die Festlegung von akzeptablen Risiken

1. Begrifflichkeitsdiskussion (Akzeptanz – Toleranz)

Der Begriff "Akzeptanz" als Versubstantivierung des Verbs "akzeptieren" wurde erst Ende der 70-er Jahre in die einschlägige Diskussion gebracht und hat seither seine Verbreitung gefunden (Meyer-Abich). Nachfolgend sind einige zusammengefasste Statements, welche nicht unbedingt die grundlegende Übereinstimmung in der Gruppe gefunden haben, wiedergegeben:

Akzeptanz:

- Akzeptanz ist als mehr oder weniger pragmatische Umschreibung für allgemeine Zustimmung zu verstehen und muss nicht weiter hinterfragt werden.
- Akzeptanz ist eine Sache des Vertrauens und muss die Frage "Wann fühle ich mich sicher ?" beantworten. Dies ist umso schwieriger, je grösser der Transparenzmangel infolge komplexer Zusammenhänge wird. Die Frage bleibt, wo die Grenze ist.
- Akzeptanz ist (auch) eine Frage der Vertrautheit im Umgang mit einem System, welche eine evolutionäre Entwicklung darstellt (Beispiel Kleincomputer).
- Durch Vertrautheit gelangt man zur Automatisierung im Umgang und das "Gerät" wird zum verlängerten Arm des Benützers.
- Durch Automatisierung wird die Frage aufgeworfen, ob dadurch der Mensch nicht ein Teil der "Maschine" wird und die Akzeptanz darunter leidet.
- Unterschied zum Konsens: Akzeptanz bildet eine Vorstufe, weil sie unter Umständen ohne Reflexion zustande kommen kann (z.B. durch Bequemlichkeit), was beim Konsens nicht der Fall ist.
- Akzeptanz hat im Vergleich zu Toleranz eher längerfristigen Charakter.

Toleranz:

- Toleranz kann nur Menschen, nicht aber Dingen gegenüber geübt werden.
- Toleranz bildet eine Vorstufe zu Akzeptanz und wird nur solange geübt, bis sich die Chance für einen Erfolg der Nicht-Akzeptanz zeigt.
- Toleranz als Begriff ist in diesem Zusammenhang ungeeignet, weil er bestehende Machtverhältnisse ausdrückt (tolerieren heisst, etwas wohl oder übel hinnehmen).
- Toleranz impliziert die Verben "leiden" und "ertragen".
- Toleranz hat im Vergleich zu Akzeptanz eher kurzfristigen Charakter.

→ *Im weiteren soll der Begriff AKZEPTANZ verwendet werden.*

Zur Handhabung des Begriffs Akzeptanz:

- Er darf nicht als "Marketingproblem", mit welchem sich die Naturwissenschafter und Ingenieure dem "Publikum" gegenüber herumzuschlagen haben, aufgefasst und verwendet werden. Im Gegenteil; es muss die Möglichkeit von Nicht-Akzeptanz offengehalten werden.
- Voraussetzung für die Verwendung des Begriffs als Grundlage in der weiteren Risikodebatte ist der Einbezug verschiedenster Aspekte (psychologische, technische, juristische...).
- Einzubeziehen ist die zeitliche Dimension des Begriffs; Entscheide müssen an fortschreitende Entwicklungen gekoppelt sein.
- In einer Entscheidungssituation darf im Falle fehlender adäquater Alternativen nicht vorschnell auf Akzeptanz geschlossen werden.

2. Akzeptanz am Beispiel der Bio- und Gentechnologie

Die Diskussion um die Risiken und Chancen der Bio- und Gentechnologie steht erst am Beginn und ist noch wenig fassbar. Es ist jedoch bereits jetzt eine sehr emotionalisierte Atmosphäre festzustellen. Als mögliche Gründe dafür können genannt werden: Eingriffsmöglichkeiten in die menschliche Fortpflanzung und die mit ungewollten Freisetzungen von Labormaterial zusammenhängenden Risiken.

3. Methodische Ansätze für die Festlegung von akzeptablen Risiken

Als Schlagworte für den einzuschlagenden Weg wurden in Übereinstimmung genannt: Offenheit, Transparenz, Vertrauen schaffen. Als These wurde in den Raum gestellt, dass unsere Gesellschaft von der Struktur her ungeeignet sei, Risikokommunikationsprobleme zu lösen. Als Beispiel wurden unsere Parlamente angeführt: dort findet keine Kommunikation, sondern eher eine Art "Vortragsreihe" mit vorbereiteten Reden und Publikum statt. Kommunikation findet allenfalls hinter den Kulissen oder, was noch bedenklicher ist, auf indirektem Weg via Massenmedien statt.
Vorschlag: Schaffung resp. Ausweitung von vorparlamentarischen (evtl. ständigen) Gremien, welche, interdisziplinär zusammengesetzt, als Verbindungsglied zwischen Gesellschaft und politischen Entscheidungsträgern fungiert und in denen der diskursive Dialog gefördert werden soll. Als ganz grobe Richtungsweisung wurde die deutsche Einrichtung der Enquête-Kommission sowie die US-amerikanische National Academie of Engineering genannt.

Anforderungen und Probleme solcher Gremien:

- Alle relevanten Fachrichtungen müssen vertreten sein.
- unabhängige Position
- Vertrauen sowohl der Bevölkerung (oder mindestens weiter Kreise davon) und des Parlaments
- nebst Beratungsfunktion auch Kompetenzen der Gremien, resp. Handlungsverpflichtung der Regierung und des Parlaments aufgrund von Empfehlungen der Gremien
- Gewährleistung der demokratischen Legitimation
- Auswahl der Mitglieder!?

Arbeitsgruppe 6

Vorsitz: *Martin Schärer*
Berichterstatter: *Thomas Schneider*

1. Problemkategorien

Das Problemspektrum technischer Sicherheitsprobleme ist sehr breit; es reicht vom Treppenhandlauf bis zum Kernkraftwerk. Probleme stellen sich in allerdings höchst unterschiedlichem Masse – in allen Bereichen. Gewisse Fragen beschäftigen dabei nur die Fachleute, andere sind von sehr breitem Interesse. Es würde als nützlich empfunden, wenn die Gesamtheit der technischen Sicherheitsprobleme z.B. in die folgenden Kategorien eingeteilt werden könnte:

- *Selbstverständliches:* Probleme, die derart in unseren Alltag integriert sind, dass man sie gar nicht als Problem wahrnimmt. Sie lösen im allgemeinen keine Diskussionen aus (z.B. statische Bemessung von Wohnbauten).

- *Notwendiges:* Anlagen, über deren Notwendigkeit keine allgemeinen Zweifel bestehen (z.B. Sondermüllverbrennungsanlage). Hier können durchaus Diskussionen entstehen, aber man ist sich im Grunde im klaren, dass eine Lösung gefunden werden muss.

- *Problematisches:* Hier geht es um Probleme, bei denen typischerweise auch Fragezeichen bei der gefährlichen Aktivität selber gemacht werden. Z.B. ist der Transport gewisser Gefahrengüter nicht unbedingt zwingend. Die Sicherheitsfrage tangiert deshalb auch Fragen des Umfangs und der Struktur der gefährlichen Aktivität. Der Konflikt zwischen Sicherheit und wirtschaftlichen Interessen hebt das Problem somit tendenziell auf die politische Ebene.

- *Kritisches:* Hier sind Aktivitäten/Technologien einzuordnen, die alle politisch-gesellschaftlichen Aspekte technischer Risiken tangieren. Zu den aktuellsten gehören sicher die Kernenergie und Gentechnologie.

Diese verschiedenen Problemkategorien werfen sehr unterschiedliche Fragen auf und sind auch dementsprechend auf unterschiedlicher Ebene anzugehen. Das Polyprojekt – aber auch die allge-

Individuelles Risiko

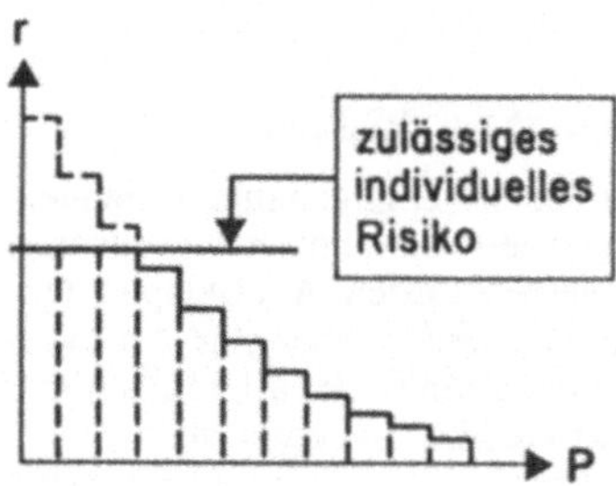

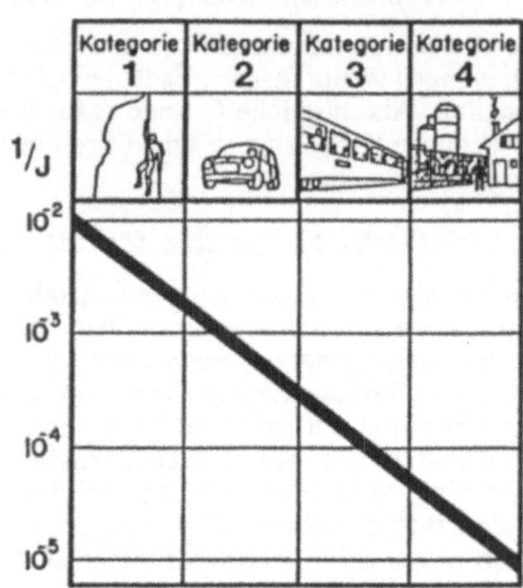

Kollektives Risiko

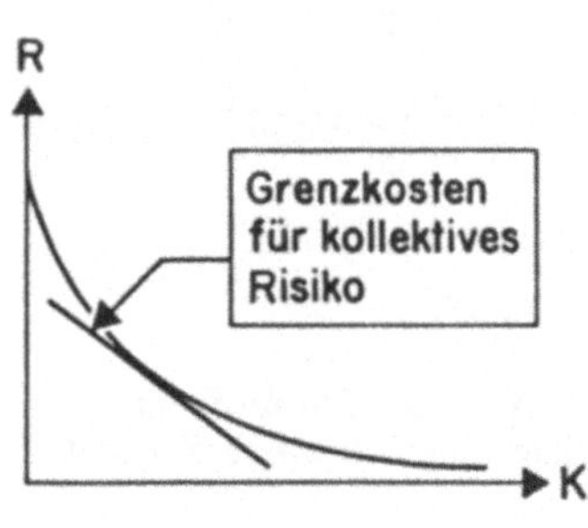

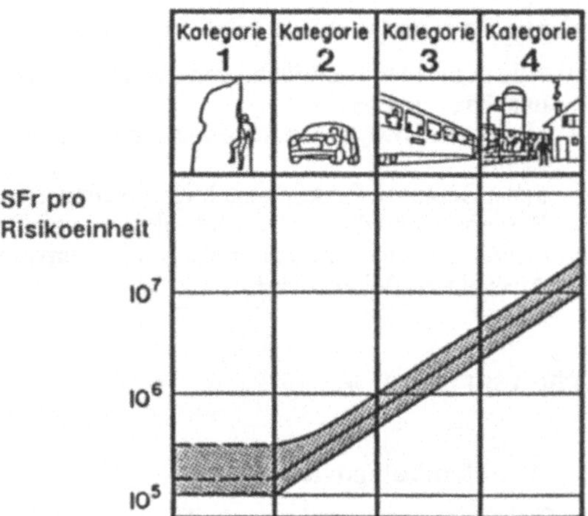

Risikoaversion

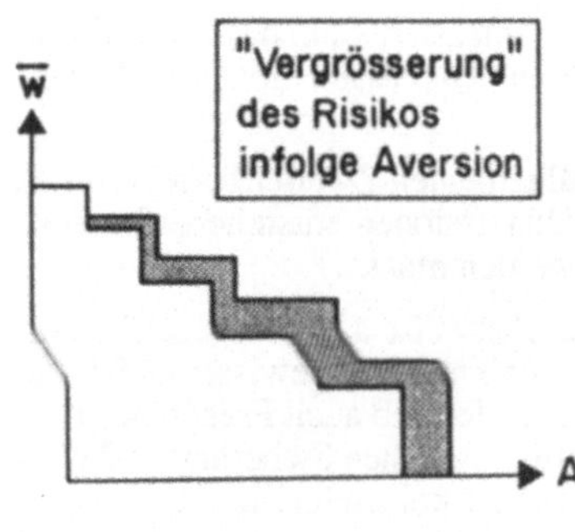

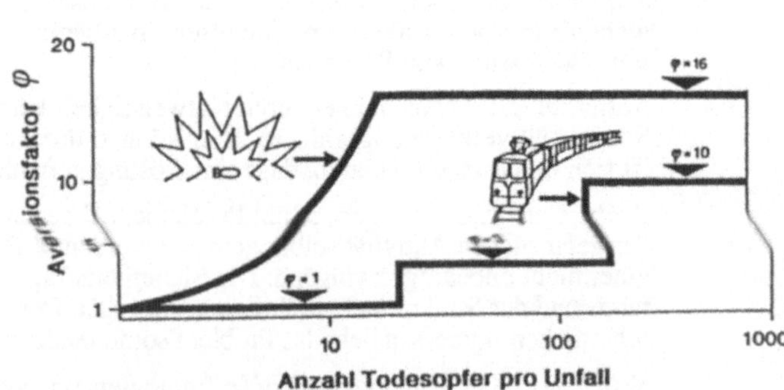

Bild 1: Vorschlag für Schutzziele für Personenrisiken, der in verschiedenen Bereichen bereits angewendet wird

meine Risikodiskussion – kann sich sicher nicht nur mit der Kategorie "Kritisches" befassen. Sehr oft laufen aber heute die Diskussionen so, als ob nur das zur Diskussion steht.

2. Problemebenen

Eine weitere Unterscheidung wäre für die Strukturierung der Diskussion ebenfalls sehr nützlich. Es geht dabei um die (vereinfachende) Unterscheidung folgender drei Ebenen:

- *Aktivität/Technologie an sich:* In vielen Sicherheitsdiskussionen geht es fast überwiegend um die Frage von Wünschbarkeit/Bedarf/Nutzen der fraglichen Aktivität an sich. Dass in solchen Fällen Risiken äusserst kritisch beurteilt werden, ist an sich folgerichtig (Beispiel: Gentechnologie). Die Sicherheit wird hier stellvertretend für die Akzeptanz der Technologie an sich diskutiert.
- *Standortfragen:* In anderen Fällen ist die Aktivität/Technologie unbestritten (Notwendiges), die sichere Auslegung und Bemessung entsprechender Anlagen auch, aber niemand will die Anlage in seiner Umgebung haben. Wichtig sind also hier Verteilungsfragen bezüglich Risiken (und Nutzen!) (Beispiel: Sondermüllverbrennungsanlage).
- *Anlagesicherheit:* Wenn die Aktivität und die Standortfrage unbestritten sind, bleibt die Frage der "sicheren" Bemessung/Gestaltung von Anlagen (Schutzziele, Auslegungskriterien). Das ist an sich die klassische Aufgabe der technischen Fachleute (Beispiele: Gasbehälter, Brücke etc.).

Selbstverständlich überlappen sich diese Ebenen. In vielen Fällen wird aber der Konflikt auf der falschen Ebene ausgetragen bzw. bewegen sich die verschiedenen Akteure auf unterschiedlichen Ebenen.

Zwischen den Problemkategorien von Ziffer 1 und den Problemebenen von Ziffer 2 besteht tendenziell ein Zusammenhang, indem bei Selbstverständlichem ein Schwergewicht bei der technischen Ausgestaltung von Anlagen liegt, hingegen bei Kritischem das Schwergewicht der Diskussion sich um die Technologie als solche dreht.

3. Schutzziele

Eine brennende Frage ist heute in verschiedensten Bereichen die Frage nach Schutzzielen. Zu diesem Thema wurden vier Hinweise gegeben:

- Aus einer Studie des Eidg. Militärdepartementes (EMD; Beginn 1967!) sind die quantitativen Schutzziele gemäss Figur 1 hervorgegangen. Sie sind seit den 70er Jahren im EMD rechtskräftig und werden erfolgreich in der Praxis angewendet (Lagerung/Fabrikation von Explosivstoffen). Dieselben Schutzziele sind aber seitdem in den verschiedensten Gebieten angewendet worden (Eisenbahn, Naturgefahren, Strassenverkehr, andere Gefahrengüter). Ihre Beschränkung liegt darin, dass sie sich auf Todesfallrisiken für den Menschen bzw. akute Unfallrisiken beschränken.
- Im Rahmen der Schweizerischen Störfallverordnung wird zur Zeit die Schutzzielfrage ebenfalls studiert. Da es hier nur um *eine* Art von Risiken geht (Katastrophenrisiken im Zusammenhang mit chemischen Produkten), ist einerseits ein gegenüber dem oben Erwähnten vereinfachter Ansatz möglich. Anderseits wurde hier versucht, die Skalen der Auswirkungsdimension zu erweitern (Figuren 2 und 3). Ein besonderes Problem ergibt sich bei der vergleichenden Bewertung verschiedener Schadensarten.
- Hingewiesen wurde auch auf die Sicherheitskriterien der NAGRA. Diese stützen sich einerseits auf die Kriterien der ICRP (International Committee for Radiology Protection), welche in etwa lauten:
  - Der Nettonutzen einer Aktivität muss positiv sein.
  - Das individuelle Risiko der Betroffenen muss "vernachlässigbar" sein.
  - Das ALARA-Prinzip ist anzunehmen (As Low As Reasonably Achievable).

  Dazu kommen folgende Kriterien:

  - keine Begrenzung des Zeithorizontes für zukünftige Sicherheit
  - keine Bürde für zukünftige Generation
  - Berücksichtigung von Unsicherheiten

	Indikator	Bemerkungen
Lebewesen	n_1 = Anzahl Todesopfer	Unter Todesopfer versteht man unmittelbare Todesopfer, langfristige Todesopfer und Schwerinvalide.
	n_2 = Anzahl Verletzte	Unter Verletzten versteht man Schwerverletzte, Leichtverletzte, Leichtinvalide und Chronisch Kranke.
	n_3 = Anzahl Evakuierte	Unter Evakuierten versteht man Personen, die länger als ein Jahr zu evakuieren sind. Kurzfristige Evakuationen sind vor allem von Angst und Unsicherheit geprägt und werden bei n_4 berücksichtigt.
	n_4 = Alarmfaktor	Unter Alarmfaktor versteht man das Produkt aus "Dauer des Alarms oder der Angstsituation" und "Anzahl der betroffenen Personen".
	n_5 = Anzahl toter Grosstiere	Unter Grosstieren versteht man grosse Nutz- und Wildtiere, Pferde, Rehe, Gemsen und Schafe. Kleine Tiere, wie Hühner, Hasen, Hunde, Katzen und Füchse werden mit dem Gewicht 1/100 mitgezählt. Fische werden bei n_6 berücksichtigt.
	n_6 = Fläche geschädigten Ökosystems	Unter Schädigung versteht man die massive Störung des natürlichen Gleichgewichts. Wird ein See vergiftet, so wird der See mitsamt seiner Uferzone geschädigt. Ein stark dezimierter Raubvogelbestand hat eine Schädigung des gesamten Jagdreviers zur Folge. Sehr bedeutende Ökosysteme wie Naturschutzgebiete und Gewässer werden mit dem Gewicht 10 gezählt.
Lebens-grundlagen	n_7 = Fläche kontaminierten Bodens	Unter kontaminiertem Boden versteht man Boden, der seine Fruchtbarkeit verliert, der nicht mehr bewohn- oder nutzbar ist und der nur mit aufwendigen Sanierungs- und Entsorgungsmassnahmen wiederhergestellt werden kann.
	n_8 = Fläche verschmutzten Grundwassers	Unter Grundwasser versteht man Grundwasser der Schutzzone S wie auch Gewässer des Schutzbereichs A. Nur die Oberflächen der wesentlichen Verschmutzungen mit längerfristigen Folgen sind zu berücksichtigen.
Sach-werte	n_9 = Diskontierte Aufwendungen	Unter Aufwendungen versteht man alle direkten und indirekten Aufwendungen. Beschädigte Häuser, zerstörte Güter, Vergütungen, Renten, Prozesskosten, Spitalgelder, Evakuationskosten, Kosten für Infrastruktur, Verkehrskosten.

Bild 2: Erster Vorschlag für eine Indikatorenliste (erarbeitet im Zusammenhang mit der Störfallverordnung)

- Kurz angedeutet wird schliesslich eine Idee, die in Basel im Zusammenhang mit Chemierisiken diskutiert wird und auf einem sehr pragmatischen Ansatz beruht, nämlich auf der Beschränkung der Mengen eines Stoffes (MS), wobei die effektive Menge durch verschiedene Faktoren verändert wird.

$$(MS * x) \pm y < M_{max}$$

4. Steuerbarkeit/Steuerungsprozess

Dieser Aspekt wird im Zusammenhang mit der Akzeptanz als sehr wichtig beurteilt. Die Effekte von Ohnmacht und Fremdbestimmung beruhen u. a. auf intransparenten Steuerungsprozessen. Ein Unfall kann auch durch seine "Entstehungsgeschichte" Aufsehen erregen (Fahrlässigkeit etc.). Die Analyse des Steuerungs- bzw. Entscheidungsprozesses sollte daher ebenso wie die technischen Aspekte bearbeitet werden.

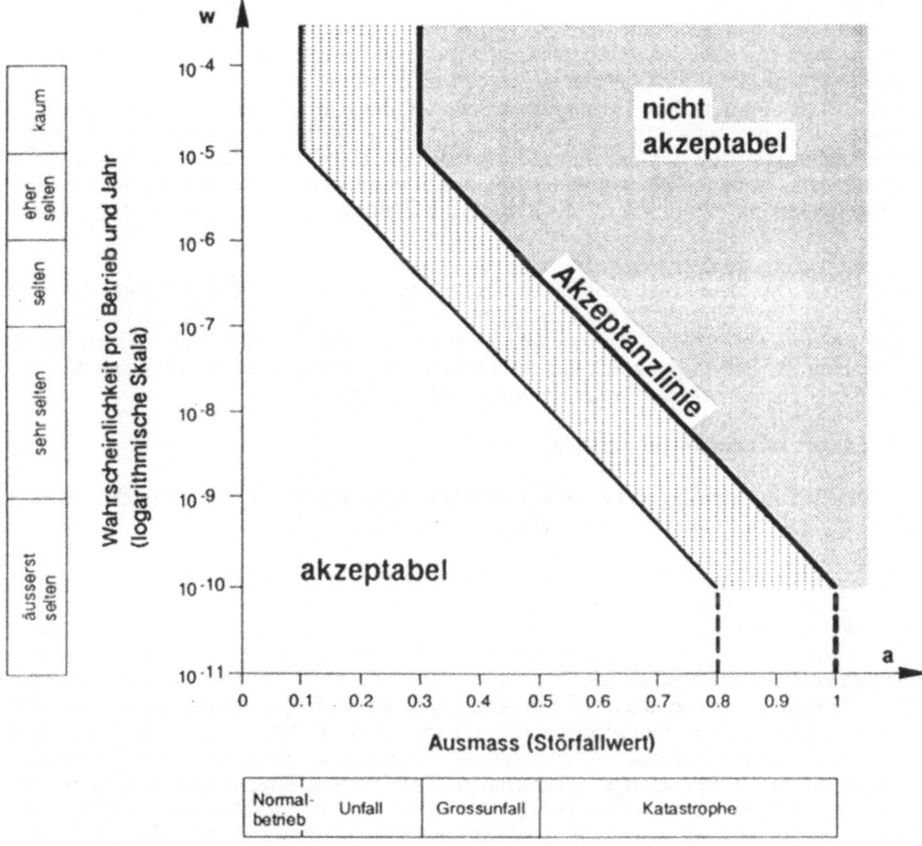

Bild 3: W-A - Diagramm mit Akzeptanzlinie (erarbeitet im Zusammenhang mit der Störfallverordnung)

Diskussion

Gustav W. Sauer: Ich habe zwei Verständnisfragen, und zwar die erste zu Kaiseraugst. Da wurde plakativ gesagt: die Politik hat Recht gebrochen. Es würde mich näher interessieren, wie das gegangen ist. Es muss ja eine Genehmigungsentscheidung gegeben haben. Wenn die nicht vollzogen wird, dann hat das Kraftwerk ja jederzeit das Recht, an das Verwaltungsgericht zu gehen und die Rechtmässigkeit der Genehmigung gerichtlich feststellen zu lassen, d.h. das Parlament wird sich dann ja daran halten müssen. Die zweite Frage geht an Herrn Bergmeister, vielleicht war es auch nur ein Versprecher: Was ist denn die Einforderung von "nicht unverzichtbaren Rechten"?

Willy A. Schmid: Die erste Frage will ich so beantworten: Im Prinzip hätte aufgrund des relevanten Gesetzes die Bewilligung für die Errichtung des Kernkraftwerkes Kaiseraugst erteilt werden müssen (Polizeirecht). In einer Demokratie kann aber die Politik anders entscheiden. Somit wird die Erteilung der Bewilligung zu einer politischen Frage. Sie ist nicht mehr eine Frage des "Rechts". In diesem Sinne hat "die Politik Recht gebrochen".

Gustav W. Sauer: Mit einem Gesetz, oder wie?

Willy A. Schmid: Die Grundlage ist ein Parlamentsbeschluss. Der Bund wurde mit diesem Entscheid selbstverständlich entschädigungspflichtig.

Fulvio Caccia: Ich verstehe Ihre Einwände. Aber es ist in der Tat so gegangen. Die Rahmenbewilligung wurde vom Bundesrat, wie es das Gesetz vorsieht, erteilt, und einige Jahre später - inzwischen fanden drei Volksabstimmungen statt - hat das Parlament, d.h. beide Kammern, diese Rahmenbewilligung bestätigt, auch diesmal wieder, wie es das Gesetz vorsieht. Da diese Rahmenbewilligung gewisse Vorarbeiten auf der Baustelle erlaubt, hat man versucht, diese Vorarbeiten auszuführen. Es kam zu Streitigkeiten mit Kernkraftgegnern und zur Besetzung des Areals. Man hat Polizei hingeschickt, dann aber wieder zurückgezogen in der Hoffnung, dass der Widerstand sich legt. Aber das war nicht so. Jede energiepolitische Diskussion in der Schweiz war immer wieder von diesem Alptraum "Kaiseraugst" überschattet. Nach langem Zögern hat eine Gruppe von Parlamentariern, die Befürworter waren, gesagt: "Versuchen wir diesen schmerzenden Zahn herauszunehmen". Sie reichten Motionen ein in beiden Kammern mit der Forderung, dass die Regierung mit den Bauherren Verhandlungen aufnehmen solle mit dem Ziel, auf den Bau zu verzichten. Ein Verzicht seitens derjenigen, die eine Bewilligung haben, ist natürlich entschädigungspflichtig. Es gab eine schriftliche Vereinbarung zwischen Bauherr und Regierung, und diese Vereinbarung wurde mit einem Bundesbeschluss der Kammern akzeptiert, indem man Kenntnis genommen hat vom Verzicht, und gleichzeitig die Kredite bewilligte, um die Entschädigung zu bezahlen.

Gustav W. Sauer: Würden Sie dann sagen, das sei ein Rechtsbruch?

Fulvio Caccia: Es ist ohne weiteres ein einmaliges Geschehen in den Prozeduren, die wir kennen. Aber man hat eine einvernehmliche Lösung gefungen. Klar, die Bauherren hätten auch vor Gericht gehen können. Aber man hat in allen Lagern mehr oder weniger das Urteil abgegeben, ja, man solle einmal versuchen, anstatt einer Konfrontation einen Schritt in Richtung Konsensbildung zu tun. Meines Erachtens hat dieser Schritt etwas gebracht, aber man hätte noch weitere Schritte machen müssen, um wirklich einen Konsens zu finden. Wir stehen heute in einer Situation, wo der Konsens in der Energiepolitik der Schweiz meines Erachtens noch relativ weit entfernt ist.

Karl Weber: Man kann es auch anders auffassen und sagen "die Politik hat gelernt". Es wurde ja in einer anderen Arbeitsgruppe postuliert, man müsse die Entscheide der fortschreitenden Entwicklung anpassen. Die Zurücknahme eines früheren Entscheides ist eine solche Anpassung. Und wenn man jetzt dieses Postulat auf so komplexe Objekte wie ein AKW anwendet, stellt sich automatisch die Frage, ob unser Rechtssystem überhaupt in der Lage ist, solche Anpassungen vorzunehmen. Ich kann das nicht beurteilen. Wenn man dieses Problem so betrachtet, ist die Verwendung des Begriffs "Rechtsbruchs" Ausdruck der Intensität der politischen Auseinandersetzung. Der Begriff verdeckt dagegen die Tatsache, dass etwas - vermutlich vernünftigerweise - gemacht wurde, weil sich die Bedingungen verändert haben (Skepsis gegenüber der Nukleartechnologie).

Ruedi Bühler: Ich möchte zu den Schutzzielen zurückkommen. Mir ist aufgefallen, dass wir bei der Diskussion der Schutzziele uns eigentlich immer auf eine Technologie beziehen, die Kernenergie. Wir sollten versuchen, Schutzziele zu formulieren bezüglich der Problemlösung, also z.B. der Energiegewinnung. Solche Schutzziele könnten aus einem Satz von Zielen bestehen, z.B. in Form von Wahrscheinlichkeiten für einzelne Ereignisse, oder in der Angabe eines Schadenausmasses, das in keinem Fall (also unabhängig von der Wahrscheinlichkeit) überschritten werden darf. Eine Komponente könnte z.B. heissen: "Es darf kein Ereignis geben, bei welchem X Leute länger als 10 Jahre von ihrem Wohnort evakuiert werden müssen." Wenn man einen solchen Satz auf die Problemlösung anwenden würde, dann würde die Diskussion von der einzelnen Technologie, z.B. von der Kernenergie weggehen zu der Grundsatzfrage, was wir wollen und was wir dafür bereit sind zu akzeptieren. Und das, meine ich, könnte auch bei anderen Problemlösungen sein, dass man nicht über Sicherheit und Risiko einer Technik spricht, sondern davon, welche Risiken wir bereit sind, für eine Problemlösung zu akzeptieren.

Stephan Albrecht: Ich kann gerne daran anschliessen. Ich wollte dafür plädieren, dass man den Begriff Schutzziele zumindest in Verbindung bringt mit einem aus meiner Sicht weitergehenden Terminus von Entwicklungszielen. Sie haben eben das Thema der Stromerzeugung angesprochen. Die Befriedigung von Stromenergiebedarf ist Resultat einer bestimmten, ich sag mal ganz abstrakt, gesellschaftlichen Organisation von Abläufen, zu denen dann eben Strom gebraucht wird, und ich habe eben gehört, die Schweiz rechne damit, jedes Jahr 3 % elektrische Energie mehr zu verbrauchen. Die Auseinandersetzung um das Entwicklungsziel des Stromverbrauchs und im weiteren dann des ganzen Energieverbrauchs, wäre das, was in meinen Augen eine umfassendere Thematisierung von Kontroversen und die Entwicklung von alternativen Optionen eher ermöglichte als die Diskussion um Schutzziele. Die finde ich als längerfristige gesellschaftspolitische Strategie zu defensiv. Und das leitet über zu meinem zweiten Punkt. Ich wollte gerne noch einmal auf die Frage Akzeptabilität zu sprechen kommen. Wir haben das heute morgen gesehen. Die Formel war: Risiko proportional zur dritten Potenz des Nutzens. Ich denke, dass eine solche Formel für die innerwissenschaftliche wie auch für die gesellschaftliche Diskussion möglicherweise gar nicht viel helfen würde. Ich bin weder in der Lage noch würde ich es für sehr sinnvoll halten, Akzeptabilität formal zu definieren. Ich denke viel mehr, dass betont werden muss, dass Akzeptabilität sich zusammensetzt aus mindestens zwei wichtigen Komponenten: die eine ist nämlich die Frage, in welcher Weise bestimmte Entwicklungsziele erreicht werden. Und die zweite, die nicht weniger gewichtig ist, ist die Frage: Mit welchen Verfahren wird eigentlich das Entwicklungsziel erreicht?

Martin Baggenstos: Ich finde das sehr faszinierend, was Herr Bühler vorhin gesagt hat. Die Schutzziele für die Problemlösung und nicht für das System. Ich möchte einfach etwas anfügen. Man kann natürlich auch bei solchen Schutzzielen trotzdem ein gewisses System verunmöglichen. Ein krasses Beispiel: ich nehme nicht an, dass jemand gegen die Verwendung von Sonnenenergie ist, aber wenn man sagt, wir haben in der Schweiz schon sehr viel verbaut etc. und dann als Schutzziel aufstellt: 'Die Energiegewinnung darf nicht mehr als 10 Quadratkilometer zusätzlich verbauen', dann wäre eine weitere Nutzung der Sonnenenergie gar nicht möglich, weil man dann einfach Fläche braucht. Mit einem anderen Schutzziel kann man irgendeine andere Energie töten. Es ist eben schade, dass man die Energiegewinnungsformen bereits kennt, und damit kann man mit dem Schutzziel eben bewusst oder unbewusst "politisieren". Aber grundsätzlich finde ich es sehr gut, dass man die Problemlösung betrachtet und nicht das System.

Bruno Fritsch: Herr Sauer, Sie haben zum Schluss Ihres Vortrages eine Folie aufgelegt, von der Sie, wenn ich mich richtig erinnere, sagten, das sei Ihr Vorschlag, wie zu verfahren wäre. Mein Eindruck war, dass bei genauer Beachtung der von Ihnen aufgestellten Kriterien eine Entscheidung überhaupt nicht möglich ist, denn es gibt keine Möglichkeit, alle externen Kosten rigoros zu internalisieren. So entstehen im Parlament letztlich Pattpositionen, wo dann eben das einzige, was die Legislaturperiode überdauert, das Nichtlösen von Problemen ist. Das ist immer dann der Fall, wenn Dinge gefordert werden, die sich bei ernsthafter Verfolgung letztlich als nicht erbringungsfähig erweisen. Genau auf das läuft Ihr Konzept hinaus.

Thomas Schneider: Ich habe eine kurze Bemerkung zu Herrn Bühler. Ich weiss nicht, ob ich Sie richtig verstanden habe, aber ich meine betont zu haben, dass es gerade die Idee dieser Schutzziele ist, dass sie nicht technologieabhängig sind. Ich möchte zusätzlich an etwas anknüpfen, was jetzt Herr Fritsch angeschnitten hat. Ich habe ein gewisses Unbehagen, dass vieles, was wir diskutieren, sehr abstrakt ist. Es ist schwierig, die Qualität dieser verschiedenen Argumente zu beurteilen. Ich frage mich bei all diesen Ideen: Zu was führt das, ist es anwendbar, was bedeutet es eigentlich? Ich hätte mich z.B. nicht getraut, solche Schutzziele hier hinzulegen, wenn ich sie nicht schon an vielen Fällen angewendet und gesehen hätte, was sich für Konsequenzen daraus ergeben, wie das funktioniert, was es für Vorteile bringt, aber auch, welche Probleme sie bringen. Ich frage mich, ob man neben diesen ganzen Grundsatz-Diskussionen sich nicht laufend an konkreten Beispielen fragen sollte, was das bedeuten würde.

Rudolf Frei: Ein Beispiel, was die Kantone Basel-Land und Basel-Stadt versuchen zu konkretisieren: zwei Kommissionen, die zur Risikobeurteilung eingesetzt werden. Zwischen Basel-Land und Basel-Stadt bestehen nur Nuancenunterschiede. Die Behörden und die Regierung erhalten so Hilfe bei ihren Entscheidungsfindungen. Die Kommissionen sollen zusammengesetzt werden aus Leuten, die weder der Verwaltung angehören noch der Politik, also auch keine Parlamentarier, und aus möglichst verschiedenen Gruppierungen kommen. In Basel-Stadt sind beispielsweise neun Leute zu wählen. Ich hoffe, dies geschieht noch dieses Jahr. Es ist ein erster Versuch, den Dialog zu eröffnen, der weiter geht als was da bisher gelaufen ist.

Ortwin Renn: Ja, ich würde gerne auf das Problem der Überkomplexität von Risikoberechnungen zurückkommen. In unserem Institut haben wir einmal einen Risikoindex entwickelt, um von dem eindimensionalen Risikobegriff abzukommen. Dieser Index berücksichtigt sieben Indikatoren. Als wir aber mit diesen sieben Indikatoren zu den Risikomanagern kamen, schlugen sie die Hände über dem Kopf zusammen und sagten, sieben Indikatoren seien völlig inpraktikabel. Zwei Indikatoren wären bearbeitbar, zur Not auch drei, aber nicht mehr. Wenn wir uns hier im akademischen Rahmen den Kopf zerbrechen, wie stark wir den Risikobegriff differenzieren müssen, inwieweit haben wir dann noch unsere Zielgruppe vor Augen? Um diese Komplexität an Informationen bearbeiten zu können, bedarf es spezialisierter Instruktionen des Risikomanagements, die wir grossen Teils nicht haben. Je mehr Informationen verarbeitet werden müssen und je mehr Daten geliefert werden, desto geringer ist die Qualität der Verarbeitung pro Datum. Wir müssen den Zielkonflikt zwischen der Unterkomplexität des einfachen Risikobegriffs und der Überkomplexität des hier diskutierten Risikobegriffes auflösen.. Wir sollten nicht zu einem Punkt kommen, wo wir zu einer Differenzierung des Risikobegriffes und der Schutzziele kommen, die nicht mehr praktikabel und handhabbar sind. Oder wir brauchen wirklich neue Institutionen, wie es Herr Ueberhorst vorschlägt, die mit dieser Komplexität umgehen können.

Jean-Pierre Porchet: Wir haben festgestellt dass das Aufstellen von Schutzzielen eine sehr schwierige Sache ist. Umso erstaunlicher ist es ja, dass in der neuen Störfallverordnung der Bund die Festlegung von Schutzzielen auf die Stufe der Kantone hinunterdelegieren will. Und was Herr Thomas Schneider gesagt hat von den Anwendungen, das interessiert mich auch, aber noch mehr interessiert es mich, wie das geht, wenn verschiedene Kantone in einem so kleinen Land verschiedene Schutzziele haben.

Jörg Schneider: Aber bei uns sind ja auch die Steuersysteme von Kanton zu Kanton verschieden. Warum nicht auch die Schutzziele? Das fördert dann vielleicht die Beweglichkeit der Industrien.

Thomas Schneider: Im Vernehmlassungsverfahren zur Störfallverordnung haben sich die Kantone dagegen gewehrt, dass *sie* die Schutzziele festlegen sollen. Der Bund wird diese Aufgabe übernehmen müssen - selbstverständlich in Zusammenarbeit mit den Kantonen. Ich glaube, man hat realisiert, dass Sicherheit für eine Chemiefabrik im Kanton Wallis gleich sein muss wie im Kanton Thurgau. Es liegt in dem kleinen Land nicht drin, dass wir 24 Sicherheiten definieren.

Georg Erdmann: Im Programmtext zum heutigen Tage steht "Einbezug von psychologischen, sozial-rechtlichen, politischen und ähnlichen Gesichtspunkten in eine verantwortungsvolle und ganzheitliche Lösung der Akzeptanzfrage ist umgänglich". Ich frage mich, warum ein zentraler Aspekt für die Akzeptanz hier gar nicht genannt wird, nämlich der wirtschaftliche. Letztendlich wird keine Technologie deswegen akzeptiert, weil sie mit Risiken verbunden ist, sondern deswegen, weil sie mit Nutzen verbunden ist, die im Vergleich zu den Risiken weit überwiegen. Es wurde eben in dem Bericht unserer Arbeitsgruppe ein Satz falsch zitiert, den ich dort eingebracht habe. Meine Aussage lautet: Man sollte davon ausgehen, in erster Approximation, dass Risiken einer Technologie (oder eines Produktes) in der Gesellschaft als akzeptabel angesehen werden können, wenn ein Versicherungsvertrag dafür zustande kommen könnte, sofern ein Markt dafür existieren würde. Ein Beispiel mag das erläutern. Nehmen Sie die Risiken von Talsperren. Als die Elektrizitätswirtschaft damit angefangen hatte, diese Risiken auf die Bevölkerung zu übertragen, gab es ein

Bundesgesetz, das Elektrizitäts-Wirtschaftsgesetz, und in diesem Gesetz wird festgelegt, in welcher Form ein Risikovertrag zwischen der Elektrizitätsgesellschaft und der betroffenen Bevölkerung in einem Bergtal abgeschlossen werden muss. Dabei war z.B. zu klären: Wie lange gehen diese Verträge? Welche Prämie ist dafür zu bezahlen? Das Ergebnis dieses Gesetzes ist, dass die Kraftwerke an die betroffene Bevölkerung einen Preis für die Übernahme des Talsperren-Risikos zahlen. Dieser Preis ist im Wasserpfennig enthalten. Der Wasserpfennig ist damit von einem wirtschaftlichen Standpunkt aus betrachtet zumindest teilweise eine Risikoprämie. Dadurch dass die betroffene Bevölkerung diese Risikoprämie übernehmen kann, existiert dort ein Risikomarkt. Das Ergebnis ist: Diese Technologie ist akzeptiert, und zwar von der betroffenen Bevölkerung.
Sie können jetzt noch einen Schritt weitergehen. Es gibt Umweltorganisationen in Basel und Zürich, die also von diesem Risiko nicht betroffen sind, die sich jetzt gegen diesen Ausbau der Wasserkräfte einsetzen. Man möchte den Gemeinden gesetzlich verbieten, solche Risikoverträge abzuschliessen mit der Begründung, dass die Landschaft durch die Kraftwerke zerstört wird. Jetzt muss man den Gemeinden einen Ausgleich dafür schaffen, dass sie keine Risikoverträge mehr abschliessen dürfen. Dieser Ausgleich wird als Landschaftsrappen bezeichnet. Die Einführung des Landschaftsrappens würde aber die Funktionsfähigkeit des oben skizzierten Risikomarktes und damit die Akzeptanz von Talsperrenrisiken ohne Frage erheblich beeinträchtigen, denn er würde die ökonomischen Mechanismen, welche dieser Akzeptanz zugrundeliegen, untergraben.

Jörg Schneider: Es wäre sicher zu prüfen, wo das funktioniert und wo das existiert?

Georg Erdmann: Das ist ein Forschungsauftrag.

Jörg Schneider: Ich sehe da Probleme bei langfristigen Risiken, bei Risiken, die nicht uns betreffen, die Versicherungsnehmer, sondern deren Kinder und Kindeskinder.

Konrad Bergmeister: Ich glaube nicht, dass man diese Risiken beurteilen kann, allenfalls kann man sie steuern durch die Wirtschaft.

Georg Erdmann: Sie wissen, diese Risiken sind von der betroffenen Bevölkerung akzeptiert. Das Thema von heute ist Risikoakzeptanz, wie bekommen wir die Akzeptanz von Risiken? Und dazu habe ich einen Marktmechanismus erläutert, der am Beispiel der Talsperren offenbar funktioniert.

Konrad Bergmeister: Ich kann mir aber nicht vorstellen, dass die Wirtschaft Risiken beurteilen kann.

Gustav W. Sauer: Wir haben hier sehr oft über Schutzziele gesprochen. Die Schutzziele des Staates sind dabei manchmal, gemessen am Risiko, trivial, bspw. Überstundenregelungen oder Mutterschutz. Ganz anders ist es, wenn der Staat durch Arbeitsschutzregelungen sicherstellen muss, dass niemand ohne Atemschutz in Strahlenkontrollbereichen arbeiten darf, wenn gewisse Grenzwerte überschritten sind. Dieser Schutz darf auch nicht, bspw. durch einen mehrfachen Stundenlohn, unterlaufen werden können. Bildlich gesprochen bedeutet dies allgemein, dass, wenn es Brücken gibt, von denen Menschen in den Tod springen, es für den Staat nicht genügt, lediglich eine Tafel "Hinunterspringen verboten" aufzustellen ...

B. Fritsch: Warum nicht?

Gustav W. Sauer: Weil der Staat verhältnismässig handeln muss ... der Staat soll also nicht lediglich eine Tafel aufstellen, sondern muss hier ein möglichst hohes Geländer aufrichten, um verhältnismässig sicher das Hinunterspringen verhindern zu können. Wenn dann trotzdem jemand über ein bspw. 5 m hohes Geländer steigt und springt, hat der Staat jedenfalls seiner Verhältnismässigkeit Genüge getan. Dabei ist ferner darauf hinzuweisen, dass die Verfassungsziele des Staates auch Schutzziele sind, die nicht rein technischer Natur sind; deswegen möchte ich jetzt auf die zweite Arbeitsgruppe zurückkommen und fragen, ob tatsächlich in dieser Arbeitsgruppe diskutiert worden ist, dass die Triage unter Umständen ein verhältnismässiges Mittel ist, industrielle Grossrisiken abzuarbeiten. Die Triage ist ganz eindeutig eine Konsequenz aus der Kriegsmedizin, nämlich möglichst viele Soldaten in kurzer Zeit noch zur Verteidigung des Staates zu retten, und wenn Sie jetzt eine Grosskatastrophe im industriellen Bereich haben, müssen Sie sicherstellen, dass der Staat Menschenleben rettet, und zwar ausschliesslich als Nutzen, das Menschenleben allein zu retten, und erst in zweiter Linie zu überlegen, ob dies wirtschaftlich vertretbar ist. Ich denke daher, dass man mit der Triage nicht weiterkommt. Deshalb möchte ich noch die Zahl, die hier plakativ genannt worden ist, relativieren. Ich halte sie nicht für vergleichsfähig. Die Sanierungskosten des Kanalnetzes in der Bundesrepublik in der Höhe von 100 Milliarden DM sind u.a. deshalb nicht vergleichbar, weil es sich hier um eine zeitlich streckbare Flächensanierung über die ganze Bundesrepublik von vermutlich 25'000 km^2 handelt. Diese 100 Milliarden DM kann man relativ einfach in zehn Jahren über Kanalgebühren hereinbringen, zumal mehr als 50 Millionen Einleiter diese Kanäle benutzen. Diese 100 Milliarden indessen sofort aufzubringen, zur Abwehr von Grossunfällen, ist ungleich schwieriger.

Hans Reber: In unserer Gruppe 2 wurde die Frage aufgeworfen, ob auch der Faktor Risiko-Management für die Akzeptanz eines Risikos von Bedeutung sei. Dabei ging es weniger um die Vorkehren zur Verhütung einer Katastrophe als um die Massnahmen im Katastrophenfall selbst und deren Konsequenzen für die Vorsorge. Es interessierten die Hospitalisations- und Behandlungsmöglichkeiten in der Katastrophe, d.h. Katastrophenmedizin, wobei das Reizwort Triage nicht zu umgehen war.
Die Aussicht, dass ein Störfall eine Katastrophe auslösen könnte, lässt ein technisches Risiko mehr und mehr als unakzeptabel erscheinen.
Das am häufigsten verwendete Kriterium, die Anzahl Toter, genügt nicht, um die Schwere eines Schadenausmasses vollumfänglich zu beschreiben. Es kann leicht zum Schluss führen, mit deren Begräbnis habe es sein Bewenden. Was jedoch zählt sind die Lücken, welche die Toten hinterlassen. Diese Lücken sind bei einer grossen Katastrophe viel bedeutender, als aus der Summe der Einzelfälle erschlossen werden könnte. Bei der grossen Katastrophe ist die Betrachtung einzelner Ursache-Wirkung-Beziehungen ungenügend, indem neben den individuellen auch breite soziale und kulturelle Bezugsnetze weitgehend und oft irreversibel zerstört werden. Auf die gesamte Umwelt bezogen können Teilsysteme mit ihren Regelkreisen definitiv ausfallen. Zusätzlich zu den Sofortwirkungen sind die langfristigen Nachwirkungen mit einzubeziehen.
Das Ausmass einer Katastrophe wird wesentlich durch Anzahl, Art und Schwere der zu erwartenden Verletzungen mitbestimmt. In einer Grosskatastrophe können Situationen eintreten, welche die ursprünglichen Schäden verschärfen, d.h. eine Art Zweitkatastrophe nach sich ziehen. Beispielsweise muss damit gerechnet werden, dass das Gesundheitswesen überfordert ist oder unter Umständen nicht mehr funktioniert. Durch das Fehlen oder Ungenügen der medizinischen Versorgung kann sich die Zahl der Katastrophenopfer sekundär vergrössern, weil weder genügend Einrichtungen noch spezialisiertes Personal zur Verfügung stehen, um den gegenwärtigen sehr hohen, einer ausgefeilten Technik verhafteten Stand der Therapie zu gewährleisten. In einer Katastrophe muss man eventuell auf Behandlungsmethoden zurückgreifen, welche mit den vorhandenen Mitteln noch möglich sind. Die knappen Mittel müssen dort eingesetzt werden, wo sie Erfolg versprechen. Die Heilungschance von behandelbaren Patienten darf nicht dadurch verschlechtert werden, dass die Anstrengungen auf von vorneherein hoffnungslose konzentriert werden. Bei grossen Anfällen von Verletzten muss notwendigerweise eine Triage aufgrund der Behandlungsmöglichkeit stattfinden. Zugegeben: die Konzeption der Triage und der Katastrophenmedizin hat ihre Grundlage bei der militärischen Katastrophe, trägt aber den situationsbedingten Unterschieden Rechnung. Dabei wird heute die Entscheidung durch das Polytrauma erschwert. Man versteht darunter eine kombinierte Schädigung durch verschiedene Mechanismen, wie Verbrennung mit gleichzeitiger radioaktiver Strahlenschädigung. Bei kombinierten Schädigungen ist die Heilungschance oft bedeutend geringer, als wenn die Schäden einzeln vorliegen. Mit den modernsten Mitteln eines Universitätskrankenhauses sind sie eventuell noch beherrschbar, nicht mehr jedoch bei einem grossen Verletztenanfall. Um jegliches Missverständnis zu beseitigen, sei betont, dass auch in einer Katastrophe der gegenwärtige Standard der Behandlung beibehalten wird, soweit dies die Mittel zulassen. Da die Kapazität der Krankenhäuser jedoch schon bei einer relativ geringen Anzahl Schwerstverletzter erschöpft ist, müssen im Rahmen der Vorsorge Absprachen mit anderen Kantonen und Staaten zur Aufnahme von Patienten im Katastrophenfall getroffen werden, so dass in unseren Regionen die Anwendung der Katastrophen-Medizin in Friedenszeiten eine grosse Seltenheit darstellen dürfte. Dies trifft jedoch für grosse Gebiete der Welt nicht zu. Wie auch immer: der Entscheid, auf eine reduzierte Katastrophenmedizin überzugehen, erfolgt zwar auf ärztlichen Rat, ist jedoch ein eminent politischer Entscheid, hinter welchem die ganze Regierung stehen muss.

Gustav W. Sauer: Das wäre allenfalls eine Konsequenz und nicht eine vorausbestimmte Entscheidung, das jemals so zu machen.

Hans Reber: Eine Konsequenz, die von der jeweiligen Situation erzwungen wird.

4

Kommunikation zwischen den Beteiligten

Umschreibung des Themas

Von sachgerechter Kommunikation zwischen den Beteiligten, also den Fachleuten, Wissenschaftern, Technikern und der Industrie auf der einen, den Laien, bzw. der Gesellschaft und ihren Vertretern auf der anderen Seite kann keine Rede sein. Beide Seiten sind Auslöser von Risiken und beide Seiten sind gleichzeitig betroffen, wenn auch nicht überall gleichartig und gleichschwer. Es fehlen methodische Ansätze für eine sachgerechte Kommunikation zwischen Fachleuten und Laien.

Methodische Ansätze für eine Aufnahme bzw. eine Wiederaufnahme des Gesprächs zwischen den Beteiligten sollen herausgearbeitet werden.

Inhaltsverzeichnis

Risiko und Sicherheit technischer Systeme, Monte Verità,
© Birkhäuser Verlag Basel

J.S.: Die Arbeitsgruppe 5 hat darum gebeten, dass Herr Ueberhorst noch einmal aufgreifen solle, was er auslassen mußte, weil vorgestern seine Redezeit abgelaufen war. Ich habe Herrn Ueberhorst gefragt. Er wäre bereit. Vielleicht war es ein bißchen moralischer Druck: ich habe ihm dafür 10 Minuten gegeben, und er hat genickt. Nicken Sie immer noch, Herr Ueberhorst?

Technologiepolitische Verständigungsprozesse als Herausforderung für neue parlamentarische Arbeitsformen

Reinhard Ueberhorst, Elmshorn, BRD

Ich nicke eigentlich immer (Gelächter). Ich nicke immer soll heißen: ich bin selbstverständlich gerne bereit, wenn aus der Häfele-Gruppe eine Bitte kommt, sie im Plenum aufzunehmen, die – Herr Caccia und ich hatten vorgestern schon darüber sprechen können – im engeren Sinne, wie es die Gruppe Häfele ansprechen wollte, die Situation in den europäischen Parlamenten betrifft. Ich hoffe, daß auch Herr Caccia auf diesen Fragenkomplex in seinem Abendvortrag eingeht, um deutlich zu machen, daß wir als frühere oder jetzige Parlamentarier Erfahrungen machen und auch Probleme sehen, unabängig von verschiedenen Parteizugehörigkeiten. Es geht um die Qualität der parlamentarischen Technologiepolitik und um die Frage, ob unsere gewachsene Institution Parlament in der Lage ist, das zu leisten, was wir von ihr erwarten.

Das Hauptstichwort der Anfrage der Gruppe lautet "Kommunikation". Wenn ich die Problematik charakterisieren darf – die Gruppe hat gesagt, wir hätten "Parlamente ohne Kommunikation" – geht es um einen Politikstilwechsel von der positionellen zur diskursiven Politik.

Diese beiden Politikstile lassen sich wie folgt skizzieren:

Die positionell angelegte Politik ...	*Die diskursiv angelegte Politik ...*
... weiß, was sie will und beansprucht eine konsistente Position	... erkennt und anerkennt offene Fragen und alternative Handlungsmöglichkeiten
... subordiniert Einwände und beantwortet sie bestenfalls aus der Sicht der Position	... thematisiert alle Einwände gegen alle Positionen und sucht gemeinsame Maßstäbe zwischen kontroversen Positionen, sucht zuerst ein besseres wechselseitiges Verständnis zwischen kontroversen Positionen und vermutet bisher nicht erkannte Konsenschancen
... grenzt Einwände als gegnerische Position aus	... hat zu ihrem Thema nur potentielle Kooperationspartner und gleichberechtigte Teilnehmer, grenzt als "gegnerische Position" nur die definitiv festgelegten Diskursgegner aus
... hat kein Auszugsystem ihrer selbst, will sich allenfalls immanent in ihrem Kontext weiterentwickeln	... ist offen und einladend für verschiedene Kontexte, auch für die Überwindung bisher mitgetragener Positionen
... sucht und beansprucht Wissenschaftler für ihre Position, ignoriert Kontroversen in der themenrelevanten Wissenschaft und disqualifiziert wissenschaftlich begründete Einwände gegen ihre Position	... sucht und fördert die Kommunikation mit kontroversen wissenschaftlichen Positionen in der Absicht, die Qualität wissenschaftlicher Dissense und den Bereich politischer Bewertungsaufgaben und weiterer Forschungsaufgaben klarer zu erkennen
... weiß genau, worauf es (ihr) normativ ankommt	... sieht einen Bedarf, das Werteberücksichtigungspotential genauer zu untersuchen und für

	die zukünftige Praxis eventuell auch neue Wert- und Zielvorstellungen zu erarbeiten
... versucht ihre Position durchzuhalten auch wenn sich die ursprünglichen Umstände (z.B. Bedarf oder finanzielle Ressourcen) ändern	... ist sensibel und lernfähig angesichts einer dynamischen Umwelt, sucht gegebenenfalls Übergangsstrategien (diskursive Prozesse und transistorische Praxis)
... versichert sowohl ihre Anhänger als auch die potentiellen Gegner in ihrer jeweiligen Position	... versucht die Bereitschaft aller Kontrahenten zu fördern, ihre Position in einen kooperativen Prüf-, Bewertungs- und Konsensfindungsprozeß einzubringen
... fordert als Mehrheit die Minderheiten zur Akzeptanz demokratischer Mehrheiten auf	... erwartet von der Mehrheit wie der Minderheit die Bereitschaft zum kooperativen Diskurs, behält auch der Mehrheit das Recht auf Irrtum und Lernprozesse vor, ohne das Gesicht zu verlieren
... sucht im Konfliktfall bei vermuteten Erfolgschancen in der Abstimmung eine Mehrheit, tendiert zur Abstimmung	... versucht verfrühte Abstimmung zu vermeiden und sucht gemeinsame Klärungs- und Konsensfindungsprozesse
... fordert als Minderheit die "Umkehr" der derzeitigen Mehrheit	... fordert für die Minderheit den Verzicht auf Abstimmungen während der diskursiven Arbeitsprozesse und eine Bemühung aller, Minderheiten eigene Entfaltungsmöglichkeiten zu lassen bzw. zu schaffen oder ihre Anliegen möglichst weitgehend aufzunehmen
... ist gegen den Diskurs, in dem die Position nicht als Vorgabe eingeht, ist aber "dialogbereit" im Sinne positionsorientierter Überzeugungsstrategien	... ist gegen die Position, die sich dem Diskurs nicht stellen will, ist aber ansonsten offen für alle kontroversen Positionen, ist also pluralistisch positionsfähig und erstrebt durch den Diskurs neue konsensfähige Positionen
... bleibt bei sich und ergänzt sich allenfalls innerhalb ihres Kontextes	... bleibt immer ein Prozeß mit unterschiedlich geprägten Arbeitsphasen und erneuten Rückkoppelungsmöglichkeiten
... versucht sich gegen Alternativen zu immunisieren, anerkennt keine ernsthaften Alternativen	... versucht alle Alternativen zu erfassen und im normativen Diskurs zu bewerten, kennt keine ernsthafte Politik ohne Alternativen
... definiert mit der Position politische Identität, verteidigt die Position in Mitgliederorganisationen auch unter dem Aspekt der Identitätserhaltung nach außen und innen.	... definiert die Diskursbereitschaft als Teil der politischen Identität, sucht eine Vermittlung zwischen Positions- und Diskursfähigkeit, insbesondere auch zur Identitätserhaltung pluralistischer Mitgliederorganisationen.

Was kennzeichnet Kommunikation in Parlamenten? Parlamentarische Debatten werden dominiert durch positionelle Kontroversen zwischen verschiedenen Standpunkten und durch ein Defizit an diskursiven Verständigungsprozessen.

Ich nehme das Wort "Diskurs" auch auf, weil es eine Arbeitsgruppe hier einbrachte. Diskurs, verstanden als eine argumentative Verständigung zu kontroversen Geltungsansprüchen. Ein diskursiver Politikstil fehlt in der parlamentarischen Kultur, jedenfalls der bundesrepublikanischen, die sehr stark geprägt ist durch die Konfrontation von Regierung und Opposition und Fraktionen, die sich entsprechend verhalten zu müssen glauben.

Wenn wir die Krise der parlamentarischen Kommunikation verstehen wollen, sollten wir sie als eine Krise der positionellen Politik verstehen. Wir können dann von einem Politikstilwechsel sprechen, von der Notwendigkeit in instutitioneller, in verhaltensmäßiger, in kognitiver Hinsicht, den Bedarf und die Möglichkeiten für diskursive Verständigungsprozesse zu erkennen. Die Frage lautet: Wie müssen die Institutionen und ihre Arbeitsprozesse gestaltet sein, um aufgabenadäquate Kommunikationsprozesse zu ermöglichen?

In diesem Zusammenhang möchte ich hier das Wort aufnehmen, das mehrfach angesprochen worden ist und dessen kritische Relativierung mich gestern abend sehr betroffen gemacht hat: das Wort Konsens. Vieles von dem, was wir jetzt besprechen, hängt damit zusammen, welches Verständnis wir von der Bedeutung von Konsensen und Konsensfindungsprozessen im Parlament und in unserer Gesellschaft haben. Wir könnten viel mehr tolerieren – auch die Politikstilkrise -, wenn wir den Konsensbedarf kleiner definierten, aber wollen wir das?

Ich möchte nicht alles vortragen, was ich dazu in der Gruppe gesagt habe, aber ich habe mir ein kleinen Zwischenfazit aufgeschrieben zum sicherheitsphilosophischen Verständigungsbedarf.

Wenn ich mir die Fragen stelle: Haben wir diesen sicherheitsphilosophischen Verständigungsbedarf? Wird dies anerkannt in der Wissenschaft, in der Politik? Wird dies bearbeitet? Wie kann dies bearbeitet werden ?, dann sage ich jetzt mal ganz grob: die Einsicht, daß wir diesen sicherheitsphilosophischen, also disziplinenübergeifenden und auch nicht mehr nur von der Wissenschaft her angehbaren Verständigungsbedarf haben, die Einsicht geht für mich persönlich auf 100 %. Ich glaube auch, daß die Anerkennung dieser Aufgabe weit über 50 % liegt, wobei ich behaupte, in der Politik ist sie wesentlich geringer, und bei den Autoren, die sich dazu äußern, und zwar von ganz verschiedenen Zugängen her, ob das nun ein Meyer-Abich ist, der hier angesprochen wurde, oder ein Häfele oder, ob es ein Weinberg ist, ein Altner oder wer auch immer. Die Einsicht, daß wir diesen sicherheitsphilosophischen Verständigungsbedarf haben und daß wir ihn bearbeiten müssen, ist sehr groß. Der Stand der Bearbeitung aber ist äußerst minimal. Für das deutsche Parlament kann man sagen, solche Grundsatzfragen, die Legislaturperioden überschreiten, die als eine gemeinsame Arbeitsaufgabe beschrieben werden müssen und nicht als positionelle Kontroverse, die Neigung, sich mit solchen Aufgaben zu beschäftigen, ist mehr als gering. Herr Caccia und ich haben gestern zu zweit darüber gesprochen. Im Bundestag haben wir 1976 die Enquête-Kommission, die wir mit Herrn Häfele und anderen Sachverständigen bilden konnten, erst erfinden und erst in mehreren Jahren durchsetzen müssen .

Die Chance, daß die Politikstilkrise überwunden werden kann, die will ich nun als Optimist höher einschätzen. Das setzt aber voraus, nicht nur, daß von den Parlamenten neue Aufgaben wahrgenommen werden, sondern auch, daß von der Wissenschaft her andere Beiträge und andere Initiativen kommen.

Zum Konsens will ich noch hervorheben: Wir müssen – den Streit, den ich gerne von gestern abend mit Herrn Markowitz aufnehmen würde – *wenigstens* einen prozeduralen Konsens über die Konzeptualisierung der komplexen Aufgaben und eine aufgabenadäquate Vorgehensweise erzielen. Zu diesem prozeduralen Konsens gehört die Einsicht, daß ein inhaltlicher Verständigungsprozeß erst beginnen kann, wenn die Kontrahenten einen Konsens über ihre Dissense erzielt haben. Das heißt z.B., daß die großen Problemkomplexe wie "Gentechnik", "Kernenergie" nur nach einer kooperativen Konzeptualisierung der komplexen Kontroverse diskutiert und entschieden werden sollten.

Wenn Herr Häfele gestern nochmal zu Protokoll gab – ich glaube, seine Worte waren: "die konstitutive Bedeutung des Dialogs" – könnte das auch nur als formaler Hinweis wahrgenommen werden. Es ist aber mehr.

Man muß sich stärker bewußt machen, daß Wissenschaftler und wissenschaftliche Institutionen mehr Beiträge einbringen könnten, um im Parlament diskursive Räume, Verständigungsräume und -bedarfe für politische Beurteilungen besser erkennbar werden zu lassen.

Es ist eine Illusion zu glauben, daß die Politik angesichts der Probleme, mit denen wir es jetzt zu tun haben, aus sich heraus den politischen Klärungsbedarf ausformulieren kann. Es kommt hinzu, was Weinberg mit seiner Analyse der "transwissenschaftlichen" Qualität erhellt hat, eine Formulierung, die Häfele aufnimmt, die Herr Dr. Fritzsche in seinem Buch aufgenommen hat, die viele aufnehmen. Immerhin ist es jetzt fast 20 Jahre seit dem Erscheinen des entsprechenden Aufsatzes (Weinberg 1972 [11]) her. Was folgt nun daraus für die parlamentarische Kommunikation, wenn wir die transwissenschaftliche Qualität der Problematiken erkennen, also der Aufgaben, die nur noch wissenschaftlich beschreibbar, aber eben nicht wissenschaftlich lösbar sind? Wir möchten wissen, was das für das Parlament heißt.

Das Parlament kann nicht sagen, weil sie nur wissenschaftlich beschreibbar sind, weichen wir ihnen aus. Aber es kann auch nicht sagen: wir nehmen uns der Dinge mal an. Ich denke, es geht im Grunde um die Architektur von politischen Institutionen, die diese Einsicht von Weinberg und anderen umsetzen. Auch dazu sollten wir einen Konsens haben, denn, wenn wir den Konsens in der Bestimmung der Qualität der Problematik nicht haben, mögen wir viele Antworten geben, aber jeder beantwortet andere Fragen. Hier bedarf es einer Konsensarbeit zur Bestimmung der Problematik.

Drittens sollten wir einen Konsens über die Notwendigkeit des Handlungsbedarfs erzielen. Es ist auch in Parlamenten oft der Fall jedenfalls, wenn ich für unser Land sprechen darf – sehr viel wird sehr schnell vertagt. Dies ist eine der Einsichten, an die wohl auch Herr Häfele mit dem Hinweis auf die versäumte Rezeption der Empfehlungen unserer Enquête-Kommission erinnern wollte. Es gibt Kontroversen zwischen den verschiedenen Energiestrategien, aber nicht unbedingt einen Gewinner. Es kann auch so kommen, daß sich alle blockieren, niemand sich durchsetzt und niemand das bekommen kann, was er haben will.

Es bedarf legislaturperiodenübergreifender Handlungskoalitionen, die es geben muß, ganz gleich, für welche Strategie wir uns entscheiden. Eine analoge Verständigungsaufgabe haben wir global vor uns. Wer produziert denn die notwendigen Handlungskoalitionen, die man braucht, um eine globale CO_2-Reduktionsstrategie durchzuführen? Für diese ist noch nicht wichtig, ob man sagt, die CO_2-Reduktionsstrategie sollte nach dem Modell Goldemberg erfolgen oder nach dem Modell IIASA low oder high, was immer da an Strategien konzeptualisiert worden sind. Entscheidend ist, daß der Konsensbedarf über die Akteurskoalition so wichtig ist, daß man sich fragen muß, was sind eigentlich unsere Mechanismen für operative Konsensfindungsprozesse. Da liegen Handlungsräume – wenn ich das mit allem Respekt so sagen darf – auch für kleinere Länder, die hier eine ganz große Rolle spielen können in der Veranstaltung von Konferenzen, in der Steuerung von Kommissionen, von politisch-wissenschaftlich besetzten Kommissionen, der Durchführung von review-Konferenzen, um überhaupt diesen globalen Erwartungsdruck für Akteurkoalitionen zu erzeugen. Wenn man es pointiert sagen möchte, ließe sich sagen, eine konsensuale Lösung, egal welche von denen, über die wir noch streiten, ist immer noch besser als ein muddling through.

Die meisten von uns werden schon einmal in einer solchen Kommission gesessen haben, in der verschiedene Kompetenzen und Denkweisen zusammen kamen. Völlig falsch ist das schematische Modell der Arbeitsteilung von Experten und Laien. Das wird in solchen Kommissionen schnell deutlich, weil ja die Konzeptualisierung von Zukünften nur immer gemeinsame Kompetenzen kennt. Daran kann sich jeder gleichermaßen beteiligen. Und da auch jeder sich den Kenntnisstand besorgen muß, um diese Zukünfte interpretieren zu können und auch um Aufträge geben zu können für wissenschaftliche Zuarbeiten, z.B. ökonomische Implikationsanalysen. Wichtig ist, daß wir in solchen Gremien eine Pro-Pro-Konfiguration bekommen und nicht diese Pro-Kontra-Konfiguration, die den normalen Parlamentsbetrieb mit seinem Antragswesen zu stark prägt. Antrag A, wer ist dafür, wer dagegen? Für langfristige Gestaltungsprozesse, zu denen wir einen größeren, legislaturperiodenübergreifenden Konsens erzielen wollen, müssen wir auch in unseren Parlamenten Arbeitsweisen lernen, die uns größere Chancen zum gemeinsamen Lernen erschließen. Dazu gehört auch die Absicht, verschiedene Argumentationsweisen besser zu verstehen, als es für vorschnelle Abstimmungen in der Regel angestrebt wird. Hier reicht es viel zu oft, daß ein Antrag von einer anderen Fraktion kommt und allein deshalb abgelehnt wird.

Dafür brauchen wir andere Arbeitsweisen, einen anderen, nicht positionell, sondern diskursiv geprägten Politikstil und damit auch andere Teilinstitutionen in der Institution Parlament, z.B. Enquête-Kommissionen. Wichtig ist, daß wir heuristische Chancen wahrnehmen und neue Alternativen generieren können. Das macht ja den eigentlichen Charme einer produktiven Streitkultur aus.

Da wir hier in der Schweiz miteinander sprechen, möchte ich mit einem Stichwort aus der AG des Projekts "Risikodialog" [4] aus St. Gallen enden, das ich in der NZZ gefunden habe. Der Autor ist

Mathias Haller. Er schreibt, man werde künftig eine neuartige "Konsensrationalität" entwickeln müssen. Ich habe diesen Ausdruck bisher nie benutzt, aber ich finde ihn eher sympathisch. Wenn er etwas Irritierendes hat, dann müssen wir diese Irritation abarbeiten. Wir müssen ihn übersetzen in prozedurale Kategorien, in verständigungsorientiertes Verhalten, in die Bemühung, neue Alternativen zu generieren, die wir gemeinsam tragen können, und alles dies müssen wir in den Handlungsbedingungen sehen, in denen wir stehen.

Jedes Verlangen, Alternativen gründlicher auszuarbeiten, zu diskutieren, führt zu Zeitproblemen seitens derjenigen, die am Weltmarkt orientiert arbeiten und argumentieren und deshalb denken, wir könnten uns das nicht leisten. Dann kommt es zu einer Spannung, ob wir einen rationalen Verständigungsprozess – manche nennen das Risikodialog – durchführen können oder ob wir aufgrund der Weltmarktzwänge und der Konkurrenz der industriellen Konkurrenten aus anderen Ländern in eine solche Beschleunigung hineingekommen sind, die es nicht mehr erlaubt, wirtschaftlich erfolgreich zu sein und gleichzeitig die westlichen Werte einer Vorgehensweise, die auch das Attribut einer demokratischen Technologiepolitik verdiente, zu praktizieren. In diesem Spannungsverhältnis kommt es mehr darauf an, daß wir uns bewußt machen, wie wir uns verhalten wollen, wenn wir in solche Spannungslagen hineinkommen, und ob wir die Absprache treffen können, daß im Zweifelsfall die demokratische Verständigung wichtiger ist. Das wäre meine Position, und ich glaube auch, daß es für unsere Technikentwicklung besser ist, sie in demokratischen Verständigungsprozessen zu gestalten. über diese These müßte mehr gesagt werden, aber ich habe sicherlich die Sonderredezeit für den gewünschten Bericht über die parlamentarische Arbeitsproblematik ohnehin schon überzogen.

Literatur

[1] Burns, T./Ueberhorst, R.: Creative Democracy. Systematic Conflict Resolution and Policymaking in a World of High Science and Technology. New York, Praeger 1988

[2] Deutscher Bundestag: Zukünftige Kernenergie-Politik. Kriterien Möglichkeiten – Empfehlungen. Bericht der Enquête-Kommission des Deutschen Bundestages. Zur Sache Teil I und II, Bonn 1980

[3] Häfele, W.: Hypotheticality and the New Challenges: The Pathfinder Role of Nuclear Energy. in Minerva 3/1974, 303-322

[4] Haller, M.: Voraussetzungen für einen neuen gesellschaftlichen Konsens. Der "Risikodialog" als Chance. in: Neue Zürcher Zeitung vom 31. Januar 1990

[5] Tuchmann, B.: Die Torheit der Regierenden. Von Troja bis Vietnam. Frankfurt/M. 1984

[6] Ueberhorst, R.: Technologiepolitik – was wäre das? über Dissense und Meinungsstreit als Noch-nicht-Instrumente der sozialen Kontrolle der Gentechnologie. in: Kollek, R. u.a. (Hg.): Die ungeklärten Gefahrenpotentiale der Gentechnologie, München 1986

[7] Ueberhorst, R./de Man, R.: Der Stand der internationalen Diskussion über Risiken und Verantwortung – Eine aufgabenorientierte Interpretation. in: Schüz, M. (Hrg.) Risiko und Wagnis. Die Herausforderungen der industriellen Welt, Bd. 1, Pfullingen 1990

[8] Ueberhorst, R.: Der versäumte Verständigungsprozeß zur Gentechnologie-Kontroverse. Ein Diskussionsbeitrag zur Vorgehensweise der Enquête-Kommission "Chancen und Risiken der Gentechnologie". in: Grosch, K. u.a. (Hrg.) Herstellung der Natur? Stellungnahmen zum Bericht der Enquête-Kommission "Chancen und Risiken der Gentechnologie", Frankfurt 1990

[9] Weizsäcker, Ch. von: Diskussionsbeiträge in: Bergedorfer Gesprächskreis: Ein anderer "Way of Life" – Ist der Fortschritt noch ein Fortschritt? Protokoll Nr. 56, Hamburg 1977

[10] Weizsäcker, Ch. von; Weizsäcker, U. von.: Fehlerfreundlichkeit als evolutionäres Prinzip und ihre mögliche Einschränkung durch die Gentechnologie, in Kollek, R. u.a. (Hg.): Die ungeklärten Gefahrenpotentiale der Gentechnologie, München 1986

[11] Weinberg, A.: Science and Trans-Science. in Minerva 10/1972, 209-222

[12] Wildavsky, A.: Searching for Safety. New Brunswick and Oxford 1988

Risiko und Sicherheit technischer Systeme, Monte Verità,

Herr Dr. Caccia hat an der ETHZ das Studium des Elektroingenieurs absolviert und daselbst auch doktoriert. Nach einer 8-jährigen Tätigkeit als Physiklehrer und Rektor an dem Liceo di Lugano wurde er zum Regierungsrat des Kantons Tessin gewählt und stand während zehn Jahren dem Polizei- und dem Umweltdepartement vor. 1987 wandte er sich der eidgenössischen Politik zu. Als Nationalrat ist er Vorsitzender der parlamentarischen Energiekommission und Mitglied der parlamentarischen Versammlung sowie der Kommission "Wissenschaft und Technologie" des Europarates.

Kompetenz und Mitbestimmung: Die Verantwortung, eine Zukunft zu wählen

Die technologischen Optionen auf dem Prüfstand der gesellschaftlichen Auseinandersetzung

Fulvio Caccia, Bellinzona, Schweiz

1. Einführung

James Lovelock sieht GAIA, die Erde, als einen Gesamtorganismus, ausgestattet mit raffinierten Mechanismen der Selbstregulierung, die für das Leben vorteilhafte Bedingungen aufrecht erhalten. Der Mensch hat dabei ein ständig zunehmendes Gewicht. Immer mehr ersetzt er die natürlichen Regelungssysteme durch künstliche. In der Landwirtschaft beispielsweise unterliegt die Population der Schädlinge nicht mehr dem Wettstreit der Gattungen, sondern dem Einsatz chemischer Produkte. GAIA ist ohne Hilfe des Menschen nicht mehr überlebensfähig. Kann der Mensch, so die Frage Lovelocks, das "Gewissen GAIAS" sein? Wir sind dazu verdammt, unseren ganzen Planeten zu verwalten. Werden wir dazu imstande sein?

Die Aufgabe, das Gewissen der Erde zu sein, bürdet dem Menschen Verantwortung auf: Dauernd steht er vor wichtigen Entscheidungen globaler Tragweite, die zwar ausserordentliche Gelegenheiten bieten aber zugleich auch das Risiko der Katastrophe enthalten.

Die Stellung des Menschen muss neu überdacht werden:

- Welche Strukturen und Kenntnisse sind heute notwendig, um entscheiden zu können?
- Was heisst überhaupt Entscheiden im Fluss der Veränderung und in Ungewissheit?
- Wie stellen wir uns eine Zukunft vor, die derartiger Bemühungen wert ist?

Ich erörtere das Thema in zwei Richtungen:

- In einer gesellschaftlichen und politischen Betrachtungsweise liegt das Problem darin, Zuständigkeit und Mitbestimmung zu vereinen und die grossen Entscheidungen demokratisch, aber auch auf sicherer technisch/wissenschaftlicher Grundlage zu fällen. Das heisst, die Entscheidungsstrukturen anzupassen und die Rolle der Wissenschaft zu überdenken.
- Eine Wahl der Zukunft setzt positive Werte voraus, ein Bild des Menschen und der Gesellschaft, eine «positive Utopie», um danach das Handeln auszurichten. Wert und Wirklichkeit in der Veränderung abzustimmen, bringt neue Schwierigkeiten: in der Ungewissheit zu entscheiden heisst auch, die Zukunft zu verantworten, und somit bereit zu sein, die Möglichkeit von Irrtümern anzuerkennen. Dies bedingt eine kontinuierliche Überprüfung der Folgen.

1.1 Die zwei Seiten des Risikos

Risiko ist die in Kauf genommene Möglichkeit eines Schadens in Erwartung eines Vorteils. Meine Betrachtung untersucht den zweiten Aspekt: die positiven Entscheidungskriterien, die gesellschaftlichen, politischen und menschlichen Zielgrössen, die das Eingehen von Risiken rechtfertigen.

Heute hingegen werden die negativen Seiten in den Vordergrund gestellt und dies sowohl bei den Befürwortern wie bei den Gegnern der Anwendung gewisser Technologien. Zwei Schwierigkeiten verstärken sich dabei gegenseitig:

- das Fehlen eines Plans, die Unfähigkeit, Entwicklungsalternativen, nicht nur verschiedene technische Optionen, herauszuarbeiten, und dabei die Lösungsvorschläge für Teilprobleme in einen Gesamtzusammenhang zu bringen.
- die Schwierigkeit, angesichts der Komplexität der Prozesse die Auswirkungen von Eingriffen zu kontrollieren und gleichzeitig die Ernüchterung über die Grenzen der Möglichkeiten, "die Zukunft zu planen".

Positives Entscheiden wirkt tiefer auf die Gesellschaft ein als ängstliches Abweisen. Die Öffnung gegenüber Alternativen kann bewährte Gewissheiten in Frage stellen und schwer zu kontrollierende Entwicklungen auslösen.

So ist beispielsweise für die Atomkraftwerke die technische Sicherheit der Anlage nicht so wichtig gemessen an den gesamten Auswirkungen, deren Übereinstimmung mit Zwecken und Werten zu prüfen ist.

Man fragt sich an diesem Punkt - und die Antworten sind nicht einfach -:

- ob eine komplexe Technologie, bei so unterschiedlichem Entwicklungsstand, die Gerechtigkeit fördert;
- ob Optionen, die im Guten wie im Schlechten auf den kommenden Generationen lasten werden, zulässig sind;
- ob eine so konzentrierte Energieproduktion nicht zu grosse territoriale Gleichgewichtsstörungen bewirkt, zu Ungunsten sekundärer Regionen.

Es genügt nicht, dass man das Verhältnis von Risiko und produzierter Energie quantifiziert: die grundlegende Frage ist, für welchen Menschen, für welche Gesellschaft man eine gewisse Form von Energie mit all den für sie typischen Eigenschaften produziert.

Eine derartige Beurteilung ist komplex und anspruchsvoll: Viele Dimensionen der Realität sind dabei zu berücksichtigen. Die Aufgabe des Politikers ist es, auch die technische Information in eine vielschichtige Bewertung einzufügen.

Das setzt Entscheidungsprozesse der Gefahr der Verzögerung und Lähmung aus; doch die Effizienz und die Promptheit sind nur ein Mittel, um das Wohl des Menschen zu fördern. Ein Entscheid, der die beschränkten Möglichkeiten des Menschen, seine Bedächtigkeit und Fehler nicht in Betracht zieht, verwandelt sich in eine Quelle der Instabilität und ruft Selbstverteidigungsreaktionen hervor, oder er zerstört ganz einfach den Menschen, indem er ihn den eignen Gesetzen unterwirft.

Auf diese Gedanken werde ich zurückkommen, nachdem ich einige neue Merkmale der Entscheidungsfindung untersucht habe und nachdem ich die mir nötig erscheinenden strukturellen Änderungen aufgezeigt habe.

1.2 Die Herausforderung der Komplexität

Die jetzt anstehenden Entscheidungen - das Problem des Umweltschutzes, die Führung der wissenschaftlichen und technischen Entwicklung - sind qualitativ verschieden von den früheren:

- Wissenschaft und Technik haben eine noch immer wachsende Bedeutung;
- die Probleme sind globaler Natur, weltweit miteinander verknüpft und sie bedürfen einer Einsicht in das ganze System;
- sie beziehen sich auf grosse Zeiträume, weshalb «genaue» Prognosen und definitive, von allem Anfang an bestimmbare Lösungen nicht möglich sind.

Die Bedeutung von Wissenschaft und Technik setzt in der Gesellschaft Verständnis für deren Methoden, deren Grenzen und deren Rollen voraus. Neuere Entwicklungen verdrängen die Auffassung von Wissenschaft als objektiver Erkenntnis und betonen dafür ihre Integration in die Gesellschaft.

Die Bedürfnisse der Kommunikation und der Interdisziplinarität bedingen angemessene Strukturen: insbesondere heisst es, sowohl die Kommunikation zwischen Wissenschaft und Gesellschaft als auch den Prozess der politischen Entscheidungen zu verbessern.

2. Wissenschaft: die verlorene Objektivität

Die Krise der wissenschaftlichen Objektivität ergibt sich aus zwei Richtungen:

- Die Wissenschaftsphilosophie enthüllt die kulturelle Dimension der wissenschaftlichen Erkenntnis.
- Das Studium der komplexen Systeme verändert das Weltbild und die Bedeutung der Zukunftsprognose.

Die Wissenschaft verliert ihre Rolle der Wahrheitsträgerin, die Technologie verliert diejenige der Löserin aller menschlichen Probleme. Eine "neue Wissenschaft" entsteht, die sich ihrer eignen Grenzen und der ihr zustehenden Aufgaben besser bewusst ist.

2.1 Wissenschaft und Kultur

Die Wissenschaft ist Teil der Kultur; ein Teil der Gesamtheit der etablierten Antworten, mit denen die Menschen den Bedürfnissen ihrer Zeit begegnen.

Jede Theorie hat eine kulturelle Dimension und fusst auf Wertannahmen, wenn auch oft nur indirekt. Die wissenschaftlichen Umwälzungen entsprechen einer Veränderung der Vorstellungen von Welt und Mensch, in einer Mischung von technischen und experimentellen, religiösen und philosophischen Aspekten, wie Thomas Kuhn am Beispiel der Kopernikanischen Wende aufgezeigt hat.

Die «wissenschaftlichen Wahrheiten» sind provisorisch und Revisionen unterworfen, infolge modifizierter experimenteller Daten einerseits, aber auch im Einklang mit dem Wandel von Kultur und Gesellschaft.

Ausserdem antwortet die Wissenschaft nur auf eine beschränkte Zahl von Fragen: Die Probleme und die Erscheinungen, welche als relevant betrachtet werden, ändern sich in der Zeit. Welche Experimente unternommen werden und wie die Resultate gelesen werden, das hängt vom theoretischen Rahmen ab.

Dessenungeachtet ist die Wissenschaft ein selbständiges Untersystem der menschlichen Kultur: sie besitzt eine eigne Methodologie und ist nur in beschränktem Mass von aussen beeinflusst. Sie erbringt wertvolle Ergebnisse: theoretische Synthesen, Instrumente für Prognosen und für Veränderungen der Welt.

Der Missbrauch ihrer Untersuchungsmethoden ergibt einen falschen Eindruck von Wissenschaftlichkeit und erschüttert das Vertrauen in die (wirklichen) Möglichkeiten der Wissenschaft.

Die Wissenschaft wird aufgewertet durch Kenntnis ihrer Begrenztheit, insbesondere der Grenzen ihrer Forschungsinstrumente wie der wahrscheinlichkeitstheoretischen Berechnung des Risikos, und der wissenschaftlichen Vernunft überhaupt.

Es ist heute wichtig, angemessene Fragen zu stellen und die Beschränktheit der Antworten anzuerkennen; das ist eine Fähigkeit, die der öffentlichen Meinung, uns Politikern, ja oft sogar den Forschern abgeht.

2.2 Grenzen der Vorschau

Die Bedeutung einer Zukunftsprognose ändert sich in komplexen Systemen, in Systemen die aus enorm vielen Elementen bestehen, welche untereinander nicht lineare (das heisst, sehr komplizierte) Wechselwirkungen haben.

Für solche Systeme hat eine Prognose im klassischen Sinn - ausgehend vom Anfangszustand berechnet man die künftige Entwicklung - keinen Zweck: kleine Fehler schon in der Kenntnis des

Anfangszustands und in den Gleichungen des Modells bewirken riesige Abweichungen innert kürzester Zeit.

Der «zeitliche Horizont» ist durch eine systeminhärente Zeitskala bestimmt; für meteorologische Prognosen sind dies beispielsweise einige wenige Tage.
Für grössere Zeitabschnitte ändern sich die sinnvollen Fragen: es gibt keine punktuellen Prognosen mehr sondern nur noch Aussagen über Mittelwerte, statistische Aussagen. Dann sind aber auch die Untersuchungsmethoden verschieden.
Um das Wetter für ein Jahr zu prognostizieren müsste man über eine in der Meteorologie unerreichbare Messgenauigkeit verfügen. Indessen ist es sinnvoll zu versuchen, die allgemeine Wetterlage (Hochdruck, ...) vorauszusehen, welche zwar auch Auskunft über das Wetter gibt, aber in einer qualitativ verschiedenen Art.

2.3 Komplexe Systeme

Die komplexen Systeme haben besondere Eigenschaften: Sie organisieren sich selbständig und halten ein Gleichgewicht aufrecht, indem sie auf die sich ändernden Umweltbedingungen reagieren; sie haben aber unvermutete Übergänge und Verzweigungen in sehr verschiedenartige Entwicklungen.

Solche Systeme haben eine innere Dynamik, die teilweise unkontrollierbar ist; man kann sie nur in beschränktem Mass beeinflussen; ihre Reaktionen auf äussere Einwirkungen sind kaum voraussehbar. Solche Eigenschaften sind vielen Systemen eigen, von relativ einfachen über die lebendigen Organismen bis hin zur menschlichen Gesellschaft.

Die Anwendungen auf die Gesellschafts- und Wissenschaftstheorie sind wichtig: es geht um die Bedeutung der inneren Mechanismen und um die Unmöglichkeit perfekter und endgültiger Lösungen: das Regieren einer Gesellschaft ist ein Prozess voller Korrekturen und Kontrollen, welcher Brüchen und heftigen Übergängen unterliegt.

Diese Ideen sind Gegenstand wissenschaftlicher und philosophischer Auseinandersetzungen: Die Physik ist nicht mehr das Reich der Ordnung und der Berechenbarkeit, in welchem die Zukunft schon vorausbestimmt vorliegt. Die Physik öffnet sich der Komplexität, der Veränderung, dem Unberechenbaren.

2.4 Neue Bedürfnisse

Es sind dies Vorstellungen, die vielen Problemen besser entsprechen, besonders auf dem Gebiet der Ökologie. Sie fordern allerdings den Verzicht auf einfache Erklärungen und auf genaue Prognosen. Die Schwierigkeit, diese Änderung der Betrachtungsweise zu erkennen, ist beim Studium der Waldschäden zu Tage getreten.

Wir haben die Suche nach einer «kausalen Erklärung» erlebt, eines Beweises, nach dem die Luftverschmutzung das Absterben der Wälder verursachen soll. Das ist aber eine falsche Fragestellung.

Das ganze Ökosystem passt sich an die veränderten äusseren Bedingungen an, indem es sein eigenes dynamisches Gleichgewicht verändert. Zwischen die Störung (die Luftverschmutzung) und die beobachtbaren Auswirkungen (Vitalitätsverlust der Bäume) schiebt sich die «Black box» der Systemstruktur ein, d.h. der veränderten Funktionsverhältnisse zwischen den Komponenten. So gesehen ist es möglich, Korrelationen festzustellen, Veränderungen zu untersuchen, nicht aber eine Kausalkette zu finden, die direkt von der Luftverschmutzung zum Waldsterben führt.

Die Auseinandersetzung über Forschungsmethoden und Korrektheit der Fragestellungen ist praktisch nie erfolgt; die Forscher selbst scheinen des öftern diesen Aspekt nicht erkannt zu haben.

Diese neue Auffassung von der Wissenschaft muss aus dem Kreis der hervorragendsten Forscher herausgelangen und der ganzen wissenschaftlichen Welt sowie der gesamten Gesellschaft zuteil werden.

Das fordert eine Reihe von Anpassungen bei der Ausbildung, in den wissenschaftlichen Kreisen und in deren Beziehungen zur Gesellschaft. Auf der Ebene der Wissenschaft gewinnen andere Dimensionen an Bedeutung für die Ausbildung der Forscher:

- die Interdisziplinarität, die Systembetrachtung, das synthetische Denken;
- die Ausbildung in Geistes- und Sozialwissenschaften;
- die Ausbildung in Kommunikation.

Der Konkurrenzdruck unter den Forschern, die Pflicht, wissenschaftliche Beiträge zu veröffentlichen, die Komplexität der Probleme, all dies fördert nur allzuoft die Spezialisierung und die Konzentration auf kurzfristige Projekte. Es ist schwierig, sich ganze Semester zur «Ausbildung in Interdisziplinarität» für Forscher vorzustellen, wenn solche Studien zum Ausschluss aus einer Forscherkarriere führen können.

Eine menschlichere Wissenschaft bedingt Änderungen in den Strukturen der Forschung und der Ausbildung sowie in deren Bewertung, und zwar nicht nur in quantitativer Hinsicht oder nach dem Kriterium der technologischer Wirksamkeit. Sie erfordert ebenfalls Klarheit über den Sinn des wissenschaftlichen Forschens: die Orientierung auf das Wohl der Menschheit, und die Beziehung zwischen diesem Ziel und der Praxis.

Zugleich geht es darum, die gesellschaftliche Auseinandersetzung über Methoden, Grenzen und Stellung der Wissenschaft zu fördern. Es gehört zu den Aufgaben der Gelehrten, zum Verständnis der Wissenschaft zu erziehen, aber auch zu einer kritischen Beurteilung. Doch heute verstärken sich der Mangel an Kenntnis der wissenschaftlichen Realität und die veraltete Vorstellung von der Wissenschaft und nähren so das Bild von der Wissenschaft als eines «abgetrennten Korpus».

3. Gesellschaft: Krise und Zersplitterung

Zerwürfnis und gegenseitiger Mangel an Verständnis zwischen Wissenschaft und Gesellschaft, Zersplitterung der Kompetenzen, Vorherrschen von engstirnigen und zukunftslosen Auffassungen: das sind Zeichen einer Krise, Zeichen dafür, dass die gesellschaftlichen Strukturen den globalen und komplexen Problemen nicht mehr gerecht werden können.

Die Symptome sind offensichtlich:

- Die Tendenz zu «technokratischen» Lösungen, die aus dem Zusammenhang gelöst und vom momentanen Zeitdruck bestimmt sind;
- Der wachsende Widerstand gegen solche Lösungen und die Zurückweisung von komplexen Vorschlägen: das ist die einzige vernünftige Reaktion für den, der ein Problem nicht begreift. Ein minimales Verständnis ist notwendig für den Bürger, der den Aussagen der Experten Vertrauen schenken soll.

3.1 Kommunikation und Information

Die Schwierigkeit der wissenschaftlichen Information wird verstärkt durch die allgemeine Krise der gesellschaftlichen und politischen Auseinandersetzung, teilweise bestimmt durch die Eigenschaften der Massenmedien, speziell des Fernsehens:

- die wachsende Informationsflut und das Fehlen von wirksamen und kontrollierbaren Auswahlmechanismen;
- die Vereinfachung der Inhalte und das Episodenhafte der Mitteilung; die daraus resultierende Unfähigkeit, Zusammenhänge zu erfassen und die wesentlichen Strukturen der Ereignisse zu sehen;
- das Fehlen des Umfeldes: Schwierigkeiten beim Verknüpfen der Mitteilungen mit dem selbst erfahrenen täglichen Leben, mit der eignen Symbol- und Kulturwelt, und - als Folgeerscheinung - die Zweigleisigkeit des Erlebten.

Diese Entwicklung ist gegenläufig zu derjenigen welche von den anstehenden Probleme gefordert wird, von den Problemen, über deren Lösung die Gesellschaft entscheiden sollte. Deshalb brauchen demokratische Entscheidungen Eingriffe in die Informationsstrukturen, damit diese ihre gesellschaftliche Aufgabe erfüllen können.

Auch die wissenschaftliche Information kommt in die beschriebene Lage: oft ist sie durch die Massenmedien der Forderung nach Kürze, Vereinfachung, Neuheit unterworfen. Die Information über die Umwelt, oft auf eine Kultivierung des Notstands eingeschränkt, wo keine globalen Ausblicke möglich sind, ist ein sprechendes Beispiel.

Manchen Forschern mangelt jegliche Kenntnis der Mechanismen der Massenkommunikation. Dies hat einen zweckdienlichen und unkorrekten Gebrauch der Wissenschaft möglich gemacht.

Einfache Lösungen gibt es nicht; hingegen lassen sich wohl einige Massnahmen aufzählen:

- Die «gesellschaftliche Erkenntnis» hat andere Merkmale als die wissenschaftliche: sie ist ein erklärendes Wissen, das einem historischen Zusammenhang und den Bedürfnissen des Handelns entspricht; es ist ein nicht formalisiertes Wissen, oft unausgesprochen, das seine Schlüsse auch aus ungenügenden Informationen zieht. Bedeutung und Eigenschaften dieser «praktischen Vernünftigkeit» müssen vertieft werden, indem man daraus Folgerungen für die Ausbildung der Forscher, für die Information und die Kommunikation zieht.
- Die wissenschaftliche Information und die Vermittlung des Wissens erfordern eine spezifische Fähigkeit und eine dauernde Bemühung. Es braucht vermittelnde Strukturen zwischen Wissenschaft und Gesellschaft, welchen die Aufgabe zukommt, Kenntnisse zu verarbeiten und in eine für die Gesellschaft verständliche Form zu übersetzen.
- Eine wichtige Rolle spielt der Wissenschaftsjournalismus, der nicht Autodidakten überlassen werden darf; was es braucht sind Ausbildungskurse und eine Reglementierung des Berufes.
- Die Erforschung der Möglichkeiten wissenschaftlicher Information durch die Medien muss vertieft werden: es sind Informationsmodelle zu entwickeln und daraus die Anforderungen an die Vermittlungskanäle abzuleiten.
- Die Auffassung von Wissenschaft, die ich dargelegt habe - Wissenschaft als Teil der Kultur und zum Wohl des Menschen - impliziert die Verpflichtung des Forschers zur gesellschaftlichen Kommunikation; die Ausbildung der Mitteilungsfähigkeit gehört zu jedem wissenschaftlichen Studium.

3.2 Wissenschaftler und Bürger

Die Information ist nur ein Schritt zur Kommunikation und zur Integration des Wissens: Der Bürger muss verstehen, was die Wissenschaft tut; er muss Fragen stellen, Zweifel ausdrücken, andere Gesichtspunkte vorlegen und er muss verstanden werden.

Der Wissenschaftler ist oft in einer Vorzugsstellung, wenn es heisst, neue Betrachtungsweisen der Probleme und neue, den alten Rahmen sprengende Zusammenhänge zu formulieren. Das ist der Fall bei der Energiefrage, wo sich zwischen der wissenschaftlichen Sichtweise und der öffentlichen Debatte eine stets wachsende Kluft auftut.

Dieser Prozess verlangt von den Forschern aktive gesellschaftliche Mitarbeit in den verschiedensten Formen: von der publizistischen bis zur politischen Tätigkeit, bis zur Teilnahme an Basisbewegungen und -organisationen.

Auf dem Gebiet der Ökologie ist die wissenschaftliche Kompetenz oft eine kärgliche Quelle für die Umweltbewegungen. Die Verfügbarkeit des Wissenschaftlers ist eine Vorbedingung für die Möglichkeit einzuschreiten, Lösungen vorzuschlagen, Zerfallserscheinungen aufzudecken.

Solches kann der Forscher leisten, wenn er seine «doppelte Verpflichtung» als Wissenschaftler (mit Kompetenz und Strenge) und als Bürger durch Teilnahme an den Entscheidungen und durch den Dienst an der Gemeinschaft erfüllt. Es bleibt allerdings der Zweifel, ob die Strukturen der Wissenschaft und der Schwierigkeitsgrad ihrer Probleme eine derartige Doppelrolle zulassen.

3.3 Entscheidungsprozesse

Zum Problem der Entscheidungsfindung will ich nur zwei Bemerkungen machen:

1. Die Strukturen sind ungeeignet für globale und interdisziplinäre Probleme; die Trennung der Zuständigkeiten innerhalb der staatlichen Verwaltung schafft fast unüberwindliche Barrieren.

Die Umweltprobleme werden oft nur nach Bereichen getrennt angegangen; Beschlüsse von anderen Abteilungen (Wirtschaftspolitik, Transportpolitik) setzen die Wirksamkeit aufs Spiel.
Ein «ökologischer Berater» des Bundesrats hätte in dieser Situation seine Berechtigung. Es müsste ein Experte sein, der die Übersicht über die Probleme besitzt und der fähig ist, bei einer Option die Folgen für die Umwelt anzugeben.
Die Ausbildung von «Allgemeinwissenschaftlern» bleibt allerdings beschränkt. Dazu scheint die kulturelle und epistomologische Grundlage zu fehlen, sowie das Verständnis für den Wert dieser Art von Wissen.

2. In einer Demokratie ist die Entscheidung an die Kommunikation gebunden: Die Krise der Mitsprachemittel - Stimmenthaltung, undifferenzierte Ablehnung von Gesamtkonzepten, Missbrauch - enthüllt die Unfähigkeit vieler Bürger und Politiker, die Fragen, über die sie zu entscheiden haben, auch nur zu verstehen.

Eine ausreichende Kompetenz ist notwendige Voraussetzung für Mitsprache, dies gilt ganz besonders in der Politik. Das erfordert angemessene Strukturen zur Unterstützung und angemessene Dokumentation; das erfordert ein Überdenken eines Teils der politischen Tätigkeit, um Platz zu schaffen für das Studium der Unterlagen, für ein Verarbeiten, für die Kommunikation mit der Wissenschaft.

Eine Schicht von Politikern zu haben, die nur noch vom intellektuellen Kapital zehrt, das einst vor dem Amtsantritt erworben wurde, ist ein ziemlich grosses Risiko, besonders wenn die Problemstellungen so schnell ändern.

4. Was für eine Zukunft?

Eine Wahl treffen kann nur wer eine Vision für die Zukunft hat: zwischen der Gegenwart und dem zu erreichenden Ziel liegen Entscheidung und Verwirklichungsprozess. Diesen Grössen ist der letzte Teil meines Berichts gewidmet.

4.1 Auf der Suche nach einer positiven Utopie

Eine Planung und positive Wertvorstellungen, das sind die Grundbezüge; sie bilden Bewertungskriterien für Entscheidungen grösster Tragweiten.

Zurzeit jedoch herrscht Pragmatismus: Entscheidungen werden nach einer Gegenüberstellung der tangierten Interessen, der verfügbaren Mittel und der Opportunität des Augenblicks gefällt. Parallel dazu (im privaten Bereich) verläuft die Ent-Ethisierung der verschiedenen Möglichkeiten: Die Rechtfertigung des Handelns aufgrund eines Wertmassstabs wird nicht mehr für nötig befunden.

Unsere Zivilisation ist «ohne Zukunft». Eine Alternative zur Fortsetzung des heutigen Gangs der Entwicklung ist nicht vorstellbar; die Systemdynamik - Summe aller kleinen Entscheide von einzelnen und der Institutionen - kann weder verwaltet noch wesentlich verändert werden, so scheint es.

Ein aktuelles Beispiel ist der Transitverkehr über die Alpen: Er kann «ökologischer» gemacht werden durch die Verlagerung von der Strasse auf die Schiene; entsprechende technokratische und wirksame Entscheidungen können rasch getroffen werden. Aber das Problem, das Wachstum dieses Verkehrs aufzuhalten, seinen Beitrag zum Wohl des Menschen zu überprüfen, beharrt auf einer Ebene - der des Wirtschaftswachstum und der territorialen Organisation, der Einzelentscheidungen und der Beweglichkeitsmodelle - abseits der Vorstellung und Kompetenz aller daran Interessierten: Strukturelle Hindernisse, Zersplitterung der Zuständigkeiten und Komplexität, paaren sich mit kultureller Blindheit. Eine Gesellschaft mit weniger Warenaustausch und mit weniger Verkehr ist einfach nicht denkbar.

Die Ernüchterung gegenüber Entwicklungsplänen kommt teilweise von einem Missverständnis über deren Funktion: Ein Entwurf für die Lösung eines Gesellschaftsproblems ist nicht wie der Entwurf für ein Haus, das nach vorbestimmten Plänen gebaut wird.

Ein derartiger Entwurf ist eher eine dynamische Angelegenheit, deren Bedeutung sich mit der Zeit ändert; der Versuch einer historischen Verwirklichung der Ideale, an welche die Gesellschaft glaubt; er ist das, was die Menschen für gut und gerecht halten; er stellt ein erstrebenswertes Ziel vor, ein positiv zu erbauendes System, das jedoch nie ganz vollendet sein wird.

Das ist es, was ich eine «positive Utopie» nenne.

Eine Konsensbasis ist heute die zumutbare Entwicklung: Sie nimmt sich vor, die Bedürfnisse der Menschen zu erfüllen, vorerst die Grundbedürfnisse der Ärmsten, wenn möglich ohne dabei die Aussichten der kommenden Generationen auf Erfüllung ihrer eigenen Anliegen zu schmälern.

Die zumutbare Entwicklung ist in der gegenwärtigen historischen Situation - die von Störungen und Umweltschäden gezeichnet ist - die Umsetzung der Wertvorstellungen der Gerechtigkeit unter den heutigen Menschen und den Generationen. Die Notwendigkeit, die Umwelt zu schützen, entspringt nicht der Angst vor Katastrophen, sondern dem Anspruch, die Grundbedürfnisse aller Menschen zu erfüllen.

4.2 Objekt und Symbol

Rationalität ist - in soziologischer Hinsicht - die Wahl der am besten geeigneten Mittel und Verhaltensweisen, um bestimmte Ziele zu erreichen. Die Rationalität hat somit nur einen Sinn in Bezug auf Ziele: Die wissenschaftlichen Kriterien genügen nicht, wenn Werturteile fehlen. Oft braucht man technische Argumentationen, um solche Bewertungen zu maskieren: Die Auseinandersetzung über Geschwindigkeitsgrenzen hängt vor allem von unterschiedlichen Prioritäten und Lebensauffassungen ab, sicher nicht von Ungewissheiten über die Auswirkungen.

Derartige Bewertungen offensichtlich zu machen und deren Legitimität anzuerkennen kann die Verwirrung vermindern und verhindert, dass unsere Kenntnisse systematisch angezweifelt werden.

Eine Zukunft des Menschen wird nicht nur von den materiellen Koordinaten seines Daseins bestimmt. Wichtig ist der Sinn des Lebens, das Bild vom Menschen, die Bedeutung, die man der eignen Umwelt beimisst.

Einen Entwurf besitzen heisst, die Wirklichkeit in allen ihren Dimensionen lesen.

Zur horizontalen Integration - zwischen Formen des Wissens, über lange Zeiträume und auf einer weltweiten Skala - fügt sich die vertikale Integration zwischen den Niveaus unserer Wirklichkeitserfahrung. Diese letztere Struktur wird durch ein Symbol dargestellt: Es ist «Öffnung nach», Bezug zu Entitäten ausserhalb des Dings; es flicht ein Gewebe von Beziehungen, welche die Welt bereichern.

Die Natur ist jetzt Gegenstand von Untersuchungen der Ökologie. Sie ist aber auch «Heimat des Menschen», vertrauter Ort, wo der Mensch sich aufgehoben und geschützt fühlt.
Die ökologische Krise ist Veränderung des Gleichgewichts der Biosphäre und ebenso Sinnverlust an der Welt, Verfremdung, das Gefühl, dass uns die Natur feindlich ist. Die Krise zeigt die existentielle Armut unserer Beziehung zur Natur, welche uns zum Gegenstand und zum Mittel reduziert geworden ist.

Das ist ein wesentlicher Teil der Umweltkrise; er interagiert mit den materiellen Aspekten und verleitet uns zu unsrem jetzigen Verhalten und verschiebt unser Wirklichkeitsverständnis.

Bei der Bewertung der neuen Technologien sind die symbolischen Werte, die mit den objektiven interagieren, legitime Elemente für eine Entscheidungsfindung: Das Leben, die Fortpflanzung, die Nachkommenschaft, das Verhältnis zwischen den Generationen haben einen Sinn, den man bei den Genmanipulationen berücksichtigen muss: Ein Sinnverlust kann eine Technik, die vom Biologischen her offenbare Vorteile hat, vor der Vernunft ungerechtfertigt werden lassen.

Daher ist beim Entscheid die Kompetenz allein nicht ausreichend: Eine Entscheidung im Dienste des Menschen muss berücksichtigen, wie dieser seine eigene Wirklichkeit und seine Existenz erlebt. Die Wissenschaft ist eine nützliche Lektüre der Wirklichkeit, aber eine Teillektüre, die nur die eine Dimension wiedergibt.

Das bürdet jedem, der führende Funktionen in der Gesellschaft, in der Wissenschaft, in der Politik hat, Verantwortung auf: Eine menschliche und kulturelle Bildung ist eine Pflicht, die, wenn sie fehlt, zum Schaden des Menschen gereicht.

4.3 Die Lösung als Prozess - Der Fehler

Der Entscheidungsprozess hat neue Charakteristiken in einer sich rasch ändernden Welt:

- Die Dauer der Problemlösungen ist beschränkt, oft sogar kürzer als ein Menschenleben. Die Welt ändert sich schneller als unsere Anpassungsfähigkeit.
- Die Folgen der Entscheidungen sind schwer vorauszusehen. In vielen Fällen gibt es keine verwirklichbaren definitiven Lösungen: dann wird die Lösung zu einem Verbesserungs- und Überprüfungsprozess, zu einer Schaukelfahrt ohne festen Kurs; der Bezug auf Wertvorstellungen wird noch wichtiger.

Die Kupplung zwischen Ziel und Wirklichkeit ändert fortwährend: aus den Wertvorstellungen allein lassen sich nicht immer ausreichende Schlüsse ziehen. Zwischen der normativen Verknöcherung und dem Mangel an Orientierung kommt die Verantwortung zum Zuge: Flexibilität im Konkreten, zugleich die Fähigkeit, das eigne Handeln stets zu rechtfertigen in Bezug auf die Werte und auf ein Ziel.
Der Fehler wird zu einer Grunddimension: Zwischen Kenntnis und Wirklichkeit, zwischen Prognose und tatsächlicher Entwicklung gibt es eine unvermeidliche Kluft. Die Möglichkeit unerwarteter Verhaltensweisen oder gar plötzlicher Brüche ist typisch für die komplexen Systeme, die wir verwalten müssen.

Die Lösungen müssen daher robust sein, sie müssen Störungen möglichst folgenlos überstehen können. In der Wirklichkeit sind viele technische Lösungen strukturell instabil. Es sind dann das «Pech» oder menschliche Fehler, welche die dem System innewohnende Instabilität auslösen. Dies ist der Fall bei vielen ökologischen Katastrophen.

4.4 Ethik des Risikos

Eine "Ethik des Risikos" anerkennt die Unvermeidbarkeit eines Fehlerspielraums und berücksichtigt dies in der ethischen Bewertung; sie zieht eine Anzahl von Wertvorstellungen und Vorsichtskriterien bei:

- die Bescheidenheit, Fehler zu gestehen und einen früheren Entscheid zu modifizieren;
- die stetige Kontrolle aller Auswirkungen, um so schnell wie möglich die Abweichungen von den Prognosen zu entdecken;
- die Vorsicht bei den irreversiblen Entscheiden, die sich als falsch erweisen könnten.

Solches Verhalten bekommt einen moralischen Wert, in dem Mass, wie es sich auf das Wohl des Menschen auswirkt. In der Ungewissheit hat die Bewertung einer Option nicht nur im Hinblick auf das erwartete Ergebnis, sondern auch bezüglich der Folgen im Falle von Fehlern zu erfolgen.

Einige vom Menschen provozierte Risiken sind so gross, dass sie die menschliche Existenz und das Leben auf der Erde bedrohen. Sie sind qualitativ verschieden von allen anderen: Hier scheint es notwendig, auf der Basis der schlimmsten möglichen Folgeerscheinung zu entscheiden, unabhängig von der Wahrscheinlichkeit, das sie auch wirklich eintritt. Das ist eine Auffassung, die beim Schutz der Erdatmosphäre sich durchsetzt.

5. Die Herausforderung der Zukunft

Der Mensch ist - aus mittelalterlicher Perspektive - das einzige Lebewesen ohne bestimmten Standort im Universum. Er kann zum Tier absinken oder zu den Engeln hochsteigen.
Diese Situation war kennzeichnend für das Individuum oder für einzelne Gesellschaften: Die Zukunft war offen, sie konnte sowohl den Erfolg wie den Untergang bringen.

Heute zeigt sich die Zukunft für die gesamte Menschheit so: Dem Menschen ist es gegeben, die Erde zu verwalten, ja er ist sogar dazu gezwungen, denn er hat die natürlichen Gleichgewichte gestört: Die «Notwendigkeit, zu riskieren», die der menschlichen Geschichte innewohnt, dehnt sich über den ganzen Planeten aus.
«Wir sind die erste Generation, die entscheiden muss, ob die Erde weiterhin bewohnbar bleiben soll».

Die Alternative zur Selbstzerstörung ist der Aufbau einer gerechteren, friedlicheren Welt mit grösserer Hochachtung vor der Natur.

Die Zukunft liegt in unseren Händen: es hängt von unserer Fähigkeit ab, eine bessere Zukunft zu wählen. Die Verantwortung dafür übernehmen wir in unsrem Handeln.

Risiko und Sicherheit technischer Systeme, Monte Verità,

J.S.: Herr Prof. Renn ist Volkswirtschaftler, Soziologe und Sozialpsychologe und Professor für Technik, Umwelt und Gesellschaft an der Clark University in Worcester, Mass., USA. Seine Forschungsgebiete sind Risikoanalyse, Risikowahrnehmung, Umwelt- und Technikforschung, Partizipation. Er ist Direktor des Interdisziplinären Instituts für Friedens- und Konfliktforschung und Mitglied der Arbeitsgruppe "Umweltstandards" der Berliner Akademie der Wissenschaften.

Risikokommunikation: Bedingungen und Probleme eines rationalen Diskurses über die Akzeptabilität von Risiken

Ortwin Renn, Worcester, MA, USA

1. Einleitung

Risikokommunikation ist zu einem Zauberwort in der aktuellen Debatte um die Akzeptabilität von technischen und anderen zivilisatorischen Risiken geworden. Während die eine Seite hofft, mit Hilfe kommunikativer Strategien die von Risiken potentiell betroffenen Bürger davon zu überzeugen, daß es in ihrem Interesse ist, diese Risiken zugunsten des damit verbundenen Nutzens zu akzeptieren, glaubt die andere Seite, daß Kommunikation zu einer Mobilisierung der Bevölkerung und damit zu einer vermehrten Akzeptanzverweigerung führen würde. Diese gegensätzliche Erwartung an die Wirkungen der Kommunikation hat viel zur gegenwärtigen Verwirrung über die Funktion und Leistungsfähigkeit des Konzeptes "Risikokommunikation" beigetragen.

Was versteht man nun unter dem Begriff Risikokommunikation und wie läßt sich der Begriff sinnvoll operationalisieren? In der Literatur zum Thema Risikokommunikation hat sich die Definition von Covello, von Winterfeldt und Slovic weitgehend durchgesetzt. Sie lautet:

"Risikokommunikation umfaßt jeden zielgerichteten Austausch von Informationen über Gesundheits- und Umweltrisiken zwischen Individuen und zwischen interessierten Gruppen. Die Informationen beziehen sich dabei vor allem auf: (a) die Höhe des Risikos; (b) die Signifikanz oder Bedeutung des Risikos und (c) Entscheidungen, Handlungen oder politische Maßnahmen, die darauf abzielen, die Risiken für Gesundheit und Umwelt zu begrenzen oder zu regeln. Als interessierte Gruppen kommen politische Institutionen, Bundes- und Landesämter, einzelne Unternehmen und Unternehmensverbände, Gewerkschaften, Umweltverbände, Bürgeriniativen, Wissenschaftler und die Medien infrage (Covello, von Winterfeldt und Slovic 1986, S. 172; übersetzt durch den Verfasser. Englische Version siehe Seite 209)

Diese Definition ist von zwei Leitgedanken getragen: zum einen der Zielgerichtetheit der Information und damit der impliziten Annahme, daß Risikokommunikation keine neutrale, über alle Parteien stehende Aktivität sein kann, sondern bestimmte (häufig interessengebundene) Botschaften vermitteln will, zum zweiten von der Zweiseitigkeit des Informationsaustauschs, also der Notwendigkeit, gleichzeitig Sender und Empfänger von Botschaften zu sein. Die Zielgerichtetheit der Kommunikation stellt den Kommunikationswissenschaftler vor einen schwierigen Konflikt: Da Kommunikation immer auch bestimmte Interessen vermittelt (selbst wenn sie unter dem Etikett "Erziehung" oder "Aufklärung" läuft), muß er sich entweder als Gesinnungstäter engagieren (motiviert durch eigene Einstellung oder die Höhe des Honorars) oder aber jeder Partei in gleichem Maße sein Wissen zur Verfügung stellen.

Beide Formen der Beratung sind sicher legitim (sofern sie dem Leser transparent gemacht werden), aber es gibt auch noch eine dritte Möglichkeit, diesen Konflikt zwischen wissenschatlicher Integrität und Interessengebundenheit zu lösen, und zwar durch das Modell des rationalen Diskurses. In diesem Modell spielt der Kommunikationswissenschaftler die Rolle des Katalysators; er bestimmt nicht den Kommunikationsinhalt, sondern gestaltet die Rahmenbedingungen, in dem der Austausch von Informationen, also der Diskurs stattfinden kann.

2. Die Bedingungen für einen rationalen Diskurs

Das Modell des rationalen Diskurses beruht auf der Annahme, daß mit Hilfe von Kommunikation Kompromisse zwischen Interessengegensätzen und Wertkonflikten unterschiedlicher Parteien erzielt werden können, ohne daß eine Partei ausgeschlossen oder ihre Interessen oder Werte unberücksichtigt bleiben. Ein rationaler Diskurs ist durch folgende Charakteristika gekennzeichnet:

(1) einem Konsens darüber, nach welchem Verfahren Einigung über kollektiv bindende Entscheidungen getroffen werden sollen. Die Parteien können Einstimmigkeit, das Mehrheitswahlrecht oder die Einschaltung eines Schlichters vorsehen; wichtig ist aber, daß alle Parteien der vorgesehenen Verfahrensweise zustimmen (Majone 1979);

(2) einem Konsens darüber, daß alle in die Verhandlung eingebrachten Tatsachenbehauptungen nachgewiesen oder durch entsprechende Experten (wobei je nach Wissenstyp nicht nur Wissenschaftler infrage kommen) bestätigt werden. Läßt sich eine Tatsachenbehauptung, wie häufig in der Risikoarena zu beobachten, nicht eindeutig nachweisen oder widerlegen, müssen alle legitimen, d.h. innerhalb des jeweiligen Wissenstyp zulässigen Aussagen gleichberechtigt in den Diskurs eingebracht werden (Rushefsky 1984);

(3) einem Konsens darüber, daß unterschiedliche Interpretationsmuster und Rationalitäten gleichberechtigt sind, sofern sie nicht den Regeln der Logik und anderer formaler Argumentationsregeln widersprechen (Habermas 1971; Perrow 1984);

(4) der Bereitschaft, die eigenen Interessen und Werte offenzulegen (Renn 1986);

(5) der Bereitschaft, eine faire Lösung des Konfliktes anzustreben, bei der alle Interessen und Werte grundsätzlich als legitim und verhandlungswürdig anerkannt werden, ohne damit die Notwendigkeit der Begründung von Interessen oder Werten infrage zu stellen (Bacow and Wheeler 1984, pp. 42ff).

Es gibt keinen Zweifel, daß ein Diskurs, der alle diese Eigenschaften erfüllt, in der Realität nicht stattfindet. Der rationale Diskurs, wie er hier charakterisiert ist, stellt das Ideal dar, an dem sich Diskurse in der Realität messen lassen müssen. Die Notwendigkeit solcher Diskurse, gerade im Bereich der Risikopolitik, ergibt sich aus der Problematik, daß kollektive Entscheidungen in immer stärkerem Maße globale Konsequenzen haben, unser Wissen über diese Wirkungszusammenhänge immer komplexer und spezialisierter wird und gleichzeitig die von Entscheidungen Betroffenen Mitspracherechte an der Gestaltung ihrer Lebenswelt einfordern (Beck 1986; Fiorino 1989). Wissen ohne Partizipation verletzt das Grundrecht eines fairen Interessenausgleichs zwischen den verschiedenen Parteien; Partizipation ohne Wissen führt zum Diletantismus und damit zu Handlungsfolgen, die sich niemand wünschen kann. Der rationale Diskurs versucht beiden gerecht zu werden: die Handlungsfolgen müssen rational durchdacht und die damit verbundenen Interessen fair ausgehandelt werden.

Welche sind aber die Vorraussetzungen und Bedingungen, damit ein rationaler Diskurs zustandekommt und damit er erfolgreich, d.h. mit einem tragfähigen Kompromiß, abgeschlossen werden kann? Aufgrund eigener Erfahrungen (Renn u.a. 1985) und entsprechenden Hinweisen in der Literatur (cf. McCarthy 1975; Habermas 1984; Kemp 1985; Bacow and Wheeler 1984, pp. 190-194; Luhmann 1986; Burns and Überhorst 1988; Fiorino 1990) läßt sich der Einatz des rationalen Diskurses an folgende Bedingungen knüpfen:

(1) *Zeit:* Ein Diskurs kann nicht innerhalb einer Woche oder eines Monates abgeschlossen sein. Die Vorbereitung und die Durchführung verlangen längere Zeiträume, so daß Verhandlungen ohne allzu großen Zeitdruck stattfinden können. Diese Voraussetzung macht deutlich, daß nicht alle risikobezogenen Entscheidungen durch Diskurs gefällt werden können (etwa im Falle einer dringend gebotenen Notfallschutzmaßnahme). Gleichzeitig aber drängt das politische System häufig auf schnelle Entscheidungen, ohne daß es dafür einen ausreichenden Grund gibt. Allzuoft wird die Umsetzung solcher schnellen Entscheidungen dann aufgrund von Protesten und Widerständen der betroffenen Bevölkerung über wesentlich längere Zeiträume verzögert, als es bei einer langsameren Entscheidungsfindung unter Einbeziehung eines Diskurses der Fall gewesen wäre (Kasperson 1986).

(2) *Offenheit des Verhandlungsergebnisses:* Ein Diskurs wird niemals sein Ziel ereichen, wenn eine der beteiligten Parteien ihre vorab getroffene Entscheidung an die anderen Parteien "verkaufen" will. Niemand verlangt, daß die Parteien bereit sein müssen, ihre Meinung oder Einstellung zu bestimmten Fragen aufgrund der Kommunikation zu ändern (obwohl die Bereitschaft dazu sicherlich hilfreich ist), aber alle Parteien müssen sich bereit erklären, auf ihre präferierte Handlungsoption zugunsten einer anderen Option zu verzichten, sofern diese Option besser als alle anderen Optionen die Interessen und Werte aller beteiligten Parteien widerspiegelt. Die eigene Präferenz für eine Handlungsoption steht also immer zur Disposition. Wenn dies aus rechtlichen oder anderen Gründen für eine der Parteien ausgeschlossen ist, dann sollte man auf den Diskurs lieber verzichten und eine andere Form der Risikokommunikation wählen (etwa ein Hearing oder eine Informationsveranstaltung).

(3) *Gleiche Rechte für alle am Diskurs beteiligten Parteien:* Ein Diskurs lebt von der künstlichen Schaffung eines herrschaftsfreien Raumes (Habermas 1984). Außerhalb des Diskurses bestehen selbstverständlich hierarchische Beziehungen und unterschiedliche Zuständigkeiten, Kompetenzen und Machtverhältnisse. Ob diese immer gerechtfertigt sind oder nicht, spielt hier keine Rolle. Der Diskurs kann diese Struktur nicht auflösen, seine eigene Macht, d.h. die Bindungskraft seiner Empfehlungen, wird sich der rechtlichen und politischen Realität anpassen müssen. Der legitimierte Entscheidungsträger kann das Ergebnis des Diskurses ignorieren, als Empfehlung einbeziehen oder in Gänze übernehmen, je nach dem, wie die Entscheidungsbefugnis strukturiert ist und wie stark sich externer politischer Druck zugunsten der Diskurs-Empfehlung artikuliert. Der Diskurs selbst ist aber an die interne Regelung der strikten Egalität gebunden. Keine Partei, mag sie in der politischen Realität auch noch so mächtig sein, kann im Diskurs Privilegien oder Sonderrechte beanspruchen. Wie jeder anderen Partei, steht es ihr frei, den Diskurs zu verlassen, aber sie kann und darf die Spielregeln nicht verändern.

(4) *Bereitschaft zum Lernen:* Alle Parteien müssen bereit sein, von den Argumenten und Evidenznachweisen anderer Parteien zu lernen und gegebenenfalls ihre Haltung zu überdenken. Das bedeutet nicht, wie bereits angeklungen, daß einzelne Parteien ihre Präferenzen, Interessen oder Werte zur Disposition stellen müssen, sondern nur, daß sie bereit sind, die von ihnen vorgenommenen Verknüpfungen zwischen Handlungsoptionen und Werten im Lichte neuer Erkenntnisse zu korrigieren. Dazu sind drei Voraussetzungen zu erfüllen:

- die Anerkennung, daß es mehrere legitime Typen von Wissen gibt, die bei der Aufstellung und Beurteilung des Faktenwissens eine Rolle spielen (etwa das Erfahrungswissen der Bevölkerung);

- die Anerkennung, daß es mehr als eine rationale Art gibt, aus gegebenem Faktenwissen Handlungsoptionen auszuwählen;

- die Anerkennung, daß es bei aller Pluralität von Wissen und Rationalitäten universell gültige Regeln des Argumentierens und Schließens gibt, die für alle Parteien verbindlich sein müssen (etwa die Forderung nach Konsistenz innerhalb des eigenen Wissenstyps).

(5) *Auflösung angeblich irrationaler Argumentationsformen*: Eng verbunden mit der Forderung nach Lernbereitschaft ist die Notwendigkeit, scheinbar irrationale Kommunikationsinhalte in rationale Argumente zu überführen. Das gilt zunächst für die gegenseitige Anerkennung von Wissen. Das anekdotische Wissen der Bevölkerung wird von Experten häufig als irrelevant oder sogar irrational abqualifiziert, während viele Interessengruppen das systematische und auf Generalisierungen beruhende Expertenwissen als Ausdruck technokratischer Arroganz und als Gefühllosigkeit gegenüber dem Einzelschicksal deuten. Erst wenn alle Parteien die argumentative Vorgehensweise der jeweils anderen Partei anerkennen und zu verstehen suchen, wird ein fruchtbarer Dialog möglich sein.

Dies gilt in noch stärkerem Maße für Gefühlsäußerungen. Ausdrücke wie: "Ich habe einfach Angst davor." oder: "Mir wird schon nichts passieren." sind keine Indikatoren für Verletzungen von argumentativen Regeln, sondern verdichtete Formen von Argumentationszusammenhängen, die sich in Bildern oder emotionsgeladenen, oft in ihrer Bedeutung unscharfen Begriffen zutreffender und schneller ausdrücken lassen als in logisch aufgebauten Argumenten. Es wäre fatal für den Diskurs und auch meist kontraproduktiv für eine rationale Entscheidung, diese gefühlsmäßigen Reaktionen zu ignorieren oder sogar lächerlich zu machen. Gleichzeitig sind sie aber in der Form, in der sie geäußert werden, unbrauchbar für den Diskurs, weil sie in der Regel nur dichotome Lösungen erlauben (Angst führt zur Verneinung, die Verdrängung der eigenen Verwundbarkeit zur Bejahung von Risiken). Kompromisse erfordern aber "Grautöne", also Zwischenlösungen zwischen den Extremen. Der Diskurs hat demgemäß die Aufgabe, die gefühlsmäßigen Reaktionen in argumentative, d.h. kompromißermöglichende und kommunikationsfähige Elemente zu übersetzen. Wie bei jeder Übersetzung, gehen dabei Bedeutungskomponenten verloren, aber dieser Preis ist unvermeidbar.

Die Differenzierung der Ursachen für Gefühle, die Identifizierung der Elemente einer Risikoquelle, die solche Gefühle auslöst, die Entschlüsselung von Assoziationen, die bei der Enstehung des Gefühls beteiligt sind, und das Aufdecken von Zusammenhängen zwischen Objekten und ihren symbolischen Bedeutungen sind wichtige Aufgaben, die innerhalb des Diskurses bewältigt werden müssen. Zweckmäßig ist dabei, diese Übersetzungsarbeit durch psychologische Fachkräfte in Klausursitzungen mit den jeweils betroffenen Parteien (also nicht im Plenum) durchführen zu lassen. Die Übersetzung ist aber allein eine Angelegenheit der jeweiligen Partei, die psychologische Beratung bietet dazu nur eine Hilfestellung an und darf in keinem Fall zum Eindruck einer Entmündigung durch professionalisierte Experten führen.

(6) *Demoralisierng von Positionen und Parteien:* Alle beteiligten Parteien in einem Diskurs sollten sich von vorneherein darauf einigen, auf die Moralisierung von Positionen (etwa: "Wer solch ein Risiko propagiert, kann nur ein zynischer oder ignoranter Mensch sein.") und von Parteien ("Umweltschützer sind doch alles Chaoten" oder "Ingenieure sind rücksichtslose Macher.") zu verzichten. Der Verzicht auf Moralisierung hat eine Reihe von Vorteilen:

- ähnlich wie Gefühlsäußerungen verhindern Moralisierungen die Möglichkeit einer Kompromißfindung. Etwas kann nicht 30% gut und 70% böse sein. Das moralische Urteil ist meist kategorisch und schließt ein Nachgeben gegenüber der angeblich unmoralischen Partei aus. Gegenseitige Moralisierung vermindert unnötig den Verhandlungsspielraum und macht Einigungen meist unmöglich (Scheuch 1980; Renn 1986).

- Moralisierung verhindert die Auflösung von vermeintlichen Irrationalitäten und führt zu einer unnötigen Emotionalisierung der Diskussion. Emotionen sind wichtige Bestandteile von Diskursen; sie bedürfen jedoch der Übersetzung. Eine solche Übersetzung macht Parteien oft verwundbar und wird erst gar nicht vorgenommen, wenn eine Partei unter moralischem Rechtfertigungsdruck steht.

- Moralisierung verkleistert Verstöße gegen die Argumentationsregeln und vertuscht mangelnde Evidenz für Behauptungen oder Forderungen. Wer moralisiert, kommt meist ohne Sachwissen aus. Wer etwa behauptet, Unternehmer seien profitsüchtige Hazardeure, denen ein Menschenleben nichts wert sei, braucht erst gar nicht nachzuweisen, daß eine konkrete Aktivität dieser Gruppe wirklich zu unzumutbaren Risiken führt. Es ist selbst evident. Wer behauptet, Umweltschützer seien verkappte Kommunisten, die den Staat stürzen wollen, braucht sich auf die Diskussion um wirkliche Umweltbelastungen gar nicht erst einzulassen, weil es den Umweltschützern ja angeblich darum gar nicht gehe, sondern um die Zerstörung des Staatswesens. Beide Beispiele zeigen, daß die integrative Kraft der Evidenz verloren geht, wenn Positionen oder Parteien mit moralischen Urteilen oder sogar "Verurteilungen" verknüpft werden.

Moralisierung ist eine attraktive Strategie in der öffentlichen Auseinandersetzung und führt oft zu politischen Erfolgen. Da aber jede Partei über ein Arsenal möglicher Moralisierungen verfügt und damit potentiell dem Verhandlungsgegner Schaden zufügen kann, liegt eine Einigung vor Beginn des Diskurses meist im Interesse aller Parteien. Dies gilt in der Regel nur für den geschlossenen Diskurs, während etwa bei Wahlkämpfen jede Seite glaubt, die unbeteiligte Bevölkerung, zumindest aber die eigene Klientel durch Moralisierung für die eigenen Belange mobilisieren zu können.

Der Verzicht auf Moralisierung bedeutet aber keineswegs, daß man Argumente nicht nach moralischen Kategorien bewerten dürfe oder man ethische Argumente auszuschließen müßte; im Gegenteil: ohne ethische Bewertung von Optionen würde eine wichtige Komponente der Evaluation fehlen. Was vermieden werden soll, ist vielmehr die moralische Verurteilung von Parteien und deren Positionen im Diskurs.

3. Probleme der Verwirklichung eines rationalen Diskurses

Inwieweit die Bedingungen für einen rationalen Diskurs erfüllt werden können, hängt von situativen und themenbezogenen Faktoren ab. Wenn der legitimierte Entscheidungsträger keine Notwendigkeit für einen Diskurs sieht oder eine der relevanten Parteien sich dem Diskurs verweigert, dann ist offenkundig diese Form der Kommunikation nicht möglich. Aber selbst wenn man einmal davon ausgeht, daß alle Parteien, einschließlich der rechtlich legitimierten Entscheidungsinstanzen zum Diskurs bereit und guten Willens sind, so gibt es eine Reihe von weiteren Hürden zu überwinden, die den Erfolg des Diskurses infrage stellen. Einige dieser Hürden, die sich vor allem im Bereich der Risikoproblematik stellen, sollen im folgenden erläutert werden.

(1) *die Rationalitätsfalle:* Die Kompromißfähigkeit von Themen ist an drei Bedingungen gebunden: erstens müssen genügend Lösungen zwischen den Extremen (ja oder nein) vorhanden sein bez. geschaffen werden, zweitens muß es gemeinsam anerkannte Regeln geben, um die Evidenz von Sachaussagen und Forderungen zu überprüfen und drittens müssen alle Parteien das Gebot der Fairness anerkennen. Bei Risiko-Diskursen ist die erste Bedingung meist gegeben. Es ist geradezu das Verdienst der Risikowissenschaften, Entscheidungen über die Zumutbarkeit von Risiken aus der derterministischen "ja" versus "nein" Betrachtung in eine Entscheidungssituation mit einer Unzahl von Optionen der graduellen Risikoverminderung überführt zu haben.

Bei der zweiten Bedingung tritt allerdings eine Besonderheit der Risikothematik auf: Wenn es auch klare Regeln für die Messung und Behandlung stochastischer Phänomene gibt, so liegt es in der Natur der Stochastik, daß sich daraus sehr unterschiedliche, oft sogar diametral entgegengesetzte Forderungen ergeben, selbst wenn alle Parteien identische Interessen und gleiche Zielvorstellungen (etwa Risikominimierung) haben. Die Tatsache, daß ein Ereignis im Durchschnitt einmal in tausend Jahren zu erwarten ist, sagt bekanntlich nichts über den Zeitpunkt aus, an dem das Ereignis wirklich stattfinden wird. Es kann morgen oder auch erst in zehntausend Jahren eintreffen. Habe ich zwei Handlungsoptionen, bei denen das gleiche unerwünschte Ereignis mit unterschiedlicher Wahrscheinlichkeit eintrifft, dann ist die Folgerung für eine Entscheidung unter Unsicherheit eindeutig: Jeder rational denkende Mensch würde sich für die Handlungsoption mit der geringeren Eintrittswahrscheinlichkeit entscheiden. Hätte ich etwa beim russischen Roulette die Wahl zwischen einem Revolver mit einer Kugel oder mit zwei Kugeln, dann ist offenkundig das Spiel mit der einen Kugel weniger risikoreich.

Die überwiegende Zahl der realen Entscheidungen unter Risiko ist jedoch komplizierter: Bei vielen Risikoquellen sind die Verluste um so größer, je unwahrscheinlicher das Ereignis ist. Habe ich wiederum zwei Handlungsoptionen, diesmal eine Option A mit einer gleichbleibenden Verlustrate pro Zeiteinheit ohne Katastrophenpotential und eine andere Option B mit einer im Durchschnitt geringeren, aber zeitlich variablen Verlustrate, bei der Katastrophen möglich, wenn auch sehr unwahrscheinlich sind, dann gibt es keine eindeutige Entscheidungsregel, die mir vorschreibt, welche der beiden Optionen ich wählen soll. Ich kann beispielsweise das MAXIMIN-Prinzip anwenden und den maximalen Schaden minimieren, d.h. ich wähle Option A, da dort keine Katastrophe möglich ist. Wähle ich diese Option aber, so bedeutet das implizit, daß ich bereit bin, im Schnitt mehr Menschenleben zu opfern als unbedingt notwendig (denn Option B hat eine durchschnittlich niedrigere Verlustrate). Folge ich dagegen dem Prinzip der Nutzenmaximierung (expected utility concept) und minimiere meine durchschnitlichen Nutzenverluste, dann muß ich Option B wählen, da dort im Schnitt weniger Menschen ums Leben kommen. Mit dieser Wahl schließe ich aber ausdrücklich die Möglichkeit einer großen Katastrophe ein, bei der viele Menschen auf einmal sterben würden. Beide Handlungsoptionen sind rational begründbar, obwohl sie aufgrund identischen Faktenwissens und Zielorientierung zustande gekommen sind.

Diese Überlegungen lassen sich noch weiter verfolgen, wenn man zusätzlich Konfidenzintervalle (wie behandele ich Risiken mit gleichem Erwartungswert, aber unterschiedlicher Varianz der möglichen Handlungsfolgen?) oder wenn man zur Beurteilung noch Covarianzen und Interaktionseffekte mit anderen Risikoquellen (wie etwa in der Portfoliotheorie des Aktienmarktes) einbezieht. Dann erweitert sich die Bandbreite rational begründbarer Auswahlstrategien, und eine Einigung auf eine Strategie ist schwierig zu erzielen. Aufgrund der Charakteristika stochastischer Phänomene reicht also eine Einigung über Faktenwissen und Kongruenz von Zielen nicht aus, um Handlungsoptionen eindeutig zu bestimmen. Als zusätzliches Moment kommt die Risikobereitschaft, d.h. die Aversion gegen oder Vorliebe für unwahrscheinliche, aber katastrophale Ereignisse mit ins Spiel.

Sind auch die Fakten umstritten und liegen unterschiedliche Zielvorstellungen vor, dann ist die Einigung auf eine Handlungsoption noch wesentlich problematischer, da die Risikobereitschaft als zusätzliche Variable die Bewertung von Optionen beeinflußt. In Risikodiskursen ist es deshalb angebracht, die unterschiedlichen Konflikttypen (Fakten, Ziele, Interessen und auch Risikobereitschaft) getrennt zu behandeln und nacheinander abzuarbeiten (von Winterfeldt und Edwards 1986).

(2) *die Perzeptionsschere:* Nur bei wenigen öffentlichen Themen liegen die Bewertungen der Akzeptabilität von Handlungsoptionen zwischen der überwiegenden Anzahl der Experten und dem Gros der Bevölkerung weiter auseinander als bei Optionen, bei denen Risiken für Gesundheit und Leben bestehen. Während Experten meist das Prinzip der Nutzenmaximierung bei der Auswahl von Handlungsoptionen bevorzugen, reagieren die meisten Menschen eher risikoaversiv, sobald eine Handlungsoption ein erkennbar hohes Katastrophenpotential umfaßt. Damit nicht genug: Experten bewerten Risiken ausschließlich unter dem Gesichtspunkt der möglichen Verluste, während die Bevölkerung Risiken unterschiedlich beurteilt, je nach dem, in welchem Kontext sie auftreten (Slovic u.a. 1981; Slovic 1987).

Die intuitive Risikobewertung erfolgt vor allem nach den folgenden fünf semantischen Mustern (Renn 1990):

- *Risiko als Damoklesschwert:* Das Verständnis von Risiko als Damoklesschwert wird mit Gefahren assoziiert, die außerhalb der persönlichen Kontrolle und Einflußmöglichkeiten eines jeden Individuums liegen, die von Dritten verursacht und verwaltet werden, die zur jeden Zeit eintreffen können und die in einem solchen Falle keine wirksame Gefahrenabwehr erlauben. Dabei wird die Zufälligkeit des Gefahreneintritts als besonders schwerwiegend betrachtet, weil man sich nicht auf den Katastrophenfall einrichten und vorbereiten kann. Wie wahrscheinlich ein solches Ereignis ist, hat dagegen nur eine untergeordnete Bedeutung in der intutiven Bewertung. Offenkundig steht dieses Risikokonzept in Konflikt zum Risikoverständnis der Risiko-Experten, die Wahrscheinlichkeit und Ausmaß der Konsequenzen gleich gewichten und den Kontext der Übernahme nicht in ihre Risikoformel integrieren. Beispiele für das Risikokonzept des Damoklesschwertes sind großtechnische Einrichtungen, vor allem Kernkraftwerke.
- *Risiko als schleichende Gefahr:* Dieses Verständnis von Risiko beruht auf der Vorstellung, daß unbekannte Gefahren durch den Menschen geschaffen wurden, die sich nur durch systematische Erforschung identifzieren lassen, aber häufig genug unentdeckt bleiben (Spitze des Eisbergs). Hierunter fallen etwa Risiken durch Lebensmittelzusätze, durch chemische Substanzen in Luft und Wasser und Verseuchung von Boden und Gewässern. Als Konsequenz dieses Risikokonzeptes vermuten Menschen hinter jeder unerklärbaren Krankheit oder jedem unvermuteten Schicksalschlag das Wirken einer schleichenden Gefahr. Während die meisten Experten z.B. Umweltbelastungen nur für einen geringen Teil des Krebsrisikos verantwortlich machen, bilden viele Menschen aufgrund der gestiegenen Krebsraten, vor allem aber dann, wenn sie selbst oder einer ihrer Angehörigen betroffen sind, einen kausalen Zusammenhang zwischen den Umweltbelastungen und dem Auftreten der meist todbringenden Krankheit.
- *Risiko als Glücksspiel:* Dieses Verständnis von Risiko kommt dem Risikokonzept der Experten insoweit entgegen, als beide Komponenten, Wahrscheinlichkeit und Ausmaß der Konsequenzen, mit bedacht werden. Allerdings ist es auf monetäre Risiken beschränkt und wird selten zur Bewertung technischer Risiken benutzt. Aber selbst bei Glücksspielen vermuten vielen Menschen systematische Abweichungen vom Zufallskonzept, etwa beim Glauben an die Wirksamkeit magischer Zahlen oder bei der Vermutung einer ausgleichenden Gerechtigkeit in Lotterien.
- *Risiko als Naturereignis:* Hier werden Risiken als unabwendbare, in regelmäßigen Zeitabschnitten wiederkehrende Katastrophen angesehen, die man zwar beklagen, aber nicht verändern kann. Anders als beim "Risiko als Damoklesschwert" wird das Naturereignis nicht als eine jederzeit eintretbare Bedrohung wahrgenommen, sondern vielmehr als ein periodisches Ereignis, das bestimmten Zeitmustern folgt. Auch hier sind die meisten Experten anderer Meinung; sie halten viele angebliche Naturereignisse für zivilisatorisch verursacht oder sehen zumindest das Schadensausmaß durch menschliche Aktivitäten verschlimmert (etwa Siedlungen in Überschwemmungsgebieten). Außerdem benutzen sie in der Regel für die Vorhersage von technischen wie natürlichen Katastrophen die gleichen mathema-

tischen Konzepte der Probabilistik; die Wahrnehmung eines Regelmaßes, so wie es die Bevölkerung bei Naturkatastrophen vornimmt, lehnen die meisten Experten für die überwiegende Anzahl der natürlichen Katastrophen ab.

- *Risiko als Freizeitspaß:* Ist ein Risiko freiwillig übernommen, kann man es selber steuern und läßt es sich zeitlich begrenzen, dann kann Risiko auch als "Nervenkitzel" dienen. In diesem Verständnis von Risiko ist das Ausprobieren der eigenen Kräfte, also die Befriedigung, eine gefährliche Situation gemeistert zu haben, ein wesentliches Motiv für die Risikoübernahme. Während der analytische Risikobegriff der Experten zwischen erwünschtem Nervenkitzel und unerwünschtem Erleiden eines Riskos keinen Unterschied macht, liegen in der Wahrnehmung der Bevölkerung Welten zwischen diesen beiden Erlebnishorizonten. Der bei Kernkraftbefürwortern so beliebte Vergleich zwischen dem Risiko des Skifahrens und des Wohnens neben einem Kernkraftwerk erntet in der Regel nur Unverständnis oder sogar Hohngelächter von Seiten der Bevölkerung. An dieser Stelle wird die Kontextabhängigkeit des Risikobegriffes in der Bevölkerung besonders deutlich.

Nimmt man diese fünf Risikokonzepte als Maßstab für das intuitive Verständnis von Risiken, so wird deutlich, warum die Experten mit ihrem analytischen Risikobegriff so schwer in der öffentlichen Meinung Fuß fassen können. Der analytische Risikobegriff liegt zum großen Teil diametral zur intuitiven Risikowahrnehmung. Für den rationalen Diskurs ist aber der Dialog zwischen den Risikoexperten und den anderen Diskursteilnehmern unabdingbar. Es wird nur gelingen, diese unterschiedlichen Konzepte von Risiken zusammenzubringen, wenn Experten auf der einen Seite die intuitiven Risikokonzepte als eine Form der Bewältigung von Gefahren im Alltag akzeptieren (ohne sie dabei als normative Richtschnur für kollektive Entscheidungen anzuerkennen) und die anderen Diskursteilnehmer die Logik und Aussagekraft des analytischen Risikobegriffs anerkennen (ohne aber den Anspruch auf ihre Ausschließlichkeit gelten zu lassen).

(3) *Abschottung kulturell verfestigter Gruppen innerhalb der Gesellschaft:* Das Zustandekommen eines Diskurses zwischen den Parteien setzt die Bereitschaft zum Dialog und ein Minimum an konsensualen Werten und Zielen voraus. Kulturanthropolgische Studien über soziokulturelle Gruppierungen in modernen Gesellschaften haben allerdings zu der Hypothese geführt, daß sich in der Gesellschaft Gruppen mit bestimmten Werthierarchien und Lebenstilen gebildet haben, die weder den Wunsch haben, miteinander zu kommunizieren, noch über kommunikative Instrumente verfügen, um sich gegenseitig verständlich zu machen. Diese Dialogunfähigkeit wird auch und gerade im Bereich der Risikopolitik diagnostiziert (Douglas und Wildavski 1982; Douglas 1985; Rayner 1987). Dabei werden zwischen zwei und fünf unterschiedlichen kulturellen Gruppen unterschieden.

Für die Erklärung sozialer Reaktionen zu Risikoquellen sind zwei Gruppen von entscheidender Bedeutung: die sogenannten "Entrepreneurs", für die Risiken notwendige Kosten für die weitere Entwicklung und Verbesserung der Lebensqualität darstellen, und die sogenannten "Gleichmacher" (im englischen "Egalitarians" oder "Sectarians" genannt), die darauf bestehen, daß eine Gesellschaft ein möglichst hohes und gleiches Sicherheitsniveau für alle bereitstellen soll, selbst wenn dies auf Kosten von Wohlstand und wirtschaftlicher Entwicklung geht. Die erste Gruppe sieht technische Innovation als wesentlichen Garanten des sozialen Fortschritts an, während die zweite Gruppe die mit Innovationen verbundene Unsicherheit als sozial unverträglich ansieht, solange die Folgen nicht klar abzuschätzen sind. Gleichzeitig bedienen sich die "Entrepreneurs" bevorzugt analytischer Methoden: Komplexe Probleme lassen sich ihrer Ansicht nach durch die Aufgliederung in einfache Probleme und ihrer späteren Aggregation zufriedenstellend lösen. Die Gruppe der "Gleichmacher" bevorzugt dagegen holistische Methoden, um komplexe Probleme in ihrer Ganzheit zu betrachten und wenn möglich zu lösen. Unter diesen Voraussetzungen ist es nicht verwunderlich, daß komplexe technische Systeme für die Gruppe der "Entrepreneurs" eine persönliche und soziale Herausforderung darstellen, deren erfolgreiche Bewältigung persönliche Befriedigung und im sozialen Kontext internationales Prestige einbringt, während die gleichen Systeme für "Gleichmacher" zu unüberschaubaren Problemen und zur wahrgenommenen Überforderung sozialer Kontrollsysteme führen.

Neben diesen beiden klassischen Antagonisten gibt es eine Reihe von Mischgruppen, die sich alle in ein Koordinatensystem einordnen lassen, das auf der vertikalen Achse den Grad der Hierarchisierung von Sozialbeziehungen und auf der horizontalen Achse den Grad des Gebundenseins an die jeweilige Bezugsgruppe (damit implizit auch die Geschlossenheit dieser Gruppe gegenüber Außenstehenden) wiedergibt. Bild 1 illustriert dieses Koordinatensystem und lokalisiert die verschiedenen kuturellen Gruppen innerhalb dieses Bezugsrahmens (in Anlehnung an Thompson 1980). Die "Entrepreneurs" sind durch negative Hierarchisierung und offene Gruppenbeziehungen gekennzeichnet, während die "Gleichmacher" zwar auch Hierarchie ablehnen, sich aber ihrer Gruppe stark zugehörig fühlen. Von daher stufen sie alle Personen innerhalb ihrer Gruppe als gleichwertig ein. Hohe Gruppenkohärenz und Hierarchie sind typisch für die Gruppe der "Bürokraten", die ihr Leben an Regeln und Traditionen orientieren und institutionelle Kompetenz über personale Urteilskraft setzen. Innerhalb dieser Gruppe werden Risiken dann als akzeptabel eingestuft, wenn es hinreichende institutionell verfestigte Routinen gibt, diese Risiken zu bestimmen und zu kontrollieren. Den "Gleichmachern" gegenübergestellt sind die Einzelgänger, häufig Fatalisten und Entwurzelte, die an Hierarchie festhalten und autoritätsgläubig sind, sich aber keiner sinngebenden Gruppe zugehörig fühlen. Sie schwanken entweder zwischen verschiedenen sinnvermittelnden Gruppen hin und her oder glauben an verborgene Mächte, die ihr Schicksal bestimmen. Ihre Reaktionen auf Risiken sind nicht eindeutig vorherzusagen: Einerseits neigen sie dazu, Risiken als "gott-gegeben" hinzunehmen; andererseits lassen sie sich leicht durch populistische Ansprache politisch mobilisieren.

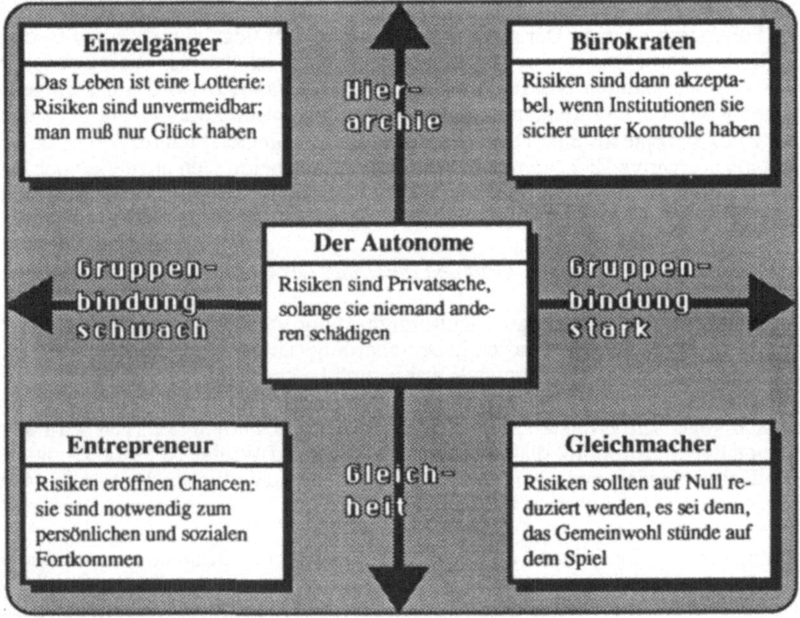

Bild 1: Risikokonzepte der fünf kulturellen Grundtypen

Neben diesen vier Feldern der Matrix hat Thompson noch die Gruppe der Autonomen oder Hermiten um den Nullpunkt herum lokalisiert (Thompson 1980). Diese Gruppe ist durch Selbstzufriedenheit und situationsbezogene Verpflichtung gegenüber verschiedenen Gruppen und hierarchischen Ansprüchen gekennzeichnet. Seiner Ansicht nach ist diese Gruppe am schwierigsten für Risikothemen zu mobilisieren. Allerdings erscheint mir, daß gerade diese Gruppe eine wichtige Funktion als Vermittlerin zwischen den anderen Gruppen ausüben kann, da sie die Argumentationszusammenhänge der anderen Gruppen nachvollziehen kann, ohne selbst in einem der vier kulturellen Mustern mental "gefangen" zu sein.

Der kulturanthropologische Ansatz hat in den USA viel Anklang gefunden (Douglas 1985; Douglas and Wildavski 1982; Covello und Johnson 1987). Die intuitive Plausibilität dieses Erklärungsmusters darf jedoch nicht darüber hinwegtäuschen, daß ausreichende empirische Belege für diese Theorie bislang noch nicht erbracht werden konnten (Johnson 1987). Gleichzeitig halten Kritiker diesem Ansatz entgegen, daß die kulturellen Unterschiede zwischen den beiden Positionen nicht exklusiv auf verschiedene gesellschaftliche Gruppen verteilt sind, sondern je nach Rolle und sozialer Situation parallel in den meisten Individuen (zumindest in pluralistischen Gesellschaften) verankert sind (Johnson 1987). Ebenfalls ist die kultur-deterministische Sichtweise dieses Ansatzes kritisiert worden (Nelkin 1982). Trotz dieser Bedenken läßt sich die kulturanthropologische Perspektive als wertvolle Ergänzung zu den Ergebnissen der Werte- und Einstellungsforschung sehen, da sie einen Sinnzusammenhang zwischen den verschiedenen Weltbildern von Individuen konstruiert.

Für die Frage der Risikokommunikation und des rationalen Diskurses mag der kulturanthropologische Ansatz eine wichtige Erklärung dafür bieten, daß ein Dialog zwischen den fünf kulturellen Grupperierungen selten zustande kommt und daß permanent aneinander vorbeigeredet wird, weil die Wahrnehmungsmuster und Realitätsbilder der jeweiligen Gruppen nicht miteinander kompatibel sind. Zum Beispiel werden soziale Gruppen, die stärker dem "Gleichmacher"-Pol zugeordnet werden können, Ergebnisse einer auf Ziel-Mittel-Rationalität ausgerichteten Abwägung von Risiken und Nutzen aus grundsätzlich methodischen Gesichtspunkten ablehnen, während die den "Entrepreneurs" nahestehenden Gruppen diese Kosten-Nutzen-Überlegungen als selbstverständliche, nicht mehr zu hinterfragende Vorgehensweise bei der Beurteilung von Risiken betrachten und als Maßstab ihres eigenen Verhaltens sowie als Richtschnur für kollektive Entscheidungen akzeptieren.

Allerdings erscheint mir der von einigen Kulturanthropologen postulierte Anspruch der Ausschließlichkeit der Gruppenzugehörigkeit weder empirisch nachweisbar, noch theoretisch schlüssig begründbar zu sein. Durch die Übernahme unterschiedlicher Rollen und die Existenz zum Teil gegensätzlicher sozialer Erwartungen in unterschiedlichen sozialen Situationen (etwa zwischen Arbeitsplatz, Freizeitgestaltung, Familie, Religionsausübung und kommunalen Verpflichtungen) sowie durch die Betonung multikulturellen Lernens werden auch in modernen Gesellschaften Brücken zwischen den soziokulturellen Gruppierungen geschlagen und Dialogbereitschaft gefördert. Nicht zuletzt kann die menschliche Fähigkeit zur Empathie, also der Identifikation mit dem Anderen, als Strategie zur Diskursführung eingesetzt werden. Die Abschottung in kulturell autonome Gruppierungen ist sicherlich ein schwerwiegendes Hindernis auf dem Weg zu einem rationalen Diskurs, aber sie macht das Zustandekommen eines solchen Diskurses nicht unmöglich.

(4) *Strategische Ziele der Ressourcenmobilisierung in der Risiko-Arena:* Über die unterschiedlichen kulturellen Werte und Ziele der jeweiligen Parteien hinaus mögen die potentiellen Teilnehmer den Diskurs und die soziale Auseinandersetzung um Risiken als eine Strategie ansehen, um ihre Machtposition auszubauen und den Konflikt zu ihren Gunsten zu entscheiden. Stellt man sich den Konflikt um die Zumutbarkeit eines Risikos als eine Arena vor, in der unterschiedliche Parteien für ihre Interessen streiten, dann kommt es in diesem Konflikt darauf an, Punkte zu sammeln und den Gegner zu schwächen. Die soziale Ressourcentheorie geht dabei davon aus, daß Akteure in der Gesellschaft nur dann Punkte sammeln können, wenn sie mehr soziale Ressourcen mobilisieren kann als konkurrierende Gruppen (Mc Adam u.a. 1988; Zald 1988). Dabei können die Ressourcen selber das Ziel sein (etwa Macht oder Geld), sie können aber auch nur Mittel sein (etwa Geld, um die Armut zu bekämpfen). Was in einer Gesellschaft als Ressourcen zu bezeichnen sind, ist in der soziologischen Literatur umstritten (Coser 1967, S. 289ff; Parsons 1969, S. 399; deutsche Fassung 1976, S. 302; Luhmann 1982, S. 175; Münch 1982, S. 103). In Anlehnung an Coser und Parsons unterschiede ich fünf Typen von generalisierten Ressourcen:

- *Geld:* Damit kann man für sich oder die Mitglieder der Gruppe, die man repräsentiert, einen Anteil an der gesellschaftlich erwirtschafteten Produktion sichern.
- *Macht:* Im Sinne von Max Weber bedeutet Macht die Möglichkeit, andere zu Handlungen notfalls gegen deren Willen anzuhalten. Je mehr Macht man hat, desto eher kann man seine Ziele durchsetzen.
- *Sozialprestige:* Anerkennung durch die Gesellschaft ist ein wesentlicher Motivator für soziales Handeln. Soziale Anerkennung kann rein symbolischer Natur sein, etwa durch die Verleihung von Orden. Gesellschaftliche Reputation verleiht Einfluß und zwingt oft die formal Mächtigen in Einzelfragen nachzugeben.
- *Kulturelle Wertverpflichtung:* Positionen in politischen und sozialen Streitfragen sind häufig durch kulturelle Werte und Weltbilder vorbestimmt. Wertverpflichtungen als Form sozialer Unterstützung beruhen auf Sympathie mit den Zielen und Werten der jeweiligen Gruppe. Ähnlich wie Prestige schafft Sympathie Unterstützung für die eigene Position und damit Druck auf die Entscheidungsträger, die Interessen der entsprechenden Gruppe zu berücksichtigen. Der Erwerb von Wertverpflichtungen ist durch Sinnvermittlung und Vertrauen möglich.

- *Evidenz:* Das Wissen einer Gruppe, durch evidente Beweisführung auf die Folgen der eigenen Handlungen oder der Handlungen konkurrierender Gruppen hinzuweisen, spielt in modernen Gesellschaften eine besondere Rolle in der Entscheidung sozialer Konfliktfälle. Je mehr intersubjektiv legitimierbare Evidenz für die Aussagen einer Gruppe besteht, desto eher werden andere (nicht am Konflikt beteiligte) Gruppen ihre soziale Unterstützung geben und je mehr werden konkurrierende Aussagen von anderen Gruppen in Zweifel gezogen.

Bild 2 vermittelt einen Überblick über die fünf Ressourcen und ihre Wirksamkeit. Die Ressource Geld wird überwiegend im ökonomischen Sektor verwendet, ist aber auch zur Verbesserung der Ressourcenlage in den anderen Sektoren prinzipiell einsatzfähig. Allerdings gibt es Grenzen, von denen an Geldtransfers als Bestechung oder als unfaires Beeinflussungsinstrument angesehen werden. Die Ressource Macht ist vorwiegend auf den Politikbereich bezogen, sie ist aber ebenso wie Geld auch in den anderen Sektoren zu verwenden. Ihr überzogener Einsatz kann jedoch Ressourcenverluste bei den anderen Ressourcentypen zufolge haben. Sozialprestige ist eine Ressource, die durch soziale Auszeichnungen und soziale Reputation vermehrt werden kann. Bei Identifikation mit der sozialen Anerkennung erhält der Empfänger dieser Ressource soziale Unterstützung und unter Umständen einen höheren sozialen Status, der Sender kann im Gegenzug mit der Solidarität des Empfängers rechnen.

Ressourcen	Dominanter Sektor	Medium	Motivator
Geld	Ökonomie	Kapital-transfer	Ökonomische Anreize
Macht	Politik	Gewalt Autorität	Angst vor Strafe
Sozial-prestige	Sozialsystem	Reputation Auszeichnung	Solidarität Unterstützung
Wertver-pflichtung	Kultur	Überzeugung Sinn	Vertrauen Geborgenheit
Evidenz	Wissenschaft	Beweis Wahrheit	Einsicht in erwartbare Konsequenzen

Bild 2: Soziale Ressourcen: Sektoren, Medien und Motivatoren

Ähnlich verhält es sich mit Wertverpflichtung. Durch Überzeugung und Sinnvermittlung fühlt sich der Empfänger der jeweiligen Gruppe verpflichtet und wird im Laufe der Zeit Vertrauen in den Sender entwickeln und im Gegenzug Geborgenheit innerhalb der Gruppe erhalten. Bedeutsam für die Risikodebatte ist vor allem die fünfte Ressource: Evidenz. Durch festgelegte Regeln der Beweisführung und dem Anspruch der Wahrheit können Gruppen bei den Empfängern Einsicht in die Notwendigkeit bestimmter Handlungen erzeugen. Diese Einsicht beruht auf der Vorhersage von erwartbaren Konsequenzen, die mit verschiedenen Handlungsoptionen verbunden sind.

In demokratisch-pluralistischen Gesellschaften benötigen Akteure mehr als einen Ressourcentyp zur erfolgreichen Durchsetzung ihrer Ziele. Weder Macht noch Geld alleine reichen aus, um sich im Konflikt zu behaupten. Deshalb sind beispielsweise staatliche Institutionen neben ihrer rechtlich gegebenen Macht zusätzlich auf Einsicht, Solidarität oder Vertrauen angewiesen. Sind diese drei Ressourcentypen nicht oder nur in begrenztem Umfang verfügbar, hilft nur noch der Eintausch von Macht gegen eines dieser anderen Ressourcen. Dieser Tauschvorgang ist nichts anderes als politische Partizipation: durch die begrenzte Vergabe von Macht versucht die entsprechende Institution, Vertrauen in ihre Leistungsfähigkeit oder Einsicht in die Notwendigkeiten zu erzeugen.

Der Austausch von Ressourcen und der Wettstreit um Vorteile findet einer politischen Arena statt (Kitschelt 1980; 1984; Dietz et al. 1989). Die Metapher der politischen Arena läßt sich in Analogie zum mittelalterlichen Turnier veranschaulichen. In jedem Turnier treten Akteure auf, die nach vorher festgelegten Regeln mit Hilfe der ihnen zur Verfügung stehenden Ressourcen um den Sieg wetteifern. Verletzungen der Regeln haben aber Sanktionen zufolge, die entweder von den beteiligten Schiedsrichtern, den anderen Mitspielern oder dem Publikum ausgehen. In politischen Arenen sind meist politische Institutionen, wie Genehmigungsbehörden oder Gerichte, mit der Funktion des Schiedsrichters oder des Konfliktmanagers betraut; in manchen Fällen sind diese Institutionen auch gleichzeitig Mitspieler. Die offiziellen Regeln der Konfliktaustragung sind meist im voraus den Spielern bekannt; dagegen werden die informellen Normen, nach denen andere Wettkämpfer und das Publikum das Verhalten der Wettspieler beurteilen, im sozialen Prozeß der Konfliktaustragung gelernt.

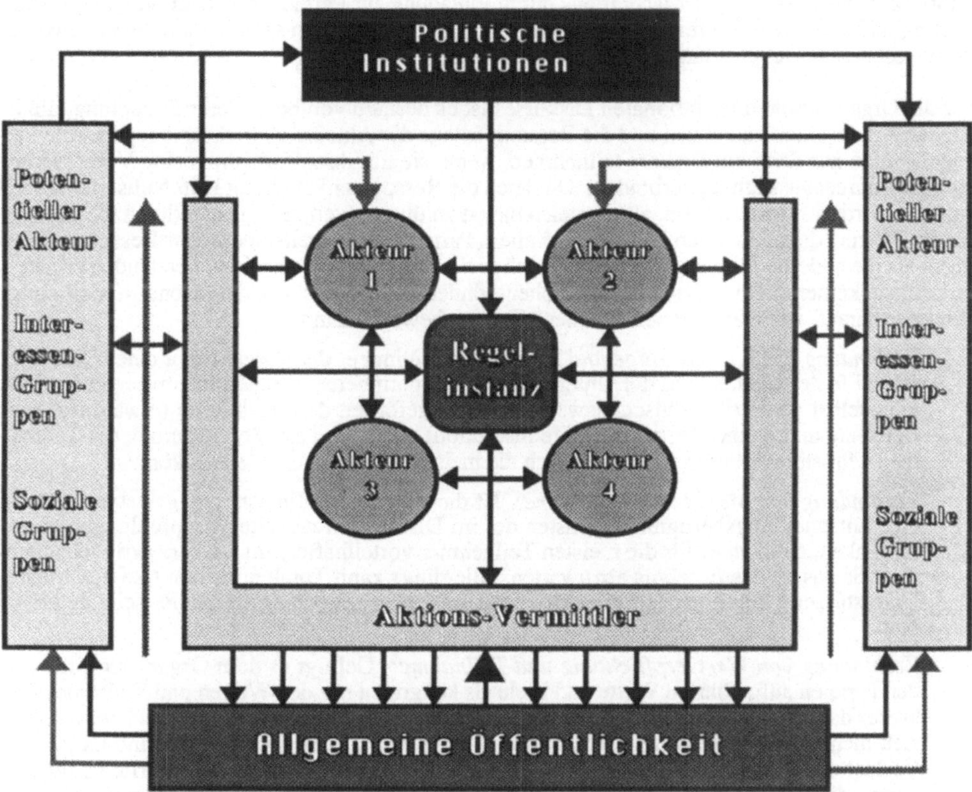

Bild 3: Graphische Repräsentation des Arena-Modells

Legende: → Kommunikationsfluss
→ Soziale Mobilisierung

In Bild 3 ist das Arena-Modell graphisch veranschaulicht. Im Mittelpunkt, der Arena-Bühne, stehen die direkt am Konflikt beteiligten Gruppen sowie die für diese Arena typische Kontrollinstanz, die darauf zu achten hat, daß die Regeln der Arena eingehalten werden. Die Akteure tauschen Informationen untereinander aus und kommunizieren mit der Kontrollinstanz. Diese Kommunikation dient dem Ziel, die Problemdefinition eines jeden Akteurs in den Diskurs einzubringen und die jeweiligen Zielvorstellungen (ob strategisch verbrämt oder nicht, spielt hier keine Rolle) zu artikulieren. Die Außenwelt der Arena ist durch vier Gruppierungen repräsentiert: den professionellen Berichterstattern (in der Regel die Kommunikationsmedien), die politischen Interessengruppen, die nicht direkt am Konflikt beteiligten sozialen Institutionen und die allgemeine Öffentlichkeit. Zwischen Bühne und Außenwelt finden zwei Prozesse statt: Kommunikation und Mobilisierung.

Der Zweck der Kommunikation ist die Mobilisierung von Ressourcen. Ist die Botschaft an eine bestimmte wertverwandte Gruppe gerichtet, so erhofft man sich Vertrauen und Unterstützung; ist die Botschaft auf Evidenz aufgebaut, so erhofft man die Einsicht der Betrachter in die Richtigkeit der geforderten Maßnahmen. Soziale Belohnungen und Versprechungen von wirtschaftlichen Anreizen sind dazu gedacht, Solidarität mit den Forderungen der jeweiligen Gruppe auslösen. Dieser mentale Beeinflussungsprozeß ist zunächst ohne Relevanz für die eigentliche Arena. Erst durch zwei Rückkopplungsprozesse wird der Konflikt innerhalb der Arena beeinflußt. Zum einen spiegeln die Medien auch die Resonanz der jeweiligen Forderungen in der organisierten Gesellschaft (und durch Meinungsbefragungen auch die Resonanz in der allgemeinen Öffentlichkeit) wider; zum anderen verstärkt die Kommunikation die Absicht von potentiellen Akteuren, aktiv in die Arena einzutreten oder durch passive Unterstützung bestimmten Akteuren in der Arena beizustehen. Unterstützung kann in Form von Geld, Sozialprestige (dieser Akteur wird von Nobelpreisträger X unterstützt), Solidarität bestimmter sozialer Gruppen, wissenschaftliche Rückendeckung oder selbst Teilhabe an staatlicher Macht (etwa durch Einladung zur Partizipation oder durch staatlichen Auftrag) erfolgen. Je erfolgreicher ein Akteur durch Kommunikation soziale Ressourcen erwerben kann, desto mehr Gewicht hat er innerhalb der Arena.

Für die Organisation eines rationalen Diskurses ist es deshalb von besonderer Bedeutung, die jeweilige Arena genau zu kennen und die Ressourcenlage der Akteure zu berücksichtigen. Alle Parteien werden nur dann am Diskurs teilnehmen, wenn sie mit ihrer Teilnahme eine Verbesserung ihrer Ressourcenausstattung verbinden. Obgleich die Ressourcenverteilung kein Nullsummenspiel darstellt, wird es schwierig sein, alle Parteien davon zu überzeugen, daß sie alle durch die Teilnahme am Diskurs dazugewinnen können. Vor allem Parteien, die bereits über mehr Ressourcen verfügen als die anderen Parteien, werden sich schwerlich mit einem Diskurs einverstanden erklären, im dem sie keinerlei Privilegien beanspruchen können. Allerdings gibt das Arena-Modell einige Hinweise darauf, wie man Parteien zu einer Mitarbeit bewegen kann:

- *Verbindung von Sozialprestige und Teilnahme:* Gelingt es dem Organisator eines Diskurses, mit Hilfe der Medien und der Unterstützung von peripheren sozialen Institutionen den Diskurs selbst als sozial wünschenswert und prestigefördernd zu etablieren (etwa durch eine Berufung durch eine prestigeträchtige Institution), dann wird die Verweigerung der Teilnahme zu Prestigeverlusten führen, die sich die meisten Parteien nicht leisten können.
- *Verbindung von Macht und Teilnahme:* Ist die legitimierte Entscheidungsinstanz willens, ihre Entscheidungsbefugnis zugunsten der im Diskurs entwickelten Empfehlungen einzuschränken, dann ist es für die meisten Teilnehmer vorteilhafter, am Diskurs aktiv teilzunehmen als passiv das Ergebnis abzuwarten. Allerdings kann Totalopposition (bei erwartbarer Unterstützung durch große Teile des Publikums) immer noch erfolgreicher sein als Mitarbeit.
- *Verbindung von Wertverpflichtung und Teilnahme:* Gelingt es dem Organisator, die von den Parteien aufgeführten Werte und Ziele als kongruent mit den Werten und Zielen des Diskurses darzustellen, dann bleibt den Parteien nichts anderes übrig als mitzumachen, wenn sie sich nicht in Widerspruch zu ihren eigen postulierten Zielen und Werten (und damit zum Verlust der Ressource Wertverpflichtung) setzen wollen. Beispielsweise dürfte es für eine Partei, die im Arenakonflikt auf Fairness pocht, kaum möglich sein, sich dem Postulat des fairen Meinungsaustauschs innerhalb des Diskurses zu verschließen.
- *Verbindung von Evidenz und Teilnahme:* Besitzt der Organisator die Möglichkeit, Evidenz zu beschaffen und diese nur exklusiv den Teilnehmern am Diskurs zur Verfügung zu stellen, dann kann auch dies manche Parteien zur Teilnahme bewegen. Ein mehr realistisches Beispiel ist die Vergabe von Forschungsaufträgen im Verlauf des Diskurses. Wer sich selbst vom Diskurs ausschließt, verliert damit die Möglichkeit, Einfluß auf die Qualität und Quantität der zu sammelnden Evidenz zu nehmen. Da Evidenz aber vor allem in Risikofragen einen hohen Ressourcenwert hat, ist die Definition von Forschungsaufträgen bereits eine strategisch wichtige Vorentscheidung über den Konfliktausgang, so daß es im Interesse aller Parteien ist, daran mitzuwirken.

Direkte Geldtransfers sind dagegen in Risiko-Konflikten selten ausreichend, um eine Teilnahme an Diskursen zu erwirken. Der Verlust von Sozialprestige, der sich in der Regel bei Annahme von Geldgeschenken einstellt, ist für die meisten Parteien schwerwiegender als der Gewinn von materiellen Ressourcen. Allenfalls kann Geld mit der Zweckbestimmung seines Eintauschs gegen andere Ressourcen (etwa Geldmittel für eigene Forschungen) als Anreiz zur Teilnahme dienen.

Das Arena-Modell und die soziale Ressourcentheorie zeigen auf der einen Seite die Grenzen und Probleme bei der politischen Umsetzung des Diskurses auf, sie weisen jedoch gleichzeitig auf Wege und Strategien hin, die in der Arena wirkenden Kräfte für die Motivation zur Teilnahme und aktiven Mitwirkung kreativ einzusetzen. Risikokommunikation als Mechanismus der Konfliktlösung ist also trotz vieler Hindernisse und politischer Barrieren nicht unmöglich, aber erfordert eine genaue Kenntnis der jeweiligen Arena und sorgfältige Vorarbeit.

4. Ein organisatorisches Modell des rationalen Diskurses

Hat man alle Bedingungen und Regeln für einen rationalen Diskurs erfüllt und die oben genannten Barrieren so gut wie möglich überwunden, dann bleibt die Frage nach der organisatorischen Umsetzung zu beantworten. In welchem Rahmen läßt sich ein Diskurs veranstalten? Wer soll an dem Diskurs teilnehmen und wie soll er organisatorisch ablaufen? Diese Fragen lassen sich nicht allgemeingültig beantworten. Vielfach kommt es auf die Thematik, die besonderen Arena-Bedingungen und die Vorgeschichte des Konfliktes an, welche organisatorische Form am ehesten geeignet ist.

In der Literatur finden sich eine Reihe von organisatorischen Modellen und Methoden, um einen partizipativen Diskurs zu führen (vgl. Crosby et al. 1986; Kraft 1988; Burns and Überhorst 1988; Chen and Mathes 1989; Übersichtsartikel in: Nelkin and Pollak 1979; Pollak 1985; Fiorino 1990). An dieser Stelle sei nur ein Verfahren kurz beschrieben, mit dem ich in der Bundesrepublik Deutschland (Renn u.a. 1985) und in den Vereinigten Staaten (Renn u.a. 1989) experimentiert habe. Das Modell beruht zum großen Teil auf dem Konzept der Planungszelle, das Peter Dienel Mitte der 70iger Jahre als neue Form der Bürgerbeteiligung entworfen hat (Dienel 1978 und 1989).

Das Modell beruht auf der sequentiellen Verknüpfung von Werte-Befragung, Evidenz-Ermittlung und Abwägung von Handlungsoptionen. Die Verknüpfung dieser drei Ebenen geschieht in den folgenden Schritten:

(1) Alle in einer Arena vorhandenen Parteien werden gebeten, ihre Werte und Kriterien für die Beurteilung unterschiedlicher Handlungsoptionen (etwa Einführung einer neuen Technologie; Modifikation vor Einführung; Ablehnung einer neuen Technologie) offenzulegen. Dies geschieht in Interviews zwischen dem Diskurs-Organisator und den Repräsentanten der jeweiligen Parteien. Als methodisches Werkzeug dient dabei die sogenannte Wertbaum-Analyse, ein in den USA entwickeltes interaktives Verfahren zur Bewußtmachung und Strukturierung von Werten und Attributen (Keeney et al. 1984 und 1987; von Winterfeldt and Edwards 1986; von Winterfeldt 1987). Alle Parteien haben das Recht, ihren Wertbaum solange zu modifizieren, bis sie mit dem Produkt einverstanden sind. Die Wertbäume aller Parteien werden dann additiv zu einem logischen Gesamtbaum verschmolzen, wobei alle nicht-redundanten Eingaben übernommen und in eine hierarchische Struktur überführt werden. Dieser Gesamtwertbaum spiegelt folglich die Wertdimensionen aller beteiligten Parteien wider.

(2) Die Wertdimensionen werden in einem zweiten Schritt durch ein Forschungsteam, das möglichst von allen Parteien als neutral angesehen wird, in Indikatoren transformiert. Diese Indikatoren sind Meßanweisungen, um die möglichen Folgen einer jeden Handlungsoption zu bestimmen (Evidenz-Nachweise). Da viele der Folgen nicht physisch meßbar sind und manche auch wissenschaftlich umstritten sein mögen, ist es nicht möglich, einen einzigen Wert für jeden Indikator anzugeben. Dies gilt vor allem für risikobezogene Folgen. Gleichzeitig sind die Folgen auch nicht beliebig, sondern ergeben sich als logische Folgerung aus dem jeweiligen Wissen und der Anwendung methodischer Regeln innerhalb verschiedenener wissenschaftlicher Lager. Für den Diskurs ist es entscheidend, die Spannweite wissenschaftlich legitimer Abschätzungen so genau wie möglich zu bestimmen. Wir haben dazu eine Modifikation des klassischen Delphi-Verfahrens vorgeschlagen, bei dem Gruppen von Experten gemeinsam Abschätzungen vornehmen und Diskrepanzen innerhalb der Gruppen in direkter Konfontation ausdiskutieren (Renn und Kotte 1984; Webler u.a. im Druck). Am Ende dieses Schrittes verfügt man über ein Folgeprofil von jeder Handlungsoption für jedes Kriterium, das von den beteiligten Parteien vorgeschlagen wurde. Aufgrund der Expertendiskussionen kann man auch die verbalen Begründungen für unterschiedliche Abschätzungen in das Profil einbeziehen.

(3) Hat man die Wertdimensionen bestimmt und die Folgen der jeweiligen Handlungsoptionen abgeschätzt, folgt der schwierige Prozeß der Abwägung. Welches Gewicht sollte jeder Wertdimension zukommen und welche der verschiedenen Expertenschätzungen sollte man seinen Bewer-

tungen zugrundelegen? Diese Fragen lassen sich gemäß den oben genannten Bedingungen grundsätzlich in einem Diskurs zwischen den Parteien klären. Häufig aber sind diese Parteien in ihren Meinungen weitgehend polarisiert und nicht mehr offen für einen Kompromiß. Gleichzeitig repräsentieren sie nur in eingschränktem Maß die betroffene Bevölkerung. Aus diesem Grund hat P. Dienel vorgeschlagen, die Bevölkerung als "Schöffen" zu gewinnen und es - ähnlich wie bei einem amerikanischen Gerichtsverfahren - einigen, nach dem Zufallsverfahren ausgesuchten Bürgern zu überlassen, stellvertretend für alle diese Abwägung vorzunehmen (Dienel 1978; Dienel 1989). Dieses Verfahren setzt voraus, daß die am Konflikt beteiligten Parteien einer solchen Lösung zustimmen. Dies wird um so eher geschehen, je mehr die Parteien selber keine Chance mehr wahrnehmen, den Konflikt aus eigenen Kräften zu überwinden und sie gleichzeitig daran glauben, daß sie ihren Standpunkt dem Schiedsgericht überzeugend nahebringen können. Alle Parteien sind daher eingeladen, als Zeugen vor den Bürgern auszusagen und ihre Empfehlungen vorzutragen. Die ausgesuchten Bürger haben mehrere Tage Zeit, die Profile der jeweiligen Handlungsoptionen zu studieren, Experten zu befragen, Zeugen anzuhören, Besichtigungen vorzunehmen und sich eingehend zu beraten. Am Ende stellen sie eine Handlungsempfehlung aus, die sie wie bei einem Gerichtsverfahren eingehend in einem Bürgergutachten begründen müssen. Dafür erhalten sie eine Vergütung. Dieses Verfahren, dem P. Dienel den etwas problematischen Namen "Planungszelle" gegeben hat, hat sich auf kommunaler Ebene wie auf regionaler Ebene bereits bewährt und wurde erstmals für einen nationalen Konflikt zu Beginn der 80iger Jahre eingesetzt (Frage der Sozialverträglichkeit von Energiesystemen; siehe Dienel und Garbe 1985; Renn u.a. 1985).

Das hier beschriebene Verfahren hat den Vorteil, daß es zwischen Werterhebung, Faktenermittlung und Abwägung trennt und dafür verschiedene Verfahrensschritte vorschlägt. Dadurch werden unterschiedliche Prozesse der Trennung von Ideologie und Wissen wirksam, die sich in einem allumfassenden Diskurs oft vermischen. Innerhalb der Planungszellen lassen sich darüber hinaus die Regeln des rationalen Diskurses meist besser durchsetzen als in einer Verhandlung zwischen Parteien.

Allerdings beruht dieses Verfahren auf der expliziten Zustimmung aller relevanten Parteien, die Empfehlung des Schiedsgerichtes zumindest zu berücksichtigen, wenn nicht sogar für einen selbst als verbindlich anzuerkennen. Gleichzeitig müssen die Profile und faktischen Analysen so aufbereitet sein, daß ein Nicht-Fachmann mit ihnen umgehen kann. Die Praxis hat jedoch gezeigt, daß Wissenschaftler und Interessengruppen die Urteilskraft des Bürgers meist unterschätzen. Sofern die faktischen Zusammenhänge eingehend erläutert und die Interessen und Werte der beteiligten Parteien transparent gemacht werden, sind Bürger durchaus in der Lage, sachlich richtige und politisch faire Empfehlungen vorzuschlagen.

5. Schlußfolgerungen

Risikokommunikation kann unterschiedliche Funktionen erfüllen: sie kann den Standpunkt einer der betroffenen Parteien den anderen Parteien deutlich machen; sie kann die Grundelemente des Denkens in Wahrscheinlichkeiten vermitteln; sie kann auf Einstellungen und Verhaltensweisen einwirken und sie kann Konflikte über die Zumutbarkeit von Risiken lösen helfen. In diesem Beitrag ging es mir nur um den letzten Aspekt. Welche Formen der Risikokommunikation sind notwendig und sinnvoll, um Konflikte um Risiken sachgerecht und fair in Bezug auf den Verhandlungsinhalt und das Verhandlungsverfahren zu lösen? Als Antwort auf diese Frage behandelte ich die Vorausetzungen und Bedingungen für einen rationalen Diskurs und zeigte die Probleme und Barrieren auf, die bei der Durchführung eines solchen Dialogs zu erwarten sind.

Vergegenwärtigt man sich die Probleme, die einem rationalen Diskurs entgegenstehen, dann wird man nicht um die Frage herumkommen, ob sich der Aufwand überhaupt lohnt. Wäre es nicht besser, die Entscheidung über Risiken dem freien Spiel der politischen Kräfte zu überlassen anstatt durch eine zu starke Strukturierung der Debatte mögliche Lösungen herauszuzögern und unnötig Staub aufzuwirbeln?

Diese Auffassung wird oft in der Literatur zur Ökonomie der Politik vertreten. Ähnlich wie in der liberalen Wirtschaftsauffassung die "invisible hand" des Wirtschaftsgeschehens aufgrund freien Markteintritts und Konsumentensouveränität eine optimale Allokation der knappen Güter bewirken soll, so geht die Theorie des "muddling through" davon aus, daß sich im Wettstreit der pluralistischen Akteure im Endeffekt die Auffassung durchsetzen werde, die für alle die geringsten Interesseneinbußen nach sich zieht (Lindbloom 1959). Dies ist im politischen Sinne die optimale Lösung, da jedes Interesse im demokratischen Staatswesen gleich hoch einzuschätzen ist, solange es den gesetzlichen Bestimmungen nicht widerspricht.

Gegen diese These sind viele Argumente, vor allem die Kurzfritigkeit der mit "muddling through" erreichten Gleichgewichtszustandes, die mangelnde Repräsentationsfähigkeit der verschiedenen Gruppen und ihre ungleiche Ausstattung mit sozialen Ressourcen vorgebracht worden. Die Vergabe von Glaubwürdigkeit an die verschiedenen Akteure in der Arena ist nicht so sehr von der Interessenkongruenz zwischen organisierten Gruppen und ihren Sympathisanten abhängig (dies wäre für die Funktionsfähigkeit des "muddling through" notwendig) als vielmehr von zufälligen Signalen, die die jeweiligen Rezipienten als Ausdruck der Glaubwürdigkeit von Positionen interpretieren (Renn und Levine 1990). Wenn aber wissenschaftliche Kriterien zur Beurteilung von Sachaussagen vorliegen, ist es normativ nicht zu rechtfertigen, diese zu ignorien und stattdessen auf andere, in der Regel problemferne Merkmale der Selektion von Aussagen auszuweichen.

Schließlich stellt die Selektion von konfliktträchtigen und sensationellen Ereignissen durch die Medien eine systematische Verzerrung der im physischen Sinne objektiven Relevanz dieser Ereignisse dar. Wiewohl man sich über objektive Relevanz streiten kann, so ist die deutliche Vernachläßigung von schleichenden und kumulativ wirkenden Risiken gegenüber Unfallrisiken in der Berichterstattung der Medien argumentativ nicht zu rechtfertigen. Die Selektion von Risiken nach dem Grad ihres Sensations- und Stigmagehaltes ist mit dem Postulat einer rationalen Risikopolitik unvereinbar.

Das entscheidende Problem ist aber, daß in modernen Gesellschaften Entscheidungen über Risiken dank unseres technischen Wissens immer weitreichendere Folgen haben, wir aber gleichzeitig auch bessere Instrumente zur Abschätzung von Wirkungszusammenhängen besitzen. Die Ausweitung unseres Handlungsspielraumes bei gleichzeitiger Verbesserung des antizipativen Wissens über Handlungsfolgen macht das im politischen Markt herrschende 'trial and error' Prinzip sachlich und ethisch unannehmbar (Häfele u.a. 1990). Bei globalen Problemen, wie etwa der Zerstörung der Ozonschicht oder der drohenden Klimaänderung durch Treibhausgase, können wir nicht unser Schicksal den zufälligen Prozessen in der jeweiligen Arena anvertrauen. Vielmehr müssen wir einen Weg finden, um das bestmögliche Sachwissen mit den legitimen Werten und Interessen der betroffenen Bevölkerungsgruppen in Einklang zu bringen. Die Forderung nach einem rationalen Diskurs ist daher nicht nur ein Anliegen zur Verbesserung der politischen Kultur, sondern vielmehr ein Instrument zur Gestaltung einer lebensfähigen und lebenswerten Zukunft.

Literatur:

[1] Bacow, L.S. und Wheeler, M., *Environmental Dispute Resolution* (Plenum: New York 1984)

[2] Beck, U., *Die Risikogesellschaft. Auf dem Weg in eine andere Moderne* (Suhrkamp: Frankfurt am Main 1986)

[3] Burns, T.R. und Ueberhorst, R., *Creative Democracy: Systematic Conflict Resolution and Policymaking in a World of High Science and Technology* (Praeger: New York 1988)

[4] Chen, K. und Mathes, J.C., "Value Oriented Social Decision Analysis: A Communication Tool for Public Decision Making on Technological Projects," in: C. Vlek und G. Cvetkovich (Hrg.), *Social Decision Methodology for Technological Projects* (Kluwer: Dordrecht 1989)

[5] Coser, L.A., *Theorie sozialer Konflikte* (Luchterhand: Neuwied 1965)

[6] Covello, V.T.; Slovic P.; und von Winterfeldt, D., "Risk Communication: A Review of the Literature," *Risk Abstracts*, 3, Nr. 4 (Oktober 1986), 172-182

[7] Covello, V.T. und Johnson, B.B., "Introduction", in: V. T. Covello und B.B. Johnson (Hrg.), *The Social and Cultural Construction of Risk* (Reidel: Dordrecht 1987)

[8] Crosby, N.; Kelly, J.M.; und Schaefer, P., "Citizen Panels: A New Approach to Citizen Participation," *Public Administration Review*, 46 (1986), 170-178

[9] Dienel, P.C., *Die Planungszelle* (Westdeutscher Verlag: Opladen 1978)

[10] Dienel, P.C., "Contributing to Social Decision Methodology: Citizen Reports on Technological Projects," in: Ch. Vlek und G. Cvetkowich (Hrg.), *Social Decision Methodology for Technologial Projects*, (Kluwer Academic Press: Dordrecht 1989), S. 133-150

[11] Dienel, P.C. und Garbe, D., *Zukünftige Energiepolitik. Ein Bürgergutachten* (HTV Edition "Technik und Sozialer Wandel", München 1985)

[12] Diez, T.; Stern, P.C.; und Rycroft, R.W., "Definitions of Conflict and the Legitimation of Resources: The Case of Environmental Risk," *Sociological Forum* , 4 (1989), 47-69

[13] Douglas, M., *Risk Acceptability According to the Social Sciences* (Russell Sage Foundation: New York 1985)

[14] Douglas, M. und Wildavsky, A., *Risk and Culture. An Essay on the Selection of Technical and Environmental Dangers* (University of California Press: Berkeley 1982)

[15] Fiorino, D.J., "Technical and Democratic Values in Risk Analysis," *Risk Analysis* , 9, Nr. 3) (1989), 293-299

[16] Fiorino, D.J. ,"Citizen Participation and Environmental Risk: A Survey of Institutional Mechanisms," *Science, Technology, and Human Values* , 15, 2 (Frühjahr 1990), 226-243

[17] Habermas, J., *Knowledge and Human Interests* (Beacon Press: Boston 1971)

[18] Habermas, J., *Theory of Communicative Action.* Vol. 1: Reason and the Rationalization of Society (Beacon Press: Boston 1984)

[19] Häfele, W.; Renn, O.; und Erdmann, H., "Risiko, Unsicherheit und Undeutlichkeit," in W.Häfele (Hrg.), *Energiesysteme im Übergang - Unter den Bedingungen der Zukunft* (Poller: Landsberg/ Lech 1990), S. 373-423

[20] Johnson, B.B., "The Environmentalist Movement and Grid/Group Analysis: A Modest Critique," in: B.B. Johnson und V.T. Covello (Hrg.), *The Social and Cultural Construction of Risk* (Reidel: Dordrecht 1987), S. 47-175

[21] Kasperson, R.E., "Six Propositions for Public Participation and Their Relevance for Risk Communication," *Risk Analysis* , 6, Nr. 3 (1986), 275-281

[22] Kasperson, R.E., "Public Perceptions of Risk and Their Implications for Risk Communication and Management," in: S.R. McCally (Hrg.), *Environmental Health Risks: Assessment and Management* (University of Waterloo Press: Waterloo 1987), S. 287-296

[23] Keeney, R.L.; Renn, O.; von Winterfeldt, D.; und Kotte, U., *Die Wertbaumanalyse* (HTV Edition "Technik und Sozialer Wandel", München 1984)

[24] Keeney, R.L.; Renn, O.; und von Winterfeldt, D., "Structuring West Germany's Energy Objectives," *Energy Policy* , 15, Nr. 4 (August 1987), 352-362

[25] Kemp, R., "Planning, Political Hearings, and the Politics of Discourse," in: J. Forester (Hrg.), *Critical Theory and Public Life* (MIT Press: Cambridge 1985)

[26] Kitschelt, H., *Kernenergiepolitik. Arena eines gesellschaftlichen Konflikts* (Campus: Frankfurt and New York 1980)

[27] Kitschelt, H., "New Social Movements in West-Germany and the United States," *Political Power and Social Theory,* 5 (1986), 286-324

[28] Kraft, M. "Evaluating Technology Through Public Participation: The Nuclear Waste Disposal Controversy," in: M.E. Kraft und N.J. Vig (Hrg.), *Technology and Politics* (Duke University Press: Durham 1988), S. 253-277

[29] Lindbloom, C., "The Science of Muddling Through," *Public Administration Review* , 19 (1959), 79-99

[30] Luhmann, N., *Soziologische Aufklärung*, Band 2, 2. Auflage (Westdeutscher Verlag: Opladen 1982)

[31] Luhmann, N., *Ökologische Kommunikation* (Westdeutscher Verlag: Opladen 1986)

[32] Majone, G., "Process and Outcome in Regulatory Decision-Making," *American Behavioral Scientist* , 22, Nr. 5 (Mai-Juni1979), 561-583

[33] McAdam, H., McCarthy, J. und Zald, M.N., "Resource Mobilization Theory," in: N. Smelser (Hrg.), *Handbook of Sociology* (Sage: Newbury Park 1988)

[34] McCarthy, T., "Translator's Introduction," in: J. Habermans, *Legitimation Crisis* (Beacon Press: Boston 1975)

[35] Münch, R., *Basale Soziologie: Soziologie der Politik.* (Westdeutscher Verlag: Opladen 1982)

[36] Nelkin, D., "Blenders in the Business of Risk," *Nature* , 298 (19. August 1982), 775-776

[37] Nelkin, D. und Pollak, M., "Public Participation in Technological Decisions: Reality or Grand Illusion," *Technology Review,* 9 (September 1979), 55-64

[38] Parsons, T.E., "On the Concept of Political Power," in: *Proceedings of the American Philosophical Society,* 17 (Juni 1963), 352-403

[39] Parsons, T.E., *Zur Theorie sozialer Systeme*, hrg.und kommentiert von S. Jensen (West-Deutscher Verlag: Opladen 1976)

[40] Perrow, C., *Normal Accidents : Living with High Risk Technologies* (Basic Books: New York 1984)

[41] Pollak, M., "Public Participation," in: H. Otway und M. Peltu (Hrg.), *Regulating Industrial Risk* (Butterworths: London 1985), S. 76-94

[42] Rayner, S., "Risk and Relativism in Science for Policy," in: V. T. Covello und B.B. Johnson (Hrg.), *The Social and Cultural Construction of Risk* (Reidel: Dordrecht 1987)

[43] Renn, O., "Akzeptanzforschung: Technik in der gesellschaftlichen Auseinandersetzung," *Chemie in unserer Zeit*, 2 (1986), 44-52

[44] Renn, O., " Risk Perception and Risk Management: A Review," *Risk Abstracts*, 7, No. 1 (März 1990), 1-9

[45] Renn, O. und Kotte, U., "Umfassende Bewertung der vier Pfade der Enquete-Kommission auf der Basis eines Indikatorkatalogs", in: G. Albrecht und H. U. Stegelmann (Hrg.): *Energie im Brennpunkt* (HTV Edition "Technik und Sozialer Wandel", München 1984), S.190-232

[46] Renn, O.; Albrecht, G.; Kotte, U.; Peters, H.P.; und Stegelmann, H.U., Sozialverträgliche Energiepolitik. Ein Gutachten für die Bundesregierung (HTV Editon "Technik und sozialer Wandel": München 1985)

[47] Renn, O.; Goble, R.; Levine, D.; Rakel, H.; und Webler, T., *Citizen Participation for Sludge Management,* Final Report to the New Jersey Department of Environmental Protection (CENTED, Clark University: Worcester 1989)

[48] Renn, O. und Levine, D., "Credibility and Trust in Risk Communication," in: R. Kasperson und P.J. Stallen (Hrg.), *Communicating Risk to the Public* (Kluwer Academic Publishers: Dordrecht 1990)

[49] Rushefsky, M., "Institutional Mechanisms for Resolving Risk Controversies," in: S.G. Hadden (Hrg.), *Risk Analysis, Institutions, and Public Policy* (Associated Faculty Press: Port Washington 1984), S. 133-148

[50] Scheuch, E.K., "Kontroverse um Energie - ein echter oder ein Stellvertreterstreit," in: H. Michaelis (Hrg.), *Existenzfrage Energie* (Econ: Düsseldorf 1980), S. 279-293

[51] Slovic, P., "Perception of Risk," *Science,* 236, Nr. 4799 (1987), 280-285

[52] Slovic, P.; Fischhoff, B.; und Lichtenstein, S., "Perceived Risk: Psychological Factors and Social Implications," in: *Proceedings of the Royal Society,* A376 (Royal Society: London 1981), S. 17-34

[53] Thompson, M., *An Outline of the Cultural Theory of Risk.* Report of the International Institute for Applied Sstems Analysis (IIASA), WP-80-177 (IIASA: Laxenburg, Dezember 1980)

[54] von Winterfeldt, D., "Value Tree Analysis: An Introduction and an Application to Offshore Oil Drilling," in: P.R. Kleindorfer und H.C. Kunreuther (Hrg.), *Insuring and Managing Hazardous Risks: From Seveso to Bhopal and Beyond* (Springer: Berlin 1987), S. 439-377

[55] von Winterfeldt, D. und Edwards, W., *Decision Analysis and Behavioral Research* (Cambridge University Press: Cambridge, MA, 1986)

[56] Webler, T.; Levine, D.; Rakel, H.; und Renn, O., "The Group Delphi: A Novel Attempt at Reducing Uncertainty," *Technological Forecasting and Social Change* (im DFruck)

[57] Zald, M.N., *Looking Backward to Look Forward: Reflections on the Past and Future of the Resource Mobilization Research Program*. Manuskript für den Workshop on Frontiers of Social Movement Theory (University of Michigan: Ann Harbor, 10. Juni 1987; Manuskript von1988)

Risk Communication:

Risk communication is defined as any purposeful exchange of information about health or environmental risks between interested parties. More specifically, risk communication is the act of conveying or transmitting information between parties about (a) levels of health or environmental risks; (b) the significance or meaning of health or environmental risks; or (c) decisions, actions, or policies aimed at managing or controlling health or environmental risks. Interested parties include government agencies, corporations and industry groups, unions, the media, scientists, professional organizations, public interest groups, and individual citizens" (Covello, von Winterfeldt, and Slovic 1986, p. 172).

Risiko und Sicherheit technischer Systeme, Monte Verità,

J.S.: Herr Prof. Häfele hat 1955 in Physik promoviert. Von 1955 bis 1973 arbeitete er am Kernforschungszentrum Karlsruhe und hat das Projekt Schneller Brüter gegründet und geleitet. Von 1973 bis 1980 war er stellv. Direktor des Internationalen Instituts für angewandte Systemanalyse in Laxenburg, von 1980 bis 1990 schliesslich als Vorstandsvorsitzender des Kernforschungszentrums wieder in Jülich. Heute ist er freier Wissenschafter.

Risiko, Unsicherheit, Undeutlichkeit - eine Arbeit am Begriff -

Wolf Häfele, Jülich, BRD

Einleitung

Der Begriff *Risiko* ist in der Alltagssprache mit dem Wagnis eines Einsatzes für zukünftigen Gewinn verbunden. Im technisch-naturwissenschaftlichen Bereich sind mit diesem Begriff mögliche zukünftige Folgen eines gegenwärtigen und andauernden Gewinns aus dem Einsatz bestimmter technischer Mittel oder bestimmter Naturereignisse gemeint. Eine derartige Bestimmung des Risikobegriffes ist erst in jüngster Zeit von Wissenschaft und Politik ausdrücklich aufgegriffen worden: "Vorwegdenken" (Antizipation) möglicher Folgen von Ereignissen wie Naturkatastrophen oder von menschlichem Handeln wie Produktion und Distribution von Gütern blieb so lange irrelevant, wie diese Folgen nicht durch gezielte Maßnahmen beeinflußt oder verändert werden konnten. Naturkatastrophen, Unfälle, Hungersnöte und Seuchen galten jahrhundertelang als von Gott, Natur oder Schicksal ausgelöste Ereignisse, auf die der Mensch nicht vorausschauend agieren kann und für die er keine direkte Verantwortung trägt – es sei denn, er versteht sie als Strafe Gottes für sündiges Verhalten.

Die Entwicklung kausaler Modelle in der Naturwissenschaft und die Schaffung künstlicher Biotope wie Landwirtschaft und Verstädterung (nicht gewachsene Natur), in denen einmal erkannte Zusammenhänge zwischen Ursache und Wirkung technisch umgesetzt werden mit dem Ziel, eine über die natürlichen Grenzen der Besiedlungsdichte hinausgewachsenen Ressourcen-Nutzung zu ermöglichen, haben das Denken über die Zukunft revolutioniert. Gesellschaftliches Handeln in der Gesellschaft schafft die Voraussetzung für zukünftige Lebensbedingungen, wobei es nicht mehr *die* Zukunft, sondern eine *Auswahl von Zukünften* gibt. Dies gilt zumindest für hochentwickelte Industriegesellschaften. Damit verbunden ist der Auftrag, Optionen in der Gestaltung der Gegenwart wahrzunehmen und bewußt diejenigen auszuwählen, bei denen die geringsten negativen Folgewirkungen zu erwarten sind. Dieser Auftrag ist nicht auf menschliches Handeln beschränkt: Auch Naturkatastrophen wie Erdbeben oder Überflutungen können durch Vorsorgemaßnahmen in ihren Auswirkungen gemildert werden.

Die Einsicht in die partielle Gestaltbarkeit zukünftiger Lebensbedingungen setzt ein verändertes Selbstverständnis der Gesellschaft in bezug auf Handlungsspielräume, Verantwortlichkeiten und Schuldzuweisungen voraus: Je deutlicher sich die Gesellschaft der Steuerbarkeit zukünftiger Folgen bewußt wird, desto nachdrücklicher wird von dem auf Erkenntnisgewinn spezialisierten Subsystem *Wissenschaft* erwartet, daß es die potentiellen Konsequenzen gegenwärtiger Handlungen präzisiziert und nach Möglichkeit quantifizert, damit die Optionen für gegenwärtiges Handeln miteinander verglichen werden können. Gleichzeitig wächst der Anspruch an die politischen und wirtschaftlichen Entscheidungsträger, die Verantwortung für künftige Nebenfolgen technischer, ökonomischer oder politischer Handlungen zu übernehmen. Wie R. Spaemann kritisch anmerkt, mag sich die moderne Gesellschaft mit dieser generellen Optimierungspflicht übernehmen (Spaemann 1980: 192). Da negative Nebenfolgen dennoch auftreten, verstärkt sich auf der einen Seite der Druck auf die Wissenschaft, sich noch intensiver auf die Antizipation unbeabsichtigter Folgen zu konzentrieren und damit ihrerseits einen Teil der politischen Verantwortung für Entscheidungen zu übernehmen. Auf der anderen Seite führt der Verantwortungsdruck zu einer Verbürokratisierung von Entscheidungen: Politische und wirtschaftliche Verantwortung wird entpersonalisiert und einer diffusen, interinstitutionellen Allianz übertragen, die U. Beck in seinem Buch über die Risikogesellschaft in Anlehnung an H. Arendt als "Niemandsherrschaft" charakterisiert hat (Beck 1986).

Verantwortung und Schuld sind eng miteinander verknüpft. Die mythologische Schuldzuweisung als Folge ideologischer oder religiöser Kausalinterpretationen wird mit zunehmender Einsicht in die Verursachung von Bedrohungen und Katastrophen abgelöst durch das Prinzip der instrumentalen Schuldverursachung (Renn 1984:31). So erfahren Naturkatastrophen eine natürliche Erklärung und können durch technische und organisatorische Maßnahmen (z.B. Blitzableiter, vorzeitige Evakuierung) entschärft werden; so lassen sich wirtschaftliche Mißerfolge wie Mißernten auf personales Versagen zurückführen; und so sind auch technisch bedingte Gefährdungen etwa durch Unfälle oder Umweltverschmutzung prinzipiell vorhersehbar und damit von den potentiellen Verursachern beziehungsweise Nutznießern zu verantworten. Schäden sind vermeidbar und ihre Nichtvermeidung bedeutet Schuld. Wer Entscheidungen mit kollektiv bindendem Charakter fällt, macht sich schuldig, wenn es zu nicht beabsichtigten Nebenfolgen kommt. Die Unkenntnis möglicher Folgen mag als mildernder Umstand für individuelles Fehlverhalten gelten; Die kollektive Schuldzuweisung und das Verursacherprinzip bleiben davon unberührt.

Die zunehmende Bereitschaft der Gesellschaft, Verantwortung für zukünftige Lebensbedingungen zu tragen, hat die Risikoforschung erheblich vorangetrieben: Zum einen wächst der objektive Bedarf an Antizipationsforschung, zumal die Tragweite menschlichen Handelns längst globale Auswirkungen bis hin zur potentiellen Selbstzerstörung umfaßt: zum anderen bedingt die Ausweitung der Verantwortlichkeit für künftige Ereignisse und ihre Folgen eine Erweiterung der Legitimationsbasis für kollektive Entscheidungen durch wissenschaftliche Rationalisierung. Gerade der Legitimierungsbedarf der Politik an wissenschaftlichen Gutachten zu absehbaren Nebenfolgen hat maßgeblich zur Politisierung der Wissenschaft beigetragen und eine kritische Reflexion über Rolle und Funktion der Wissenschaft bei der Erfassung und Beurteilung von Risiken in Gang gesetzt (Nelkin 1975).

Risikoanalysen

Die Entwicklung der Risikoforschung hat insbesondere durch die Entwicklung der Kernenergie, aber auch der Raumfahrt und der Elektronik, erhebliche Impulse erhalten. Gerade in diesen Bereichen geht es darum, Risikoanalysen als Basis für technisches Handeln zu erstellen. Vor allem waren es die 60er und 70er Jahre, in denen die Methodik solcher technischen Risikoanalysen entwickelt wurde. Dabei kam es zu einem naheliegenden Rückgriff auf eine Begriffsbildung der Versicherungswirtschaft, wo *Risiko* als Produkt aus Wahrscheinlichkeit für den Eintritt eines Schadens einerseits und der Schadensfolge andererseits berechnet wird. In der Versicherungswirtschaft ist eine solche einfache Produktbildung, die in einer einzelnen Zahlenangabe resultiert, gänzlich legitim: In der Versicherungswirtschaft sind Schadensfalle lm allgemeinen häufig - eben deshalb handelt es sich um einen Zweig der Wirtschaft: und es geht in der Versicherungswirtschaft um geldliche Erstattungen - es geht allein um die eine monetäre Dimension. Insbesondere erlaubt es diese Begriffsbildung der Versicherungsgesellschaft einzelne Risiken zu addieren beziehungsweise gegeneinander zu verrechnen. Ein so gefaßter Risikobegriff war und ist im innertechnischen Bereich sehr erfolgreich. Erst langsam wurde allerdings klar, daß es um mehr geht: Es gibt den außertechnischen Bereich, in dem der Umgang mit Risiko eine zunehmend größere Rolle spielt, und demzufolge geht es gleichermaßen um die Kommunikation solchen Risikos – neben der Risikoproblematik ein durchaus eigenständiges Problem.

Risikokommunikation im innertechnischen und außertechnischen Bereich

Technische Risikoanalysen werden hauptsächlich beim Entwurf technischer Geräte und Systeme eingesetzt. Sind diese hinsichtlich Umfang und Wirkung begrenzt, ergeben sich im allgemeinen keine besonderen Probleme. So wird von einer elektronischen *Rechenmaschine erwartet,* daß ihre zahlreichen Komponenten mit einer gewissen Mindestzuverlässigkeit, d.h. mit einem vorzugebenden maximalen Versagensrisiko, arbeiten, wenn die Rechenmaschine für hinreichend lange Zeit fehlerfrei laufen soll. Ein weiteres Beispiel ist der Verkehrsbereich und insbesondere die Verkehrssicherheit von Kraftfahrzeugen. So tragisch Verkehrsunfälle sein können – ein Einzelschaden wird von der Öffentlichkeit wie vom Betroffenen selbst als begrenzter Schaden perzipiert, auch wenn die Anzahl solcher Einzelschäden nicht unerheblich ist. Begrifflich anders stellen sich technische Risikoanalysen dar, wenn die Wirkungen technischer Geräte und Systeme nicht einfach begrenzt sind, wie immer eine solche Bedingung auch definiert sein mag. Sehr häufig ist damit ein wesentlich größerer Umfang der technischen Geräte und Systeme verbunden. Ein Beispiel dafür sind

Kernkraftwerke: Auch hier geht es - in voller Analogie zum obigen Beispiel von der elektronischen Rechenmaschine - unter anderem um Betriebsfähigkeit und Verfügbarkeit der Anlage. Darüber hinaus jedoch geht es um das Nichteintreten großer Schadensfälle, deren Eintretenswahrscheinlichkeit hinreichend klein zu halten ist, damit selbst eine große Schadensfolge ein insgesamt begrenztes beziehungsweise nur kleines Risiko mit sich bringt. Was sich nun begrifflich anders darstellt, lässt sich anhand der für solche Eintretenswahrscheinlichkeiten ermittelten einfachen Zahlenangaben verdeutlichen: Ist davon die Rede, daß ein Schadensfall nur einmal in hunderttausend Jahren oder nur einmal in einer Million Jahren eintreten dürfe, so wird *de facto* impliziert, daß ein derartiger Schadensfall *nie* eintreten wird. Zu Recht ist an solcher Begriffsbildung Kritik geübt worden:

1. Der Wahrscheinlichkeitsbegriff sagt nicht nur nichts über das tatsächliche Eintreten eines Ereignisses aus, sondern auch nichts über den Zeitpunkt, zu dem ein Schadensereignis eintreten könnte. Vielmehr kann dies schon morgen oder aber weit jenseits des durch die Wahrscheinlichkeit angegebenen Zeithorizonts geschehen. Wahrscheinlichkeiten sind Mittelwerte von relativen Häufigkeiten, und wenn die Schadensfolgen groß sind, sollte ein solcher Schaden nicht nur selten, sondern nie eintreten. Gerade bei großen Schadensfolgen bedeutet eine derartige Begriffsbildung dann einen erheblichen methodischen Nachteil.
2. Große Schadensfolgen sind nicht mit einfachen Zahlenangaben wie Versicherungssummen zu bezeichnen: Evakuierung, Krankheits- und Todesfälle lassen sich ebensowenig verrechnen wie menschliches Leid. Anstelle quantitativer, eindimensionaler Zahlenangaben hat die Charakterisierung großer Schadensfolgen vieldimensionale Attribute aufzuweisen, die auch qualitativer Art sein können. Unter anderem bedeutet dies, daß eine Superponierbarkeit von Risiken und damit die Verrechenbarkeit vieler kleiner Risiken mit einem großen Risiko nicht mehr gegeben ist.

Nun werden technische Risikoanalysen, wie sie hier vorgestellt wurden, häufig zum Vergleich technischer Entwürfe und deren wissenschaftlich- technischer Akzeptabilität herangezogen. Dann stellt sich die Frage, ob und inwieweit ein Entwurf *A* besser oder schlechter ist als ein Entwurf *B*. Beispielsweise gilt es, zwei Entwürfe zur Notstromversorgung von Kernkraftwerken oder verschiedene Entwürfe ganzer Kernkraftwerke gegeneinander abzuwägen. Die für solche Zusammenhänge entwickelte Methodik der Fehler- und Ereignisbaumanalyse ist in der praktischen Anwendung sehr weit vorangetrieben worden und im Bereich der Kerntechnik insbesondere mit den Namen *Rasmussen* (WASH-1400 1975) und *Birkhofer* (GRS 1979) verbunden. Wenn nun beim Entwurf großer technischer Geräte oder Systeme Vergleiche anstehen, ist bei einer Beurteilung im *innertechnischen Bereich* folgendes zu bedenken: Der methodische Nachteil, daß der Zeitpunkt eines möglichen Schadensfalls nicht vorhersagbar ist, kürzt sich gewissermaßen heraus, da er für *A* und *B* gleichermaßen zutrifft, wenn der zeitliche Verlauf der Risikoentwicklung ähnlich ist. Sinngemäß gilt dies auch für den zweiten Kritikpunkt: Die Entwürfe *A* und *B* sind in gleicher oder zumindest ähnlicher Weise von der begrifflichen Vieldimensionalität großer Schadensfolgen (Attributen in mehreren Dimensionen) betroffen, so daß durchaus gerechtfertigt ist, technische Risikoanalysen, wie sie hier vorgestellt worden sind, zu Vergleichszwecken auch auf Situationen mit kleinen Wahrscheinlichkeiten und großen Schadensfolgen anzuwenden.

Die Kommunikation eines Risikos im *außertechnischen Bereich* verlangt andere Überlegungen. Unser politisches und soziales System konzentriert sich auf katastrophale Schadensfolgen gänzlich unabhängig von Eintrittswahrscheinlichkeiten. Dies gilt zumal, nachdem die *Tschernobyl*-Katastrophe wirklich eingetreten ist - auch wenn dort belegbar von einer kleinen Eintrittswahrscheinlichkeit ganz und gar nicht die Rede sein kann. Doch dieser Zusammenhang ist *de facto* nicht kommunizierbar: Es gibt einen Gegensatz zwischen Expertenwahrnehmung von Gefährdungen einerseits, und ihrer sozialen Wahrnehmung andererseits. Dies forderte die Psychologen heraus, sich mit den Mechanismen der Risikowahrnehmung im Sinne eines kognitiven Beurteilungsprozesses zu befassen. Nach einer ersten Studie von Ch. Starr über die unterschiedliche Akzeptabilität von freiwillig übernommenem Risiko gegenüber unfreiwillig übernommenem Risiko (Starr 1969) folgte eine Flut von psychologischen Untersuchungen zu den Mechanismen der intuitiven Erfassung und Bewertung von Risiken sowie zur Bedeutung sogenannter qualitativer Risikoattribute wie Freiwilligkeit und Möglichkeit zu persönlicher Beurteilung der Risikoquelle.

Allerdings führten die entscheidenden Untersuchungen in diesem Bereich zu anderen Ergebnissen, als dies die technischen Risikoforscher erhofft hatten: Die soziale Wahrnehmung ist nicht durch angeblich irrationale Denkprozesse geprägt; vielmehr erfolgt die Einschätzung des Risikos nach einsichtigen und legitimen Bewertungskriterien, die mehrere Dimensionen umfassen (Fischhoff et al.1978; Slovic/Fischhoff/Lichtenstein 1981; Renn 1984), so daß der Erwartungswert möglicher Verluste nur ein Aspekt unter vielen ist.

Mit anderen Worten: Der bisher in Rede stehende Risikobegriff ist für die Diskussion technischer Systeme im außertechnischen Bereich nicht oder allenfalls bedingt geeignet, vielmehr geht es, wo zum Beispiel konkrete Baugenehmigungen großer technischer Anlagen anstehen, um Antizipation und schließlich um politische Verantwortung. Antizipationen aber beziehen sich auf die Zukunft, so daß es sich bei der begrifflichen Auseinandersetzung um Wahrscheinlichkeit und Schadensfolgen letztlich um mehr oder weniger gut begründete Hypothesen handelt.

Fakten und Hypothesen

Gut begründete Hypothesen beziehen die Naturgesetzlichkeit ein, auf der Technik beruht. Ohne Naturgesetzlichkeit läßt sich kein technischer Apparat entwerten, bauen und betreiben, und insoweit bedeutet Naturgesetzlichkeit auch Vorhersage und Antizipation. Freilich hatte bis jetzt solche Naturgesetzlichkeit immer die Form von *wenn - dann* - Aussagen, so daß die erforderlichen Anfangsbedingungen vollständig bekannt sein müssen. Das Wissen um die erforderlichen Anfangsbedingungen als solches ist dagegen nicht naturgesetzlich ableitbar - es muß vielmehr beschafft oder "vorgefunden" werden. Wegen ihres besonderen Charakters werden Anfangsbedingungen auch als "kontingent" bezeichnet, und die Auseinandersetzung mit diesem besonderen Charakter der Kontingenz führt zu der Feststellung daß vollständige Kenntnis der für eine umfassende Anwendbarkeit von Naturgesetzlichkeit erforderlichen Anfangsbedingungen prinzipiell wie praktisch zumindest bei hinreichend großen technischen Vorrichtungen nicht gegeben ist. Dies ist letztlich der Grund, warum bei technischen Anlagen überhaupt von Eintretenswahrscheinlichkeiten für Schadensfälle zu sprechen ist: Beispielsweise kann eine vorher nicht festgestellte Rißbildung in einem Konstruktionsteil einer Autobremse zu Bremsversagen und damit zu einem Autounfall führen.

Wenn einerseits Naturgesetzlichkeit zumindest innerhalb gewisser Grenzen zu einer guten Begründung von Hypothesen (Antizipation der Zukunft) führt, so läßt sich andererseits auch das Verfahren von *trial and error* heranziehen: Wenn man schon nicht alles weiß, wird so lange mit *Versuch und Irrtum* gearbeitet, bis man hinreichend Erfahrung gesammelt hat und insoweit sicher ist. In diesem Zusammenhang ist darauf hinzuweisen,daß der technische Überwachungsverein in Deutschland aus Dampfkessel-Überwachungsvereinen hervorgegangen ist. Diese Vereine leiteten im vorigen Jahrhundert aus der Erfahrung mit explodierenden Dampfkesseln technische Regeln ab, die heute den Betrieb solcher Anlagen als hinreichend sicher erscheinen lassen und somit zu deren Akzeptanz geführt haben.

Mit dieser bewußt extrem angelegten Argumentation soll auf den Zusammenhang zwischen Hypothetizität (Häfele 1974) und Faktiziät hingewiesen werden. Bei eingeübten technischen Verfahren wird niemand in Zweifel ziehen, daß etwa die Konstruktion einer Brücke oder eines Radiosenders auf naturgesetzlicher Basis- beruht, und keiner wird davon sprechen, es handele sich bei betrieblichen Absprachen lediglich um Hypothesen bezüglich der Funktionsfähigkeit der in Rede stehenden technischen Einrichtungen. Auch wird niemand bei eingeübten technischen Verfahren aus der Tatsache, daß Tests für nötig gehalten und auch durchgeführt werden, auf das Zugrundeliegen bloßer Hypothesen schließen. Wenn nun aber technische Systeme größer und umfassender sind und bei Versagen zu sehr großen Schadensfolgen führen, ist zu beachten, daß - aus welchen Gründen auch immer - rigoroser argumentiert und empfunden wird. Erst dann ergeben sich die hier gestellten Rückfragen, und erst dann ist zwecks begrifflicher Klärung von Hypothesen die Rede. Auch wenn ein Kernkraftwerk entworfen und gebaut wird, ist der Ingenieur vom Wesen der Sache her gezwungen, mit begrenzten technischen Vorrichtungen und somit auch begrenzten Mitteln unbegrenzte Fragen zu beantworten. Technische Vorrichtungen sind zu realisierende oder bereits realisierte Konstrukte und weisen als Faktum immer eine bestimmte Größe mit vorfindbaren und angebbaren Merkmalen auf: Sie sind endgültig – sie sind faktisch. Damit ist der Bereich der *Faktizität* eröffnet, Risikofragen, die der Ingenieur Im Bereich einer solchen Faktizität zu beantworten hat, führen hingegen in den Bereich der *Hypothetizität* und sind folglich unbegrenzt. Tatsächlich ist es die Kerntechnik gewesen, die von sich begonnen hat, hypothetische Unfälle zu betrachten. Dem so eröffneten Bereich der Hypothetizität kommt heute ganz besondere politische Relevanz zu: Einer global-ökologischen Singularität explodierender Bevölkerungszahlen kann wohl nur die Singularität einer immer umfassenderen Technik gegenübergestellt werden, die als Technik zivilisatorische Infrastrukturen und damit Lebensmöglichkeiten für eine solche Weltbevölkerung gewährleistet. In der Tat werden die technischen Systeme zivilisatorischer Infrastrukturen so groß, daß weder eine Erprobung als ganzes möglich noch ihr Funktionieren naturgesetzlich zwingend zu erwarten ist. Diese Problematik der Hypothetizität hat sich in den letzten Jahren bei der Debatte um die *Strategic Defense Initiative (SDI)* der USA sehr deutlich gezeigt.

Aufbau und vor allem ein denkbarer Betrieb eines SDI-Systems raumgestützter Raketenabwehr, das vom Konzept her eine hundertprozentige Erfolgschance erfordert, aber niemals erprobt werden kann, wo also *Versuch und Irrtum* als Methode vom Konzept her ausgeschlossen sind, ist eine extreme Zuspitzung solcher Hypothetizität. Entsprechend breit und anhaltend war denn auch die Kritik vor allem in Europa. Freilich war solche Kritik auch oberflächlich, weil nicht zu Ende gedacht wurde: Die gesamte atomare Angriffsbewaffnung und damit auch die entsprechende Verteidigung ist darauf angelegt, niemals eingesetzt zu werden und nicht im Krieg als Krieg ihre Funktion auszuüben, sondern durch Abschreckung den Frieden zu erhalten - was in Europa auch seit rund fünfundvierzig Jahren funktioniert hat. Man treibt die Argumentation also auf die Spitze, wenn man feststellt, daß aus der Hypothetizität heraus der Friede in Europa seit fünfundvierzig Jahren gewährleistet worden ist - eine durchaus faktische, massive Feststellung. Also ist auch Hypothetisches gegebenenfalls sehr mächtig. In der Tat hat die Sowjetunion, anders als Westeuropa, *SDI* von Anfang an sehr wohl Ernst genommen, und diese Haltung hat zu Abrüstungsschritten- geführt, die dann ihrerseits ein wesentliches Element der großen, politischen Umwälzungen in Osteuropa, wie wir sie heute erleben, geworden sind.

Im Gegensatz zum Bereich der Faktizität *gibt es im Bereich* der Hypothetizität nicht die selbstverständliche Vorfindbarkeit, Angebbarkeit und Endgültigkeit, denn es sind ständig andere, hinterfragbare und neue Hypothesen aufzustellen. Der Bereich der Hypothetizität ist grundsätzlich offen und damit unendlich. Ein solcher gedanklicher Vollzug konnte Anlaß sein, den Bereich der Hypothetizität zu *Information* in einem allgemeineren Sinn in Beziehung zu setzen: Information ist nicht materiell, kann augenblicklich mehr oder weniger werden und ist unbegrenzt. Insbesondere bedeutet dies, daß Information keinem Erhaltungssatz im Sinne der Physik unterliegt (Häfele 1981). Für realisierte Konstrukte im Bereich der Faktiziät gelten dagegen die Erhaltungssätze der Physik, die Erhaltung der Masse, der Energie und des Impulses und die Erhaltungssätze der Quantenphysik. Mit anderen Worten: Wenn realisierte Konstrukte da sind, sind sie da. Sie können nicht von einem Augenblick zum anderen instantane Hypothesenänderungen mitmachen. Diese verhältnismäßig abstrakte Formulierung findet ihre unmittelbare Entsprechung im konkreten Geschehen. So sieht das Genehmigungsverfahren für Kernkraftwerke vor, daß Kernkraftwerke nach dem Stand von Wissenschaft und Technik zu genehmigen sind. Nur zu oft führt dies dazu, daß noch wahrend der Bauphase neue Auflagen zu berücksichtigen und folglich in aller Regel erhebliche Mehrkosten und Terminüberschreitungen in Kauf zu nehmen sind, eben weil das Faktische dem Hypothetischen nur schwerlich zu folgen vermag.

Unsicherheit im Grenzbereich zwischen Faktizität und Hypothetizität

Faktizität und Hypothetizität sind derart unterschiedlich gerprägt, daß eine Überbrückung allein aus dem innertechnischen Bereich heraus, nicht möglich ist, in solchem Zusammenhang ist die von Ch. Starr formulierte Frage: *Wie sicher ist sicher genug?* (Starr 1972; Starr/Rudmann/Whipple 1976) zu stellen: Der erste Teil der Frage - *wie sicher* - ist im Bereich der Hypothetizität angesiedelt, der zweite Teil - *sicher genug* - dagegen im Bereich der Faktizität. Und es handelt sich um eine Frage, nicht um eindeutig Vorfindbares, so daß eine Überbrückung zwischen Hypothetizität und Faktizität nur mit Absprachen und Festlegungen, die aus dem politisch-institutionell-gesellschaftlichen Bereich kommen, erfolgen kann. Die Frage nach der Sicherheit technischer Systeme ist somit letztlich nur im außertechnischen Bereich zu beantworten, und hier liegt die Bedeutung des Grenzbereichs zwischen Technik und Gesellschaft. Die Problematisierung von Technik und Gesellschaft ist somit keineswegs ein Nebenprodukt einer modernen, mit großen Systemen befaßten Technik, sondern vielmehr konstitutiv für den Vollzug dieser Technik. Letzten Endes geht es um die Frage der Akzeptabilität, die im Sinne der hier erläuterten Argumentation dem Bereich, der Hypothetizität zuzuordnen ist, und um die Frage der Akzeptanz, die dann in den Bereich der Faktizität fällt.

Doch auch Setzungen aus dem politisch-institutionell-gesellschaftlichen Bereich bedürfen einer Orientierung. Wenn nun, wie oben erläutert, die absolute Argumentation nicht zum Ziel führt, kann es nur die *natürliche Erfahrung* sein. Dabei ist "natürliche Erfahrung" auf den Umgang mit der Welt und der Natur, in die wir als Menschen hineingeboren sind! nicht aber auf ein idealisierendes, verabsolutierendes Welt- und Naturverständnis zu beziehen: Natürliche Erfahrung reicht über begriffliche Abstraktionen hinaus und läßt qualitative Vergleiche, Abwägungen und Urteile zu. Die mit der Auslegung von Deichen etwa an der holländischen Küste verbundene Problematik mag dieses Kriterium der natürlichen Erfahrung verdeutlichen. Hier besteht die Offenheit hypothetischer Überlegungen in der Frage, ob sich die Küstenbewohner gegen Fluten schützen sollen, die einmal jährlich, einmal in hundert Jahren oder aber noch seltener und somit nur hypothetisch zu erwarten sind. Obwohl diese Überlegung vom Wesen her offen ist, findet sich *de facto* eine, allgemein akzeptierte Antwort, weil sie in die natürliche Erfahrung Einzelner wie die ganzer Generationen eingebettet ist auch wenn die ganz große Flut niemals ausgeschlossen werden kann. Bezeichnenderweise ist im Juristischen die normative *Kraft des Faktischen* als begriffliche Feststellung verankert. Diese Formulierung stellt eine treffende Verbindung her zwischen dem Bereich der Hypothetizität, aus dem Normen kommen, und dem Bereich der Faktiziät, dem das faktische angehört. Ebenso werden die hypothetischen Wirkungen kleiner Strahlendosen oder chemischer Toxen in Verdünnungsverhältnissen von 1 : 1 Milliarde, die Gefahr des Blitz- oder Meteoriteneinschlags und die Möglichkeit extremer Erkrankungen aus dem Bereich der natürlichen Erfahrung heraus bewältigt, gerade weil sie dort gar nicht oder aber so selten vorkommen, daß sie sich im gemeinschaftlichen Erfahrungsbewußtsein nicht wiederfinden. Mit anderen Worten: Es geht um die Einbettung *hypothetischer* Risiken in den Bereich natürlicher Welterfahrung durch einen Vergleich mit anderen, vorzugsweise *natürlichen* hypothetischen Risiken. Genauso verhält es sich mit den Setzungen aus politisch-institutionell-gesellschaftlichem Bereich, die für moderne, mit großen Systemen befaßte Technik konstitutiv sind.

Letztlich geht es bei dem so angesprochenen Wechselspiel zwischen Faktiziät, Hypothetizität und den an der Nahtstelle zwischen Technik und Gesellschaft erforderlichen politisch-gesellschaftlichen Setzungen darum, den überschaubaren Bereich der Sicherheit ständig zu vergrößern und den Bereich verbleibender Unsicherheit ständig weiter hinauszuschieben. *Unsicherheit* charakterisiert, den Grenzbereich zwischen Faktiziät und Hypothetizität: Zwar erfolgt eine Bezugnahme auf Faktisches, doch können nicht Fakten als solche herangezogen werden, weil die erforderliche Wissensbasis jeweils (noch) nicht ausreicht. Dabei ist Endgültigkeit im Sinne von Abgeschlossenheit nie zu erreichen - die Entwicklung geht ständig weiter. Freilich liegt dabei die Annahme zugrunde, daß es grundsätzlich möglich ist, weitläufige und komplexe Systemzusammenhänge analytisch zu reduzieren, sie so zu verstehen und dann entsprechend zu behandeln. Dabei spielt das Konzept des Determinismus explizit oder implizit eine entscheidende Rolle. Wie anders könnte sonst von einer auf Naturgesetzlichkeiten basierenden Technik die Rede sein? Die Beschaffung aller Anfangsbedingungen mag schwierig und im konkreten Fall aus praktischen Gründen sogar unmöglich sein, doch hat es sich als grundsätzlich vernünftig erwiesen, einen solchen Determinismus bei der technischen Risikoanalyse vorauszusetzen.

Undeutlichkeit nicht-linearer Systeme

Je komplexer nun zivilisatorische Systeme in ihren technischen, wirtschaftlichen und institutionellen Ausprägungen werden, desto nachhaltiger drängt sich der Eindruck auf, daß komplexe. Systeme mehr sind als die Summe ihrer Elemente und, anders als im Bereich der Unsicherheit infolge subjektiven Nichtwissens, in erhebliche, objektiv vorhandene *Undeutlichkeiten* führen. Dieser Gedanke ist nicht neu, hat aber mit der Erörterung von nicht-linearer Dynamik und Entwicklungssprüngen erst seit kurzem Eingang in die wissenschaftliche Literatur gefunden (vgl. insbesondere Prigogine 1979). In der Tat spielt die Komplexität als Komplexität – angesprochen in der nichtlinearen Dynamik - vor allem in der Physik der kondensierten Materie wie überall dort, wo es um kollektive Phänomene geht, eine besondere Rolle. Dazu zählt auch der gesamte Bereich der Dynamik von Strömungen, wie er insbesondere bei der Wetter- und Klimaproblematik zu berücksichtigen ist. Gegenüber dem in der Begrifflichkeit der Physik bisher explizit oder implizit verwendeten Konzept des Determinismus Sind es vor allem zwei Phänomene, die zum Verständnis nicht-linearer Dynamik beitragen.
Zum einen muß zwischen starker und schwacher Kausalität unterschieden werden. Starke Kausalität ist in Systemen mit linearer Dynamik gegeben: Liegen zwei Ausgangszustände eines betrachteten Prozesses - beispielsweise bei einer mechanischen Bewegung - nahe beieinander so wird die

zeitliche Evolution dieses Prozesses in einem angebbaren Sinn auch weiterhin nahe beieinander erfolgen. Eine solche Feststellung ist von großer praktischer Bedeutung, denn ein im technischen Sinn zu betrachtender Ausgangszustand kann in der Praxis immer nur bis zu einem gewissen Grad genau angegeben werden, und dieser Genauigkeitsgrad muß für eine technische Anwendung hinreichen. Bei schwacher Kausalität hingegen können bereits geringfügig voneinander abweichende Ausgangszustände bei hinreichend langer Evolution des Prozesses weit auseinanderlaufen. Zwar wird eine solche Evolution eindeutig durch den Ausgangszustand determiniert, doch dieser ist nur in der Theorie und niemals in irgendeinem praktischen Sinn so genau angebbar daß die Determiniertheit operationalisiert werden könnte. Im Bereich der Wetter- und Klimavorhersagen führt dies zu der Einsicht, daß Vorhersagen immer nur für begrenzte Zeiträume möglich, letzten Endes hingegen *nicht* möglich sind. Diese Feststellung hat mit Überlegungen, wie sie in der Quantentheorie angestellt werden, nichts zu tun.

Zum anderen ist die nicht-lineare Dynamik durch das Zustandekommen von Schocks und Brüchen und folglich durch das Entstehen verschiedener Muster und deren Verhalten im Übergang zu chaotischen Zuständen geprägt. So können sich diesseits und jenseits bestimmter Zustandsgrenzen ganz unterschiedliche Strukturen ausbilden. Ein solcher Bruch ist zum Beispiel mit dem Nebeneinander von laminarer und turbulenter Strömung gegeben. Auch das "Waldsterben" ist wohl als das Vergehen eines ökologischen Musters und als Übergang zu einer anderen Struktur zu verstehen, denn ökologische Systeme sind ebenfalls Systeme mit nicht-linearer Dynamik. W. Seifritz hat ausführlich dargestellt, daß derartige Begriffsbildungen auch für das Verständnis wirtschaftlicher und sogar politischer Systeme hilfreich sein können (Seifritz 1987), und K. Ulmer, W. Häfele und W. Stegmaier haben ein solches Verständnis in einen größeren Zusammenhang gestellt (Ulmer/Häfele/ Stegmaier 1987)

So besteht denn auch das Ziel darin, solche größeren Zusammenhänge als Problem aufzuzeigen. Ein Beispiel hierfür ist der Zustand der Erdatmosphäre und die anthropogene Beeinflussung dieses Zustands durch CO_2 und andere Emissionen. Dieses Problem hat die hier vorgestellte Qualität nicht-linearer Systeme. Mangelnde Vorhersagbarkeit hinsichtlich des Zustands der Erdatmosphäre ist damit nicht nur eine Frage technischen Unvermögens, sondern in dem hier vorgetragenen Sinn systemimmanent. Entsprechend verfremdet sich die einfache Anwendung des Risikobegriffs in der zunächst vorgestellten Definition als Produkt aus Eintretenswahrscheinlichkeit und Schadensfolge. Wollte man diesen Risikobegriff dennoch beibehalten, so hätte man für die Eintretenswahrscheinlichkeit Werte einzusetzen, die vielleicht bei 0.2, keinesfalls aber bei 10^{-4} oder 10^{-5} liegen. Und wäre die Schadensfolge monetär anzugeben, kame ein Betrag von Dutzenden von Teradollar zustande, so daß sich numerisch ein Risiko errechnen würde, dessen Zahlenangabe oft ersichtlich als Zahlenangabe nicht mehr sinnvoll ist. Diese Art der Risikoerfassung greift also nicht. Die Feststellung, die anthropogene Beeinflussung der Erdatmosphäre werde wahrscheinlich massive Konsequenzen haben, ist somit nicht unbedingt quantitativ zu verstehen; sie besagt vielmehr, daß solche Konsequenzen nach allem menschlichen Urteil zu erwarten sind. Auch entwickeln sich solche Konsequenzen hinreichend langsam und keineswegs als zeitlich eingrenzbares Einzelereignis, auf das wir den Wahrscheinlichkeitsbegriff anzuwenden gewohnt sind. Des weiteren geht es nicht um Schaden im Rahmen eines bestimmten Musters, das eine sinnvolle Kommunikation über bestimmte Geldwerte überhaupt erst ermöglicht, sondern um den Zusammenbruch unterschiedlicher Muster natürlicher wie zivilisatorischer Art.

So erscheint es weitaus angemessener, bei solchen Problemstellungen von Undeutlichkeiten und Gefahren zu sprechen und damit auch an die Geschichte menschlicher Existenz mit ihren geistigen personalen und auch religiösen Bezügen anzuknüpfen. Dies ist dann ein ganz anderer Hintergrund als er, wie weiter oben ausgeführt, bisher in der Literatur an-zutreffen war: Dort ist von Unsicherheiten die Rede, vielleicht bei hinreichend großem Bemühen oder hinreichend langem Warten eben doch überwindbar sein könnten. Keineswegs soll damit gesagt sein, daß intensiver Bezug auf Naturwissenschaft und Technik nicht mehr angezeigt wäre. Doch wird die Prominenz naturwissenschaftlicher Kategorien relativiert in Anbetracht dieser Undeutlichkeiten, die letztlich eine Anfrage an das *Humanum* - einschließlich der ihm eigenen Undeutlichkeiten - bedeuten.

Dieses *Humanum* gilt es ständig neu zu gewinnen: Der Wunsch, die ihm eigenen Undeutlichkeiten zu eliminieren, bis hin zu dem Wunsch, ein Nullrisiko zu erreichen, wurde das *Humanum* seines innersten Wesens berauben. Das *Humanum* ist in ständiger Fortentwicklung begriffen und bleibt dabei in einer unberührbaren Weise autonom. Die Ureinwohner Australiens sind unter dem Ansturm europäischer Zivilisation in Sprachlosigkeit umgekommen, und auch wir empfinden gelegentlich eine solche Sprachlosigkeit, wenn wir uns wirklich klarmachen, wie die Bedingungen der Zukunft aussehen könnten, wenn nicht wie heute fünf, sondern zwanzig oder gar fünfzig Milliarden Menschen auf der Erde zu leben hätten (Häfele 1989). Und dennoch wird das *Humanum* fortbestehen: Es wird Leid und Glück geben – und das anhaltende Bemühen, *Undeutlichkeiten, Unsicherheiten und Risiken* mit gelebtem Leben auszufüllen.

Solches gelebte Leben schließt immer an das an, worum es vor allem in der Philosophie geht: *DAS GANZE*.

Literatur

[1] Beck, U. (1986): "Die Risikogesellschaft. Auf dem Weg in eine andere Moderne", Frankfurt/M., Suhrkamp

[2] Fischhoff, B. et al (1978): "How Safe is Safe Enough?", Policy Science 10 (1978) 9, 127-152

[3] GRS, Gesellschaft für Reaktorsicherheit (1979): "Deutsche Risikostudie Kernkraftwerke. Eine Untersuchung zu dem durch Störfälle in Kernkraftwerken verursachten Risiko", Köln, Gesellschaft für Reaktorsicherheit.

[4] Häfele, W. (1974): "Hypotheticality and the New Challenges: The Pathfinder Role of Nuclear Energy", Minerva 12 (1974) 3, 303-322.

[5] Häfele, W. (1981): "Energy in a Finite World. A Global Systems Analysis. Report by the Einergy Systems Program Group of the International Institute for Applied Systems Analysis", Vol. I: "Paths to a Sustainable Future", Vol. II: "A Global Systems Analysis", Cambridge, Mass., Ballinger

[6] Häfele, W. (1989): "Bedingungen der Zukunft - Aus der Sicht eines Naturwissenschafters", Humanökologie als Aufgabe für Natur- und Geisteswissenschaften. Schriften der Gesellschaft für Verantwortung in der Wissenschaft No. 6, Stuttgart, E. Schweizerbart'sche Verlagsbuchhandlung, 35-53.

[7] Nelkin, D. (1975): "The Political Impact of Technical Expertise", Social Studies of Science, 5 (1975), 1, 35-54.

[8] Prigogine, I. (1979): "Sein und Werden. Zeit und Komplexität in den Naturwissenschaften", München, Piper.

[9] Renn, O. (1984): "Risikowahrnehmung der Kernenergie" Frankfurt, M., Campus.

[10] Seifritz, W. (1987): "Wachstum, Rückkopplung und Chaos", München, Carl Hanser.

[11] Slovic, P., Fischhoff, B. &Lichtenstein, S. (1981): "Perceived risk: Psychological factors an social implications", The Royal Society (ed.) (1981), The assessment and perception of risk. 1. Discussion, London, November 12-13, 1980, London, The Royal Society, 17-34

[12] Spaemann, R. (1980): "Technische Eingriffe in die Natur als Problem der politischen Ethik", Birnbacher, D. (Hg.) (1980), Ökologie und Ethik, Stuttgart, Reclam, 180-206.

[13] Starr, Ch. (1969): "Social Benefit versus Technological Risk", Science 165, (1969), 19, 1232-1238

[14] Starr, Ch. (1972): "How Safe is Safe Enough - and Why?", Transactions of the American Nuclear Society, 15 (1972) 2. 823

[15] Starr, Ch., Rudmann, R. & Stegmaier, W. (1976): "Philosophical Basis for Risk Analysis", Annual Review of Energy 1 (1976), 629-662.

[16] Ulmer, K., Häfele, W. &Stegmaier, W. (1987): "Bedingungen der Zukunft. Ein naturwissenschaftlich-politischer Dialog", Problemata 111, Suttgart/Bad Cannstatt, Fromann/Holzboog.

[17] WASH 1400 (1975): "Reactor Safety Study - An Assessment of Accident Risks in US Commercial Nuclear Power Plants", NUREG-75/0/4, Washington, DC: Nuclear Regulatory Commission.

Berichte aus den Arbeitsgruppen

Arbeitsgruppe 1

Vorsitz: *Jürgen Markowitz*
Berichterstatter: *Georg Schneider*

Wie vermutlich bei den Diskussionen in einigen anderen Gruppen, so standen auch wir unter dem Eindruck, dass Prof. Renn uns *"etwas in die Hand"* gegeben hat, was uns – insbesondere den Ingenieuren – die Diskussion – oder zumindest den Einstieg in die Diskussion – erleichtert.

Nun, die gesamte Diskussion nahm dann allerdings einen unerwarteten Verlauf, so dass ich mit den abschliessenden Beiträgen beginnen möchte – und zwar, wie Sie gleich verstehen werden, nicht nur aus purem Eigennutz, sondern zum Verständnis der Diskussion! Herr Caccia hat nämlich gegen Ende in die Diskussion eingebracht,

- dass eine *Nachvollziehbarkeit* von Wissen aus Untersuchungen, Studien und Berichten gewährleistet sein muss;
- dass damit eine Vertiefung des eigenen Wissens verbunden ist;
- und dass viele Kollegen – im Berufsleben wie im privaten Bereich – weder Zeit und/oder die Voraussetzungen dazu haben.

In diesem Bereich ist die ausserordentlich grosse Bedeutung des *Zeitfaktors* zu erkennen. In diesen Zusammenhang gehören:

- zu viel Zeit für Analysen
- zu wenig Zeit für Kommunikation
- Problematik von Summaries etc.

Hiermit drängte sich die Frage des *Vertrauens* in den Vordergrund und damit der Begriff der *Autorität*. Die *Person* bekommt dadurch einen *höheren Stellenwert* als die Sache, und das ist in meiner Notlage, über eine sehr schwierige Diskussion zu berichten, schon ein wenig angestrebt.

In der Diskussion wurde teilweise zugestanden, dass heutzutage im Rahmen der Kommunikation "der *grosse Zweifler* die *beste Autorität*" hat; - - - es wurden jedoch auch gegenteilige Erfahrungen geäussert.

Das Problem der *Nachvollziehbarkeit* im wissenschaftlichen Bereich erstreckt sich auf das gesamte Spektrum, z.B.

- kleiner Pilotversuch im Bereich des Möglichen,
- grosse CERN-Experimente unmöglich.

Anknüpfend an die Ausführungen von Herrn Prof. Renn (die *nicht* anhand der zur Verfügung gestellten Grafiken diskutiert wurden) wurde sehr eingehend – und hier vornehmlich von der Ingenieurseite – positiv hervorgehoben, dass diese Arbeit mit grosser Umsicht gemacht wurde und dass Herr Renn *anschauliche* Akzente gesetzt, *praktische* Orientierung vermittelt und Einzelaspekte aufgezeigt hat.

Vermisst dagegen wurde die Einbettung in Grosssysteme, d.h.

- Kommunikation über Systemgrenzen hinweg,
- was zwar im Hinblick auf das sehr eindrückliche "Arenamodell" relativiert wurde,
- das aber nicht als Kommunikationsmedium erachtet wurde.

Die Diskussion rankte sich dann an der *gesellschaftlichen* Differenziertheit hoch, d.h.

- Kommunikation zwischen *Wirtschaft* und *Wissenschaft* und *Politik* und einem *"Rest"*
- resp. der Frage: Ist der "Rest" ein *Teil der Wirtschaft?*

Aus diesen Überlegungen wurde vorgeschlagen, jede einzelne Gruppe (also Wirtschaft, Wissenschaft bzw. Politik) soll der jeweils anderen Gruppe *das* anbieten, was *nur sie selbst wissen* kann bzw. beherrscht, und *das* aufnehmen, was sie von der anderen Gruppe angeboten bekommt. Damit lässt sich die jeweilige Gruppe nicht über die Fachbereiche der anderen Gruppe aus und offeriert nicht immer alles unter dem Gesichtspunkt, "etwas verkaufen zu wollen".

In diesem Zusammenhang wurde bemerkt, dass in der Ebene der Wirtschaft (hier Ingenieure) die Kommunikationsbemühungen von seiten der *Sozialwissenschaftler* bisweilen als *Monolog* empfunden werden.

Die Diskussionsbeiträge über das *deterministische Handeln und stochastische Denken* der Ingenieure oder das *probabilistische* Denken, das zu konkreten Entscheidungen führen muss, sei hier nicht weiter ausgeführt, nur soweit, dass das Denken in Linearitäten ein Handicap ist und dass zu Bifurkationen (Verzweigungen) die Routine fehlt, d.h. auch der *Einbezug sozialwissenschaftlicher Erkenntnisse*.

Vielleicht sollte sich die "obere Ebene" etwas mehr bemühen, die "untere" zu verstehen, d.h. die Wissenschaft die Anwender, wobei die Wissenschaft *ohne* Praxisbezug nicht denkbar ist.

Inwieweit der Begriff "Nutzen" als Vehikel bei Erläuterungen zur Risiko-Akzeptanz brauchbar ist, blieb umstritten, weil der Begriff leicht zu Missverständnissen führen kann und damit kontraproduktiv wird. Hierbei muss also jeweils die Frage der Definition beantwortet werden.

Wir haben noch einen Ansatz von Herrn Fritsch diskutiert, nämlich die Kopplung zweier Verstärkerkreise,
- eines wissenschaftlichen und
- eines ideologischen

Kreises, die durch die *Zunahme an Wissen* immer stärker werden und die die *Kommunikationslücke* immer grösser werden lassen.

Nichtsdestoweniger wurde darauf hingewiesen, dass im Bereich der *Ausbildung* – also des wissenschaftlichen Verstärkerkreises – weitere Anstrengungen unternommen werden müssten, in dem tangierende Bereiche in die *Lehrpläne* so eingearbeitet werden sollten, dass das *gegenseitige Verstehen* – nicht das *Belehren* – gefördert wird.

Zum Abschluss noch ein Phänomen, das im Rahmen der Kommunikation eine wesentliche Rolle spielt: *Interdisziplinäre Gruppen* (mit Beteiligung der Öffentlichkeit) können bei Inkaufnahme von Anfangsschwierigkeiten durchaus

- zu *Konsens* führen
- sich dann wieder durch den Einfluss des eigenen Umweltsystems ins Gegenteil kehren
- es kann auch etwas – in positivem Sinne – *hängenbleiben.*

Rasante Entwicklung und Verbesserungen durch Kommunikation mit *kleinen* Schritten stehen im gemeinsamen Raum, und Herr Hürlimann fasste treffend zusammen: *"Die Kommunikationsschwierigkeiten seien im Rahmen der Gruppenarbeit klar erkennbar geworden!"*

Arbeitsgruppe 2

Vorsitz: *Miroslav Matousek*
Berichterstatter: *Georg Erdmann*

1. Schlussbericht der Arbeitsgruppe

Es wurde zunächst ein Vorschlag von Herrn Dr. Räber bezüglich des Schlussberichts aus der Arbeitsgruppe diskutiert. Folgende zwei Punkte schälten sich heraus.

Erstens kann kein Konsens über den Risikobegriff hergestellt werden. So wird beispielsweise – auch in Anlehnung an die Ausführungen von Herrn Häfele – bezweifelt, ob es sinnvoll ist, den Risikobegriff auszuweiten und mit vielen neuen Dimensionen anzureichern. Demgegenüber wird die These vertreten, daß man nicht allgemein von *dem Risiko* sprechen sollte, sondern präzisieren soll: Risiko von was, für wen und zu welchen Zweck. Dann gelangt man auf die Vieldimensionalität dieses Begriffs und damit der Aufgabe auf die Spur, welche die Risikoanalyse und die Risikoakzeptanz an die Wissenschaft stellt.

Zweitens wird bezweifelt, ob und in wieweit der Diskussionsstand der AG überhaupt zusammengefaßt werden kann, wenn sich in dieser Zusammenfassung die Position eines jeden Einzelnen wiederfinden soll. Dem Berichterstatter wird empfohlen, seinen Gesamtbericht als persönliches Thesenpapier zu formulieren.

2. Kommunikationshemmnisse im Risikodialog

Den Rest des Vormittages verbringt die Arbeitsgruppe mit der Diskussion der Kommunikationshemmnisse im Risikodialog. Zunächst stimmt sie darin überein, daß es ein Mißverständnis wäre, Kommunikation als Überzeugungsarbeit definieren zu wollen. Ein solcher Ansatz dürfte von vornherein zum Scheitern verurteilt sein. Es wird dafür plädiert, in einem ersten Schritt nichts weiter als den Konsens über *den Dissens* anzustreben, wobei es darauf ankommt, Werthaltungen offenzulegen.

Dies führt darauf, den Interessenshintergrund der Diskussionspartner zu beleuchten. Die Zugehörigkeit zu bestimmten Gruppen ist häufig ein entscheidender Faktor für die Kommunikationsprobleme. Das Stichwort dazu lautet *Rollenverhalten*. Dabei ist es in Einzelfällen durchaus möglich, Interessenskongruenz durch institutionelle Arrangements herzustellen. Darauf beruht beispielsweise die liberale Ordnungspolitik.

Interessenskongruenz schafft Vertrauen. Ein Beispiel für die Herstellung von Vertrauen sind wirksame Sanktionsmechanismen: Sind diese für alle Beteiligten glaubwürdig und durchsetzungsfähig, so besteht die Chance für eine Sicherheitskultur, die auf dem Prinzip der Verantwortlichkeit gegenüber Risiken beruht. Ein wichtiges und oft nur schwer lösbares Problem ist hier die Informations-Asymmetrie.

Ein weiterer Aspekt der Risiko-Kommunikation beruht darauf, diese Diskussion *angstfrei* zu führen. Eine angstfrei geführte Diskussion läßt eher günstige Resultate im Sinne eines Konsenses erwarten. Beispiel: Der Bestätigungsbedarf von Verhandlungspartnern, die gegenüber den anderen Gruppenangehörigen als Held erscheinen müssen, steht oft einer effizienten Kommunikation im Wege.

Somit kommt es auch auf die Bedingungen an, unter denen eine angstfrei geführte Diskussion leichter zu führen ist. Es fällt dazu der Vorschlag, in einer ersten Phase eine nichtöffentliche Diskussion zu führen. Mit dem Ergebnis der gemeinsamen Diskussionsleistung dieser ersten Runde – dem Konsens über den Dissens – sollte dann die Diskussionsrunde an die Öffentlichkeit treten, wobei sie dies mit einem *Wir-Gefühl* tun kann.

Es schließt sich eine längere Diskussion zum Thema *Vertraulichkeit* an. Sollen Risiken transparent gemacht werden? Im Vergleich zu den Bestrebungen des Europäischen Parlaments zu mehr Offenheit gibt es dazu in der Schweiz vielerorts noch Vorbehalte. Dabei beruht das Mißtrauen gegenüber der Offenlegung auf teilweise rationalen Argumenten, denn die Notwendigkeit des Schutzes von Produktions- und Amtsgeheimnissen stellt eigentlich niemand ernsthaft in Zweifel.

Ein weiterer Gesichtspunkt ist die Gleichberechtigung der Diskussionspartner. Dies betrifft die finanziellen Ressourcen zur Erarbeitung von Gutachten, das Selbstvertrauen der Kommunikationspartner und den Verzicht auf Unterstellungen und Arroganz. Mehrfach wird darauf hingewiesen, daß die Polarität zwischen Laie und Experte in der Praxis längst nicht mehr gilt. Die entscheidende Funktion des Wissenshintergrunds beruht darin, die Argumente des Diskussionspartners zu gewichten.

Voraussetzung für einen Risikodialog unter den vorgenannten Bedingungen ist es, diesen bereits frühzeitig vor dem eigentlichen Entscheidungszeitpunkt zu beginnen.

Schließlich kommt die Arbeitsgruppe auf den Zweck der Diskussion, die Notwendigkeit der Entscheidungsfindung, zu sprechen. Aufgrund dieser Notwendigkeit sind Bedingungen gegeben, unter denen eine ideale, emanzipierte Risikokommunikation nur noch approximativ stattfinden kann. Doch wenn es um die Frage geht, was man tun soll, nicht darum, was man wissen will, besteht eine Lösung darin, den Diskurs über Alternativen zu führen, wo jeder etwas tun kann und tun soll.

Nach Auffassung der Arbeitsgruppe genügen die bestehenden Gesprächsgefäße für den Risikodialog nicht mehr. Es sollten deshalb Entwürfe für prä-parlamentarische Diskussionsebenen erarbeitet werden, um unter Berücksichtigung der vorgenannten Aspekte einen geeigneten Rahmen für den Risikodialog zu schaffen.

Arbeitsgruppe 3

Vorsitz: *Ulrich Vollenweider*
Berichterstatter: *Walter Funk*

1. Allgemeines

(Risiko-)Kommunikation ist offenbar auch ohne vertiefte Fachkenntnisse möglich. Voraussetzung ist, dass der einzelne Gesprächsteilnehmer bereit ist, seine Anliegen offen, ehrlich, aufnahmebereit und verständlich darzustellen sowie bei Bedarf auch in Frage zu stellen. Der Wert vertiefter Kenntnisse im Risikodialog wird aber ohne Einschränkungen anerkannt.

Die heutigen Institutionen und Strukturen sind für den Risikodialog wenig geeignet. Sie haben teilweise versagt. Eine Überprüfung des heutigen Zustandes ist angezeigt; insbesondere ist auch eine grössere Nähe zum Bürger notwendig. Diese Bürgernähe kann u.a. entweder durch die Schaffung neuer, bürgernaher Institutionen oder aber durch den direkten Einbezug des Bürgers in die bestehenden Institutionen erzielt werden.

Einige Stichworte zu ausgewählten Schlagworten aus dem Bereich der Risikokommunikation:

2. "Ressourcentheorie"

Tatsache: Die Ressourcentheorie ist eine der dominierenden soziologischen Theorien der heutigen Zeit.

Bemerkungen:
Diese Tatsache muss als "traurig aber wahr" hingenommen werden. Es ist bedenklich, eingestehen zu müssen, dass derjenige mit der grössten Macht, mit dem meisten Geld ... seine Ansprüche häufig durchsetzen kann. Aufgrund der Ressourcentheorie müssen logischerweise auch zweifelhafte Tauschhändel und Kompromisse in Kauf genommen werden.

Folgerungen:
- Nur die Kenntnis dieser Hintergründe ermöglicht sachgerechte und wirkungsvolle Aktionen der Betroffenen.
- Die mögliche eigene Einstellung "Wie nütze ich mir selbst am meisten?" sollte kritisch überprüft werden.

3. "Offenheit"

Tatsache:
Offenheit wird in zwei Bereichen gefordert:
- Offenheit des eigenen Geistes
- Offenheit des Diskurses

Bemerkungen:
Die Offenheit soll Grenzen haben. Der Nutzen einer "Notlüge" oder die Beurteilung der Lage durch einen Arzt, der einem Patienten eine unangenehme Tatsache eröffnen muss, sollte diese Grenzen zum Bewusstsein bringen. Ein absolut offener Diskurs kann dazu führen, dass einzelne Gesprächsteilnehmer als richtungslose, charakterlose oder orientierungslose Individuen charakterisiert werden.

Folgerungen:
Die geforderte Offenheit ist im Rahmen des "gesunden Menschenverstandes" anzuwenden.

(Es folgt eine Anschlussdiskussion über den Begriff des "gesunden Menschenverstandes".)

4. Verhalten gegenüber Gesprächspartnern

Tatsache:
Der einzelne Gesprächspartner eines Risikodialoges kann auf verschiedenste Weisen "katalogisiert" werden. (Siehe dazu Referat von Herrn Renn):
- fünf kulturelle Grundtypen
- drei analytische Ebenen der Risikokommunikation ...

Bemerkungen:
Aussagen wie "Wer Angst hat, hat immer Recht" belegen, wie komplex die Strukturen in der "Arena" sind.

Folgerungen:
- Die "De-Moralisierung" des Diskurses (vgl. Renn) ist eine wesentliche Voraussetzung, wenn in einer Diskussion "Nägel mit Köpfen" gemacht werden sollen.
- Der einzelne Gesprächspartner muss versuchen, die Denkweise des Anderen zu verstehen, und er muss sich bemühen, seine Argumentation auf einem Niveau zu führen, das für den Gesprächspartner verständlich und akzeptabel ist.
- Die Diskussion bedingt eine fundierte Ausbildung, u.a. in
  - Diskussionsführung und -technik,
  - Kenntnis der gesellschaftlichen Fundamente und Probleme.

5. Massenmedien

Tatsache:
Die Massenmedien verzerren oft die Optik in einer "Arena".

Bemerkungen:
Die Presse/Medienberichterstatter haben eine eigene Dynamik und Denkweise, die meistens nicht wesentlich beeinflusst werden kann ("only bad news are good news" etc.).
Die Berichterstattung erfolgt oft durch Personen, welchen die notwendige Fachkenntnis für ein Problem fehlt.

Folgerungen:
- Die Denkweise der Berichterstatter muss in die eigene Denkweise einbezogen werden. Ziel sollte sein, dass die Medien nicht zu einer Verzerrung der "Arena" führen.
- Soweit möglich soll dafür gesorgt werden, dass die Berichterstattung objektiv bleibt. Extreme Missbräuche der Berichterstattung zur Durchsetzung partikulärer, dem Gesamten nicht dienlichen Interessen, sind zu bekämpfen.

(Einwand der "Presse": Die Berichterstattung findet in einem gewissen Sinne immer im Interesse partikulärer Interessengruppen statt, sodass eine absolute Objektivität meist nicht gewährleistet werden kann.)

6. Bevölkerung

Tatsache:
Die Kluft des Wissens zwischen Fachspezialisten (z.B. Wissenschaftern) und der "Öffentlichkeit" wird immer grösser.

Folgerungen:
- Der Ausbildung der "Basis" (Bevölkerung) ist ein grosses Gewicht beizumessen.
- Auch an den Spezialisten ergeht der Auftrag, sein Wissen ständig zu aktualisieren.
- Die Schaffung von "Übersetzungshilfen", welche dem Spezialisten ermöglichen, sein Wissen in eine der Öffentlichkeit verständliche Form zu bringen, wäre zu begrüssen. (Auch: Ausbildungsproblem).

Arbeitsgruppe 4

Vorsitz: *Hans Bohnenblust*
Berichterstatter: *Carlos Ospina*

Die Gruppe hat folgende Fragen diskutiert:

1. Braucht man neue methodische Ansätze für die Risikokommunikation?
2. Ist der Begriff Risikokommunikation ein Modewort?
3. Unterscheidet sich Risikokommunikation von anderen Kommunikationsfeldern?

Ergebnisse der Diskussion:

a) Kommunikation ist nicht neu und basiert z.B. auf gesundem Menschenverstand. Experten sollen die betreffenden Ergebnisse *"übersetzen"* können und verständlich darstellen; man postuliert nicht, dass heute alles perfekt ist.

b) Wichtigste Voraussetzung für eine sinnvolle Kommunikation ist die Offenheit gegenüber den Ergebnissen *(keine Voreingenommenheit)*; allseitige Bereitschaft, auf Positionskämpfe zu verzichten.

c) Die Risikokommunikation soll auf Schwachstellen im heutigen Kommunikationsprozess aufmerksam machen *(Bewusstsein wecken)*; sie soll nicht neue Methoden/Instrumente liefern, eher den *Dialog kanalisieren und fördern.*

d) Kommunikation heisst nicht nur reden, sondern auch *zuhören können.*

e) Risikokommunikation ist grundsätzlich *nichts Spezielles*; viele Hilfsmittel aus der Kommunikation sind vorhanden, z.B. Kurse, Bücher, Weiterbildung, etc.

f) Risikokommunikation heisst auch *Auswahl bei der Informationsweitergabe.* (Es gibt einen Informationsüberfluss!) Bei der Auswahl muss sich der Fachmann seiner *ethischen Verantwortung* bewusst sein.

g) *Information* über Risiken, Daten usw. sind im Überfluss vorhanden: Publikationen, Datenbanken, Versicherungen, ...

Fazit:

Unser grösstes Risiko ist die Angst vor dem Risiko, *das man nicht versteht;* d.h. dass in manchen Bereichen ein *Kommunikations-Defizit* von Fachstellen vorhanden ist, aber gleichzeitig die Gesellschaft im allgemeinen den Ausdruck und Ergebnisse des Risikokonzeptes sehr unterschiedlich wahrnimmt.

Arbeitsgruppe 5

Vorsitz: *Gustav W. Sauer*
Berichterstatter: *Henner Lappe*

Aus der Diskussion der Gruppe werden drei Schwerpunkt herausgegriffen: Erstens beschäftigte man sich im Hinblick auf die Zielrichtung der Kommunikation mit der Frage nach den Begrifflichkeiten, Konsens und Kompromiss; zweitens ging man ein auf Konsensgefährdungen, die einen direkten oder indirekten Bezug zum Kommunikationsprozess aufweisen; abschliessend wurde kurz die Risikodiskussion als postmodernes Problem thematisiert.

Nach eingehenden Diskussionen zum Thema Konsens und Kompromiss einigte man sich darauf, dass im Risikodiskurs ein Basiskonsens (Fundament) im Sinne eines"Grundgesetzes" gegeben sein müsse, um Kommunikation überhaupt sinnvoll gestalten zu können. Die Minimalbasis kann unter dem Schlagwort "we agree not to agree" umschrieben werden. Aufbauend auf dem Konsens über Grundregeln kann es zu Kompromissen kommen, die im Zeitablauf allerdings als dynamisch bezeichnet und betrachtet werden sollten: Der Kompromiss erlaubt die Bewahrung der Handlungsfähigkeit, stellt zugleich aber immer wieder den Startpunkt für einen neuen Diskurs dar.

Zur klareren begrifflichen Abgrenzung von Konsens und Kompromiss schlug Herr Knoll das skizzierte Modell vor: Vertreten A und B die entsprechend als Kurven gekennzeichneten Positionen (mit einer gewissen Schwankungsbreite), und einigt man sich im Verlauf der Diskussion auf eine Position C, so gilt diese Position C als Konsensposition, wenn A und B für ihre Kurven einen echten Parameterwechsel vorgenommen haben, während C als Kompromiss zu bezeichnen ist, wenn kein Parameterwechsel erfolgt. (Bild 1)

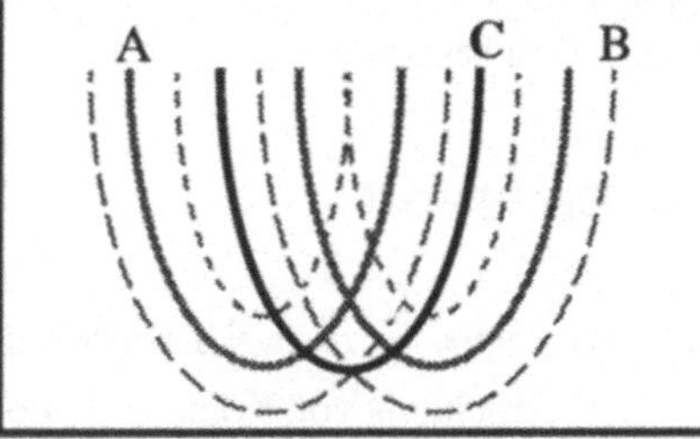

Bild 1: Knoll-Modell

Um den Konsens oder Kompromiss zu erreichen, wird der Dialog und Diskurs als unerlässlich angesehen. Die Gruppe meint jedoch, dass für die am Dialog Beteiligten sowohl "Kochbuch-Rezepte" verfügbar sein sollten, als auch im Lernprozess die Erkenntnisse der Kommunikationsforschung (Renn) Eingang finden sollten. Diese Erkenntnisse werden dabei als notwendige aber nicht hinreichende Voraussetzung für den Erfolg gewertet.

Eine zusätzliche Komplexität des Diskurses wird darin gesehen, dass dieser in einer Gesellschaft zunehmender Individualisierung geführt wird, in der für den Einzelnen die Optimierung seiner je persönlichen Selbstentfaltung im Vordergrund steht (Hedonismus-Tendenz).

Unter dem Stichwort Konsensgefährdung wurde zunächst darauf verwiesen, dass Probleme im Kommunikationsprozess sich sehr nachteilig auswirken können. Auf allen Stufen dieses Prozesses, d.h. vom Sender, dessen Encodierung einer Botschaft, der Vermittlung dieser Botschaft über einen Kommunikationskanal, die Decodierung der Botschaft beim Empfänger und deren Verarbeitung durch denselben, können Verzerrungen auftauchen, die das Dialogziel in Frage stellen.

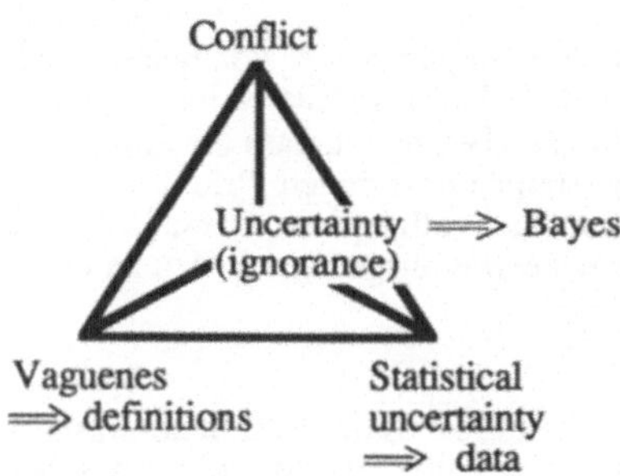

Bild 2: Lind-Modell

Ein zweiter Aspekt, der den Konsens gefährden kann, ist der Umgang mit Ungewissheit; dieser in technischen Modellen häufig durch Annahmen ausgegrenzte Bereich, stellt zumindest vier Fragen: zunächst kann es zu sprachlichen Vagheiten kommen (man spricht von Sand ohne klare Definition). Hier wird die Bedeutung eindeutiger Definitionen deutlich. Zweitens gibt es statistische Ungewissheiten; hier hilft die Sammlung von Daten bei der genaueren Abschätzung dieser Ungewissheiten. Die "uncertainty" ist durch Bayes'sche Methoden in den Griff zu bekommen. Für den als "conflict" bezeichneten Pol liegen keine klaren Vorstellungen über die Lösung vor; möglicherweise ist gerade hier der Ansatz für den Risikodiskurs. (Bild 2)

Als Randbemerkung wurde im Zusammenhang mit Ungewissheit darauf verwiesen, dass Risiko bzw. Sicherheitsmodelle quantitativer Natur diesem Gedanken insofern Rechnung tragen sollten, als Bandbreiten der Sicherheit anschaulicher wären als anscheinend trennscharfe Differenzierungskurven. Im Verständnis von Laien werden "trennscharfe Kurven" nämlich fehlinterpretiert im Sinne "hie – ungefährlich, da – gefährlich".

Konsens kann gefährdet werden auch durch den unreflektierten Gebrauch von Begrifflichkeiten. In der Risikodiskussion geht man zu stark von Begriffen der klassischen Physik wie Kausalität oder Superponierbarkeit aus, von denen man heute weiss, dass sie in ihrer Absolutheit nicht immer zutreffen. Wechselwirkungseffekte sind ein besonders gutes Beispiel dafür, dass nicht schlicht von einem Additionsmodell ausgegangen werden kann.

Auch der Einsatz von Ressourcen im Sinne von Renn (z.B. Geld, Macht, Evidenz) wird bei deren einseitigem Gebrauch als Gefährdung des Konsenses gewertet.

Im Zusammenhang mit der Diskussion des Risikodialogs als postmodernem Problem wurde auf der einen Seite festgehalten, dass die hier diskutierten Ansätze nicht ohne weiteres auf andere Kulturen übertragen werden können und das ethnische Unterschiede zu berücksichtigen sind. Demgegenüber steht eine Entwicklung zunehmend globaler Veränderungen, die einheitliches Handeln erforderlich machen. Als ein Beispiel hierfür sind "intergovernmental panels" wie z.B. das zum Klimawechsel zu betrachten.

Arbeitsgruppe 6

Vorsitz: *Hans Ulrich Scherrer*
Berichterstatter: *Stephan Albrecht*

Die Arbeitsgruppe hat zu zwei Thematiken vertieft gearbeitet

- zur Zielrichtung von Kommunikation,
- zur Entscheidungsfindung

1. Zur Zielrichtung von Kommunikation

Grob können im Zusammenhang des Tagungsthemas zwei (sich selbstverständlich überschneidende) Kommunikationskreise unterschieden werden: ein innerwissenschaftlicher (nach Häfele: intratechnischer) und ein gesellschaftlicher. Die Kommunikationsmethoden, -Voraussetzungen und Ziele sind in beiden Kreisen recht differierend. Im ersteren geht es um eine Verständigung über Methoden und über Ergebnisse, die mit Hilfe bestimmter Methoden gewonnen wurden und (immer) interpretationsbedürftig sind. Konsequenz der innerwissenschaftlichen Kommunikation ist entweder eine Übereinstimmung (Konsens) oder eine Diskrepanz im methodischen und/oder Interpretationsfeld (Dissens).

Die Erfahrung im Umgang mit riskanten technischen Systemen hat gezeigt, dass nicht selten innerwissenschaftliche Diskrepanzen gar nicht, kaum oder erst nach längerem Zögern für weitere Kreise der Gesellschaft offengelegt bzw. ausgetragen worden sind. Da gerade solche Diskrepanzen aber oft einen engen Bezug zu Fragen der Risikoidentifizierung, -abschätzung, -bewertung oder -regulierung haben, erscheint es als sehr bedeutsam, dass sie offenlegt, dass Klärungsversuche und Interpretationsanstrengungen unternommen werden.

Kommunikation im letzteren, dem gesellschaftlichen Kreis, dient einem weiter gezogenen Ziel, nämlich dem der Gestaltung gesellschaftlicher Beziehungen und Verhältnisse. Sie ist insoweit eine praktische Umsetzung des demokratischen Prinzips. Diese Aussage beinhaltet, dass die kommunizierenden Personen und Gruppen recht inhomogene Voraussetzungen mitbringen. Primäre Aufgabe der WissenschaftlerInnen ist in diesem Zusammenhang eine nachvollziehbare Darstellung der zentralen Probleme, soweit mit Methoden der Wissenschaft dazu etwas ausgesagt werden kann.

2. Zur Entscheidungsfindung

Entscheidungsfindung bei riskanten technischen System sollte den Prozess der Entscheidungs*vorbereitung* im Verhältnis zum Entscheidungs*akt* weit gründlicher gestalten als bislang oft geschehen.

Am Beispiel der unumgänglichen Sanierung einer Fabrikdeponie im Wallis, die bereits eine nachweisbare Grundwasserverschmutzung verursacht hatte, studierte die Arbeitsgruppe den Prozess der Entscheidungsvorbereitung. Dabei können folgende Elemente als besonders bedeutsam im Hinblick auf einen konstruktiven Verlauf und die Tolerabilität des Ergebnisses angesehen werden: zunächst die Dringlichkeit einer Problemlösung (liegt im Beispielsfalle auf der Hand: die Deponie kontaminiert Grundwasser). Des weiteren eine kooperative Entwicklung von Handlungszielen (im Beispielsfall: Unternehmen, gemeindliche, kantonale und Bundesstellen). Darüber hinaus eine ergebnisoffene Debatte mit der ansässigen Bevölkerung wie auch mit engagierten Umweltorganisationen (im Beispielsfall WWF u.a.). Schliesslich ist der Zeitfaktor von essentiellem Gewicht (im Beispielsfall neun Jahre bis zur Baugenehmigung für die Deponiesanierung und den modifizierten Weiterbetrieb).

Über den Beispielsfall hinaus kann als wichtig festgehalten werden: im Zusammenhang mit riskanten technischen Systemen bedarf es eines Geflechts von Arbeitsbeziehungen zur Auseinandersetzung um und Klärung von sowohl wissenschaftlichen als auch gesellschaftlichen Diskrepanzen. Insbesondere bei als risikoreich bekannten oder als risikoreich perzipierten technischen Systemen ist ein "step by step"-Vorgehen notwendig, das mit Schleifen und Rekursen versetzt ist (nächster Schritt wird erst dann unternommen, wenn der vorherige ein definiert risikoarmes Ergebnis belegt hat).

Diskussion

Jörg Schneider: Vielen Dank für die schönen und ausserordentlich differenzierten Berichte, die wir da zum heutigen Thema "Kommunikation" gehört haben. Ein Thema, das heute einmal durchgezogen wurde ohne vorzugreifen. Offenbar gibt es nichts mehr vorzugreifen.

Jochen Benecke: Von Herrn Erdmann hörten wir, in der Schweiz sei ein Trend feststellbar zu weniger Offenlegung durch die Behörden, so habe ich das verstanden. Würden Sie das bestätigen?

Hans Reber: Beim Dialog um die Risiken sind auch gesetzliche Vorgaben zu berücksichtigen. In der Schweiz sind vor allem Art. 46 "Auskunftspflicht" und Art. 47 "Information und Schweigepflicht" des Umweltschutzgesetzes (USG) massgebend. Kernpunkt ist die Bewahrung des Vertrauensverhältnisses zwischen Betrieb und Amtsstelle. Einerseits ist der Betreiber einer Anlage zur vollen Offenlegung verpflichtet. Anderseits unterstehen die mit dem Vollzug des Umweltschutzgesetzes beauftragten Personen, ebenso wie die von der Behörde zugezogenen, dem Amtsgeheimnis. Das Fabrikations- und Geschäftsgeheimnis bleibt in jedem Fall gewahrt.
Die zuständigen Behörden können die Ergebnisse der Kontrolle von Anlagen und die Auskünfte nach Art. 46 veröffentlichen, wenn sie von allgemeinem Interesse sind, unter der Bedingung, dass die Betroffenen vorher angehört worden sind. Ergebnisse der Kontrollen sind auf Anfrage bekannt zu geben, wenn nicht überwiegende Interessen entgegenstehen (Art. 47 USG). Bericht und Ergebnis der Umweltverträglichkeitsprüfung können von jedermann eingesehen werden (Art. 9 USG).
Dieser kasuelle Informationsauftrag wird durch einen generellen ergänzt, indem die Umweltschutzstellen die Aufgabe haben, die Öffentlichkeit über den Umweltschutz und den Stand der Umweltbelastung zu informieren, Behörden und Private zu beraten sowie Massnahmen zur Verminderung der Umweltbelastung zu empfehlen (Art. 6 "Information und Beratung" USG). Es handelt sich hier um Informationen aus fachlicher Sicht.
Die Öffentlichkeit hat den Zugang zu Fachinformationen und Beratung durch die Umweltschutzfachstellen, zu den Umweltverträglichkeitsprüfungen und auf Anfrage zu Kontrollergebnissen. Selbstverständlich steht es den einzelnen Unternehmen frei, die Öffentlichkeit eingehender zu informieren. Davon wird auch Gebrauch gemacht, indem Grossfirmen der Chemie eigene Informationskonzepte ausgearbeitet haben.
Unsere gesetzliche Regelung ist restriktiver als diejenige der "Richtlinie des Rates der Europäischen Gemeinschaften über den freien Zugang zu Informationen über die Umwelt", welche bezweckt, "in der gesamten Gemeinschaft den freien Zugang zu den im Besitz der Behörden befindlichen Daten über den Zustand der Umwelt, umweltverschmutzende oder Umweltbeeinträchtigungen hervorzurufen geeignete Tätigkeiten sowie die getroffenen oder beabsichtigten Schutz- und Ausgleichsmassnahmen zu gewährleisten" (Zit.).
Zugang zu den Informationen über die Umwelt im Besitz der Behörden haben alle natürlichen oder juristischen Personen ohne Nachweis eines Interesses. Alle Daten im Besitz der Behörden sind offenzulegen. Verweigerung der Mitteilung sind von den Behörden zu begründen; dagegen kann Rechtsbehelf eingelegt werden. Diese Regelung bewirkt bei mir gewisse rechtsstaatliche Bedenken. Doch wird die Schweiz nicht darum herumkommen, sich im Rahmen der EG-Entwicklung damit auseinanderzusetzen.

Hans Peter Hauri: Ja, eben das ist gerade das Stichwort von Herrn Professor Reber. Es ist falsch zu sagen, es sei in der Schweiz ein Trend zu weniger Offenlegung der Ergebnisse behördlicher Kontrollen zu beobachten. Es ist ganz einfach das Festhalten an den bestehenden gesetzlichen Vorgaben, die Herr Professor Reber jetzt erklärt hat.
Der Trend geht weltweit zu deutlich mehr Transparenz, Offenheit und umfassender Information über Gefahren industrieller Tätigkeiten und Ergebnisse behördlicher Kontrollen. Bereits verabschiedete Beschlüsse und Empfehlungen der OECD werden diese in verschiedenen Staaten eingeleitete Entwicklung zusätzlich fördern.
Die Schweiz möchte diese Entwicklung vorerst etwas beobachten und insbesondere sehen, was andere Staaten mit diesen OECD-Erlassen machen und wie sie diese in ihr nationales Recht umsetzen. Vor diesem Hintergrund ist denn auch eine Revision des Artikels 47 USG keine dringende Notwendigkeit.

Gustav W. Sauer: Ich möchte nur ergänzen was Herr Reber gesagt hat. Im UVP-Gesetz der EG wird nur die Offenlegung der Immissionen verlangt, also nicht z.B. der verwendeten Verfahren; da gibt es nach wie vor den Schutz von Betriebsgeheimnissen wie in der Bundesrepublik. Bei zwei Arbeitsgruppen ist mir aufgefallen, dass als Grenze des Vorgehens der gesunde Menschenverstand angelegt werden sollte. Können wir das ein bisschen näher erläutern, was das ist?

Jörg Schneider: Wer fühlt sich angesprochen durch den Begriff "gesunder Menschenverstand"? Wer hat den gebraucht?

Carlos Ospina: Dies kam in der Diskussion vor, gegen die Alternative (direkte Kommunikation) den Vorschlag zu machen (anstatt methodische Ansätze einzubauen um Sachen in einer "logistischen Form" zu bearbeiten). Es geht darum, zwei Positionen oder Methoden zu überprüfen; so wie um die Frage, wie man systematisch gewisse Informations-Inputs verschiedener Richtungen und auch diese nach Kategorien behandeln könnte, und gleichzeitig durch die Fachleute und Laien doch nicht zu verschiedenen Informationen zu gelangen. Und es gab einen Punkt, wenn ich mich nicht falsch erinnere, von Dr. Fritzsche, der sagte: Gesunder Menschenverstand beim Normalbürger sei vorhanden, und ich glaube, wir alle, unsere Frauen und auch meine Kollegen sind fähig, Sachen zu verstehen, wenn die Formulierungen klar und offen sind. Selbstverständlich ist es dann auch eine Sache der Bereitschaft der Laien, an die Fachleute zu glauben.

Hans H. Siebke: Es geht um die Frage von Herrn Sauer. Ich möchte für unsere Schweizer Kollegen erklären, weshalb ich die kritische Anmerkung von Herrn Sauer verstehen kann. Im Namen des "gesunden Menschenverstandes" wurden bei uns von Sondergerichten Urteile gefällt. Deshalb sind wir besonders empfindlich bei dem Begriff "gesunder Menschenverstand"*

Walter Funk: Ich habe den Begriff gebraucht im Zusammenhang mit der Begrenzung der Offenheit. Ich habe dort gesagt, man sollte die Offenheit relativieren im Rahmen des gesunden Menschenverstandes, stehe sogar jetzt noch dazu. Ich meinte verstanden zu haben, dass irrational das ist, was noch nicht rationalisiert worden ist. Und in diesem Sinn ist für mich persönlich der gesunde Menschenverstand ein Erfahrungsschatz, den ich einfach noch nicht rationalisiert habe, vielleicht auch wegen Zeitmangel; ein Erfahrungsschatz, den ich noch nicht ausdrücken kann, den ich noch nicht in Kriterien ummünzen kann. In diesem Sinn würde ich, wenn ich Mediziner wäre, mir z.B. meinen Gesprächspartner sehr genau anschauen, um zu beurteilen, ob ich ihm sagen soll, er leidet an einer unheilbaren Krankheit oder nicht.

Bruno Righetti: Wesentlicher als das, was die Behörden und Medien über die Risiken in der Industrie der Bevölkerung sagen, ist, was die Industrie in einem direkten und offenen Dialog mit der Bevölkerung diskutiert. Das Problem ist, wie man an die Bevölkerung gelangt. Zu diesem Punkt hätte ich mir hier in Ascona mehr Ideen und Anregungen gewünscht!

Rolf Guggenbühl: Sind Sie sicher, dass das Interesse für die Information nicht vorhanden ist? Die Bevölkerung braucht die offene Information, um sich orientieren zu können. Informationsversammlungen sind bei der breiten Bevölkerung nicht beliebt. Es gibt für die Informationsverbreitung attraktivere Wege der Kommunikation.

Bruno Righetti: Vielfach scheint mir, und einige Erfahrungen haben dies bestätigt, dass das Interesse grosser Bevölkerungsteile an einem Dialog mit der Industrie gar nicht geweckt ist. Vielleicht haben wir nur noch nicht den richtigen Weg gefunden.

Walter Schiesser: Ich möchte etwas sagen zu gesundem Menschenverstand. Hier sollte man kritisch bleiben. Die Möglichkeit des Laien, die Ergebnisse der Wissenschaft zu verstehen, sind sehr begrenzt. Als Journalist habe ich bei meinen Recherchen mehr als einmal erfahren, dass ich nach einem Gespräch mit einem Wissenschafter eine mir plausibel scheinende und damit leicht nachvollziehbare Argumentation übernahm - bis ein zweiter Wissenschafter einen weiteren Aspekt ins Spiel brachte, der die ursprüngliche Schlussfolgerung in ihr Gegenteil verkehrte. Ich meine, dass man als Laie skeptisch bleiben muss gegenüber vordergründiger Plausibilität und selbstkritisch in bezug auf die eigenen Fähigkeiten zur Beurteilung und Gewichtung von Argumenten. Seitens der Wissenschaft sollte man sich davor hüten, beim Laien Illusionen zu wecken.

Ruedi Bühler: Ich möchte noch zwei Aussagen gegenüberstellen. Eine Aussage unserer Gruppe, wo wir uns alle einig waren, dass heutige Strukturen nicht geeignet sind für Risikokommuni-

---

* Redaktionelle Anmerkung: Während der nationalsozialistischen Herrschaft in Deutschland wurde von der Rechtsprechung propagandistisch verlangt, das "gesunde Volksempfinden" über die Gesetze zu stellen.

kation. Bei der Gruppe 4 stand der Satz, welcher vielleicht wegen der Verkürzung etwas verzerrt ist: "Risikokommunikation ist nichts grundlegend Neues, es gibt Bücher, Kurse u.s.w." Das ist für mich ein Widerspruch, über den ich doch gerne noch etwas hören möchte.

Carlos Ospina: Ich habe das aus verschiedenen Bemerkungen und kritischen Punkten zusammengefasst; es kommt nicht einfach aus einer einzelnen Meinung. Gerade bei diesem Punkt (wie ich das verstanden habe) könnte man sagen: da gibt es eine Fülle von Dokumenten! Ich könnte dies nachher mit den Kollegen ein bisschen im Detail diskutieren. Für den Fall Transport, z.B. müssen wir auch auf der ganzen "Ebene" in der schweizerischen Transportproblematik und Kommunikation Bereiche ergänzen. Diese Daten sind vorhanden, und sie basieren auf zuverlässigen Informationen. Es gibt aber auch internationale Datenbanken mit Informationsnetzen und Verbindungen von Washington über Tokyo bis nach Rio u.s.w.

Martin Baggenstos: Zum Problem Offenheit der Information möchte ich kurz etwas sagen. Im letzten Jahr wurde vor allem auf Anregung der Franzosen eine internationale Ereignisskala für Kernkraftwerk-Ereignisse definiert und auch festgelegt, mit der man versucht, die Kernkraftwerk-Ereignisse in allen europäischen Ländern so zu erfassen, dass sie auch von der Bevölkerung verstanden werden. Man hat jetzt diese Skala eingeführt. Sie soll jetzt etwa ein Jahr lang versuchsweise angewendet werden, bei allen Ereignissen. Dann möchte ich auch noch sagen, dass man seit der Nutzung der Kernenergie, jetzt auf die Schweiz bezogen, die Meldungen, die die Kernkraftwerke an die Behörden machen müssen, in einer Richtlinie festgehalten sind. Man hat sich vor allem auf die sicherheitsrelevanten Ereignisse festgelegt. Seit etwa 2 Jahren wurde diese Richtlinie wesentlich geändert, so dass man heute auch Ereignisse melden muss, die nicht sicherheitsrelevant sind, aber von der Bevölkerung wahrgenommen werden können, und da sehen Sie natürlich sofort, dass diese Definition keine absolute Definition sein kann. Man kann relativ einfach sagen, jede Schnellabschaltung müsse man melden, das wird auch gemacht. Aber es gibt immer Ereignisse, deren Meldung unsinnig wäre, deshalb ist der gesunde Menschenverstand auch hier notwendig. Wenn beispielsweise der Operateur im Kommandoraum feststellt, dass die Uhr – hier im Kommandoraum hat es auch eine Uhr – stehen geblieben ist, ist das sicher kein meldewürdiges Ereignis. Es hat mit dem Betrieb direkt nichts zu tun. Es gibt selbst bei der Meldung gegenüber den Behörden einen gewissen Ermessensspielraum, der übrigens in der entsprechenden Richtlinie explizit auch niedergeschrieben ist.

Andreas F. Fritzsche: Ich möchte nur eine Antwort versuchen auf die Frage von Herrn Bühler. Die Bemerkung, die Herr Ospina gemacht hat, geht auf die Feststellung zurück, die man in der Gruppe 4 gemacht hat, nämlich: die Probleme der Risikokommunikation sind nicht neue Probleme, es sind die allgemeinen Probleme der Kommunikation über komplexe Fragen überhaupt.

Reinhard Gubler: Ich möchte eine Ergänzung anbringen zum vermuteten Zusammenhang zwischen dem Ausmass und der Qualität der veröffentlichten Daten für nukleare und andere technische Anlagen und deren möglichen Gefährdung durch Sabotageaktionen. Dieser Zusammenhang wird als Begründung für Nichtveröffentlichung von Informationen oder restriktive Handhabung derartiger Informationen angeführt. In den einzelnen Ländern existieren diesbezüglich sehr unterschiedliche Vorschriften und Vorgehensweisen. Beispielsweise ist dies in den USA gesetzlich genau festgelegt. Alle Dokumente bezüglich des Bewilligungsverfahrens und der Aufsicht über Nuklearanlagen müssen in ein öffentliches Dokumentenverzeichnis aufgenommen werden. Ausser speziellen Dokumenten, die ebenfalls nach einer Vorschrift klassiert werden, sind sie für jedermann ohne weiteres zugänglich. Für das Ausmass der Anlageninformationen in Sicherheitsberichten sind Leitlinien vorhanden. Die Informationslage bezüglich der Nuklearanlagen in den USA ist damit ausgesprochen gut. In der Schweiz und in Deutschland beispielsweise sind diese Informationen dagegen bedeutend weniger leicht zugänglich. Es gibt aber keine Studien, die eine grössere Gefährdung der Anlagen in den USA nachweisen im Vergleich zur Schweiz resp. Deutschland wegen der unterschiedlichen Zugänglichkeit der Informationen. Auf der anderen Seite ist in der Vergangenheit die Diskussion über die Sicherheit von Nuklearanlagen dahingehend behindert worden, dass die Dokumentationslage für Kritiker der Nukleartechnologie offensichtlich schwierig war.

Franz Knoll: Ich möchte nur noch einmal auf den gesunden Menschenverstand zurückkommen. Der ist so viel erwähnt worden, dass ich glaube, dass es wert ist, dazu noch etwas zu sagen. Ich möchte mich nicht auf eine philosophische Definition des Begriffes einlassen, sondern vielleicht sagen, wie ich das erlebt habe. Der gesunde Menschenverstand ist vielleicht nicht ein Denkinstrument, das wir versucht sind, zu gebrauchen wegen des Wortes Verstand, sondern er ist ein Zustand, ein Zustand nämlich, wo alles Selbstverständliche berücksichtigt worden ist, und mit selbstverständlich meine ich damit alles, was jedem gedanklich ohne weiteres erreichbar ist. Fachdiskussionen haben die Tendenz, auf ein spezielles Thema einzufokussieren und alles andere beiseite zu lassen. Der gesunde Menschenverstand ist dafür besorgt, dass alles andere auch mitberücksichtigt wird.

Bruno Fritsch: Ich würde gerne noch auf ein Problem zu sprechen kommen, dass auch in unserer Gruppe erörtert und über das auch hier berichtet worden ist. Aufgeworfen wurde es von Herrn Niehaus: es ist der Zeitfaktor bei der Verarbeitung von Informationen. Wenn man sehr umfangreiche Informationen hat und sehr viel Zeit für die Analyse des Informationsmaterials aufwendet, dann geschieht das nicht als Selbstzweck, sondern im wesentlichen deshalb, weil die Entscheidungsträger die Ergebnisse der Analyse verwenden wollen. Je näher man dann an die Entscheidungsträger kommt, umso grösser in der Regel der Zeitdruck. Also muss man Summaries machen und Summaries von Summaries. Das verändert die Qualität der kommunizierten Inhalte, denn es kommt bei der Komprimierung unweigerlich ein Auswahlkriterium hinein, dass in keiner logischen Beziehung zu der Erarbeitung der Analyse steht, sondern Ausdruck von konkurrierenden Interessen ist.

Hans Jakob Lüthi: Ich habe eine Frage an Herrn Renn. Diese bezieht sich auf das Arenamodell und ich verstehe nicht genau dessen Gehalt. Entweder modelliert man das alltägliche politische Abstimmungsspiel oder es hat etwas Neues. Ich bitte Sie, wenn es möglich wäre, uns das Neuartige an diesem Modell zu erklären.

Ortwin Renn: Dieses Arenamodell ist von dem amerikanischen Politikwissenschafter Lowi in die Diskussion eingebracht worden. In der Bundesrepublik Deutschland hat vor allem Kitschelt das Modell aufgenommen und es auf den Kernenergiekonflikt angewandt. Ich habe es hier mit der sozialen Ressourcentheorie zusammengefügt. Drei Dinge zeichnen eine Arena aus:
1.) Akteure streiten mit der Regelinstanz oder gegeneinander, um Ressourcen zu mobilisieren, die es ihnen erlauben, im politischen Kampf Vorteile zu gewinnen. Diese Ressourcen sind Geld, Macht, Sozialprestige, Wertverpflichtung und Evidenz. Es sind keine Nullsummenspiele, aber es gibt Inflation und Deflation. Wenn ich an jedem einen Orden ausgebe, ist er wertlos; wenn ich nur 1000 Orden ausgebe, dann hat dieser einen sehr hohen Prestigewert. Die Akteure versuchen also, durch die Medien die Öffentlichkeit und andere soziale Gruppen für ihre Belange zu mobilisieren, d.h. Rückendeckung, Unterstützung und Solidarität zu erlangen.
2.) Ein wesentlicher Gesichtspunkt ist das Verhältnis zwischen Regelinstanz und Akteur. Die Regelinstanz kann sich in modernen Gesellschaften nicht mehr alleine auf die Ressource Macht beschränken. Wenn sie sich nur auf Macht abstützt, kommt es zu schwerwiegenden Konflikten, wie im Flughafen Frankfurt-West oder zum Teil auch im Bereich Kernenergie. Regelinstanzen benötigen deshalb andere Ressourcen. Wenn diese Ressourcen knapp sind, dann kann die Regelinstanz drei Dringe tun: a) sie zieht sich zurück, und dann fangen die Akteure an, ihre eigenen Spielregeln zu entwickeln. b) Die Regelinstanz versucht sich Bundesgenossen zu schaffen, etwas Evidenz einzukaufen oder das Sozialprestige von Nobelpreisträgern auszunutzen. c) Die Regelinstanz versucht Macht gegen eine andere Ressource einzutauschen: etwa Sinn. Dies geschieht durch Teilhabe an der Macht, als Partizipation. Durch Partizipation schafft sie Vertrauen, Prestige, Solidarität oder Sinn; d.h. mit dem Austausch kann die Kontrollinstanz wieder ein neues funktionsfähiges System entwickeln. So kann man beispielsweise auch strukturellen sozialen Wandel zumindest teilweise erklären.
3.) Die Rolle der Aktionsvermittler: Im Gegensatz zur normalen Theaterbühne sitzt das Publikum nicht vor der Bühne, sondern vor einer Mauer. Auf der Mauer sitzen die Medien, die dem Publikum berichten, was sich hinter der Mauer auf der Bühne zuträgt. Das Publikum reagiert auf vermittelte Wirklichkeit, nicht auf das wirkliche Geschehen auf der Bühne. Die Medien operieren nach bestimmten Selektionskriterien; es gibt aber keine conspiracy. Für die beliebten Verschwörungstheorien der Medien fehlt jeder empirische Nachweis. Allerdings gibt es Selektionskriterien, die bestimmte Dinge dramatisieren und andere entdramatisieren.
Noch eine Anmerkung zum Punkte Offenlegung aller Risikodaten. Die Offenlegung von "Betriebsgeheimnissen" oder die Offenlegung von Risiko-Potentialen führt in der Regel zu einem geringen Mobilisierungspotential bei der Bevölkerung, wenn es alle tun. Da ist eine ganz wesentliche Erkenntnis, beispielsweise wurden in der Kernenergienutzung alle Störfälle veröffentlicht. Das hat in Umfrageergebnissen dazu geführt, dass die Leute sagen, im Kernkraftwerk passiere ja jeden Tag etwas, während im Kohlekraftwerk nie etwas passiere. Wenn wir äquivalente Systeme mit unterschiedlichen Regeln der Publizitätspflicht behaften, gibt es einen Wettbewerbsnachteil.

Hans H. Siebke: Wir sprechen heute nachmittag sehr intensiv über Probleme der Offenlegung und der Beteiligung und Miteinbeziehung der Öffentlichkeit, und ich meine, wir sollten die Gelegenheit nutzen, dass wir einen Fachmann der Medien unter uns haben. Es stellt sich für mich die Frage, ob wir nicht auch an einer Informationsüberflutung leiden. Der Tag hat nun mal nur eine begrenzte Zahl von Stunden, in denen die Angesprochenen überhaupt Informationen aufnehmen können.
Eine andere Frage ist: Stimmt es wirklich, dass gute Nachrichten keine Nachrichten sind? Wir beobachten doch, dass in der Zeitung jeden Tag eine Prognose abgedruckt wird, nämlich die Vorschau auf das Wetter. So stellt sich für mich die Frage, ob man in einer auf die Gewöhnung zielenden Art nicht auch über Dinge berichten und Prognosen machen sollte, die uns hier und die Öffentlichkeit allgemein interessieren hinsichtlich der aktuellen Probleme des Umweltschutzes, der Risiken aus der Technik und dergleichen. Das hiesse, konstant und ständig zu informieren. Man könnte zum Beispiel eine Prognose über die zu erwartenden Staulängen auf den Autobahnen in der Zeitung machen. Es ist nicht nötig, dass erst, wenn die Situation eingetreten ist, über Radio die Verkehrsteilnehmer informiert werden. Die wahrscheinliche Verkehrssituation liesse sich prognostizieren, so wie auch über die Pollensituation prognostizierend in der Zeitung berichtet wird. Wir sind hier auf der Suche nach neuen Möglichkeiten. Sollten solche prognostizierenden Meldungen über Risikosituationen nicht zur Gewöhnung ausgeweitet werden?

Walter Schiesser: An Generalversammlungen von Firmen oder Vereinigungen wird oft eine Verbesserung der Information gefordert. Ich bin dann allerdings immer wieder erstaunt, wie einseitig von der Produktion und Vermittlung von Information gesprochen wird. Die Empfänger kommen dabei zu kurz - auch hier in Ascona. Es gibt so etwas wie eine unausgesprochene Annahme, dass die Empfängerschaft eine homogene und konstante Grösse darstelle. Man übersieht, wie rasch und wie tiefgreifend sich die Situation bei den Rezipienten ändern kann. Dazu ein Beispiel: Nach der Sandoz-Katastrophe gab der schlechte Zustand der Basler Schutzräume einiges zu reden. Noch am Vortag jedoch hätte ein entsprechender Zeitungsartikel bestenfalls ein Gähnen bewirkt. Man darf auch nicht vergessen, wie hilflos heute die Bürger der wachsenden Informationsflut ausgeliefert sind. Dabei wird die Konkurrenz um den Beachtungserfolg härter. Die Informanten verstärken ihre Aktivitäten und vertiefen damit die Diskrepanz zwischen Informationsangebot und Aufnahmekapazität. Es ist wie in einem Lokal mit schlechter Akustik: Alle reden immer lauter und verstehen immer weniger, bis sie zuletzt die Flucht ergreifen, weil ihnen die Ohren weh tun. Ein Beispiel ist die AIDS-Information: Der Aufwand, der da getrieben wird, um eine einfache Botschaft zu vermitteln, ist gigantisch. Es ist, als käme jemand mit einem Megaphon in eine Versammlung, in der schon alle laut reden. Ich meine, dass auch die wachsende Stimmabstinenz damit zu tun hat, dass sich die Bürger von der Informationsflut überfordert fühlen.

Jean-Pierre Porchet: Wir sind bei unseren Überlegungen zum Thema Kommunikation immer davon ausgegangen, dass unsere Gesprächspartner in der Bevölkerung verunsicherte Bürger sind, die aber im Prinzip redliche Absichten haben. Sie möchten mehr über eine Technologie wissen und dann auch das Recht haben, sie abzulehnen. In der Realität sieht das ein bisschen anders aus. Es hat sicher viele Bürger, die sind echt verunsichert, aber ein grosser Teil der Bevölkerung ist einfach übersättigt und lehnt alles ab. Beispiel: Im Kanton Zürich sollen Reststoffdeponien bereitgestellt werden. Das Gefährdungspotential einer solchen Deponie ist nun wirklich vernachlässigbar. Aber wir stellen trotzdem fest, dass die gesamte Bevölkerung praktisch geschlossen gegen ein derartiges Projekt ist. Ich glaube, dass, wenn man noch Projekte realisieren will, dieses Seminar sich auch mit der Frage beschäftigen sollte, wie der Dialog mit diesen Minderheiten oder manchmal auch Mehrheiten aussehen soll, die im Grunde kein Interesse an Gesprächen haben, sondern grundsätzlich aus egoistischen Gründen (fast) alles ablehnen! Diese Frage ist vielleicht an Herrn Renn gerichtet. Kann man da überhaupt noch kommunizieren, oder muss man solche Fragen auf einer 'strategischen Ebene' lösen?

Miroslav Matousek: Ich möchte an die Ausführungen von Herrn Porchet anschliessen, und zwar an die Problematik der Risikokommunikation. Wir haben heute den ganzen Tag über die Risikokommunikation diskutiert. Wir haben den Vortrag von Herrn Markowitz gehört: Technik gleich Risiko. Ich meine, wir wollen nicht mit Technik Risiken erzeugen, sondern wir wollen einen Nutzen erreichen. Dieser Nutzen setzt voraus, dass Sicherheit formuliert und auch erzeugt wird. Die Sicherheit kostet dementsprechend auch viel Geld. Wir sollen deshalb in Zukunft nicht primär über das Risiko, sondern über die Sicherheit reden. In Bezug auf die Kernkraftwerke ist bereits der Fehler passiert, dass man hauptsächlich über Risiken diskutiert hat. Man hat noch dazu Wahrscheinlichkeitszahlen ins Spiel gebracht und dadurch ein sehr grosses Unsicherheitsgefühl in der Öffentlichkeit erzeugt. Also mein Vorschlag: In Zukunft soll man primär über Sicherheit reden (schliesslich kostet *sie* uns Geld), sie soll dabei stets als Qualitätsmerkmal betrachtet und mit anderen Qualitätsmerkmalen in Verbindung gesetzt werden.

Rudolf Frei: Herr Righetti hat uns gefragt, was man tun könnte, damit die Bevölkerung mehr interessiert sei an Informationen. Ich wollte ihm eine Gegenfrage stellen, werde sie jetzt aufgrund der Diskussion umformulieren, nicht in eine eigentliche Frage, sondern eher eine Richtung anzeigen. Wenn die Bevölkerung ein wirkliches Interesse hat und sieht, dass sie auch noch Einflussmöglichkeiten hat, dann hat sie auch Interesse an Informationen. Meine Frage wäre gewesen: Hat Ihre Firma der Bevölkerung auch schon ein Projekt vorgestellt, *bevor* der Beschluss gefasst war, dass es realisiert wird, mit sämtlichen Konsequenzen, z.B. eine biotechnologische Anlage (bevor sie erstellt wird)? Wird diese mit aller Offenheit der Bevölkerung vorgestellt, dann ein Dialog gesucht und in irgendeinem Verfahren der Versuch gewagt herauszufinden, ob diese Anlage in dieser Form akzeptiert wird oder nicht? Weil nämlich so, wie Sie die Informationen für mich dargestellt haben, ich das Gefühl gehabt habe, die Bevölkerung werde vor vollendete Tatsachen gestellt. Vielleicht eine etwas ketzerische Frage, auf die Sie nicht unbedingt Antwort geben müssen. Ich möchte das als Input verstanden haben, auf welche Art man fragt und in welchem Zeitpunkt.

Bruno Righetti: Ein Beispiel, wo wir die Bevölkerung vorher informiert haben, ist das Projekt einer Sanierung und Neugestaltung der Deponie des Werkes Visp der Lonza. Bei den vielen anderen Projekten ist dies nicht der Fall. Da wird höchstens über die Inbetriebnahme z.B. einer neuen Anlage orientiert (Pressekonferenzen, Pressemitteilungen).

Jörg Schneider: An sich ist das schade, denn irgend wann kommt es dann ja doch raus.

Rolf Guggenbühl: Ich möchte in zwei Punkten Bezug nehmen auf das, was Herr Siebke gesagt hat bezüglich Informationsflut: 1.) Betroffenheit macht es dem Informationsempfänger überhaupt erst möglich, sich aus der Informationsflut jene Informationen herauszuholen, die er braucht. Das setzt aber auch voraus, dass dieser Informationsempfänger so gebildet ist, dass er sein Betroffensein überhaupt erkennt. Vorläufig kann dies in einer Bevölkerung nur eine Elite. 2.) Es besteht zwar eine allgemeine Informationsflut. Es gibt aber gleichzeitig in den weltumspannenden Nachrichtendiensten ein besonderes Erscheinungsbild für neue Informationen von hoher Wichtigkeit: Je kürzer und knapper die allererste Meldung ist, desto bedeutsamer und folgenschwerer ist ihr Inhalt. Unwichtiges wird breit getreten dargestellt.

Walter Schiesser: Herrn Porchet möchte ich folgendes sagen: Die wachsende Aversion gegen Infrastrukturanlagen und vor allem gegen Abfalldeponien ist meines Erachtens aus Rückkoppelungen zwischen der Bevölkerung, den Behörden und Politikern sowie den Medien zu erklären. Fast täglich vernehmen wir, dass sich irgendwo jemand gegen eine geplante Deponie zur Wehr setzt. Wenn nun in einer Gegend ein Projekt auftaucht, so stellt man sich sofort quer, denn weshalb - so wird argumentiert - sollen gerade wir zum Abfallkübel des Kantons oder gar der Nation werden? Bei den Behörden und bei den Politikern, die vielleicht schon nächstes Jahr wiedergewählt werden möchten, ist man erfahrungsgemäss ausgesprochen hellhörig für solchen Protest. Dafür gibt es viele Beispiele. Als vor einigen Jahren der Bündner Regierungsrat zu meinem Erstaunen nur schon gegen Vorabklärungen der NAGRA im Misox Stellung nahm, meinte ein Beamter in Chur, den ich daraufhin ansprach, nicht minder erstaunt: "Haben Sie übersehen, dass wir in Graubünden demnächst Wahlen haben und dass die bürgerlichen Regierungsräte das Feld nicht dem sozialdemokratischen Kandidaten überlassen möchten?" Und wenn man in Graubünden gegen die NAGRA opponiert, weshalb sollte man ihr dann im waadtländischen Ollon entgegenkommen? Oder in Nidwalden? Deponieprojekte zu bekämpfen ist einfach und populär. Doch wie ist dieser Opportunismus zu bekämpfen? Ich habe keine Ahnung.

Ortwin Renn: Erstens: Problembereich Informationsverweigerung oder Diskursverweigerung: Natürlich gibt es Gruppen, die in einer Arena nur gewinnen können, wenn sie sich den Diskurs verweigern. Die werden es auch dann tun, gleichgültig, was Sie als Veranstalter auch anstellen mögen. Wenn ich Ihr Fallbeispiel aber richtig mitbekommen habe, ging es bei Ihnen weniger um Diskursverweigerung als um Probleme, die indirekt mit Risiko verbunden sind, etwa dass der soziale Frieden gestört sei, dass möglicherweise Grundstückspreise fallen u.s.w. Wenn mit einer Risikoquelle kein direkter Nutzen verbunden ist, dann kann man natürlich auch keine Risikoakzeptanz rational erwarten, selbst wenn das Risiko denkbar klein ist. Für den Diskurs ist es deshalb wichtig, deutlich zu melden, welche Vorteile Sie dieser Gemeinde anbieten können, und zwar

nicht im Sinne einer Bestechung, sondern im Sinne von indirektem Nutzen (Steuereinnahmen, Arbeitsplätze u.s.w.).
Zweitens: Wenn Sie die Teilnehmer nicht überzeugen können, am Diskurs teilzunehmen, dann können Sie sich fragen: Habe ich genug Ressourcen, um die Anliegen gegen den Willen der Gemeinde durchzusetzen? Meine These ist, wenn Sie dies nur durch Macht durchsetzen können, dann wackelt Ihr Stuhl. Ein Mindestmass an Vertrauen, Überzeugung oder Evidenz ist notwendig, um über die formale Macht hinaus Anerkennung und Akzeptanz zu erzeugen.

Miroslav Matousek: Ich möchte an dieser Stelle noch folgendes hinzufügen. Wir haben das klassische Problem, dass der Risikoträger nicht der Nutzniesser ist. Eine Gemeinde, die aus einer Aktivität keinen Nutzen hat, wird normalerweise kein Risiko freiwillig eingehen. Ich finde es deshalb überhaupt nicht falsch, dass die betroffene Gemeinde einen Teil vom Nutzen für sich beanspruchen will. Dies kann z.B. in Form einer Entschädigung erfolgen. Diese Entschädigung soll dabei nicht aus politischen Gründen versteckt, sondern offiziell entrichtet werden. Wahrscheinlich ist die Entschädigung die einzige Möglichkeit, das vorliegende Problem einfach zu lösen. Diese Risiko/Nutzen-Betrachtung lässt sich bereits in der Praxis beobachten. Ich möchte hier ein Beispiel erwähnen: Vor kurzem wurde ein im Rheintal geplantes Recycling-Projekt vor der Gemeinde präsentiert. Bei der Präsentation wurde der Bauherr bzw. der Betreiber von den Einwohnern - im Zusammenhang mit den Risiken - ausdrücklich nach dem finanziellen Profit für die Gemeinde gefragt.

Ernst Baumann (begleitet von Bildern über Auswirkungen des SANDOZ-Feuers auf dem Rhein): Wir haben heute viel über Kommunikation gesprochen, wie Risikoempfinden und Risikoeinschätzung weitergegegeben werden sollen. Nebst dem Wissen und dem "Wie" braucht es von den Wissenden persönlichen Mut, sicherheitswidrige bzw. risikoreiche Umstände in Firmen und Organisationen auf die zweckmässige, verantwortliche Stufe zu kommunizieren. Ich komme zurück zur oft zitierten SANDOZ. Es war einiges von dem, was dann am 1. November 1986 passiert ist, einzelnen Leuten bruchstückweise bekannt. Es bestand kein Drang, den Befürchtungen nachzugehen, sie zu einem Bild zu verdichten - was passieren könnte - und in plastischer Darstellung den entsprechenden Leuten, eventuell sogar bis zum Präsidenten, zu sagen: Das könnte passieren! Die Situationen, die beunruhigen, gehören oft zum Ereignis-Typ "unlikely but possible". Gelingt es aufzuzeigen, dass mit der Nichtakzeptanz der Auswirkungen durch die Betroffenen zu rechnen wäre, ist schon viel für die Risikokommunikation gewonnen. Dies an rechter Stelle zu sagen, braucht Mut und Engagement.
Noch eine Bemerkung zur Offenlegung von Risikobegebenheiten: In meiner Arbeit als Risikoingenieur eines Versicherers will man vor allem wissen, was wahrscheinlich und unter ungünstigen Bedingungen passieren könnte und was dies kosten könnte. Dazu verlangt man von uns Ereignisszenarien; diese umfassen glaubwürdige, sowohl mittels Erfahrung belegbare als auch ungewöhnliche Ereignisse. Die Bereitschaft, sich mit den Szenarien auseinanderzusetzen, ist z.B. in der chemischen Industrie der Schweiz gut, für die meisten übrigen Industrien wird uns noch zu oft bedeutet, diese Szenarien im Hinterkopf zu behalten. Dies ist auch ein Massstab für die Offenlegung von Risikogegebenheiten. Wir müssen gerade darin noch gewaltige Fortschritte machen. Dazu braucht es von uns allen persönlichen Mut und Engagement.

5

Schlussberichte, Abschlussdiskussion und Kommentare

Umschreibung des Themas

Es soll versucht werden, die wesentlichen Ergebnisse der Diskussionen in den Arbeitsgruppen zusammenzufassen und Schlussfolgerungen für die Arbeit am Polyprojekt "Risiko und Sicherheit technischer Systeme" herauszuarbeiten. Die anschliessende Abschlussdiskussion im Plenum soll den Themenkreis vertiefen und ausweiten.

Schliesslich finden sich hier zwei Kommentare, die in gewissem Sinn als Versuche einer Zusammenfassung gelten können.

Inhaltsverzeichnis

Schlussberichte aus den Arbeitsgruppen

Arbeitsgruppe 1

Berichterstatter: *Bruno Fritsch*

Worüber in der Arbeitsgruppe im Laufe der Tage gesprochen wurde:

- Kulturspezifische Einschätzung von Gefahren
- Die Wahrnehmung von Wahrnehmungsunterschieden soll perzipiert werden.
- Die Notwendigkeit der Verdrängung: ohne Verdrängung kann der Mensch nicht leben.
- Mehrdeutigkeit auch der naturwissenschaftlichen Resultate
  - Wahl des Ansatzes
  - Verfügbarkeit von Datenmaterial
  - Messfehler
  - Grosse Differenzen im Resultat bei Modellrechnungen als Folge von geringen Unterschieden von Parameterwerten
- Facts and Values – Grauzonen
- Neue Qualitäten und Dimensionen des Risikobegriffs
- Erzwungene versus freiwillige Vertrauenshandlungen
- Reaktion auf erzwungene Vertrauenshandlungen: Verweigerung, Moratorium-Nein
- Verschiedene Handlungskonzepte von Realität
- Grauzonen: Bedarf an allgemein verbindlichen Ordnungsprinzipien, unterschiedliche Empirieverständnisse (Naturwissenschaft, Ingenieur, Sozialwissenschaft)
- Die Rolle auslösender Ereignisse, die als solche nicht vorausgesagt werden können, jedoch eine Sequenz von Ereignissen auslösen, die ihrerseits voraussagbar sind
- Unterschiedliche Wahrscheinlichkeitsbegriffe bei Ingenieuren und Mathematikern. Bei den Ingenieuren ist die Wahrscheinlichkeit nicht gleich relative Häufigkeit, sondern beinhaltet auch einen subjektiven Vertrauensfaktor.
- Komplexitätenreduktionen
  - in der Wahrnehmung
  - in der Politik
  - im Handeln
- Das Bedürfnis des Menschen nach Risiko: Risiko als "Produktionsfaktor" von Selbstbestätigung
- Kontraproduktivität der Risikovermeidung (diejenigen Autofahrer, die einen Schleuderkurs gemacht haben, weisen eine höhere Unfallrate auf als die anderen, weil sie ihre neu errungenen Kenntnisse voll ausnützen)
- Duale Wirkung der Sozialverträglichkeitsprüfung: einerseits mehr Akzeptanz, andererseits grösserer Zeitbedarf für Entscheidungen, d.h. geringere Handlungsfähigkeit, und damit Defizit gegenüber dem Handlungsbedarf
- Zeitbedarf des Verständniserwerbs im interdisziplinären Diskurs
- Die Rolle der Medien (print und elektronisch)
- Wissenskategorien
  - Diskurswissen
  - Topisches Wissen
  - Szenarisches Wissen
  - Orientierungswissen
  - Bedeutungswissen
- Verunsicherung des Menschen wegen der Schnelligkeit der Veränderungen: mehr Angst, mehr Verweigerung, weniger Akzeptanz;
  Das menschliche Mass bezüglich der Zeit ist noch nicht hergestellt. Damit zusammenhängend: internationale Regelung des Technologie-, Diffusion- und Transferprozesses
- Überraschend ist nicht die geringe, sondern die grosse Akzeptanz (Weber). Beispiel: Kinder am Computer
- Kognitive Dissonanz (Leo Festinger)
- Akzeptanz als Funktion von Vertrauen, Ablehnung der Funktion von Angst
- Wie entstehen Semantiken und Denkmuster? Bedeutung von Deutungsmustern zur Konstitutionierung von Realität (cognitive mapping), Bedeutungswissen, kognitive Profile etc.
- Ausdifferenzierungen von Teilsystemen. Jedes System hat seinen Code der Kommunikation. Auf gesamtgesellschaftlicher Ebene gibt es kein Medium, das eine Kommunikation von Sinn-

evidenzen der Teilsysteme garantieren würde. Um dies zu erreichen, sind Institutionen notwendig: ihre Bedeutung zur Herstellung von systemübergreifenden Kommunikationsinhalten und Vergleichbarkeiten (Wirtschaftsordnung, Markt, Rechtsordnung)
- Paradoxien:
  • Bei der wissenschaftlichen Aufarbeitung der Phänomene den Inkommunikabilitäten gelangen wir zu Konzepten und Theoremen, die ihrerseits noch weniger kommunikabel sind.
  • Jemand, der alles in Zweifel zieht, erwirbt Glaubwürdigkeit.

Arbeitsgruppe 2

Berichterstatter: *Hans Reber*

Aus den Tagesberichten lässt sich eine weitgehende Übereinstimmung zwischen den Gruppen herauslesen. Um der Gefahr von unfruchtbaren Wiederholungen zu entgehen, hat mir die Gruppe 2 konsentiert, aus dem Jahrmarkt der Betrachtungen, Erfahrungen und Ideen, den wir dank der ausserordentlichen Qualität seines Angebotes in vollen Zügen genossen haben, einige Themen herauszuschälen, die eine persönliche Systematisierung zahlreicher Brainstorming-Beiträge sind.

1. Risikodialog

Die Gruppe hat von Anbeginn an auf den Risikodialog hingearbeitet. Als ein zentrales Problem hat sich die Verweigerung des Dialoges herauskristallisiert. Diese ist nicht mit noch so raffinierten Angeboten zum Gespräch zu lösen, sondern ruft nach Strategien zur Konfliktbewältigung. Verweigerung ist nicht nur beim Partner zu finden, sondern oft schon beim Anbieter des Dialoges. Wie müssen *wir* uns verhalten, dass man nicht *uns* Dialogverweigerung vorwirft? *Selbsterforschung* sollte die billige Forderungshaltung anderen gegenüber ablösen; unsachliche Formulierungen, Aggressivität und abschätzige Urteile signalisieren von vorneherein mangelnde Dialogbereitschaft.

Als Grundlage für den Risikodialog kommt der *Quellenkritik* wesentliche Bedeutung zu. Der so häufig als "berühmter" Experte Zitierte erweist sich meist als Flop. Je ferner er wohnt, desto eher. Zitate muss man stets im Original nachlesen. Folgerungen dürfen nur von verbürgten, überprüften und überprüfbaren Fakten abgeleitet werden, damit nicht unzutreffende Feindbilder aufgebaut werden, die den Dialog von vorneherein erschweren oder verunmöglichen.

Aufgefallen ist der niedrige Stellenwert, der dem Beispiel eingeräumt worden ist, und sich als Furcht vor Rezepten geäussert hat. Die Allgemeingültigkeit von Verfahren basiert auf der Abstraktion, diese wiederum leitet sich aus den tatsächlichen Gegebenheiten her und hat sich an ihnen zu bewähren. Anleitungen sind unerlässlich zum Einstieg in komplexe Verfahren, unter der Bedingung allerdings, dass sie nicht stur befolgt werden, sondern als Gerüst dienen, das nach Bedarf aufgrund der Ziele und der Erfahrungen modifiziert wird.

Aus dem iterativen Prozess, welcher der Umfassenden Risikoanalyse des Kantons Basel-Stadt zugrunde liegt, habe ich gelernt, wie notwendig es ist, einen *konzeptionellen Teil voranzustellen*, bevor überhaupt eine Untersuchung begonnen wird. Er betrifft
- die zu erreichenden Teilziele
- die Auslegeordnung der Probleme und der Randbedingungen
- die idée de manoeuvre
- ein Konzept der Zusammenarbeit mit verschiedenen Instanzen
- ein Informationskonzept für Amtsstellen, Verursacher und Öffentlichkeit
- ein Glossar.

Eine eindeutige *Terminologie* ist eine Hauptvoraussetzung für den Dialog. Benötigt werden nicht semantisch ausformulierte Definitionen, sondern eine qualitative Charakterisierung der Begriffe, die provisorisch akzeptiert wird, jedoch offen bleibt, sodass sie im weiteren Verlauf anhand der Erfahrungen überprüft und geändert werden kann. Als Beispiel sei der Begriff des Risikos angeführt.

2. Das Paradoxon Produktformel

Es wurde als Paradoxon vermerkt, dass die Produktformel für das Risiko $R = A \cdot E$ (A = Schadensausmass, E = Eintretenswahrscheinlichkeit) zwar in Frage gestellt, doch regelmässig verwendet wurde. Sie sollte daher auf ihre Tauglichkeit und ihre Schwächen überprüft werden. Ich möchte dazu einige Thesen vorlegen.

These 1
Die Produktformel läuft auf eine Division hinaus und gibt die Schadenfraktion pro Zeiteinheit. Sie gilt für den *Sonderfall*, dass das Risiko reparabel und (ver)teilbar ist. Das Schadensausmass muss in Geld umgemünzt werden können. Immaterielle Schäden werden dabei nicht oder symbolisch (Schmerzensgeld, Genugtuungssumme) abgegolten. Im Versicherungswesen, woher sie auch stammt, leistet sie beste Dienste, ist aber nicht geeignet, die ganze Tragweite eines Risikos zu vermitteln. Im Grunde genommen ist sie nämlich nicht die Beschreibung des Risikos, sondern eine präventive Tilgungs- bzw. Reparaturrate.

These 2
Ein *einmaliger Schaden* ist *unteilbar*. Der durch ein einmaliges Ereignis verursachte Schaden stellt eine Einheit nach Zeit, Ort und Schwere dar. Beispiel: In einer bestimmten Region würden jährlich 120 Personen durch Verkehrsunfälle spitalbedürftig. Bei einer mittleren Spitalaufenthaltsdauer von einem Monat müssten durchschnittlich 10 Betten vorgehalten werden. Bei einer Katastrophe, die bei einer Eintretenswahrscheinlichkeit von 10^{-3}/Jahr 120'000 Verletzte fordert, werden alle 120'000 Betten auf einmal benötigt; es hilft nicht, während 999 Jahren 10 Betten freizustellen!

These 3
Der einmalige Schaden ist *unter*teilbar. Der Schaden besteht sehr oft aus verschiedenen Schadensarten, z.B. Explosions- und Brandschaden. Die durch gleichzeitige Einwirkung mehrerer Schadensarten entstehenden Kombinationsschäden weisen einen höheren Schweregrad auf als aufgrund der Einzelschäden zu erwarten wäre. Ein Polytraumatisierter z.B. hat geringere Heilungschancen als wenn jeder Schaden für sich auftreten würde.

These 4
Das Schadenausmass steigt überproportional und sprunghaft an. Bei Grosskatastrophen ist das Schadenausmass meist ganz erheblich grösser als die Summe der Einzelschäden, obschon die primären objektbezogenen Einzelschäden die gleichen sind wie bei kleineren Havarien. Geschädigt oder zerstört werden auch die Vernetzungen der betroffenen Lebensgemeinschaft und damit unter Umständen die Strukturen des Systems. Die Zerstörung von Vernetzungen kann zusätzlich irreparable oder langfristige Verluste ganzer Systeme bedingen. In die Beschreibung des Risikos gehört somit zusätzlich ein Schwerefaktor ρ. Dieser ist nicht identisch mit dem psychischen Aversionsfaktor von Schneider-Bohnenblust. Aber wie es die Erfahrung lehrt, steckt hinter einer psychischen oft auch eine physische Realität.

These 5
Das Schadensausmass kann sich im Anschluss an das Ereignis erweitern, indem neben den primären havariebedingten Schäden sekundäre Schäden durch Rettungsmassnahmen oder deren Ungenügen auftreten, z.B. Löschmassnahmen, Schwierigkeiten in der medizinischen Versorgung. Herr Sauer hat daher einen zusätzlichen "Hilfefaktor H" vorgeschlagen.

These 6
Der einmalige, grosse, seltene Schaden ist als etwas Besonderes anzusehen; er ist nicht ohne weiteres mit den kleinen repetitiven Schäden vergleichbar. Die Ahnung, dass hinter einem einmaligen Grossschaden mehr steckt als die Summe von Einzelschäden, erklärt vielleicht teilweise das als "irrational" empfundene Verhalten, dass sie im Gegensatz zu repetitiven Einzelschäden nicht oder schlechter akzeptiert werden.

These 7
Es ist zweckmässig, die Risikobetrachtung in zwei Stufen ablaufen zu lassen, indem *Emissionsrisiko* und *Immissionsrisiko* auseinandergehalten werden. Das Emissionsrisiko bezieht sich auf das Gefahrenpotential einer Anlage, das Immissionsrisiko auf das Schadenausmass am Orte des Ereignisses. Das zu erwartende Schadenausmass ist eine bedingte Grösse mit vielen und nur schlecht abschätzbaren Variablen. Es wird beeinflusst durch die lokalen und zeitlichen Besonderheiten (Topographie, Witterung, Besiedlung, Gewohnheiten usw.) und schliesst seinerseits mehrere Wahrscheinlichkeitsüberlegungen ein.

These 8
Das Gefahrenpotential ist die in einem Objekt schlummernde Möglichkeit, schadenbewirkende Energien freizusetzen. Das Gefahrenpotential wird in Einheiten der freigesetzten Energiearten ausgedrückt (mechanische Energie, Radioaktivität usw), unter Berücksichtigung des Verlaufes der Ausbreitung.

3. Vorschlag für eine Charakterisierung des Risikos:

Wir schlagen folgende Schreibweise vor:

$$R_{SE} = f\,(GP_1 \ldots GP_n);\ (E)$$
$$R_{SI} = f\,(A_1 \ldots A_n);\ (E_1 \ldots E_n);\ \rho;\ H.$$

wobei

R_{SE}:	Emissionsrisiko eines Systems (Werkanlage, Objekt)
$GP_1 \ldots GP_n$:	Gefahrenpotential nach freigesetzten Energien 1 - n
R_{SI}:	Immissionsrisiko eines Systems
$A_1 \ldots A_n$:	Schadenausmass der Schadenarten 1 - n
$E_1 \ldots E_n$:	Eintretenswahrscheinlichkeit der Schadenarten 1 - n
ρ:	Schwerefaktor
H:	Sekundäre Schäden

A_i; E_i bilden ein Zahlenpaar, darstellbar in einer Matrix, nicht aber eine komplexe Zahl. Damit wären wir beim Laienmodell von Herrn Renn.

4. AKW-Risiken versus Chemie-Risiken

Ich habe den Eindruck mitbekommen, dass sich aus den Betrachtungen der AKW keine neuen grundsätzlichen Erkenntnisse für die Risikobetrachtung mehr ableiten lassen. Die nahe Zukunft gehört den chemischen, sowie den übrigen Risiken (Gentechnologie usw.)

Sowohl bei den AKW wie bei der Chemie ist das Ziel die Vermeidung bzw. die Reduktion der Gemeingefahr, d.h. der Gefährdung von unbeteiligten Dritten ausserhalb des Werkes. Bei den AKW ist das Gefahrenpotential nicht unter einen (recht hoch liegenden) Grenzwert absenkbar. Die Minimierung des Risikos muss demnach durch eine Verminderung der Eintretenswahrscheinlichkeit eines Störfalles, d.h. durch Sicherheitsmassnahmen angestrebt werden. Daher steht die probabilistische Analyse im Zentrum.

In der Chemie bedeutet eine Havarie, dass die Sicherheitsmassnahmen versagt haben. Sie können dort nicht so weit getrieben werden wie bei einem AKW. Die Minimierung der Gemeingefahr muss daher primär durch eine Reduktion des Gefahrenpotentials erfolgen, was andere, bzw. ergänzende Analyseverfahren bedingt. Die Fragestellung heisst dort nicht: "Was kann passieren?", sondern: "Was darf *nicht* passieren?" (Schlettwein-Gsell). Bei der Beurteilung von Chemierisiken findet demnach gegenüber den AKW-Risiken eine wesentliche Gewichtsverschiebung statt.

5. Zum Dialog

Der Dialog spielt sich zwischen vier verschiedenen Gruppen ab, von denen jede ihre besonderen Eigentümlichkeiten aufweist. Dazu kommt, dass jede Gruppe noch ihr eigenes Süppchen zu kochen pflegt.

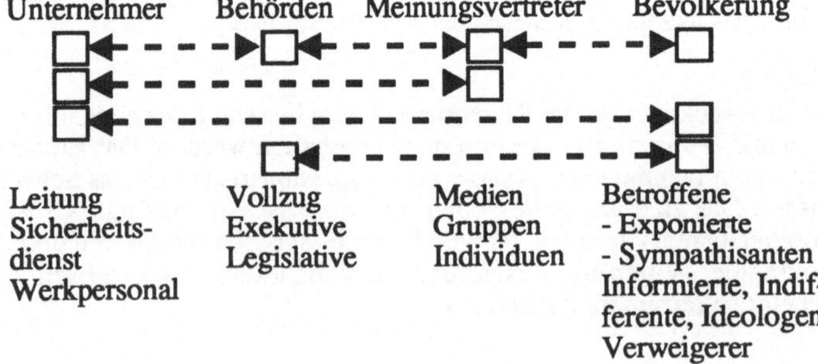

An die Behörden und Unternehmer können wir Anforderungen an die Art ihrer Dialogführung richten, an die Meinungsvertreter und die Bevölkerung können wir, wenn überhaupt, nur Wünsche äussern.

Dem Misstrauen gegenüber Unternehmer und Behörden liegt etwa der Verdacht zugrunde, es sei ihnen lediglich um die Maximierung des eigenen Nutzens zu tun. Man geht von der (eigenen?) Grundhaltung des Eigennutzes aus, welches Vertrauen ausschliesst. Wir täten gut daran, neben dem offiziellen platonischen Menschenbild auch diese Möglichkeit bei den Erwägungen über den Dialog zu berücksichtigen.

Arbeitsgruppe 3

Berichterstatter: *Willy A. Schmid*

1. Voraussetzungen

Welche Risiken eingegangen und welche Sicherheiten gewährleistet werden sollen, ist so lange eine Frage der individuellen Einschätzung, wie sie auf das einzelne Individuum, das die Risiken eingeht, bezogen bleibt. Die Beurteilung aber von kollektiven Risiken, Risiken, die nicht freiwillig auf sich genommen werden, kann nicht alleine Privaten oder privaten Gruppen überlassen bleiben. Der Staat hat hier die Aufgabe, zum Schutze der sozial Schwächeren ordnend einzugreifen. Die Steuerung und Lenkung von Risiken im Raum und über die Zeit und die Festlegung von Sicherheitsstandards ist somit eine wichtige Aufgabe des Staates. Insbesondere stellen die Minimierung von Risiken und damit die Maximierung der Sicherheit eine gesellschaftliche Zielsetzung dar. Diese Zielsetzung ist aber Teil des gesellschaftlichen Zielsystems, das sich dadurch auszeichnet, dass es nicht konfliktfrei ist und sich Ziele somit gegenseitig konkurrenzieren. Die Sicherstellung einer wirtschaftlichen Energieerzeugung zum Beispiel ist ebenso ein zentrales Ziel wie der Anspruch der Bevölkerung auf Sicherheit vor Beeinträchtigungen durch diese Energieversorgung. Es stehen sich demnach nicht allein private und öffentliche Zielsetzungen gegenüber, sondern insbesondere im Zusammenhang mit der Risikominimierung und Sicherheit öffentliche gegen öffentliche. Diese Zielkonflikte sind in einem gesellschaftlichen Prozess immer wieder neu zu lösen. Es ist letztlich eine Frage der Werthaltung der Gesellschaft, wieviel Risiko im Vergleich zum Nutzen zu akzeptieren ist. Risiko- und Sicherheitsfragen beschränken sich nicht allein auf die Errichtung von Kernkraftwerken oder die Gentechnologie. Diese Fragen erfassen alle Lebensbereiche. Risikominimierung und Festlegen von Sicherheitsstandards sind das Resultat eines politischen Abwägungsprozesses.

Daraus ergibt sich konsequenterweise, dass Lenkung und Steuerung von Risiken über Raum und Zeit nicht allein zum Schutze des sozial Schwächeren eine staatliche Aufgabe sein muss, sondern insbesondere auch wegen der Konfliktbereinigung von sich konkurrenzierenden öffentlichen Zielen. Nicht zuletzt sind aus diesem Grund die Bemühungen um die Errichtung des Kernkraftwerkes Kaiseraugst in einem Fiasko geendet. Es wurde nicht erkannt, dass grundsätzlich ein privater Betreiber nicht für den Staat die Konflikte zwischen den öffentlichen Zielsetzungen lösen kann. Die Wahl eines möglichen Standorts wäre in diesem Beispiel Sache des Staates gewesen.

Diese Aufgabe des Staates der Lenkung und Steuerung von Risiken in Raum und Zeit ist zudem eine in hohem Masse querschnittsorientierte Aufgabe, da, wie schon angesprochen, jede Tätigkeit des Menschen Risiken impliziert und als Gegenstück daraus Sicherheitsbedürfnisse weckt. Damit entsteht für die Erfüllung dieser Aufgabe ein hoher Koordinationsbedarf. Es sind alle Tätigkeiten des Menschen in bezug auf Risiko und Sicherheit miteinander zu koordinieren. Eine Sektoralisierung von Risiko- und Sicherheitsfragen wäre fatal, da sich der Mensch weder als einzelner noch als Gruppe der Summe der Risiken entziehen kann. Risiken, die wie Menschen erfahren, sind immer integrierte und keine sektoralen.

Hier ist festzuhalten, dass der gesellschaftliche Diskurs zu Fragen von Risiko und Sicherheit erst begonnen hat. Es bestehen nur ansatzweise Mechanismen zur Lösung von Zielkonflikten und kein Instrumentarium mit Ausnahme desjenigen der Raumplanung, um den Koordinationsbedarf abzudecken. Insbesondere sind das Verhältnis von Risiko und Sicherheit zum Umweltschutz und zur Raumplanung nicht geklärt.

Allerdings greifen alle Massnahmen zu kurz, wenn sich diese nicht auf eine aktive Risiko- und Sicherheitspolitik abstützen können, deren Aufgabe es ist, die laufenden Risiko- und Sicherheitsprobleme zu bewältigen.

2. Problemfelder

Vor diesem Hintergrund hat die Arbeitsgruppe zwei Problemfelder identifiziert und diskutiert:

2.1 Von der Risikominimierung zur Nutzenoptimierung

Als optimiert soll ein Nutzen dann gelten, wenn mit möglichst geringerem Einsatz von Produktionsmitteln sich ein Maximum an Nutzen bei minimalen Risiken erzielen lässt. Dies lässt sich nur unter der Voraussetzung sinnvoll durchführen, dass sich Risiken vergleichbar mit dem Nutzen bewerten (qualifizieren) lassen und zudem die Rahmenbedingungen formuliert sind. Risikominimierung erfolgt somit nach dem Effizienzkriterium.

Doch kann dieses Kriterium der Effizienz nicht allein massgebend sein und zudem gelingt es bis heute nicht, Nutzen und Risiken in ihrer Mehrdimensionalität vergleichbar zu machen.

Für die Steuerung und Lenkung von Risiken sind daher die folgenden drei Elemente zu berücksichtigen:

- der ordnungspolitische Rahmen:
  Risikosteuerung und -lenkung bedarf eines ordnungspolitischen Rahmens, der die Werthaltung der Gesellschaft widerspiegelt.
- die marktwirtschaftlichen Mechanismen:
  Immer dort, wo dies zweckmässig ist, sollen bei der Risikominimierung und Nutzenmaximierung Marktmechanismen zum Tragen kommen und damit das Effizienzkriterium massgebend sein.
- der Vollzug:
  Eine aktive Risikopolitik auf allen Stufen hat in Koordination mit anderen Politiken den Vollzug der Risikosteuerung und -lenkung zu gewährleisten.

2.2 Prinzipien und Verfahren der Risikosteuerung und -lenkung

Im Zusammenhang mit dem zweiten Problemfeld "Prinzipien und Verfahren der Risikosteuerung und -lenkung" standen in der Diskussion folgende 3 Punkte im Vordergrund:

- Nach welchen Prinzipien und Verfahren sollen Grundsatzentscheide in der Abwägung zwischen Technologieeinsatz und erzeugten Risiken erfolgen? In einer Demokratie entscheidet dies zunächst einmal die Mehrheit. Doch kann dies, wie die politische Diskussion um Risiken zeigt, nicht allseitig befriedigen. Man war sich in der Gruppe einig, dass die Betroffenen in diesen Entscheidungsprozess in geeigneter Form einzubeziehen sind. Allerdings war man sich über die geeignete Form nicht im klaren. Die Popularbeschwerde wurde zwar abgelehnt, doch wünschte man sich eine möglichst breite Abstützung in der Bevölkerung.
  Ein weiteres grundsätzliches Problem stellt in diesem Zusammenhang die Tatsache dar, dass Entscheidungen und somit auch solche Grundsatzentscheidungen immer aufgrund unvollständiger und unscharfer Informationen zu fällen sind.
- Wie sollen Verteilungsungerechtigkeiten behandelt werden? Insbesondere beim Einsatz von Grosstechnologien sind diejenigen, die einen Nutzen aus der Anwendung einer Technologie ziehen, nur zum kleineren Teil deckungsgleich mit denjenigen, die die Lasten, in diesem Zusammenhang Risiken, tragen. Die Fragen, die nicht beantwortet werden konnten, lauten: Sollen Verteilungsungerechtigkeiten kompensiert werden und, wenn ja, wie?
- Grundsatzentscheidungen lassen sich nur dann fällen, wenn diejenigen, die zu entscheiden haben, die notwendigen Entscheidungsgrundlagen vorliegen haben und die notwendige Kompetenz in der Sache aufweisen. Dies soll der Risikodiskurs gewährleisten. Wie ein roter Faden soll dieser alle Ebenen der Entscheidfindung erfassen; von der abstrakten allgemeinen Ebene der Festsetzung des ordnungspolitischen Rahmens bis hin zur Beurteilung und Realisierung eines konkreten Projektes.

3. Diskussionsschwerpunkte

In all ihren Diskussionen ist die Arbeitsgruppe 3 immer wieder auf die Frage der Schutzziele und den Risikodiskurs zurückgekommen.

3.1 Schutzziele

Zunächst ist festzuhalten, dass Schutzziele nichts anderes als den Massstab für die Bewertung von Risiken darstellen. Charakteristisch für solche Schutzziele ist:

- Sie lassen sich allein problemorientiert mittels entsprechender Kriterien beschreiben. Für Risiken, die jemand auf sich nimmt, indem er z.B. im Stossverkehr Velo fährt, sind andere Schutzziele und damit Kriterien massgebend, als für Risiken, die jemand einzugehen hat, indem er in der Nähe eines Kernkraftwerkes lebt.
- Nicht alle Schutzziele lassen sich quantifizieren. Quantifizierbare und nicht quantifizierbare Schutzziele sollen gleichberechtigt nebeneinander stehen.

Zur Ermittlung der Schutzziele ist festzuhalten, dass zwar nicht *die* Methode zu deren Ermittlung existiert, dass aber doch zwei konzeptionelle Ansätze bestehen, die es miteinander zu verbinden gilt. Der eine Ansatz ist eher analyseorientiert, beim anderen liegt der Schwerpunkt bei der Synthese.

Der analyseorientierte Weg geht von einem bestimmten Stand der Technik und einer bestimmten Technologie aus. Aufgrund der gewählten Technik lassen sich durch entsprechende "Analysen" Risiken ermitteln. Diese Risiken lassen sich in Relation zum Stand der Technik als akzeptabel oder als nicht akzeptabel bewerten. Sind sie nicht akzeptabel, so wird man versuchen, die angewandte Technik zu verfeinern, bis ein Resultat erzielt wird, das befriedigen kann. Entscheidend ist bei diesem Ansatz, dass sich die Schutzziele wesentlich am Stand der Technik orientieren.

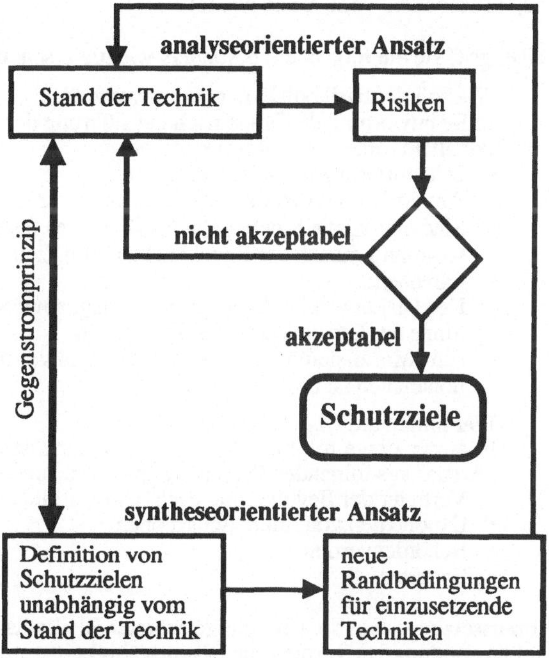

Beim syntheseorientierten Ansatz wird von gegebenen Schutzzielen ausgegangen, ohne sich um den Stand der Technik zu kümmern. Durch diese Schutzziele werden Randbedingungen für die einzusetzenden Techniken definiert, und es ist in der Folge eine Technik zu wählen, die das Einhalten der Schutzziele gewährleistet.

Beide Ansätze für sich allein genommen werden kaum zum Ziele führen. Allein aufgrund des Standes der Technik ermittelte Schutzziele dürften kaum in allen Fällen die notwendige Akzeptanz finden. Ebenso ist es unrealistisch, davon auszugehen, dass sich der technische Fortschritt beliebig beschleunigen lässt, um einmal definierte Schutzziele zu erreichen. Es gilt somit, das eine zu tun und das andere nicht zu lassen. Beide Ansätze sind gleichzeitig aufeinander abgestimmt anzuwenden. Ein solches Vorgehen wird in der Planung als Anwendung des *Gegenstromprinzipes* bezeichnet.

Diese Vorgehensweise zur Ermittlung von Schutzzielen hat nur dann einen Sinn, wenn vergleichbare technische Alternativen vorliegen, z.B. für die Energieerzeugung. Diese Alternativen sollen auf allen Betrachtungsebenen vergleichbar sein. Es kann nicht angehen, dass eine Variante auf Stufe Projekt mit einer Variante auf Stufe generelles Konzept verglichen wird. Allerdings, und hier war sich die Gruppe einig, fehlen geeignete Methoden, um Alternativen miteinander vergleichen zu können. Die Schwierigkeit der Vergleichbarkeit liegt zunächst darin, dass verschiedene Varianten unterschiedliche, nur schwer vergleichbare Risikoarten zur Folge haben, diese Risiken unterschiedlich räumlich verteilt sind und sich im Laufe der Zeit unterschiedlich auf- und abbauen. Z.B. stehen sich bei der Erzeugung elektrischer Energie beim fossilbetriebenen Kraftwerk der Beitrag zur Klimakatastrophe und beim Kernkraftwerk die mögliche nukleare Katastrophe einander gegenüber. Wie sind nun diese beiden Risiken gegeneinander abzuwägen?

Letzlich ist die Festlegung von Schutzzielen eine politische Aufgabe. Die Ausarbeitung von Schutzzielen ist hingegen die Sache von Experten. Sie haben Optionen vorzulegen, die die Politiker aufgreifen können. Schutzziele, die der Werthaltung der Gesellschaft entsprechen sollen, sind dann normativ in entsprechenden Gesetzen zu verankern.

Es zeigt sich, dass Gesetze alleine nicht genügen können, um die nötige Akzeptanz für eine technische Anlage mit erheblichem Risikopotential zu gewinnen. Das Stichwort heisst hier Partizipation. Die betroffene Bevölkerung ist in geeigneter Weise am Prozess der Planung, Realisierung und Inbetriebnahme einer technischen Anlage zu beteiligen. Es soll somit ein Risikodiskurs unter allen Beteiligten geführt werden. Dem Risikodiskurs kommt, wie schon erwähnt, bei der Festlegung der Schutzziele und der Realisierung von Vorhaben mit erheblichem Risikopotential eine Schlüsselstellung zu.

3.2 Risikodiskurs

In der Diskussion zum Risikodiskurs ging die Arbeitsgruppe von den Ausführungen von O. Renn aus, insbesondere vom Arena-Modell.

Dabei griff sie die folgenden, besonders wichtig erscheinenden Fragen auf:

- Wie soll der Risikodiskurs geführt werden?
  In Beantwortung der Frage nach der Führung des Risikodiskurses möchte die Arbeitsgruppe vor allem folgende Punkte hervorheben:
  - Strukturierung des Risikodiskurses:
    Am Anfang des Risikodiskurses muss ein Konsens über die Spielregeln erzielt werden. Sind einmal die Spielregeln des Diskurses festgelegt und von allen Beteiligten akzeptiert, so kommt man in der Regel leichter zum Ziel.
  - Offenheit:
    Der Diskurs soll offen geführt werden, sowohl im Hinblick auf das Resultat als auch im Sinne der Lernfähigkeit der Teilnehmer.
  - Ein "Moralisieren von Positionen" ist zu vermeiden und das Bestehen verschiedener Rationalitäten ist zu akzeptieren.
- Wer nimmt am Diskurs teil?
  In dieser Frage folgt die Arbeitsgruppe ganz dem Vorschlag von O. Renn. So soll sich die "Arena" aus folgenden Personengruppen zusammensetzen:
  - Vertreter der Bevölkerung nach dem Vorbild des Schöffengerichtes
  - Exponenten von Interessengruppen
  - Behördenvertreter
  - Experten

Voraussetzung, dass sich ein zielgerichteter Risikodiskurs führen lässt, ist einmal die Erziehung und Ausbildung zur vermehrter Diskursfähigkeit, zum andern die institutionelle Einbindung des Risikodiskurses. Bei der institutionellen Einbindung wäre es sicher falsch, gleich neue Institutionen zu fordern. Vielmehr soll auf bestehende Institutionen zurückgegriffen und ihre Aufgaben neu formuliert werden.

4. Schlussbemerkung

Der gesellschaftliche Diskurs über Risiko und Sicherheit steht noch am Anfang und wie diese Ausführungen darlegen, stehen viele Fragen noch offen. Insbesondere fehlen Instrumente, die uns erlauben, Zielkonflikte zu lösen, Risiken zu beurteilen, abzuwägen und zu koordinieren. Die Tagung in Ascona hat uns gezeigt, dass das interdisziplinäre Gespräch eine notwendige Voraussetzung ist, wenn wir weiterkommen wollen. Sie hat uns aber auch gezeigt, auf welch bescheidenem Niveau heute noch das Gespräch stattfindet, selbst dann, wenn, wie dies in Ascona der Fall war, die Teilnehmer mit einem profunden Wissen in ihrem Fachgebiet antreten.

Die Tagung stärkt die Idee des Polyprojektes, den "Regionalen Sicherheitsplan" in den Mittelpunkt des Projektes zu stellen. Ein "Regionaler Sicherheitsplan" kann eine Grundlage für die zentrale Aufgabe der Politik, Risiken über Raum und Zeit zu steuern und zu lenken, bieten. Dies vor allem darum, weil er voraussetzt:

- die Integration der Schutzziele in das gesellschaftliche System,
- eine Gesamtschau von Risiken und Nutzen,
- die Berücksichtigung von Raum und Zeit und
- die interdisziplinäre Zusammenarbeit.

Arbeitsgruppe 4

Berichterstatter: *Hannes Wasmer*

1. Rückblick auf die Arbeitswoche

Seit bald einer Woche arbeiten wir – freiwillig und bei praktisch gleichbleibender Teilnehmerzahl – an einer Aufgabe, welche unsere Gesellschaft als ganzes betrifft und für deren Lösung wir einen Beitrag leisten wollen.

Die Präsenz und das Engagement der Teilnehmer ist gleichzeitig Dank und Anerkennung für die durch die Organisatoren geleistete Vorarbeit und die eigentliche Tagungs-Leitung/Durchführung.

Wir haben die Höhen und Tiefen der ganzen Risiko-Problematik etwas ausgelotet. Es gibt viele überblickbare Probleme, die wir mit tauglichen Mitteln lösen können (Vorträge von Th. Schneider und W. Häfele).

Bei einigen Risiko-Problemen (Kernenergie, Gentechnologie) lag die Latte zu hoch. Wir mussten erkennen, dass es uns einerseits entweder an der Kraft oder am Können fehlt, oder dass wir andererseits die Hilfsmittel nicht beherrschen, um Kraft und Können sinnvoll einzusetzen.

2. Besondere Feststellungen

a) Für viele Fragen über Risiko und Sicherheit konnten taugliche Lösungen im Sinne von Problem-Definition, Analyse, Alternativen, Entscheid, Massnahmen gefunden werden.
Diese Erfahrungen sollten bei der Bearbeitung neuer und überblickbarer Probleme genutzt werden.

b) Komplexe Probleme können nicht mit einfachen Rezepten gelöst werden. Es gibt weder streng voneinander abgekoppelte Sequenzen noch typische Rollen-Träger. Das "Sich Zurechtfinden in einem dynamischen Prozess" muss von allen Beteiligten erlernt bzw. erlebt werden.

c) Die heutige Wohlstandsgesellschaft fördert den Trend zur Individualisierung, zur Optimierung von Eigeninteressen. Solidarität mit andern und die Bereitschaft, Verantwortung für eine Gemeinschaft zu übernehmen, sind nicht mehr offensichtlich. Wer sich mit Risiko und Sicherheit beschäftigt und dank seines Wissens auch "Macht" hat, muss bereit sein, entsprechende Verantwortungen (im Sinne "go/no go-decisions") zu übernehmen.

d) Risiko und Sicherheit spielt sich in einem interdisziplinären Umfeld ab. Wir sind monodisziplinär geschult und müssen uns bemühen, die Denkart anderer Disziplinen zu verstehen. Das heisst Lernen und Zuhören-Können. Es wäre unehrlich, die gleichen eigenen Ideen/Meinungen unverändert unter den Schlagwörtern Kommunikation, Dialog, Akzeptanz usw. verkaufen zu wollen.

3. Ausblick

Es werden neue und sehr vielfältige Aufgaben auf uns zukommen. Dazu einige Stichworte:

a) Europa 92; Revision der Haftpflicht-Gesetzgebung. Der Begriff der Haftung wird ausgedehnt werden, allgemeine Kausalhaftung ohne Verschulden. Dienstleistungen, Produkte, Umweltschäden etc. werden der Haftung unterstellt. Mit der Störfallverordnung wird eine Schwemme von Risiko-Analysen ausgelöst.

b) Daneben wird die wissenschaftlich-technische Entwicklung weitergehen. Der Früherkennung von Risiken wird eine besondere Bedeutung zukommen.

c) Wir werden uns auch mit globalen Risiken auseinanderzusetzen haben (Klima). Diesbezüglich ist die internationale Solidarität noch sehr unterentwickelt.

Fazit (im Hinblick auf Punkt 4): Es werden vermehrt Fachleute gebraucht, die mit "Risiko und Sicherheit" umgehen können. Woher nehmen wir diese?

4. Empfehlungen, Anträge

Es werden keine allgemeinen Resolutionen vorgetragen, sondern Anträge an den Veranstalter dieser Tagung (ETHZ) formuliert, über die in eigener Kompetenz entschieden werden kann.

a) In den Normalstudienplänen einer technischen Hochschule müssen Grundkenntnisse über Risiko und Sicherheit vermittelt werden.

b) Die Ausbildung zukünftiger Generationen allein genügt nicht. Der Nachholbedarf ist zu gross. Die in der Praxis stehenden Berufsleute müssen ebenfalls erfasst werden. Unter dem Titel "Weiterbildungs-Offensive" sind die Rahmenbedingungen bereits gesetzt. Es gilt, die gegebenen Chancen zu nutzen.

c) Keine Lehre und Ausbildung, die nicht durch Forschung untermauert wird! Das uns vorgestellte "Polyprojekt" ist ein Schritt in dieser Richtung und verdient unsere Unterstützung.

Arbeitsgruppe 5

Berichterstatter: *Hans H. Siebke*

Im Auftrag aller Mitglieder der Gruppe möchte ich der Leitung dieser Arbeitstagung unser aller Dank aussprechen. Diesen Dank habe ich nicht weiter strukturiert. Er umfasst alle Teilbereiche der Tagung und gilt allen Beteiligten, beginnend bei den Initianten, bis hin zu den Ausführenden. Anwesende dieser Gruppe dürfen sich betroffen fühlen. Sie sind gebeten, diesen Dank den Nichtanwesenden zu kommunizieren oder schlicht weiterzusagen. Der Auftrag zu dieser Danksagung erging im Konsens aller Mitglieder der Gruppe, obwohl die Anzahl der Betroffenen nicht bekannt war. Es wurde jedoch die Annahme getroffen, daß die Menge endlich sei. Die Zustimmung zu diesem Auftrag wurde verknüpft mit dem hier vorzubringenden Wunsch, auch zukünftig das Risiko (Glücksspiel/Versicherung) einzugehen, zu derartigen interdisziplinären und internationalen Arbeitstagungen einzuladen.

Die Mitglieder verhehlen nicht, diesen Wunsch aus ihrer individuellen Interessenlage vorzubringen, mit der Annahme eines Wahrscheinlichkeitswertes im zulässigen Bereich, der die Chance eines Wiedersehens nicht gegen Null gehen läßt.

Soweit mein Auftrag.

Zur zusammenfassenden Berichterstattung habe ich ein Mandat erhalten, welches ich, wenn auch zögernd, in der Befürchtung, es könne Schlimmeres anstehen, akzeptiert habe. Oder muß ich es anders analysieren: ich wollte nur meinem Vorsatz treu bleiben: mitzumachen. Den Schwarzen Peter haben nun die Gruppenmitglieder, sie haben das Risiko (Damokles-Schwert), sich in den folgenden Ausführungen wiederzuerkennen.

Wenn ich die vorgetragenen Berichte aus den anderen Gruppen in den vergangenen Tagen vergleiche, so konstatiere ich für unsere Gruppe eine gewisse Verweigerungshaltung. Wir haben in unserer Gruppe nur wenig, ja eigentlich gar nichts zur mathematischen Modellbildung des Risikos (Möglichkeit, einen Schaden zu erleiden) gesagt. Die vorgebliche Diskrepanz zwischen Wirklichkeit und Modell oder ganz einfach die postulierte Unangemessenheit mathematisch formulierter Modelle hat uns immer wieder zu den Problemen der Begriffsdefinitionen geführt.

Der Vorstellung, es sei ein tückischer Winkelzug der Macht, Wörter nur so zu gebrauchen, daß sie haargenau das bezeichnen, was ist, womit sie so zum Spiegelbild der Verhältnisse werden, die sie somit bestätigen, dieser Vorstellung mochte die Mehrheit der Gruppe nicht folgen, wenn darin auch eine gewisse Problematik der Definition von Begriffen angesprochen ist.

Bemerkenswert war es: Obwohl wir uns der mathematischen Modellbildung, oder besser der Diskussion der mathematischen Modellbildung verweigerten, gaben wir ein hervorragendes Modell für eine Risikodiskussion ab. Eine Risikodiskussion unter Experten, eine Diskussion um Grundsätzliches und nicht um einen Einzelfall. Eine Diskussion, die sich durchaus an den gestern vorgetragenen Kriterien ein Stück weit beurteilen läßt.

Zu den Voraussetzungen eines rationalen Diskurses gehört es, Zeit zu haben. In Gesprächen am Rande der Tagung wurde der Zeitraum in Frage gestellt, der für diese Arbeitstagung ausgeschrieben war. Man befürchtete, schon sehr bald die Standpunkte der Beteiligten, die Argumente und Meinungen zu kennen, so daß zum Schluß der Zugewinn an Information gegen Null gehen würde. Für unsere Gruppe kann ich dies nicht bestätigen. Ich habe den Eindruck, der Zeitrahmen war richtig gewählt. Auch in der vierten Arbeitssitzung, oder sollte ich sagen, gerade in der vierten, der letzten Arbeitssitzung, konnte Gewinn verbucht werden.

Als zweite Voraussetzung wird die Offenheit des Ergebnisses gefordert. Man mag darüber streiten, ob von Grundsatzdiskussionen Ergebnisse zu erwarten sind oder nicht. Ein Mitglied unserer Gruppe hat sie immer wieder eingefordert, die Vorschläge zu neuen Ansätzen. In den Tageszusammenfassungen wurde darüber berichtet. Offen waren sie allemal, obgleich in der Gruppe neben unterschiedlichen Nationen auch sehr unterschiedliche Standpunkte gegenüber der Kernenergie vertreten waren. Die Resonanz aufgrund dieser unterschiedlichen Standpunkte schwang bei jeder Diskussion natürlich mit. Und ich glaube nicht, daß auf Grund der Diskussionen von jemandem der vorgegebene Standpunkt gewechselt wurde, aber ich habe den Eindruck mitgenommen, daß bei allen Teilnehmern gegenseitige Lernbereitschaft gegeben war, und daß alle Teilnehmer auch dazugelernt haben.

Damit wurde bei dieser "Modell"- oder "Erprobungs"-Diskussion auch die dritte Voraussetzung erfüllt. Die Unterpunkte dieser dritten Voraussetzung, die gegenseitige Anerkennung betreffend, waren erfüllt, es muß nicht auf sie eingegangen werden. Wichtig erscheint mir noch das Bemühen der Auflösung von "Irrationalitätskonzepten".

Die Diskussion um den Begriff des Konsenses lag wohl drei Tage in der Schwebe solcher "Irrationalität". Ich sehe in diesem Punkt unser Bemühen um Auflösung von Erfolg gekrönt. Wie schon berichtet, haben wir das Bild von der "grundlegenden Übereinstimmung" mit den zeitgebundenen Kompromissen als eine solche Auflösung empfunden, die gleichwertig neben der, von der Gruppe gegebenen, Empfehlung steht, am Muster der Enquête-Kommissionen die vorparlamentarische Risikodiskussion zu institutionalisieren.

Ich will das Modell der erfolgreich eingeübten Diskussion nicht weiter strapazieren. Auch die weiteren Hinweise können als erfüllt angesehen werden.

Ich halte das Versuchsergebnis für wichtig. Es war nicht selbstverständlich. Dazu waren die Ausgangspositionen der Mitglieder zu gegensätzlich. Auch wenn nach gängiger Lehrmeinung in einer Diskussion niemand seine Meinung ändert, weil angeblich dem anderen nicht zugehört wird, möchte ich vermuten, daß jeder Denkanstöße bekam. Attestieren kann ich das gegenseitige Wahrnehmen und Akzeptieren fremder Auffassungen.

Ich halte dies für ein wesentliches Ergebnis der Arbeitstagung. Man sollte im Zusammenhang mit dem Polyprojekt "Risiko und Sicherheit technischer Systeme" im kommunikativen Bereich Versuche wagen, in multidisziplinären Gruppen hier vorgeschlagene Bewertungsmuster durchzuspielen und einzuüben.

Definitionsübungen sind nützlich, aber nicht hinreichend.

Den gestern im Teatro Dimitri in Verscio bestaunten Seilakt beherrscht man noch nicht, wenn man einen Sonnenschirm auf- und zuklappen kann, und diese Fähigkeit ist auch nicht als erster Schritt auf das Problem hin anzusehen.

Über diese Empfehlungen hinaus sollte man die Gespräche am Rande der Tagung nicht zu gering einschätzen. Ich denke, es konnten alte Kontakte neu belebt, bisher nicht erkannte Gemeinsamkeiten entdeckt, oder einfach engagierten Menschen begegnet werden.

Ihr Wunsch, Herr Schneider, es möge sich ein Netz über der Schweiz bilden, ist, so meine ich, in Erfüllung gegangen. Und es ist sicher kein Spinngewebe, sondern eine verknotete Kommunikationsstruktur, die Fach- und Länder-übergreifend Wirkung zeigen wird, mit dem optimistischen Bewußtsein, in den Anstrengungen Hoffnungen auf eine erlebbare Zukunft zu umreißen. Vergessen dürfen wir allerdings nicht, daß wir nach gut wissenschaftlicher Art wichtige Risiken weitgehend ausgeblendet haben, die uns global bedrohen.

Arbeitsgruppe 6

Berichterstatterin: *Joan S. Davis*

1. Allgemeine Erkenntnisse

Über die Fachinformation der Vorträge und Diskussionen hinaus waren gewisse "Aha-Erlebnisse" im Laufe der Gruppenarbeit zu verzeichnen. Diese Erkenntnisse entstanden eher durch Einblick in die Zusammenhänge als durch die spezifischen Informationen selbst. Hier sind drei Beispiele:

1.1 Problematik der Vergleichbarkeit von Zahlenmaterial

Die Diskussionen zwischen Experten liessen auseinanderklaffende Interpretationen erkennen, selbst da, wo von gleichen Projekten bzw. Studien die Rede war. Diese Beobachtung hinterliess den beunruhigenden Eindruck, dass ein Mangel an vergleichbarem Zahlenmaterial hier mitspielt, oder, wenn nicht direkt ein Mangel, dann entweder eine unterschiedliche Verfügbarkeit des Materials oder eine unzulängliche Umschreibung der Rahmenbedingungen, welche für korrekte Vergleiche unumgänglich ist.

1.2 Risiken und ihre Akzeptanz

Risiken, bzw. ihre Wahrscheinlichkeit und Auswirkungen lassen sich einigermassen zutreffend berechnen. Weniger berechenbar und erfassbar sind dagegen die Haltungen gegenüber Risiken, im Sinne von Akzeptanz, Dissens, Konsens oder Kompromissbereitschaft. Diese können sich ändern, auch ohne dass das *perceived* * Risiko sich ändert. Diese Änderung der psychologischen Faktoren hängt von anderen Faktoren ab, wie z.B. der folgenden:

- Die "Wünschbarkeit" der risikoverursachenden Technik (oder des Vorgehens), bzw. die Vorteile, die von ihr zu erhoffen sind. Hier steigt die Akzeptanz mit steigender Wünschbarkeit.
- Die "Notwendigkeit" der risikoverursachenden Technik (oder des Vorgehens, z.B. Autofahrens) für die Gesellschaft oder den Einzelnen; Auch hier steigt mit steigender *perceived* Notwendigkeit auch die Akzeptanz
- Angst dagegen senkt die Akzeptanz. Ein Teil ihrer negativen Auswirkung kann durch eine Änderung (z.B. eine Steigerung) der *perceived* Notwendigkeit oder Wünschbarkeit kompensiert werden.

Psychologische Aspekte – vor allem Angst – spielen eine wichtige Rolle vor allem da, wo die Technologien für die Laien in ihren Risikostrukturen nicht überschaubar sind. Die Berücksichtigung gefühlsmässiger Reaktionen der Bevölkerung ist schon deshalb wichtig, um die Bereitschaft aufrecht zu erhalten, mit denjenigen Techniken umzugehen, die für Laien nicht verständlich sind.

1.3 Wissen über "Steuerbarkeit" von Systemen existiert fast nur auf technischer Ebene

Dass Wissen über "Steuerbarkeit" von Systemen fast nur auf technischer Ebene existiert, stimmt besonders bedenklich, da der Auslöser beim überwiegenden Teil der Katastrophen in grosstechnischen Systemen auf menschliche, und nicht auf technische Fehler zurückzuführen ist. Notwendige Information über den momentanen Zustand, bzw. auch konkrete Angaben über das Verhalten von technischen Anlagen sind nicht immer vorhanden, wobei diese Unterlassung nicht immer die Schuld am menschlichen Versagen trägt. Dazu kommt, dass die Nicht-Linearität des Verhaltens gewisser Prozesse die Erkennung des Problems und die richtige Handhabung in Gefahrensituation erschwert.

---

* Das englische Wort *perceive* verbindet in einem Wort die gefühls- und intellektmässig gebildeten Reaktionen. Laut Wörterbuch heisst *perceive*
1) wahrnehmen, empfinden, (be)merken, spüren;
2) verstehen, erkennen, begreifen.

2. Das Polyprojekt ergänzende Aspekte

(Die folgenden Bemerkungen sind eine Auswahl aus den Vorschlägen der Arbeitsgruppe)

2.1 Inhaltliche Aspekte

Entscheidungsaspekte:

- Integriert ins Projekt gehört auch das Entscheidungsvorgehen, z.B. Informationen oder Untersuchungen über den iterativen Entscheidungsprozess unter den Beteiligten (Techniker, Wissenschafter, Behörden, Industrien, Bürger).
  Es ist wichtig, hier darauf aufmerksam zu machen, dass die definitiven Entscheidungen unter den Beteiligten nicht zu forcieren sind, so lange die Zeit und die Einstellung nicht passend sind. Vertrauen im Entscheidungsprozess muss geschaffen werden, um mit weiteren Entscheidungen und ihren Auswirkungen konstruktiv umgehen zu können.
- Die Ausschöpfung von rechtlichen Möglichkeiten ist zu untersuchen, um bessere Entscheidungsinstrumentaria zu schaffen.
- Quantitative Ansätze sind zu fördern. Diese ermöglichen sowohl den Überblick als auch den Vergleich unterschiedlicher Szenarien.
- Wie sind Änderungen der Entscheidungsbasis (z.B. neue technische Entwicklungen, Entdekkung von Schwachstellen und Gefahrenen, usw.) besser zu erkennen?
  Wie können Änderungen im System (in Wahrscheinlichkeit oder Auswirkungen) berücksichtigt werden, um den "change of alternatives" (dynamic process) zu ermöglichen?

Kommunikationsaspekte:

- Der Informationsfluss zwischen Bestimmenden und Betroffenden muss verstärkt werden.

Lernmodell (prozessorientiert)

- Es geht hier ausdrücklich um ein Lernmodell und nicht um ein Konsens- oder Kompetitivmodell. Durch Information aus Forschung und Praxis soll untersucht werden, wie Erfahrungen aus Fehlern ins Systemverhalten eingebaut werden können (vgl. selbstregulierende Prozesse in biologischen Systemen). Es bezweckt die Senkung des Risikos (Transport, Lagerung, Prozess) durch Senkung der Wahrscheinlichkeit wie auch der Auswirkungen.

2.2 Begleitende Aspekte

"Forum":

- Die Bestellung eines "Forums" (eine Begleitgruppe) soll nicht nur die Interdisziplinarität fördern, sondern auch kritische Fragen und praxisorientierte Erfahrungen auswerten.
- Ein solches Forum sollte aus Mitgliedern aus folgenden Bereichen, Gebieten und Richtungen bestehen: z.B.
  - Praxis
  - Verwaltung
  - Versicherungen
  - Störfall-Kommission
  - Sozialwissenschaften
  - Kritiker (der Grosstechnologie, der Kernenergie, der Art der Risikoberechnung, usw.)
  - Ausland (bzw. auch eine bessere Verteilung der Schweizer Vertretung)
- Das Forum dient dazu, die Beratungsbereiche auszudehnen. Ferner wäre zu verschiedenen Themen Aufträge an Mitglieder zu erteilen für die Bearbeitung von Projektteilen, die eine kritische Meinung zum Ausdruck bringen sollen.
- Der Erfahrungsaustausch (mit dem Forum und anderen) nimmt verschiedene Formen an wie z.B.:
  - Tagungen/Workshops/Seminare
  - Berichte/case studies
  - News letter (?)
  - Zusammenarbeit mit anderen Organisationen und Kommissionen, z.B. Störfall-Kommission

3. Weitere Forschung und Zusammenarbeit mit anderen Instituten und Gremien

Forschung:
- Nationales Forschungsprogramm mit dem Thema: Umwelt und Systeme

Institutionelle Zusammenarbeit:
- Institut für technische Risiken
- Eidg. Kommission für technische Sicherheit

Zusammenarbeit in der Politik und Praxis:
- Störfall-Kommission
- Privatwirtschaft; Versicherungen

4. Schluss

Wir stellen fest, dass es in den technisch-wissenschaftlichen Bereichen immer bessere Möglichkeiten gibt, Antworten genau zu berechnen. Dies nützt allerdings wenig, wenn es Antworten auf die falschen Fragen sind. Die Zusammenarbeit innerhalb des Polyprojekts wie auch mit Aussenstehenden erhöht die Wahrscheinlichkeit, dass die richtigen Fragen gestellt werden … wodurch ein Beitrag zur Senkung technischer Risiken geleistet werden kann.

Abschlussdiskussion

Jörg Schneider: Die Aufgabe für uns in dieser letzten Stunde wäre, zusammenzutragen, was nicht gesagt wurde, vielleicht, sich zu äussern in einer ganz persönlichen Art und Weise, vielleicht auch, weitere Anregungen zu geben. Ich glaube nicht, dass wir Resolutionen fassen sollten.

Niels C. Lind: This workshop has adopted a Swiss or a European perspective, which is well and good. But I think one of the most important trends in risk management today is the emergence of risk assessment as a new professional discipline that is neither just engineering nor toxicology, nor epidemiology. RISK is really a new "animal" that requires a new professional approach to study. While we can take a narrower local European perspective it's also worthwhile to take a world perspective; we are world citizens.

I have tried to make my own estimate of the major groups of hazards in the world today: Shown in the following figure are not the total deaths but only the rates of the readily preventable deaths:

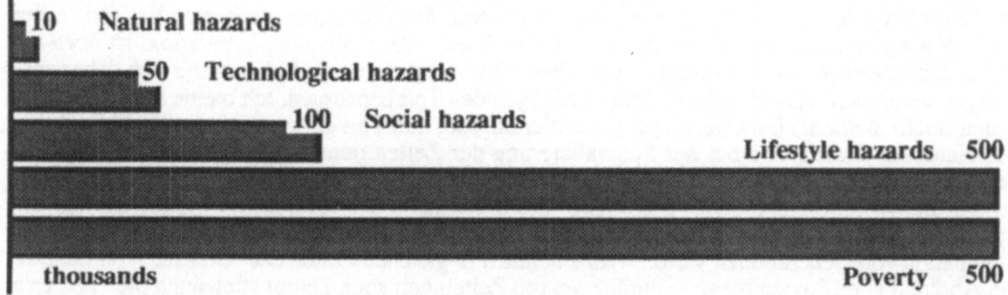

For natural hazards we have the "International Decade for Natural Hazards Reduction" that is getting wide support through the United Nations for the sponsorship. And many meetings such as this Workshop have paid special attention to technological risks. The figure above serves to point out that there are much more serious risks outside these two categories, risks that kill many more people and risks that we have not yet developed the techniques to control. I suggest that the really "pay dirt" risks are the social risks, i.e. risks of one social group killing or injuring another, (war, insurrection, or other kinds of violence).

Now, I want to suggest that risk management and analysis as it has been developed up until the present is nearsighted (or has "tunnel vision"): We spend far too many resources on control of the

natural and technological risks, while we overlook the social risks, perhaps largely because we have not yet taken the trouble to develop the tools to handle them. First and foremost is the risk of war. 1986 was, supposedly, an "International Year of Peace" – but there were more than two dozen wars going on all over the world involving some 50 countries. It seems that we are concentrating on the wrong risks! We ought to be able to do better than that.
I have two suggestions: (1) that, if we are going to be risk research professionals, we have a professional obligation to work under a professional ethics. We should concentrate on what kills people and not (necessarily) on what people happen to fear or what there happens to be money for. And (2) it's absolutely imperative that we broaden the perspectives of risk analysis trying to develop ways to estimate the risk of war and ways to advise rationally on the management of that risk.

Martin Schärer: Wir haben uns diese Woche wohl alle gefragt, weshalb wir in unserem Bemühen um Lösungen oft anstehen: unsere Beurteilungen führen uns - wenn wir die Diskussionsebene nicht ändern - häufig in eine Patt-Situation. Sind die Probleme für uns zu komplex? Fehlt uns nur die Zeit, sie seriös zu untersuchen oder stehen wir an fundamentaleren Problemen an? Stellen wir uns möglicherweise mit unserer Ratio gegen Naturprinzipien?
Als Mitarbeiter einer humanökologischen Gruppe fällt mir auf, dass die Hauptprobleme der Humanökologie denen sehr ähnlich sind, die Sie in dieser Woche formuliert haben. Möglicherweise wundern Sie sich, dass ich technikfreundlich bin und möglicherweise sogar einen Beitrag zur Risikoakzeptanz bringe. Es fällt auf, dass hochkomplexe Systeme einander in vielen grundsätzlichen Eigenschaften gleichen. Ein Prinzip scheint allen höher entwickelten Systemen eigen zu sein: sie wachsen. Wachstum ist ein so mächtiges Grundprinzip, dass es reguliert werden muss. Aber eben: diese Regulation scheint dem Grundprinzip hinterherzulaufen. Immer wieder läuft das Wachstum aus dem Ruder und nur noch katastrophale Ereignisse können es stoppen.
Könnte es sein, dass wir derart mächtige Prinzipien wie das Wachstumsprinzip unseren "künstlichen Systemen" sozusagen mitgegeben haben? Die tiefe Verwurzelung des Wachstumsprinzips auch in unseren künstlichen Systemen könnte ein Hauptgrund dafür sein, dass wir so viel Mühe haben, Wachstum zu bremsen und zu regulieren. In der Technik gehen wir ähnlich vor wie die Natur vor bald 3 Milliarden Jahren: wir produzieren Mengen von Gütern ohne gleichzeitig den Tod dieser Güter programmatisch einzubauen. (Allerdings war die Natur schon damals so intelligent, rares Material und die noch verwertbare Energie des toten Gutes wieder zu verwenden.)
Ich vermute, dass wir immer dann in ausweglose Situationen kommen, wenn wir derartige Grundprinzipien ignorieren oder um jeden Preis dagegen anzukämpfen versuchen.
Ein ähnliches Grundprinzip könnte das Kreativitätsprinzip sein. (Definiert man Kreativiät als laufendes Erzeugen und dadurch Zunahme von Neuem, dann haben wir es allerdings immer noch mit dem Wachstumsprinzip zu tun.)
Wir beobachten in der Natur, dass *Kreativität vor Stabilität* steht. Wir haben allerdings vor allem gelernt, wie die Natur stabilisiert. Dadurch haben wir das verzerrte Bild einer Natur erhalten, die in erster Linie Stabilität anstrebt. Dies stimmt jedoch nur partiell und nur für relativ kurze Zeiträume. Stabilität wird immer wieder durch Wachstum und Tod gefährdet.
Die Natur hat jedoch in der Evolution zuerst das Leben, das Wachstum, dann erst den Tod "erfunden". Wachstum ist sozusagen primitiver als Tod. Dies scheint uns vorerst paradox, ist doch tote Materie der thermodynamisch wahrscheinlichere Zustand als lebende. Leben muss sich daher unter Energie"verbrauch" (als dissipative Struktur) gegen den Tod behaupten. Ich meine aber hier den in vielen (nicht in allen!) Lebewesen programmierten Tod, den Tod als systemimmanente Funktion. Die Natur hat diesen Tod bei der Spezialisierung der Zellen quasi als Nebenerscheinung "entdeckt", was (wie die "Entdeckungen" der Sexualität und der Endosymbiose) grosse Konsequenzen für die Evolution hatte. Die "Erfindung" des Individualtodes verursachte wahrscheinlich eine Beschleunigung der Evolution (eine beschleunigte Zunahme von Neuem): durch die periodische Elimination von Generationen wurde wahrscheinlich in gleichen Zeiten der "Umsatz" von Lebewesen erhöht, d.h. es fanden mehr Zellteilungen pro Zeiteinheit statt. Damit stieg auch die "Fehlerrate", d.h. es entstanden mehr Mutationen. Die Natur geht mit Fehlern aber differenzierter um als wir: sie versucht sie nicht nur zu eliminieren, sondern testet sie auf ihre Tauglichkeit und bewahrt sie wenigstens während einer gewissen Zeit auf. Aus Fehlern kann Neues, (vielleicht später) Taugliches entstehen. Die Natur zieht also Kreativität einer sturen Stabilitätssicherung vor. *Sie geht Risiken ein, weil Kreativität ein Naturprinzip ist.* Tun wir Menschen mit unseren Werken dasselbe? Sogar zum Preis der Gefährdung unserer eigenen Existenz? Können wir gar nicht anders?
Möglicherweise ist unser Streben nach Stabilität nur bedingt sinnvoll. Ein nicht wachsendes System im steady state ist zwar praktisch zu handhaben, da es gut prognostizierbar ist (was auch für Konkurrenten dieses Systems praktisch ist!), aber es ist nicht lange zweckmässig. Insbesondere ist es nicht innovativ.

Wachstum und Kreativität sind offenbar miteinander stark verbunden. Diese Prinzipien stellen uns vor grosse Probleme, wenn wir Prognosen - auch Risikoprognosen - stellen sollen. Das scheint sich auch in künstlichen komplexen Systemen widerzuspiegeln, z.B. in der Marktwirtschaft. Die Technik ist ein Teil dieses komplexen Systems. Sie fasziniert und ist für mich ein neuer Teil der natürlichen Evolution, der seine "Lebenstüchtigkeit" immer wieder neu beweisen muss. Die Technik ist daher etwas, was zu uns gehört. Es wäre möglicherweise jetzt an der Zeit, ihr die Lernfähigkeit beizubringen, ohne die sich alle heute noch existierenden komplexen Systeme den Veränderungen der Umwelt, die sie z.T. selber verursacht haben, nicht hätten anpassen können.

Heidi Ivic-von Rechenberg: Ich hoffe, dass Sie mich nicht für unverbesserlich technokratisch halten, wenn ich nach einer Woche des grossen Denkens mit einem praktischem Anliegen komme. Wir haben gesehen, dass gewisse Instrumente vorhanden sind für den Dialog zwischen den verschiedenen Mitgliedern der Gesellschaft, zwischen Technik und Bevölkerung, aber dass die politischen Instrumente ungenügend sind. In diesem Sinne möchte ich einen Antrag stellen zuhanden des Polyprojektes, nämlich dass dort in einem Teil intensiv ermittelt wird, inwiefern die politischen Instrumente ausgebaut oder verändert werden könnten. Dadurch soll der Dialog zwischen den verschiedenen Mitgliedern der Gesellschaft rechtzeitig möglich werden. Dies ist mir ein grosses Anliegen, und ich bringe es deshalb in Form eines Antrages vor, damit die Realität nicht an uns vorbeiläuft, während wir in illustrem Kreise diskutieren.

Hans Reber: Ich habe eine Verständnisfrage an Herrn Lind. Sie haben eindrücklich dargelegt, dass es weltweit bedeutend grössere Probleme gibt als die Risiken technischer Systeme, die wir hier behandelt haben. Mit den ganz grossen Risiken wie Krieg, Krankheit, Unterernährung befassen sich heute internationale Organisationen wie die UNO, die WHO, die FAO intensiv mit Sachverstand und grossem Aufwand. Es ergibt sich eine gewisse Arbeitsteilung mit dem Ziel, die Probleme auf verschiedenen Ebenen zu lösen. Die wenigsten aus unserem Kreise können zu den weltweiten Problemen mehr als kleine Bruchstücke beitragen, und ich bin überzeugt, dass sie tun, was in ihrer Macht steht. Ich halte es jedoch für gerechtfertigt, ja unerlässlich, dass jeder dort etwas tut, wo es erfolgversprechend ist, und die Möglichkeiten ausschöpft, wofür er den Sachverstand besitzt; das sind in diesem Falle die Risiken technischer Systeme. Ich wehre mich dagegen, dass man die naheliegenden Probleme vernachlässigt, nur weil die grössten ungelöst sind. Man kann Spezialfragen bearbeiten, ohne den Blick auf das Ganze zu verlieren. Umgekehrt kann gewissen Generalisten der Vorwurf nicht erspart werden, dass sie die Details, in denen bekanntlich der Teufel sitzt, grosszügig übersehen. Die erheblichen Schwierigkeiten, denen die internationalen Hilfswerke gegenüberstehen, sind nämlich nicht die Mittel, nicht das Fehlen von Wollen und Können der westlichen Welt, sondern meistens der Mangel an Ansprechbarkeit beim Partner. Die vielfach vergeblichen Bemühungen zur Einführung einwandfreier Trinkwasserversorgungen, mit denen die Kindersterblichkeit an Darmerkrankungen in Drittweltregionen stark herabgesetzt werden könnte, ist ein Beispiel für die fehlende Ansprechbarkeit ebenso wie die gegenwärtigen Vorgänge im Golf. Damit wären wir beim gestrigen Thema des Dialoges und der Dialogfähigkeit. Darf ich Sie so verstehen, dass Sie mit Ihren Ausführungen die Bestrebungen dieser Tagung zwar in den grösseren Rahmen stellen, jedoch die Notwendigkeit, uns um das Sondergebiet der technischen Risiken zu bemühen, nicht in Frage stellen wollen?

Niels C. Lind: In reply to this I would first say that as Europeans and Americans we are to some extent "noblemen" of the world, enjoying great privilege by virtue of having been born in the right place. As such, we are obliged to protect the less fortunate, and must discharge our responsibilities to help protect others at risk, not only those that live within the same community as we, but to all mankind. Perhaps you won't question this.
But second, our responsibility is broader, not just geographically, but also professionally. It is insufficient, for example to say "I am a structural engineer (or other specialist) and I'm only responsible for making good and safe buildings (or whatever)". That process has gone on for far too long. Personally, after 35 years of work on structural safety, I have discovered that even if, by a miracle, we could make perfectly safe buildings it would not have a noticeable influence on whether people live or die. What is new is this: Engineers have a joint responsibility, together with medical doctors, politicians, firefighters and other vital or powerful professions, to see that we provide optimal safety for the money. For too long we have left it to the firefighters to say how many firestations we need in a city, to the doctors to say how many kidney machines, and to the engineers to choose safety margins, without giving account for how many lives they save for how much money. By the same token, we must as specialists be collectively responsible and account-

able for what kills people. And for this reason I think that safety is not something we can leave to specialists.

Ortwin Renn: Es ist nicht nur die Frage des Risikos von Kriegen und Bürgerkriegen, die hier angesprochen ist. In den Vereinigten Staaten ist das grösste Berufsrisiko für Frauen zwischen 20 und 40 der Mord. Das mag spezifisch für den USA sein und auf Europa nicht zutreffen. Ein zweites Beispiel aus der BRD: die zweitgrösste Todesurssache nach den Verkehrsunfällen ebenfalls im Alter zwischen 20 und 40 Jahren ist die Selbsttötung. In der Schweiz sind Verkehrsunfälle die häufigste Todesursache. Zwei Punkte sind hier wichtig: 1.) Wir müssen die Perspektive bewahren; darum bin ich Herrn Lind so dankbar, diese Perspektive einmal aufgezeigt zu haben. Wir bemühen uns häufig, mit hohen Kosten marginale Risiken zu reduzieren, etwa bei einigen technischen Systemen, und lassen dabei ausser Acht, dass andere soziale Faktoren, wie Organisationsformen, sehr viel grössere Verluste mit sich bringen und unsere primäre Aufmerksamkeit erfordern. Und 2.) ein weiterer Gesichtspunkt ist hier wichtig: Die Methodik, die wir im Bereich des technischen Risikos entwickelt haben, ist in vielen Dingen durchaus auch auf Fragen der sozialen und politischen Risiken anzuwenden. Es ist mit eine Aufgabe des Ingenieurs, und nicht nur der Sozialpraktiker oder der Sozialarbeiter, zu versuchen, mit Methoden der Risikoanalyse und des Risikomanagements solche sozialen Probleme methodisch anzugehen. Das könnte sehr innovativ sein. Im Gegensatz zu vielen anderen Technologien ist in diesem Bereich das Gesetz des abnehmenden Grenznutzens noch nicht ausgeschöpft, so dass wir für relativ geringe Mittel erhebliche Sicherheitszuwächse erhalten könnten.

Wolf Häfele: Wir haben in dieser Woche das Risikoproblem so behandelt ,wie wir es behandelt haben, und ich verzichte darauf, es erneut zu charakterisieren. Ich möchte die Beobachtung und die Bemerkung hinterlegen, dass in anderen Gruppierungen in anderen Teilen der Welt, etwa in Nordamerika bei Seminaren, die mit diesem vergleichbar sind, nun doch noch andere Aspekte nicht nur auch behandelt werden, sondern sogar gegenüber den Aspekten, die wir hier behandelt haben, im Vordergrund stehen. Diese haben wir hier nicht oder nur wenig behandelt. Es stehen in den anderen Gruppierungen an den anderen Plätzen der Welt im Vordergrund der Zustand der Erdatmosphäre, der Zustand der Ozeane und der Zustand der kontinentalen Ökosysteme. Alle drei Fragestellungen sind globaler Natur, und viele von den zivilisatorischen Aktivitäten, die wir hier besprochen haben, haben eben auch diese Dimension. Und ich finde, dass das, was wir hier behandelt haben, zu diesen anderen Aspekten in Beziehung gesetzt werden muss.

Miroslav Matousek: Herr Lind hat den Krieg als eine der grössten Gefahren bezeichnet. Wenn man eine Statistik aufstellen würde, könnte man feststellen, dass das Risiko eines Krieges nicht zwischen 10^{-4} oder 10^{-8} liegt, sondern wesentlich höher. Bezogen z.B. auf Europa würde man für einen Krieg eine Wiederkehrperiode von ca. 30 Jahren feststellen. Wenn wir technische Systeme betrachten, so haben sie schon was mit dem Krieg zu tun. Nur mittels der technischen Systeme wird Rüstungsmaterial produziert und einem Land - wie z.B. dem Irak - ein Kriegsangriff ermöglicht. Die Ziele für technische Systeme sollen deshalb umfassend gesetzt und die Kriegsgefahr dementsprechend in diese Zielsetzung einbezogen werden.

Bruno Fritsch: Was jetzt in den beiden letzten Voten gesagt wurde, deutet auf eine ganz entscheidende Entwicklung hin. Wir haben eine Vernetzung von Risikopotentialen mit der Aussicht darauf, dass sie sich möglicherweise potenzieren. Der uns jetzt beschäftigende Konflikt im Mittleren Osten bzw. im Persischen Golf kann ja nicht rein probabilistisch gesehen werden, sondern ergibt sich als das Resultat der Verknüpfung sehr vieler Komponenten, wovon die Ausstattung mit bestimmten technischen Systemen eben nur ein Teil dieser Wirkungskette ist. Und deswegen meine ich, dass wir auch im Sinne einer Forschungsanstrengung die zukünftige Entwicklung neuer Bedrohungsmuster auf der globalen Ebene ins Auge fassen sollen. Da ist noch vieles zu tun, obwohl wir, wie mir scheint, im Bereich der einzelnen Segmente, sei es Rüstung oder der Bereich Rüstung und Wirtschaft, sei es Ressourcensicherung, sehr viel schon getan haben. Diese Verknüpfung der Bedrohungsmuster wird wahrscheinlich zu so etwas wie einem neuen globalen Risikobegriff führen.
Ich schliesse mit einem kleinen Beispiel: Es ist einfach wichtig zu wissen, wie die Grössenordnungen aussehen, auch wenn das zynisch klingt. Sie alle erinnern sich daran, dass Malthus in seinem Werk "On Population" (1. Auflage 1796 und die 2. 1802) ausgeführt hat, dass die "checking systems" sind: Krieg und/oder Hunger. Wenn die Menschen nicht eine freiwillige Zurückhaltung üben, führt das eben zu einer Katastrophe durch Hunger oder Krieg. Wenn wir diese These auf dem Hintergrund der Erfahrungen der letzten achtzig Jahre zu verifizieren versuchen, sieht man,

dass Kriege und Hunger nicht als "checking systems"funktionieren. Weder Hunger noch Krieg haben dazu geführt, dass die Bevölkerung zurückging. 1950 hatten wir eine Bevölkerung von ca. 2,5 Milliarden. Seither haben bis heute etwa 180 Kriege stattgefunden. Die Summe aller - es gibt eine sehr minutiöse Statistik darüber - Toten dieser 180 Kriege einschliesslich Biafra, Vietnam etc. beläuft sich auf grob gesagt 20 Millionen Menschen. In dieser Zeit hat aber die Weltbevölkerung von 2,5 auf 5,3 Milliarden zugenommen. Der Krieg funktioniert nicht als ein Populationsregulator, es sei denn, man mache es mit Atombomben, was ja - hoffentlich - niemandem in den Sinn kommt. Das Gleiche gilt für den Hunger. Mit anderen Worten, wir müssen aufpassen, dass wir uns nicht durch gewisse Evidenzen in die "Evidenzfalle" hineinlocken lassen. Ein Mittel, sich davor zu schützen, besteht darin, die Grössenordnungen richtig im Auge zu behalten.

Thomas Schneider: Ich bin betroffen von dem, was Herr Lind gesagt hat und finde es gut, dass er in dieser letzten Stunde den Rahmen gesprengt hat mit seinem Drachen. Er hat uns ja am Anfang mit seinem Index gezeigt, was man auch immer davon halten mag, dass es uns hier in der Schweiz - jedenfalls nach gewissen Massstäben - am besten geht. Und er hat offenbar, ich spreche es vielleicht noch deutlicher aus als er, den Eindruck bekommen, dass wir an diesem Wohlstand jetzt noch weiterpolieren. Ich will das nicht herabtun, wir lösen hier Aufgaben, die auch gelöst werden müssen, aber mit diesem weiteren Blickwinkel, den er uns ziemlich deutlich aufgezeigt hat, tun wir uns in der Schweiz recht schwer. Immerhin sind im Moment Bestrebungen im Gange, von der Industrie aus ein Forum zu schaffen, das sich genau mit diesen Problemen, die Herr Lind angesprochen hat, beschäftigen soll. In diesem Zusammenhang wurde darauf hingewiesen, dass im Nationalfonds kein einziges Projekt existiert, das sich mit dem Problem der dritten Welt beschäftigt. Das hat mich erschüttert.

Bruno Fritsch: Wir haben ein solches Projekt. Ich habe selbst eins.

Thomas Schneider: Ja, ich habe das nachträglich auch gehört. Trotzdem stehen diese Ansätze in keinem Verhältnis zur Bedeutung der Fragen.

Miroslav Matousek: Eine Bemerkung zu den Ausführungen von Herrn Thomas Schneider. Er hat schon recht, dass es uns in der Schweiz nach gewissen Massstäben sehr gut geht. Man muss aber auch die sozialen und die durch die Lebensart bedingten Risiken betrachten, die Herr Lind angesprochen hat. Man wird überrascht feststellen, dass die Schweiz mit ca. 1500 Selbstmorden pro Jahr - d.h. ca. 1,5 mal mehr Tote als im Strassenverkehr - an der Spitze liegt.

Georg Erdmann: Vielleicht erlauben Sie mir, noch einen anderen Aspekt zu diskutieren: Risiko ist ein Produktionsfaktor. Aus ökonomischer Sicht ist dabei folgendes zu verstehen: Wenn wir produzieren wollen, müssen wir Faktoren in die Produktion einsetzen. Dazu gehört natürlich in erster Linie Arbeit und Kapital, natürlich auch technisches Wissen und eben der sog. Produktionsfaktor Risiko. Jeder, der ein Unternehmen von innen kennt, weiss, dass es kein Unternehmen gäbe, wenn nicht ein Unternehmer risikobereit die Produktion in Gang gesetzt hätte. Jetzt ist unsere Problematik zweierlei: 1.) Vielleicht gibt es in der Gesellschaft genügend Angebot an diesem Produktionsfaktor Risiko, bloss kann es nicht mobilisiert werden, und das führt dazu, dass die Produktion nicht optimal, also auf einem zu niedrigen Niveau ist. Um die Mobilisierung des Produktionsfaktors Risiko zu erreichen, haben wir so schlaue Institutionen geschaffen wie beispielsweise Versicherungs- und Aktienmärkte und das System der sozialen Umverteilung. Das hat sehr schön Prof. Sinn an der Uni München in seiner Antrittsvorlesung formuliert, nachzulesen im Jahrbuch für Nationalökonomie und Statistik 1986 (S.557-571). Und dann gibt es 2.) natürlich auch den anderen Fall, dass wir eigentlich, gesamtgesellschaftlich gesehen, zu viel vom Produktionsfaktor Risiko eingeben aufgrund von Prozessen, die auf Präferenzen beruhen. Es ist in der Tat denkbar, dass wir in die Produktion eventuell weniger Risiko einsetzen sollten, aber dann müssen wir uns auch klar machen, was das bedeutet: entweder weniger produzieren oder mehr arbeiten, oder mehr Wissen und technischen Fortschritt in die Produktion einsetzen.

Gustav W. Sauer: Ich möchte zwei Vorschläge machen: Ich finde es gut, dass solche Konferenzen stattfinden, wo verschiedene Disziplinen aufeinander zugehen. Eine Disziplin hat allerdings gefehlt, die Philosophie. Wir hätten meines Erachtens jemanden gebraucht, der aus seiner Autorität heraus zum Beispiel den Begriff Verantwortung hätte nahebringen können. Der zweite Vorschlag: Ich glaube, das Polyprojekt sollte auch versuchen, ganz speziell ein engumrissenes Thema auszuformulieren. Ob es nun eine Strasse, ein Staudamm, eine Industrieanlage oder ein Energieprojekt ist, wo man versucht, wirklich im Arbeitsrahmen alle möglichen Aspekte so aufzubereiten dass ganz am Schluss auch die Entscheidung steht: Ja oder Nein. Aus solchen Arbeitszusammenhängen würde ich persönlich mitnehmen - unabhängig von der Notwendigkeit, das ganz allgemein zu diskutieren - dass jeder seinen Horizont erweitert, dass aus solchen engen Arbeitszusammenhängen der zweite Aspekt kommt, nämlich das, was man ganz allgemein aufgenommen hat, tatsächlich auch in der Umsetzung wahrgenommen wird.

Jörg Schneider: Das Polyprojekt, oder besser gesagt die Teilprojekte, die in diesem Rahmen bearbeitet werden, sollen ganz konkret sein, also effektiv die in irgendeiner Region anstehenden Probleme attackieren. Wir wollen dann schauen, wie wir diese Probleme ganz konkret lösen, von der Risikoanalyse über Bewertungsfragen bis hin zum Management und zum Unterhalt von Sicherheitsplänen.

Gustav W. Sauer: Mir war das schon klar, dass Sie einzelne Projekte ganz genau ausarbeiten wollen. Aber ich werde mit dem Polyprojekt höchstens extern noch etwas zu tun haben. Mich interessiert es, wie solche Entscheidungen tatsächlich real, als gesamter Weg in einer Historie, verlaufen, auch im Sinne von einer solchen Tagung.

Jörg Schneider: Also wenn das Polyprojekt so läuft, wie ich mir das in meiner Phantasie ausmale - und die Phantasie ist ja immer schöner als die Wirklichkeit - dann kommen dort ganz konkrete Berichte zu ganz konkreten Teilfragen heraus. Dann werden wir versuchen, das, was da konkret gemacht wurde, zu generalisieren. Und das könnten dann die Bausteine sein, mit denen Leute, die regionale Sicherheitspläne erstellen müssen für einen Betrieb, für eine Region, für eine Stadt, für eine Transportstrecke u.s.w., bauen können. Und wenn die Berichte gut sind, werden sie ganz selbstverständlich als Vorlage genommen. Vielleicht läuft das Ganze aber auch so schlecht, dass man nach kurzer Zeit das Polyprojekt abbricht, einfach deshalb, weil wir diese Qualität nicht schaffen. Das wäre sorgfältig und verantwortungsbewusst zu prüfen. Wir hätten zum Beispiel auch diese Tagung am Sonntag abend angesichts der sich abzeichnenden Schwierigkeiten abbrechen können. Wir hätten dann vielleicht etwas sehr Wertvolles zu früh abgebrochen.

Ich glaube, dass es nun auch an der Zeit ist, dass wir diese Tagung *abschliessen* ...

Schlussworte

Wir stehen am Ende einer sehr interessanten Woche. Wir sind alle mit gemischten Gefühlen hierher nach Ascona gekommen. Es war ein Experiment in Kommunikation mit höchst unsicherem Ausgang. Der Start am Sonntag war ernüchternd und manch einer dachte bereits ans Abreisen. Doch dann kam etwas in Gang, das wohl der Atmosphäre dieses Orts und uns allen zuzuschreiben ist: es kam positive Interaktion in Gang. Man lernte zuhören, Argumente gelten zu lassen, Aussagen stehen zu lassen, bis der ganze Komplex zur Konsens- oder Dissens-Findung bereit war. Wir haben Gesprächskultur entwickelt und gepflegt.

Ich sagte zu Beginn, dass ich hoffe, dass wir mit dieser Tagung ein feines Netz über die Schweiz und ein bisschen darüberhinaus ziehen können, das uns in unserem Denken und Handeln in der eigenen täglichen Arbeit, im Beruf sowohl wie zuhause, verbindet, zusammenhält und leitet. Ich glaube, dass diese Hoffnung bis zu einem schönen Grade erfüllt wurde: Wir haben am Fusse des Monte Verità zwar nicht die Wahrheit gefunden, aber wir haben *uns* hier in der vertretenen Vielfalt gefunden, uns kennen und wertschätzen gelernt, auch im Dissens. Wir haben den Tatbeweis erbracht, dass Kommunikation auch auf schwierigem Feld möglich ist. Das verdanken wir dem positiven Beitrag jedes einzelnen von uns.

Und damit bin ich beim *Danken*: Ich danke den Referenten, vor allem auch denjenigen aus dem Ausland. Kein Referat sei hier vor dem anderen ausgezeichnet. Ich möchte kein einziges missen. Alle zusammen bilden sie das Fundament für den Erfolg dieser Tagung. Ich danke allen Teilnehmern für ihre Beiträge, als Sitzungsleiter, Berichterstatter, Diskussionsteilnehmer, Zuhörer. Sie alle haben an dem Fundament weitergebaut. Ich danke den Senioren für die behutsame Lenkung des Prozesses, für Schnurgerüst und Senkel – und für manchen guten Rat. Ich danke einigen guten persönlichen Freunden für die Begleitung der Arbeit hier und im Vorfeld der Tagung. Ich will vor allem nicht vergessen, Frau Bastianelli in den Dank einzuschliessen. Ohne Katia Bastianelli hätte ich das hier nie und nimmer geschafft. Blumen zu schenken wäre richtig – ich wähle Fleurop-Schecks, da Frau Bastianelli heute abend mit Sack und Pack nach Zürich zurückfährt. Sie wird sie dort in Blumen umsetzen.

Ich danke den verantwortlichen Mitgliedern der Schulleitung der Eidgenössischen Technischen Hochschule Zürich und für die gewährte grosszügige finanzielle Unterstützung. Ich schliesse an dieser Stelle Herrn Professor Konrad Osterwalder in den Dank ein, den Leiter des Centro Stefano Franscini, das uns hier Gastrecht gewährt hat. Ich habe mich ausserordentlich gefreut, dass Herr Osterwalder sich spontan entschlossen hat, hier mitzumachen. Ich danke ihm sehr herzlich auch dafür, dass er mir manche Eigenmächtigkeiten nachgesehen und nachträglich gutgeheissen hat. Nur in einer solchen grosszügigen Grundhaltung kann etwas Wertvolles entstehen.

Auch dem Hausherrn des Collegio Papio, Don Grampa danke ich und seinem hilfreichen Kollegen, Don Lorenzo. Von beiden haben wir wohl kaum Notiz genommen. Doch sie stehen hinter der Freundlichkeit, die uns in der Mensa täglich entgegenkam und hinter dem Geist, der uns in diesen Mauern beflügelt hat.

Wir haben uns für einen Abschiedstrunk bereit gemacht. Wir werden uns dort persönlich "Auf Wiedersehen" sagen können. Hier und jetzt: Alles Gute, gute Reise – und sichere Heimkehr.

***

Risiko und Sicherheit technischer Systeme, Monte Verità,

Herr Schiesser hat an der Universität Zürich und an der Sorbonne Geschichte und Germanistik studiert. Er ist seit 1961 Redaktor an der Neuen Zürcher Zeitung und widmet sich dort insbesondere der Umwelt- und der Energiepolitik. Sein besonderes Interesse gilt der Frage, ob und wie die Menschheit die ökologische Herausforderung besteht.

Der Rückblick eines Pressemannes

Walter Schiesser, Zürich, Schweiz

Kommunikation – in Praxis und Theorie

Die Tagung war in sich selber eine Übung in Kommunikation zwischen Wissenschaftern verschiedener Disziplinen. Sie ermöglichte es, Schwierigkeiten in der Praxis zu erleben und gemeinsam nach Lösungsansätzen zu suchen. Den Referenten kam im gewählten Konzept weniger Gewicht zu als den Gesprächen, die über die jeweils gleichen Themen zunächst innerhalb von sechs Gruppen und abschliessend im Plenum geführt wurden. Erfolgreich verlief die Tagung insofern, als die rund 60 Teilnehmer mit wenigen Ausnahmen während der ganzen Zeit anwesend waren – was bei der heutigen Tendenz, im geeigneten Augenblick Präsenz zu markieren und sich dann unauffällig abzusetzen, nicht mehr selbstverständlich ist.

Auffällig war, dass nicht die Ermittlung und die Berechnung von Risiken im Vordergrund standen, sondern vielmehr Fragen der Kommunikation und der Akzeptanz. Insofern spiegelte die Tagung Schwierigkeiten, mit denen Wissenschafter und Techniker als Spezialisten und die Gesellschaft gleichermassen konfrontiert sind. Die wachsende Diskrepanz zwischen der ins Unermessliche wachsenden Informationsfülle, die in immer mehr und immer stärker spezialisierten Gebieten anfällt, und dem Bewältigungsvermögen des Individuums und der Öffentlichkeit macht es unerlässlich, sich intensiver und nachhaltiger mit Kommunikation zu befassen.

Damit rationale Kommunikation möglich wird, sollten, wie aus zahlreichen Voten herauszuhören war, verschiedene Voraussetzungen erfüllt sein. Unter anderem bedarf es - was eigentlich selbstverständlich wäre, aber erfahrungsgemäss nicht ist - der Bereitschaft zum Zuhören, zum Lernen, zum Ernstnehmen von fremden Argumenten, und zwar auch dann, so wurde wiederholt betont, wenn sie von Laien stammen. Anzustreben ist eine *angstfreie Diskussion,* die nur möglich ist unter gleichberechtigten Partnern bei unbehindertem Zugang zur verfügbaren Information für alle.

Voraussetzungen für die Akzeptanz

Im Blick auf die unumgängliche Akzeptanz von Risiken wiesen verschiedene Votanten darauf hin, dass man für eine rationale Diskussion über genügend Zeit verfügen müsse. Das Zeitproblem kam auch in der Frage zum Ausdruck, wie sich die Ausbildung neuer Akzeptanz- bzw. Verweigerungsmuster zur Erhöhung der Veränderungsgeschwindigkeit verhält. Sind Menschen zunehmend überfordert, weil sie unter Zeitdruck immer mehr Veränderung bewältigen sollten? In diesem Zusammenhang war die Rede von einer industriell-technischen, ökonomisch stimulierten *Innovationswut,* welche die Grundlagen unseres Lebens gefährde.

Bei aller offenkundigen Bereitschaft der in Ascona versammelten Wissenschafter und Techniker, die Öffentlichkeit ernst zu nehmen, als Partner anzuerkennen, und den Dialog schon frühzeitig aufzunehmen, kamen die Laien als Gesprächspartner und ihre Nöte doch irgendwie zu kurz. Von altem PR-Denken, das letztlich doch nur die Beeinflussung von Zielgruppen sieht und nach hiefür geeigneten Methoden sucht, Kommunikation als Einbahnstrasse versteht, war zwar in Ascona kaum etwas zu spüren. Hingegen gewann man gelegentlich den Eindruck, der Gesprächspartner bleibe für manche der im Systemdenken geschulten Tagungsteilnehmer eine abstrakte und merkwürdig konstante Grösse. Die Vielgestaltigkeit der Öffentlichkeit und der rasche Wandel, dem ihre Interessen unterworfen sind, kamen zu kurz. Wie so oft in Gesprächen über Kommunikation fanden der Absender und allenfalls der Vermittler von Information zuviel, der Empfänger zuwenig Beachtung.

Konsens über den Dissens

Wünschenswert wäre im Blick auf eine rationale Diskussion - zum Beispiel über Kernenergie die indessen in Ascona keineswegs im Vordergrund stand - das Erzielen eines Konsenses über den Dissens. Das heisst, es ist eine Einigung darüber anzustreben, wo, inwiefern und warum Ansichten auseinandergehen. Ein Versuch in diesem Sinne wurde kürzlich auf der Redaktion der NZZ mit zwei profilierten Befürwortern und Gegnern der Kernenergie unternommen. Wenn das Gespräch nicht so verlief, dass sich - wie beabsichtigt - die Unterschiede in den Auffassungen klar herausarbeiten liessen, so lag das an den Voraussetzungen. Diese waren insofern ungünstig, als die Gesprächsteilnehmer im Wissen um die beabsichtigte Publikation ihrer Äusserungen im Vorfeld einer Volksabstimmung zum Streitgespräch tendierten. Selbst an der vor den Medien abgeschirmten Tagung in Ascona soll bei einem Gespräch, das Wissenschafter im kleinen Kreis über die Kernenergie führen, der Konsens über den Dissens nur mit Mühe erzielt worden sein. In der Schlussdiskussion wurde auch auf die Schwierigkeit, zu vergleichbarem Zahlenmaterial zu kommen, hingewiesen.

Vermutlich ist der Konsens über den Dissens als Element einer *neuen Gesprächskultur,* wie sie in Ascona gefordert wurde, am ehesten in einem zweistufigen Verfahren zu erzielen. In einem ersten Schritt hätten Gesprächspartner hinter verschlossenen Türen Einigkeit über ihre Meinungsunterschiede anzustreben. Erst in einem zweiten Schritt würden sie dann gemeinsam dieses Ergebnis der Öffentlichkeit vorstellen. Das wäre zweifellos ein wesentlicher Beitrag zu einer rationalen Auseinandersetzung über Risiken und würde die Meinungsbildung in der Öffentlichkeit erleichtern.

Probabilistische Risikoanalyse

Die Quantifizierung von Risiken durch Multiplikation eines Schadenpotentials mit der Eintretenswahrscheinlichkeit eignet sich, darüber war man sich in Ascona einig, zum Vergleich der Gefährlichkeit verschiedener Lösungen sowie insbesondere zum Aufdecken von Schwachstellen in technischen Systemen. Nicht bewährt hat sie sich in der öffentlichen Auseinandersetzung über Risiken, weil das Argument, dass ein Störfall (zum Beispiel in einem Kernkraftwerk) ungeachtet seiner errechneten Wahrscheinlichkeit theoretisch immer schon morgen eintreten kann, das Verständnis für die Ergebnisse der probabilistischen Risikoanalyse blockiert. Der Blick bleibt auf dem Gefährdungspotential fixiert, und die Frage nach Alternativen entfällt ebenso wie die Beurteilung im Gesamtzusammenhang. Als seinerzeit der Rasmussen-Report veröffentlicht wurde, versprachen sich davon manche Befürworter der Kernenergie eine Versachlichung der Diskussion. Heute bin ich überzeugt, dass diese Publikation die Polarisierung verschärft hat.

Risiko und Sicherheit technischer Systeme, Monte Verità,

Jeder Teilnehmer dieser Arbeitstagung wird seine eigenen Erkenntnisse, seine für ihn selbst relevanten neuen Ansätze von Ascona mit nach Hause genommen haben. Eine für alle Teilnehmer gleichermassen gültige Auswertung der Ergebnisse scheint unmöglich. Hier folgt lediglich, was sich der Herausgeber während der Tagung in Ascona und bei der Bearbeitung des vorstehenden umfangreichen und ausserordentlich vielfältigen Textes notiert hat.

Nachlese des Herausgebers

Jörg Schneider, Zürich

1. Allgemeine Vorbemerkungen

Gehört und aufgenommen habe ich während der Tagung in Ascona nur bruchstückweise, denn ich war als Leiter der Tagung mit organisatorischen Fragen und mit der Aufgabe, den Tagungsablauf im Zeitplan zu halten, recht belastet. Was im Plenum gesagt wurde, habe ich mir demnach vor allem durch Lesen der Vorträge, der Berichte aus den Arbeitsgruppen und der Nachschriften der Diskussionen nähergebracht. Dies ist also eine Nachlese, und vielleicht eine Lesehilfe, jedoch sicher keine Zusammenfassung. Dass ich hier auch meinen eigenen Ansichten Platz gebe, wird man mir nicht verübeln, ebensowenig meinen Verzicht auf den Anspruch, allen Beiträgen zu dieser Tagung durch ausdrückliche Erwähnung gleichermassen gerecht zu werden.

Ich beobachte ein gewisses thematisches Übergewicht im Bereich Kernenergie und Gentechnologie. Neben diesen Bereichen, die heute in der Diskussion über Risiken im Vordergrund stehen, fanden die eher normalen, alltäglichen Risiken aus technischen Systemen, mit denen wir leben (und die uns das Leben erleichtern), zu wenig Beachtung. Das ist bis zu einem gewissen Grade schade, denn was z.B. für Probleme der Kernenergie zutreffen mag, gilt nicht immer, manchmal auch gar nicht für Fragen, denen sich viele Leute täglich gegenübersehen, und die mit so elementaren Forderungen wie z.B. nach Sicherheit von Treppengeländern oder dergleichen zu tun haben. Und solche Fragen sind in mancher Hinsicht wichtiger für die unmittelbare Sicherheit der Bevölkerung als die oben angeführten Grossrisiken.

Ich ordne meine Notizen nach den Tagesthemen, das heisst gleichzeitig nach der für dieses Buch gewählten Gliederung.

2. Standortbestimmung und Problemerfassung

Tiefe Eindrücke bei wohl fast allen Teilnehmern und auch Kontroversen hat das Referat von Frau Prof. *Gronemeyer* (S. 13 ff.) hinterlassen. Das kam in vielen Diskussionsvoten und Berichten zum Ausdruck. Mir schien, dass wir alle das gleiche wollen: eine *bessere Zukunft*. In den Vorstellungen über den rechten Weg dahin unterscheiden wir uns. Und ich frage mich, ob das vielleicht berufsspezifisch ist.

Frau *Gronemeyer*, und mit ihr ein grosser Teil der Gesellschaft (deren Vertretung in Ascona in der Minderzahl war), wendet sich insbesondere gegen die Bevorzugung sicherheitsverbürgender Mittel, also von Gerät, Reglements, Institutionen bei der Suche nach Sicherheit. Sie fordert, dass wir die Sicherheitsansprüche so niedrig halten, dass sie kompatibel bleiben mit dem, was die Natur freiwillig gewährt (S. 16). Das ist - in gewissem Sinne - die Suche nach einem Weg *zurück* in eine bessere Zukunft. Die Ingenieure unter uns hingegen wollen *vorwärts* in die bessere Zukunft. Das ist ihre Mentalität. Und sie sind letztlich überzeugt davon, dass sie es schaffen - wenn alle mitmachen. Hätten sie nicht diese Überzeugung, wären sie keine Ingenieure.

Ich bin Ingenieur. Es scheint mir, dass es sinnvoll ist, als Ingenieur zu versuchen, die anstehenden Probleme zu lösen. Doch bin ich einverstanden mit der Forderung, dass wir Ingenieure dem von Frau *Gronemeyer* vertretenen Standpunkt mit mehr Verständnis entgegenkommen und ihn in unser Denken, und angemessen auch in unser Handeln einbauen müssen. Das werden wir erst lernen müssen. Hier wäre anzusetzen: 'Das Lebensfreundliche fördern, das Lebensfeindliche zurückdrängen', wie es *Fred Hürlimann* in anderem Zusammenhang einmal formuliert hat.

Dass die Kommunikation zwischen Experten und Laien, zwischen der vorwärtsdrängenden Technik und der besorgten Öffentlichkeit im argen liegt, ist offensichtlich. Das bringt Herr *Ueberhorst* in seinem Beitrag (S. 23 ff.) klar zum Ausdruck. Im Mittelpunkt seiner Kritik steht der Anspruch, Sicherheitsurteile liessen sich durch sogenannte Experten treffen. Er schlägt vor, in einem sicherheitsphilosophischen Verständigungsprozess die Konsensdefizite schrittweise abzutragen. Dazu sind freilich adäquate interaktive Arbeitsprozesse zwischen Wissenschaftern und Politik zu entwickeln. Herr *Albrecht* fordert auf S. 155 gar eine 'demokratische Streitkultur'. Wichtige Elemente wären nach ihm eine umfassende *Öffentlichkeit*, die systematische Aufbereitung von verschiedenen *Handlungsalternativen*, und die *Schaffung von Raum und Zeit* zum Denken und Streiten.

Aus den Diskussionen über die Sicherheit von Kernkraftwerken lassen sich offenbar kaum noch neue Erkenntnisse herleiten. Diesem Zweig kommt zweifellos das Verdienst zu, eine Vielzahl von methodischen Ansätzen entwickelt oder auf Brauchbarkeit durchforstet zu haben. Die Erkenntnisse wären für andere Disziplinen nutzbar zu machen. Auch hat die Energiediskussion exemplarisch Risiken und Nutzen einer Technologie nebeneinandergestellt. Da können wir noch lernen. Aber im übrigen - meine ich - sollten wir uns anderen, fruchtbareren Bereichen der Sicherheitsdiskussion zuwenden.

Neue Ansätze könnten sich aus der Betrachtung von Risiken aus der chemischen Industrie oder der Gentechnologie ergeben. Da öffnen sich grosse Problemfelder mit ganz neuen Merkmalen. Ich zitiere aus dem Schlussbericht (*Reber*, S. 240): "In der Chemie bedeutet eine Havarie, dass die Sicherheitsmassnahmen versagt haben. Sie können dort nicht so weit getrieben werden wie bei einem AKW. Die Minimierung der Gemeingefahr muss daher primär durch eine Reduktion des Gefahrenpotentials erfolgen, was andere, bzw. ergänzende Analyseverfahren bedingt. Die Fragestellung heisst dort nicht: 'Was kann passieren?', sondern: 'Was darf *nicht* passieren?'. Bei der Beurteilung von Chemierisiken findet demnach gegenüber den AKW-Risiken eine wesentliche Gewichtsverschiebung statt."

Doch soll man die naheliegenden Probleme nicht vernachlässigen, nur weil die grossen Probleme nicht gelöst sind (*Reber*, S. 253). Da gibt es viele - wenn auch nicht unbedingt neue, so doch zu wenig beachtete - gute Ansätze, z.B. im Bauwesen (*Th. Schneider*, S. 165 ff.), die in anderen Bereichen der Technik nutzbar gemacht werden könnten. Über fachliche Grenzen hinausschauen könnte uns weiterbringen. Wir reduzieren mit hohen Kosten an vielen Stellen - monodisziplinär denkend - marginale Risiken und übersehen die wirklich wichtigen - oft sehr alltäglichen - Bereiche, mit denen sich der fachliche Nachbar herumschlägt. Wir müssen die Grössenordnungen besser ins Auge fassen.

Globale Risiken rücken in den Vordergrund, sagt Herr *Häfele* (S. 254). Wir reden von Risiken technischer Systeme, von Gefahren aus der Technik. Durch angepasste Massnahmen können wir vielleicht weltweit fünfzigtausend Menschenleben pro Jahr retten. Doppelt soviele liessen sich durch Verbessern der sozialen Verhältnisse, je zehnmal soviel durch Änderung des Lebensstils in der westlichen Welt und durch Verminderung der Armut retten (*Lind*, S. 251). Diese Zahlen mögen sogar weit unterschätzt sein, insbesondere die letzteren, doch können wir uns hier nicht zum Anwalt der Reduktion sämtlicher Risiken der Welt machen: Wir müssen uns - zumindest im Polyprojekt - auf technische Systeme beschränken (wobei die Abgrenzung erst noch zu finden ist).

Herr *Matousek* bringt das Risiko aus Kriegen in die Diskussion (S. 254). Dieses ist unverhältnismässig hoch, insbesondere für die Zivilbevölkerung, höher als viele andere Risiken, über die wir hier ausgiebig diskutieren. Kriege werden heute mittels technischer Systeme geführt und durch technische Systeme kontrolliert. Bleibt zu hoffen, dass sie nicht gar durch Versagen technischer Systeme ausgelöst werden. Wir diskutieren zuwenig darüber, dass wir Kriegsbereite mit technischen Systemen ausstatten, welche die Kriege immer schlimmer werden lassen.

Herr *Sauer* bedauert (S. 255), dass der Begriff *Verantwortung*, obwohl im vorliegenden Zusammenhang sehr wichtig, in Ascona zu wenig Aufmerksamkeit und fand und kaum angesprochen wurde. Ich muss ihm leider recht geben. Da haben wir etwas verpasst.

Herr *Th. Schneider* stellt in seinem Gruppenbericht (S. 165) fest, dass sich die Probleme in höchst unterschiedlicher Schwere stellen. Gewisse Fragen beschäftigen dabei nur die Fachleute, andere sind von sehr breitem Interesse. Er schlägt vor, die Gesamtheit der technischen Sicherheitsprobleme in die folgenden Kategorien einzuteilen:

- *Selbstverständliches:* Probleme, die derart in unseren Alltag integriert sind, dass man sie gar nicht als Problem wahrnimmt. Sie lösen im allgemeinen keine Diskussionen aus (z.B. statische Bemessung von Wohnbauten).
- *Notwendiges:* Anlagen, über deren Notwendigkeit keine allgemeinen Zweifel bestehen (z.B. Sondermüllverbrennungsanlage). Hier können durchaus Diskussionen entstehen, aber man ist sich im Grunde im klaren, dass eine Lösung gefunden werden muss.
- *Problematisches:* Hier geht es um Probleme, bei denen typischerweise auch Fragezeichen bei der gefährlichen Aktivität selber gemacht werden. Der Transport gewisser Gefahrengüter ist z.B. nicht unbedingt zwingend. Die Sicherheitsfrage tangiert deshalb auch Fragen des Umfangs und der Struktur der gefährlichen Aktivität. Der Konflikt zwischen Sicherheit und wirtschaftlichen Interessen hebt das Problem somit tendenziell auf die politische Ebene.
- *Kritisches:* Hier sind Aktivitäten/Technologien einzuordnen, die alle politisch-gesellschaftlichen Aspekte technischer Risiken tangieren. Zu den aktuellsten gehören sicher Kernenergie und Gentechnologie.

Diese verschiedenen Problemkategorien werfen sehr unterschiedliche Fragen auf und sind auch dementsprechend auf unterschiedlicher Ebene anzugehen. Die Risikodiskussion darf sich nicht nur mit der Kategorie "Kritisches" auseinandersetzen. Auch überlappen sich diese Ebenen, und in vielen Fällen wird der Konflikt auf der falschen Ebene ausgetragen.

3. Beschreibung von Risiken

Er stand, aus welchen Gründen auch immer, nicht auf dem Programm: der *kreative Prozess* nämlich, der zur *Entdeckung* von Risiken führt und sein entscheidendes Ergebnis: Man kann nur beschreiben, was man kennt. Der Inbegriff ingenieurgemässer Arbeit, nämlich *Kreativität,* erscheint in diesem Sinne ein einziges Mal in diesem Buch, interessanterweise im Votum des Mathematikers *H.-J. Lüthi* (S. 121): "... ich habe hier bis jetzt, bei allem Glauben an die formale Analyse, den Einbezug der Fantasie zur Entwicklung eigentlicher Schadenszenarien vermisst. Dabei meine ich das Denken in alternativen Zukünften: nämlich das Denken an mögliche Zukünfte, an wünschbare Zukünfte und das Denken ans 'Undenkbare'. Dies ist ein ausserhalb des Formalen ablaufender Prozess, wozu wir weniger analytische, sondern kreativitätserweiternde Techniken benötigen." Wir liessen dieses Votum als Schlusswort im Raum stehen. Die Wichtigkeit und Richtigkeit dieser Aussage kann nicht genug betont werden.

In das schweizerische Bauwesen und in das Normenwerk des Schweizerischen Ingenieur- und Architekten-Vereins fanden vor einigen Jahren zwei Begriffe Eingang: *Gefährdungsbild* und *Sicherheitsplan.* Der Begriff Gefährdungsbild steht als Aufforderung, sich kreativ dem Erkennen von Gefahren zu widmen. Der Begriff Sicherheitsplan fordert eine konzeptionelle Planung von Sicherheitsmassnahmen, bevor mit der rechnerischen Analyse begonnen wird. Wir Bauingenieure sehen diese beiden Begriffe als neuen Ansatz. Wir haben sie in das Polyprojekt eingebracht in der Hoffnung, dass sie sich auch dort als nützlich erweisen.

Hat man die Gefahren erkannt, lässt sich über die zugehörigen Risiken reden. Konstituierende Merkmale sind ohne Zweifel Wahrscheinlichkeit unerwünschter Ereignisse und Schadensausmass im Ereignisfall.

3.1 Zum Wahrscheinlichkeitsbegriff

Mathematiker, und hier insbesondere Statistiker sehen den Wahrscheinlichkeitsbegriff anders als Ingenieure. Erstere denken frequentistisch und nehmen Wahrscheinlichkeit als Ergebnis zählbarer Ereignisse (Am Würfel: Wie gross ist die Wahrscheinlichkeit, eine Sechs zu würfeln?). Ingenieure hingegen arbeiten oft in Bereichen, wo nichts Zählbares mehr existiert, wo Wahrscheinlichkeit den Grad des Vertrauens in eine Aussage beschreibt (Im Krimi: Wie gross ist die Wahrscheinlichkeit, dass X der Mörder ist? Und merke: Entweder ist er der Mörder, oder er ist es nicht. Es gibt nur diese beiden Möglichkeiten). Dieser mit einer Wahrscheinlichkeit zwischen Null und Eins ausgedrückte Grad des Vertrauens hängt freilich vom Informationsstand desjenigen ab, der die Aussage macht. Damit sind solche Wahrscheinlichkeiten subjektiv (*Bayes*'sche Wahrscheinlichkeiten). Herr *Sauer* weist auf S. 90 ausdrücklich auf diese Denkweise hin. Mehr oder weniger verborgen steckt der Bayes'sche Wahrscheinlichkeitsbegriff auch hinter vielen an dieser Tagung gehörten Aussagen. Es gibt - zumindest in der Technik - keine objektiven Wahrscheinlichkeiten.

Ingenieure haben es oft mit unscharfer oder/und unvollständiger Information zu tun und sind gehalten, ihre Aussagen zu qualifizieren. Als qualifizierendes Merkmal gilt der Grad des Vertrauens in eine Aussage. Solche - subjektiven, da an das Urteil des Beurteilenden gebundene - Wahrscheinlichkeiten verlieren jeden frequentistischen Inhalt. Wir reden z.B. von zehn hoch minus sechs pro Jahr. Das wäre gleichbedeutend mit einmal in einer Million Jahren. Zehn hoch minus neun kommt einem Ereignis im Verlaufe der ganzen Entwicklung des Weltalls seit dem Urknall nahe. Das kann keinen realen Sinn, keinen realen Hintergrund mehr haben. Da wird *Murphy's Law* (*E. Murphy,* 1949) durchschlagen, das bekanntlich lautet: "Whatever can go wrong will go wrong". Der auf *O'Toole* (zweifellos eine Fantasiegestalt) zurückgeführte Kommentar sei hier nicht unterschlagen: "Murphy was an optimist".

Vertrauenswürdiger sind dann allerdings Differenzen kleiner Wahrscheinlichkeiten, die sich z.B. aus dem Einsatz von Sicherheitsmassnahmen ergeben. Hier ist die - fragliche - absolute Grösse nicht mehr von Belang, sondern die - in vielen Fällen wohl weit weniger fragliche - Differenz solcher Grössen. Auf diese Differenzen kommt es an, wenn wir die Effizienz von Sicherheitsmassnahmen beurteilen wollen. *Fritzsche* spricht das unter dem Titel *Rettungskosten* in seinem Beitrag (S. 29) an und in ausgesprochen entscheidungsorientiertem Sinn auch *Th. Schneider* mit seiner Frage zur Verhältnismässigkeit von Sicherheitsmassnahmen (S. 75). Ich glaube, dass uns auch dieser Begriff weiterführen kann.

Eins ist sicher: wir müssen sorgfältiger mit dem Wahrscheinlichkeitsbegriff umgehen. Hier gäbe es zu tun. Und vielleicht liegt auch hier ein neuer Ansatz, denn der Anspruch, objektiv zu sein, erschwert oder verunmöglicht manche Kommunikation.

3.2 Risiko und Risikobeschreibung

Wenn es keine objektiven Wahrscheinlichkeiten gibt, dann gibt es auch keine objektiven Risiken: alles ist eine Frage des Informationsstandes des Beurteilenden und damit eine Frage subjektiver Einschätzung.

Ein Konsens über einen einheitlichen, allgemein akzeptierten Risikobegriff ist nicht in Sicht. Es ist sehr fraglich, ob dieser überhaupt entwickelt werden kann. Komplexe Probleme können nicht mit einfachen Ansätzen gelöst werden. Das ist ein alter Satz aus der Erkenntnistheorie.

Zum Paradoxon der immer wieder in Frage gestellten und dann doch regelmässig wieder herangezogenen sog. *Produktformel* (Risiko gleich Eintretenswahrscheinlichkeit mal Schadensausmass im Ereignisfall) hat die Arbeitsgruppe 2 in ihrem Schlussbericht (*Reber,* S. 239) eine Reihe von sehr beachtenswerten Thesen aufgestellt. Die Produktformel gibt die Schadenfraktion pro Zeiteinheit. Sie gilt für den *Sonderfall,* dass das Risiko reparabel und (ver)teilbar ist. Das Schadensausmass muss (letztlich) in Geld umgemünzt werden können. Im Grunde genommen beschreibt die Formel nicht ein Risiko, sondern gibt eine präventive Tilgungs- bzw. Reparaturrate. Bei alltäglichen Risiken (Autohaftpflicht etc.) ist die Produktformel sehr brauchbar und auch in manchen Bereichen der Technik mag sie gute Dienste leisten; bei Grossrisiken ist sie ungenügend. Da ist eine Reduktion des Risikos vor allem über eine Reduktion des Gefährdungspotentials anzustreben.

Sauer schlägt - implizit - die unter der sog. Farmer-Kurve liegende Fläche als Risiko-Definition vor (S. 77 ff. und speziell S. 94). Ich glaube, dass dies ausdiskutiert werden müsste.

Die Problematik der *Vergleichbarkeit* von *Zahlen,* bzw. allgemeiner: von *Information* warf Arbeitsgruppe 6 in ihrem Schlussbericht auf (*Joan S. Davis,* S. 248 ff.): "Die Diskussionen zwischen Experten lassen oft auseinanderklaffende Interpretationen erkennen, selbst da, wo von gleichen Projekten bzw. Studien die Rede ist. Diese Beobachtung hinterlässt den beunruhigenden Eindruck, dass ein Mangel an vergleichbarem Zahlenmaterial mitspielt, oder, wenn nicht direkt ein Mangel, dann entweder eine unterschiedliche Verfügbarkeit des Materials oder eine unzulängliche Umschreibung der Rahmenbedingungen, welche für korrekte Vergleiche unumgänglich ist."

Ich vermag diese Beunruhigung nicht uneingeschränkt zu teilen. Gewiss: Es mögen hier oder da in den Grundlagen oder in der Analyse Fehler sein. Diese kann man entdecken und ausmerzen. Hingegen wird jede Umschreibung unzulänglich sein, und einen korrekten Vergleich wird es nur bei den trivialsten Problemen geben. Wir dürfen diese auseinanderklaffenden Interpretationen eines Sachverhalts durchaus auch als Ausdruck dafür sehen, dass es subjektive Urteile über einen Sachverhalt gibt, die sich möglicherweise durch den Austausch von Informationen näherbringen liessen. Und da wäre dann in der Diskussion geduldig anzusetzen.

Herr *Straube* macht (S. 112 ff.) darauf aufmerksam, dass es die Heterogenität der Inhalte und Betrachtungsweisen zu beachten gelte. Unterschiede ergeben sich danach, wer die Frage nach dem Risiko stellt: der Betroffene, der Verantwortliche, die Behörde oder die Versicherung; und danach, welches Ereignis angesprochen wird: Einzelereignisse (Naturkatastrophen, technische Grossunfälle) oder typische wiederkehrende Schadensereignisse, die an Frequenz und Wirkung anhand statistischer Unterlagen beurteilt werden können.

4. Fragen der Risiko-Akzeptanz

Risiko ist nicht nur beunruhigende Erwartung oder verunsicherndes Gefühl, sondern durchaus auch *Bedürfnis* des Einzelnen nach Selbstbestätigung und zugleich auch *Produktionsfaktor* in unserer Gesellschaft. Risiko ist aus beiden Gründen nötig. Wir nehmen es gerne an, wenn ein anderer, z.B. ein Unternehmer, Risiken auf sich nimmt (*Erdmann* S. 255). Auf der anderen Seite wird ihm oft die damit verbundene Aktivität verübelt.

Verunsicherungsgefühle ergeben sich vor allem aus der Schnelligkeit der Veränderungen. Diese erzeugen Angst, Verweigerung und sinkende Akzeptanz. Auf der anderen Seite ist die Akzeptanz auch überraschend gross, z.B. angesichts von Kindern am Computer (*Fritsch*, S. 237).

Zur Akzeptanzproblematik hat insbesondere die Arbeitsgruppe 3 wichtige Beiträge zusammengestellt (*W.A. Schmid*, S. 241 ff.): Welche Risiken akzeptierbar sind, mag so lange der individuellen Einschätzung unterworfen bleiben, als der individuelle Bereich nicht überschritten wird. Die Beurteilung von kollektiven Risiken kann jedoch nicht privaten Gruppen überlassen bleiben. Grenzwertdiskussionen sind zum Schutz der sozial Schwächeren zu führen, die sich nicht wehren können, aber auch, um Konflikte zu erkennen und zu bereinigen. Der Staat hat hier die Aufgabe, steuernd und lenkend im Raum und über die Zeit einzugreifen. Die Minimierung von Risiken und damit die Maximierung der Sicherheit stellt eine gesellschaftliche Zielsetzung dar. Das gesellschaftliche Zielsystem ist jedoch keineswegs konflikfrei. Es ergibt sich ein erheblicher Koordinationsbedarf, denn eine Sektorialisierung der Risikodiskussion wäre fatal. Leider ist das Instrumentarium zu dieser Konfliktbereinigung noch nicht entwickelt. Konzeptionelle Ansätze sind da, aber noch keine bewährten Methoden.

Risikominimierung ist gleichzeitig ohne Zweifel Nutzenoptimierung. In beiden Fällen ist das Problem vieldimensional. Schutzziele sind nur problemorientiert einigermassen klar erkenn- und aufstellbar. Nicht alle Schutzziele sind quantifizierbar. Die nicht quantifizierbaren Risiken sind gleichberechtigt neben die quantifizierbaren Risiken zu stellen.

Wir können allerdings nicht einfach den Gesamtnutzen optimieren und Verteilungsprobleme dabei ignorieren. Da differenzieren die Entwicklungsindizes, über die Herr *Lind* (S. 95 ff.) referiert hat, vermutlich zu wenig: Auch in der - in diesem Sinne höchstentwickelten - Schweiz (S. 106) gibt es, wenn auch nur vereinzelt, bittere Armut und stossende Ungerechtigkeiten.

Herr *Erdmann* (S.172) meint, dass man in erster Näherung davon ausgehen könne, dass Risiken einer Technologie (oder eines Produktes) in der Gesellschaft als akzeptabel angesehen seien, wenn - sofern ein Markt dafür vorhanden wäre - ein Versicherungsvertrag dafür zustande kommen könnte. Dem wird allerdings mit Verweis auf undeckbare Grossrisiken und zeitlich nachhaltige, das heisst z.B. spätere Generationen treffende, Risiken widersprochen.

Schliesslich ist es offensichtlich, dass Akzeptanzdiskussionen nur dort Sinn haben, wo Alternativen existieren und ernsthaft in Betracht gezogen werden. Es ist deshalb nötig, sich zunächst über die Alternativen klar zu werden, bevor man über Akzeptanz diskutiert.

Letztlich ist Akzeptanz dann im wesentlichen eine Frage des gegenseitigen Vertrauens. Ohne Vertrauen keine Akzeptanz. Darum ist wohl vor allem das Vertrauen auf beiden Seiten des Dialogs herzustellen.

5. Kommunikation zwischen den Beteiligten

Die Arbeitsgruppe 1 stellt in ihren Berichten fest, dass eine fruchtbare Kommunikation sehr viel Zeit und ein grosses Mass an Diskursfähigkeit erfordere. Diesen beiden Forderungen steht die Realität als krasses Gegenteil gegenüber. Wir vertun unsere Zeit mit komplizierten Analysen und haben dann keine Zeit mehr für Kommunikation. Die mit Analysen erzeugte Zunahme an Wissen lässt die Partner des Dialogs immer weiter zurück und führt zu immer grösseren, zuletzt unüberbrückbaren Kommunikationslücken.

Es wäre ein Missverständnis, Kommunikation als Überzeugungsarbeit zu definieren. Das würde von vorneherein zum Scheitern führen. Man sollte vielmehr - in einem ersten Schritt - nichts weiter als den Konsens über den Dissens anstreben, wobei es vor allem darauf ankommt, Werthaltungen zum Ausdruck zu bringen (*Erdmann*, S. 221).

Das zentrale Problem der Kommunikationshemmung ist die glatte Dialogverweigerung. Diese ist nicht nur beim Partner, sondern sehr oft beim "Anbieter", also z.B. bei den Technikern zu beobachten. Die Techniker sollten hier mehr Selbsterforschung treiben, statt eine Forderungshaltung aufzubauen und darin zu verharren. Das steht im Schlussbericht der Arbeitsgruppe 2 (*Reber*, S. 238) und auch: 'Unsachliche Formulierungen, Aggressivität und abschätzige Urteile signalisieren von vorneherein mangelnde Dialogbereitschaft'. Wie oft ist das - auf beiden Seiten - zu beobachten!

Eine wesentliche Grundlage für gute Kommunikation ist Quellenkritik auf beiden Seiten, und da insbesondere das Infragestellen des die eigene Position stützenden Experten (*Reber*, S. 238).

Wir sind fast alle monodisziplinär geschult und müssen uns nun bemühen, die Denkweise anderer Disziplinen zu verstehen. Das heisst: lernen, und zuhören können. Beides ist zuerst zu lernen (*Wasmer*, S. 245).

Auch über die Bedeutung einer einheitliche Terminologie hat sich die Arbeitsgruppe 2 im Schlussbericht klar geäussert. Ich übernehme die entsprechende Passage: 'Benötigt werden nicht semantisch ausformulierte Definitionen, sondern eine qualitative Charakterisierung der Begriffe, die provisorisch akzeptiert wird, jedoch so offen bleibt, dass sie im weiteren Verlauf anhand der Erfahrungen überprüft und geändert werden kann'.

Das *Arena-Modell* von *O. Renn,* und überhaupt sein ganzer Beitrag (S. 193 ff. und S. 230) wird von den Teilnehmern als vielversprechend beurteilt. Das von ihm vorgeschlagene Verfahren hat den Vorteil, dass es zwischen Werterhebung, Faktenermittlung und Abwägung trennt und dafür verschiedene Verfahrensschritte vorschlägt. Dadurch werden unterschiedliche Prozesse der Trennung von Ideologie und Wissen wirksam, die sich in einem allumfassenden Diskurs oft vermischen. Es lassen sich darüber hinaus die Regeln des rationalen Diskurses so meist besser durchsetzen als in einer Verhandlung zwischen Parteien. Das vorgestellte Modell sollte institutionell eingebunden werden, allerdings ohne gleich neue Institutionen zu schaffen (*Schmid*, S. 244).

Wer grundsätzlich etwas anderes will, eine andere Technik oder gar keine Technik, der kann grundsätzlich keinen Konsens wollen.

Und schliesslich nocheinmal *H.-J. Lüthi* (S. 121): "... mir erscheint die Arbeitsteilung zwischen dem Experten, der die Analyse macht und anschliessend den Politikern ein Dokument zur 'Entscheidung' vorlegt - völlig naiv. Bei dieser Arbeit ist die Einbettung der Betroffenen in den Analyseprozess ausserordentlich wichtig, sei es nur, um auf Schadensbilder, die wir als Experten nicht zu antizipieren vermögen, aufmerksam zu werden. Insbesondere kommt damit auch die Akzeptanz ins Spiel, da den Experten Bilder zur Kenntnis gebracht werden, die sie bislang nicht kannten und die somit rechtzeitig in die Diskussion einfliessen können. Ich glaube, dass der konsensbildende Teil bereits bei der Problemerkennung, der Beschreibung der Schadensbilder, beginnt." Wie richtig! Wir müssen im Dialog nicht nur einzelne Teile, sondern den ganzen Prozess gemeinsam durchlaufen, insbesondere uns auch um die Problemerkennung gemeinsam geduldig und kreativ bemühen, um glaubwürdig zu sein, um Vertrauen zu rechtfertigen, um schliesslich Konsens herbeizuführen.

6. Zum Polyprojekt "Risiko und Sicherheit technischer Systeme"

Das Vorhaben, sich im Polyprojekt "Risiko und Sicherheit technischer Systeme" vor allem an den Problemen zu orientieren, die beim Aufstellen regionaler Sicherheitspläne angetroffen werden, wird - so lässt sich aus mehreren Voten schliessen - gutgeheissen. Regionale Sicherheitspläne sind Grundlage für die zentrale Aufgabe der Politik, Risiken über Raum und Zeit zu steuern und zu lenken. Sie setzen die Integration der Schutzziele in das gesellschaftliche System voraus, sowie eine Gesamtschau von Risiken und Nutzen, die Berücksichtigung von Raum und Zeit und die interdisziplinäre Zusammenarbeit.

Die Arbeitsgruppe 6 stellt in ihrem Schlussbericht (*J.S. Davis*, S. 248) fest, dass die *Qualität* des Entscheidungsprozesses sehr wichtig ist. Es sollte geprüft werden, ob nicht im Polyprojekt ein geeignetes Teilprojekt definiert und bearbeitet werden sollte. Frau *Ivic-von Rechenberg* vermerkt in der Abschlussdiskussion, dass dazu auch die Fragen gehören, ob und wie die politischen Instrumente ausgebaut oder verändert werden müssten, um einen fruchtbaren Risikodialog zu fördern.

Herr *Siebke* als Berichterstatter der Arbeitsgruppe 5 meint, man sollte im Zusammenhang mit dem Polyprojekt im kommunikativen Bereich in multidisziplinären Gruppen Versuche wagen. Der Versuch 'Ascona' jedenfalls habe etwas gebracht.

Die Arbeitsgruppe 6 bringt eine ganze Liste von Anregungen (*J.S. Davis,* S. 249). Ich will hier den dort zu lesenden Text nicht kopieren. Frau *Davis* äussert sich zunächst zu *inhaltlichen Aspekten* und zählt darunter Entscheidungsaspekte, Kommunikationsaspekte und ein prozessorientiertes Lernmodell. Dann schlägt sie unter dem Titel *Begleitende Aspekte* insbesondere die Bestellung eines *Forums* vor, das als Begleitgruppe nicht nur die Interdisziplinarität fördern, sondern auch kritische Fragen und praxisorientierte Erfahrungen auswerten soll.

Herr *Sauer* (S. 255) fordert schliesslich, dass das Polyprojekt auch versuchen sollte, ein engumrissenes Thema vollständig auszuformulieren. Ob es nun eine Strasse, ein Staudamm, eine Industrieanlage oder ein Energieprojekt ist, an dem man versucht, wirklich alle möglichen Aspekte aufzubereiten: ganz am Schluss müsse auch die Entscheidung stehen: Ja oder Nein zum Vorhaben. Der Weg zu dieser Entscheidung ist von höchstem Interesse.

7. Anregungen für Mittelschulen, ETH und andere Hochschulen

Es wäre dringend notwendig, dass die Jugend frühzeitig in die Gedankenwelt von Risiko und Sicherheit eingeführt wird, dass sie anschaulich lernt, mit welchen Risiken wir alle konfrontiert sind und warum. Auch der Wahrscheinlichkeitsbegriff müsste im Mathematikunterricht der Mittelschule endlich von den läppischen roten und schwarzen Kugeln in Urnen wegkommen, müsste endlich die drängenden Fragen als Beispiel heranziehen und sich deutlich auch subjektiven Wahrscheinlichkeiten zuwenden.

Für die Hochschulen und speziell für die ETH gilt das vorstehende in verstärktem Masse. Die Arbeitsgruppe 4 fordert in ihrem Schlussbericht (*Wasmer*, S.246), dass in jeden Normalstudienplan einer technischen Hochschule zwingend eine Lehrveranstaltung über "Risiko und Sicherheit" eingebaut werden muss. Diese sollte vor allem zeigen, wie sich der Problemkreis im eigenen beruflichen Umkreis zeigt. Es sind nicht immer "die anderen", die das Leben unsicher machen, sondern in vielen Fällen wir selbst, und zwar ganz direkt, einfach durch Unterlassen adäquaten Handelns.

Der Einbau dieser Disziplinen in die Ausbildungsgänge der zukünftigen Generation genügt jedoch nicht. Der Bedarf an Fachleuten ist zu gross. Die Hochschule müsste auf diesem Gebiet (und vielleicht auch auf anderen) eine eigentliche Weiterbildungsoffensive starten. Das Polyprojekt "Risiko und Sicherheit technischer Systeme" könnte auch in diesem Sinne als Vehikel eingesetzt werden, um vorhandene Mittel für die Weiterbildung in sinnvolle und effiziente Aktionen umzusetzen.

8. Schlussbemerkung

Der Verlag wartet auf das Manuskript. Alles anderen Teile des Buchs sind fertig. Ich muss hier abbrechen. Das ist gut so, denn man sollte im Grunde Aussagen nicht aus dem Zusammenhang reissen und in persönlich gefärbter Auswahl filternd verfälschen. Das Buch ist voll von weiterführenden Ansätzen - für jeden Leser sind es andere. Man muss sie selbst entdecken.

6
Anhang

Inhaltsverzeichnis

Der folgende Abschnitt enthält den vollständigen und unveränderten Text des im Dezember 1989 eingereichten Antrags für ein interdisziplinäres Forschungsprojekt unter dem Titel "Risiko und Sicherheit technischer Systeme". Nicht beigefügt sind hier die verschiedenen Anhänge.

Das Projekt ist als sog. Polyprojekt eingereicht worden und ersucht damit um Zuteilung von speziell zur Förderung der interdisziplinären Forschung ausgeschiedenen Mitteln.

Der Antrag wurde mit gewissen Auflagen und Änderungen von der Leitung der ETHZ im August 1990 bewilligt. So wurde insbesondere die Laufzeit von 3 bis 5 auf 4 bis 6 Jahre gestreckt und damit die von der ETHZ zugesicherte jährliche Tranche entsprechend gesenkt.

Die Teilprojekte sind zur Zeit in Überarbeitung. Als Vorsitzender des Wissenschaftlichen Beirats wurde Herr Prof. Dr. W. Kröger, Professor für Sicherheitstechnik an der ETHZ und Forschungsbereichsleiter am Paul Scherrer Institut in Würenlingen/Villigen bestimmt. Er führt das Forschungsprojekt und ist damit auch Kontaktadresse.

Ecole polytechnique fédérale de Zurich
Politecnico federale di Zurigo
Swiss Federal Institute of Technology Zurich

Polyprojekt "Risiko und Sicherheit technischer Systeme"

Antrag

Inhalt

Ausgearbeitet von
S. Chakraborty, Dipl. Physiker, BEW/HSK Würenlingen und
Prof. J. Schneider, Dipl. Bau-Ingenieur ETH, IBK, ETH Zürich

Eingereicht von
S. Chakraborty, Prof. Dr. H. Flühler, Prof. Dr. G. Yadigaroglu, Prof. J. Schneider

Kontaktadresse
Prof. J. Schneider, ETHZ, IBK, 8093 Zürich, Tel. 01-377 31 51

Zürich, 30.11.1989

1 Einleitung

1.1 Rekapitulation

Im Mai 1988 haben zehn ETHZ Professoren verschiedener Fachdisziplinen ein Vorgesuch zu einem Polyprojekt "Risiko und Sicherheit technischer Systeme" eingereicht. Dieses wurde im Anschluss von der Schulleitung und der Forschungskommission im Prinzip gutgeheissen. Der vorliegende Antrag konkretisiert dieses Vorgesuch und stützt sich dabei auf umfangreiche Abklärungen und Diskussionen mit Kollegen innerhalb der Hochschule und Fachleuten aussenstehender Institutionen. Ein Bericht über die in dieser Phase erfolgten Kontakte findet sich im Anhang A. Im Anhang B sind die Protokolle der wichtigsten Besprechungen zusammengestellt.

1.2 Thematik und zentrale Begriffe

Die Wahrscheinlichkeit, vor dem 65. Lebensjahr zu sterben, ist in den letzten hundert Jahren von etwa 70% auf etwa 20% gesunken. Geophysikalische Risiken (Überflutung, Dürre, Erdbeben ...) haben wir in unserem Lebensbereich zu beherrschen gelernt. Hungerkatastrophen sind für den "westlichen" Menschen keine Gefahr mehr. Infektionskrankheiten sind praktisch beseitigt. Selbst der Anteil der Toten durch Unfälle ging im Laufe der Jahre zurück. Wir leben länger und weniger gefährlich als unsere Vorfahren. Das ist weitgehend auf den Einsatz der Technik zurückzuführen. Die Technik erhöht eindeutig die Lebenserwartung des Menschen.

Freilich beeinträchtigt die durch erhöhte Anforderungen an die Lebenaqualität hervorgerufene Technik gleichzeitig die Sicherheit: Die Vergiftung von Luft, Wasser und Boden nimmt zu. Technologische Risiken und in ihrem Gefolge Krebs und Krankheiten der Atmungsorgane treten als Todesursachen an die Stelle traditioneller Risiken. Transport und Verkehr, aber auch Stichworte wie Bhopal, Tschernobyl und Schweizerhalle stehen für die negativen Konsequenzen der Technik. Doch trotzdem: Die Gesamtbilanz ist - rational genommen - offensichtlich (noch?) positiv: Die Technik rettet mehr Menschenleben als sie, unvermeidlich im Verlaufe ihrer Anwendung, zerstört.

Das hat allerdings, vor allem infolge verstärkter Massnahmen zur Minderung und Kompensation technologischer Risiken, einen hohen Preis. Die Kosten der Bewältigung technologischer Gefahren werden auf 10 bis 15% des Bruttosozialprodukts industrialisierter Länder geschätzt. Die Hälfte davon geht in ärztliche Hilfe, in Krankenhäuser, Ambulanzen, Feuerwehr und ähnliche Massnahmen, ein grosser Teil des Rests in technische Massnahmen zur Reinhaltung und Reinigung von Luft, Wasser und Boden sowie in die Verkehrssicherheit. Dieser hohe und steigende Preis des Fortschritts der Technik ist Anstoss, sich mit dem Risiko und der Sicherheit technischer, das heisst vom Menschen geschaffener und beeinflusster Systeme auseinanderzusetzen, denn die beschränkten Mittel müssen möglichst effizient eingesetzt werden.

Dazu kommt ein weiteres. Um die Leistungsfähigkeit technischer Systeme zu steigern und gleichzeitig die Kosten zu senken, wurden immer grössere und komplexere Anlagen und Transportmittel gebaut und damit Gefahrenpotentiale aufgebaut, die bei Störfällen immer schwieriger zu beherrschen sind. Der Unfall des Grosstankers Exxon Valdez im Golf von Alaska mag hier als Beispiel dienen. Die zur Eindämmung und Begrenzung der Folgen solcher Störfälle nötigen Sicherheitsmassnahmen wurden in vielen Fällen nicht in angemessener Weise entwickelt. Insbesondere die vielfältigen Formen menschlichen Fehlverhaltens, aber auch die vielfältigen Möglichkeiten, entgleisende Prozesse in positivem Sinn zu korrigieren, blieben im Vertrauen auf die Technik in vielen Fällen unberücksichtigt.

Dabei ist es keineswegs so, dass Wissenschaft und Technik untätig geblieben wären. In einzelnen Disziplinen, in einzelnen Industriezweigen und für einzelne technische Systeme wurden in den letzten zwei Jahrzehnten geeignete Methoden und Verfahren zur *Risiko-Analyse* entwickelt und in vielen Fällen mit gutem Erfolg angewendet. Auch bei der Entwicklung von Methoden des *Risiko-Managements* mit dem Ziel, bestehenden Risiken mit angemessenen sicherheitserzeugenden Massnahmen zu begegnen, sind Fortschritte zu verzeichnen. Einzelne technische Systeme haben wir im wesentlichen im Griff.

Bei dichtbesiedelten und hoch industrialisierten Gebieten wie der Schweiz ist es jedoch unverkennbar, dass die in einer *Region* zusammenkommenden verschiedenartigen technischen Systeme vielfältige Interdependenzen begründen, die die Betrachtung einer Region als Gesamtsystem nötig machen. Die Forderung nach regionalen Risiko-Analysen und regionalem Risiko-Management im Rahmen eines *regionalen Sicherheitsplans* ist relativ neu. Der Zweck eines regionalen Sicherheitsplans (siehe auch Anhang E) ist klar: Es geht um die Erfassung der Zustände der verschiedenen technischen Systeme innerhalb der Region, die Organisation der Überwachung dieser Zustände und die Planung und Durchführung der notwendigen Massnahmen für die Gewährleistung vereinbarter Sicherheitsziele. Der Sicherheitsplan dient den Verantwortlichen auf regionaler Ebene als Führungsmittel. Doch die Methodik bei der Aufstellung von Sicherheitsplänen steckt noch in den Kinderschuhen. Diese Methodik muss in verstärkter interdisziplinärer Zusammenarbeit unter Nutzung fachspezifischer Erkenntnisse und Methoden noch weitgehend entwickelt werden.

Ein den identifizierten und quantifizierten Risiken adäquates Risiko-Management setzt zudem eine zutreffende und von allen Betroffenen akzeptierte *Risiko-Bewertung* voraus. In diesem Bereich der anstehenden Problematik klaffen die allergrössten wissenschaftlichen Lücken, und Unbeholfenheiten im praktischen Vorgehen sind offensichtlich. Es fehlen gemeinsame Massstäbe für den Vergleich verschiedenartiger Risiken, es fehlen methodische Ansätze für die Kommunikation zwischen Fachleuten und Laien und für die Festlegung von akzeptierten Risiken und Sicherheitszielen. Es fehlen auch geeignete Massstäbe für die vergleichende Beurteilung der Effizienz verschiedener möglicher Sicherheitsmassnahmen. Schliesslich kann von sachgerechter Kommunikation zwischen den Beteiligten, den Wissenschaftern und Technikern auf der einen, der Gesellschaft bzw. ihren Vertretern auf der anderen Seite keine Rede sein.

1.3 Zusammenfassende Feststellungen

Gestützt auf einen für diesen Antrag erarbeiteten detaillierten Bericht über den "Stand des Wissens auf dem Gebiet von Risiko und Sicherheit technischer Systeme" (siehe Anhang D) können die folgenden Feststellungen gemacht werden:

(1) Innerhalb der einzelnen Fachbereiche und zur Beurteilung einzelner Anlagen haben die Werkzeuge und Methoden für die Risiko-Analyse einen brauchbaren Stand erreicht. Inwieweit solche Methoden fachübergreifend nutzbar gemacht werden können, ist zu prüfen.

(2) Für die Aufstellung regionaler Sicherheitspläne sind Risiken aus verschiedenen technischen Bereichen zu vergleichen und konsistent zu vergleichen. Zu diesem Zweck müssen die Werkzeuge und Methoden der einzelnen Fachbereiche bezüglich ihrer Aussagekraft und der ihnen innewohnenden Unsicherheiten beurteilt werden. In dieser Beziehung bestehen noch erhebliche Wissenslücken.

(3) Die Methodik zur Berücksichtigung der Abhängigkeiten und Interaktionen verschiedener Risiken innerhalb einer Region ist noch weitgehend zu entwickeln.

(4) Verschiedenartige Risiken in einer Region werden vom Einzelnen und von der Gesellschaft unterschiedlich beurteilt. Diese Bewertung ist auch von den Gegebenheiten der Region abhängig. Einheitliche und allgemein akzeptierte Massstäbe fehlen, ebenso geeignete Formen der Kommunikation zwischen den Beteiligten.

(5) Eine geeignete Methodik für das Risiko-Management in einer Region ist noch zu entwickeln. Die Komplexität und Menge der zu verarbeitenden Informationen stellen neuartige Anforderungen.

Bei den Problemkreisen (2) bis (5) handelt es sich durchwegs um fachübergreifende Aspekte.

2. Ziele des Projekts

Das Polyprojekt "Risiko und Sicherheit technischer Systeme" will die in Abschnitt 1.3 aufgezeigten Lücken in interdisziplinärer Arbeit schliessen. Das Hauptziel des Projekts ist die

- Erarbeitung bzw. Weiterentwicklung einer fachübergreifenden Methodik für die Risiko-Analyse, die Risiko-Bewertung und das Risiko-Management im Rahmen regionaler Sicherheitspläne und die Bereitstellung der Ergebnisse in einer für die Praxis nützlichen Form.

Wichtigste Nebenziele des Projekts sind die

- Förderung der multidisziplinären Zusammenarbeit an der Hochschule unter Nutzung der bestehenden hohen Fachkompetenz.
- Erzeugung von sicherheitstechnischer Fachkompetenz bei den Mitarbeitern des Projekts.
- Förderung der Kontakte und der Interaktion zwischen Hochschule, Industrie und Privatwirtschaft.
- Förderung des Bewusstseins an der Hochschule, dass Forschungsergebnisse jeder Disziplin immer auch Auswirkungen im Bereich von Risiko und Sicherheit haben.

Das alles klingt verlockend. Es darf jedoch an dieser Stelle der Hinweis nicht fehlen, dass das Ingangsetzen und erfolgreiche Weiterentwickeln der interdisziplinären Zusammenarbeit im vorgesehenen Organisationsrahmen keine einfache Sache ist.

Der Erfolg des Projekts hängt in dieser Beziehung in erheblichem Mass von der Fähigkeit der leitenden Persönlichkeiten ab, die Arbeit zielstrebig aber doch flexibel zu leiten und die am Projekt teilnehmenden Mitarbeiter im Sinne der Zielsetzung zu motivieren. Die Antragsteller selbst sind bereit, ihre Führungsverantwortung wirklich wahrzunehmen.

3 Projektstruktur und Teilprojekte

3.1 Organisatorische Grundvorstellung

Das Polyprojekt besteht aus einzelnen interdisziplinär ausgerichteten *Teilprojekten.* Die Teilprojekte orientieren sich an den Aspekten, die bei der Erarbeitung regionaler Sicherheitspläne (siehe auch Anhang E) zu beachten sind. Die Teilprojekte werden im wesentlichen in den zur Mitarbeit bereiten Instituten der ETH unter teilweise starker Förderung durch externe Institutionen von einem geeignet zusammengesetzten Team bearbeitet. Jedes Teilprojekt hat seinen *Teilprojektleiter.*

Jeweils zwei bis drei Teilprojekte werden in einer *Arbeitsgruppe* zusammengefasst. Die Arbeitsgruppen bestehen aus den jeweiligen Teilprojektleitern und weiteren schwergewichtig an den Teilprojekten beteiligten Mitarbeitern. Einer der Teilprojektleiter ist in Personalunion *Leiter der Arbeitsgruppe.*

Es werden *drei Arbeitsgruppen* gebildet. Diese sind auf die wesentlichen Problemkreise ausgerichtet, die sich bei der Erstellung eines regionalen Sicherheitsplans ergeben. Es sind dies die Problemkreise

- *Risiko-Analyse,*
- *Risiko-Bewertung und*
- *Risiko-Management*

für eine Region.

Eine sog. *Zentralstelle* des Polyprojekts "Risiko und Sicherheit technischer Systeme" koordiniert die Arbeiten, im wesentlichen durch intensive Mitarbeit in den Teilprojekten und Arbeitsgruppen. Die Zentralstelle besteht aus den Leitern der drei Arbeitsgruppen, ein bis zwei weiteren wissenschaftlichen Mitarbeitern und einer halben administrativen Kraft. Einer der Mitarbeiter der Zentralstelle ist in Personalunion *Projektleiter* des Polyprojekts, ein weiterer ist sein *Stellvertreter.*

Ein *wissenschaftlicher Beirat* schliesslich legt die generellen Richtlinien für die Arbeit der Zentralstelle fest und unterstützt sie in ihrer Arbeit. Der von der Leitung der ETH eingesetzte *Vorsitzende* des wissenschaftlichen Beirats führt die Zentralstelle.

3.2 Zur Definition der Region und des technischen Systems

Den einzelnen Teilprojekten wird eine geeignete Region zugrundegelegt. Diese muss nicht für alle Teilprojekte die gleiche sein. Es kann sich auch um eine hypothetische Modellregion handeln. Die jeweilige Region wird jeweils so gewählt, dass die durch das Teilprojekt angeschnittene Fragestellung mit grösstmöglichem Realitätsbezug angegangen werden kann. Regionen, die in anderen Zusammenhängen von anderen Institutionen bereits untersucht wurden und für die deshalb Daten bereitstehen, sind zu bevorzugen.

Auch die in der jeweiligen Region angesiedelten technischen Systeme müssen aus der grossen Menge derjenigen, die beim Ausfall oder bei Störfällen den Menschen und seine Umwelt gefährden, so ausgewählt werden, dass die zu bearbeitende grundsätzliche Fragestellung nicht durch allzugrosse Komplexität verstellt wird. Bei dieser Wahl stehen die folgenden Kriterien im Vordergrund:

- hohes Risiko beim Ausfall von Systemteilen oder bei Störfällen
- interdisziplinärer Charakter des Systems
- Relevanz im Hinblick auf regionale Sicherheitspläne
- Verfügbarkeit von einschlägigem Fachwissen

Aufgrund dieser Auswahlkriterien rücken die folgenden technischen Systeme in den Vordergrund des Interesses:

- Transport gefährlicher Güter
- Lagerung gefährlicher Güter
- Betrieb von Prozess-Anlagen
- Elektrizitätsversorgung

Die Definition der jeweils geeigneten Region und ihre Bestückung mit den gewählten technischen Systemen erfolgt bei der Umschreibung der Aufgabenstellung in der ersten Etappe der Bearbeitung des jeweiligen Teilprojekts.

3.3 Teilprojekte

Von verschiedenen Instituten der ETH und von aussenstehenden Institutionen sind eine bemerkenswerte Anzahl von Anträgen und Ideenskizzen für Teilprojekte eingegangen. Die Vorschläge sind ausnahmslos wissenschaftlich anspruchsvoll und im vorliegenden Zusammenhang von Interesse. Sie sind jedoch von unterschiedlicher Interdisziplinarität. Da nicht alle Vorschläge gleichzeitig in genügender Tiefe bearbeitet werden können, waren Prioritäten zu setzen.

Als *Teilprojekte erster Priorität* wurden Vorschläge ausgewählt, welche die Erprobung von Methoden der Risiko-Analyse, der Risiko-Bewertung oder des Risiko-Managements an konkreten Beispielen erlauben und die gleichzeitig im Hinblick auf sicherheitsorientierte Massnahmenplanung, Fragen der Risikokommunikation und der Akzeptanzproblematik relevant sind.

Aus diesem Auswahlprozess ergaben sich die folgenden, zur Bearbeitung im Polyprojekt "Risiko und Sicherheit technischer Systeme" vorgesehenen Teilprojekte:

- *RA 1:* Analyse der Gefährdungen durch den Transport gefährlicher Güter
- *RA 2*: Methodik der Risiko-Analyse auf verschiedenen Betrachtungsebenen

- *RB 1:* Risikobewertung und gesellschaftliche Entscheidungsfindung
- *RB 2:* Rechtliche Rahmenbedingungen und politische Entscheidungsfindung am Beispiel der Realisierung eines Sicherheitsplanes

- *RM 1:* Integration von Umweltrisiken technischer Systeme in die Raum- und Umweltplanung
- *RM 2:* Sicherheitskultur in soziotechnischen Systemen
- *RM 3:* Entwicklung der Methodik zum Erstellen der Notfallplanung in einer Region

Die dem Titel vorgestellten Kurzbezeichnungen weisen auf die Arbeitsgruppen hin, denen die Teilprojekte zugeordnet werden sollen: RA steht für Arbeitsgruppe Risiko-Analyse, RB für Arbeitsgruppe Risiko-Bewertung und RM für Arbeitsgruppe Risiko-Management.

Die Anträge für die vorstehenden Teilprojekte finden sich in Anhang C. Sie sind in der Regel einheitlich nach dem folgenden Schema strukturiert:

1. Antragsteller
2. Problemstellung
3. Bezug zum Thema "Regionale Sicherheitspläne"
4. Ziel und zu erwartende Ergebnisse
5. Arbeitsumfang und Vorgehen
6. Organisation, Mitarbeiter und Arbeitsmittel
7. Arbeitsetappen und Zeitplan

Die restlichen eingegangenen Projektvorschläge werden der *Priorität 2* zugeordnet. Obwohl sie für die anstehenden Fragen von grosser Bedeutung sind, können sie innerhalb des vorliegenden Projekts nur dann in Angriff genommen werden, wenn weitere externe finanzielle Mittel bereitstehen (vgl. Kap. 8). Auch diese Projektvorschläge finden sich im Anhang C.

3.4 Projektablauf

Das Gesamtprojekt wird in *3 Etappen* gegliedert.

Die *Etappe 1* soll nach Genehmigung des Projekts in aller Sorgfalt durchlaufen werden. Sie dient zur Koordination und präzisen Umschreibung der Aufgabenstellung der verschiedenen Teilprojekte und zur Definition der Randbedingungen. Dies soll in enger Zusammenarbeit mit dem jeweiligen Antragsteller durch den Projektleiter geschehen. In der Etappe 1 sollen auch die Mitarbeiter der Zentralstelle gesucht und die Modalitäten der Zusammenarbeit mit externen Institutionen geklärt und vertraglich fixiert werden.

Die *Etappe 2*, für die einschliesslich Etappe 1 mit einer Dauer von 3 Jahren gerechnet werden muss, dient

- zum Aufbau der multidisziplinären Kompetenz der Zentralstelle.
- zum Aufbau der interdisziplinären Zusammenarbeit zwischen den in den Teilprojekten arbeitenden Fachleuten und den interessierten und die Forschungsarbeiten teilweise mitfinanzierenden Institutionen.
- zur Vorbereitung einer gemeinsamen Basis für die Behandlung komplexer Fragen, die sich bei der Erstellung regionaler Sicherheitspläne ergeben.
- zur Erarbeitung, Beurteilung, Abstimmung und Herausgabe der Berichte der Teilprojekte. Diese werden anschliessend einem wissenschaftlichen Review-Verfahren im Sinne einer Qualitätssicherung unterzogen.
- Weiterentwicklung und Vervollständigung des Projekts.

Das Ende der *Etappe 2* entspricht einem Zwischenziel. Hier soll der Erfolg der bisherigen Arbeiten möglichst unbefangen beurteilt und bei positivem Ergebnis die Verlängerung auf die volle Dauer von fünf Jahren beschlossen werden.

Die anschliessende *Etappe 3* mit einer Dauer von etwa zwei Jahren dient dazu, die in den ersten 3 Jahren weitgehend abgeschlossenen Teilprojekte der Etappe 2 durch Nachziehen geeigneter weiterer Teilprojekte abzurunden, neu aufgetauchte Fragestellungen und Probleme zu behandeln, noch vorhandene Lücken zu schliessen und dann schliesslich die Ergebnisse in einen übergeordneten zusammenfassenden Bericht einzugliedern und damit das Polyprojekt abzuschliessen.

Ein naheliegender Gedanke ist, die Etappe 1 von der Etappe 2 abzukoppeln, um erstere als Vorstudie zu betreiben und an den Ergebnissen dieser Studie sowohl die Erfolgsaussichten des Projekts als auch die Projektleitung zu testen. Die Antragsteller haben diese Variante verworfen in der Meinung, dass ein solches Vorgehen das dringliche Projekt weiter verzögert, dass es schwierig sein wird, die geeigneten Persönlichkeiten für eine kürzere Aktion mit ungewissem Ausgang zu finden und dass sich geeignete Leute der ausgesprochenen Herausforderung lieber stellen werden als einem allseits immer wieder abgesicherten schrittweisen Vorgehen. Hingegen soll zu gegebener Zeit, z.B. nach einem halben Jahr, die Machbarkeit kritisch überprüft und gegebenenfalls die *Notbremse* gezogen werden. Auch das ist eine Frage eines verantwortlichen Risiko-Managements.

4. Organisation des Projekts

4.1 Teilprojekte und Arbeitsgruppen

Die wesentlichen Elemente der Organisation finden sich bereits unter Abschnitt 3.1. Sie werden in der Folge nur rekapituliert:

Die Teilprojekte werden im wesentlichen in den zur Mitarbeit bereiten Instituten der ETH von einem geeignet zusammengesetzten Team bearbeitet. Jedes Teilprojekt hat seinen Teilprojektleiter.

Jeweils zwei bis drei Teilprojekte werden in einer Arbeitsgruppe zusammengefasst. Die Arbeitsgruppen bestehen aus den jeweiligen Teilprojektleitern und weiteren schwergewichtig an den Teilprojekten beteiligten Mitarbeitern. Einer der Teilprojektleiter ist in Personalunion Leiter der zugehörigen Arbeitsgruppe.

Es werden drei Arbeitsgruppen gebildet, und zwar für die Problemkreise

- Risiko-Analyse (RA),
- Risiko-Bewertung (RB) und
- Risiko-Management (RM).

Die Arbeitsgruppen kommen in geeigneten Intervallen, z.B. einmal monatlich zusammen, besprechen die anstehenden Probleme, suchen Wege und diskutieren die erarbeiteten Texte. Sie erstellen in geeigneten Intervallen Protokolle über den Stand der Teilprojekte.

4.2 Zentralstelle

Die Zentralstelle des Polyprojekts "Risiko und Sicherheit technischer Systeme" koordiniert die Arbeiten, und zwar im wesentlichen durch intensive Mitarbeit in den Teilprojekten und Arbeitsgruppen. Sie besteht aus den Leitern der drei Arbeitsgruppen, ein bis zwei weiteren wissenschaftlichen Mitarbeitern und einer halben administrativen Kraft.

Einer der Mitarbeiter der Zentralstelle ist in Personalunion Projektleiter des Polyprojekts, ein weiterer ist sein Stellvertreter.

Die Zentralstelle hat die folgenden Aufgaben:

- Leitung und Koordination des Gesamtprojekts
- Weiterentwicklung, Erweiterung (z.B. durch Beschaffung von weiteren Drittmitteln) und Vervollständigung des Gesamtprojekts
- Betreuung der Teilprojekte
- Bereitstellung der Werkzeuge
- Aufbau von Daten- und Methodenbanken
- Organisation und Durchführung von Seminaren, Kursen, Tagungen
- Organisation, Leitung und Durchführung von Spezialaufgaben
- Zusammenarbeit mit nationalen und internationalen Organisationen mit vergleichbaren Zielen
- Erarbeiten der Publikationen
- Administration des Projekts

Die Zentralstelle bildet den *Kopf* des Polyprojekts. Ihre Mitarbeiter verpflichten sich zu einer interdisziplinären Zusammenarbeit und werden diese auch in ihrer Arbeit vorleben müssen. Es wird nötig sein, diese Zusammenarbeit durch Veranstaltung von für alle Mitarbeiter obligatorischen Klausuren, Arbeitstagungen usw. zu fördern. Dazu braucht es Mittel und auch Kompetenzen.

Das Profil der *leitenden Persönlichkeiten* umfasst idealerweise die folgenden Eigenschaften:

- hoher Stand der wissenschaftlichen Kenntnisse und Fähigkeiten
- Überblick und Breite
- Ausdauer und Zielstrebigkeit
- Talent zum Ausgleich, Integrationsfähigkeit
- Flexibilität
- Motivationskraft

Es wird nicht einfach sein, eine Gruppe derartiger Persönlichkeiten für die Führung des Projekts zu finden.

Die Mitarbeiter sollten sich fachlich ergänzen und das für die interdisziplinäre Arbeit notwendige fachliche Spektrum möglichst vollständig abdecken. Vorgesehen sind insgesamt etwa 15 teilweise nur teilzeitlich für das Polyprojekt tätige Mitarbeiter mit Fachkompetenz in den folgenden Fachbereichen:

- Ingenieurwissenschaften verschiedener Disziplinen
- Naturwissenschaften (Chemie, Physik, Biologie etc) und Mathematik
- Geistes- und Sozialwissenschaften
- Rechts- und Wirtschaftswissenschaften

Neben dieser fachlichen Kompetenz der Mitarbeiter muss allerdings in bezug auf die anstehende Problematik ausgesprochenes Interesse und eine gewisse Erfahrung vorausgesetzt werden, sonst lässt sich das Projekt nicht in der vergleichsweise kurzen Zeit von drei bis fünf Jahren erfolgreich abschliessen.

Ausserordentlich befruchtende Beiträge können schliesslich von Gastwissenschaftlern erwartet werden, die - z.B. im Rahmen von Sabbaticals - während kürzerer oder längerer Zeit an einzelnen Teilprojekten oder an deren Integration mitarbeiten. Mittel zur Deckung von Aufenthaltsspesen sind deshalb eingeplant.

4.3 Wissenschaftlicher Beirat

Der wissenschaftliche Beirat schliesslich legt die generellen Richtlinien für die Arbeit der Zentralstelle fest und unterstützt sie in ihrer Arbeit. Er sorgt dafür, dass kritische Entwicklungen rechtzeitig erkannt und in sichere Bahnen gelenkt werden. Der von der Leitung der ETH eingesetzte Vorsitzende des wissenschaftlichen Beirats führt die Zentralstelle.

Der wissenschaftliche Beirat setzt sich hauptsächlich aus Professoren der ETHZ und einigen externen Persönlichkeiten zusammen, die sich für das Projekt engagieren und/oder Mitarbeiter in das Projekt delegieren. Der wissenschaftliche Beirat kommt z.B. halbjährlich zusammen, um die Berichte entgegenzunehmen und seinen Einfluss auf den Fortgang der Arbeiten geltend zu machen.

4.4 Zusammenfassung und Organigramm

Das auf der folgenden Seite dargestellte Organigramm zeigt die Vorstellungen zur Organisationsstruktur. Mit dieser soll sichergestellt werden,

- dass die Mitarbeiter der Zentralstelle mit den Mitarbeitern der kooperierenden ETH-Institute bzw. externen Institutionen eng zusammenarbeiten,
- dass die Mitarbeiter der Zentralstelle direkt an den Forschungsarbeiten teilnehmen und so sowohl einen tiefen und detaillierten Einblick in die Arbeiten erhalten als auch den Fortgang der Arbeiten im gegebenen Moment entscheidend mitbestimmen können,
- dass die Leiter einer Arbeitsgruppe bei gleichzeitiger aktiver Mitarbeit in Teilprojekten organisatorisch nicht überlastet werden,
- dass die Synthese der in den drei Arbeitsgruppen gewonnenen Ergebnisse im kleinen Team der drei Leiter mit vernünftigem Aufwand möglich wird und
- dass schliesslich der administrative Aufwand für die Koordination der Arbeiten auf ein Minimum beschränkt bleibt.

Das Organigramm zeigt die organisatorische Zuordnung, nicht den Ort des Arbeitsplatzes der einzelnen Mitarbeiter, der sich je nach Zweckmässigkeit sowohl in den mitarbeitenden Instituten als auch in der Zentralstelle befinden kann.

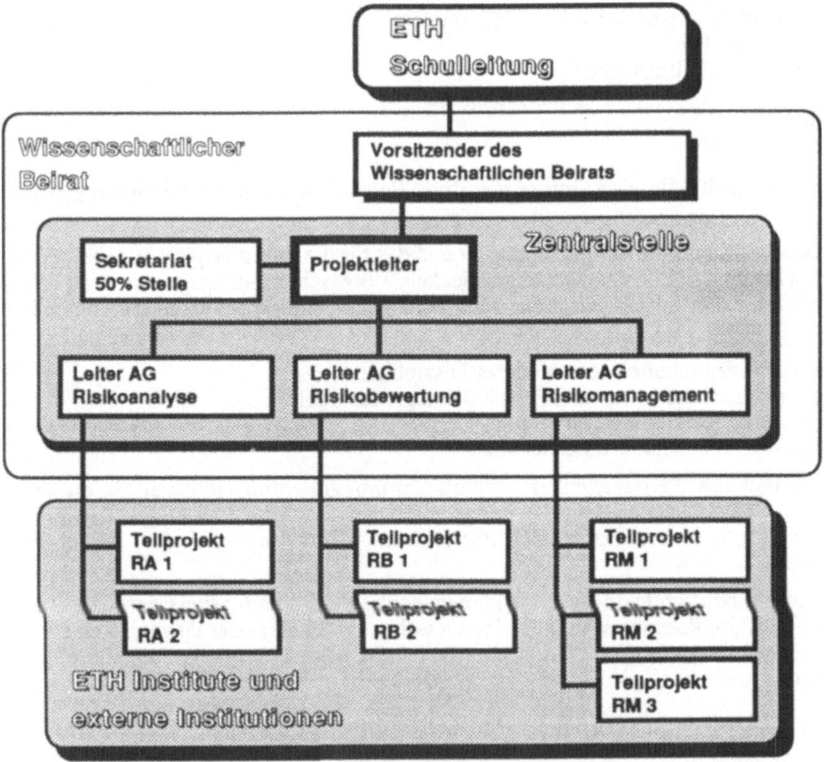

5. Personalbedarf und Personelles

5.1 Zusammenstellung des Personalbedarfs

In der nachfolgenden Tabelle ist der für die einzelnen Teilprojekte vorgesehene Bedarf an wissenschaftlichem Personal in Mannjahren für die Etappen 1 und 2, das heisst für die ersten drei Jahre zusammengestellt. Der Begriff "Mannjahre" möge in diesem Zusammenhang geschlechtsneutral verstanden werden.

Tabelle Personalplanung

Wissenschaftliche Mitarbeiter für die ersten beiden Etappen des Projekts (drei Jahre)

Arbeitsgruppe	Teilprojekt	Personal in Mannjahren: Ingenieurwissenschaften	Naturwissenschaften und Mathematik	Geistes- und Sozialwissenschaften	Rechts- und Wirtschaftswissenschaften	Total	Davon aus ETH-Instituten und externen Institutionen	Zur Beisteuerung bereites ETH-Institut bzw. externe Institution
RA Risiko-Analyse	RA 1 "Analyse der Gefährdungen durch denTransport gefährlicher Güter"	1.0	1.0		1.6	3.6	0.9	PSI
	RA 2 "Methodik der Risiko-Analyse auf verschiedenen Betrachtungsebenen"	1.9	3.5	1.5		6.9	0.9 3.0 3.0	EAWAG ETH-Inst. f. Energietechnik und PSI-LUS NAGRA
RB Risiko-Bewertung	RB 1 "Risiko-Bewertung und gesellschaftliche Entscheidungsfindung"	2.6	0.6	2.4		5.6	1.0 1.5 0.9	EAWAG BUWAL ETH Inst. f. Verhaltenswissenschaft
	RB 2 "Rechtliche Rahmenbedingungen und politische Entscheidungsfindung am Beispiel der Realisierung eines Sicherheitsplans"	0.3		0.3	1.5	2.1	1.5	BUWAL
RM Risiko-Management	RM 1 " Integration von Umweltrisiken in die Raum- und Umweltplanung"	3.4	1.9	0.3	0.3	5.9	1.5 1.1	ETH-Institut für Orts-, Reg.- und Landesplan'g EAWAG
	RM 2 "Sicherheitskultur in soziotechnischen Systemen"	0.3	2.0	3.5		5.8	1.5	ETH-Lehrstuhl für Arbeits- & Org.psychologie
	RM 3 "Entwicklung und Evaluation einer Methode zum Erstellen der Notfallplanung in einer Region"	0.4	1.5		1.5	3.4	1.5	Bundesamt f. Energiewirtschaft/Hauptabteilung f. d. Sicherheit v. Kernanlagen
		9.9	10.5	8.0	4.9	**33.3**	**18.3**	

Aus der Tabelle geht hervor, dass innert dreier Jahre im wissenschaftlichen Bereich des Polyprojektes insgesamt rund 33 Mannjahre aufzuwenden sind.

Von diesen wird mehr als die Hälfte aus Etat-Stellen zusammenarbeitswilliger ETH-Institute und aus Mitteln externer Institutionen erbracht.

Sowohl die Nagra als auch das BUWAL sind im Prinzip bereit, je 3 Mannjahre entsprechend je einem Mitarbeiter für drei Jahre in das Projekt einzubringen. Das BEW bzw. die HSK ist bereit, weitere 1.5 Mannjahre zusammen mit einem Teilprojekt zur Verfügung zu stellen. Die Modalitäten dieser Zusammenarbeit sind, sobald das Polyprojekt genehmigt ist, zu klären und vertraglich zu fixieren.

Einen vergleichbaren Beitrag von 10.8 Mannjahren sind 4 Institute der ETH, die EAWAG und das PSI bereit, zusammen mit den von ihnen beantragten Teilprojekten einzubringen. Auch hier wären die Modalitäten der Zusammenarbeit vor Inangriffnahme der Arbeit vertraglich zu regeln.

Auch das Bundesamt für Genie und Festungen ist am vorliegenden Projekt sehr interessiert (siehe Anhang B) und möchte dieses gern mit Arbeitsleistung unterstützen. Der mögliche Beitrag dieses sehr spät dazugestossenen Interessenten konnte aus Termingründen nicht mehr eruiert und in das vorliegende Konzept eingebaut werden, doch sind die Ansatzpunkte für eine Zusammenarbeit erkennbar.

Lässt man diesen Beitrag vorderhand ausser Betracht, wären aus Mitteln des Polyprojekts während dreier Jahre die übrigen 15 Mannjahre zu decken. Dazu käme eine administrative Kraft mit weiteren 1.5 Mannjahren. Von diesen Zahlen muss die Kostenschätzung (siehe Abschnitt 6) ausgehen.

Gemäss dem unter Abschnitt 4 beschriebenen Organisationskonzept besteht die Zentralstelle aus drei akademischen Mitarbeitern und einer halben administrativen Kraft. Hinzu kommen etwa zwei weitere Mitarbeiter, die für die Unterstützung der teilnehmenden Institute anzustellen sind und die sich, koordiniert vom Projektleiter, spezifischen Problemkreisen bzw. Teilprojekten widmen. Der Arbeitsort ist dadurch jedoch nicht festgelegt. Er kann sowohl in der Zentralstelle als auch in den ETH-Instituten bzw. in den externen Institutionen liegen und auch zeitlich wechseln.

Die Tabelle gibt auch Auskunft über das bei der Rekrutierung der Mitarbeiter zu beachtende fachspezifische Spektrum. Etwa drei Ingenieure verschiedener Fachrichtungen werden mit etwa drei Mitarbeitern aus Naturwissenschaft und Mathematik, zwei bis drei Geistes- und Sozialwissenschaftern und ein bis zwei Rechts- und Wirtschaftswissenschaftern zusammenarbeiten. Da viele dieser Stellen Teilzeitstellen sein werden, ist mit einem Team von etwa 13 bis 17 Forschern zu rechnen.

5.2 Personelles

Personelle Fragen, und unter diesen insbesondere die Frage nach der Persönlichkeit, die mit der Projektleitung beauftragt werden soll, lassen sich in diesem Stadium des Polyprojekts noch nicht beantworten. An den Projektleiter und in leicht vermindertem Mass auch an seinen Stellvertreter werden hohe Anforderungen gestellt im Hinblick auf Führungserfahrung, Integrationsfähigkeit und Motivationsvermögen. Der Kreis, aus denen diese Persönlichkeit hervorgehen wird, ist im wesentlichen durch die Antragsteller von Teilprojekten abgesteckt. Er wird weiter eingeschränkt durch die Tatsache, dass sich der Projektleiter praktisch zu 100% seinen Aufgaben im Polyprojekt wird widmen müssen. Das gleiche gilt für den stellvertretenden Projektleiter.

6. Kostenschätzung

Die Kosten werden in der Folge für die Etappen 1 und 2, das heisst für die ersten *drei Jahre* ermittelt. Die Kostenermittlung beschränkt sich im übrigen auf die Mittel, die aus dem Polyprojekt selbst kommen müssen.

6.1 Personalkosten pro Jahr

Die Mitarbeiter des Polyprojekts werden grundsätzlich auf der Basis der Besoldungsverordnung des Bundes angestellt.

Schwierig ist zum gegenwärtigen Zeitpunkt die Einschätzung der Besoldungsklassen. Das Projekt stellt an die Leitung und Koordination aufgrund seiner technisch-wissenschaftlichen Komplexität und seiner breiten Interdisziplinarität ganz besondere Anforderungen. Geeignete Leiter (Projekt- und Arbeitsgruppenleiter) werden schwierig zu rekrutieren sein. Sie sollten zusätzlich zu den üblichen Voraussetzungen zur Übernahme von Projektleitungsaufgaben einen reichhaltigen wissenschaftlichen Erfahrungsschatz im zu bearbeitenden Gebiet mitbringen. Geeignete Personen können nur gefunden werden, wenn auch seitens der Besoldung die Funktion entsprechend dotiert wird. Nachstehend wird ein Einstufungskonzept vorgeschlagen, welches obigen Ansprüchen Rechnung trägt.

Die nachstehend eingesetzten Beträge entsprechen dem Höchstbetrag der Jahresbesoldung nach der Besoldungsskala 1989 des Bundes einschliesslich Ortszuschlag von 4'162 Fr., aber ohne Kinderzulagen. Zur Deckung der Arbeitgeberbeiträge wird ein Zuschlag von 15% berücksichtigt.

Projektleiter (Kl. 28)	120'000
Stellvertretender Projektleiter (Kl. 24)	99'800
Wissenschaftlicher Mitarbeiter 1 (Kl. 20)	85'000
Wissenschaftlicher Mitarbeiter 2 (Kl. 20)	85'000
Wissenschaftlicher Mitarbeiter 3 (Kl. 20)	85'000
Administrative Kraft 50% (Kl. 14)	33'200
Total Bruttosalär einschl. Ortszuschlag	508'000
Arbeitgeberbeiträge 15%	76'000
Total Personalkosten pro Jahr	**584'000**

6.2 Sachkosten pro Jahr

Die Sachkosten werden angesichts des grossen Mitarbeiterstabs pro Jahr wie folgt geschätzt:

Gastaufenthalte von Experten	45'000.
Beizug von Experten	15'000
Reisespesen	30'000
Literatur	5'000
Spezielle Computer-Software	15'000
Druck von Publikationen abzüglich Erlös	25'000
Arbeitstagungen, Klausuren und Seminare	10'000
Akademische Gäste für Seminare	5'000
Total Sachkosten pro Jahr	**150'000**

Die Ausgaben für Literaturanschaffungen sind Ausgaben für Material von bleibendem Wert.

6.3 Gesamtaufwand einschliesslich Etappe 3

Der Aufwand (ohne Räume und Büro-Einrichtungen) beläuft sich für die Etappen 1 und 2 somit auf eine Summe von *734'000 Fr. pro Jahr* bzw. *rund 2.2 Millionen Franken* für die ersten 3 Jahre. Aus Etatstellen der mitarbeitenden ETH-Institute und aus Mitteln der externen Institutionen fliessen jährlich mindestens weitere 600'000 Fr. bzw. in den ersten drei Jahren mindestens weitere 1.8 Millionen Fr. ein.

Es ist davon auszugehen, dass zu einem späteren Zeitpunkt für die Etappe 3, d.h. für weitere 2 Jahre zusätzlich etwa 2/3 dieser von der ETHZ erbetenen Mittel beantragt werden müssen, um die in den ersten 3 Jahren begonnenen Arbeiten durch Nachziehen geeigneter Teilprojekte abzurunden und das Polyprojekt abzuschliessen. Der dem Polyprojekt aus Mitteln der Hochschule zufliessende Betrag beläuft sich dann (ohne Teuerung) für die ganze Projektdauer von 5 Jahren auf rund 3.7 Millionen Franken.

6.4 Raum-Bedarf

Die Raum-Bedürfnisse der Zentralstelle sind mit vorderhand drei bis vier Räumen und den zugehörigen Büromaschinen und Einrichtungen zu beziffern. Die Räume müssten mit mindestens drei Apple Macintosh, einem Laserprinter (Desk Top Publishing) und einem IBM kompatiblen PC ausgestattet sein, um die verfügbare Software einsetzen zu können. Der Anschluss an das ETH Rechnernetz ist selbstverständlich.

Es ist geplant, die Gruppe geschlossen auf dem Hönggerberg im HIL anzusiedeln. Im Rahmen der aus anderen Gründen eingeleiteten Verdichtung der Belegung sollten die erwähnten Räume freizumachen sein.

7. Zu erwartende Ergebnisse

Die zu erwartenden Ergebnisse aus der Arbeit am Polyprojekt und an allen seinen Teilprojekten sind vielfältig. Sie lassen sich z.B. den folgenden Gruppen zuordnen:

- *Schriftenreihen:* Es sind zwei Schriftenreihen vorgesehen. Die eine unter dem Titel *"Dokumente"* fasst die Ergebnisse der Teilprojekte zusammen. Diese Dokumente entsprechen im wesentlichen normalen Forschungsberichten. Die zweite Reihe richtet sich an die Praxis. Unter dem Titel *"Leitfaden"* sollen zu einzelnen methodischen Teilbereichen kurze, ausgesprochen praxisorientierte Hefte erscheinen. Es ist anzunehmen, dass die Dokumente zu den hier vorgesehenen Teilprojekten nach den ersten drei Jahren in einem Umfang von gesamthaft etwa 1500 Seiten vorliegen werden. Die Abfassung der Leitfäden ist eher typisch für die Etappe 3. Der Umfang dieser Reihe wird auf etwa 20 Bändchen zu je etwa 60 Seiten geschätzt.
- *Abschlussberichte:* Der Abschlussbericht zum Thema "Risiko und Sicherheit technischer Systeme" fasst im Stil der oben erwähnten Dokumente die Arbeiten zusammen. Ein abschliessender Leitfaden unter dem Titel "Aufstellen von regionalen Sicherheitsplänen" kann als Modell für die Aufstellung von Sicherheitsplänen in konkreten Regionen gelten.
- *Publikationen:* Die Zentralstelle und die Mitarbeiter des Projekts müssen zur Meinungsbildung beitragen. Hierzu dienen unter anderem Publikationen in Fachzeitschriften, allgemeinen technischen Zeitschriften und in der Presse zu einschlägigen Problemen und Ereignissen. Von den Mitarbeitern ist zu erwarten, dass sie jährlich mindestens einen solchen Beitrag erarbeiten.
- *Tagungen und Seminare* sollen zur Weiterbildung von Fachleuten aus der Praxis durchgeführt werden. Ein wichtiger Nebeneffekt solcher Aktionen liegt darin, dass damit die Mitarbeiter den Realitäten nahe bleiben.
- *Wissens-, Methoden- und Datenbanken:* Im Verlauf der Projektarbeiten wird Wissen akkumuliert, Methoden werden erarbeitet und geprüft und z.T softwaremässig niedergelegt, und schliesslich ergeben sich Datensammlungen. Alle diese Werkzeuge sollen in der Zentralstelle so aufgearbeitet werden, dass sie auch Behörden, der Industrie und der Oeffentlichkeit dienen können. Das gleiche gilt für die im Verlaufe des Projekts aufgebaute *Spezialbibliothek.*
- Erzeugung von *Fachkompetenz* bei den Mitarbeitern des Projekts.

8. Ausblick

Das skizzierte - auf mehrere Jahre ausgelegte - Forschungsvorhaben ist ohne Zweifel sehr umfangreich und wird nur zu verwirklichen sein, wenn es gelingt, die theoretischen und empirischen Arbeiten in den mitarbeitenden Instituten wirksam zu koordinieren und wenn die eigenen Arbeiten durch Zusammenarbeit mit externen Experten und Institutionen ergänzt werden können.

Um den internationalen Anschluss an die Weiterentwicklung der Verfahren und Methoden der Risikobetrachtung nicht zu verlieren, ist vorgesehen, sobald das Projekt feststeht, andere zusätzliche Finanzierungsquellen wie z.B. den NEFF und andere Forschungsfonds der Bundesbehörden anzusprechen, um weitere Teilprojekte wie z.B. solche der Priorität 2 in Angriff nehmen zu können.

Längerfristig könnte die Zentralstelle in ein ständiges *"Schweizerisches Zentrum für Risiko- und Sicherheitsforschung"* übergehen, das selbsttragend die Funktion eines forschenden und beratenden Organs für Behörden, Verwaltung, Industrie und Private wahrnimmt. Die gewonnenen Erfahrungen und das angesammelte Wissen könnten so auch nach Ablauf des Polyprojekts weiter genutzt und ausgebaut werden.

Es handelt sich im Folgenden um Vorschläge, die den Teilnehmern der Arbeitstagung unterbreitet wurden im Hinblick auf eine bessere Verständigung. Es handelt sich nicht um eine in allen Teilen ausgereifte Begriffsliste. Einer solchen könnte eine ganze Arbeitstagung gewidmet werden und man würde doch nicht fertig.

Zentrale Begriffe

Gefahr/Gefährdung:
Die in einem betrachteten Zustand schlummernde Möglichkeit des Auftretens eines schädigenden Ereignisses.

Ursache:
dasjenige, was aufgrund subjektiver Betrachtung bzw aufgrund der jeweiligen Fragestellung wohl eine Folgeerscheinung hervorruft, selbst jedoch keine Folgeerscheinung ist. Die Folgeerscheinungen liegen zeitlich gesehen immer nach der Ursache.

Wahrscheinlichkeit eines Ereignisses:
objektiv: Zahl der Fälle, in denen ein Ereignis eintrifft, dividiert durch die Zahl aller möglichen Fälle.
subjektiv: Grad der Erwartung oder des Vertrauens in die Aussage, dass ein mögliches Ereignis eintrifft, ein umschriebener Sachverhalt zutrifft.

Risiko:
Im *allgemeinen* Sinn: Möglichkeit, einen Schaden zu erleiden.
Im *engeren* Sinn: Mass für die Grösse einer Gefahr. Funktion der Wahrscheinlichkeit eines Schadenereignisses und der potentiellen Schadenfolge.

Qualifizierte Risiken:
Akzeptiertes Risiko: Risiko, das vom Akzeptierenden unwidersprochen hingenommen wird.
Freiwilliges Risiko: Risiko, das freiwillig eingegangen wird.
Aufgezwungenes Risiko: Risiko, welchem ein Individuum oder ein Kollektiv ohne Möglichkeit einer Einflussnahme ausgesetzt ist.

Personenenschaden-Risiko:
individuell: Wahrscheinlichkeit, dass bei einem bestimmten Schadenereignis eine Einzelperson zu Schaden kommt, d. h. getötet, verletzt oder sonstwie beeinträchtigt wird.
kollektiv: Wahrscheinlichkeit eines Schadenereignisses, multipliziert mit der potentiellen Personenschadenfolge. Oft wird das tatsächliche kollektive Risiko noch multipliziert mit einem sog. Aversionsfaktor, um Grossunfälle stärker zu gewichten. Man redet dann von empfundenem kollektiven Personenschaden-Risiko.

Aversionsfaktor:
Subjektiv festgelegter Faktor zur überproportionalen Gewichtung der Schäden aus Grossunfällen mit gleichzeitig vielen Opfern. Ausgangspunkt ist die Erfahrung, dass z.B. ein Unfall mit zehn Toten als schwerer empfunden wird als zehn Unfälle mit je einem Toten.

Sachschaden-Risiko:
Wahrscheinlichkeit eines bestimmten Schadenereignisses, multipliziert mit dem zu erwartenden mittleren Sachschaden, ausgedrückt in Geldeinheiten.

Sicherheit:
Im *absoluten* Sinn: durch das Nichtvorhandensein von Gefahren charakterisierte Eigenschaft eines Zustandes und damit letztlich unerreichbar
Im *relativen* Sinn: durch das Nichtvorhandenseins einer ganz bestimmten Gefahr charakterisierte Eigenschaft eines Zustandes. Ein Zustand gilt als sicher, wenn er ein vergleichbar kleines und damit akzeptierbares Risiko enthält
Subjektiv: persönlich empfundene Gewissheit, vor Gefahren geschützt zu sein.

Technisches System:
Jedes vom Menschen geschaffene, betriebene und beeinflusste System. Um die Leistungsfähigkeit solcher Systeme zu steigern und gleichzeitig die Kosten zu senken, wurden immer grössere und komplexere Systeme realisiert und damit Gefahrenpotentiale aufgebaut, die bei Störfällen immer schwieriger zu beherrschen sind.

Gefährdungs-Analyse bzw. Risiko-Analyse:
Technisch-wissenschaftliches Vorgehen, um Gefährdungen in abgegrenzten Systemen zu erfassen. Sie besteht aus zwei wesentlichen Phasen: Gefahren-Erkennung und Gefahren-Ermittlung.

Gefahren-Erkennung:
Der schwierigere Teil der Gefährdungsanalyse, der sich auf Sachverstand, Erfahrung und technische Fantasie stützt. Der Prozess der Gefahren-Erkennung kann durch gewisse Methoden gefördert werden: Brainstorming, logische Bäume, Morphologie, sog. vernetztes Denken usw.

Gefahren-Ermittlung:
Detaillierte Erfassung der erkannten Gefahren bzw. der als möglich erachteten Schadenereignisse einschliesslich ihrer Auftretenswahrscheinlichkeiten und Auswirkungen und damit der Erfassung der erkannten Risiken.

Risiko-Bewertung:
Angesichts der Ergebnisse der Gefährdungs-Analyse wird, Vor- und Nachteile abwägend, festgelegt, welche Risiken akzeptierbar sind bzw. akzeptiert werden müssen. Auch müssen im Prinzip die Höchstwerte der sog. Rettungskosten festgelegt werden. Risiko-Bewertung ist eine eminent politische Frage.

Sicherheitsmassnahmen:
Gefahrenabwehrende technische, organisatorische (administrative) oder das menschliche Verhalten beeinflussende Massnahmen mit dem Ziel, bestehende Risiken zu reduzieren oder zu beseitigen.

Rettungskosten:
Ein Mass für die Effizienz von Sicherheitsmassnahmen. Betrag in Geldeinheiten, der beim Einsatz einer Sicherheitsmassnahme zur Rettung eines Menschenlebens bzw. zur Verminderung von Sachschäden um eine entsprechende Einheit ausgegeben wird.

Sicherheitsplan:
Der Sicherheitsplan dient der Festlegung aller in einer abgegrenzten Region zur Abwehr von Gefahren vorgesehenen Sicherheitsmassnahmen. Er stützt sich auf die Ergebnisse der Gefährdungs-Analyse. Da in einer Region Risiken aus den verschiedensten technischen Aktivitäten zusammenkommen, sind zur Aufstellung regionaler Sicherheitspläne Risiken aus verschiedenen technischen Bereichen vergleichbar zu erfassen.

Risiko-Management:
Einsatz von Methoden mit dem Ziel, die im Sicherheitsplan vorgesehenen Massnahmen durchzusetzen und den Sicherheitsplan den sich verändernden Umständen anzupassen.

Restrisiko:
Nach der Realisation aller vorgesehenen Sicherheitsmassnahmen noch verbleibendes Risiko. Dieses setzt sich zusammen aus
- Risiken, die bewusst akzeptiert wurden
- Risiken aus objektiv unbekannten und subjektiv unerkannten Gefahren
- Risiken aus fahrlässig oder vorsätzlich vernachlässigten Gefahren
- Risiken aus ungeeigneten bzw. fehlerhaft angewendeten Massnahmen.

Nachhaltigkeit:
kennzeichnet die Tatsache, dass ein Ereignis (z.B. ein Unfall oder das Ergreifen einer Massnahme) oder sich akkumulierende Einwirkungen und die zugehörigen Auswirkungen zeitlich weit auseinanderliegen bzw. dass die Auswirkungen sehr lange dauern.

Gefährdungspotential:
der einer Gefährdungssituation zugehörige grösstmögliche Schaden.

Adressliste der Referenten

Dr. phil. Stephan Albrecht
Arbeitsstelle Technologiefolgenabschätzung
und -bewertung, Universität Hamburg
Edmund-Siemers-Allee 13
D - 2000 Hamburg 13

Dr.-Ing. Fulvio Caccia
Nationalrat
Viale Guisan 3 A
6500 Bellinzona

Dr. Andreas F. Fritzsche
dipl. Masch.-Ing. ETH
Chesa Crast'ota
7504 Pontresina

Frau
Prof. Dr. Marianne Gronemeyer
Gederfeldweg 41
D - 5810 Witten-Gedern

Prof. Dr. Wolf Häfele
Forschungszentrum Jülich GmbH
Postfach 1913
D - 5170 Jülich

Prof. Dr. Wolfgang Kröger
Dipl. Masch.-Ing.
Paul Scherrer Institut – F 4
5232 Villigen PSI

Prof. Dr. Niels C. Lind
Dept. of Civil Engineering
University of Waterloo
Waterloo, ON, N2L 3GI Canada

PD Dr. Jürgen Markowitz
Soziologe
Utschlagstrasse 35
D - 4250 Bottrop-Kirchhellen

Dr.-Ing. Friedrich E. Niehaus
Safety Assessment Section
Div. of Nuclear Safety, IAEA
P.O. Box 100
A - 1400 Wien

Prof. Dr. Ortwin Renn
Psychologe
Clark University
950 Main Street
Worcester Mass 01610-1477, USA

Dr. Gustav W. Sauer
Ministerialdirigent
Regierung Schleswig-Holstein
Brunswikerstrasse 16-22
D - 2300 Kiel

Walter Schiesser
Redaktor
Neue Zürcher Zeitung
Falkenstrasse 11
8008 Zürich

Prof. Jörg Schneider
Dipl. Bau-Ing. ETH
Inst. f. Baustatik & Konstruktion
ETHZ
8093 Zürich

Thomas Schneider
Dipl. Bau-Ing. ETH
Ernst Basler & Partner AG
Zollikerstrasse 65
8702 Zollikon

Reinhard Ueberhorst
Beratungsbüro Diskursive Projektarbeiten
& Planungsstudien
Marktgasse 18
D - 2200 Elmshorn

Zusammensetzung der Arbeitsgruppen

Arbeitsgruppe 1

Senior: Prof. Dr. B. Fritsch, Ökonom

Dr. H.P. Alder, Chemie-Ing.
Dr. Dr. K. Bergmeister, Bau-Ing., Philosoph
Dr. F. Caccia, El.-Ing., Nationalrat
Dr. R. Gubler, Masch.-Ing.
F. Hürlimann, Psychologe
PD Dr. J. Markowitz, Soziologe
Dr. F. Niehaus, El.-Ing.
Prof. Dr. K. Osterwalder, Mathematiker
G. Schneider, Verfahrensingenieur
Dr. K. Weber, Soziologe

Arbeitsgruppe 2

Senior: Prof. R. Heierli, Bau-Ing.

M. Baggenstos, Physiker
Dr. H. Bargmann, Masch.-Ing.
Dr. G. Erdmann, Mathematiker
Hans Peter Hauri, Dipl.-Ing.
A. Lamparter, Bau-Ing.
Dr. M. Matousek, Bau-Ing.
Frau E. Meyrat-Schlee, Soziologin
Prof. Dr. H. Reber, Mediziner
Dr. F. Steinrisser, Physiker
R. Ueberhorst, Planer, Publizist

Arbeitsgruppe 3

Senior: Prof. Dr. W.A. Schmid, Planer

R. Bühler, Masch.-Ing.
Dr. Walter Funk, Naturwissenschafter
Dr. R. Guggenbühl, Redaktor
Frau Dr. H. Ivic-von Rechenberg, Chemikerin
Prof. Dr. W. Kröger, Masch.-Ing.
Dr. B. Lepori, Physiker
Prof. Dr. O. Renn, Psychologe
Hj. Rytz, Physiker
Prof. Dr. C. Schlatter, Arzt und Chemiker
J. Thoma, Dipl.-Ing.
Dr. U. Vollenweider, Bau-Ing.

Arbeitsgruppe 4

Senior: H. Wasmer, Bau-Ing.

A. Bally, ing. mécanique EPFL
E. Baumann, Chemiker
G. Beroggi, Kultur-Ing.
H. Bohnenblust, Bau-Ing.
Dr. A.F. Fritzsche, Masch.-Ing.
Frau Dr. G. Grote, Psychologin
Dr. C. Ospina, Masch.-Ing.
Prof. Dr. M. Straube, Jurist
A. Sutter, Dipl.-Ing.

Arbeitsgruppe 5

Senior: Prof. Dr. K.R. Spillmann, Historiker

S. Chakraborty, Physiker
Frau Prof. Dr. M. Gronemeyer
Prof. Dr. W. Häfele, Physiker
Dr. Franz Knoll, Bau-Ing.
H. Lappe, Dipl. Psychologe
Prof. Dr. N.C. Lind, Bau-Ing.
Dr. J.-P. Porchet, Chemiker
Dr. G. Sauer, Physiker
Dr. Franz Schmalz
Prof. Dr. Hans H. Siebke, Bau-Ing.
R. Simoni, Bau-Ing., Planer

Arbeitsgruppe 6

Seniorin: Frau Dr. J. S. Davis, Chemikerin

Dr. St. Albrecht, Historiker
Prof. Dr. J. Benecke, Physiker
Dr. R. Frei, Chemiker
PD Dr. H.-J. Lüthi, Mathematiker
Prof. Dr. F. Nicklisch, Jurist
B. Righetti, Chemiker
Dr. M. Schärer, Biologe
H.U. Scherrer, Bau-Ing., Redaktor
Dr. W. Schiesser, Redaktor
Th. Schneider, Bau-Ing.
Dr. Ch. Simon, Chemiker
Dr. P. Zuidema, Kultur-Ing.

Teilnehmerliste

Abkürzungen

BFU	Beratungsstelle für Unfallverhütung
BUWAL	Bundesamt für Umwelt, Wald & Landschaft
EAWAG	Eidgenössische Anstalt f. Wasserversorgung, Abwasserreinigung u. Gewässerschutz
EPFL	Ecole Polytechnique Fédérale de Lausanne
ETH	Eidgenössische Technische Hochschule
ETHZ	Eidgenössische Technische Hochschule Zürich
HSK	Hauptabteilung für die Sicherheit der Kernanlagen
IAEA	International Atomic Energy Agency
KFA	Forschungszentrum Jülich
NAGRA	Nationale Genossenschaft für die Lagerung radioaktiver Abfälle
PSI	Paul Scherrer Institut
SBB	Schweiz. Bundesbahnen
SUVA	Schweizerische Unfallversicherungsanstalt

Teilnehmer

Dr. St. Albrecht, Technologiefolgenabschätzung, Uni Hamburg, D - 2000 Hamburg, BRD
Dr. H.P. Alder, Chemie-Ing., PSI, 5232Villigen PSI

M. Baggenstos, Physiker, HSK, 5303 Würenlingen
A. Bally, Masch.-Ing. EPFL, EPFL DMT, 1015 Lausanne
Dr. H. Bargmann, Masch.-Ing., EPFL DME-LMA, 1015 Lausanne
E. Baumann, Chemiker, Schweiz. Rückversicherungs-Ges., Mythenquai 50/60, 8022 Zürich
Prof. Dr. J. Benecke, Physiker, Sollner Institut, Waldmüllerstrasse 22, D - 8000 München-71
Dr. Dr. K. Bergmeister, Bau-Ing. & Philosoph, Kegelberg 11, I - 39030 Weitental, Italien
G. Beroggi, Kultur-Ing., RPI, Troy, New York, 12180 USA
H. Bohnenblust, Bau-Ing., Basler & Partner, Zollikerstrasse 65, 8702 Zollikon
R. Bühler, Masch.-Ing., Dörfli 5, 8933 Maschwanden

F. Caccia, El.-Ing., Nationalrat, Viale Guisan 3 A, 6500 Bellinzona
S. Chakraborty, Physiker, HSK, 5303 Würenlingen

Frau Dr. Joan S. Davis, Chemikerin, EAWAG, ETHZ, Überlandstrasse 33, 8600 Dübendorf

Dr. G. Erdmann, Dipl. Math., Wirtschaftsforschung, ETHZ, 8092 Zürich
Dr. R. Frei, Chemiker, Kant. Laboratorium f.Chemiesicherheit, Gift und Umwelt, 4012 Basel
Prof. Dr. B. Fritsch, Ökonom, Wirtschaftsforschung, ETHZ, 8092 Zürich
Dr. A.F. Fritzsche, Masch.-Ing., Chesa Crast'ota, 7504 Pontresina
Dr. W. Funk, Koordinationsstelle Störfälle des Kt. Zürich, Kasernenstrasse 49, 8090 Zürich

Frau Prof. Dr. M. Gronemeyer, FHS Wiesbaden, Gederfeldweg 41, D - 5810 Witten-Gerdern
Frau Dr. G. Grote, Arbeitspsychologie, ETHZ, 8092 Zürich
Dr. R. Gubler, Masch.-Ing., Appenzellerstrasse 29, 8049 Zürich
Dr. R. Guggenbühl, Stabsstelle Presse und Information, ETHZ, 8092 Zürich

Prof. Dr. W. Häfele, Forschungszentrum Jülich GmbH, Postfach 1913, D - 5170 Jülich, BRD
H.P. Hauri, Dipl.-Ing. ETH, BUWAL, 3003 Bern
Prof. R. Heierli, Bau-Ing., Stadtingenieur, Amtshaus V, Werdmühleplatz 3, 8023 Zürich
F. Hürlimann, Dipl. Psychologe, Chileweg 16, 8044 Gockhausen

Frau Dr. H. Ivic-von Rechenberg, Chemikerin, Elektrowatt AG, 8034 Zürich

Dr. F. Knoll, Bau-Ing., 1200 McGill College, Suite 1200, Montreal H3B 4G7, Canada
Prof. Dr. W. Kröger, Masch.-Ing., PSI - F4, 5232 Villigen PSI

A. Lamparter, Bau-Ing., Stv. Direktor, Bundesamt für Genie und Festungen, 3003 Bern
H. Lappe, Dipl. Psychologe, Ciba-Geigy AG, 4002 Basel
Dr. B. Lepori, Physiker, 6928 Manno
PD Dr. H.-J. Lüthi, Mathematiker, Operations Research, ETHZ, Tobelrainli 9, 5416 Kirchdorf

PD Dr. J. Markowitz, Soziologe, Uni Bielefeld, Utschlagstr. 35, D - 4250 Bottrop-Kirchhellen
Dr. M. Matousek, Bau-Ing., WeWo AG, Reinhardstrasse 10, 8034 Zürich
Frau E. Meyrat-Schlee, Soziologin, Schöntalstrasse 8, 8004 Zürich

Prof. Dr. F. Nicklisch, Jurist, Technologie & Recht, Uni Heidelberg, D - Heidelberg 1, BRD
Dr. F.E. Niehaus, El.-Ing., IAEA, P.O. Box 100, A - 1400 Wien

Dr. C. Ospina, Masch.-Ing., PSI, 5232 Villigen PSI
Prof. Dr. K. Osterwalder, Physiker und Mathematiker, ETHZ, 8092 Zürich

J.-P. Porchet, Chemie-Ingenieur, Ecosens AG, Postfach, 8042 Zürich

Prof. Dr. H. Reber, Mediziner, Baudepartement, Kluserstrasse 12, 4052 Basel
Prof. Dr. O. Renn, Psychologe, 5 Baldwin, Leicester Mass 01524, USA
B. Righetti, Chemiker, Vizedirektor, Lonza AG, 3930 Visp
Hj. Rytz, Physiker, Gruppe für Rüstungsdienste, Feuerwerkerstr. 39, 3600 Thun 2

Dr. G. Sauer, Min. Dirig., Regierung Schleswig-Holstein, Brunswikerstr. 16-22, D - 2300 Kiel
Dr. M. Schärer, Biologe, Koord'stelle Allg. Ökologie, Uni Bern, Monbijoustr. 45 a, 3011Bern
H.U. Scherrer, Bau-Ing., Redaktor, Uerikerhalde 6, 8713 Uerikon
Dr. W. Schiesser, Redaktor, Neue Zürcher Zeitung, Falkenstrasse 11, 8008 Zürich
Prof. Dr. C. Schlatter, Arzt und Chemiker, Inst. f. Toxikologie, ETHZ, 8603 Schwerzenbach
Dr. F. Schmalz, Ciba-Geigy AG, 4002 Basel
Prof. Dr. W.A. Schmid, Planer, Orts-, Regional-, und Landesplanung, ETHZ, 8093 Zürich
G. Schneider, Verfahrensingenieur, Suiselectra, Hölzliweg 1, 4106 Therwil
Prof. J. Schneider, Bau-Ing., ETHZ, IBK, 8093 Zürich
Th. Schneider, Bau-Ing., Basler & Partner AG, Zollikerstrasse 65, 8702 Zollikon
Prof. Dr. Hans H. Siebke, Bau-Ing., ehemals DB, Seedammweg 46, D - 6380 Bad Homburg
Dr. Ch. Simon, Chemiker, Kant. Laboratorium f.Chemiesicherheit, Gift und Umwelt, 4012 Basel
R. Simoni, Bau-Ing., Planer, ETHZ, ORL, 8093 Zürich
Prof. Dr. K.R. Spillmann, Historiker, Sicherheitspolitik & Konfliktanalyse, ETHZ, 8092 Zürich
Dr. F. Steinrisser, Physiker, Risk Engineering,Wassbergstrasse 54, 8127 Forch
Prof. Dr. M. Straube, Rechtswissenschaften, Uni Wien, Argentinierstrasse 8, A - 1040 Wien
A. Sutter, Dipl.-Ing. ETHZ, SUVA Luzern, Klösterliallmend 6, 6045 Meggen

J. Thoma, Dipl.-Ing., BfU Bern, Laupenstrasse 11, Postfach 8236, 3001 Bern

R. Ueberhorst, Parlamentarier, Senator a.D., Marktsgasse 18, D - 2200 Elmshorn, BRD

Dr. U. Vollenweider, Bau-Ing., Hegarstr. 22, 8032 Zürich

H. Wasmer, Bau-Ing., Stv. Direktor EAWAG, Überlandstr. 33, 8600 Dübendorf
Dr. K. Weber, Soziologe, Schweiz. Wissenschaftsrat, Wildhainweg 9, 3001 Bern

Dr. P. Zuidema, Kultur-Ing., NAGRA, Parkstrasse 23, 5401 Baden